图书在版编目（CIP）数据

钢筋混凝土结构平法设计与施工规则/陈青来著. —2 版 . —北
中国建筑工业出版社，2018. 5
SBN 978-7-112-22123-3

Ⅰ. ①钢…　Ⅱ. ①陈…　Ⅲ. ①钢筋混凝土结构-结构设计②钢
混凝土结构-工程施工　Ⅳ. ①TU375. 04

中国版本图书馆 CIP 数据核字（2018）第 081475 号

本书为平法创始人陈青来教授比较全面讲述平法基本思想、基本原理、基本方法、主体结构设计与施工构造的详尽具体规则以及可持续发展过程和未来目标的原创科技专著。平法现已成为我国结构设计、施工领域普遍应用的主导技术方法之一。平法对我国现有结构设计、施工概念与方法的深刻反思和系统整合思路，不仅在工程界已经产生了巨大影响，而且对结构教育界、研究界的影响逐渐显现。

本书第二版首度发表了平法《解构原理》概述。解构原理可发现结构设计与施工隐蔽存在的问题，消除设计与施工中的非科学因素；解构原理将形成建筑结构认识论和方法论的双向理论；依据解构原理可研制开发结构设计、施工、监理等工序的智能电子工程师系统。

本书的可读性、实用性、裨益性纵贯全文；书中富含大量的创新内容，概念明晰，思路新颖，逻辑严谨，蕴含哲理，构造丰富；书中内容在结构专业的学习与实践中易对照、易实施，易产生效益，对提高读者的专业能力开卷有益。

本书可供土木工程界的结构设计、施工、造价、监理和研究人员阅读，也可用作工民建专业本科生、研究生学习用书。

责任编辑：蒋协炳
责任校对：姜小莲

钢筋混凝土结构平法设计与施工规则（第二版）
GANGJIN HUNNINGTU JIEGOU PINGFA SHEJI YU SHIGONG GUIZE
陈青来　著

*

中国建筑工业出版社出版、发行（北京海淀三里河路 9 号）
各地新华书店、建筑书店经销
北京红光制版公司制版
北京中科印刷有限公司印刷

*

开本：787×1092 毫米　1/16　印张：22½　字数：517 千字
2018 年 4 月第二版　2018 年 4 月第十一次印刷
定价：**75.00** 元
ISBN 978-7-112-22123-3
(31780)

钢筋混凝土结构平法设计与施工规则

（第二版）

GANGJIN HUNNINGTU JIEGOU
PINGFA SHEJI YU SHIGONG GUI[illegible]

陈青来　著

中国建筑工业出版社

京
筋

第二版前言

本书第二版，依据平法新阶段研究成果并按我国2010年新修订的混凝土结构专业规范，调整了相关技术参数，修正了第一版的若干错误，增添了平法理论和构造方面的新内容。

平法属于建筑结构专业的科学方法，科学方法应脱胎于应用理论，应用理论应脱胎于基础理论；理论是方法之源，方法之本。本书第二版新增加的内容，主要为平法的创新基础理论——解构原理（概述）和应用理论——构造原理（概要）。

根据平法解构原理，能够发现结构设计与施工方面隐蔽存在的问题，消除设计与施工中的非科学因素；解构原理将形成建筑结构认识论和方法论两个体系的双重理论；依据解构原理，可研制开发结构设计、施工、监理等工序的智能电子工程师系统。

自1996年至2011年，作者将原创平法的通用构造设计载入我国标准设计平台，陆续完成了G101系列平法建筑标准设计的全部创作。该系列于1999荣获全国工程建设标准设计金奖，2008年荣获全国优秀工程设计金奖，并在2009年荣获全国工程勘察设计行业国庆六十周年作用显著的标准设计项目大奖。自1995年起，平法已走过22年发展历程。

在荣誉面前，必须对科学发展规律保持清醒的认识。在世界各国设计领域，通常具有相应专业的“设计标准[1]”但并无“标准设计”。在满足同一设计标准的原则下，同一设计目标可有多种设计形式实现同样的功能。平法G101系列虽获成功，但若长期一花独放将形成垄断技术平台从而妨碍技术创新。因此，本书表达的通用构造设计更具科学价值。

本书的显著特色，是以科学认识的两个维度研讨科技问题。人们学习的实质，是对科技知识的认识过程；科技认识的第一维度，为理解、吸收、掌握、遵循以致学以致用；科技认识的第二维度，为质疑、反思、评析、否定以致创新。在科技认识的两个维度中，第二维度至关重要。因为，科学技术总在否定中创新前进，在肯定中停止发展。不持有科学认识的第二维度，便不可能创建出平法，更不可能保持平法的持续创新。

平法研制者坚持以求真务实的诚实劳动持续进行科学研究，坚持推进技术创新，坚持不懈地促进我国建筑结构领域的技术进步。

本人在此诚恳地欢迎业界学风端正、诚实敬业的人士，对本书内容不吝指教。

陈青来

2017年12月

---

[1] 我国建筑结构领域的设计标准，为代号GB开头的各专业设计、施工规范。

序　　言

一

“平法”是“建筑结构平面整体设计方法”的简称。平法现已在全国结构工程界普遍应用。“平法”一词已被遍及全国范围的结构设计师、建造师、造价师、监理师、预算人员和技术工人普遍采用；因此，本著作也直接采用了平法一词。

本书第一章讲述平法的基本原理，第二章讲述钢筋混凝土主体结构的平法设计总则和通用构造规则，第三、四、五章分别讲述柱、墙、梁平法施工图的设计与施工规则。

本书中的各章、每章中的各节、每节中的各条、每条中的各款，均有显明的层次性、关联性和相对完整性。读者按顺序阅读，可体会纲举目张，能把握平法脉络，知其然亦知其所以然。

本书平易自然地诠释平法思想、理论和方法，详尽讲述钢筋混凝土主体结构的设计与施工规则，富含现时最全面的结构构造，创新性地将结构设计、施工、造价和监理整合在一个系统内，适合结构各关联专业的读者学习参考。

由于结构各关联专业的工作内容有别，所以，设计、施工、造价和监理等不同专业的读者根据自身需要，可对本书挑读或跳读，随着时间的推移，相信读者最终会完成全书的通读。当读者面对工作中发现的问题时，本书可作为手册随时查阅，带着问题学习，能够更好地熟悉和掌握平法。

对于结构设计工程师，建议从第一章平法基本原理读起，然后可挑读第二章中的第一至三节的平法设计总则、第三、四、五章第一节平法施工图设计规则和第二节设计注意事项，这样对初学者，可快速在手头的设计项目中应用平法，体验平法数倍提高设计效率立竿见影的效果。文中论述的关于结构设计上游技术目前存在的系统性问题，或许能够在认识方面促成从构件概念到结构概念的飞跃。挑读之后，宜继续阅读第二章的通用构造规则、第三、四、五章的施工构造规则，从而全面把握平法体系，并能从结构上游技术的角度，指导施工和监理人员更好地实施具体的结构设计。

对于结构建造师、造价师、监理师，可以直接跳读第二章的第四、五两节、第三、四、五章的第三节至最后一节的丰富的构造图示和详尽解读，对照具体施工中的相应部位，直接解决平法主体结构在建造、预算、监理中的大部分普遍性问题和困扰施工界的特殊性问题，并能理解不合理的传统施工方法可能给抗震结构留下的隐患从而予以改进。跳读之后，宜补充研读未读章节，在施工角度全面理解平法设计，在熟练掌握平法关于施工方面内容的同时，能从整体上洞悉设计技术，变长期“照图施工”的被动为积极主动。

对于从事单一预算工作的人员，完全可以按上述结构建造师、造价师、监理师的跳读加补读方式逐渐掌握全书知识。书中与预算相关节款中的图形丰富、形象直观、详尽实用、易读易懂。书中最新研究、设计的构造图示占很高比例，可以对照实际工程解决现行平法标准设计中尚未包络的问题。此外，如能通读全书，相信从事单一预算工作的人员可整体性地提高自身技术素质。面对不久将来伴随预算新技术和新规则的发展必然带来的新挑战，具有较高技术素质才能具有较强竞争能力。

对于工业与民用建筑专业和土木、结构工程专业的大三、大四本科生，可以按结构设计工程师的挑读加补读方式阅读、参考本书❶。如果在课程设计和毕业设计中直接应用平法，将会惊奇地发现能够做到在学校限定的学时内可以完成一项大中型建筑的完整结构设计。此举的重要意义，不仅可使在校本科生初步熟悉平法且在毕业后能更快适应建筑设计、施工和监理部门普遍应用平法的工作环境，而且能在学校可提供的有限的学时内将所学知识完成一次系统性的综合设计实践。实施在校进行平法设计训练，对提高本科生的择业竞争力大有裨益。此外，构件本体构造和节点构造为本科教育中的弱项是不争的事实，学习平法的构造理论和熟悉其中丰富的构造，应能有效改善现状。

对于混凝土结构方向的研究生，本书可作为研究节点构造理论和具体构造设计的参考书❷。毋庸置疑，我国巨大的人口数量，决定了钢筋混凝土结构及砌体结构在未来三十年左右的现代化建设进程中将作为主导结构❸，遗憾的是目前大量采用的构件本体构造和节点构造尚缺试验成果的支撑。现有的结构设计分析程序只能计算出节点界面的杆端内力，而节点内并非完全具备钢筋自由锚固和贯通的空间条件，基于结构基本原理和概念设计原理的构件本体构造和节点构造，需要经过实际试验和大量重复性试验，才能验证其可靠性并据此确定其可靠度。如果教育界和研究界对构造研究给予更高重视和更大投入，导引更多研究生对构造研究和试验产生兴趣，对节约钢材资源，确保我国混凝土结构的整体可靠度具有现实和长远意义。

二

1985年，我国出现改革开放以来的首轮基本建设热潮。传统结构设计方法的低效率，直接证明其根本不适合新技术经济格局；而对低效率方法的改良治标不治本，惟有改革才能改变。当年工作在结构设计第一线的本书作者，将陡然增加的沉重的工作压力转变为创造平法的原始动力。

传统结构设计方法的低效率，是其不适应新生产力发展的原因之一，但问题并非出在

❶ 将平法纳入本科学习范畴已为工程界的客观需要，相关教材的编著策划将列入本书作者的工作日程。

❷ 在山东大学，平法自2003年起已列为结构方向研究生的选修课程。

❸ 如果以钢结构为主，我国乃至世界的钢材资源都不可能支持十几亿人口日益扩大的住房需求。

理论上，而是出在方法上。理论是对客观事物基本属性的科学描述，属于“发现世界”的范畴，理论本身并不具备实践的功能，理论需要通过方法的承载才能发挥作用；方法的目标就是实践，实践的目标是“改造世界”。于是，我们得出了符合逻辑的推论：方法是架通理论与实践的桥梁，“发现和解释世界”的科学理论需要通过“创造和改造世界”的技术方法造福人类。

很多问题的解决，不是难在科学理论上，而是难在技术方法上。方法不对头，理论发挥的作用将大打折扣甚至走向反面。平法，就是对方法进行改革，创新推出适合新生产力的方法。

在具备同样功能的前提下，方法愈简单效果愈好。但是，把方法作的复杂并不复杂，而把方法作的简单却绝非简单。简单能趋向完美，但这世界上并不存在完美，因为完美意味着终结，而客观事物永在发展，永无终结。平法从不追求完美，但追求简约，追求合理，为此已经并继续付诸努力。

从传统视角来看，平法是我国结构领域的成功之作，是经效益证明的结果。但这世界上并不存在静止的结果，而仅存在一个接一个的过程。所谓结果，不过是对过程某一瞬间状况的描述，当我们驻足、品味这一瞬间之时，过程实际又向前发展了。平法始终视过程重于结果，坚持与时俱进，初步实现了可持续发展。

人们的认识永远存在谬误，惟有自然反应不存在谬误。平法思想源于对客观现象的认真观察和对传统方法的深刻反思，力求比较准确地反映自然，但将感性认识上升至理性认识形成平法概念之后，认识虽然上升到高级阶段，却又不可避免地脱离了自然。因此，书中肯定存在诸多谬误，敬请读者发现、指正。科学技术在否定中发展，在肯定中静止，平法将在自我否定中修正存在的谬误，不断提高自身的合理程度。

2007 年，G101 系列平法国家建筑标准设计达到 6 册，涵盖了钢筋混凝土结构从基础结构的“点”、“线”、“面”、“空间”各种类型，到地上各类主体结构体系，以及楼板、楼梯、无梁楼盖等。体系虽大，但均基于本书讲述的平法思想、原理和方法，通读本书，相信读者能够触类旁通。此外，读者如能感受到文中蕴含的哲学思路，在技术工作中借鉴平法系统科学思想，应能再受其益。

三

平法的成功推广与可持续发展，应当感谢结构界的众多专家学者和广大技术人员。

1994 年 9 月，经中国机械工业部设计研究总院邓潘荣教授大力推荐，由该院总工程师周廷垣教授鼎力支持，邀请本人进京为该院组织的七所兄弟大院首次举办平法讲座；当年 10 月，由中国科学院建筑设计研究院总工程师盛远猷教授推荐、中国建筑学会结构分会和中国土木工程学会共同组织，邀请本人在北京市建筑设计研究院报告厅，为在京的百所中央、部队和地方大型设计院同行做平法讲座；两次发生在我国政治、文化、科技中心的重大学术活动，正式启动了平法向全国工程界的推广进程。

1995 年 5 月，浙江大学副校长唐景春教授邀请本人初下江南，在浙大邵逸夫科学馆做平法讲座，为平法将来进入教育界先落一子。1995 年 8 月，中国建筑标准设计研究院总工程师陈幼璠教授，以其远见卓识、鼎力推荐平法编制为 G101 系列国家建筑标准设计，促动平法科技成果直接进入结构设计界和施工界，缩短转化时间，以期迅速解放生产力。

1995 至 1999 年，是平法向全国推广的重要基础阶段。在此阶段，建设部前设计司吴亦良司长和郑春源副司长、国家计委前设计局左焕黔副局长、中国建筑设计研究院总工程师暨国务院参事吴学敏教授、中国建筑标准设计研究所陈重所长、山东省建筑设计研究院薛一琴院长等数位大师级、学者型官员，在平法列为建设部科技成果重点推广项目、列入国家级科技成果重点推广计划、荣获建设部科技进步奖和创作 G101 系列国家建筑标准设计等重大事项上，发挥了重要的行政作用。

在平法十几年的发展过程中，有众多专家学者直接或间接地发挥了重要作用。本人在此真诚感谢邓潘荣、周廷垣、盛远猷、唐景春、吴学敏、陈幼璠、刘其祥教授，真诚感谢成文山、乐荷卿、沈蒲生教授，真诚感谢陈健、陈远椿、侯光瑜、程懋堃、姜学诗、徐有邻、张幼启教授，真诚感谢曾经参加平法系列国家建筑标准设计技术审查会和校审平法系列图集的所有专家、学者和教授。

在此，还应真诚感谢工作在结构设计、建造、预算和监理第一线，曾经参加本人平法讲座的数万名土建技术人员和管理人员。是他们将实践中发现的实际问题与本人交流，不仅使平法研究目标落到实处，而且始终未偏离存在决定意识的哲学思路。

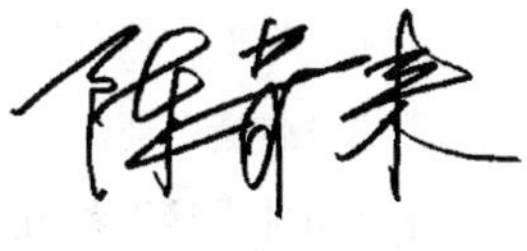

2007 年春

目　录

第一章　平法基本原理——解构原理

第一节　我国建筑结构设计与施工存在的普遍性问题

一、建筑结构领域五个板块概况

在建筑结构领域，客观存在五个板块：

1. 结构科学理论与技术概念[1]板块；
2. 结构规范与规程板块；
3. 结构技术规则板块；
4. 结构技术措施板块；
5. 结构工程板块。

五个板块的运作方式、内容和相互之间的主要关系为：

结构科学理论与技术概念板块：

该板块应作为其他所有板块的基础。板块的实质内容，是结构科学研究成果与结构技术研究成果构成的理论与概念集合。这些理论与概念集合在整体上支承其他四个板块。

结构规范与规程板块：

该板块系在结构科学理论与结构技术概念板块的基础上产生。板块的构成形式，在我国为政府主管部门批准实施、对结构技术规则板块、结构技术措施板块和结构工程板块起技术指导和技术约束双重作用的结构技术法规，主要包括结构规范与规程。应关注的是，市场经济国家的结构规范与规程系由相关学会主导编制、发布，不由政府颁布实施，其性质为推荐性。

结构技术规则板块：

该板块是在对结构科学理论和技术概念做进一步应用研究，且对结构规范与规程进行细则化、实用化处理后形成的对结构技术措施和工程板块具有具体技术规则作用的专著，此类专著与具有一定约束作用的技术规范与规程的属性并不相同，功能亦不相同；简言之，规则不是规程，更不是规范。

结构技术措施板块：

该板块系以结构科学理论与技术概念板块、结构规范与规程板块、结构技术规则板块

---

[1] 结构科学理论系指应用科学理论，应用科学理论实际属于上游技术概念，与基础科学理论有实质性区别。

为基础，由结构专家广泛参与，对工程实例进行归纳、总结、编著、创作形成的结构工程技术类著作，其功能为结构专业工程技术人员在具体工程项目的实施中提供参考。

结构工程板块：

该板块是结构领域中最大的实践板块，包括具体工程项目的设计、施工、监理、造价、竣工验收、交付使用、维修保养等实质内容。上面所述结构科学理论与技术概念板块、结构规范与规程板块、结构技术规则板块、结构技术措施板块，是多层次支承结构工程板块的可靠基础。国家各级注册结构工程师、建造师、造价师和相关结构专业技术人员，是该板块运作的主要技术群体。

（一）关于结构科学理论与技术概念板块

结构科学理论与技术概念板块，包括结构科学研究与技术研究两方面形成的研究成果。该板块应当是其他所有板块的基础，就是说结构规范与规程、结构技术规则、结构技术措施和结构工程板块，都应以结构科学理论与技术概念板块为基础。

结构科学研究属于应用理论的研究范畴，结构技术研究属于实用概念的研究范畴。应着重指出的是，科学与技术的属性不同，其研究方法和研究成果的属性亦截然不同。结构科学研究的主要目标，是发现结构的物质属性和运动规律，然后对其做出理论解释，形成应用理论，从哲学视角来看是解决科学认识结构的认识论问题。结构技术研究的主要目标，是研究技术如何完成对科学理论的承载，形成结构实用概念，从哲学视角来看是解决实际创造结构的方法论问题。

科学理论不是真理，是人类认识客观世界过程中的阶段性成果。由于人们在认识事物和使用语言描述所认识事物时永远存在的局限性，导致所形成的理论、概念均包含谬误。我们平时所讲的科学理论的正确性，系指在当前时间和有限的空间内近似为真，随着时间的推移和空间的扩展，新的理论和概念将不断修正其谬误；科学进步是一个认识上的正确程度不断提高的过程，且这样的过程永无完结。因此，科学理论为追求真理过程的阶段性成果，但其本身并非真理，需要不断修正。

技术概念在其正确程度的高低上并非突出问题。技术概念的形成，要求尽可能准确承载现有科学理论，但其中包含的谬误实际源于所承载的科学理论中的谬误。技术概念与科学理论的不同之处在于二者研究的主要目标不同。技术概念的目标为不断增强技术的功能性、适用性和易用性。技术进步的实质，就是功能性、适用性和易用性不断提高的过程，且这样的过程永无完结。

在此应指出，技术并非一定要“产生于科学之后”。许多有效的技术之所以有效，应是顺应了客观规律；但在技术发明出来的当时，人们却并不一定清楚其所承载的科学原理[1]，这就是很有研究价值的“难言技术”问题。难言技术问题，在现行结构技术概念、技术规则和技术措施中并不少见，在现代社会的诸多领域中，相当多行之有效的技术至今

[1] 中国古代的指南针、火药等重大技术发明，有效且实用，但在发明后的很长时期内并不知晓其科学原理。

仍然难以讲清楚科学道理的例子不胜枚举。

由于建筑结构不是自然界里的客观存在，纯粹是人为创造的事物，因此，结构科学属于应用科学而非基础科学，即结构理论研究的主要内容是应用理论，而应用理论实际上是结构科学与结构技术的交叉，与结构技术概念并无实质区别。结构科学理论其实就是结构技术概念中的上游概念，也就是说，由于建筑结构的基本属性是人类改造客观世界而不是发现客观世界，因此，结构科学研究与结构技术研究并无实质区别，不是两条线。

由于科学理论主要是发现世界和解释世界，因此，科学理论并不具备实践的功能。科学理论需要通过技术方法才能用于实践，方法是连通理论与实践的桥梁。如果仅有结构理论而无结构方法，现代结构的创造则无从谈起。由此可见，对结构方法进行深入研究非常重要。

如果混淆了上述概念，或对上述概念处于亚清晰状态，将导致结构理论的研究严重脱离实际。结构方法属于结构技术的范畴，结构技术的研究离不开结构试验，那种从概念出发综合各种概念从而形成的所谓新概念，是一种“概念游戏”，其“成果”往往是原有概念中所含谬误的叠加或复合，对结构科学与技术的发展并无实际意义。我国结构科学教育界每年产生的成千上万篇研究论文，多数形成于对现有理论和概念的重新排列组合，研究重心并没有放在创新思路与结构试验上面。这种错把方法当理论，错把技术当科学的研究成果，对实实在在的结构工程不太可能产生正面影响。

概念的形成标志着感性认识的结束和理性认识的开始，结构概念就是结构理性认识的表现形式和内容。但任何概念都不可能完美地表述客观现象❶，人们对客观事物的理性认识总带有谬误。因此，所有技术概念也都包含谬误。但客观事物和客观反应不会存在谬误。结构试验是强迫试验模型做出的客观自然反应，这种反应不应存在谬误，仅存在测量误差，谬误与误差的定义不同。因此，结构技术研究必须基于结构试验，才能使研究结果符合客观规律。否则，研究结果必然脱离实际。

综上所述，我国目前的状况是结构科学理论与结构技术概念板块仍然薄弱，现行的混凝土结构理论至今尚未完成从“构件理论”向“结构理论”的整体进化。例如，在我国高校教材关于“混凝土结构设计基本原理”的概念群中，占绝对比重的是“构件”的设计方法❷而非“结构”设计基本原理，带有非常明显的一个世纪前的机械论特征。总之，我国的结构科学理论与结构技术概念板块，在现阶段尚不能对结构规范与规程、结构技术规则、结构技术措施和结构工程板块实现强力支承，且已不合理地让位于本来不应居于技术前沿的规范与规程板块。

（二）关于结构规范与规程板块

结构规范与规程板块，属于国家为保证建筑结构达到给定水准的安全性、适用性和耐

❶ 从哲学角度看，对客观世界的认识不可能存在完美，因为完美意味着终结。而人类对客观世界的认识、再认识的过程永无终结。

❷ 应注意，高校教材中包含构件的设计方法，有“方法”但缺少反映其普遍性规律的“方法论”。

久性，并适当考虑经济性而制定的技术法规。结构规范与规程应当以结构科学理论和结构技术概念为基础。大量的结构科学理论与技术概念，经过一定时期的研讨、沉淀，以及在特定范围内经过实践检验，当证明比较可靠，并在结构学术界取得共识，相对成熟后，便由国家集合提炼为结构规范与规程，以作为结构工程的技术法规。其中规范的等级高于规程，规范是较高的技术纲领可通用于某行业，规程则属次一级的技术纲领适用于某行业的特定结构类型。

自从1979年中国启动改革开放以来，在特殊历史条件下，我国的结构规范主要走了追踪、引进国外规范，进行适当消化再结合结构技术措施，形成我国新规范系列的路子。由于应当作为结构规范与规程板块基础的结构科学理论与技术概念板块未相应地走追踪、引进国外先进科学理论与技术概念的路子，使我国的结构科学理论与结构技术概念板块与发达国家相比，整体上相对薄弱的状况并未得到根本改变。我国相对薄弱的结构科学理论与结构技术概念板块无力支承新系列规范规程板块，使板块的自然顺序出现了明显错位。本来结构科学理论与结构技术概念板块应当属于基础科学依据且应位于结构科学的前沿位置，结果结构规范与规程板块却位于我国结构技术领域的最前沿，出现了板块错位。

于是，随之出现了我国特殊历史阶段中非常典型的特殊现象：大量占压倒比重的技术著作都在讲如何学习应用规范，大量学术会议和技术培训都在讨论、贯彻规范（俗称“贯标”）；国家一级注册结构工程师、建造师、监理师、造价师等考试几乎都在考规范中的条文规定；全国范围的结构工程设计与施工人员每天都在争论谁对规范理解的更正确；大量结构理论与方法都在佐证规范；国家顶级的结构专家、学者集合在一起用相当多的时间讨论、编写、修订、审核规范和答复全国各地结构技术人员的疑问❶；连大学教科书的内容也随着规范部分内容的修订而改写，再版后竟然标明本教材与新规范保持一致❷。全国的结构领域似乎一切向规范看齐，一切与规范保持一致，甚至一些“左手端茶杯正确还是右手端茶杯正确”不属于问题的问题也以规范用那只手端了茶杯为准，规范已不折不扣地位居所有结构板块运作的核心。

这些现象错了吗？由于有其客观存在的特殊历史条件故似乎没有错。结构规范与规程板块位于最前沿，是我国为了加速建设科技进步以适应基本建设大规模高速发展的需要在特殊时间和空间人为采取的特殊国策。将结构规范与规程置于所有板块的前沿，必然出现上述板块错位现象。我们在正视这一客观现象的同时，应当清醒地意识到当前的板块错位是一个过程，预计二、三十年后应当发生改变，回归自然进程。问题在于如何把握在这个特殊历史过程中的深层次脉络，如何处理由此产生的矛盾，才能使结构专业的发展少走弯路和顺应客观规律。

令人遗憾的是，从1986年我国首次推出极限状态理论架构的规范体系，至本书第二版出版的2018年，已经过去了30年，本书指出的不合理状况却并未得到改变，非但未得

❶ 竟然形成了独具中国特色却并无实际科技进步意义的“贯标”活动。

❷ 此为令技术先进国家同行无法理解的非常奇怪的现象。

到改变，反而在2010年之后修订的《混凝土结构设计规范》不知以何为依据，竟然将与中国规范和美国规范所依据“极限状态设计原则”有明显不同的欧洲规范所依据的“容许应力设计原则”的某些构造规定掺入其中❶。

恩格斯讲，“科学史就是把比较荒诞的谬论更换为新的，但始终是比较不荒诞的历史❷”。恩格斯揭示了科学理论和技术概念都包含谬误的客观实质。在结构科学理论与结构技术概念板块，人们可以提出各种不同的甚至荒谬的理论、概念在其所属领域充分讨论、争辩，（在现阶段）只有正确程度比较高的理论才能在一定时期内❸经得住实践的检验，获得结构科技界的认同。当结构科技界对某种理论和方法取得共识，并在一段时期内经过实践检验后，才被编入结构规范与规程之中，这属于正常的良性循环。编入结构规范与规程中的内容，由于在时间和空间上已经通过在结构科学理论与技术概念板块中的洗练，因此具有相对稳定性。

随着时间的推移，曾经是正确的理论都将被证明包含谬误，因为在时间面前，任何理论概念都是脆弱的，都经不住时间的考验而必须进行更新。在位于前沿的结构科学与技术研究中，允许提出带有谬误的理论与概念，甚至允许出现谬论。新的理论和概念经过一定时间的沉淀后，谬误自然能够显现并被修正，谬论自然会被抛弃，然后，将比较成熟的其正确程度较高的理论与概念收编入规范规程。只有如此，规范规程在一定时期内才能够具有相对稳定性。

问题是若把结构规范与规程板块推到所有板块的前沿，由于缺少科学理论板块的支承，在并不长的时期内发现规范规程中存在问题的概率自然就高了起来，对规范规程包含的明显谬误的修订也必然变得频繁。我国从1986年逐渐推出新的结构规范与规程系列以来，对规范规程屡作修订，就是板块错位带来的必然现象。该现象的存在虽未违反客观规律，但在结构科学技术的发展过程中明显增加了“折腾”的代价。

由于历史沿革，在我国受几十年指令性计划经济的影响，结构规范与规程几乎成为结构技术人员的尚方宝剑，导致所有结构技术概念统统以规范规程为准，一切围绕着规范规程转。长期以来，规范规程在我国结构技术人员的思想中已具有恒定的法规地位，使规范规程在稳定结构设计与施工质量方面起到了一定正面作用。但不可忽视的负面作用是，结构技术人员通常发现不了其中存在的谬误，即便发现了，受传统观念的束缚也难以与其相左，无力纠正其谬。从科学观念出发，结构科学理论与技术概念的研究显然不应以规范规程为准，否则，将对结构科学技术的创新带来严重的负面效应。

（三）关于结构技术规则板块

结构技术规则是本书着重提出的新概念。

---

❶ 规范有自身的基本设计原则，依据不同基本设计原则的不同规范系列中的规定不宜混编杂交。

❷ 恩格斯《致康．施密特（1890年10月27日）》“全集”第37页。

❸ 从哲学视角看，任何人为形成的概念均不可能经受住长时间的检验。随着时间的推移，不符合自然法则的隐性谬误必然会暴露出来。

提出结构技术规则概念的出发点，是我国的结构规范与规程并不适合承担结构技术规则的功能，而我国结构工程板块非常需要技术规则。

技术规则与规范规程的功能有区别。在某种意义上，规范规程是“纲”，技术规则是“目”；规范规程类似于“法”，技术规则类似于法的“实施细则”；规范规程通常规定至“范围”，技术规则需要明确至“点和线”；规范规程对结构工程具有技术约束作用，技术规则对结构工程具有技术指导作用。应着重指出，结构技术规则在我国现阶段尚未真正形成独立的板块。

结构规范与规程的表达方式，是条文规定和计算、验算公式以及构造的一般要求。具体到结构细节部分，尤其是包罗万象的各类结构的细部构造，若用文字条文方式表达会非常困难；若勉强表达，将使结构规范与规程变得厚重，且难以表达完整。在这种情况下，通用化、图形化的技术规则便显出很高的功能性、适用性和易用性。

规范规程中的条文规定，通常是规定某一范围内的技术要求，而在每个范围内往往会有许多种不同情况。针对这些不同情况的详细要求，并不适合规范规程这类技术纲领性的文件加以表述，而结构技术规则却非常适合承担这种功能。

结构技术规则在具有一定技术指导作用的同时，能够非常有效地解决结构工程中非常具体的细节问题。平法 C101 系列通用设计和 G101 系列建筑标准设计[1]，包括了各种技术规则和图形化的细则，该系列通用设计和标准设计在全国范围的普遍应用，充分证明构建结构技术规则板块是结构工程界的客观需要。

（四）关于结构技术措施板块

结构技术措施板块在我国比较完善。大量的以实际工程为例，通常载有生动、具体的工程实例的工程技术类著作，在解决具体工程技术问题上起到非常好的作用。结构技术措施板块直接指导结构工程板块的合理运作，在很大程度上弥补了我国结构科学理论与结构技术概念板块、结构规范与规程板块和结构技术规则板块的不足。

结构技术措施板块的合理性在于其直接源于工程实践。工程实践是客观事物的直接反映，相当于规模化“真题真做”的最大范围的技术实验。真实结构的客观反映，直接检验了结构科学理论与结构技术概念的正确程度，检验了技术措施的功能性、适用性和易用性。这种多重检验，为我国结构科学与结构技术研究提供了真实可靠的“试验”依据。半个多世纪以来，结构技术措施板块在我国工程界已发挥巨大作用，但令人遗憾的是，结构技术措施方面的鲜活知识却一直被排除在我国高等教育的教学内容之外。由于我国高等教育与工程实践的联系远谈不上密切，若即若离似有似无，结构技术措施板块这一极为重要的宏观结构科学资讯，整体来看却基本位于高校研究人员视距中的盲区。

（五）关于结构工程板块

我国自 1979 年启动改革开放以来，结构工程板块经历了巨大的体制变革，其突出特

[1] 指 2003 至 2008 年间由本书作者原创的 03G101-1、03G101-2、04G101-3、04G101-4、08G101-5 和 06G101-6；非指 2011 年 9 月之后由某公司企业自行复制改编的版本。

点是在改革的前30年直接受市场经济影响，对新技术、新工艺、新方法、新思维反应迅速、敏感，对符合市场经济的研究成果接受较快，工程界对平法技术的迅速接受和广泛应用，就是一个突出的实例。

平法基于系统科学理论，对结构技术概念板块进行研究，发现结构规范与规程板块中的不足，在创建平法基础理论和应用理论后，基于创新理论首先构建了结构技术规则，将其具有方法论性质的内容直接服务于结构工程板块，正面效果立竿见影。

在本著作第二版，作者将首次简要介绍平法的基础理论——解构原理[1]以及应用理论——构造原理。自1992年初作者首次应用平法进行实际工程（山东省济宁市工商银行）的结构设计，平法技术至2017年已在结构工程界成功实施长达25年，已在我国除台湾省以外的所有地区全面普及。这样的事实充分证明平法技术规则的实用性和支承平法的基础理论——解构原理的科学合理性。

二、结构设计的一般过程及存在的问题

结构设计在设计阶段的主要工作内容可分为三大部分：1. 结构方案[2]设计；2. 结构计算分析；3. 结构施工图设计。

（一）关于结构方案设计

结构方案设计是结构设计工程师最富创造性的工作。通过方案设计，初步实现了结构从无到有。在改造世界[3]的创造性劳动中，建筑设计师与结构设计工程师是一对紧密合作的搭档，他们创造性劳动的成果，就是在地球上矗立起一座座供人类居住、工作和休闲，贮存、安置物产和设备的在自然界原本不存在的建筑。

结构方案设计与建筑方案设计是各自专业创造的开端，但创造的性质有所不同。建筑方案属于原始创作，第一次构想出自然界里原来不存在的这座房屋的虚拟形态；结构方案则属在建筑原创基础上的再创造，使这件构想中的新生事物具备了存在的可能。除某些结构功能占绝对比重的构筑物外，房屋建筑的结构创作通常不独立于建筑创作。

建筑与结构两个专业在其创造性质上的区别，决定了建筑师的“龙头”主导地位，同时在某种程度上限制了结构工程师的创造空间。但是，楼房的设计图纸属于虚拟阶段，建筑设计若无结构设计和施工的配合，楼房绝无可能建造出来，这正是结构设计专业的必要性所在。此外，受当代结构技术的限制，建筑师的创作空间也会同样受到结构技术的约束。在这方面，可反映出人类在改造客观世界的过程中相互依存、共同进步的客观规律。

创新的开端通常最为困难。结构方案设计属于结构工程师的最高级劳动，优秀的结构

---

[1] 解构原理是平法的基础理论。解构原理将与现行结构原理共同构成结构的双向理论。

[2] 结构方案设计的主要内容是设计结构体系，包括所采用的结构类型，各构件的几何尺寸和采用建筑材料的强度等级，等等。

[3] 科学家的主要任务是发现世界，工程师的主要任务是改造世界，建筑设计师与结构设计工程师均属工程师系列。

方案既可以保证结构的可靠度❶，又能使结构受力合理，同时能够满足建筑功能、建筑空间与造型等要求。

在我国，建筑设计院设置结构总工程师职务的制度已实施了半个多世纪，结构总工程师的主要技术职能之一，就是指导和优化结构方案。结构方案的水平，很大程度上反映建筑设计院结构专业的技术水平或结构总工程师的技术水平。近几年来，伴随我国结构工程师执业注册制度的完善，设计公司内执业注册结构工程师的方案能力，在相当程度上可反映公司的总体结构技术水平。

结构方案设计是否合理至关重要。从某种意义上讲，结构工程基本属于隐蔽工程，结构施工完成后，总是要进行覆盖内外全部表面的建筑装饰。建筑装饰在给结构穿上外衣的同时，也屏蔽了结构局部的优点和缺点。当结构设计基本满足建筑师所希望的空间要求，且仅承受重力荷载时，结构设计的优劣在短时期内通常并不明显。但是，当经受非重力荷载如温差、飓风、地震等作用时，或当经历一段较长时间后，结构设计的优劣将会突出显现。高水平的结构设计工程师十分清楚，结构方案的合理与否，将决定整个结构设计的优劣。优秀的结构方案将使结构设计的后续过程“一顺百顺”，将赋予结构一个健美的体魄和灵魂，因为优秀的方案将为整个结构提供优秀的“基因”；而低水平的结构方案通常会使结构设计的后续过程“磕磕碰碰”，往往“先天不足，后天难补”。

对于如此重要的结构方案设计，结构设计工程师应花费足够的时间和精力缜密思考，反复斟酌。在结构方案设计上所花费的时间应当在总的设计周期内占相当比重，才可与结构方案自身的技术价值相称。遗憾的是，在我国普遍采用传统施工图设计方法时期（约2000年以前），根据著者在1993年所做的不完全统计，用于结构方案设计的时间却仅占全部设计周期的2%左右。由于传统设计方法极其繁琐，施工图设计阶段通常约占总设计周期的80%，结构设计工程师为了赶工期，不得不将大部分时间用于绘图。这种因繁琐的传统设计方法导致工作价值与所用时间不成比例的不合理状况，直到结构设计工程师普遍采用平法后，才得到了根本改变。

（二）关于结构计算分析

结构方案设计完成后，结构设计进入计算分析阶段。

结构计算分析是结构工程师的重要工作，需要严谨的工作素质、扎实的理论基础和丰富的设计经验，但其创新含量应低于结构方案设计。结构计算分析是在结构方案设计的基础上，先尽量准确地简化荷载，并将简化后的荷载尽可能准确的作用到结构的相应部位，继而采用适合本结构体系的力学计算方法求解结构内力，然后对内力组合的控制截面进行构件的强度计算，以及必要时进行构件的刚度验算，经过这些主要步骤之后，所获得的计算与验算结果将作为设计结构施工图的依据。

应该清楚的是，在真实的建筑结构计算分析中不存在精确解，只存在控制解。建筑工

❶ 结构设计的技术目的，是满足结构的可靠度；结构可靠度是结构可靠性的近似概率度量；结构可靠性是结构安全性、适用性、耐久性的总称。

程结构的计算分析有三个必须采取的主要步骤：

1. 统计荷载，具体方法是将荷载以比较接近实际情况的方式予以简化（对钢筋混凝土结构，其简化后的荷载作用类型不可能完全符合实际情况，但荷载量应尽量统计准确），然后作用到结构的各个相应部位；

2. 采用比较适合所选用结构体系的计算方法，进行力学计算并求出组合内力；

3. 选定各构件的内力控制截面，应用现行结构设计规范与混凝土结构设计原理中的计算公式，进行强度计算和刚度验算。

对于钢筋混凝土结构，以上三个主要步骤的任何一个步骤所得出的结果，均不同程度地存在误差，且均不属于精确结果，事实上永远不可能做到精确，我们只能尽可能将误差控制在能够接受的范围。

当结构体系确定之后，结构设计工程师最关心的是如何获得既定结构体系中各部位的真实内力。通常的概念是，只要能得到真实内力，将真实内力作为已知条件，根据现行结构设计规范与混凝土结构设计原理中的计算公式进行构件的强度计算和刚度验算，使构件抗力 R 大于构件控制截面的荷载作用效应 S，那么，结构就可以满足可靠度要求了。应当保持清醒的是，这种概念所能达到的目标，只可能做到尽量接近真实状况，但永远无法获悉真实状况。

当我们实施结构计算分析的第 1 步骤——进行荷载统计时，必须对荷载做简化处理，否则无法利用现有计算手段求解内力，而只要进行简化就会伴生误差。例如，框架结构的填充墙是简化为均布荷载作用到框架梁上的，实际上填充墙自身就有很好的交互性和拱效应，且通常与框架柱有很好的拉结。将填充墙简化为作用到框架梁上的均布荷载与实际情况有很大出入。还有，我们假定的可变荷载是一平均值，实际使用时不可能做到平均，而在统计荷载时只能按平均值统计并施加于结构，与实际情况也存在较大误差，等等。

当我们实施结构计算分析的第 2 步骤——进行内力计算时，选用不同的计算方法将会得出差别明显的计算结果。由于各种计算方法的计算前提不同，结果甚至可能相差很大。例如，我们计算钢筋混凝土结构通常采用开口薄壁杆系理论或有限元理论两种计算方法，同样一个结构分别采这两种计算方法后得到的计算结果往往差别较大。人们通常的概念是有限元计算理论比较精确，但常常忽略了有限元方法最适合计算的是由均质连续体材料构成的钢结构。划分均质连续体材料计算单元与计算单元之间的边界条件的假设，能够做到比较接近实际情况；而钢筋混凝土材料完全非均质，特别是受弯构件在正常工作状态下会带裂缝工作，比较准确地假设单元与单元之间的边界条件非常困难，几乎不可能。因此，有限元方法比较适合钢结构的内力与变形计算。若简单地把有限元方法用来计算既非均质体亦非连续体的钢筋混凝土结构，计算时单元与单元之间的边界条件非常复杂，采用有限元计算方法得到的构件内力与变形误差，不一定低于采用开口薄壁杆件理论计算方法。

当我们实施结构计算分析的第 3 步骤——进行强度和刚度计算时，主要依据现行混凝土结构设计原理中的计算公式，但这些计算公式也存在很大偏差。例如，钢筋混凝土受弯构件的强度计算和刚度计算的核心内容，是设法确定构件的混凝土受压区高度。当混凝土受压区高度确定之后，配筋计算就变为相对简单的求解内力平衡方程。但是，就是在强度计算过程中确定混凝土受压区高度这个隐蔽环节上，由于所应用的承载能力极限状态计算方法仅突出考虑了内力对构件截面的空间影响而忽略了时间影响，往往控制受弯构件配筋的不是强度计算的配筋结果，而是正常使用极限状态下的控制裂缝宽度的计算结果，这种情况在对跨度较大受弯构件的计算分析结果中几乎占绝对比重。

钢筋混凝土材料属于非均质体和非连续体的客观事实（正截面受弯、偏心受拉及轴心受拉构件通常带裂缝工作），导致其力学特性有较高的离散性和弥漫性。在建立混凝土结构设计原理❶的过程中，需要在各个环节上进行多项假定和简化才能形成简单、实用的计算公式❷，因此，采用混凝土结构设计原理中的计算公式所得出的结果，通常只能满足宏观上的控制要求，同样属于控制解而非精确解。事实上，采用属于“控制解”的内力值进行强度计算和刚度验算，也只能得出“控制解”的结果，这是符合逻辑的结论。更何况在强度计算和刚度验算时还有新的误差存在。

在结构设计中，当我们采用现行混凝土结构设计基本理论对结构进行强度计算和刚度验算时，对选定计算截面内力的真实性通常不去做具体评价，正因为如此，使结构设计工程师对他们所做计算工作的准确程度往往缺少清醒的认识，从而过于相信并非精确甚至达不到准确级别而仅能起控制作用的计算结果，忽视了某种程度上更为重要的概念设计方法。

以上论述表明，由于钢筋混凝土结构计算三个主要步骤的前两个步骤存在显明误差，使我们得到的只是接近真实内力的控制内力。将这个控制内力作为第三个步骤的已知条件，进行构件的强度计算与刚度验算，那么，第三个步骤得出的结果也存在比较隐蔽的误差。于是，比较中肯的答案是，我们只可能将误差控制在能够保证安全度的程度范围，但误差不可避免。对于实验室以外的实际工程中客观存在的真实内力，我们只能做到尽可能地趋近，却并不可能实际得到，甚至永远得不到。

欧美发达国家的高层建筑已有上百年历史，在其建筑设计史上，由于计算工具笨拙，最繁重的工作是结构的计算分析。现代电子计算机及相关技术的飞速发展，首先把结构设计工程师从极其繁重的计算工作中解放出来，因此，发达国家的结构设计工程师对计算工作的解放感受最为深刻。我国大规模基本建设和大量高层建筑的起步，始于 20 世纪的 1985 年前后，当时电子计算技术已开始步入成熟期。伴随我国高层建筑的起步，计算分析程序随之在结构设计中发挥巨大作用。客观地讲，我国的结构设计工程师尚未亲身体验到结构分析尤其是对高层结构计算分析工作的繁重性，就不知不觉地获得了“第一次解放”。或许因为如此，与发达国家的结构设计工程师相比，我国结构设计工程师对计算机分析程序的计算模型和计算假定所导致的计算误差通常缺少必要警觉，对采用人工计算和

---

❶ 混凝土结构设计基本原理中的核心内容，是进行构件的强度计算和刚度验算。

❷ 工科的计算公式与理科的公理有本质的不同。混凝土结构设计原理中的计算公式并不能真实地反映自然规律，而是技术概念类公式，系为实现特定目标而构建的具备可操作性的特定规则。

运用概念设计处理复杂结构问题未给予足够重视。通常没有意识到，电子计算机并未将钢筋混凝土结构的内力计算、强度计算与刚度验算得到的“控制解”升级为实际并不存在的“准确解”。

计算机的广泛使用与我国大规模基本建设几乎同步进行，的确大幅度提高了计算效率，使结构设计工程师从一开始就未陷入繁重的计算工作之中。经不完全统计，我国结构设计工程师用计算机进行结构分析所用工作时间，仅约占全部结构设计工作周期的15％～20％。

（三）关于结构施工图设计

结构施工图设计的工作内容，是将结构方案设计、结构强度或刚度计算分析后的结果，用具体的图形表达出来，形成施工图设计文件。结构施工图就是结构设计的物化产品。该阶段的工作内容，相对于结构方案设计与结构计算分析这两个阶段，却并无多少创造性。就是说，结构施工图设计不属于结构设计中富含创造性的高级劳动。结构设计人才在结构设计三阶段中的合理使用，应是最高级设计人员主要进行结构方案设计，中、高级设计人员主要进行结构计算分析，而结构施工图的绘制则可由一般设计人员来完成。

在我国未采用平法设计之前，经研究统计出的各设计阶段所耗费时间占整个设计周期的比例：结构方案设计阶段约为2％，结构计算分析阶段约为15％～20％，结构施工图设计阶段约为80％。显然，各设计阶段的工作耗时比例与其工作性质上重要性相比，明显倒挂。单从这一表面现象即可反映结构施工图传统设计方法的效率明显偏低。

三、结构施工图传统表示方法存在的问题

（一）结构施工图设计的传统表示方法

所谓结构设计的传统表示方法，事实上并未在我国形成统一模式。只是工程技术人员将平法普及应用之前的设计方法❶习惯称作传统设计表示方法。传统设计表示方法，系源于我国高等教育的工业与民用建筑专业及中等专业教育中，关于土木工程专业的工程制图教科书中的教学表示方法。

以钢筋混凝土结构为例，结构工程制图的教学表示方法一般指“单构件正投影表示法”。该方法在钢筋混凝土构件的轮廓内，直观展示构件内部的钢筋形状，其教学目的是给初学者以直观印象，使其对钢筋混凝土构件的内部钢筋布置方式较容易地直接产生感性认识。工业与民用建筑专业或土木工程专业的学生在毕业之后，自然、习惯性地将这种在课堂上进行初步专业训练的学习方法，照搬到了设计生产实践中，在近半个世纪的时间里始终如此。

自然行为往往受直觉或潜意识支配，但通常会带有一定的盲目性。结构设计是改造客

❶ 此处所讲的结构设计方法有别于结构设计原理，两者的功能不同，基本属性也不同。区别在于前者仅为方法但未上升至方法论，而后者为关于结构基本属性和运动方式的认识论，详见本章第四节关于平法解构原理的概述。

观世界的生产活动，与主要功能为传授结构设计原理的教学活动在其属性上有根本区别。如果结构研究人员对教学与设计在基本属性方面的诸多不同之处加以特别关注，很容易发现将课堂教学的表示方法照搬入设计工作中，会导致设计文件里存在大量重复。研究适合结构设计工作中使用的设计方法，能够大幅度减少重复，提高设计效率，使结构设计表达方式更加科学化。这显然是一项具有重大研究意义的活动。遗憾的是，在已经过去的近半个世纪里，我国的高等教育界却将工程界直接反映的客观现象排除在其视距之外，没有看到结构设计表示方法蕴含着的巨大的研究价值。

自从 1949 年起我国结构工程界沿用传统结构设计表示方法长达 40 多年后，在市场经济的推动下，本书著作者承担起改革传统方法的课题，自主创建了平法。25 年后在全国范围已普及平法的今天，传统的“单构件正投影表示方法”在课堂上对初学结构设计原理的学生仍然发挥教学功能，但已基本退出建筑结构设计界的生产活动。

现在，让我们认真地对结构工程界曾经采用的传统方法进行反思。首先，我们列举采用传统方法即“单构件正投影表示法”进行结构施工图设计的两个具体步骤：

第一步：设计绘制结构各层（标准层）的平面布置图，在结构平面布置图上将所有构件进行编号及注写构件详图所在图号索引，或者将整榀框架进行编号并索引框架详图所在的图号，见图 1-1-1。

第二步：绘制构件详图或者整榀框架详图，又称为“大样图”，并在详图上注明被索引的结构平面布置图的图号，见图 1-1-2。

用传统方法设计结构平面布置图时，通常按结构标准层分别绘制。对于主体结构的标准层，按构件的种类可划分为：柱标准层，剪力墙标准层，梁标准层，以及板标准层。柱、剪力墙、梁三大类构件的标准层在层位上往往并不统一，实际绘制时，习惯上以梁标准层为准。此外，由于“板随梁走”，板标准层通常与梁标准层相对应。

用传统方法设计的构件详图，通常包括两部分内容：

第一部分：构件的正投影透视图。绘制时，一般在该图上采用图示和加注数字与文字的方式注明：

1. 构件编号及所在平面布置图的图号；
2. 正投影透视图的轮廓、几何尺寸和标高；
3. 构件配筋正投影；
4. 钢筋锚固、连接等构造；
5. 构件截面剖切位置及编号；
6. 必要的文字说明；

等等。见图 1-1-3。

第二部分：构件的截面详图。绘制时，通常在其上用图示及文字注明：

1. 截面编号；
2. 截面几何尺寸；
3. 截面配筋；

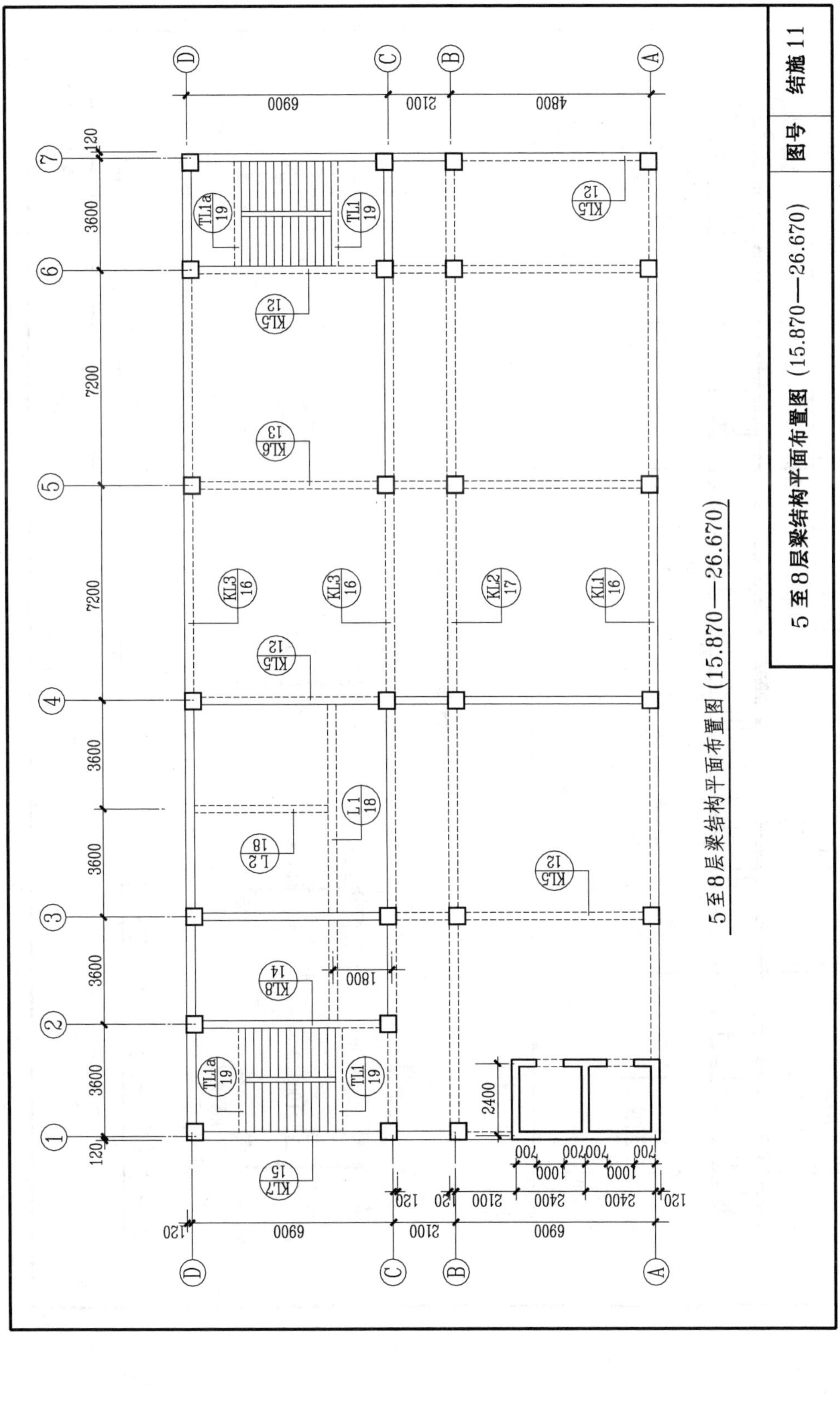
5至8层梁结构平面布置图(15.870—26.670)
图号
结施11
5至8层梁结构平面布置图(15.870—26.670)
KL1 16
KL2 17
KL3 16
KL5 12
KL6 13
KL7 15
KL8 14
L1 18
L2 18
TL1 19
TL1a 19

图 1-1-1

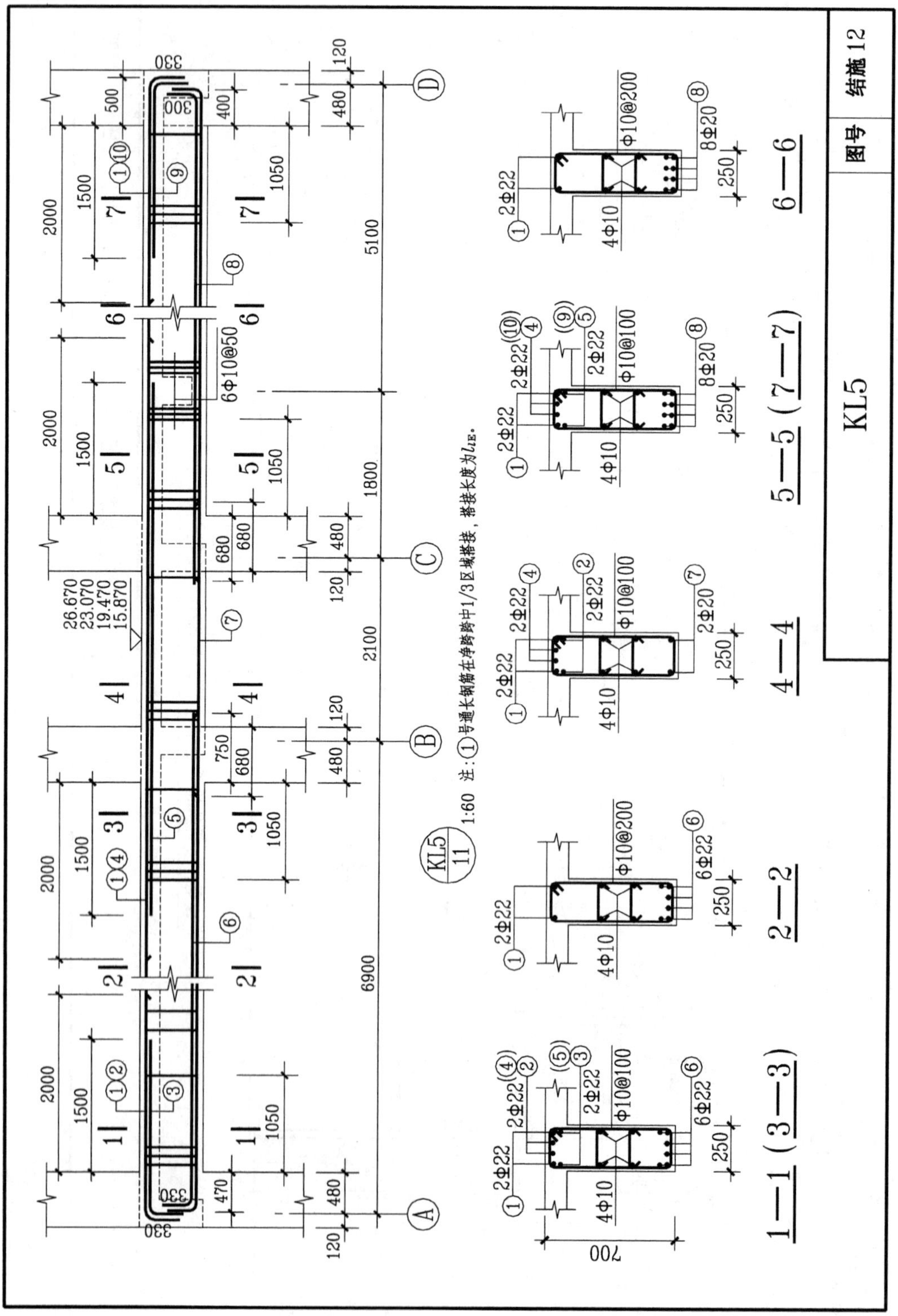
KL5
1:60
注：①号通长钢筋在净跨跨中1/3区域搭接，搭接长度为l_{lE}。
1—1（3—3）
2—2
4—4
5—5（7—7）
6—6
图号 结施12

图 1-1-2

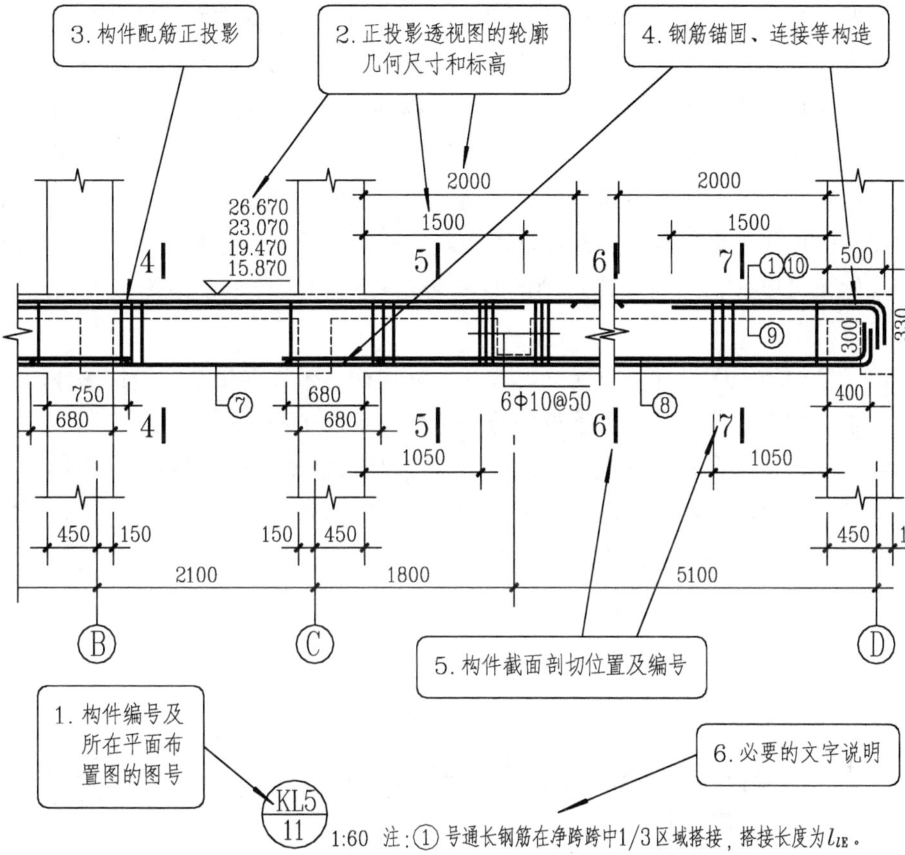

图 1-1-3

4. 必要的注解；

等等。见图 1-1-4。

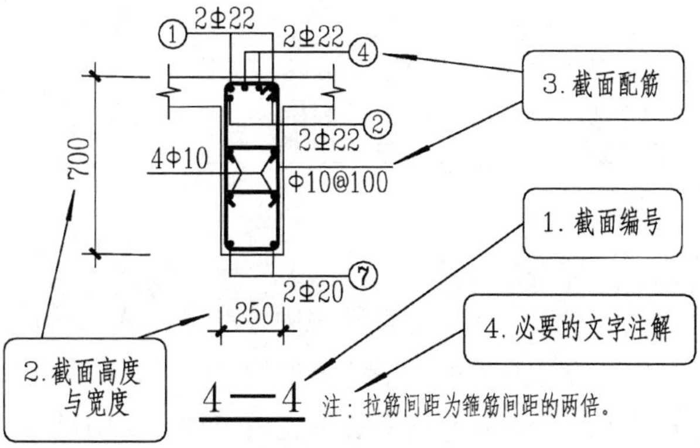

图 1-1-4

对于一项具体工程，构件的种类少则几十种，多则数百种，构件详图的设计绘制工作量相当大，图纸量往往是结构平面布置图的数倍到数十倍。

结构专业设计必须与建筑专业设计相配合，在空间、造型诸多方面不能与建筑专业设计相左。通常情况下，必须顺应建筑专业设计内容的变更而做相应变更。建筑师完成建筑方案设计之后，把“作业图”提供给结构设计工程师。根据建筑“作业图”，结构设计工程师开始进行结构方案设计、结构计算分析和施工图设计。在结构设计工程师进入实质性工作的同时，建筑师开始进行建筑立面、平面、内部空间等细部设计。在此过程中建筑师往往会萌发新的创作思想而改变局部设计甚至较大幅度地改变原建筑方案。此举对建筑设计的升华自然无可厚非，然而，建筑师的自我否定往往相应否定了结构工程师已完成的工作。

由于传统结构施工图设计复杂繁琐，改动一处往往连带许多张结构设计图作废，牵一发动全身，给结构设计工程师本来繁重的绘图工作又增加了额外负担。

例如：假如建筑师在施工图设计阶段决定调整某根框架柱的位置以获得某种空间效果，其结果必然导致结构设计不得不做相应大改，除需要重新进行计算分析外，还连带已经设计好的若干框架梁图纸全部作废，见图 1-1-5。

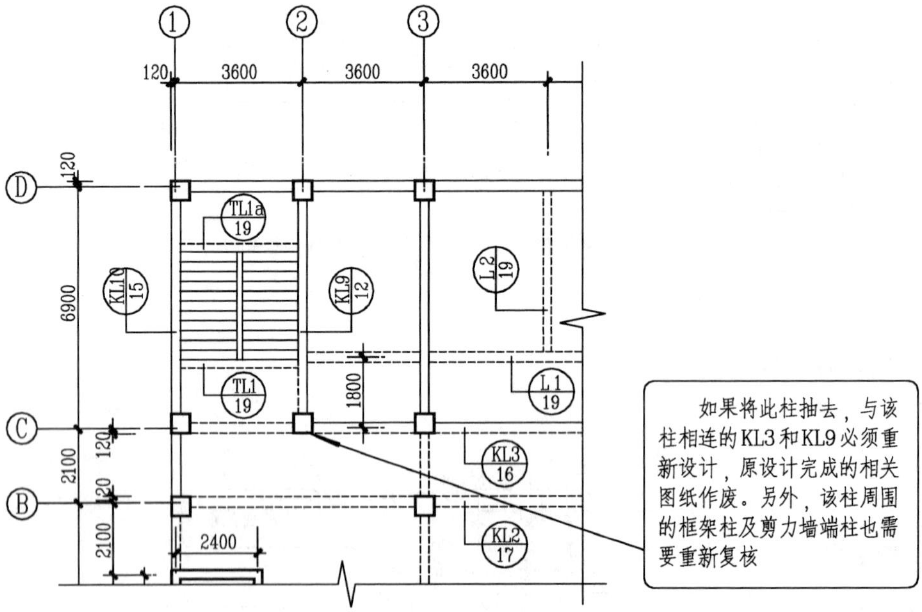

图 1-1-5

将“单构件正投影表示方法”从专业教科书中“照搬”入结构施工图的实际设计中，对同类构件中的相同构造做法与他类构件中的类似构造做法，将不可避免地出现大批量重复，这些重复通常为简单重复，重复的结果必然造成结构施工图设计表达繁琐，图纸量巨大，设计效率低，质量难以控制，设计成本高。传统方法不仅影响设计效率，连带设计完成后的校对、审核两道工序也相应繁琐。

由于采用传统方法设计结构施工图很费时间，在建设业主与设计单位的签约设计周期内，结构设计工程师没有多余时间等候建筑师将整体与细部完全考虑成熟后再进行结构施工图设计，因此，建筑师在设计过程中对建筑“作业图”的任何变动，往往连带相关结构施工图设计前功尽弃，废图量很大。建筑与结构两个设计专业因此发生工作上的矛盾，在建筑设计院内不胜枚举，司空见惯。

（二）结构施工图传统设计表示方法存在的问题

如前所述，结构施工图设计采用传统设计方法的直接后果，是表达繁琐，图纸量巨大、设计效率低，质量难以控制，设计成本高，校对、审核工作量大，修改过程中的废图量大。但这仅仅是问题的表面现象，如果据此对传统方法进行改革，尚缺少充分的理论依据。因此，应探究导致问题发生的深层次原因。

1. 传统方法将大量重复性内容与创造性设计内容混到了一起

在计划经济时期，建筑设计被错误的划归意识形态的上层建筑范畴，在其基本属性上产生认识上的混乱。进入市场经济改革时期后，建筑设计的商品属性逐渐明晰，现已基本形成社会共识。

建筑设计有成本，有价值和使用价值，通过货币方式进行物质交换，具有商品的普遍特征。但建筑设计又不同于普通商品，它不是成批生产，而是逐个进行设计和建造。如果同一项设计用于第二座甚至多座建筑的建造，那么，从第二座建筑开始，该设计已经失去了“设计”意义而变为“套图”，其价值也相应减小。建筑设计的这一特殊属性，给我们的重要提示为：建筑设计应以创造性设计内容为主，重复性内容应尽量减少。结构设计是整个建筑设计的重要环节，结构设计也应以创造性设计内容为主，并尽可能地减少重复性内容。由此可见，结构设计与建筑设计的特殊属性相同，都是以创造性为主的生产活动。

明确结构设计具有创造性的特殊属性后，问题趋于明朗化。传统表示方法以平面布置图为中心，派生出多张构件详图来表达构件的设计内容，在中心图（平面布置图）与派生图（构件详图）之间，存在多种重复，构件详图上的各详图之间又存在更多的简单重复。

例如，在梁的平面布置图上，已经注明了梁的跨度和顶面标高，但在梁的详图上还要重复标注一次；再如，每张梁的详图上都多次重复绘制类同的节点构造和构件本体构造❶，多次重复标注了钢筋的连接、锚固长度、抗震箍筋加密区范围等等。这些重复不仅大幅度降低了设计效率，而且也加大了出错概率。

由于平面布置图与构件详图多路重复性关联，当为配合建筑学专业的设计调整，或者结构专业本身需要进行设计调整时，在紧张的设计工期下，往往改动了平面布置图，而漏掉了构件详图中应做的相应改动，或者改动了构件详图而漏掉了平面布置图上的相应改动。据不完全统计，在设计与施工进行“技术交底”时，施工方面发现结构设计图纸中的“错漏碰缺”，约有三分之二左右与表达内容的重复有关。此外，由于结构专业的设计阶段相应滞后于建筑设计专业，加之采用传统结构设计方法导致的低效率，致使结构专业经常在项目多专业的设计进度中“拖后腿”。在建筑学、结构、给水排水、采暖通风、电气等

❶ 节点构造与构件本体构造的区别为：构件构造指不包括节点的构件自身构造及构件自由端构造，仅与构件自身相关；节点构造又分为节点主体构造和节点客体构造，与两个或多个相连接的构件相关。

各专业的设计配合中，结构设计专业经常处于被动状态。

2. 传统结构设计方法导致建筑设计与结构设计专业人员比例不合理

在我国未采用平法前，建筑设计院中结构与建筑学专业人员的比例约为3∶2，而在日本等发达国家约可低至1∶7左右，与之相比竟然存在十几倍的差别。虽如此，我国结构设计人员却仍然经常性地超负荷工作，成为建筑设计院中风险责任最高，工作最辛苦，而工作报酬却相对较低的专业。

用计算机绘图也无法使结构专业摆脱困境。在20多年前全国尚未采用平法时，计算机CAD软件的编制依据，是繁琐的传统方法，CAD设计图纸的表达方式与人工绘图同样繁琐。由于计算机远做不到人工绘图时的灵活归并（例如人工绘图时常在一根梁的正投影透视图上采用加括号方式同时表达两根或三根梁），结果用计算机绘制的图纸量比人工绘制还要多出不少，甚至翻倍，且成图率不高，设计成本比人工绘图反而更高。

在改革开放初期，建筑设计院采用计算机绘图经常出现"工期越急越不敢用，结构复杂用不成"的奇怪现象，甚至为了完成上级管理部门下达的计算机绘图量指标，而将已经人工设计绘制完毕甚至已交付施工的设计项目，再用计算机绘制一遍应付、搪塞上级部门检查。二十几年前曾经发生过的这类的奇怪事情，在今天看来简直莫名其妙无法理解。但以历史唯物主义观点看问题，任何一件曾经实际发生过的事情，都可从自身角度如实折射出当时客观存在的矛盾。

过低的结构设计效率，不仅造成建筑设计单位中建筑设计师与结构设计师人员比例的不合理，而且影响到在整个建筑行业人才的合理分布。工程设计项目最终必须通过施工来实现，结构设计效率过低自然占用结构人才过多，国家培养的大量土建技术人才纷纷涌入设计部门，使施工单位严重缺少技术人才的状况长期得不到缓解，导致全国范围施工队伍的平均技术水平偏低，这样不利于保证施工质量，更不利于施工技术方面的科技进步。

3. 传统设计难以保证校对与审核质量

校对与审核是结构设计非常重要的两个环节，对确保设计质量起重要控制作用。但是，由于传统设计表达过于繁琐，实际设计工作中又不可能给最后阶段的校对与审核工序预留充足时间，因此，难以保证校对与审核质量。

为了提高设计效率，我国南部沿海发达城市，曾经大面积采用过"列表法"表达结构设计。列表法所绘制的中心图（结构平面布置图）与传统方法基本相同，而派生图（构件详图）则与传统方法有明显区别。列表法不去逐根梁或逐根柱地绘制单构件正投影透视图和截面详图，而采用绘制一根示意性的梁及示意性截面，或绘制一根示意性的柱及示意性截面，并将梁或柱的所有几何元素和配筋元素全部罗列在表格中。

列表法表达方式，系以集中数据的方式替代了图形表达方式。从现象上看，列表法的确省略了部分图纸，但在本质上仍然将创造性设计内容与重复性内容混到了一起，且混合的方式更加隐蔽。因此，"列表法"仅仅是对传统方法进行改良而非改革，并未触及传统方法本质上的问题。

采用列表法时，表格中的数据隐含着大量重复性内容，同时也隐蔽了“错漏碰缺”，使校对（包括自校）与审核比采用传统“单构件正投影方法”更难发现问题。根据本书著作者的调查，在采用列表法的结构设计中存在的“错漏碰缺”，通常很难在校对、审核以及施工技术交底时普遍发现，只能随着施工进度，在施工的各个阶段逐步发现，随时处理。列表法能满足建筑业主急于拿到设计图纸尽快开工的心理要求，但结构设计工程师却为处理后续施工过程中逐步发现的大量问题，在时间和精力两方面付出了成倍代价。

我国结构设计界流行多年的结构设计“错漏碰缺难免”的说法，一方面可作为结构设计工程师自我开脱的无奈之词，另一方面非常逼真地反映结构设计出错率较高的事实。从长远发展趋势来看，建筑设计的市场竞争必然趋于激烈化，市场竞争的实质，就是效率、质量与成本的竞争。结构设计中的“错漏碰缺难免”必然随着市场竞争的普遍化而被逐步克服，结构设计必须摆脱这种被动局面。

4. 过于直观的传统设计为非专业人员从事建筑施工提供了方便

由于传统设计图纸的表达方法源于面向学生的教学示范方式，正投影透视图直观而且详尽，初步接受结构专业训练的人员会感到明白易懂，这正是教材所应具备的功能。而教科书面向的接受教育的学生，与结构施工图设计面向的熟练技术人员，在专业素质上完全不同。接受教学训练的人员属于无专业感性认识且无设计经验的初学者，而结构施工人员则已具备相应专业技能和工作经验，已对结构构件有充分的感性认识。

大学里的任何一个班级的全体学生，统统是结构施工方面的生手，而任何一个建筑施工队伍都不可能完全由新手组成。现代建筑技术具有相当高的科技含量，决非砖瓦、土坯、干打垒等低级技术，根据全面质量管理的要求，未受过专门技术训练和专业技能未达标的人员不允许从事专业技术工作。而传统结构设计图纸过于直观详尽的表达，客观上为根本没有经受过结构专业训练的人自以为能“看懂”图纸提供了方便，或许无形中鼓励这类人员敢于冒险承包建筑施工。

未经结构专业训练的人员能够“看懂”的图纸，不过是构件内部的钢筋形状，但他们却不可能了解混凝土与钢筋各自的性能以及共同工作的原理，不懂得在施工阶段为保证混凝土与钢筋共同工作所必须遵守的诸多技术规定。似乎“看懂”了钢筋的形状，客观上会鼓励那些对混凝土的配合比、颗粒级配、搅拌、浇筑、振捣、养护等施工技术一知半解甚至一窍不通的人员敢于从事具有相当技术含量的建筑施工，从而极有可能给建筑结构质量埋下严重隐患。

5. 传统设计对结构施工中的钢筋工程进行验收很不方便

结构施工中钢筋工程的质量，对于整体工程的质量举足轻重。钢筋工程属于隐蔽工程，为确保施工质量，必须在浇铸混凝土之前对钢筋工程进行施工验收。通常的程序是，当整个楼层的钢筋绑扎完毕后，质检人员开始对构件逐一检验。在检验时，质检人员首先要在结构平面图上找到某根梁或柱的所在位置，然后翻找其配筋构造详图，查验现场绑扎的钢筋；当检验完一个部位后，需要在结构平面图上再找到另一根梁或柱的所在位置，然后再翻找其配筋构造详图，对照查验钢筋。如此反复进行，直到最后一个构件检验完毕。

对传统结构设计施工图，质检人员普遍反映在验收时反复翻看图纸，工作量大，效率低，图纸损坏很快，一项几十层楼房的结构设计经常会翻烂三、五套结构图纸，通常需要加晒图纸才能满足施工需要。加晒数份图纸对一项工程增加的建设成本并不是很高，但对全国每年数万工程项目而言就不是一个小数目。

传统设计导致质检人员的工作效率不高，在施工进度加快时，有可能因时间关系疏于检验或没有时间进行逐一检验，从而影响隐蔽工程的质量。

6. 传统设计表达信息离散不易形成结构的整体形象

结构施工图设计文件，由施工工程师或现场施工技术人员具体实施，他们对建筑产品的物化质量负有直接责任。为圆满完成施工任务，需要提高项目的管理效率和质量，而提高管理效率和质量的有效方法，一要把握全局，掌握建筑的整体情况，二要对相类似的构件做归并处理，使管理目标集成化、有序化。

在施工正式开始的时候，施工工程师或工地技术人员所要做的第一件事情，就是研读设计文件。由于传统结构设计以平面结构布置图为中心，派生出许多构件详图，全面掌握一个标准层的设计信息，需要来回翻看大量图纸。设计信息的离散分布，导致对相类似构件进行归并需要耗费大量时间。离散的信息也难以使施工技术人员形成空间结构的整体概念，在施工初期难以做到在整体上把握结构，不宜于全面控制施工质量。

7. 传统设计方法限制了工民建专业学生的结构设计实践

大专院校工民建专业学生在专业课程学习的后期，需要做课程设计和毕业设计。当采用传统结构设计方法进行课程设计和毕业设计时，由于表达繁琐图纸量大，需要耗费大量时间绘图，而学校教学计划中给课程设计和毕业设计安排的课时有限，因而难以完成一项完整设计，不利于学生通过设计实践将所学知识系统化、成熟化。当他们完成学业到设计单位就业后，由于在学校所做的设计项目通常不完整，通常在短期内做不到能够独立承担工程设计。

如前所述，课堂教学与实际设计的功能和目标不同，课堂教学所用的表示方法与实际设计中所用的表示方法也应有所不同。由于适用于课堂教学的单构件正投影表示方法存在大量简单重复，直接用于结构设计必然导致效率低下。与传统方法截然不同的平法，一经推出便受到全国设计界的普遍欢迎，在全国设计单位迅速普及取代了传统方法，已充分证明课堂教学方法对实际设计不适用。

平法包括结构设计规则和标准构造详图两大部分内容，自 1996 年起，本书作者即平法创建者将平法科技成果编制为 G101 系列国家建筑标准设计向全国出版发行，直接应用于建筑结构设计。《国家建筑标准设计》属于技术专著类出版物，当被结构设计工程师选用后可作为正式设计文件的一部分。我国高等教育界普遍关注的通常是学术专著，对工程界技术专著类的新技术和新理论，往往缺少必要的敏感度。我国的现状是，一方面，在高等院校中为培养造就工程技术人才按部就班地进行传统方法的教学训练；另一方面，结构工程界却已经摈弃传统教学方法而普遍采用平法。

大学培养的结构人才到设计或施工单位就业之后，才发现实际工作中普遍使用的平法与在学校所学方法竟然大不相同。这种工程界走到教育界前面的“平法现象”，也是我国在经济体制转型期间必然产生的各种过渡性矛盾之一。随着时间的推移，按事物发展的客观规律，这种过渡性矛盾应当能够逐步解决。

第二节　结构设计与施工的系统科学思路

建筑结构设计是富含创造智慧的生产活动，是一种需要大量采集和处理信息，运用集中与分散的控制方式，具有多级子结构的复杂的工作系统。对这个工作系统进行研究的目的，是为结构设计提供组织、管理和决策的科学原则、思维方法和设计方式。平法研究将为设计与施工人员提供简捷的设计方式、实用的技术方法与合理的构造规则，因此，特别适合运用系统科学理论进行具有交叉性质的基础研究。

一、系统科学的研究对象

系统科学是近几十年发展起来的新兴学科，它在现代科学技术体系中占有特殊地位。系统科学的形成和发展，以及在各个领域里的广泛应用，给自然科学、技术科学、工程技术和社会科学提供了一种跨越学科界限，从整体上研究、分析和处理问题的新思想、新理论和新方法。

各门科学都有自己的研究对象。通常，每一门科学所研究的对象都是一个或一些特定的系统。在系统科学出现之前，所有这些学科并不研究离开具体的物质形态的一般系统。系统科学则不同，它不研究特定形态的、具体的系统，而是撇开系统的具体形态，特定的结构和功能，去研究系统的类型，性质，以及运动的机理和规律。

研究具体物质形态的一般系统，正是现代科学确定的研究目标。系统科学不去研究具体物质形态，是对现代科学确定目标的创新拓展。系统科学的这一崭新特征，一方面与将逻辑量化为己任的数学有血缘关系，另一方面继承了以揭示思维规律为己任的西方哲学基因。

本书著者将系统科学不去研究特定形态的、具体的系统，而去研究超越具体形态的系统的类型、性质，以及运动机理和规律的原理，运用到平法的有交叉性质的基础研究方面，便为平法的总体功能确定了走向，即：对平法总体功能的研究，并不锁定某些特定的结构体系，无论混凝土结构、钢结构、砌体结构、木结构、或特殊结构等特定形态的、具体的结构系统，都不在平法的系统科学基础研究的对象之列，而是撇开这些特定结构系统的具体形态和功能，研究整个结构系统的类型、性质，以及运动的机理和规律。

系统科学所具有的哲学基因，决定了其是一种具有方法论性质的观察问题的方式。运用系统科学方法研究某个系统时，不但系统本身各个要素相互之间的联系、要素和系统之间的联系，而且系统和环境的各种联系、现在的联系和状态与未来的联系和状态等等，都被纳入考察问题的参考系之中。系统科学在本质上是研究事物的功能行为的，简言之，它主要不是研究“这是什么?”而是研究“它做什么”和“怎样做”的问题。

平法研究整体上所持有的系统科学的观察问题的方式，决定了其并不把具体的结构设计项目作为观察对象，而是观察设计工作程序的进程和动态地研究它的功能行为。至于它的研究对象的实体是什么，例如运用平法所设计的是什么样的建筑结构，却无关研究的整体思路。系统科学所注重的是动态的、功能行为的方法的系统性与科学性。

平法研究立足于直接观察设计工作程序的过程，动态地研究设计工作程序的功能行为，而不是在现有的结构科学概念中找出适合自身意图的概念，有选择地再度进行归纳和演绎。之所以坚决摒弃这种“研究游戏”，其理论依据在于所有现行的结构科学概念都包含谬误，而客观现象没有谬误。将现有的结构科学概念重新进行排列组合，得出的结果有可能是谬误的叠加或谬误的复合，而直接研究没有谬误的客观现象，将为平法研究奠定客观、自然的基础。

对结构的感性认识上升到理性认识之后，形成了结构科学理论和结构技术概念，在对客观事物的认识上产生了飞跃，进入认识上的高级阶段。但在认识产生飞跃进入高级阶段之后，却又脱离了客观现象。一个不争的事实是，既然现有的结构科学理论和结构技术概念并没有解决结构设计效率低的问题，那么，平法若从已有概念入手进行研究，如何能够得出改变现状的结论？令人振奋的是，来自非结构科学的系统科学的观点给本书著者的启示，却照亮了平法研究之路。

以上论述可知，运用系统科学方法，以结构施工图设计方法本身的功能行为作为研究对象，是一条比较合理的科学技术路线。但问题是，平法是一种技术方法，具有生命力的技术方法，首先必须准确承载科学理论。然而，本书著作者清楚地看到，现有的结构专业理论，不适合做平法的理论基础。

结构原理是结构专业理论的主干，结构原理揭示结构的受力特征和描述结构的运动状态，其基本属性是关于结构的认识论；而平法的功能是创造结构，平法需要基本属性为方法论的专业理论作支撑，因为，认识论不等同于方法论，二者不是一回事。

在系统科学这盏明灯照亮的平法研究之路，作者却找不到能够支撑平法的基础理论，系统科学能够辅助平法研究走向正确轨道，但其毕竟不是结构专业的基础理论和应用理论，平法需要结构本专业的理论支撑，既然没有，只有创新。于是，作者创建了全新的“解构原理”基础理论和“构造原理”应用理论支撑平法❶。

二、科学方法的混合系统

当我们研究科学方法的总体结构时，有一种社会科学界与自然科学界广泛接受的划分方式，就是按照科学方法的普遍性程度和适用范围的不同，将其分为三个层次。

第一层次：自然科学各门学科所持有的特殊研究方法。例如天文学中用于光谱红移来测定天体运动速度的方法；地质学中用古生物化石测定地层相对年代的方法；生物遗传学

---

❶ 详见本章第四节“平法的系统构成与解构原理概述”。

中的杂交育种的方法，基因转移的方法；化学中利用催化剂来加快或延缓反应速度的方法。

第二层次：适用于各门自然科学学科的一般研究方法，如实验方法、观察方法、模型方法、假说方法等。

第三层次：适用于自然科学、社会科学、思维科学的最普遍的方法，如矛盾分析法、从抽象到具体的方法、美学与逻辑的方法等。这些方法主要是哲学研究的内容。

这三个层次依次为：特殊的研究方法→一般的研究方法→最普遍的研究方法。

当我们的目标是研究科学方法的总体结构时，或当我们研究科学方法的层次时，已经自然而然地将全部科学方法作为一个系统对待了。因为结构是构成系统的主要特征，结构不可能脱离系统而存在。同理，层次亦是系统的重要特征，层次亦不可能脱离系统而存在。如果我们再一次假定就用以上划分三个层次的方式描述科学方法的总体结构，随之浮出问题是，照以上的划分方法，科学方法的整体构成的是一个混合系统而非整合系统。

混合系统的特征与整合系统的相应特征有明显不同，两种系统的区别非常显明：

第一，混合系统总体结构的各层次的“层次性”模糊，各结构层次未处于一种有序的联系之中。层次性与层次是两个不同的概念，混合系统有层次但似无层次性，而层次性是对整合系统的某一特征的描述。层次性与整合系统的“关联性”、“功能性”以及相对“完整性”是共同存在的。混合系统中有层次，但层次性却不分明。

第二，混合系统各层次的“关联性”不强，特殊方法与一般方法，一般方法与最普遍方法之间未显必然联系。而关联性是整合系统的另一显明特征，对于系统的有序排列非常重要，整合系统各要素间肯定存在质的关联。混合系统中有不同的质，但质的关联离散或松散。

第三，混合系统各层次的划分，只将社会科学方法视为最普遍方法，而在一般方法与特殊方法中却未有社会科学方法的位置，但似乎又未影响系统的整体质。混合系统的整体质是各组成要素性质的简单线性叠加，这样的“整体质”不因某些要素的失去而受损。而对于整合系统，失去任何一个要素都会影响系统的运作，且其影响是巨大的。混合系统需要全部要素，但又并不在乎某些要素的缺席。

以上比较抽象的论述，似乎暗示着平法对目前通行的结构理论和方法有了看法。到此，我们已经可以隐约感到，混凝土结构的理论和方法的“层次性”、“关联性”、“整体质”似乎都有些问题。对于这些问题，我们将在继续探讨科学方法的整合系统之后，再来表明平法的观点。

下面，让我们变换一下认识问题的方式，将全部科学方法视为一个完整的主系统，并运用系统科学方法，从整体出发，对这一主系统进行分析研究。研究的直接目的，是为了对传统结构设计与施工方式进行比较彻底的改革，奠定理论基础。

三、科学方法的整合系统

现在，让我们用系统科学的观点来认识科学方法的结构，研究科学方法的整合系统。

我们将该科学方法的整合系统作为一个大的主系统，可以将其划分为三个子系统，见表1-2-1。

表 1-2-1

主系统： 全部科学方法	第一子系统	适用于自然科学（包括数学科学[1]、技术科学、工程科学）、社会科学、思维科学的"最普遍"的哲学方法
	第二子系统	适用于自然科学（包括数学科学、技术科学、工程科学）、社会科学、思维科学的"一般"研究方法
	第三子系统	适用于自然科学（包括数学科学、技术科学、工程科学）、社会科学、思维科学的"特殊"研究方法

这三个子系统依次为：最普遍研究方法→一般研究方法→特殊研究方法。显然，其顺序恰好与科学方法的混合系统相反。

如果以上划分确实构成了科学方法的整合系统，那么，我们可以清楚地看到，各个子系统之间具有明确的层次性、关联性、功能性以及相对完整性。

第一子系统是最普遍的哲学方法，它位于全部科学方法的最高层次，往下与各门科学的一般研究方法密切关联。该子系统的主要功能是为各门学科的一般研究方法提供科学认识论、方法论和宏观指导，其完整性不仅体现在哲学方法的客观、自然、严密与丰富，例如认识方法、矛盾分析方法，归纳方法、演绎方法、逻辑与范畴等等，也体现在与各门学科的相互对应上，即普遍适用于自然科学、社会科学、思维科学等等。除此之外，其完整性的重要特征，表现在该系统可以作为一个完整、开放的主系统，由相对于全部科学方法的次一级的若干子系统构成，并且，可往下逐级展开位于不同层次和等级的子系统。

第二子系统是一般的研究方法，它所位居的层次低于哲学方法，但高于各门学科的具体的特殊研究方法。一般研究方法向上与哲学方法直接关联，接受哲学方法的指导，向下与具体的特殊研究方法直接关联，为各门学科提供理论基础与发展空间。一般研究方法包括数学方法、观察方法、实验方法、假说方法、统计方法、预测与评估方法等等。该系统的完整性，体现在也可以将其作为完整、开放的主系统，可往下逐级展开位于不同层次和等级的子系统。

第三子系统是特殊的研究方法，它在构成科学方法主系统的各子系统中位于最低层次。特殊研究方法往上与一般研究方法直接关联，接受一般研究方法所提供的理论支持和运作空间，且直接服务于技术科学、工程技术及生产活动。该方法的完整性亦体现在可以将其作为完整、开放的主系统，可往下逐级展开位于不同层次和等级的子系统。

以上三个子系统，在全部科学方法主系统下，构成主系统之下的次一级结构，但其本身实际上是非常巨大的系统。它们分别位于不同的层次，其层次性可描述为关于有序关联和功能定向的特征，但并不意味着其重要性的高低。组成主系统的每一个子系统都是重要

[1] 著者认为，此处把数学归属于科学并不严谨，容易导致亚清晰观念。数学研究自然界中无具体形态的数的逻辑，科学研究自然界中的客观实在。应用数学是数学与科学技术的交叉，其可归属科学范畴。

的，不可或缺（完全不同于混合系统既需要全部要素但却又并不在乎某些要素的缺席）。各个子系统之间定向关联，并且逆向反馈。由此形成的整合系统，具备了哲学所揭示的"整体大于部分之和"的效果。

四、关于建筑结构技术科学方法的整合系统

按照前面所述观点，当我们把建筑结构技术科学方法作为主系统时，可以将其按照整合系统分为三个子系统，见表 1-2-2。

表 1-2-2

主系统：建筑结构的技术科学方法	第一子系统	具有"最普遍意义"的科学哲学和技术哲学方法。如科学认识论和方法论，包括矛盾分析方法、逻辑方法、归纳方法、演绎方法、美学方法等
	第二子系统	具有"普遍意义"的一般研究方法。如试验方法、统计方法、数学力学方法、极限状态设计方法、反应谱方法、时程分析法、假说方法等
	第三子系统	具有"特殊意义"的具体研究方法。如正截面抗力分析方法（受弯、受压、受拉、偏压、偏拉计算）、斜截面抗力分析方法（受剪计算）、螺旋表面抗力分析方法（受扭计算）、刚度抗力分析方法（整体稳定与局部稳定）

以上划分，初步构成建筑结构技术科学方法的整合系统。很清楚，各个子系统应当具有明确的层次性、关联性、功能性、以及相对完整性。

到此，我们现在的感觉可能较之前面的隐约感觉，有逐渐清晰的趋向，即：目前的状况是，我国建筑结构技术科学方法仍然处于一种混合状态，具有最普遍指导意义的科学哲学和技术哲学方法，在我国建筑结构技术领域几乎是一片贫瘠的荒漠；这种对一般研究方法和特殊研究方法具有最高级指导作用的哲学方法，似乎与工程技术无缘。事实上，这种混合系统的运做，使我国建筑科学技术已经感到提速乏力。

在此谨举一个虽小但在时间和空间上对我国结构界的影响并不算小的例子。在 1989 系列混凝土结构设计规范实施期间，我国结构设计界普遍采用的关于不同抗震等级框架结构顶层端节点的通用构造，见图 1-2-1，从科学哲学角度来看，明显违反了通用构造的普遍性原则，从系统科学角度分析，则正是混合系统的负面结果。

该通用构造要求：

1. 对于一级抗震等级的框架顶层端节点，要求梁与柱外侧纵筋弯折搭接，双向穿越节点核芯区。据称该做法的依据是：

（1）在地震作用下，框架结构要保证塑性铰出现在梁端实现"梁铰机制"，就必须保证梁端上部负弯矩钢筋先于柱上端外侧纵向钢筋达到屈服，并使梁端屈服区外移，在梁端形成塑性铰。为实现此目的，在结构设计上须满足"柱端截面的抗力与作用效应之比'R_c/S_c'，应大于梁端截面的抗力与作用效应之比'R_b/S_b'"；在构造设计上须满足"梁端截面的抗力与作用效应之比，大于柱外侧纵向钢筋弯折深入梁内切断点截面的抗力与作用效应之比"。这些在构造设计上须满足的条件表明，柱外侧纵向钢筋弯折深入梁上部越

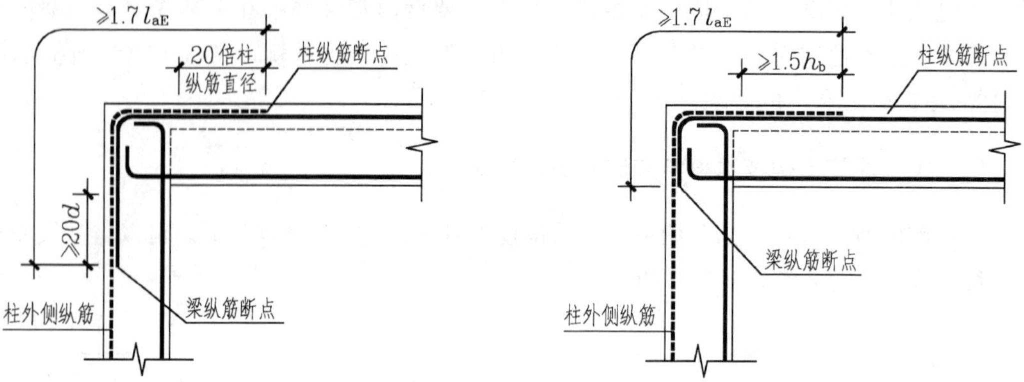

(a) 一级抗震等级框架顶层端节点构造　　(b) 二至四级抗震等级框架顶层端节点构造

图 1-2-1

长（即切断点距离梁端越远），梁端塑性铰就越难形成，而为了满足该条件，需要通过试验确定柱外侧纵向钢筋弯折伸入梁端上部的适宜长度。

（2）试验表明，当梁端上部纵向钢筋与柱上端外侧纵向钢筋弯折搭接的总搭接长度取≥60d（约为≥1.7l_{aE}），柱上端外侧纵向钢筋弯折伸入梁上部的长度取 20d 时，顶层框架端节点试件具有良好的耗能性能，位移延性系数可达 $m\Delta>6$，即当使 $m\Delta>6$ 时，等效粘滞阻尼系数仍能稳定上升，试件在极限荷载阶段梁端将出现塑性铰而破坏。这显然是比较理想的破坏状态。于是，将此种构造形式定为一级抗震等级框架顶层端节点的配筋构造，上述试验结果即为主要依据。

2. 对于二至四级抗震等级的框架顶层端节点，要求梁与柱外侧纵筋弯折搭接，单向穿越节点核芯区（仅将柱外侧钢筋弯折后延伸入梁端上部）。据称该做法的依据是：

（1）试验表明，当梁上部纵向钢筋与柱外皮纵向钢筋以梁底为搭接起点、总搭接长度取≥60d（约为≥1.7l_{aE}）、柱上端外侧纵向钢筋弯折伸入梁上部长度为 10d 至 35d 时（在实际构造中设定为 1.5 倍梁高），均可使梁端屈服区外移，试件的位移延性系数 $m\Delta>4$，但破坏通常发生在柱上端内侧的受压区，从而可避免节点核芯区发生破坏。

（2）由于纵筋搭接起点为梁底，符合施工缝留在梁底的习惯，比双向穿越节点核芯区施工方便。该方式与双向穿越节点核芯区的搭接方式的区别是，此种构造方式使柱上端外侧纵筋搭接入梁，而不使梁上部纵筋搭接入柱。由于柱纵筋伸入梁中较长，有可能不满足前述实现“梁铰机制”的两个条件（“柱端截面的抗力与作用效应之比‘R_c/S_c’，大于梁端截面的抗力与作用效应之比‘R_b/S_b’”及“梁端截面的抗力与作用效应之比，大于柱纵向钢筋弯折伸入梁内切断点截面的抗力与作用效应之比”），从而可能使塑性铰出现在柱上端而非梁端。

这样引出的问题是，对一般框架结构，即使顶层柱端出现塑性铰，实际也并不影响整体结构“梁铰机制”的实现。实现“梁铰机制”的条件应更适用于框架结构的中间楼层，将其用于框架顶层，宜加以修正。上述试验结果即为二、三、四级抗震等级框架顶层端节点配筋构造的主要依据。对于非抗震构造，则仅将二至四级抗震等级构造中的 l_{aE} 换为 l_a，其构造方式保持不变。见图 1-2-2。

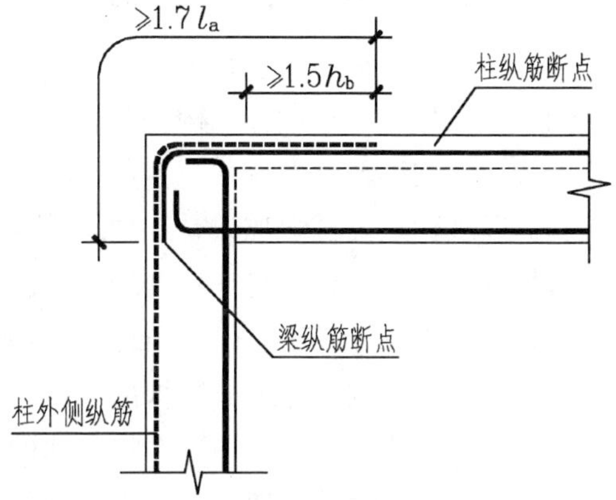

图 1-2-2　非抗震框架顶层端节点构造

这个在我国结构界通用长达二十多年的构造做法，人们在实践中感到不解的是，既然在一级抗震等级时柱上端外侧纵筋延伸入梁的长度为 $20d$ 即可满足要求，为什么地震作用更小的二至四级抗震等级却要取可能比 $20d$ 还要长出许多的≥1.5 倍梁高？全国各地的土建工程技术人员甚至钢筋工人几乎都产生相同疑问。

问题出在什么地方？如前所述，问题出在对一级到四级抗震等级的构造做法没有进行系统整合，故而产生了混合系统的矛盾结果。

很明显，混合系统的一级抗震等级构造与二至四级抗震等级构造的层次性模糊，关联性不强。此外，这种构造做法明显违反了科学哲学揭示的客观规律，即该通用构造做法的试验条件应为结构工程中大量出现的梁柱不等宽的普遍条件，而不应为梁柱等宽的特殊条件。简言之，以特殊条件得出的试验结果并不具有普遍代表性。如果将前面所述的“梁端截面的抗力与作用效应之比大于柱纵向钢筋弯折深入梁内切断点截面的抗力与作用效应之比”的条件，和“保证塑性铰出现在梁端实现梁铰机制”的条件均作为同一类事物的两个逻辑前提的话，那么，对二至四级抗震等级构造做法，却又自我否定了这两个逻辑前提。这样的结果，显然通不过逻辑分析。

还有，抗震与非抗震是两个完全不同的大前提。抗震与非抗震的区别，在于框架是否抵抗往复作用的横向地震作用力。非抗震结构根本不存在这样的作用力，仅仅将锚固长度由 l_{aE}换为 l_a但采用二至四级抗震等级的构造形式（对于四级抗震等级的 l_{aE}与非抗震的 l_a相同），是非常典型的逻辑混乱。而这种明显的逻辑混乱，在一个混合系统中却能令人浑然不觉。

在上面举例中，性质更为严重的问题还不在我们刚刚做过讨论的方面，这个节点构造最严重的失误在允许施工方面将施工缝留在梁底。框架结构的梁底位置是地震发生时最易产生破坏的部位，读者将在后几章中看到关于其严重后果的相关讨论。

更令人费解的是，新修订的 2010 系列混凝土结构设计规范将图 1-2-1（a）构造中的柱纵筋弯折入梁的构造方式，改为延伸至柱顶直接截断，由梁纵筋弯折后与其直线搭接≥1.7l_{aE}完成梁柱纵筋的连接，此构造方式的大改却不清楚其理论与试验依据。

我国关于混凝土设计原理的大学教科书，也带有混合系统的典型特征。土木工程专业的学生在《混凝土结构设计原理》专业课程的学习中，首先学会的是梁、柱等构件的正截面与斜截面强度计算和构件刚度验算的方法及构造，这些几乎全部属于“构件”的设计原理，而真正属于“结构”的设计原理仅偶尔提及。按照这种训练方式培养的大学生，当要求他们设计某单独构件时通常能够顺利完成；但当要求他们按照建筑师的方案独立设计结构体系时，却往往不知从何着手。

问题出在那里？出在将“构件”设计原理冠以“结构”设计原理，从一代接一代的混凝土结构设计理论教科书沿袭至今，土木工程教育界已经形成了差不多相同的思维定式。如果我们以现代系统科学观点看这种思维定式，便会发现存在问题。

如果认为将构件组合起来就是结构，已完全属于过时的传统概念。结构决非是构件的简单组合，构件设计理论仅仅是结构设计理论中的一部分，但并不能代表结构设计理论。结构是一个整体，构件是组成结构的元素，现在各种版本的《混凝土结构设计原理》所采用的解决问题方式，基本上均试图将整体的各个元素加以单独处理，各个解决，然后，以期通过在观念上或试验中把它们加以组合的方式构成整体。例如，在教科书中对构件的正截面受弯、斜截面受剪、正截面偏心受压、螺旋表面受扭等，基本上都是单独处理、各个解决。对这些本来在同一构件上产生的作用效应分别进行处理的传统手段，其层次性模糊，关联性不强。这种思考和处理问题的方式，毫无疑问地把结构设计原理做成了混合系统。

如前所述，混合系统构成总体结构的各层次的“层次性”模糊，各结构层次未处于一种有序的联系之中。混凝土结构设计原理中的各概念元素：如钢筋的性能，混凝土材料的性能，钢筋与混凝土两种材料共同工作的性能，构件正截面强度计算，构件斜截面强度计算，构件裂缝宽度与扰度验算，等等，虽然被一个一个地单独处理，但明显缺少有序的联系。由于层次性模糊，各元素之间实际存在的质的关联便被隐蔽了，“关联性”自然不显明。

混合系统的整体质，是各组成要素性质的简单线性叠加，这样的“整体质”不因某些要素的失去而受损。事实上，失去任何一个要素都会影响系统的运作，且其影响有时是巨大的。以混合系统构筑的《混凝土结构设计原理》的理论架构，若想实现让学习者通过对“构件”设计方法的学习掌握“结构”设计方法的目标，其效果往往要打折扣。当工业与民用建筑专业的学生完成所有专业训练，开始做毕业设计时，许多人面对设计任务书一头雾水，不知从何下手，反映了从“构件”开始的专业技术训练，难以使被训练者建立“结构”的整体概念。

如果我们从整体出发，将混凝土结构设计原理的内容按照“作用（荷载）、作用效应（内力）、抗力（强度与刚度）”三个分系统进行系统整合，三个分系统的层次性、关联性、功能性，以及相对完整性均非常显明。在面向目标的学习中，首先让学生们认识整个结构；认识各类结构体系，各类荷载作用方式与量值；认识当不同方向（例如竖向荷载作用、横向作用等）、不同性质的荷载（如静力作用、地震冲击作用、温度作用）对结构施加作用时，不同结构体系整体的工作状态和所呈现的整体反应的典型特征，然后，由整体向部分即由结构向构件逐级层层展开。通过解析各构件的作用、作用效应与抗力，构筑混凝土结构设计原理在整体结构中具有明确层次性、关联性、功能性和相对完整性的整合系统。在整合系统中，研讨结构整体在某种工作状态下，各个部分即各个构件能够做出的反应，各构件间的关联，构件内部及外部的相应变化，构件正截面与斜截面的力学平衡状态及关联等等。

例如在承载能力极限状态下，当结构承受来自竖向静力作用和横向地震作用时，整体所承受的作用效应和部分所承受的作用效应；结构各构件之间有层次的关联特征，如底部支承构件（基础）、竖向支承构件（柱与墙）、横向支承构件（梁）、平面支承构件（板）上所要承受的作用效应之间的定向关联；等等。同理，在正常使用极限状态下，整体与部分即结构与构件的作用、作用效应与抗力的相互关系，也形成于整合系统之中。

如果采用这样的整合系统架构的混凝土结构设计原理，那么，接受专业训练的人员从一开始就可以进入对结构建立整体概念的过程，这样，应该对培养学生未来的实际设计能力具有显著的现实意义和长远意义。

五、整体观的后天性

人们的认识，是一个不断由低级到高级的动态发展过程。在由低级向高级的认识过程中，认识总是从简单到复杂，从部分到整体，从现象到概念然后回到现象再到更高级的概念。人们受当代科学技术发展水平的制约以及认识习惯的影响，自然而然地会将复杂事物分解为若干简单事物后分别进行认识和研究。当充分认识了这些简单事物之后，人们便把它们组合起来，以期得出对复杂事物的结论，这应该符合产生于几个世纪以前的机械唯物论原理。从历史唯物主义的观点看，机械唯物论的产生有其必然性，但是，现代科学证明机械唯物论是比较初级的认识论，整体的特性决非部分所呈现特性的叠加或复合。从部分得出整体的结论，将丢掉当整体运动时影响到部分上的特性，而这一部分特性往往至关重要。

相对于专业理论的教学和研究人员，结构设计工程师更容易在后天形成整体观。当通过长时间的大量实践，从无到有设计出一幢又一幢的完整结构之后，他们中的一部分人便悟出了“结构”远重于“构件”，结构大于构件之和，整体大于部分之和的道理。于是，工程师们逐步在实践中形成了整体观。在比较适宜的环境条件下，这部分人中的佼佼者，便自然成长为结构总工程师，从整体上特别是在结构方案设计阶段为其他结构工程师进行技术把关。从实践中形成整体观，恰恰是当感性认识上升为概念而概念脱离了客观现象之后，对客观现象进行再认识后形成的更高级的整体概念。因此，整体观的后天性是过程而非结果的客观反映。

随着市场经济的发展和执业注册制度的完善，勘察设计行业完全以具有执业资格的注册结构工程师为主导的运做方式已为期不远。作为具体工程的设计者，由别人为自己把关的时代也将成为过去。因此，执业注册结构工程师本身具有对建筑结构的整体观将更加必要。“构件工程师”与“结构工程师”不属同一水平，整体观所特有的后天性，证明从事结构设计的工程师有建立整体观的优越条件，而真正具有结构整体概念的工程师，才能更好地承担起社会赋予的重大责任。

第三节　构造设计与施工的通用化方式

上一节，我们讨论了结构设计方法是一个复杂的工作系统。对该系统进行研究的目的，是为结构设计者提供组织、管理和决策的科学原则、思维方法，并创建科学的设计程式。依据研究策划的计划，平法推广研究成果的第一阶段（1995～2005 年），主要对设计与施工人员提供简捷的设计方式、实用的技术方法与合理的构造规则；平法推广研究成果的第二阶段（2006～2015 年），主要对施工人员推出构造原理，使施工人员在应用平法构造时既知其然，亦知其所以然；平法推广研究成果的第三阶段（2016～2021 年），将向业界推出平法的基础理论——解构原理❶。

下面将进一步指出，结构设计原理属于结构科学理论与技术概念板块；平法是结构设计与施工方法，属于结构技术方法板块。技术概念与技术方法的功能不同，主要在于两者目标不同。前者的目标是物，即如何解析结构实体、如何创造满足可靠度要求的具体结构的设计；后者的目标是人，即为设计与施工者提供如何进行设计与施工的运作程式。对结构设计与施工方法的客观评价，不仅看其是否比较准确地承载了现行科学理论，更重要的是看其用于实践的功能性、适用性、易用性是否较高，看其是否能够达到提高效率、保证质量、降低消耗三项指标的要求。应在此强调，满足三项重要的指标为平法研究的部分目标。

通用化在结构技术方法中占有相当重要位置，通用化的规则在工程技术的许多方面发挥着重要作用，应用比较科学的通用化规则可产生显著经济效益和社会效益。为使结构设计方法能够达到提高效率、保证质量、降低消耗三项指标的要求，平法运用系统科学方法研究结构设计与施工规则的通用化新概念，进而基于系统科学原理创建平法的基础理论——解构原理，在探讨完善建筑结构理论方面具有显著的创新意义。

一、关于传统的“构件”标准化

我国传统的结构标准化，通常采用“切块”方式，即将单个基础，单根柱，单榀屋架，单根梁，单块楼板，单跑楼梯等从结构中“切出来”，编制成标准图，取代结构工程师的部分设计。结构设计者仅需根据层高、跨度、荷载、材料强度等简单要素，在标准设计图集中进行选择，“对号入座”，即可将现成的标准设计补充到结构设计之中。设计者选用标准化的构件设计，通常既不需要进行受力分析，也不需要进行强度计算和刚度验算，标准设计取代了结构设计师的许多劳动。切块式的“构件标准化”在一定程度上提高了结构设计效率，保证了构件质量，降低了设计成本。从 19 世纪新中国成立至今半个世纪里，构件标准化在我国在计划经济模式下的工程界发挥了重要作用。由我国政府批准出版发行

❶　本书是《钢筋混凝土结构平法设计与施工规则》的第二版（第一版于 2007 年 6 月起出版发行）。本版将简要概述平法解构原理并在具体构造详图上以解构原理进行简要评述。关于解构原理的详尽论述详见作者其他相关著作。

的标准设计，在计划经济时期和由计划经济向市场经济改革转型初期，为具有一定技术指导作用的设计文件，是功能比较特殊的技术专著。

不难看出，构件标准化方式与机械部件标准化方式相似。从结构中切出构件加以标准化，类同于机械零部件的标准化，思路如出一辙。由于结构设计是随建筑设计原始创作之后的再创作，通常不能独立于建筑设计，而建筑设计的艺术含量颇高，每座建筑通常都是独具特色的创作，因此，总体上建筑设计中能够通用的结构构件仅占较小比例。因此，相对于机械零部件的标准化，预制钢筋混凝土板的标准化率高一些，但现浇钢筋混凝土结构的标准化率很低，结构构件的总体标准化率不高。另外，大量实现标准化的机械零部件是连接件，大量标准化的结构构件则是非连接构件，这一状况给我们的提示是：借鉴机械零部件的标准化方式用于建筑结构构件的标准化，显然存在问题。

从另一个角度思考，结构设计师对整座建筑结构的可靠度和经济适用性负有重大责任，每一个构件乃至结构整体均须经过工程师的设计，使其承载能力大于或等于荷载产生的内力，以确保结构的安全度。如果设计师选用了构件标准设计，那么，在将结构中的某一块切出去的同时，设计师也把自已关于这一块的责任和权利切了出去。这种在计划经济体制下建立的标准化方式，在市场经济体制下，考虑到知识产权归属和风险责任承担等实际问题，将会产生著作权和责任担当方面的问题。

从理论上来讲，适合标准化的对象应当是规格相同且应用量大面广的部件，对于机械零部件的标准化，规格相同且应用量大面广的是连接件；而对于混凝土结构构件的标准化，规格相同且应用量大面广的构件并不多，且各构件连接节点的几何尺寸和配筋规格数量往往各不相同，将其标准化肯定缺少必要条件。过往经验已证明“构件标准化”方式对我国量大面广的多、高层与超高层现浇钢筋混凝土结构的适用性不高，总体标准化率通常不到10%。由此看来，在解决结构设计效率低的矛盾方面，构件标准化方式对全现浇钢筋混凝土结构的作用有限。

二、关于“构造”通用化[1]

采用传统设计方法影响设计质量与设计效率的主要原因，是设计内容上存在大量重复，而深层次的原因，则是将创造性与重复性设计内容混在了一起。显然，只要解决了重复问题，对传统设计方法的改革将会取得突破。

传统钢筋混凝土结构设计中存在的大量重复，大部分是离散分布的构造做法的简单重复。构造做法主要有两大部分：1. 节点内的钢筋锚固和贯通构造（简称节点构造）；2. 节点以外的构件内钢筋布置和连接构造（简称构件构造）。设计工程师对这两大类构造，通常遵照规范的条文规定和借鉴某些版本的构造设计资料来绘制，在具体设计应用时致多处雷同，反复抄绘。这样的设计内容，显然不属于设计工程师的创造性设计内容。如果将传

[1] 此处的“通用化”在第一版中为“标准化”。随着研究的深入，平法认为对设计类创造性工作，只要满足结构的可靠度要求，多样化可繁荣创作；但若将构造设计内容标准化，将会束缚创造力的发挥，阻碍技术进步。

统的“构件标准化”改为与两大类构造相关的“构造通用化”，可大幅度提高应用率和减少设计工程师的重复性劳动。由于设计图纸中减少了重复，又可大幅度降低出错概率，实现既能提高设计效率，又能提高设计质量的双重目标。

于是，平法逐渐形成了一条新型通用化思路，沿着这条思路，我们走到另一片结构通用化领域。在这个领域中，不存在任何完整的标准化构件，但却为结构必须的节点构造和构件构造集中提供通用设计。节点构造和构件构造这两大类构造的通用设计能适用于所有构件，但却与构件的具体跨度、高度、截面尺寸等无限制性关系，与构件所承受的荷载无直接关系，与构件截面中的内力无直接关系，与设计师根据承载力要求所配置钢筋的规格数量也无直接关系。

根据以上思路，我们可以将具体工程中大量采用、理论与实践均比较成熟的构造做法，集中编制成通用设计，对节点构造和构件构造实行大规模通用化。这样的通用化方式不仅适用范围广，而且并不替代结构设计工程师的责任与权利，完全尊重结构设计工程师的创造性劳动。这种新方式，相对于传统的“构件标准化”，可定义为“通用化”方式。该方式对于现浇钢筋混凝土结构可以得到很高的通用化率。通用化方式在解决传统结构施工图存在大量重复的矛盾方面，明显取得了重大突破。

三、平面整体设计思路的形成

结构施工图设计并不表达结构内力，它以混凝土和钢筋两种材料的具体配置表达结构设计的最后结果。对于钢筋混凝土结构，设计文件中主要包括两大块：一大块是设计图样，另一大块是文字说明（如结构设计说明，图面说明或注解等）。在传统结构施工图设计文件中，关于设计图样这一大块的表示方法分为两步完成：第一步为设计绘制结构各层（含标准层）的平面布置图，第二步为设计绘制构件详图。

在钢筋混凝土结构施工图的设计图样中，包含有三大类元素：

1. 几何元素；

2. 配筋元素；

3. 补充注解。

采用传统方法表示时，结构平面布置图中主要表达“构件的平面定位和平面跨度等几何元素”；构件详图中主要表达“构件截面的几何元素和配筋元素”。结构设计无论是创造性设计内容还是重复性设计内容，都要通过几何元素和配筋元素表达。有提示意义的是，传统结构平面布置图中并不包含重复性的设计内容，大量的重复性设计内容集中出现在构件详图中，如钢筋在节点内的锚固方式和锚固长度，构件纵向钢筋的连接或截断方式、连接位置或截断位置、连接长度，以及横向钢筋的设置等等。

楼房总是一层一层地建起来的，结构楼层的平面布置图必然是结构设计的“中心图”，而构件详图则是“派生图”。为了把设计师的全部设计意图表达清楚，一张“中心图”需要有多达几张甚至十几张的“派生图”形成离散的信息组合，见图 1-3-1。例如：以某层梁结构的平面布置图为“中心图”，假定该布置图上标有 30 根框架梁及非框架梁，再假定

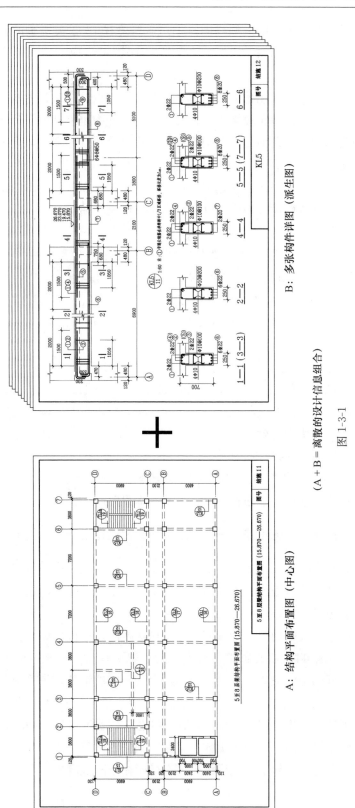

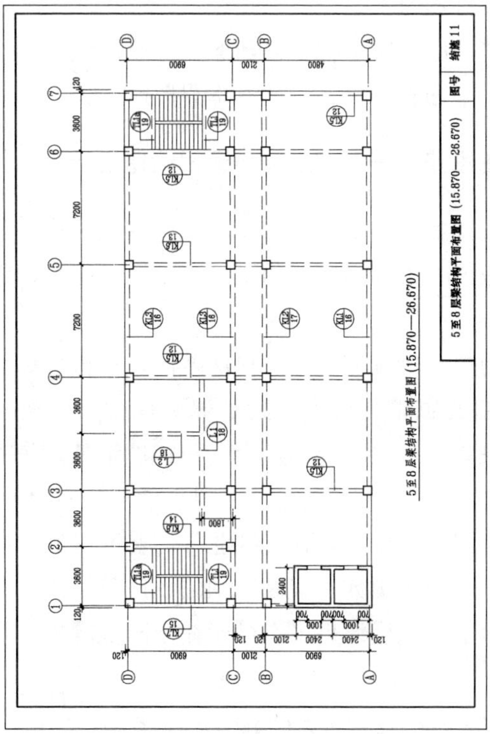

A：结构平面布置图（中心图）

＋

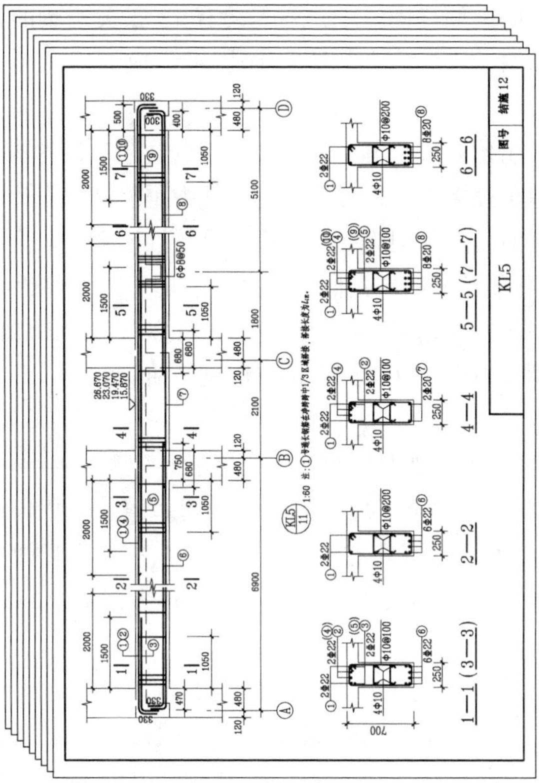

B：多张构件详图（派生图）

（A＋B＝离散的设计信息组合）

图 1-3-1

在一张图纸上平均可绘制 3 根梁的配筋详图，于是，需要有 10 张关于梁的构件详图。这样，1 张“中心图”加 10 张“派生图”，总计需要 11 张图纸形成的信息组合，完整表达该层梁的全部设计内容。

现在，我们假定采用广义通用化方式，解决了构件的节点构造和构件构造，显然已无必要再采用教科书中的“单构件正投影表示方法”表达构件中重复性的设计元素。将传统方法在构件详图中表达的所有几何元素和配筋元素，除去重复性元素外，余下的创造性元素可称为“几何要素”和“配筋要素”。如果我们采用某种新的方式，将这些几何要素和配筋要素在结构平面布置图上一次性表达清楚，则可以省去许多张派生图的绘制。一张中心图便可以表达所有的创造性设计内容，这样的效果应该是空前满意的。

我们可以推想一下：

1. 在“中心图”上添加构件的几何要素和配筋要素之后，即可生成“平面整体设计图”，一张图即为完整的信息集成，见图 1-3-2。这样，完全可以省去采用传统方法时的数张或十数张“派生图”，图纸量可锐减 80%左右，自然可以成倍提高设计效率。设计图的信息密度可大幅度提高且高度集中，能彻底改变采用传统表达方式时信息表达离散化的状况。

2. 采用新型“构造通用化”方式，将大量重复性设计内容编制成通用设计详图，使其与“平面整体设计图”相配合，共同构成完整的结构施工图设计。由于减少了大量重复，通用化的节点构造和构件构造再也不需要重复抄绘，可以大幅度降低出错概率（只要通用设计不出错，这一大块内容就不会出错），同时可以大幅度减少对设计图纸校对和审核的工作量，使其更容易保证设计质量。

3. 由于设计效率成倍提高[1]，设计质量容易得到保证，设计成本自然会显著降低。

由此，研究者形成了采用“平面整体设计”的基本思路。

四、设计方法的广义通用化思路——制图规则与通用构造设计

经上面的分析，平面整体设计方法的优越性已经凸显，再经过进一步完善，应当具备了向工程界推广的条件。此时应该考虑的是方法的推广会不会带来负面效应，以及提前采取什么措施可予以避免。

我国有上下五千年的文明历史，传统文化思想根深蒂固，在世界思想领域占有重要地位的儒家学说无时不在影响人们的思想和行为。儒家学说有三大支柱：国家，社会，个人。国家支柱的理论基础是中央集权，大一统；社会支柱的理论基础是等级分明；个人支柱的理论基础是人生有为。由于“等级分明”无时无刻且无形中在社会的各个方面有影响，所以，如果将平法的基本思路公布于世，在受到业界的普遍欢迎的同时，也很有可能形成“各路诸侯竞相争雄”的局面。全国数千家高级别的设计院可能各树一帜，数万家中小设计院则可能分别顺应不同旗下，最后结果极有可能在全国范围内形成几十种甚至上百

[1] 与 20 多年前的传统方法比较，平法采用现浇混凝土结构的设计效率可达传统方法的 5 倍以上。

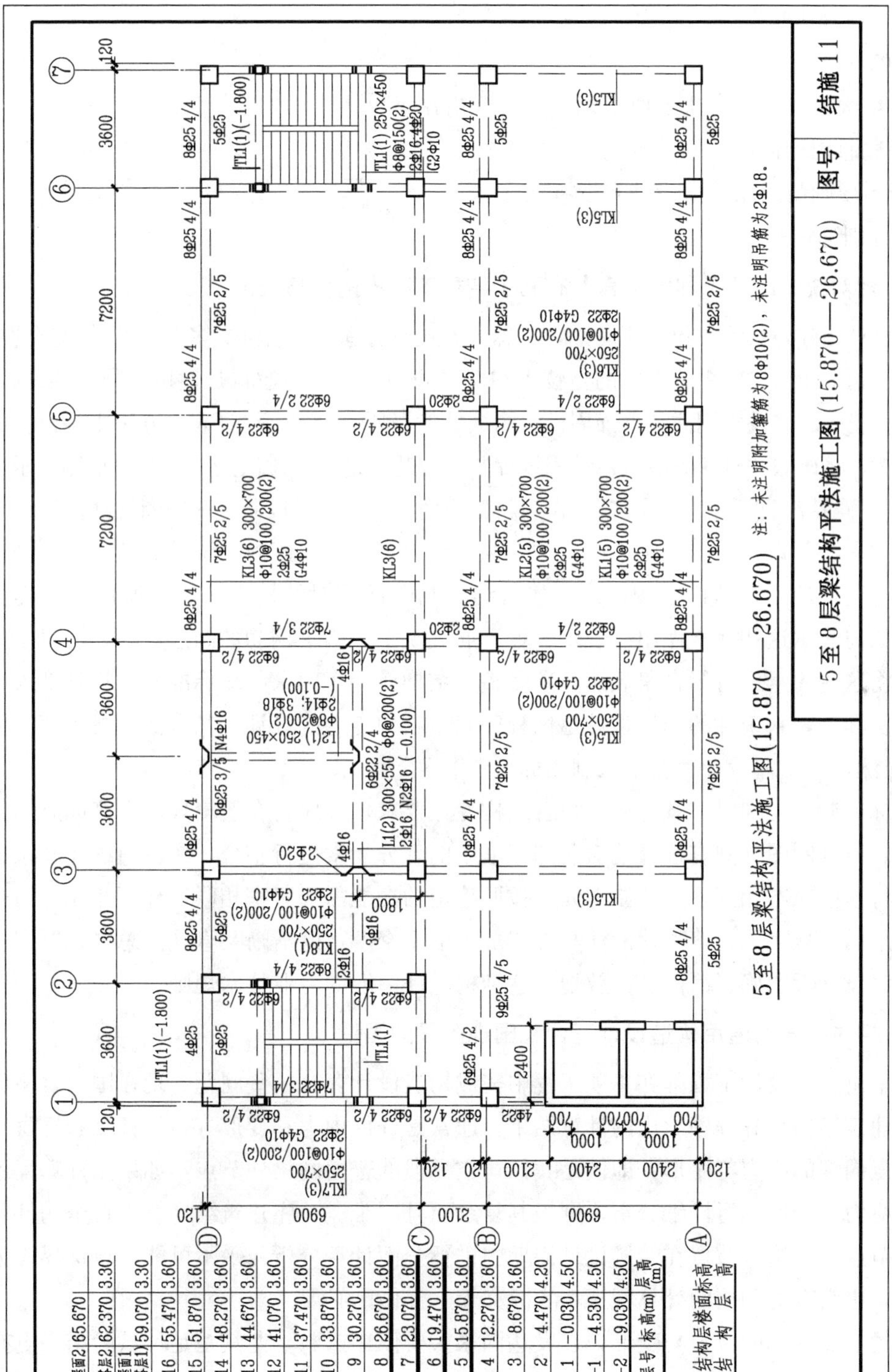

梁结构平法施工图（完整的设计信息集成）

图 1-3-2

种大同小异的设计表示方法。本来独树一帜的平法“工程师语言”，可能会演变为各地区或部门的“设计方言”。

这里的问题是：

1. 在结构设计表示方法上要不要全国“百花齐放”？

2. 平法通用构造设计的基本属性是什么？

3. 制图规则与通用构造设计有没有共性？

下面分别论述。

（一）相对统一的“工程师语言”有利于结构工程界的信息交流

结构设计与建筑设计不仅分工有别，其思维方式亦有别。建筑师更多考虑的是建筑的功能和美学问题，而结构师更多考虑的是技术和逻辑问题。美学与逻辑是性格不同的两姊妹，美学崇尚百花齐放，逻辑则注重严谨周密。图纸是工程师的语言，设计表示方法则是语言的语法。显然，将语法“百花齐放”对结构设计并不合适。适宜的做法是将“平面整体表示方法”（我国工程界普遍简称为“平法”）作为新型通用化的主要手段制定成制图规则。

在将“平法”设计制图规则推向全国结构设计界之前，我国尚无统一的结构设计制图规则，只有统一的建筑结构制图标准。建筑结构制图标准对结构设计制图所用的各类元素，以及如何表示这些元素做出了规定，如钢筋混凝土结构中钢筋的画法等等，但对于如何系统地将这些元素进行组合来表达一项完整的结构设计，国家制图标准并未将其纳入自身范畴。实际上，系统性的结构设计运做程序属于结构专业的设计工艺（如本书所著具体内容），显然，将专业设计工艺纳入制图标准[1]并不合适。

制定标准制图规则时，既应严格符合结构专业要求，又应符合逻辑规律，非如此不能臻于严谨。设计制图规则有选择地对制图标准中的部分元素进行整合，实行组织化和系统化处理，将这些原本相互独立的制图元素按照特定的功能需要紧密相联，环环相扣，另成体系；并采用用数字化、符号化的注写方式加大信息密度，既清晰又直观。总之，制图规则可以成为设计者明确、简捷、高效地表达结构设计内容的专业技术规则。

（二）相对统一的通用构造设计适合我国现阶段的国情

严格来讲，由设计工程师在单项工程中完成构造设计存在一些问题。现在国内普遍应用的各种建筑结构计算程序给出的计算结果，通常是杆件内力和变形（包括杆端和杆身），但并无节点内部的应力与变形。即便是我们司空见惯的普通的梁柱节点，如果用计算程序对其内部应力与变形进行详细分析，则极其复杂而且困难。一座建筑结构有千百个构件相互连接的节点，对这些节点在结构设计周期内进行全面计算分析几乎不可能，设计界既无人这样做，也没有可利用的计算程序，实际亦无这样做的必要。

弄清楚节点内部的应力与变形，在发达国家主要依靠试验，尤其是足尺试验结果更有实用价值。大型建筑公司为此投入大批财力、人力对各种节点进行重复试验，并将其成果

---

[1] 平法已编制成为国家建筑标准设计，“标准设计”与“制图标准”的功能不同，不属同一范畴。

纳入本公司专利实施知识产权保护。我国现在普遍采用的节点构造，多数并无充分的试验依据，尤其是足尺试验更是凤毛麟角，其主要取自失效的专利，或源自混凝土与钢筋共同工作的基本原理和技术概念的推导。由于缺少试验依据，不少节点构造存有不少争议。这些问题并非简单问题，有必要进行深入反思和探讨❶。

做单体工程结构设计的工程师，通常不具备进行节点计算与试验的工作条件。按照传统方法进行结构设计时，在单构件正投影设计详图中绘制的节点构造基本属于抄录，并无具体的计算依据。这正是由设计工程师在单项工程中完成构造设计的不合理因素。既然无计算依据，把节点构造设计纳入结构设计工程师完成的设计文件，在知识产权上必然含混不清。

以上观点，虽未必能够贴切地反映我国当前节点构造存在的主要问题，但缺少试验依据是我国节点构造的软肋应无疑义。如果不尽快加大节点构造试验的规模和资金投入，可能在不久的将来，会形成制约我国节点构造技术发展的瓶颈。

从整体上看，目前我国节点构造设计的基本状况是，无论国家还是个人，进行节点构造设计的试验依据都明显欠缺。毋庸置疑，国家相比个人而言，整体科技实力和水平占绝对优势，且大于全部个人科技实力之和❷，因此，在最近一段时期内，可由国家编制相对统一的通用构造设计应适合我国现阶段的国情。这种通用构造设计与计划经济体制下的标准设计有些类似，长远来看，由于市场经济体制下有设计标准但没有标准设计，所以将平法编制成通用设计在我国建筑业高速成长的特殊历史阶段有现实意义，但并无长远意义。

（三）制图规则与通用构造设计的性质基本相同

如前所述，传统标准构件设计与平法通用构造设计有很大不同，标准构件设计属于狭义标准化，而通用构造设计则属于通用化。

传统标准构件设计与平法通用构造设计在现象上的区别在于：

1. 传统标准构件设计替代可由单项工程设计工程师完成的工作；平法通用构造设计则完成不宜由单项工程设计工程师完成的工作❸。

2. 传统标准构件设计的应用受跨度、层高、截面等几何尺寸、荷载类型与量值等较多条件限制，应用范围相对狭窄；平法通用构造设计通常不与构件的具体几何尺寸、荷载类型与量值直接关联，应用范围较宽。

传统标准构件设计与平法通用构造设计在本质上的区别在于：

1. 传统标准构件设计与结构工程师按传统方法完成设计的性质相同（都将创造性与重复性设计内容混到一起表达），两者成平行关系；平法通用构造设计则与结构工程师按平法完成创造性设计内容的性质不同，两者成互补关系。

2. 传统标准构件设计作为单项工程某构件的设计文件，具有局部技术功能；平法通用构造设计则适用于各种类型的工程，是图形化的技术规则，具有普遍技术功能。

---

❶ 具体问题将在以后各章分别讨论。

❷ 其道理与哲学上的整体大于部分之和相同。

❸ 因单项工程的设计工程师一般不具备节点构造设计的计算条件和试验条件。

这里，我们阐明了传统标准构件设计只是单项工程某构件的设计文件，而平法通用构造设计则是图形化的技术规则。

于是，关于制图规则与通用构造设计具有何种共性的问题有了答案：制图规则主要是由文字表达的技术规则，平法通用构造设计则是用图形表达的技术规则，两种技术规则形式不同但性质相同，共同服务于结构设计与施工。

到此，我们找到了将“平面整体表示方法制图规则与构造详图”同时编制在一部通用设计图集中的理论依据。

应注意的是，将“平面整体表示方法制图规则与构造详图”同时编制在一部通用设计图集，并不等于必须将其编制成国家建筑标准图集。国家建筑标准设计是计划经济体制下的产物，在市场经济环境中，只存在“设计标准❶”，不存在“标准设计”。

五、平法是结构规则论的理论与实践

在本章第一节中，我们已经讨论了结构领域存在的五个板块，紧随结构规范与规程板块之后的，是本书著作者提出的结构技术规则板块，这是一种新思路。

平法在我国全国范围内的成功实践，证明了我国结构工程界需要技术规则，而我国的结构规范规程体系并不具备技术规则的功能；由于结构细部构造适宜采用图形表达，主要由文字条文构成的结构规范规程，也不适合承担技术规则的功能。

将结构技术规则划分为我国结构领域存在的五个板块之一，是结构规则论的基础。假如结构规则论符合中国国情，符合中国结构技术人员的思维方式和行为方式，那么，它将自然发育、成长和完善。本书作者认为，平法的成功实践表明，结构技术规则未来发展成一个规模板块或体系，或许仅仅是个时间问题。

平法将自 2016 年起向业界推出解构原理，解构原理是创建平法技术规则的基础理论。平法依据解构原理将构建两个规则系统，一个是构件设计规则系统，一个是构造设计规则系统（详见本章下一节）。构件设计规则系统将构成结构的各类构件的设计过程系统规则化，构造设计规则系统将各类构造设计过程系统规则化。应用两个规则集成系统，不仅可收到提高设计与施工的效率和更易控制质量的平法升级换代效果，更重要的是为开发智能设计与施工工程师系统（智能专家系统）创造可行性。这对中国建筑结构技术领域进入智能化、信息化，加速融入第四次工业革命，意义重大。

第四节 平法的系统构成与解构原理概述及构造原理概要

一、结构设计系统与平法的表达方式

根据结构设计各阶段的工作形式和内容，我们将全部结构设计作为一个完整的主系

❶ 设计标准为列入国家正规标准系列的代号以 GB 打头的结构规范与规程。

统，该主系统由三个子系统构成，见表 1-4-1。

表 1-4-1

主系统：结构设计	第 1 子系统	结构方案（结构体系）设计
	第 2 子系统	结构计算分析
	第 3 子系统	结构施工图设计

关于第 1 子系统：

结构方案设计，属于在建筑学设计上的再创造，内容包括地基处理方案，选择结构材料，基础结构选型，主体结构选型，各部位构件的截面形状和几何尺寸，特殊部位的处理，等等。

关于第 2 子系统：

结构计算分析，系在结构方案（结构体系）设计的基础上，对结构施加各类荷载后进行计算，以确定结构内的作用效应（即结构内力与变形），并根据各构件控制截面的作用效应，进行构件强度计算和刚度验算，确定钢筋混凝土构件的配筋值，确定地基处理的具体措施，等等。

关于第 3 子系统：

结构施工图设计，系将结构方案（结构体系）设计和结构计算分析的结果经调整、归并后，用图形和文字说明的方式表达出来，形成最后的结构施工图设计文件。

结构设计主系统下的这三个子系统，具有明确的层次性、关联性、功能性和相对完整性。在结构设计进程中，即在系统运行的过程中，在结构设计工程师的运作下，各子系统之间按顺序进行反馈——调整、再反馈——再调整，直至完成全部结构设计。

目前已在全国推广普及的《建筑结构施工图平面整体设计方法》（简称平法）属于上述第 3 个子系统的方法，即关于结构施工图设计子系统的方法[1]。至此，我们得出平法的表达方式为：“以结构设计者的知识产权归属为依据，将结构设计分为创造性设计内容与重复性内容两部分，由设计工程师采用数字化符号化的平面整体表示方法制图规则完成创造性设计内容部分，重复性内容部分则采用通用构造设计，两部分为对应互补关系，合并构成完整的结构设计。”

创造性与重复性设计内容的划分，主要根据在结构设计主系统中各子系统的层次性、关联性、功能性和相对独立性的本构关系。

例如，由于第 1 子系统（结构方案设计）富含创造性劳动，第 2 子系统（结构计算分析）亦属创造性劳动，因此，当第 3 子系统（结构施工图设计）所表达的内容确与上一层次子系统关联时，即当第 3 子系统继承第 1 和第 2 子系统的运行结果时，即可界定为创造性设计内容。用比较形象的语言解释，当结构施工图表达的内容承接结构方案和结构计算分析成果时，这部分工作的知识产权属于设计者，属于创造性设计内容。传统设计中大量

---

[1] 在结构设计方面，平法目前仅涉及对设计结果的系统表达。计划在未来十年间推行的平法解构原理，将涉及到具体构件的设计过程。

重复表达的内容，如常规的节点构造详图、构件构造如钢筋搭长与锚长、箍筋加密区范围等等，均不属于结构方案设计和结构计算分析的成果，故属于非由设计者创造的重复性内容。当采用平面整体设计方法时，这些重复性内容将以通用构造设计的方式统一提供，而不会出现在设计者完成的平法设计图中。平法设计文件仅需配以相应的通用构造设计图集，即可形成完整的结构设计文件。

二、平法的系统构成

现在，我们把上述第 3 子系统即结构施工图设计子系统作为主系统，再次进行划分，又可将其分为若干子系统，见表 1-4-2。

表 1-4-2

主系统：结构施工图设计	第 1 子系统	结构设计总说明
	第 2 子系统	基础及地下结构平法施工图设计
	第 3 子系统	柱、墙结构平法施工图设计
	第 4 子系统	梁结构平法施工图设计
	第 5 子系统	楼板与楼梯平法施工图设计

以上五个子系统同样符合系统科学的特征，即具有明确的层次性、关联性、功能性和相对完整性。

（一）关于平法各子系统的层次性

各子系统的层次性，表现在按特定顺序实现自身的功能，表现为：

1. 设计总说明为下面各子系统做出整体介绍和统一规定，为该项结构设计的纲领；
2. 基础及地下结构设计，属于全部结构的底部支承体系，通常首先施工；
3. 柱及剪力墙结构设计，属于竖向支承体系，通常紧接基础施工之后开始施工；
4. 梁结构设计，属于水平支承体系，通常逐层施工；
5. 楼板与楼梯❶设计，属于平面支承体系，通常在梁、墙施工之后开始施工。

以上五个层次的结构设计依次排列，使平法施工图成为有序化的设计文件。

（二）关于平法各子系统的关联性

1. 结构设计总说明，与基础、柱及剪力墙、梁、楼板及楼梯关联；
2. 基础及地下结构作为柱和墙的支座，与其所支承的柱和墙关联；
3. 柱（墙）结构作为梁（板）的支座，与其所支承的梁（板）关联；
4. 梁结构作为板的支座，与其所支承的楼板或楼梯关联；
5. 楼板及楼梯结构是末级子结构，通常仅与上一级子系统关联。

各子系统之间有确定的关联顺序，但通常不存在交叉关联。

---

❶ 楼梯可归属特殊板类。

（三）关于平法各子系统的功能性

1. 结构设计总说明为整个结构的纲领性文件，其功能是对结构进行整体介绍，并对各个部分作出具体说明和通用规定；

2. 基础及地下结构平法施工图的功能，系表达全部基础构件的设计要素及构造；由于基础的功能是支承上部主体结构的竖向柱与剪力墙构件，故基础平法施工图需关联表达柱或剪力墙的平面定位；

3. 柱及剪力墙平法施工图的功能，系表达全部柱及剪力墙构件的设计要素及构造；由于柱和剪力墙的功能是支承平面结构的梁和板，故柱及剪力墙平法施工图需关联表达所支承梁或板的定位；

4. 梁平法施工图的功能，系表达全部梁构件的设计要素及构造；由于梁的功能是支承楼板与楼梯，故梁平法施工图需关联表达其所支承的楼板与楼梯的定位；

5. 楼板与楼梯结构平法施工图，其功能为表达自身的设计要素及构造。

各个子系统的功能相当清晰明确，且不应存在功能上的重复。

（四）关于平法各子系统的相对完整性

1. 结构设计总说明是工程项目结构专业设计文件的完整的文字部分，内容包括：场区地质状况，地基处理措施；基础结构的类型；基础结构选用材料的强度等级；基础结构的荷载分布情况与荷载取值；主体结构体系；结构总层数，总高度，总面积；结构安全等级，抗震设防烈度，（混凝土结构的）结构抗震等级；主体结构选用材料的强度等级；主体结构的荷载分布情况与荷载取值；钢筋工程和混凝土工程的具体要求，施工技术方面的特殊要求；与其他专业的施工配合；其他注意事项；等等。其内容相对独立、完整。

2. 基础及地下结构平法施工图，完整地表达全部基础构件的几何尺寸、配筋和文字说明，以及其所支承的柱或剪力墙构件的定位尺寸和锚固空间条件，但不需表达柱或剪力墙构件本身的设计要素，其内容相对独立、完整。

3. 柱及剪力墙结构平法施工图，完整地表达全部柱及剪力墙构件的几何尺寸、配筋和文字说明，以及其所支承梁或楼板的定位尺寸和锚固空间条件，但不需表达梁或楼板的设计要素，其内容相对独立、完整。

4. 梁结构平法施工图，完整地表达全部梁构件的几何尺寸、配筋和文字说明，以及所支承的楼板或楼梯的定位尺寸，但不需表达楼板或楼梯的设计要素，其内容相对独立、完整。

5. 楼板和楼梯结构平法施工图，完整地表达全部楼板和楼梯构件的几何尺寸、配筋和文字说明，而无需表达其他构件的设计要素，其内容相对独立、完整。

由上可见，各类型构件的几何尺寸、配筋和文字说明，都在本类型构件的平法结构施工图中完整地表达，且没有其他类型构件的设计要素，各类构件设计内容的相对完整性非常显明。

（五）平法施工图设计文件的构成示意

平法施工图图设计文件构成示意，见图 1-4-1。

结构设计内容（平法施工图设计系列）	构造设计内容（平法制图规则与通用构造详图系列）
结构设计总说明	平法设计制图规则和通用构造规则
基础及地下结构平法施工图	基础与地下结构通用构造详图
柱和墙结构平法施工图	柱和墙通用构造详图
梁结构平法施工图	梁通用构造详图
楼板和楼梯平法施工图	楼板和楼梯通用构造详图

图 1-4-1

三、平法解构原理概述

平法是结构设计和施工所应用的一种方法。任何一种科学方法必然具有支撑该方法的科学原理，否则其科学性将存在问题。科学原理应为科学方法的理论基础，如果方法缺少原理支撑，缺乏科学理论基础，则该方法不属科学方法，其在应用时通常无可持续性。

平法的基础理论，不是结构原理，而是解构原理。结构原理与解构原理同属建筑结构理论体系，二者构成一对双向互逆的理论。

（一）解构原理的基本属性

1. 结构原理与解构原理在基本属性上的区别

结构原理系对结构的功能特征与工作方式进行客观描述与合理解释，所形成的理论用于认识结构而不是创造结构，其哲学范畴为认识论而非方法论。

解构原理系为创造结构的规则方法，所形成的理论用于创造结构而不是认识结构，其哲学范畴为方法论而非认识论。

建筑结构的理论体系应包括结构原理和解构原理，应既有认识论也有方法论。就主要过程的顺序而言，认识结构在先，创造结构在后，过程的先后顺序不可颠倒。即应先学习结构原理，再学习解构原理，但前后两段过程不可相互替代。

在我国现有的建筑结构理论体系中，有比较系统的结构原理，有具体的计算公式及条文规定（如构件受弯、受剪、偏心受压、偏心受拉等具体设计步骤及构造规定），即在结构原理中混合了具体的解构方法，但缺少支撑解构方法的理论。

例如，在构件受弯、受剪、偏心受压、偏心受拉等具体的计算公式中，提供了设计梁、柱、墙、板、基础等构件的方法，但缺少反映受弯、受剪、偏心受压、偏心受拉等各个计算公式的普遍性规律。

再如，在钢筋配置上，提供了分别对梁、柱、墙、板、基础等各自的构造要求，但却没有反映所有构造的普遍性要求。即只有各个构件和构造的特殊性方法，却无反映所有构件和构造普遍性规律的方法论。

各种理论均有其特定的功能。结构原理的功能为认识结构，具体的构件设计方法及条文规定的功能为创造结构。现有结构理论体系的缺陷，在于仅有创造结构的方法而无方法论。在高等院校专业教育方面，实际并未区分认识结构与创造结构二者在理论上的不同，将二者混为一谈。混淆认识论与方法论，属于逻辑错误导致的缺陷。

现行理论架构已有的比较完善的结构原理，使建筑结构专业的学习者能够较好地掌握结构的功能特征和工作方式，在认识结构方面能够形成准确、清晰的概念。但在之后创造结构的学习中，由于仅有方法而无方法论，使学习者难以较好掌握创造结构的方法，具体表现为结构概念清晰但用其创造结构总感到力不从心。不仅高校学生在具体设计与施工方面的动手能力不强，连高校教师在做结构设计与施工方面亦远非内行，多为纸上谈兵。

大批受过结构专业高等教育的人才，毕业后仍需在长期工作中积累实际设计经验和施工经验，才有可能较好地掌握创造结构的技能，在我国是普遍现象。从表面现象观察，导致受过结构专业高等教育的人才普遍需在工作中补上专业技能方能成长为合格工程师的原因，似乎是我国建筑结构高等教育质量存在问题，存在缺陷；但深度分析可知，造成此种状况的内在原因，并非教育质量问题，而是建筑结构理论体系中存在缺项，仅有结构原理而无解构原理。

2. 结构原理与解构原理在表达方式上的区别

结构原理建立科学概念体系的方式，是从部分到整体、从微观到宏观、从个性到共性；解构原理建立科学方法体系的方式，是从整体到部分、从宏观到微观、从共性到个性。即从形式上看，前者从整体到部分，后者从部分到整体，二者互逆。

科学概念体系将某一层次的概念推导出下一层次的概念，通常仅需充分条件，即可由条件推导出结论，但并不一定能由结论倒推出条件；科学方法体系将某一层次的规则导引出下一层次的规则，两相邻层次则应为充分必要条件，即上一层次的规则（作为条件）可推导出下一层次的规则（作为结果），且下一层次的规则亦应推导出上一层次的规则。

论述至此，读者已经能够感受到平法非常重视关于认识论和方法论在科学逻辑上的区别。平法的突出特点，正是使其符合科学逻辑。

在我国各个领域，人们普遍持有辩证思维方式，普遍缺乏的正是逻辑思维方式。逻辑学是科学技术的核心支柱。事实上，无论什么科技领域，几乎所有的失误均与其不符合逻辑有关，几乎所有的成功也均与其符合逻辑有关。逻辑对科学技术的重要性无处不在。

（二）解构原理内容提要

平法解构原理属于应用理论。所有应用理论必须具有实际操作的具体内容，平法解构原理主要包括两部分具体内容：

1. 结构分解系统；

2. 结构规则系统。

结构分解系统由结构到构件、构件到构造、构造到下一级分构造，即从整体到部分逐级层层分解直至不可再分。这种将结构和构造的分解过程即为解构过程，分解结果即为解构结果。层层解构的结果，形成不同构件、不同构造和多级分构造的紧密关联或并列的网络体系。

结构分解系统的某级结果，在形式上即为上一级系统的解构结果，且各级解构结果均应满足逻辑基本原理的同一律、排中律、充足理由律和矛盾律。分解过程严格符合逻辑，可确保解构结果的科学性。

结构规则系统包括结构设计规则和施工规则，二者为相互关联的两个分系统，共同构成与结构分解系统中各级解构结果相对应的规则体系。其中，设计规则主要以计算公式表达，施工规则主要以通用构造图形表达。

结构规则系统的各层规则，均应以功能和性能为基本要素，从前提到结论进行严谨逻辑论证，从而确保规则的科学性。

如上所论，对解构原理包含的结构分解系统和结构规则系统两部分主要内容，我们以逻辑基本原理确保结构分解系统的科学性，以逻辑论证确保结构规则系统的科学性，符合科学方法的逻辑化、实证化和定量化要求（其中定量化安排在具体规则中体现）。

广义的科学方法，为逻辑化、实证化和定量化的运作模式。解构原理的性质为方法论而非认识论，应符合科学方法的运作模式。

科学方法为实用技术之纲，纲举目张。

（三）解构原理的主要作用

解构原理具有以下主要作用：

- 可发现在结构设计与施工方面隐蔽存在的问题，消除设计与施工中的非科学因素；
- 形成建筑结构双向理论，对结构设计和施工技术可实现易学习、易掌握、易的应用效果；
- 依据解构原理，可研制开发结构设计、施工、监理等工序的智能化、信息化系统。

1. 关于发现结构设计与施工方面隐蔽存在的问题，举例如下：

【例 1.4.1】应用解构原理论证发现我国现行受力钢筋搭接方式存在问题

受力钢筋的搭接连接方式，与其他连接方式一样，均应实现连接处的强度与刚度不小于非连接处，否则为不可靠连接。

值的关注的是，我国传统接触绑扎搭接方式在长达半个多世纪中，始终不能实现连接处的强度与刚度不小于非连处的目标。这种低标准的非足强度连接所带来的负面效果，是必须限制将搭接连接设置在受力较小处。此限制将导致钢筋无法充分利用其足尺长度，浪费钢材。

依据解构原理，以功能和性能为基本要素，对钢筋搭接连接规则进行逻辑论证，发现我国现行接触搭接连接方式使混凝土对钢筋的粘结性能大打折扣，劣化而非优化了粘结性能，导致无法实现足强度传力功能。

钢筋搭接连接的目标，应为实现两根钢筋足强度传力。传统搭接方式将两根钢筋接触并在一起，仅在重叠范围绑三道细铁丝进行弱固定。由于接触搭接的钢筋不可能自行传力，必须依靠混凝土对两段钢筋的搭接长度范围的粘结强度并以混凝土为介质完成传力，为达到足强度传力目标，显然应创造条件，尽可能实现混凝土对钢筋粘结强度的优化。

试验证明，混凝土对钢筋的粘结强度，与混凝土在钢筋外的厚度有关，厚度越大粘结强度越高。当两段钢筋接触搭接时，混凝土无法浇入两根钢筋之间，无法完全握裹钢筋，对钢筋的粘结强度非但未优化，反而被劣化。结论是，受力钢筋接触搭接劣化了混凝土与钢筋共同工作的性能，属于仅可部分传力的连接方式。

实现混凝土对钢筋粘结强度的优化，受力钢筋应采用非接触搭接方式，两根搭接钢筋之间应留有 25mm 净距，以便容纳最大粒径为 20mm 混凝土骨料，使混凝土对搭接钢筋实现完全握裹。采用留合理净距的搭接连接方式，能够优化混凝土与钢筋的共同工作性能，实现搭接钢筋的足强度传力。

从微观视角观察，混凝土存在微细裂缝是自身先天不足，微细裂缝已导致混凝土存在先天缺陷，接触搭接方式又制造了一条更长的通缝，等于制造、增加了新的缺陷。试验表明，当接触搭接的钢筋应力约达设计承载力的 60%时，两根钢筋间的通缝便会延展，使构件未达到设计承载力便发生劈裂。为避免因接触搭接引起构件提前破坏，规范做出搭接连接“应在受力较小处”的限制性规定，显然是权宜之计以回避接触搭接无法实现受力钢筋足强度传力的缺陷。

【例 1.4.2】应用解构原理对《混凝土结构设计规范》关于偏心受压柱的计算规则进行论证，发现存在问题。

在我国《混凝土结构设计规范》和建筑结构、土木工程类专业大学教材中，关于偏心受压框架柱的计算，要求考虑受二阶弯矩影响的偏心距增大系数 η，推导 η 计算公式的理论依据为，偏心受压柱的 $p-\delta$ 效应。

依据解构原理，对偏心受压框架柱计算需考虑的偏心距增大系数 η，以“前提”和“结论”两个基本要素进行逻辑论证，发现论证根本无法进行。因为在框架柱上端或下端最大应力截面，考虑偏心距增大系数 η 值的前提不存在。非常明确的是，当前提不存在时，由于找不到论证的出发点，论证肯定无法进行，也不可能得出什么结论。由于不具有论证前提，故计算偏心受压框架柱应考虑偏心距增大系数 η 的结论为虚构。

当框架柱偏心受压时，无论非抗震还是抗震，产生最大弯矩的部位均在柱上端或柱下端。因此，应取柱上端或柱下端作框架柱抗力计算的控制截面。

柱的 $p-\delta$ 效应，系两端支座为铰支的偏心受压柱，当对其施加压力为 N 偏心距为 e_i 的作用时，柱全高产生弯矩 Ne_i；但实际弯矩将使柱中部侧向凸出变形，此时压力 N 对柱中部偏心距增至 e_i+f（f 为柱侧向弯曲凸出值），柱中部弯矩相应增至 $N(e_i+f)$，即柱中部弯矩大于柱端部弯矩。

框架柱上端和下端与框架梁刚性连接形成梁柱节点，在这两个端部位置不存在柱侧向弯曲凸出增大偏心距的问题。虽然框架受力时梁柱节点会出现转角，但不存在侧弯凸出，且转角变形内力与柱中部侧弯凸出导致内力增大的 $p-\delta$ 效应没有关系。

此外，当框架整体有侧移时会对框架柱和梁的内力产生影响，但这种影响的性质为框架整体侧移的 $P-\Delta$ 效应，与单根偏心受压柱的 $p-\delta$ 效应不属同一概念。

据悉，上述虚构逻辑结论的错误约始于 1985 年，仅仅未进行逻辑推理便发生框架柱端部考虑偏心距增大的错误，并在全国结构领域将错就错沿用了近30年之久。此例足以证明，科学逻辑对建筑结构具有不可或缺的重要作用。

【例1.4.3】应用解构原理对抗震框架柱的施工构造方式进行论证，发现抗震框架柱的抗震功能存在问题。

为使框架柱具有足够抗震能力，《混凝土结构设计规范》严格规定了柱纵向受力钢筋的连接区和非连接区，非连接区为地震时容易发生破坏的柱上端、柱下端和柱梁节点范围。纵向钢筋的非连接区为地震破坏时的重灾区，规范严格要求钢筋不准在重灾区范围连接非常合理，但此项规定竟把混凝土的连接要素漏掉了。钢筋混凝土柱是逐层浇筑的，层间必留混凝土施工缝，施工缝为混凝土柱的连接部位。应当格外注意的是，现场施工混凝土柱的连接部位的强度和刚度，通常普遍低于连续浇筑的柱身。为此，混凝土柱的施工缝应设在受力较小的柱中部，实际情况是几乎全将施工缝设在了受力最大的柱上端和柱下端。

每层框架柱的柱顶（梁底）部位是地震破坏的重灾区，混凝土柱在这个重灾区设置施工缝极不合理。施工缝是混凝土的连接位置，比柱身薄弱，施工缝留在柱顶和梁底的传统做法适用于非抗震；由于钢筋混凝土结构由两种材料构成，地震发生时几乎都是混凝土先被挤碎钢筋随后压屈，结构发生破坏，将抗震柱的施工缝留在两端，地震发生时非常危险，极易导致结构破坏。

【例1.4.4】应用解构原理对抗震框架梁的锚固构造进行论证，发现无法实现抗震构件的强锚固。

我国建筑结构普遍采用极限状态设计原则，在此原则下受力钢筋的设计，按极限强度即设计屈服强度进行计算配置。由于受力钢筋需发挥极限强度，故受力钢筋的锚固亦相应要求足强度锚固。当构件抗震时要求必须做到"强锚固弱杆件"，即钢筋锚固的可靠度裕量应高于杆件。

抗震框架梁的纵筋锚固，必须做到强锚固，以确保地震发生时不会因锚固失效导致构件破坏。为此，《规范》严格规定框架梁下部纵筋锚固长度必须满足抗震锚长并过柱中线$5d$。如此严格的规定仅仅考虑了钢筋，却把混凝土漏掉了。

实际工程中，在中柱梁柱节点的柱两侧的框架梁下部钢筋配置很密，通常同排纵筋之间的净距仅为25mm和一个纵筋直径。当柱两侧的梁底纵筋向柱支座中相对锚固时，两侧来筋互相插空，并排成一块"钢板"，混凝土根本浇不下去，只能在一层紧并钢筋的上面沾一沾，下面沾一沾，粘结强度连50%都不到。这样形成的锚固力甚至达不到设计要求的一半，当地震发生时钢筋易被拉出，"强锚固"无法实现，框架梁极易发生破坏。

【例1.4.5】应用解构原理对抗震剪力墙边缘构件受力纵筋的搭接连接方式进行论证，发现不能满足高强度偏心受拉的抗震受力要求。

剪力墙抵抗地震冲击力时，左右反复晃动，晃动时剪力墙一侧边缘承受巨大拉力，同时另一侧边缘承受巨大压力，往复轮换。规范为了保证地震时剪力墙不被破坏，严格规定设置边缘构件必须满足抗拉和抗压受力要求，对剪力墙边缘构件的配筋构造做出多项严格规定。

当地震发生时，边缘构件里的钢筋反复承受高强度拉力和压力，当承受高强度拉力时，边缘构件纵筋的连接，必须采用能够可靠抵抗足强度受拉的连接方式。

众所周知，受力钢筋采用接触搭接连接不能满足高强度连接要求，为此，规范规定将框架柱纵筋连接限制在受力较小的柱中部，禁止用于受力较大的柱端部和节点区域。但在剪力墙的边缘部位找不到受力较小处，规范却未禁止采用搭接连接。这种错误的搭接方式无法足强度受力，剪力墙边缘构件的施工普遍采用了接触性搭接连接，在地震发生时将无法满足抗震要求。

依据解构原理发现的问题尚有多例，不在此赘述。

2. 关于形成建筑结构双向互逆理论，对结构设计和施工技术，可实现易学习、易掌握、易应用的实用效果。

如前所论，我国现行理论架构已有比较完善的结构原理，使建筑结构专业的学习者能够较好掌握结构的功能特征和工作方式，在认识结构方面能够形成较准确清晰的概念。但在之后创造结构的学习中，由于仅有方法而无方法论，使学习者难以较好掌握创造结构的方法。

造成此种状况的内在原因并非教育方式存在缺陷，而是建筑结构理论体系存在缺项。解构原理可与结构原理共同构成创造结构与认识结构的双向理论，对结构设计和施工技术可实现易学习、易掌握、易应用的实用效果。

3. 关于依据解构原理，可研制开发结构设计与施工的智能化、信息化计算机工程师系统。

如前所论，解构原理包括两部分具体内容，分别为：结构分解系统和结构规则系统。对结构进行全覆盖的科学分解，并形成包括结构设计规则和施工规则的结构规则系统。当把设计全过程和施工全过程规则化后，可据此开发电脑软件，并进一步开发智能设计工程师和智能施工工程师系统。

解构原理可促动建筑结构的智能化、信息化进程，为建筑结构领域融入第四次工业革命，创造有利条件。

四、平法构造原理概要

平法是结构设计和施工所应用的一种方法。任何一种科学方法必然具有支撑该方法的科学原理。科学原理对方法的支撑，须有应用理论和基础理论两个层次。前面已经讨论了支撑平法的基础理论——解构原理，下面简述支撑平法的应用理论——构造原理。

（一）构造的普遍性与特殊性

混凝土结构基本原理，对具体构件均有特定的构造要求，如分别对基础、柱、墙、梁、板等的构造要求；这些针对特定构件的构造要求，反映的是构造的个性，个性即特殊性。

不同种类的构件，在构造上有不同的个性；但所有种类的构件，肯定具有构造上的共性，共性即普遍性。哲学原理告诉我们，共性寓于个性之中，普遍性寓于特殊性之中，而不是相反。揭示构造的普遍性即共性，是构造原理的基本功能。

构造设计的基本属性为构造规则，构造规则应符合构造原则，构造原则应符合构造规律，构造规律即构造的普遍性。在混凝土结构基本原理中，对具体构件均有特定的构造要求，如分别对基础、柱、墙、梁、板等的构造要求；这些针对特定构件的构造要求，反映的是构造的个性，个性即特殊性。哲学认识论与方法论提示我们，研究问题应从普遍性观察、入手，才可准确探求其特殊性。解释构造的普遍属性，为构造原理的专项功能。

构造原理将揭示构造规律，构造规律将科学指导构件的构造方式。以此科学方式，可避免在无理论指导下所规定的各类构造要求之间，因其“各自为政”而产生的技术矛盾。

当前通行的混凝土结构基本原理，实际为构件设计原理再加构造要求；而针对具体构件的构造要求，明显缺少反映构造规律的理论支撑。由于构造原理缺位，导致构造要求无系统性，使现行混凝土的“结构基本原理”更像是“构件基本原理”。

在现行结构规范中，也可观察到在无构造原理指导下所规定的构造要求之间多处产生的矛盾。例如，纵筋机械锚固的构造要求为锚固长度取基本锚固长度的 60%；但当框架梁纵筋机械锚固入柱中时，却变为取基本锚固长度的 40%；究竟是取 $0.4l_{ab}$ 还是 $0.6l_{ab}$？均为直线机械锚固两者的锚固长度竟然差 50%，常令施工方面一头雾水。诸如此类逻辑矛盾，在规范和教科书中并非个例。

无构造原理指导，导致无构造规律可循；无构造规律可循，使本来比构件计算方法相对容易的构造方式，反而变成业界难点。

（二）平法构造原理直接支撑平法构造体系

平法设计与施工规则中，包括各种结构体系中各类构件的构造设计。一个能够覆盖全部结构构件的构造体系，若无构造原理指导肯定无法担此重任。因此，构造原理必然成为平法研究的重要方面。平法从整体视角观察、分析各类构件构造中普遍具有的构造本质，发现构造的普遍性规律，最终形成平法构造原理。

应用平法构造原理，平法成功完成原创 G101 系列国家建筑标准设计，并继续指导 C101 系列平法通用设计的创作❶。平法构造原理自 1992 年起在长达 20 余年的时间里不断研究、发展、完善，在全国范围已成功经受了十几万项工程建设的实践检验。

1. 关于构件链

结构由构件组成，构件的有序连接构成构件链；形成构件链的依据为构件的支承顺序。我们以符号“⟶”指示支承目标，则有“基础⟶柱⟶梁⟶板”、“框架柱⟶框架梁（主梁）⟶非框架梁（次梁）”等构件链。科学合理的构件链，既清楚表述了构件的支承顺序❷，又明确反映了构件的有序关联。

---

❶ 由作者本人创作的平法 G101 系列国家建筑标准设计，于 2009 年 10 月荣获“全国工程勘察设计行业国庆六十周年作用显著标准设计项目大奖”（获奖名次位于全国共 10 项大奖首位）。

❷ 结构构件的支承顺序非常重要。建筑结构与机械结构的重要区别之一，是受地球重力影响原地静止矗立在场区，各构件之间的主要传力路径清楚地表现为逆支承顺序。

2. 关于节点构造中的节点本体与节点客体

两构件的关联部位，称为节点构造；关联部位以外的构造，称为本体构造。节点构造与本体构造，构成两大构造分类。

第 1 类：节点构造

节点构造关系到节点主体与节点客体。

当两构件的支承与被支承关系明确时，支承构件为节点主体，被支承构件为节点客体；当两构件的支承与被支承关系不明确或不固定时，若联合承载荷载则互为节点主体，若分别承载荷载则互为节点客体。

例如：基础支承柱，基础为节点主体，柱为节点客体；柱支承梁，柱为节点主体，梁为节点客体；梁支承板，梁为节点主体，板为节点客体。

在明确构件连接部位的节点主体与客体之后，在外形上还可划分“宽主体节点、宽客体节点、等宽度节点、单侧相平节点”等不同的节点类型。

两构件的连接区域归属节点主体构件。节点的混凝土强度等级与节点主体构件相同；节点主体构件的纵筋与箍筋，必须贯通节点设置。当节点不具备主体构件纵筋需要的贯通条件（如变截面）时，纵筋可在无法贯通的节点部位连接，但不属于在节点部位的锚固。

节点客体构件系指被支承构件。节点客体的纵筋可在节点内锚固或贯通。当锚固时，其锚固形式按实际受力需求，可为刚性锚固与半刚性锚固，即节点客体构件与节点主体构件可刚性连接，也可半刚性连接。当为刚性连接时（如柱与基础、框架梁与框架柱等刚性节点），节点客体纵筋应足强度刚性锚固；当为半刚性连接时（如次梁的端节点、楼板的端节点），则可非足强度半刚性锚固。此处应明确，无论采用刚性锚固还是半刚性锚固，只要符合受力需求即满足受力要求，均属于可靠锚固。

此外，还有相互连接却并不存在明确支承与支承关系的互为主体节点（如井字梁交叉点等）和互为客体节点（独立基础与条形基础相连接部位等），构造原理对此分别有相应的构造细则。

关于宽主体节点、宽客体节点、等宽度节点、单侧相平节点等，构造原理亦有相应的构造细则。

第 2 类：本体构造

本体构造仅涉及某种构件自身的构造，不涉及其他构件。

例如，框架梁的本体构造包括：“梁支座端上部受力纵筋的净距、延伸长度、与通长筋或架立筋的连接方式等，梁下部纵筋的净距、是否全跨贯通、非全跨贯通以及截断位置等，梁侧面纵筋的净距、钢筋接长的连接方式等，箍筋的构成形状、设置间距、加密区范围等。”

关于本体构造需要特别注意的是，不应把本体构造错误地当成节点构造处理。本体构造仅存在连接与合理分布问题，不存在锚入其他构件的锚固问题。错把本体构造当成节点构造处理的情况多发生在剪力墙上，剪力墙体积大，边缘与中部受力有别相应配筋有别，不同配筋存在的衔接过渡实际为两部位不同配筋的本体特殊连接构造，但并不是锚固构造，因不同部位共同构成剪力墙，不存在支承与被支承的关系。

2. 关于独立构件与非独立构件

根据结构构件是否具有独立承载荷载的功能，可分为“独立构件”与“非独立构件”。剪力墙结构普遍存在“非独立构件”。如暗梁、边框梁、暗柱、扶壁柱、端柱、框支梁等，这类构件无法独立存在，其构件本体与剪力墙一体成形，无独立承载荷载的功能，因此不属于独立构件。

非独立构件的实质，系为满足剪力墙不同部位的特殊受力需求而设置的特殊加强部位。构造原理中将非独立构件的构造作为加强构造对待，可避免将本体普通构造与本体加强构造的钢筋连接（如墙身与暗柱的水平筋连接），误按节点构造方式处理。

（三）平法构造原理中的关键要素

平法构造原理中的关键要素为构造原则。部分主要构造原则简述如下：

1. 受力钢筋和混凝土材料的主要构造原则

（1）主要功能原则——受力钢筋的设置应由其主要功能决定。同一位置的主要功能包络其他功能，主要功能配筋为较大配筋；配置较大配筋后，其他功能配筋不需重复配置；

（2）受力钢筋协调原则——所有钢筋必须协调放置，不可长范围阻断混凝土的环状包裹，以满足极限状态最高设计原则所需混凝土对钢筋的最优粘结强度；

（3）钢筋连接原则——受力钢筋无论采用何种连接方式，均应实现足强度连接；

（4）混凝土连接原则——因现场浇筑混凝土时连接位置的强度等级难以达到构件本体混凝土同等强度，故应将施工缝（连接位置）设在受力较小处，且应避开地震破坏时的重灾部位（如框架柱的下端和上端）；

（5）锚固原则——受力钢筋应足强度锚固，以满足在极限状态最高设计原则下要求受力钢筋发挥极限抗拉强度的需要；

（6）锚固方式原则——被支承构件的锚固方式，应由支承构件类型决定，即以支承构件常规支承组合中的被支承构件的锚固方式为准；

（7）能通则通原则——当有连通条件时，两端相向锚固的构件纵筋可采用连通方式，避免发生相向锚固钢筋相互接触大幅折剪锚固所需的最佳混凝土粘结强度；

（8）钢筋封闭原则——地上结构支承构件的纵筋，以及所有构件自由端的纵筋，均应在端部弯钩封闭；

（9）钢筋非重叠原则——同一位置的同向受力钢筋不需要重叠设置，取大者（本条原则与第（1）条主要功能原则相对应）；

2. 构造钢筋、分布钢筋的主要构造原则

（1）构造配筋的主要功能原则——构造钢筋的设置，应由其主要功能决定；同一位置完成主要功能的同向构造配筋通常为较大值；配置较大构造配筋后，其他功能的构造配筋不需重复配置；

（2）构造协调原则——同一层面上的不同构造钢筋必须协调，应避免相互接触，不应多于两根构造钢筋长距离并排，应创造混凝土全包裹构造钢筋的条件，不应隔断核心混凝土与保护层混凝土材料的连续；

（3）适筋构造原则——应防止构件同一表面多种不同的构造钢筋出现构造超筋；

（4）构造连接原则——构造钢筋通常按非足强度连接；

（5）构造锚固原则——构造钢筋通常按非足强度锚固；

（6）构造锚固方式原则——构造钢筋的锚固强度，可采用与其非足强度受力相对应的非足强度锚固方式；非足强度锚固可将构造筋水平伸入支座不小于1/2支座宽度做构造弯钩，当为宽扁梁型支座时则深入支座不小于1/2宽扁梁梁高后做构造弯钩；

（7）分布钢筋的主要功能原则——分布钢筋的设置，应由其主要功能决定；其主要功能为与受力筋或构造筋交叉成网，并为受力钢筋提供保护层方向的外侧约束；

（8）分布钢筋的连接锚固原则——分布钢筋的搭接连接接头应至少与一道垂直交叉的钢筋绑扎固定，若采用焊接连接则接头可在任意部位；分布钢筋的锚固，取不小于一个“回头钩”的长度即可；

（9）分布钢筋的位置原则——分布钢筋与受力钢筋交叉成网时，宜位于受力钢筋的外层，以便提供保护层方向的约束，协助受力钢筋更好的发挥抗力性能。

第五节　平法的实用效果及在结构领域的影响

一、平法创建25年大事记

1995年7月，平法通过了建设部科技成果鉴定[1]，鉴定意见为：建筑结构平面整体设计方法是结构设计领域的一项有创造性的改革。该方法数倍提高了设计效率，提高了设计质量，大幅度降低了设计成本，达到了优质、高效、低消耗三项指标的要求，值得在全国推广。

1996年6月，平法列为建设部一九九六年科技成果重点推广项目[2]。

1996年9月，平法被批准为《国家级科技成果重点推广计划》项目[3]。

1996年3月，中国建筑标准设计研究所陈幼幡总工和顾泰昌室主任建议将平法成果载入国家建筑标准设计，本书作者经与建设部时任设计司司长吴奕良先生探讨后，同意载入。同年11月，完全由本书作者创作的国家建筑标准设计图集96G101《混凝土结构平面整体表示方法制图规则和构造详图》（现浇混凝土框架、剪力墙、框架—剪力墙、框支剪力墙结构）获建设部[4]批准，自批准之日向全国出版发行。

1999年9月，平法国家建筑标准设计96G101获全国第四届优秀工程建设标准设计金奖。

---

[1] 证书编号：（95）建科鉴字037。

[2] 项目编号：96008，证书编号：J96009。

[3] 项目编号：97070209A，证书编号：1873。

[4] 批准文件编号：建设［1996］605号。

2000年7月，平法国家建筑标准设计96G101修版为00G101❶。

2003年1月，平法国家建筑标准设计00G101依据国家2000系列混凝土结构新规范修版为03G101-1❷，由计划出版社出版（住建部质量司发文❸）发行。

2003年7月，平法国家建筑标准设计03G101-2（现浇混凝土板式楼梯）完全由本书作者完成设计创作，由计划出版社出版（住建部质量司发文❹）发行。

2004年2月，平法国家建筑标准设计04G101-3（筏形基础）完全由本书作者完成设计创作，由计划出版社出版（住建部质量司发文）❺ 发行。

2004年11月，平法国家建筑标准设计04G101-4（现浇混凝土楼面板与屋面板）完全由本书作者完成设计创作，由计划出版社出版（住建部质量司发文）❻ 发行。

2006年9月，平法国家建筑标准设计06G101-6（独立基础，条形基础，桩基承台）完全由本书作者完成设计创作，由计划出版社出版（住建部质量司发文）❼ 发行。

2008年7月，平法国家建筑标准设计08101-5（箱形基础和地下室结构）完全由本书作者完成设计创作，由计划出版社出版（住建部质量司发文）❽ 发行。

2009年10月，完全由本书作者设计创作的平法系列国家建筑标准设计03G101-1、03G101-2、04G101-3、04G101-4、06G101-6、08G101-5荣获全国工程勘察设计行业国庆60周年作用显著标准设计项目大奖❾。大奖评选是从历届全国优秀工程建设标准设计金奖项目中“优中选优”，共评选出10项大奖，全国共10项大奖，平法系列标准设计荣列首位。

自2009年平法原创标准设计荣获大奖后，从2011年7月起，G101-x系列标准设计与平法原创科学研究完全脱离，变换为11G101-1、11G101-2、11G101-3计三册图集，之后又改版为16G101-1、16G101-2、16G101-3计三册图集。由于11G及16G各三册图集的编制人不是平法研究人员，且未经平法原创者允许自行复制原创平法图集中约80%～90%的内容，且其改写的约10%～20%的内容明显不符合平法基本原理和构造规则。

为了维护平法科研成果的科学性，避免以平法名义在结构界传播伪科学给国家和人民财产造成损失，本书作者于2014年创作了《平法国家建筑标准设计11G101-1原创解读》，于2015年创作了《平法国家建筑标准设计11G101-2原创解读》和《平法国家建筑标准设计11G101-3原创解读》，对11G101系列图集中的错误构造规定及与平法科技成果不相干

❶ 批准文件编号：建设［2000］157号。

❷ 批准文件编号：建质［2003］17号。由于中国建筑标准设计研究院在2001年改制为公司企业，建设部已不再为企业的产品按部级发文，改由质量司发文。(下同)。

❸ 批准文件编号：建质［2003］143号。

❹ 批准文件编号：建质［2003］143号。

❺ 批准文件编号：建质［2004］28号。

❻ 批准文件编号：建质［2004］191号。

❼ 批准文件编号：建质［2006］169号。

❽ 批准文件编号：建质［2008］125号。

❾ 批准文件编号：中设协字［2009］第56号。

的内容进行了科学分析和批判解读。“原创解读”系列出版发行后，在建筑结构界已产生显著影响。

为了坚持平法研究的可持续发展，坚持承担平法国家级科技成果重点推广项目赋予的推广责任，本书作者于2012年创作了《混凝土主体结构平法通用设计C101-1》、于2014年创作了《混凝土板式楼梯平法通用设计C101-2》，出版发行后已在业界产生良好效果。此外，承载原创平法研究最新成果的基础类等通用设计图集正在创作中。

二、平法的实用效果

1. 平法采用通用化的设计制图规则，结构施工图表达数字化、符号化，单张图纸的信息量高而且集中；构件分类明确，层次清晰，表达准确，设计速度快，效率成倍提高；平法使设计者易掌握全局，易进行平衡调整，易修改，易校审，改图可不牵连其他构件，易控制设计质量；平法能适应建设业主分阶段分层提图施工的要求，亦可适应在主体结构开始施工后又进行大幅度调整的特殊情况。平法分结构层设计的图纸与水平逐层施工的顺序完全一致，对标准层可实现单张图纸施工，施工工程师对结构比较容易形成整体概念，有利于施工质量管理。

2. 平法采用通用化的构造设计，形象、直观，施工易懂、易操作；通用构造详图可集国内较成熟、可靠的常规节点构造之大成，同时在科学的平法构造原理和结构原理的基础上创作更多的科学构造，不断填补我国构造设计的空白和纠正谬误。将平法构造设计分类归纳后编制成国家建筑通用图集供设计选用，可避免构造做法反复抄袭以及由此伴生的设计失误，确保节点构造在设计与施工两方面均达高质量。此外，对节点构造的研究、设计和施工实现专门化提出了更高的要求，已形成结构设计与施工行之有效的技术规则。

3. 平法大幅度降低设计成本，降低设计消耗，节约自然资源。平法施工图是有序化定量化的设计图纸，与其配套使用的通用设计图集可重复使用，与传统方法相比图纸量减少70%以上，综合设计工日减少三分之二以上，每10万m^2设计面积可降低设计成本约27万元[1]，在节约人力资源的同时又节约了自然资源，20年累计节约万吨图纸，间接保护了宝贵的森林资源，为保护自然环境间接做出突出贡献。

4. 平法大幅度提高设计效率立竿见影，能快速解放生产力，已迅速缓解基本建设高峰时期结构设计人员的紧缺局面。在建筑设计单位内的建筑设计与结构设计人员比例已明显改变，结构设计人员在数量上能够少于建筑设计人员，有些设计院结构设计人员仅为建筑设计人员的二分之一至四分之一，结构设计周期明显缩短，结构设计的工作强度已显著降低。

5. 平法实质性影响了全国建筑结构领域人才的分布状况，已促动人才分布格局大幅改变，设计单位对工民建专业大学毕业生的需求量已经显著减少，为施工单位招聘结构人才腾出了空间，大量工民建专业毕业生到施工部门择业已成普遍现象。人才流向发生转变

[1] 系根据1993年的测算。

后，人才分布趋向合理。随着时间的推移，高校培养的大批土建高级技术人才在建筑公司就业，必将对施工建设领域的科技进步发挥积极作用。

6. 平法促动设计院内的人才竞争，促进结构设计水平的提高。设计单位对年度毕业生的需求有限，自然形成人才竞争，竞争结果是比较优秀的人才进入设计单位的机会较高，长此以往，可有效提高结构设计队伍的整体素质。

事实充分证明，平法就是生产力，平法又创造了巨大的生产力。

三、平法将引发建筑结构领域“中游和下游”的技术改进

在科学技术发展史上，任何一种上游技术进步，必然引发和推动该领域的中、下游技术的相应进步，这种推动是自然规律使然，并不以人的意志为转移。例如，当微软公司的计算机操作系统由Windows2000升级为Windows XP后，以MS Windows为平台开发的所有的应用软件也均需要做出相应改进，以便能够在新操作系统下正常运行。很多事实证明，当上游操作系统改进后，位于中游或下游的应用软件的改进如果滞后，将错失市场竞争机会，减少或者完全失去已有的市场份额。

这里，作者所说的上、中、下游技术系根据先后顺序而言，但并无高级与低级之分。如果我们视结构设计为上游技术的话，那么，结构施工、预算与监理可视为中、下游技术。平法施工图设计必然推动施工理念与预算方法的改进。当施工、预算与监理人员做第一个平法施工项目时，不可避免地有段适应过程，他们一旦适应了平法设计，便能亲身体会到平法设计的规律性所带来的诸多方便。现在，我国某些建筑公司已经开始实施适合平法施工的工法，许多软件公司已经开发出适用于平法设计的预算程序。

四、关于平法CAD软件

我国自行开发的结构CAD软件约从1986年起应用于结构设计，为我国建筑结构设计的发展起到重大作用。但是，在平法创建之前，结构CAD软件的编制依据沿用了40多年已明显落后的传统方法，结构CAD从形式上替代了人工制图，而在内容上却承袭了传统方法的缺点。具体表现为：

1. 传统法CAD软件绘制的施工图内容中存在大量“同值性重复”和“同比值性重复”。

2. 传统法CAD表达繁琐、复杂，由于软件难以做到人工制图时的灵活归并，结果图纸量比手工绘图还要多出许多，甚至翻倍，且图纸完整性差，成图率不高，图中错、漏、碰、缺问题严重，校审、修改工作量很大。

3. 传统法CAD软件的编制、维护都比较复杂。

按平法编制的结构CAD软件，情况发生了根本转变。平法的有序化、定量化设计，令CAD出图与人工制图不仅在表达方式上完全相同，而且计算机自动绘制的图纸数量与手工绘制相同，更重要的是平法可以使结构CAD的编制和维护变得简单和方便。

五、平法与发达国家设计方法的比较

发达国家建筑结构设计的突出特点是设计效率高，设计周期短，在建筑方案确定之后，施工图纸的出图速度比较快。设计效率高的主要原因，一是计算机辅助设计的程度很高，建筑、结构和设备的CAD软件能做到集成化，计算机绘图的成图率可达100%；二是结构设计图纸通常不包括节点构造和构件本体构造，构造详图通常由建筑施工公司进行二次设计，并且构造设计在建筑施工公司内的通用化程度比较高。

各国结构设计均应遵守本国的设计规范，各国间的设计方法因此亦有不同，但在结构设计通常不包括节点构造和构件本体构造方面，发达国家各国间的情况却基本相同。当进行结构整体计算分析时，分析程序通常得出的是构件内力而不能给出节点内部的应力，如果采用构件的杆端内力设计节点构造则与节点的实际状况相差甚远。如果想得到节点内部的内力，最可靠的方法是对节点进行试验。

结构设计工程师通常不具备对构件节点和构件本体的试验条件，因此，将构造设计纳入设计工程师的工作范畴缺少技术依据。由建筑公司和结构研究公司承担完成构造设计是比较实际的解决方案，欧美发达国家过去和现在走的就是这样一条道路。各大建筑公司或结构研究公司对同类构造，可能采用不同的试验方式，通过多次试验后证明是安全可靠的构造设计成果通常会分别申请专利以进行知识产权的保护，并应用于本公司承接的建筑结构工程之中。结构试验属于技术研究，与科学研究成果必须公开的国际惯例不同，技术研究成果通常纳入专利保护范围。

中国是发展中国家，建筑公司的整体技术水平相对不高，现阶段并不具备独立进行构造设计与试验的实力，研究院所在结构构造研究方面投入的资金非常低，如果照搬发达国家的方式，显然不适合中国国情。我国建筑公司的现状是“照图施工”，国家并无支持施工单位进行构造设计的行政法规，建筑公司也普遍不具备进行设计和试验的条件。由此可见，解决这个问题应充分考虑中国国情。在有关部门的支持下，平法把节点构造和构件构造编制成国家建筑通用设计供设计工程师选用，并作为结构技术规则为施工提供依据，既解决了结构设计工程师不方便做构造设计的问题，又解决了施工单位没有技术实力进行构造设计和试验的矛盾。

在设计表示方法上，由于平法构成了结构设计的整合系统，与发达国家的设计表示方法相比，更具显明的科学性和实用性。例如，在表达配筋比较复杂的钢筋混凝土结构的功能方面，平法明显强于国外的结构施工图的设计表示方法。

六、平法将促进构造研究专门化

随着平法在全国的普及和向纵深发展，我国在结构构造研究方面相对薄弱的矛盾将会逐渐突出。国内几十所建筑科学研究院所和几百所高等院校中的土木工程院系中，专门从事构造研究的专家、教授为数不多。目前国内普遍采用的构造设计，大部分是对几十年前构造做法略作改进，其中概念设计的比重偏高，经过足尺试验的例子极少，经过多次反复试验取得更可靠数据的例子则更少。总之，构造研究在我国远未成规模，成果不多。

我国高等工科院校侧重于传授结构设计基本原理，对构造的讲授的很少甚至不讲。新毕业的大学本科生基本不懂构造在结构界是不争的事实。平法基本理论和方法明确提出集成化的通用构造设计是非常重要的组成部分，当平法编写为教科书进入大学课堂，土建专业的学生开始普遍应用平法进行课程设计和毕业设计时，应当会有更多的专家、教授对构造研究产生兴趣，或许能促进我国构造研究的发展。

七、平法蕴含科学哲学与技术哲学思想[1]并与系统科学交叉

从历史唯物论的观点看，我国没有本土发育成熟的科学哲学和技术哲学。近代中国的科学总体上是引进西学。

中国人自古以来最为擅长的是辩证思维，但并不擅长逻辑思维。从功能方面比较，辩证思维强于逻辑思维，但辩证思维更适合于研究人文和历史，而逻辑思维适合研究近代科学技术。历史上，中国在两千多年前就发展了辩证思维，由于古代辩证思维通常否定逻辑思维，结果未给逻辑思维的成长留出空间。

中国人在逻辑思维方面的明显不足，通常体现在概念缺少明确的涵义（讲究“意会”、“领悟”），判断缺少明确的前提（事实上前提常被隐藏甚至被忽略），推理缺少明确的过程（过分看重结果而忽略过程）。尤其在我国在改革开放之前长达几十年时间对形而上学的错误批判延伸到科学技术领域，扭曲、掩蔽了近代和现代科学正是基于形而上学才导出如此之多的公理和定理的客观事实。

历史形成的根深蒂固的辩证思维习惯，在我国的结构规范、规程体系中多处体现；平法提出的规则论、构造原理和解构原理，正是逻辑思维的结果。辩证思维与逻辑思维是互补关系，共同构成对结构科学和技术的上游指导思想。当我们以逻辑思维弥补了辩证思维方式在形成科学概念上的短板，必将对我国建筑结构科学与技术进步有重大意义。

八、平法创新建立的解构原理为结构设计与施工的智能化创造条件

在本书本章第四节，作者首次增述了平法解构原理概要，其中包括解构原理的基本属性、主要内容和主要作用，以及如何为结构设计与施工的智能化创造条件，在此不再赘述。

---

[1] 此段文字简略提及该问题，本书著作者拟有专门著作进行深入讨论。

第二章　平法设计总则与通用构造规则

第一节　平法设计总则

一、平法设计制图规则的总体功能

我国幅员辽阔，开放型的市场经济已经打破了地区界限。为适应市场经济的需要，结构设计界需要有通用的制图规则，以便消除地区差别，在全国范围使用各地都能够接受的结构工程师语言。平法设计制图规则通用化的目的，是为了“保证各地按平法绘制的施工图标准统一，确保设计质量和设计图纸在全国流通使用”❶。

二、平法设计制图规则与国家现行有关规范和规程的关系

在我国的建筑结构制图标准中，对结构设计制图所用的各类元素做出诸多相应规定，例如图线类型、图线宽度、比例规定、混凝土结构中钢筋的一般表达方式等。但是，对于如何具体、系统地组合、应用这些元素来表达一项完整的结构设计，制图标准并未将其纳入自身范畴。制图标准属于结构规范规程板块，而制图规则属于结构技术规则和结构技术方法板块，制图标准和制图规则两者的功能并不相同。某种系统性的设计制图规则，实际上是一种专业设计工艺，如果将专业设计工艺纳入具有规范指导意义的制图标准❷，显然并不合适。

设计制图规则有选择地对制图标准中的部分元素进行组织化和系统化处理，将这些原本相对独立的制图元素按照特定的功能需要紧密相联、环环相扣、另成体系，为表达一项完整的结构设计提供了明确、简捷、高效的运做方式。平法设计制图规则作为一种新的设计方法，其在理论上比较准确的定义应为“程序化的建筑结构设计规则”，这种程序化构建了建筑结构施工图的设计表达整合系统❸。

这种新创建的程序化的设计规则的目标，是为了高效率、高质量、低成本地完成结构

---

❶ 摘自建设部“建设［1996］605号”文件。

❷ 原创平法在2010年以前曾编制成国家建筑标准设计，但标准设计与制图标准的功能不同，因此不属同一范畴。

❸ 平法在向结构界推出之前原命名为“建筑结构系统整合设计方法”。考虑到我国结构界当时对“系统”、“整合”类比较抽象的用语可能比较陌生，因此在正式推向结构界时采用了“建筑结构平面整体设计方法”并简称“平法”这样比较形象、生动的用语。

设计，是一种明晰、简捷、高效的结构施工图设计新工艺。平法设计制图规则本身同样应遵守国家有关标准、规范和规程，因此，设计者应注意，当对具体工程项目采用平法设计制图规则时，除应遵守规则中的相关规定外，还应同时遵守国家现行有关标准、规范和规程。

在设计实践中，遵守国家标准、规范和规程是结构工程师的基本素质。半个世纪以来，我国结构工程师普遍认为所有现行国家标准、规范和规程都是必须无条件遵守的。服从规范、规程中的规定已经成为每一位结构工程师的职业习惯。

应在此指出，我国现行建筑结构专业的国家标准、规范和规程并未明确定性为“强制性”，而是对具体条款使用了表示严格程度不同的用语。例如，表示很严格，非这样不可的正面用词“必须”及反面用词“严禁”；表示严格，在正常情况均应这样做的正面用词“应”及反面用词“不得”；对表示允许稍有选择，在条件许可时首先应这样作的“宜”或“可”及反面词“不宜”。这些程度用语直接反映了中国人传统的辩证思维，使规范中既包括了强制性和相对强制性（或称弱强制性）的要求，也同时具有推荐性意义。我国新颁布实施的《混凝土结构设计规范》GB 50010—2010、《建筑抗震设计规范》GB 50011—2010等系列新规范，已经采用黑体字印刷方式对强制性条文给予特殊强调。

进入 21 世纪后，随着全球经济一体化进程和结构工程师注册制度的完善，中国的标准、规范和规程在形式和内容方面都有跟国际接轨的需要。除标准之外，发达国家的规范和规程大多属于推荐性的。我国对一般民用与工业建筑结构规范和规程中的强制性要求，现在采用以黑体字印刷的特殊方式重点强调，以确保结构的可靠度，其他非黑体字印刷的内容现在并未明确定性，但可能会逐步明确为推荐性。

规范和规程由强制性过渡到推荐性，并不意味着减弱对结构可靠度的控制，相反，注册结构工程师将对结构的安全性、适用性、耐久性将发挥更加主动和积极的作用。从行业管理的角度来看，明确规范和规程的推荐性，是将以机构为本的安全控制方式转向以人为本，这无疑代表着时代进步。

三、平法设计制图规则的适用范围

平法设计制图规则的适用范围，可为建筑结构的各种类型。具体包括各类基础结构与地下结构的平法施工图，混凝土结构、钢结构、砌体结构、混合结构的主体结构❶平法施工图，以及非主体结构❷的平法施工图，等等。

本书主要讲述混凝土主体结构的制图规则与通用构造规则，具体内容涉及框架结构、剪力墙结构、框剪结构、框支剪力墙结构中的柱、剪力墙、梁构件的平法设计规则与施工构造规则。关于基础结构与地下结构（具体包括独立基础、条形基础、筏形基础、桩基承

---

❶ 通常所说的“混凝土结构”指不包括基础结构在内的“混凝土主体结构”。

❷ 非主体结构通常指楼板、楼梯等。其根据是当进行主体结构的内力计算分析时，我国几种常用的结构计算程序一般将楼板、楼梯构件的自重及作用其上的载荷处理为支承构件（如梁或墙）上的荷载，楼板、楼梯通常与由柱、墙、梁构成的主体结构分别进行计算分析。

台等)、砌体结构、钢结构、楼板与楼梯，以及属于特殊混凝土结构的异型框架结构、短肢剪力墙结构等内容，拟另行出书。

四、平法施工图设计文件的构成

平法结构施工图设计文件，具体包括两部分：

第一部分：平法施工图。平法施工图系在分构件类型绘制的结构平面布置图上，直接按制图规则标注每个构件的几何尺寸和配筋。在平法施工图之前，还应有结构设计总说明。

第二部分：通用构造详图。通用构造详图统一提供的是平法施工图中未表达的节点和构件本体构造等❶不需结构设计工程师设计绘制的内容，其中还包括通用综合构造。

“标准构造设计”在过去和将来一定时期以《国家建筑标准设计》的形式向全国结构工程界出版发行。因在市场经济模式下，只有规范类的设计标准，并无标准设计，所谓标准设计是在计划经济时期从前苏联引进的形式，所以，标准构造设计的性质为推荐性，而并无任何强制性。

同理，平法通用构造设计也是推荐性的，当工程师选用时，该通用构造设计便与工程师的设计图纸共同构成完整的正式设计文件；当设计工程师未采用通用构造设计时，该通用构造设计对该项具体结构工程设计便不具有任何有效性。就是说，是否采用平法设计制图规则和通用构造规则，取决于结构设计工程师的选择。

应注意的是，采用平法设计制图规则设计的图纸与平法通用构造详图有对应互补关系，若选用均应选用。当采用平法设计制图规则表达设计内容，同时选用平法通用构造详图时，通用构造详图为不可或缺的指令性设计文件；当未选用时，单独的平法施工图设计文件则不完整。

在我国市面上可以买到的各类构造手册和各类结构专著，其中的构造设计内容在结构设计实践中能够起到很好的参考作用，但这些著作需要进行一定的处理（如加盖设计工程师的注册证章），才具备设计文件的功能。如果将参考性设计资料中的构造做法简单地与平法结构设计配套出图，由于不能与平法结构设计一一对应，所以不能构成严谨、完整、合法的设计文件。

对于比较复杂的工业与民用建筑，当某些部位的形状比较复杂时，需要增加局部模板图、开洞和预埋件平面图或立面图，必要时可增加局部构件正投影图和截面图，或采用其他方法将设计内容表达清楚。

图 2-1-1 为采用平面注写方式表达的梁平法施工图示意，该图属于平法结构设计第一部分的设计内容。读者可从中直观看出平法与传统方法的区别，由此可形成平法设计的初步印象。

---

❶ 节点构造一般指构件与构件的连接构造，构件本体构造一般指构件节点以外的配筋构造。

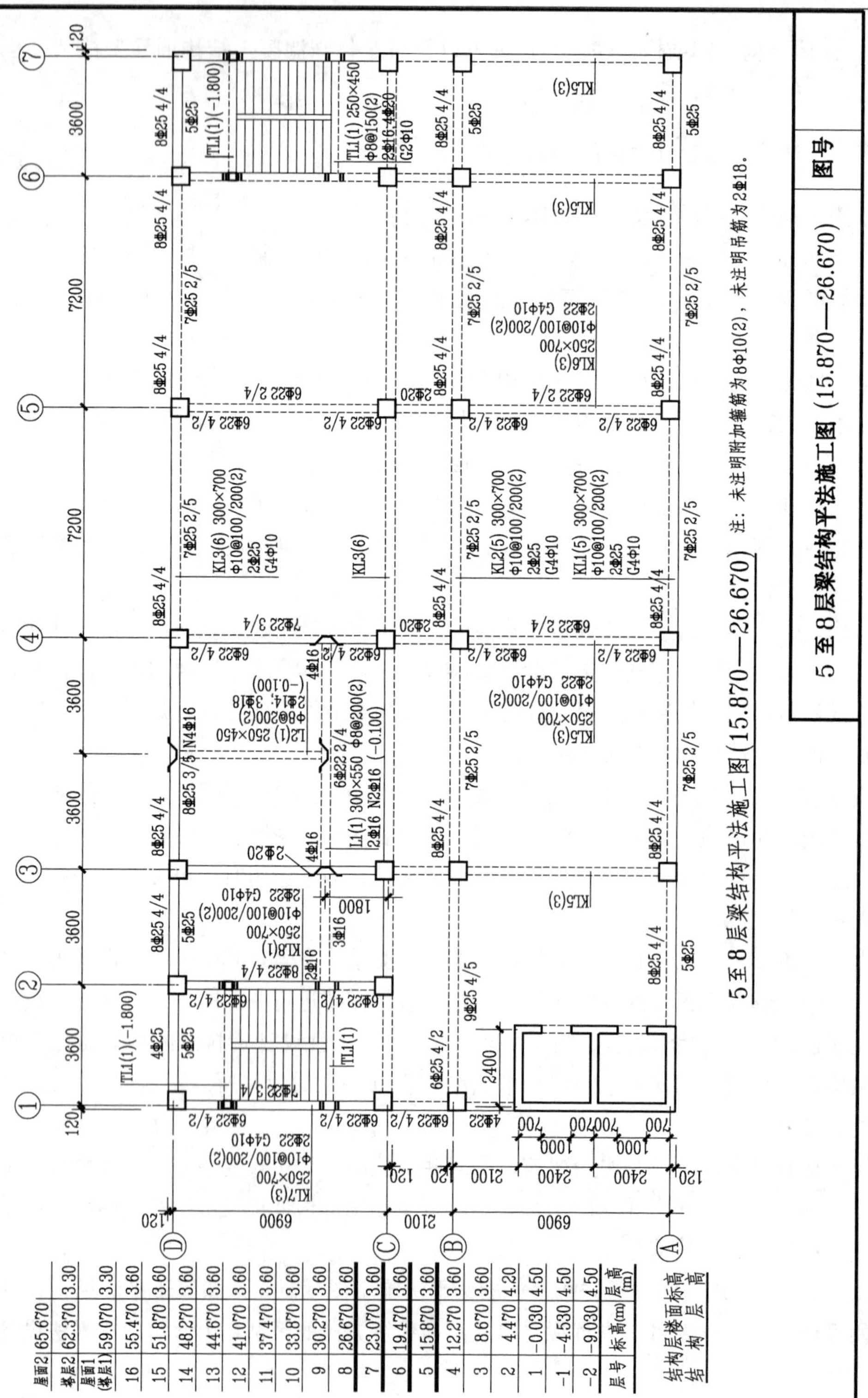

层号	标高(m)	层高(m)
屋面2	65.670	
塔层2	62.370	3.30
屋面1(塔层1)	59.070	3.30
16	55.470	3.60
15	51.870	3.60
14	48.270	3.60
13	44.670	3.60
12	41.070	3.60
11	37.470	3.60
10	33.870	3.60
9	30.270	3.60
8	26.670	3.60
7	23.070	3.60
6	19.470	3.60
5	15.870	3.60
4	12.270	3.60
3	8.670	3.60
2	4.470	4.20
1	-0.030	4.50
-1	-4.530	4.50
-2	-9.030	4.50

结构层楼面标高
结构层高

图 2-1-1

五、平法结构施工图的表达方式

(一) 总体情况

平法结构施工图的表达方式，主要有平面注写方式、列表注写方式、截面注写方式三种。通常以平面注写方式为主，列表注写方式与截面注写方式为辅。

具体设计时，平面注写、列表注写、截面注写三种方式，可由设计者根据工程情况选择采用。各种表达方式所表达的内容相同，通常以平面注写方式为主的依据，是平面注写方式在原位表达的信息量高且集中，易平衡、易校审、易修改、易读图；列表注写方式的信息量大且集中，但非原位表达，对设计内容的平衡、校审、修改、读图有欠直观，故作为辅助方式；截面注写方式，则适用于构件形状比较复杂或异形构件的表达。

平法的各种表达方式，有同一性的注写顺序，依次为：

1. 构件编号及整体特征（如梁的跨数等）；

2. 截面尺寸；

3. 截面配筋；

4. 必要的说明。

按平法设计绘制结构施工图时，必须对所有的构件进行编号。

平法结构施工图对构件的全面编号，不同于传统方法结构施工图对构件的编号，两者功能有区别。当用传统方法设计结构施工图时，对构件编号的主要功能，是用来索引该构件的施工图详图（通常称为“大样图”）所在的图号；平法施工图对构件编号的主要功能，是指明与该构件配合使用的通用构造详图。平法施工图的构件编号中含有构件类型代号和序号等，其中，以类型代号为连接纽带，将平法施工图中的构件和与其配合的节点构造及构件构造，准确无误地关联在一起。例如，框架梁的代号为 FB（或 KL）❶ 对应于通用构造详图中关于框架梁的节点构造和构件构造；屋面框架梁的代号为 RFB（或 WKL）❷ 对应于通用构造详图中关于屋面框架梁的节点构造和构件构造；非框架梁（指未与柱连接构成框架的梁）的代号为 B（或 L）对应通用构造详图中关于非框架梁的节点构造和构件构造。如此处理，系为明确该构件与通用构造详图的对应互补关系，使两者合并构成完整的结构设计。

(二) 平法施工图上应注明结构的竖向定位尺寸

平法结构设计图不表达整榀框架配筋详图，结构的空间形象要通过数字化、符号化的注写内容间接形成。实际上，即使采用比较形象的整榀框架配筋详图，也不如建筑立面图和剖面图能够形象反映建筑的整体形状。任何一位施工工程师对整幢建筑的感性认识，首先从建筑学专业的建筑施工图中获得。结构专业设计的空间形象，在施工工程师已经熟悉

---

❶ FB 为框架梁的英文单词 frame beam 的首字母组合，KL 为框架梁的汉语拼音 kuangjia liang 的首字母组合。

❷ RFB 为屋面框架梁的英文单词 roof frame beam 的首字母组合，WKL 为屋面框架梁的汉语拼音 wumian kuangjia liang 的首字母组合。

了建筑施工图的前提下，有结构简图即可形成结构空间概念。为此，平法设计制图规则规定，当按平法设计绘制结构施工图时，应采用表格或其他方式注明结构的竖向定位尺寸；主要内容包括：基础底面基准标高，基础结构或地下结构层顶面标高和结构层高，地上结构各结构层❶的楼面标高和结构层高，各结构层号，等等。

对于单项结构工程，结构竖向定位尺寸必须统一，以保证基础、基础结构或地下室结构、柱及剪力墙、梁、板等使用同一竖向定位标准。为施工方便，应将统一的结构竖向定位尺寸分别表示在各类构件的平法施工图中。当设计采用计算机制图时，将结构竖向定位尺寸表拷贝到需要它的图纸上即可。

对主体结构而言，柱、剪力墙、梁各自的标准层在多数情况下并不一致，按平法设计制图规则，可方便地将平法施工图按柱结构、墙结构、梁结构、板结构各自的标准层绘制❷。图 2-1-2 为分别放在柱平法施工图、剪力墙平法施工图、梁平法施工图中的“结构层楼面标高及层高表”示例，从表中可见同一结构中的柱、剪力墙、梁各自的标准层并不统一，但表的形式和内容对标准层的指示非常清晰。

采用将结构竖向定位尺寸表的部分表格细线加粗处理的方式，可简明、清晰地把层号及所在位置直观表示清楚（见图 2-1-2）。为统一起见，平法施工图的图名可为“*XX* 标高至 *XX* 标高的 *X* 类构件平法施工图”然后在图名下加注“*XX* 层至 *XX* 层”，也可采用“*XX* 层至 *XX* 层的 *X* 类构件平法施工图”然后在图名下加注“*XX* 标高至 *XX* 标高”，将标高范围与结构层范围相互印证。例如：图名为“6 至 10 层柱结构平法施工图（19.470-37.470）”（见图 2-1-1），也可注为“19.470-37.470 柱结构平法施工图（6 至 10 层）”。施工人员对照本图上的结构竖向定位尺寸表，即可清楚其所在层数和高度范围。

应当注意的是，柱、墙类竖向构件的高度范围，系从标准层起始层的结构楼面标高起始，至标准层终止层的顶部标高（实际是上一层的楼面标高）为止，即竖向构件贯通标准层的全部各层的竖向空间；而梁类水平构件的位置，无论是标准层的起始层还是终止层，均为该层的结构层楼面标高。例如：在图 2-1-1 中，3 至 8 层墙与 5 至 8 层梁的结束层均为第 8 层，但墙的上标高为 30.270（实际为第 9 层的结构层楼面标高），而梁的上标高为 26.670，为第 8 层的结构层楼面标高。

在结构设计中，存在建筑学概念上的楼层与结构概念上的楼层不一致的矛盾。这个问题虽然不大，却会干扰结构设计工程师的思维。对于主体结构而言，从竖向立面来看，每一层结构均由竖向支承构件和与该竖向支承构件的上端相连接的横向支承构件构成，见图 2-1-3。例如一幢 n 层楼房，第一层结构的构件应包括第一层的柱或墙和与其顶端相连接的梁；第 n 层（顶层）结构的构件应包括第 n 层的柱或墙和与该柱或墙的上端相连接的梁。

---

❶ 当结构比较复杂时，结构层的层数可能与建筑层的层数不一致，为统一起见，建议结构层号与建筑层号对应相同，与建筑层号不一致的结构层，可按结构夹层处理。

❷ 当柱或剪力墙的平法施工图采用列表注写方式表达时，可不分标准层绘制，而将全部柱或剪力墙一次性表达。

屋面2	65.670	
塔层2	62.370	3.30
屋面1(塔层1)	59.070	3.30
16	55.470	3.60
15	51.870	3.60
14	48.270	3.60
13	44.670	3.60
12	41.070	3.60
11	37.470	3.60
10	33.870	3.60
9	30.270	3.60
8	26.670	3.60
7	23.070	3.60
6	19.470	3.60
5	15.870	3.60
4	12.270	3.60
3	8.670	3.60
2	4.470	4.20
1	-0.030	4.50
-1	-4.530	4.50
-2	-9.030	4.50
层号	标高(m)	层高(m)

(19.470—37.470)
6至10层柱结构平法施工图

	屋面2	65.670	
	塔层2	62.370	3.30
	屋面1(塔层1)	59.070	3.30
	16	55.470	3.60
	15	51.870	3.60
	14	48.270	3.60
	13	44.670	3.60
	12	41.070	3.60
	11	37.470	3.60
	10	33.870	3.60
	9	30.270	3.60
	8	26.670	3.60
	7	23.070	3.60
	6	19.470	3.60
	5	15.870	3.60
	4	12.270	3.60
	3	8.670	3.60
底部加强部位	2	4.470	4.20
	1	-0.030	4.50
	-1	-4.530	4.50
	-2	-9.030	4.50
	层号	标高(m)	层高(m)

(8.670—30.270)
3至8层剪力墙结构平法施工图

屋面2	65.670	
塔层2	62.370	3.30
屋面1(塔层1)	59.070	3.30
16	55.470	3.60
15	51.870	3.60
14	48.270	3.60
13	44.670	3.60
12	41.070	3.60
11	37.470	3.60
10	33.870	3.60
9	30.270	3.60
8	26.670	3.60
7	23.070	3.60
6	19.470	3.60
5	15.870	3.60
4	12.270	3.60
3	8.670	3.60
2	4.470	4.20
1	-0.030	4.50
-1	-4.530	4.50
-2	-9.030	4.50
层号	标高(m)	层高(m)

(15.870—26.670)
5至8层梁结构平法施工图

图 2-1-2　结构层楼面标高及层高表示例

人们习惯所说的某一层的梁，实际上是结构概念的下面一层的梁。例如，习惯所称的二层梁实际上是构成第一层结构的梁；习惯所称的屋面梁实际上是构成顶层结构的梁。人们的习惯与结构的概念恰好差了一层，但却与建筑学的分层[1]概念完全一致，见图 2-1-4。这样一来，在结构层与建筑楼层在分层概念上便产生了矛盾，在比照建筑平面布置图讨论结构计算分析结果时，如不仔细分辨有时会错了一层，尤其对于层数很多的高层建筑两个标准层的交接位置，或高位转换层的实际位置，更需仔细对应。

梁在结构意义上的层相对于建筑划分的层恰好错了一层，而柱、墙、楼板的结构分层却与建筑分层完全一致，由于建筑学专业在设计排序上先于结构，在层的划分上，结构自然应当服从建筑，见图 2-1-5。因此，平法制图规则规定，在结构竖向定位尺寸表中的结构层号，应与建筑楼层的层号保持一致。

[1] 说明建筑学比结构更贴近现实生活。

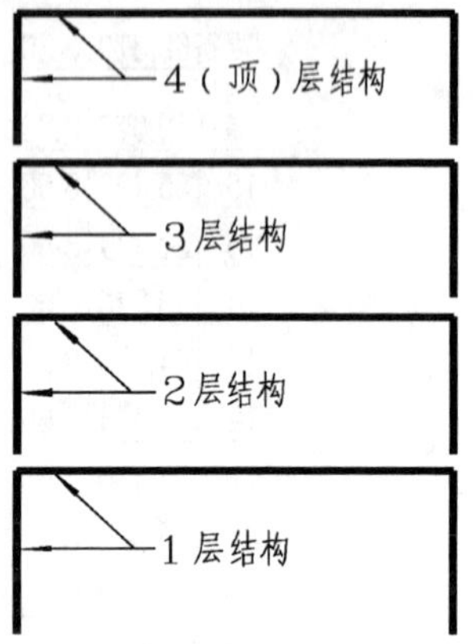

图 2-1-3

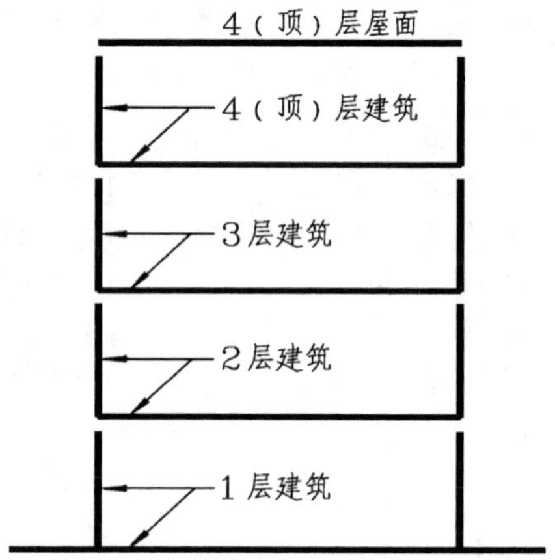

图 2-1-4

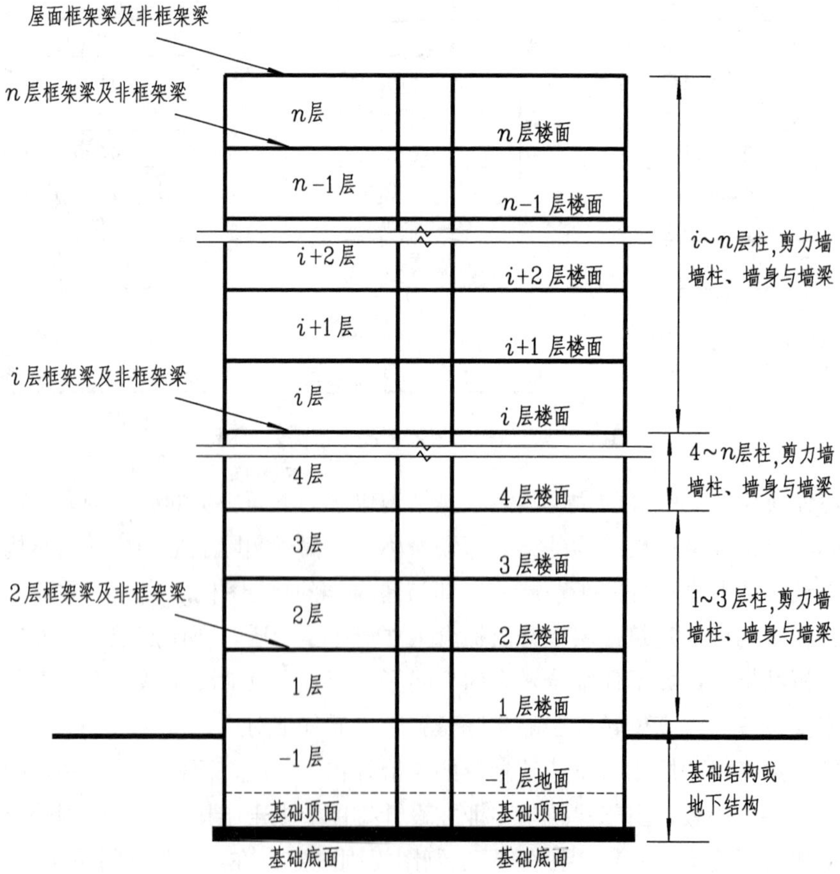

图 2-1-5

六、平法结构施工图的出图顺序

按照平法设计制图规则完成的施工图，按照以下顺序排列：

结构设计总说明
↓
基础及地下结构平法施工图
↓
柱和剪力墙平法施工图
↓
梁平法施工图
↓
板平法施工图
↓
楼梯及其他特殊构件平法施工图

这种顺序，可形象地表示为：

结构设计总说明
↓
底部支承结构（即基础及地下结构）
↓
竖向支承结构（即柱和剪力墙）
↓
水平支承结构（即梁）
↓
平面支承结构（即板）
↓
楼梯及其他特殊构件❶

这样的出图顺序，与现场施工顺序完全一致，便于施工技术人员理解、掌握平法结构施工图。

第二节 基础结构或地下结构与上部结构的分界

基础结构或地下结构与上部结构的分界位置，通常为上部结构的嵌固部位。当地下结构全部采用箱形基础时，箱形基础顶板位置作为上部结构的嵌固部位完全符合结构计算假定；当地下结构有三层，－1 层为地下室，－2 层与－3 层为箱形基础时，此种情况下，基础结构与主体结构的分界有两种情况。一种意见是在箱形基础的顶板顶面位置分界，另一种意见是在地下室顶板顶面位置分界。还有，当地下三层均为地下室时，在什么位置分界便有更多的不同意见。

当采用筏形基础且为地下室结构时，也存在分界位置在筏形基础顶面还是地下室顶板顶面的问题，两种意见都有一定的道理。将分界取为位于首层地面位置的地下室顶板顶面的依据，通常是地下室结构的楼层侧向刚度为相邻上部楼层侧向刚度的 2 倍，加之地下室侧壁嵌固在土中，当结构受到风荷载或横向地震作用时，地下室部分由于实际受到土的侧向约束作用，其横向变形与地上结构无侧向约束作用的横向变形明显不同；将分界取为埋在地下的箱形基础或筏形基础顶面的依据，是认为只有在这个位置才可作为上部结构的刚

❶ 板式楼梯属于特殊板，梁板式楼梯属于特殊梁与特殊板的组合。

性嵌固部位，从而更符合柱根部按固定支座的计算假定。

当无地下室时，如果基础埋深较浅，分界位置在基础顶面通常没有异议；如果基础埋深较深，且为增加底层框架刚度在室内地面下普遍设有地下框架梁时，将分界位置定在基础顶面还是连梁顶面就有两种意见。将分界取为首层地面位置的地下框架梁顶面的依据，是结构从该位置往下已经全部埋入土中，当结构受到风荷载或横向地震作用时，埋入土中的柱和梁由于受土的侧向约束作用而与地上部分结构的横向变形有所不同。

以上举例所示各种意见相左的核心问题，是土对埋入其中那部分结构的侧向约束作用，导致其受力与变形条件与上部结构有事实上的不同。

如第一章所述，平法是关于结构施工图的设计方法，按照结构设计的系统构成，结构施工图是位于结构方案设计和结构计算分析两个子系统之后的第三个子系统。由于该子系统承接结构计算分析的成果，其功能可对上一子系统进行反馈（如发现计算分析结果存在问题需经调整后复算），但本身并不实施对计算分析的主动控制（由再上一级的结构方案设计子系统对计算分析实施主动控制）。因此，分界所涉及到的嵌固部位计算假定并不影响平法结构施工图的设计，因而不是本书的讨论重点。但是，基于构成平法施工图各子系统之间的层次性、关联性、功能性和相对完整性，需要明确规定上部结构与基础及地下结构的分界位置。

为方便设计和施工采用统一的标准，并尽可能符合结构设计工程师进行计算分析时的计算假定，规定：

当基础埋深较浅，且当建筑首层地面以下至基础之间未设置双向地下框架梁时，上部结构与基础结构的分界取基础顶面，见图 2-2-1。

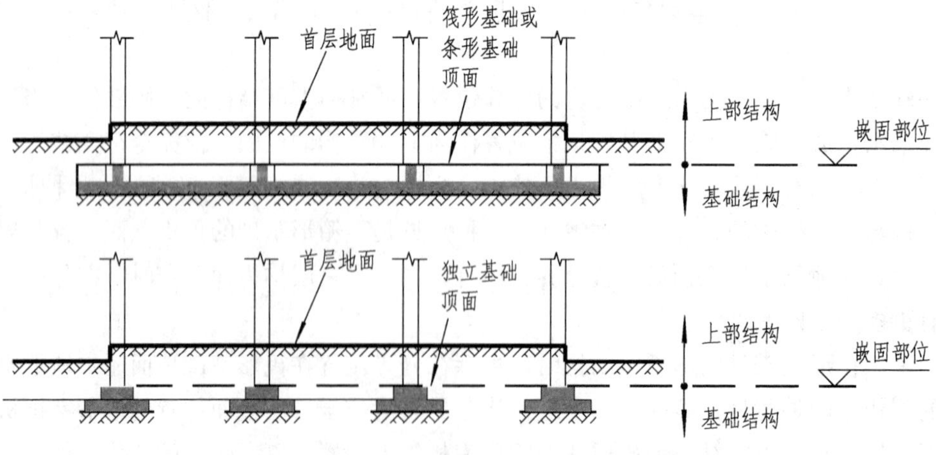

图 2-2-1

当建筑首层地面以下至基础之间设置了双向地下框架梁时，上部结构与基础结构的分界取在地下框架梁顶面，见图 2-2-2。

当地下结构为地下室或半地下室时（半地下室应嵌入室外自然地坪以下≥1/2 层高），上部结构与基础结构的分界取在地下室或半地下室顶面，见图 2-2-3。

当地下结构全部为箱形基础时，上部结构与基础结构的分界取在箱型基础顶面，见图2-2-4。

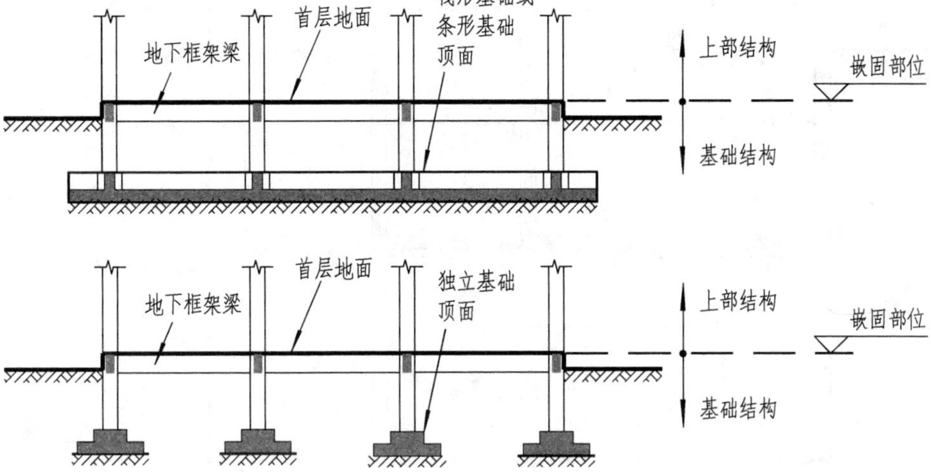

图 2-2-2

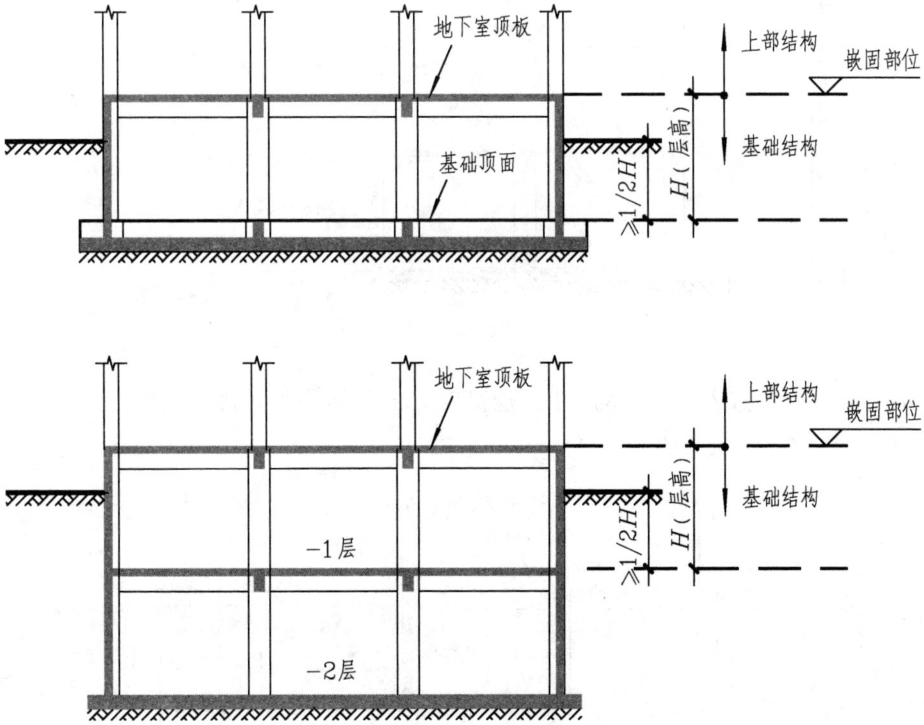

图 2-2-3

当地下结构为地下室加箱型基础，或为半地下室（半地下室应嵌入室外自然地坪以下≥1/2 层高）加箱型基础时，上部结构与基础结构的分界取在上部地下室或半地下室顶面，见图 2-2-5。

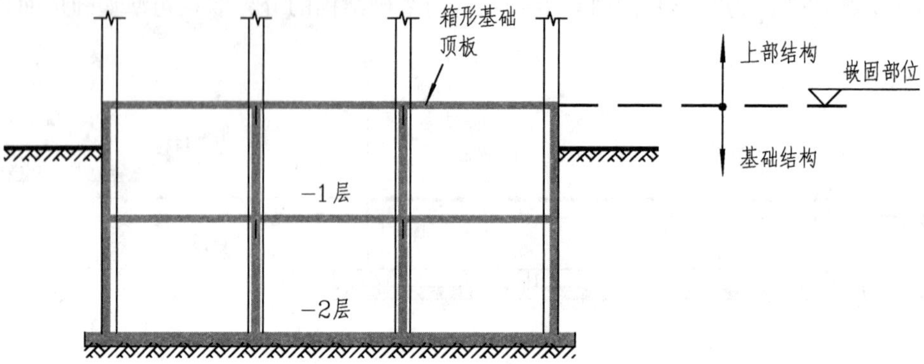

图 2-2-4

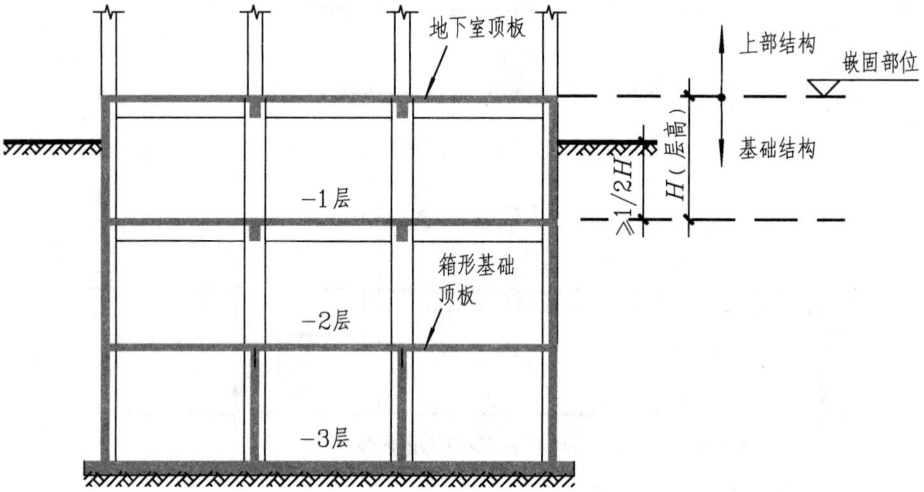

图 2-2-5

当最上层地下室嵌入室外地面<1/2 层高时，上部结构与基础结构的分界取在半地下室地板顶面，见图 2-2-6。

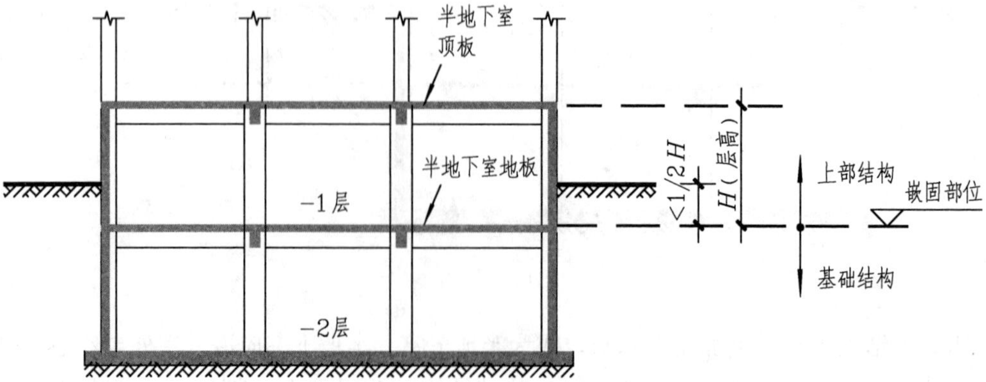

图 2-2-6

按以上规定确定上部结构与基础结构的分界后，分界位置以上设计为地上结构的柱、剪力墙和梁平法施工图，分界位置以下则设计为基础结构或地下结构平法施工图。施工方面应根据构件所处的实际位置，按照相应的通用构造详图进行施工。

设计和施工方面应注意：当为抗震设计且有地下室时，地下各层的抗震等级应按我国现行混凝土设计规范和抗震设计规范确定。

第三节 关于结构设计总说明

一、结构设计总说明的一般形式和内容

结构设计总说明通常包括五大部分内容：

第一部分：结构概述；

第二部分：关于场区与地基；

第三部分：关于基础结构及地下结构；

第四部分：关于地上主体结构；

第五部分：关于设计、施工所依据的规范、规程和通用设计图集等。

五个部分所说明的内容，应着眼于空间和时间两个范畴，普遍性与特殊性两个方面。

在空间范畴，应包括结构外部要素和结构内部要素两大部分。属于结构外部要素有：结构的场区地质构造、当地抗震设防级别、结构所承受的作用即荷载等等；属于结构内部要素有：结构体系、结构所用材料、结构内力计算所采用的方法（计算分析程序）、结构的强度和刚度概说等等。

在时间范畴，应有涉及短时间的要求（如强调拆除悬挑构件模板的竖向支撑的时间等）、稍长时间的要求（如后浇带的补浇时间等）、较长时间的要求（主楼与裙房施工先后的时间间隔等）、更长时间的要求（如沉降观测等），等等。本书所讨论的混凝土地上主体结构施工图的平法设计，主要与第四、第五部分内容相关。

上面列举的第四部分的说明内容，通常包括：

1. 本工程所采用的地上主体结构体系；
2. 抗震设防烈度和各类构件的抗震等级[1]，结构对地震作用的相应数据；
3. 设计荷载取值；
4. 各类构件所采用的材料及强度等级；
5. 钢筋工程和混凝土工程要求
6. 节点及构件的一般构造要求；
7. 主体结构与基础结构的连接、锚固要求；
8. 其他特殊要求及注意事项。

---

[1] 抗震等级是抗震设防烈度下衍生的关于混凝土结构构件的标准，仅适用于混凝土结构。

等等。

二、结构设计总说明中应写明与平法密切相关的内容

采用平法制图规则完成施工图设计的结构设计总说明，在形式上与传统方法相同，但在内容上有特殊要求。在平法结构施工图设计总说明中，应写明以下内容：

1. 注明所选用的平法建筑通用设计图集的图号，以免图集升版后在施工中用错版本。

根据平法基本理论，我们把节点构造设计和构件构造设计进行了大规模集成化，但应清醒地意识到，目前我国对这种大规模通用化方式，仅仅具备了必要条件，尚不具备充分条件。

在传统结构设计中表达的节点构造和构件构造，真正属于原创❶的并不多，大部分属于反复抄绘。这种并非真正属于设计活动❷的做法，不可避免地加大了出错概率和降低了设计图纸的信息密度❸，造成设计图纸拖泥带水。

平法建筑通用设计编入了目前国内常用的且较为成熟的节点构造和构件构造，在编入时，尽管作者尽可能使其有较高的正确性、适用性和易用性，但仍然受到传统习惯的强力约束，特别是受到现行理论存在短板的影响；例如，以平法解构原理创新理论指导平法构造设计也要分阶段替掉传统的错误构造，不可能在短时期内消除历史延续下来的错误痕迹。这些问题突出表现在我国在构造研究方面不存在系统理论，即便是较高层次的似为权威的通用构造设计也多为“按规范规定”，其中概念设计和借鉴他国的比重相对偏高。

当这些构造设计发表在论文、著作或设计手册中时，由于其性质为设计参考资料，结构设计人员通常并不计较其是否有充分的试验依据，基本上是“拿来就用”。但是，当构造设计由参考性的设计资料变为指令性的设计文件后，其重要性就发生了较大变化。作为指令性设计文件的构造设计应当有理论支撑，要有厚实的研究积累，才可不断提高科学性和实用性。因此，对通用构造设计定期进行修版更新是技术进步的需要。

通用设计需要严格遵守国家规范和规程，但是，任何程度的“严格”都是相对的。当颁布新修订的国家规范和规程后，在一段过渡时期内新、老规范和规程可同时有效；当过渡时期结束后，旧版规范和规程应被废止。平法建筑通用设计也应依据新版规范和规程进行修版，修版后的通用设计新版本配合平法施工图使用，而对于修版前的通用设计版本，因其已经与实际设计配合且正用于施工的则可继续使用，已经选用但尚未开工的项目则应停止使用并换用新版本。对于新设计的项目则应采用修版后的新版本。

2. 写明混凝土结构的设计使用年限。

《混凝土结构设计规范》GB 50010—2010 在耐久性设计规定中，对设计使用年限为50 年的结构混凝土材料在各环境等级中的最大水胶比（原规范用词为较形象的“水灰

---

❶ 节点构造原创设计应有充分的试验研究资料，我国的建筑设计单位一般不具备相应的试验条件。

❷ 设计活动的真正意义在于它是一种创造性劳动，重复性的设计内容不具备创造性，因而不具备真正意义上的设计价值。

❸ 可以用总面积除以总的图纸张数，求出平均单张图纸所表达的面积数来衡量。

比”)、最低强度等级、最大氯离子含量、最大碱含量等都有相应要求；同时，对设计使用年限为 100 年的混凝土结构在各类使用环境类别中的最低混凝土强度等级、最大氯离子含量、最大碱含量、保护层最小度厚、抗冻抗渗等级，以及对钢筋、锚具及连接器等，也都做出了相应的耐久性特殊规定❶。在平法结构施工图设计总说明中应写明混凝土结构的设计使用年限，以便设计、施工、监理等方面正确采用相应设计使用年限的规范中的相关规定。

3. 当有抗震设防要求时，应写明抗震设防烈度及结构抗震等级，以明确选用平法建筑通用设计图集中相应抗震等级的构造详图；当无抗震设防要求时，也应写明，以明确选用非抗震的构造详图（《建筑抗震设计规范》GB 50011—2010 中似乎已无非抗震设防地区，由于即便数倍超越房屋建筑的设计周期，地球也不可能处于无处不震的普遍危险状态，故此举存在争议）。

以 C101-1 为例，该平法通用构造图集适用于非抗震和抗震设防烈度为 6，7，8，9 度地区一至四级抗震等级的现浇混凝土框架、剪力墙、框架—剪力墙和框支剪力墙主体结构的施工图设计，所包含的内容为柱、墙、梁三种构件。通用图集对所有构件的节点构造和构件构造均分别按非抗震和抗震分别设计绘制，在抗震情况下，又分别按照不同的抗震等级设计绘制。除此之外，对所有类型构件通用的纵向受拉钢筋的最小锚固长度、最小搭接长度、箍筋和拉筋的弯钩构造也按照非抗震和各级抗震等级分别做出相应规定，因此，设计者必须写明是否抗震和抗震设防烈度及抗震等级❷。

4. 写明各类构件在其所在部位所选用的混凝土的强度等级和钢筋级别，以确定相应的纵向受拉钢筋的最小锚固长度及最小搭接长度等。

以 C101-1 为例，通用于各类构件的纵向受拉钢筋最小锚固长度、最小搭接长度、各种构件钢筋在其支座等节点内的锚固长度规定，不是规定了具体的数值，而是规定了若干组以钢筋自身直径为准的具体倍数。确定选用那一组倍数有四条依据：（1）是否抗震，（2）抗震等级，（3）混凝土的强度等级，（4）钢筋与混凝土的强度等级。这四条依据缺一不可。

5. 当通用构造详图有多种可选择的构造做法时，写明在何部位选用何种构造做法。当未写明时，则为设计人员自动授权施工人员可以任选一种构造做法进行施工。

以 C101-1 为例，框架顶层端节点的通用构造详图有两种，一种是柱钢筋延伸入梁中，一种是梁钢筋延伸入柱中，如果设计者未写明选用何种做法，施工人员便可根据具体钢筋配置情况选用合理适用的做法（关于该节点尚存在问题的分析详见本书有关章节）。

6. 写明柱（包括墙柱）纵筋、墙身分布筋、梁上部贯通筋等需接长时，所采用的接头类型及有关要求。必要时，尚应注明对钢筋的性能要求。

以 C101-1 为例，通用构造详图中分不同情况对钢筋的连接提出不同要求，这些要求

---

❶ 《混凝土结构设计规范》GB 50010—2010 第 14、15 页。

❷ 在同一抗震设防烈度下，柱、墙、梁各自的抗震等级有可能不同。

可分为一般和较严格两级。一般连接要求即为常用的搭接方式，较严格连接要求则限定连接方式，如注明"采用机械连接或对接焊接[1]"。由于较严格连接要求有两种方式，究竟采用机械连接还是对接焊接，设计者应根据具体工程的适用条件确定采用何种。应当注意的是，对于受拉纵筋不宜用搭接焊代替对接焊，更不宜用帮条焊代替对接焊，否则不能保证钢筋之间的净距，影响混凝土的浇筑质量。

7. 当对某构件的混凝土保护层厚度有特殊要求时，写明该构件采用的保护层厚度。

在 C101-1 中规定了混凝土保护层厚度的一批数值，具体确定用何数值主要依据三项条件：(1) 构件所处的环境类别，(2) 构件类别，(3) 混凝土强度等级，三项条件缺一不可。写明构件所处的环境类别，以便施工人员根据构件类别和混凝土强度等级直接查用表中数据。室内正常环境是第一类环境，当构件处于室内正常环境，且对其保护层厚度无特殊要求时，设计方面通常省略不注。

8. 当具体工程需要对通用图集的构造详图作某些变更时，应写明变更的具体内容。

考虑到实际设计的多样性，不排除设计工程师将某一通用构造设计稍加变更，以适用于某特殊构件的可能性。为方便工程师进行变更，平法建筑通用设计图集中提供了统一格式的变更表。

9. 当具体工程中有特殊要求时，应在施工图中另加说明。

平法建筑通用设计编入了目前国内常用的且较为成熟的节点构造和构件构造做法，能够满足具体工程设计中的大部分构造要求，但不可能满足全部要求。根据全国各地施工单位反映的情况，有的设计人员写明"选用平法建筑通用设计"之后就完事大吉，如果本工程中的若干构造在图集中没有则如何处理？因此，要求结构设计工程师在选用平法建筑通用设计（如 C101-1 等）之前，应查看一下该通用设计图集已包括哪些构造设计，哪些尚未包括。对于尚未编入的构造设计，需结构设计工程师自己补充完成。构造设计是一个很大的板块，平法将致力于解决目前迫切需要解决的问题，但不可能解决全部问题，无论是集体还是个人，都永远不可能解决所有问题。

第四节 通用构造规则

本章所讲述的通用构造规则，系指通用于柱、剪力墙、梁类构件的通用构造规则。

本节将解析以下几个方面的主要规定：

1. 混凝土结构的环境类别；
2. 纵向受力钢筋的混凝土保护层最小厚度；
3. 纵向受拉钢筋的最小锚固长度；
4. 纵向受拉钢筋的抗震锚固长度；

---

[1] 规定将"采用焊接或机械连接"的顺序前后互换为"采用机械连接或对焊连接"（其中将"焊接"明确为"对焊连接"），系考虑我国机械连接的可靠度比焊接连接要高。

5. 纵向受拉钢筋的机械锚固构造；
6. 纵向钢筋的连接与抗震连接；
7. 箍筋与拉筋构造。

一、混凝土结构的环境类别

混凝土结构的环境类别划分，主要适用于混凝土结构的正常使用状态验算和耐久性规定，见表 2-4-1。

混凝土结构的环境类别　　表 2-4-1

环境类别	条　件
一	室内干燥环境； 无侵蚀性静水浸没环境
二 a	室内潮湿环境； 非严寒和非寒冷地区的露天环境； 非严寒和非寒冷地区与无侵蚀性的水或土壤直接接触的环境； 严寒和寒冷地区的冰冻线以下与无侵蚀性的水或土壤直接接触的环境
二 b	干湿交替环境； 水位频繁变动环境； 严寒和寒冷地区的露天环境； 严寒和寒冷地区冰冻线以上与无侵蚀性的水或土壤直接接触的环境
三 a	严寒和寒冷地区冬季水位变动区环境； 受除冰盐影响环境； 海风环境
三 b	盐渍土环境； 受除冰盐作用环境； 海岸环境
四	海水环境
五	受人为或自然的侵蚀性物质影响的环境

注：1. 室内潮湿环境是指构件表面经常处于结露或湿润状态的环境；
2. 严寒和寒冷地区的划分应符合现行国家标准《民用建筑热工设计规范》GB 50176 的有关规定；
3. 海岸环境和海风环境宜根据当地情况，考虑主导风向及结构所处迎风、背风部位等因素的影响，由调查研究和工程经验确定；
4. 受除冰盐影响环境是指受到除冰盐盐雾影响的环境；受除冰盐作用环境是指被除冰盐溶液溅射的环境以及使用除冰盐地区的洗车房、停车楼等建筑；
5. 暴露的环境是指混凝土表面所处的环境。

以下列举的几种情况，通常需要根据混凝土结构的环境类别确定采用相关规定：

1. 当进行正常使用状态下的构件裂缝控制验算时，不同的环境类别对应有不同的裂缝控制等级及最大裂缝宽度限值，见表 2-4-2。

结构构件的裂缝控制等级及最大裂缝宽度限值 表 2-4-2

环境类别	钢筋混凝土结构		预应力混凝土结构	
	裂缝控制等级	ω_{lim}（mm）	裂缝控制等级	ω_{lim}（mm）
一	三	0.30（0.40）	三	0.20
二 a	三	0.20	三	0.10
二 b	三	0.20	二	—
三 a、三 b	三	0.20	一	—

注：1. 对处于年平均相对湿度小于 60%地区一类环境下的受弯构件，其最大裂缝宽度限值可采用括号内的数值；

2. 在一类环境下，对钢筋混凝土屋架、托架及需作疲劳验算的吊车梁，其最大裂缝宽度限值应取为 0.20mm；对钢筋混凝土屋面梁和托梁，其最大裂缝宽度限值应取为 0.30mm；

3. 在一类环境下，对预应力混凝土屋架、托架及双向板体系，应按二级裂缝控制等级进行验算；对一类环境下的预应力混凝土屋面梁、托架、单向板，应按表中二 a 级环境的要求进行验算；在一类和二 a 类环境下需作疲劳验算的预应力混凝土吊车梁，应按裂缝控制等级不低于二级的构件进行验算；

4. 表中规定的预应力混凝土构件的裂缝控制等级和最大裂缝限值仅适用于正截面的验算；预应力混凝土构件的斜截面裂缝控制验算应符合《混凝土结构设计规范》GB 50010—1010 第 7 章的有关规定；

5. 对于烟囱、筒仓和处于液体压力下的结构构件，其裂缝控制要求应符合专门标准的有关规定；

6. 对于处于四、五类环境下的结构构件，其裂缝控制要求应符合专门标准的有关规定；

7. 表中的最大裂缝宽度限值为用于验算荷载作用引起的最大裂缝宽度。

2. 设计使用年限为 50 年的结构混凝土耐久性的基本要求，根据不同的环境类别应符合规范的有关规定，见表 2-4-3。

结构混凝土材料的耐久性基本要求 表 2-4-3

环境类别	最大水胶比	最低强度等级	最大氯离子含量（%）	最大碱含量（kg/m^3）
一	0.60	C20	0.3	不限制
二 a	0.55	C25	0.2	3.0
二 b	0.50（0.55）	C30（C25）	0.15	3.0
三 a	0.45（0.50）	C35（C30）	0.15	3.0
三 b	0.40	C40	0.10	3.0

注：1. 氯离子含量系指其占胶凝材料总量的百分比；

2. 预应力构件混凝土中的最大氯离子含量为 0.06%，其最低混凝土强度等级应按表中的规定提高两个等级；

3. 素混凝土构件的水胶比及最低强度等级的要求可适当放松；

4. 有可靠工程经验时，二类环境中的最低混凝土强度等级可降低一个等级；

5. 处于严寒和寒冷地区二 b、三 a 类环境中混凝土应使用引气剂，并可采用括号中的有关参数；

6. 当使用非碱活性骨料时，对混凝土中的碱含量可不作限制。

设计使用年限为 100 年的混凝土结构耐久性的基本要求，根据不同的环境类别所应遵守的有关规定，参见《混凝土结构设计规范》GB 50010—2010 第 3.5 节。各类构件受力钢筋的混凝土保护层最小厚度取值，根据构件所处的环境类别有所不同，其相关概念详见下款内容。

二、混凝土保护层最小厚度

1. 设计使用年限为50年的混凝土结构，最外层钢筋的混凝土保护层厚度见表2-4-4。

混凝土保护层最小厚度 *c*（mm）　　表2-4-4

环境类别	板、墙、壳	梁、柱、杆
一	15	20
二a	20	25
二b	25	35
三a	30	40
三b	40	50

注：1. 混凝土强度等级不大于C25时，表中混凝土保护层厚度数值应增加5mm。
2. 钢筋混凝土基础宜设置混凝土垫层，基础中钢筋的混凝土保护层厚度应从垫层顶面算起，且不应小于40mm。
3. 设计使用年限为100年的混凝土结构，最外层钢筋的混凝土保护层厚度不应小于表中数值的1.4倍。
4. 当构件表面有可靠的防护层，或采用工厂生产的预制构件，或在混凝土中掺加阻锈剂或采用阴极保护处理等防锈措施时，可适当减小混凝土保护层厚度。
5. 当对地下室墙体采取可靠的建筑防水做法或防护措施时，与土层接触一侧钢筋的保护层厚度可适当减小，但不应小于25mm。
6. 当梁、柱、墙中纵向受力钢筋的保护层厚度大于50mm时，宜对保护层采取有效的构造措施。当在保护层内配置防裂、防剥落的钢筋网片时，网片钢筋的保护层厚度不应小于25mm。

2. 混凝土保护层最小厚度的相关概念

（1）混凝土保护层的主要作用

钢筋是金属材料，混凝土是非金属材料，两者的物理力学性能有很大差别，最主要差别是金属材料容易被氧化，而非金属材料不易被氧化（但混凝土可被碳化）。钢筋混凝土构件由这两种材料构成，两种不同性质的材料能够共同工作的基础条件，一是钢筋与混凝土之间有粘结强度，能够承受当构件受力时两种材料的变形差在粘结界面上产生的作用力（即粘结应力），二是钢筋与混凝土的线膨胀系数比较接近，通常不会因为温度变化产生的作用（非直接荷载）导致两种材料出现过大变形差耗去两者共同工作时可提供的大部分承载力，或者导致两者滑脱失去共同工作的条件。

为了使钢筋与混凝土之间实现较高的粘接强度，必须使混凝土包裹住钢筋的全部表面。从钢筋外边缘到混凝土外表面的最小距离，称为混凝土保护层最小厚度。有一定厚度的混凝土保护层能起以下作用：

1）对钢筋全表面进行有效握裹，使钢筋与混凝土之间具有所需要的粘结力。混凝土保护层厚度 *c* 是影响粘结强度的主要因素之一，保护层厚度愈大，粘结强度愈高，但当保护层厚度大于钢筋直径的5倍时，粘接强度通常不再增长。

2）保护钢筋免受锈蚀。混凝土材料没有钢材容易被锈蚀的特点，当混凝土将钢筋全部包裹住后，在一定程度上可将使钢筋产生锈蚀的环境因素隔离开来。混凝土材料呈碱性，可使其包裹的钢筋表面形成钝化膜阻止钢筋氧化锈蚀。由于混凝土在浇筑时的泌水现象、水泥凝胶体的收缩、骨料重力下沉、游离水蒸发、以及存在气泡等原因，使混凝土不可避免地存在微细裂缝和毛细孔。这种先天不足可使构件外部的水或二氧化碳等酸性物质能够通过微细裂缝和毛细孔逐渐进入混凝土内部，慢慢中和混凝土的弱碱性并使其蜕变为中性物质，这个过程称为混凝土的碳化。当碳化到达钢筋表面之后，将破坏原来形成的钝化膜，使钢筋失去防护发生氧化锈蚀。钢筋锈蚀的后果不仅削弱钢筋截面，而且降低钢筋与混凝土之间的粘结强度，当锈蚀严重时钢材变为蓬松的氧化铁会将混凝土胀裂。碳化现象总体来看不可避免，但可采取措施减缓碳化的速度，尽量延长碳化到达钢筋表面的时间。由于混凝土的碳化是从表面逐渐向内部发展，碳化到达钢筋表面的时间显然与混凝土保护层的厚度密切相关，因此，限定混凝土保护层最小厚度对满足混凝土结构的耐久性要求非常必要。

（2）混凝土保护层经济厚度

《混凝土结构设计规范》GB 50010—2010 明确给出了混凝土保护层最小厚度值，但并非越厚越好。如上面所述，混凝土保护层厚度愈大，粘结强度愈高，但当保护层厚度大于钢筋直径的 5 倍时，粘接强度便不再增长。从构件受力的角度来看，保护层厚度 c 愈大，构件截面的有效计算高度 h_0 就愈小，见图 2-4-1。构件的承载力与抵抗力臂的平方成正比，而抵抗力臂的值与 h_0 呈正比例相关。显然，过大的保护层厚度将减小构件截面的有效承载力。

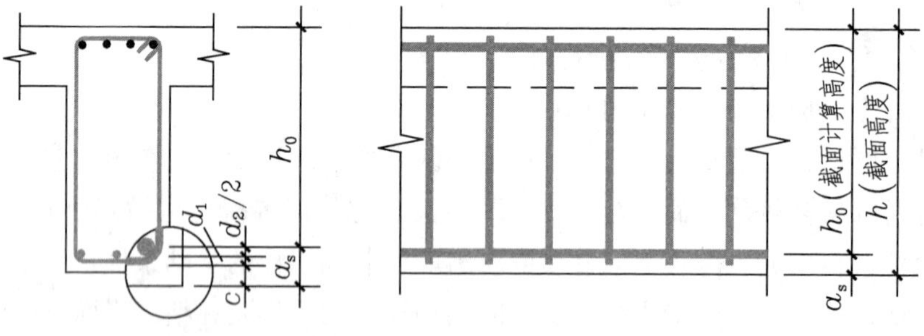

$a_s = c + d_1 + d_2/2$（c为保护层厚度，d_1为箍筋直径，d_2为纵筋直径）

图 2-4-1

此外，根据裂缝宽度计算理论中的无滑移概念，以及粘结滑移与无滑移相结合的概念，混凝土保护层厚度对平均裂缝宽度有比较明显的影响，保护层厚度大则平均裂缝宽度大。在裂缝宽度的半理论半经验计算方法[1]中，混凝土保护层厚度对平均裂缝间距计算产生的影响，最终将影响最大裂缝宽度的计算结果。

确定构件的混凝土保护层厚度，应综合考虑混凝土与钢筋的粘结强度要求，构件的耐久性，构件截面的有效计算高度，构件种类，以及我国的现有经济条件加以确定。规范规

[1] 《混凝土结构设计规范》GB 50010—2010 中关于裂缝宽度的计算就采用了半理论半经验方法。

定的混凝土保护层最小厚度要求即为综合平衡的结果。在具体工程中，除因构造需要加厚保护层外，可直接按照保护层最小厚度的要求进行设计和施工。

（3）当混凝土保护层小于最小厚度时后抹的水泥砂浆面层通常不算作混凝土保护层

在确定混凝土保护层最小厚度的几个条件中，有两个条件比较突出，一是应满足混凝土与钢筋的粘结强度要求，二是应满足构件的耐久性要求。后抹的水泥砂浆面层对有害物质侵入构件能起一定阻挡作用，面层对减缓混凝土的碳化即对构件的耐久性有宜。但后抹面层通常强度低于混凝土本体，且因面层界面与混凝土本体并非闭合无隙粘接。后抹面层对混凝土与钢筋粘结强度的影响程度并不确切，而保证混凝土与钢筋有足够粘结强度是保证这两种不同材料能够共同工作的重要条件，因此，后抹的水泥砂浆面层通常不算作混凝土保护层厚度。

当浇筑混凝土时钢筋骨架偏离了正常位置，发生不能满足混凝土保护层最小厚度要求的质量事故时，应经过设计工程师同意后，可采取将构件表面凿毛并清理干净，补浇强度等级高一级的细石混凝土或加抹特殊水泥砂浆的补救措施，或者按照设计工程师提出的其他方案进行补救。

（4）机械连接接头的混凝土保护层厚度问题

施工规范要求机械连接接头连接件的混凝土保护层厚度，宜满足受力钢筋保护层最小厚度，见图 2-4-2。

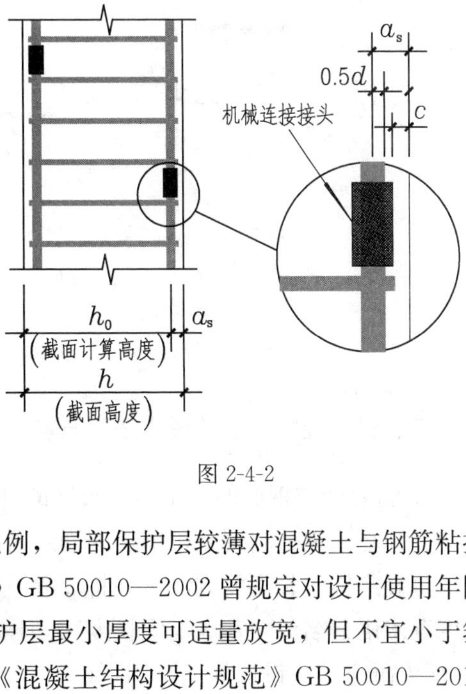

图 2-4-2

实际施工时，若梁、柱的纵向钢筋采用机械连接，可测量一下连接套筒的壁厚，如果连接套筒壁厚不大于梁、柱横向钢筋的直径（即箍筋直径），则可满足规范要求。

在实际设计与施工中通常不会因为满足局部个别点的混凝土保护层最小厚度而去普遍加厚整个构件的保护层厚度，否则付出的代价偏高。机械接头部位相对于钢筋总长度仅占很小比例，局部保护层较薄对混凝土与钢筋粘接强度的影响不大，因此，《混凝土结构设计规范》GB 50010—2002 曾规定对设计使用年限为 50 年的混凝土结构，机械连接接头部位的保护层最小厚度可适量放宽，但不宜小于箍筋的保护层最小厚度（15mm）。但在修订后的《混凝土结构设计规范》GB 50010—2010 中则未提及机械连接接头的混凝土保护层最小厚度可适量放宽。

（5）同一构件埋入土中的部分应作防水处理。

混凝土构件埋入土中可属于“与无侵蚀的水或土壤直接接触的环境”，当在非严寒和非寒冷地区时，属于二 a 类环境；当在严寒和寒冷地区时，则属于二 b 类环境。部分埋入土中的构件通常是竖向支承构件（如框架柱或墙），由表 2-4-4 可知，埋入土中构件的混凝土保护层最小厚度通常高于一类室内正常环境。

同一竖向构件埋入土中直接与土接触的部分的混凝土保护层最小厚度，与室内部分的要求不同。此种情况下，通常采取将构件埋入土中部分采取可靠的防水处理措施，隔绝土对混凝土构件的有害侵蚀，竖向构件整体的保护层厚度即可按一类室内正常环境取值。

若竖向构件埋入土中部分未做防水处理或防水效果不太可靠，则应将埋入土中部分的混凝土保护层加厚，适量加大构件的截面尺寸。这样处理，既可保证构件内的钢筋直通，又不会减小土中部分构件截面的有效计算高度，仅需少量增加混凝土的实际用量。见图2-4-3。

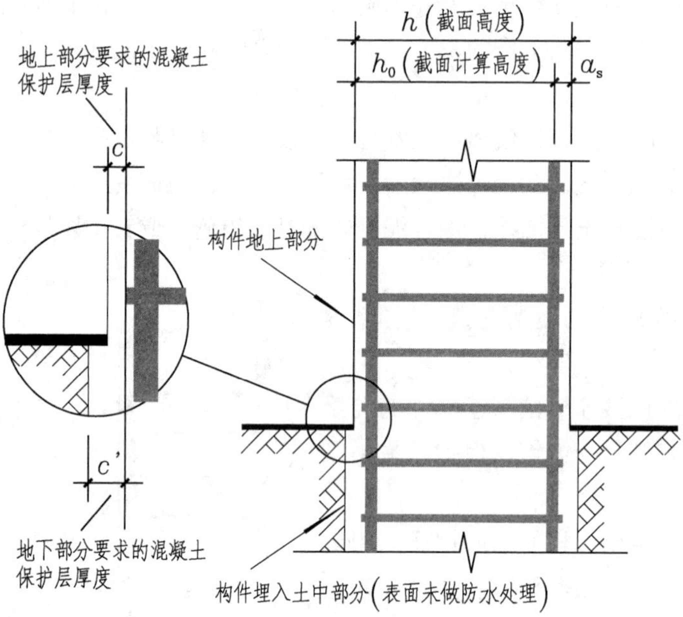

图 2-4-3

三、纵向受拉钢筋的最小锚固长度

1. 纵向受拉钢筋的最小锚固长度的计算公式和实用表格

当计算中充分利用受拉钢筋的强度时，《混凝土结构设计规范》GB 50010—2010 给出了计算确定锚固长度的方法，并将《混凝土结构设计规范》GB 50010—2002 中的“锚固长度”术语易名为“基本锚固长度”，但实际计算参数与原锚固长度的计算公式相同。

《混凝土结构设计规范》GB 50010—2002 中受拉钢筋的锚固长度计算公式为：

普通钢筋

$$l_a = a\frac{f_y}{f_t}d \tag{2.4.1}$$

预应力钢筋

$$l_a = a\frac{f_{py}}{f_t}d \tag{2.4.2}$$

式中　l_a——受拉钢筋的锚固长度；

f_y，f_{py}——普通钢筋、预应力钢筋的抗拉强度设计值；

f_t——混凝土轴心抗拉强度设计值；当混凝土强度等级高于C40时，按C40取值；

d——钢筋的公称直径；

a——钢筋的外形系数，按表2-4-5取用。

锚固钢筋的外形系数 a　　**表 2-4-5**

钢筋类型	光面钢筋	带肋钢筋	螺旋肋钢筋	三股钢绞线	七股钢绞线
a	0.16	0.14	0.13	0.16	0.17

注：光圆钢筋末端应做180°弯钩，弯后平直段长度不应小于$3d$，但作受压钢筋时可不做弯钩，且当光圆钢筋弯折锚固时的弯钩端头不需再做180°弯钩。

《混凝土结构设计规范》GB 50010—2010中受拉钢筋的基本锚固长度计算公式为：

普通钢筋

$$l_{ab}=a\frac{f_y}{f_t}d \tag{2.4.3}$$

预应力钢筋

$$l_{ab}=a\frac{f_{py}}{f_t}d \tag{2.4.4}$$

式中　l_{ab}——受拉钢筋基本锚固长度；

f_y，f_{py}——普通钢筋、预应力钢筋的抗拉强度设计值；

f_t——混凝土轴心抗拉强度设计值；当混凝土强度等级高于C60时，按C60取值；

d——锚固钢筋的公称直径；

a——锚固钢筋的外形系数，按表2-4-5取用。

2010年颁布的《混凝土结构设计规范》修订版GB 50010—2010中，首次应用了“基本锚固长度”术语。基本锚固长度l_{ab}的计算公式与2002年颁布的《混凝土结构设计规范》GB 50010—2002中锚固长度l_a的计算公式相同，计算参数也相同，区别在于按2002规范计算锚固长度l_a时，规定有5种不同修正条件，符合条件后应对按公式计算出的l_a做相应修正；按2010规范计算锚固长度l_a时，则将上一版规范中的5种修正条件以锚固修正系数ζ_a表示，在对系数ζ_a进行具体解释时仍然为5种修正条件，但有两个比较明显的改变。

现行规范的锚固修正系数ζ_a的修正条件增加了当钢筋以外的混凝土保护层厚度不小于$5d$（d为锚固钢筋直径）时，修正系数ζ_a可取0.7（2002规范仅规定混凝土保护层厚度不小于$3d$时修正系数取0.8）。

现行规范规定当混凝土保护层厚度不小于$5d$时修正系数ζ_a可取0.7，不小于$3d$时取0.8，即最终锚固长度短于基本锚固长度30%及20%，说明基本锚固长度的取值依据不是最优锚固条件。

结构构件在支座内的锚固，通常达不到混凝土粘结强度为最高值的最优条件，而是处于不同的工作条件。由于工作条件不具有普遍代表性，因此，以某种工作条件下的锚固长度作为“基本锚固长度”，在科学逻辑上应存在问题。

《混凝土结构设计规范》GB 50010—2010 则将这类相应于不同锚固条件的系数以参数代号表示，形成锚固长度的计算公式（见表 2-4-6）

GB 50010—2010 关于受拉钢筋锚固长度 l_a 计算公式　　表 2-4-6

计算公式	锚固长度修正	
	锚固条件	ζ_a
$l_a=\zeta_a l_{ab}$ 式中：ζ_a——锚固长度修正系数，对普通钢筋的修正条件多于一项时，可连乘计算，但不应小于 0.6。	带肋钢筋公称直径大于 25	1.10
	环氧树脂涂层带肋钢筋	1.25
	施工过程中易受扰动的钢筋	1.10
	锚固钢筋的保护层厚度为 $3d$	0.8
	锚固钢筋保护层厚度为 $5d$❶	0.7
	受拉钢筋末端采用弯钩锚固（包括弯钩在内投影长度）	0.6
	受拉钢筋末端采用机械锚固（包括机械锚固端头在内投影长度）	0.6
	不具备以上条件的无需修正情况	1.0

注：1. 当梁柱节点纵向受拉钢筋采用直线锚固方式时，按 l_a 取值；当采用弯钩锚固方式时，以 l_{ab} 为基数按规定比例取值；l_a 不应小于 200；
2. 锚固钢筋的保护层厚度介于 $3d$ 与 $5d$ 之间时（d 为锚固钢筋直径），按内插取值；
3. 当锚固钢筋的保护层厚度不大于 $5d$ 时，锚固长度范围内应配置横向构造钢筋，其直径不应小于 $d/4$，对梁、柱、斜撑等构件间距不应大于 $5d$，对板、墙等平面构件间距不应大于 $10d$，且均不应大于 100；
4. 混凝土结构中的纵向受压钢筋，当计算中充分利用其抗压强度时，锚固长度不应小于相应受拉锚固长度的 70%；
5. 当锚固钢筋为 HPB300 强度等级时，钢筋末端应做 180°弯钩，弯钩平直段长度不应小于 $3d$，但做受压钢筋锚固时可不做弯钩。

2. 纵向受拉钢筋最小锚固长度的相关概念

（1）钢筋锚固应确保混凝土对钢筋完全握裹

钢筋锚固施工中容易忽略的是保证钢筋净距，为了使混凝土对锚固钢筋产生最优粘结强度，不允许钢筋在锚固区内平行接触（可交叉接触），否则无法实现混凝土对钢筋全表面握裹，从而减弱锚固效果。

（2）表 2-4-6 中的锚固长度值与钢筋弯锚时的关系

表 2-4-6 中所列锚固长度适用于钢筋的直锚，不直接或不适用于钢筋的弯锚。当钢筋采用弯锚时，从弯折位置起钢筋的锚固受力情况完全不同于直锚段，因此，弯锚长度分别由平直段长度和弯钩长度两个数值进行双控（图 2-4-4）。

❶ 当混凝土保护层厚度超过 $5d$ 时，锚固长度修正系数亦按 $5d$ 时的 0.7 取值。

（3）具体执行锚固钢筋的混凝土保护层厚度为 $3d$ 锚固长度修正系数为 0.8，混凝土保护层厚度为 $5d$ 锚固长度修正系数为 0.7 规定时应注意的事项

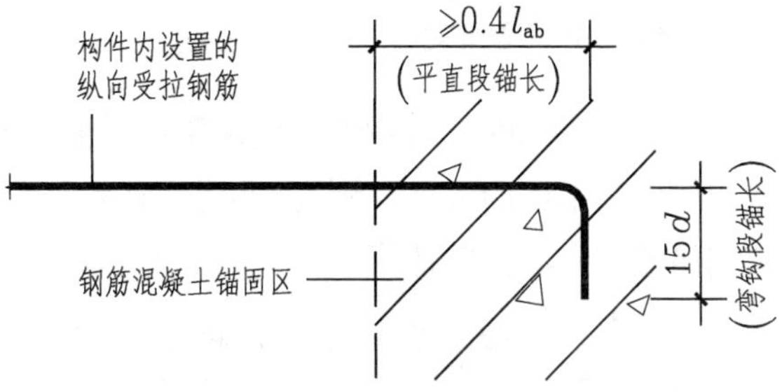

图 2-4-4

应注意锚固长度可乘以修正系数 0.8 有两个先决条件，第一个条件是锚固区保护层厚度大于钢筋直径的 3 倍（小于 5 倍），第二个条件是锚固区内配有横向构造钢筋（如箍筋等）。对于上部结构，当锚固区为梁、柱，或剪力墙连梁、暗梁、边框梁、端柱或暗柱时，因其配有箍筋，所以满足第二个条件比较容易，但应注意同时满足第一个条件比较困难。当以这些构件做锚固区且满足第二个条件时，如果保护层厚度又大于钢筋直径的三倍（小于 5 倍），似乎可以采用锚固长度乘以 0.8 的修正系数，但实际情况并非如此。

梁与柱连接时形成框架节点，当结构抗震设计时，抗震构造要求“强节点，强锚固，强连接”，因此，即便满足锚固区保护层厚度大于钢筋直径的 3 倍（小于 5 倍）和区内配有横向钢筋的要求，也不可以将锚固长度乘以小于 1 的系数，即该项规定不适用于梁类构件纵筋在支座内的锚固，尤其不适用于抗震设计的梁构件。

对钢筋进行锚固试验时，标准试验模型以钢筋外侧混凝土厚度取 5 倍钢筋直径决定试件大小，因为当钢筋保护层厚度为钢筋直径的 5 倍时，混凝土对钢筋的粘结强度可达最大值。箍筋属于横向钢筋，横向钢筋有提高混凝土对纵向钢筋粘结力的功能，但增加横向钢筋也不会超过粘结强度的最大值。规范所作的混凝土保护层厚度为 $3d$ 锚固长度修正系数为 0.8、混凝土保护层厚度为 $5d$ 锚固长度修正系数为 0.7 的规定，说明锚固长度的取值不是在通常试验条件下取得，但规范并未说明在何种试验条件下得出该结论，因此，在应用修正系数时需经细致分析后再作决定。

按规范给出的公式单独计算某部位的锚固长度时比较方便，但若连续计算几十种不同情况下的锚固长度时，还是查表更方便。见表 2-4-7。

受拉钢筋基本锚固长度 l_{ab}、无修正（$\zeta_a=1.0$）时的受拉钢筋锚固长度 l_a　　表 2-4-7

钢筋种类	混凝土强度等级								
	C20	C25	C30	C35	C40	C45	C50	C55	≥C60
HPB300	$39d$	$34d$	$30d$	$28d$	$25d$	$24d$	$23d$	$22d$	$21d$
HRB335、HRBF335	$38d$	$33d$	$29d$	$27d$	$25d$	$23d$	$22d$	$21d$	$21d$
HRB400、HRBF400、RRB400	—	$40d$	$35d$	$32d$	$29d$	$28d$	$27d$	$26d$	$25d$
HRB500、HRBF500	—	$48d$	$43d$	$39d$	$36d$	$34d$	$32d$	$31d$	$30d$

注：GB 50010—2010 于 2015 年的局部修订条文已取消 HRB335 钢筋牌号，同时对 HPB300、HRB335 牌号钢筋的最大公称直径限制在 14mm 以下。

四、纵向受拉钢筋的抗震锚固长度

纵向受拉钢筋的抗震锚固长度属于构造要求范畴。抗震设计要求“强锚固”，即在地震作用时钢筋锚固的可靠度应高于非抗震设计。《混凝土结构设计规范》GB 50010—2010受拉钢筋抗震锚固长度计算公式，见表 2-4-8。

受拉钢筋抗震锚固长度 l_{aE} 和梁柱节点抗震弯折锚固长度基数 l_{abE} 计算公式　　表 2-4-8

计算公式	抗震锚固长度修正	
	抗震等级	ζ_{aE}
$l_{aE}=\zeta_{aE}l_a$、$l_{abE}=\zeta_{aE}l_{ab}$ 式中：ζ_{aE} ——抗震锚固长度修正系数	一、二级抗震等级	1.15
	三级抗震等级	1.05
	四级抗震等级	1.00

注：当抗震梁柱节点纵向受拉钢筋采用直线锚固方式时，按 l_{aE} 取值；当采用弯钩锚固方式时，以 l_{abE} 为基数按规定比例取值。

由于地震作用存在很高的随机性、离散性、以及非确定性，故在抗震设计时通常采用将弹性状态下的锚固长度乘以经验系数的方式作为抗震锚固长度。

如前所述，弹性状态下的“基本锚固长度”出自无普遍代表性的某种工作状态（规范未说明是何种工作状态），因此，在概念上不具备代表普遍性的“基本”术语的科学逻辑性，将非地震弹性状态下的某种工作状态的锚固长度称作“基本锚固长度”虽欠严禁但未尝不可。应注意的是，将非抗震的基本锚固长度 l_{ab} 乘上某个系数得出的 l_{abE} 不可称作“抗震设计时受拉钢筋基本锚固长度”，在现行《混凝土结构设计规范》GB 50010—2010 中亦无此说法。抗震锚固长度 l_{aE} 的计算来自参数 l_a，即 $l_{aE}=\zeta_{aE}l_a$，而不是来自 l_{abE}；抛开抗震锚固长度实际来自经验系数不提，单从 l_{aE} 与 l_{abE} 没有直接关系即可判定将称为的所谓“抗震基本锚固长度”不具任何逻辑依据。

《混凝土结构设计规范》GB 50010—2010 受拉钢筋非抗震与抗震搭接长度计算公式，见表 2-4-9。

受拉钢筋非抗震搭接长度 l_l 和抗震搭接长度 l_{lE} 计算公式　　表 2-4-9

搭接长度计算公式	搭接长度修正	
	搭接接头面积百分率	ζ_l
$l_l=\zeta_l l_a$、$l_{lE}=\zeta_l l_{aE}$ 式中：ζ_l ——纵向受拉钢筋搭接长度修正系数	≤25%	1.2
	50%	1.4
	100%	1.6

注：1. 当直径不同的钢筋搭接时，搭接长度按较小直径计算，且任何情况下 l_l 不应小于 300；

2. 在梁、柱类构件的纵向受力钢筋搭接长度范围内的横向构造钢筋要求同表 2-4-6 注 3 的要求；当受压钢筋直径大于 25 时，尚应在搭接接头两个端面外 100 范围内各设置两道箍筋。

纵向受拉钢筋的抗震锚固长度 l_{abE} 可直接按表 2-4-10 查用。

受拉钢筋梁柱节点抗震弯折锚固长度基数 l_{abE}、无修正（$\zeta_a=1.0$）时的受拉钢筋抗震锚固长度 l_{aE} **表 2-4-10**

钢筋种类	抗震等级	混凝土强度等级								
		C20	C25	C30	C35	C40	C45	C50	C55	≥C60
HPB300	一、二级	45*d*	39*d*	35*d*	32*d*	29*d*	28*d*	26*d*	25*d*	24*d*
	三级	41*d*	36*d*	32*d*	29*d*	26*d*	25*d*	24*d*	23*d*	22*d*
	四级	39*d*	34*d*	30*d*	28*d*	25*d*	24*d*	23*d*	22*d*	21*d*
HRB335 HRBF335	一、二级	44*d*	38*d*	33*d*	31*d*	29*d*	26*d*	25*d*	24*d*	24*d*
	三级	40*d*	35*d*	31*d*	28*d*	26*d*	24*d*	23*d*	22*d*	22*d*
	四级	38*d*	33*d*	29*d*	27*d*	25*d*	23*d*	22*d*	21*d*	21*d*
HRB400 HRBF400 RRB400	一、二级	—	46*d*	40*d*	37*d*	33*d*	32*d*	31*d*	30*d*	29*d*
	三级	—	42*d*	37*d*	34*d*	30*d*	29*d*	28*d*	27*d*	26*d*
	四级	—	40*d*	35*d*	32*d*	29*d*	28*d*	27*d*	26*d*	25*d*
HRB500 HRBF500	一、二级	—	55*d*	49*d*	45*d*	41*d*	39*d*	37*d*	36*d*	35*d*
	三级	—	50*d*	45*d*	41*d*	38*d*	36*d*	34*d*	33*d*	32*d*
	四级	—	48*d*	43*d*	39*d*	36*d*	34*d*	32*d*	31*d*	30*d*

直接查用表 2-4-10 数值时应注意：

（1）四级抗震等级 $l_{abE}=l_{ab}$，其值亦可查非抗震时的纵向钢筋受拉锚固长度表 2-4-7；

（2）当采用直角弯钩锚固时，锚固方式为直线投影锚固长度为≥$0.4l_{abE}$（≥$0.4l_{ab}$），直角弯钩投影长度为 $15d$[1]，见各类构件的构造详图；

（3）当带肋钢筋的直径大于 25mm 时，其锚固长度应乘以修正系数 1.1，表中 $d>25$ 栏为已经乘以修正系数的数值；

（4）环氧树脂涂层钢筋的锚固长度应乘以修正系数 1.25；

（5）当钢筋在混凝土施工过程中易受扰动（如滑模施工）时，其锚固长度应乘以修正系数 1.1；

（6）在任何情况下，受拉钢筋的锚固长度不得小于 250mm；

（7）HPB300 钢筋末端应做成 180°弯钩，弯钩平直段长度不应小于 $3d$。当弯折锚固时，弯钩端头可直接截断，不需要做成 180°弯钩。

五、纵向受拉钢筋的机械锚固构造

机械锚固措施在一定条件下可用于梁的纵向受拉钢筋在支座（柱或主梁）内的锚固，以及板的纵向受拉钢筋在支座（梁或墙）内的锚固，但通常不适用于柱或墙的竖向受力钢筋在基础支座内的锚固。

钢筋机械锚固形式和技术要求，见表 2-4-11。

[1] 当钢筋弯折锚固时，从弯折处起的转折锚固受力机理完全不同于直锚，因而无平直段加弯钩后的总长要求。

钢筋机械锚固形式和技术要求　　　　**表 2-4-11**

<table>
<tr><th>锚固形式</th><th>技术要求</th></tr>
<tr><td>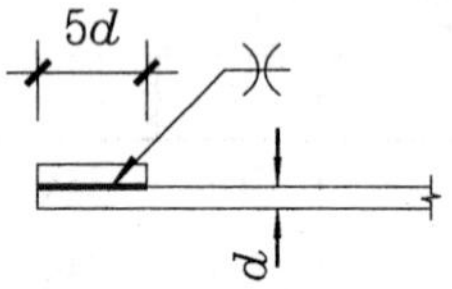
一侧贴焊钢筋</td><td rowspan="2">1. 钢筋末端一侧贴焊长 5d 同直径钢筋，焊缝应满足承载力要求；
2. 钢筋末端两侧贴焊长 3d 同直径钢筋，焊缝应满足承载力要求；
3. 位于角部时，末端一侧贴焊的钢筋宜朝向截面内侧；
4. 包括锚固端头在内的锚固长度（投影长度）$\geqslant 0.6l_{ab}$；
5. 受压钢筋不应采用末端一侧贴焊锚筋的锚固措施</td></tr>
<tr><td>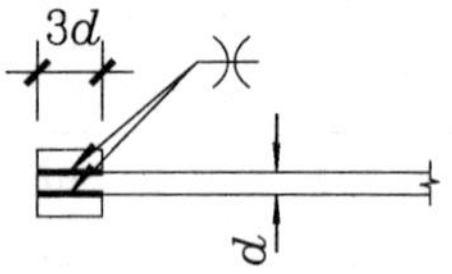
两侧贴焊钢筋</td></tr>
<tr><td>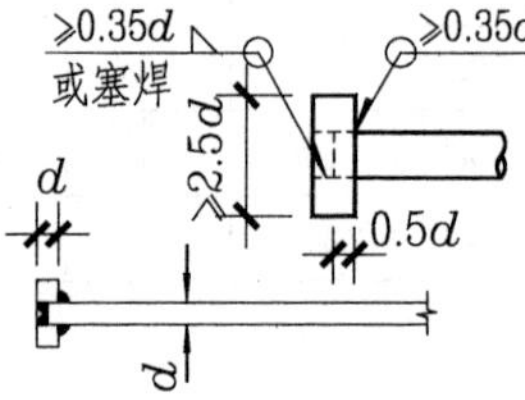
穿孔塞焊锚板</td><td rowspan="2">1. 末端与厚度 d 的锚板穿孔塞焊，焊缝应满足承载力要求；
2. 焊接锚板和螺栓锚头的承压净面积不应小于锚固钢筋截面积的 4 倍；
3. 焊接锚板和螺栓锚头的钢筋净间距不宜小于 4d，否则应考虑群锚效应的不利影响；
4. 末端旋入螺栓锚头的螺纹长度应满足承载力要求；螺栓锚头的规格应符合相关标准的要求；
5. 包括锚固端头在内的锚固长度（投影长度）$\geqslant 0.6l_{ab}$</td></tr>
<tr><td>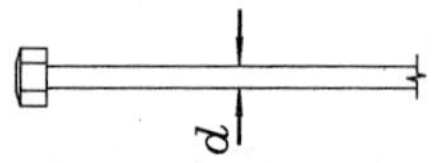
螺栓锚头</td></tr>
</table>

钢筋弯钩锚固形式和技术要求，见表 2-4-12。其中，135°角度的弯钩锚固在过往规范中曾定义为机械锚固的形式之一，现行规范将其同 90°角度的弯钩锚固一起归入弯钩锚固形式类别。此外，对 HPB300 牌号的光圆钢筋，当作为受力钢筋时，应在端部设 180°弯钩（回头钩）。回头钩的功能，不是锚固而是锁住钢筋端头。光圆受力钢筋设回头钩后，可有效防止钢筋与混凝土经反复热胀冷缩因微小的不同步累积的变形差导致钢筋端头滑脱。

钢筋弯钩锚固形式和技术要求　　　　**表 2-4-12**

锚固形式	技术要求
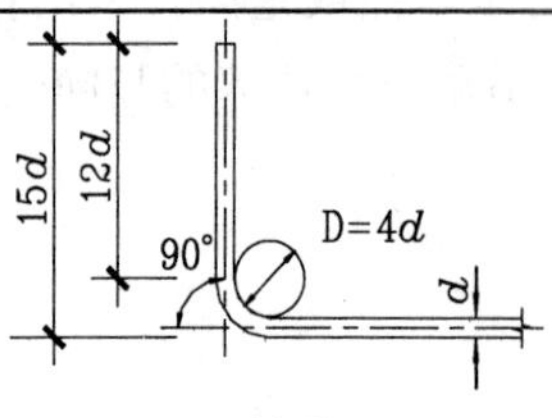 90°弯钩	1. 末端设 90°弯钩，弯钩内径 4d，弯后直段长度 12d（竖向投影长度 15d）；包括弯钩在内的锚固长度（投影长度）$\geqslant 0.6l_{ab}$； 2. 位于角部时，弯钩宜朝向截面内侧；受压钢筋不应采用末端弯钩的锚固措施

续表

<table>
<tr><th>锚固形式</th><th>技术要求</th></tr>
<tr><td>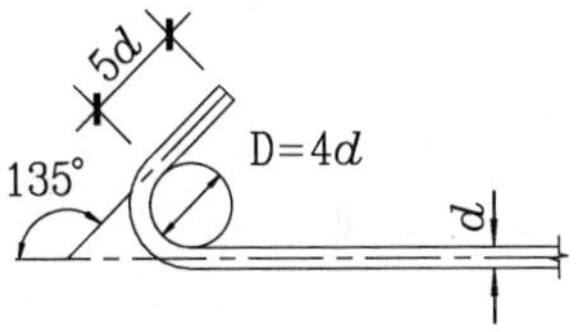

135°弯钩</td><td>1. 末端设 135°弯钩，弯钩内径 $4d$，弯后直段长度 $5d$；包括弯钩在内的锚固长度（投影长度）$\geqslant 0.6l_{ab}$；
2. 位于角部时，弯钩宜朝向截面内侧；受压钢筋不应采用末端弯钩的锚固措施</td></tr>
</table>

钢筋采用机械锚固或弯钩锚固形式时应注意：

1. 机械锚固的投影长度，为表 2-4-11 锚固形式图示中钢筋的直线锚固段加锚固端头厚度在内的投影长度。

2. 钢筋弯钩锚固的投影长度，为表 2-4-12 锚固形式图示中直锚段与弯钩段包括部分弯弧在内的两段平行投影长度之和（对 135°弯钩锚固的两段投影长度约等于锚固钢筋的轴线展开长度）。

3. 现行规范对框架梁柱节点中梁的受拉钢筋采用弯钩锚固与机械锚固形式另有规定[1]，详见相应构造详图。

六、纵向钢筋的连接与抗震连接

当钢筋长度不能满足混凝土构件的长度要求时，钢筋需要连接接长。连接的方式主要有三种：搭接、机械连接和焊接，且应注意各种连接方式有不同的适用范围。

1. 纵向受力钢筋的搭接连接

在我国，纵向钢筋的搭接连接为最普遍的钢筋连接方式。近年来，机械连接和焊接连接新技术发展很快，在工程上的应用已很普遍。搭接连接相对于焊接连接效果比较稳定，施工比较方便，但有其适用范围和限制条件。当受拉钢筋直径>28mm 和受压钢筋直径>32mm 时，不宜采用搭接连接；轴心受拉及小偏心受拉杆件（如混凝土屋架、桁架和拱结构的拉杆等）的纵向受拉钢筋不允许采用搭接连接。

搭接连接通常采用将两根钢筋并在一起用细铁丝绑扎的工艺，故习惯将搭接连接称为绑扎搭接。但施工时所做的“绑扎”仅仅是将两根钢筋简单地绑一绑，传力并不是靠“绑扎”起作用。钢筋搭接连接的实质仍然是两根钢筋分别在混凝土中的锚固，通过混凝土对两根钢筋的粘接力，将一根钢筋的应力通过混凝土传递给另一根钢筋，实现两根钢筋抗力连续。当受拉钢筋采用搭接连接时，两根钢筋的受力方向相反，搭接区域两根钢筋之间的混凝土承受因作用力相反的钢筋肋的斜向挤压力作用；斜向挤压力可分解为纵向分力和径

[1] 注意规范对框架梁纵筋在框架柱内的机械锚固规定与综合规定存在问题，通常机械锚固包括锚固端头在内的锚固长度为$\geqslant 0.6l_{abE}$（$\geqslant 0.6l_{ab}$），但在 GB 20010—2010 中误为$\geqslant 0.4l_{abE}$（$\geqslant 0.4l_{ab}$），相差 50%，有矛盾。

向分力，纵向分力使搭接范围内两根钢筋之间的混凝土受剪切作用，径向分力使包裹钢筋的混凝土受环向拉力，两种分力共同作用的结果（实质为斜向挤压力作用），通常使混凝土沿钢筋方向发生剪切、劈裂破坏，导致纵向钢筋自搭接接头端部起始出现滑移甚至被拔出，最终将造成搭接连接彻底破坏。

图 2-4-5 为绑扎搭接连接示意。由图示可见，绑扎搭接连接应采用非接触搭接方式使混凝土能够浇入搭接范围内两根钢筋之间，将其全包裹在钢筋表面实现充分粘接达到最优粘结强度，因而可实现搭接钢筋之间通过混凝土的足强度传力。如果将两根钢筋并排接触，两根搭接钢筋之间混凝土无法浇入，混凝土承受作用力相反的钢筋肋的斜向挤压力的能力很弱，易导致混凝土直接沿钢筋方向发生剪切、劈裂破坏（不会出现图（b）所示斜裂缝）。规范迁就传统接触搭接连接的后果，是不得不规定接触绑扎搭接接头只能设在受力较小处，无法达到国际通用的“金属线材或管材连接部位的强度与刚度，应不低于线材或管材本体”的连接标准，造成钢材浪费现象。

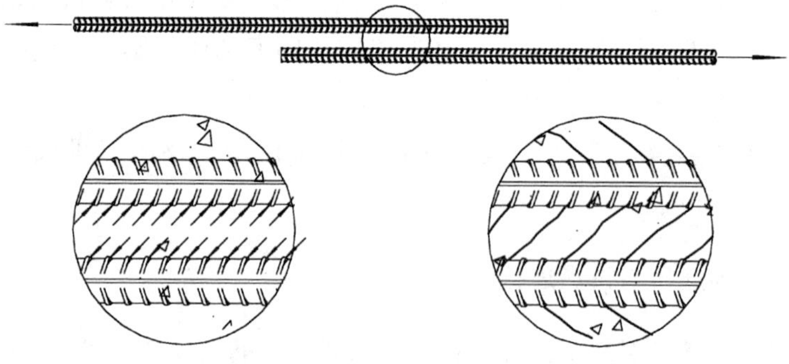

(a) 斜向挤压应力　　(b) 搭接范围混凝土的破坏

图 2-4-5　搭接连接示意

（1）抗震与非抗震绑扎搭接的计算公式和要求，见表 2-4-9。按表中要求，搭接接头的面积百分率：当为≤25%时取 1.2l_l或 1.2l_{lE}，为 50%时取 1.4l_l或 1.4l_{lE}，为 100%时取 1.6l_l或 1.6l_{lE}。因引起注意的是，此为采用接触搭接得出的结果，对 l_l或 l_{lE}的放大系数偏高。如果采用非接触搭接，搭接接头的面积百分率≤25%时取 l_l或 l_{lE}，50%时取 1.2l_l或 1.2l_{lE}，100%时取 1.3l_l或 1.3l_{lE}，便可实现足强度传力。

（2）在同一连接区段内纵向受拉钢筋绑扎搭接接头宜相互错开。

如果搭接钢筋排列较密，可能会产生劈裂破坏，如果同一截面上钢筋搭接数量过多，破坏的可能性相应加大。因此，钢筋搭接接头在同一连接区段应尽可能错开设置，避免采用首尾相接。将相邻搭接接头保持一定的距离，可有效防止在接头处的应力集中导致混凝土开裂。“同一连接区段”是《混凝土结构设计规范》GB 50010—2002 提出的新的度量概念，该度量概念包括两项内容：

1）同一连接区段的长度为 1.3 倍搭接长度，凡搭接接头中点位于该连接区段长度内的搭接接头均属于同一连接区段；

2）同一连接区段内纵向受力钢筋搭接接头面积百分率，为该区段内有搭接接头的纵向受力钢筋截面面积与全部纵向钢筋截面面积的比值，见图 2-4-6 所示。

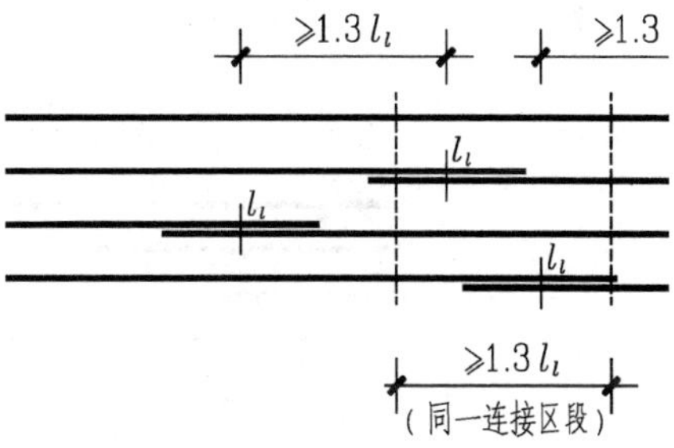

图 2-4-6　同一连接区段内的纵向受拉钢筋绑扎搭接接头

注：图中所示同一连接区段内的搭接接头为两根，当钢筋直径相同时，钢筋搭接接头百分率为 50%。

规范要求位于同一连接区段内受拉钢筋搭接接头的面积百分率：对梁类、板类及墙类构件，不宜大于 25%；对柱类构件，不宜大于 50%。当工程中确有必要增大受拉钢筋搭接接头面积百分率时，对梁类构件，不应大于 50%；对板类、墙类及柱类构件，可根据实际情况放宽。

在 EN 系列欧洲规范中，有在钢筋根数发生变化部位的同一连接区段长度取 $1.3l_l/2$ 或 $1.3l_{lE}/2$、即 $0.65l_l$或 $0.65l_{lE}$的规定，此规定相对钢筋根数未发生变化的同一连接区段长度规定缩短为一半。应特别注意，我国规范尚未引进此项规定，且更不应将此规定用于钢筋根数未发生变化的情况（国家建筑标准设计 11G101-1 曾误列此规定，其教训是不应盲目抄录，应先看明白欧洲规范规定的适用条件）。

（3）纵向受压钢筋的搭接长度

构件中的纵向受压钢筋，当采用搭接连接时，其受压搭接长度不应小于纵向受拉钢筋搭接长度的 0.7 倍，且在任何情况下不应小于 200mm。该规定不适用于抗震设计的承受周期性往复荷载作用的框架梁、柱和剪力墙构件中的受力钢筋。

（4）在纵向受力钢筋搭接长度范围内应配置加密箍筋

当采用搭接连接时，因作用于搭接接头端部混凝土的劈裂应力比中部大，接头部位混凝土容易开裂，且裂缝宽度比非接头部位要宽。设置箍筋类横向钢筋，可提高混凝土对纵向受力钢筋的粘接强度，延缓内部裂缝的发展，限制构件表面劈裂裂缝的宽度，从而改善搭接连接效果。

规范要求：在纵向受力钢筋搭接长度范围内应配置箍筋，其直径不应小于搭接钢筋较大直径的 0.25 倍。当钢筋受拉时，箍筋间距不应大于搭接钢筋较小直径的 5 倍，且不应大于 100mm；当钢筋受压时，箍筋间距不应大于搭接钢筋较小直径的 10 倍，且不应大于 200mm。当受压钢筋直径 $d>25$mm 时，尚应在搭接接头两个端面外 100mm 范围内各设置两道箍筋。

2. 纵向受力钢筋的机械连接和焊接连接

适合纵向受力钢筋机械连接的接头类型有：挤压套筒接头，锥螺纹套筒接头，镦粗直螺纹套筒接头等，适合纵向受力钢筋焊接连接的方法有：闪光对焊，电渣压力焊，气压焊等。

具体施工时，要求纵向受力钢筋机械连接接头或焊接接头相互错开。钢筋机械连接接头连接区段的长度为 $35d$（d 为纵向受力钢筋的较大直径），焊接接头连接区段的长度为 $35d$ 且不小于 500mm（d 为纵向受力钢筋的较大直径），凡接头中点位于相应连接区段长度内的机械连接接头或焊接接头均属于同一连接区段。见图 2-4-7。

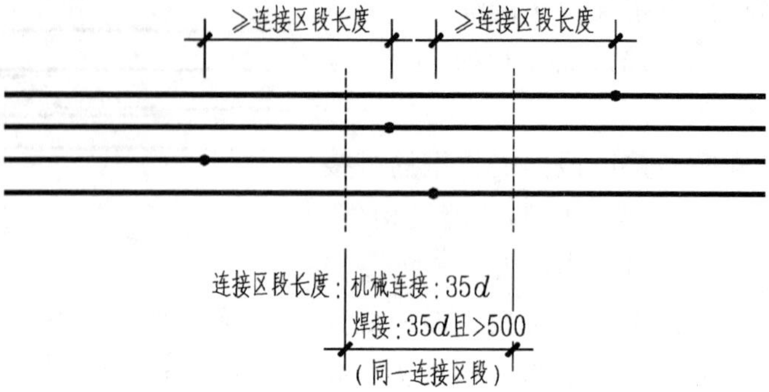

图 2-4-7　同一连接区段内纵向受拉钢筋机械连接、焊接接头

对于机械连接，当在受力较大处设置机械连接接头时，位于同一连接区段内的纵向受拉钢筋接头面积百分率不宜大于 50%，纵向受压钢筋的接头面积百分率可不受限制。

对于焊接连接，位于同一连接区段内的纵向受力钢筋的焊接接头面积百分率，对纵向受拉钢筋接头，不应大于 50%，纵向受压钢筋的接头面积百分率可不受限制。

纵向受力钢筋的机械连接和焊接通常适用于等直径的钢筋连接，应用最多的竖向构件如柱和剪力墙。由于竖向构件在两个标准层的变化处通常改变纵向钢筋的直径，这样就带来了两种直径钢筋能否采用机械连接或焊接的问题。能否采用机械连接的决定条件是有没有连接两种不同直径钢筋的机械连接接头和相应工艺，如果有这样的接头和工艺，只要经过可靠的试验和具有相关证书和批准文件，能够确保连接质量，应当可以用于施工。对于两种不同直径的钢筋进行焊接连接，由于焊接位置钢筋截面面积改变导致刚度发生突变，有产生应力集中可能，因此不宜采用中心焊接连接。

当采用非接触绑扎搭接[❶]时，搭接接头钢筋的横向净距不应小于较小钢筋直径，且不应小于 25mm，不应大于 $0.2l_{ab}$，见图 2-4-8。

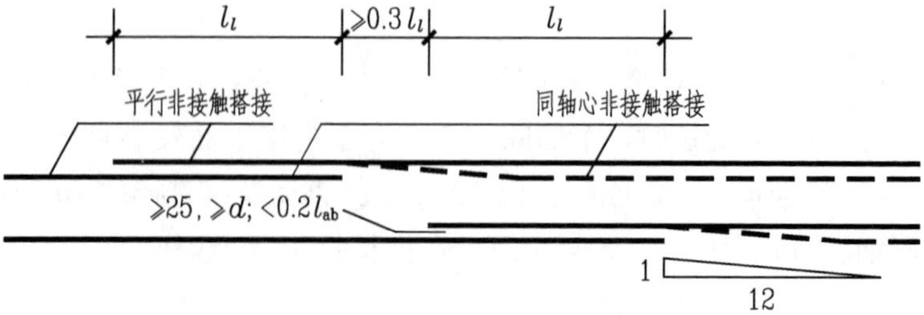

图 2-4-8　平行或同轴心非接触搭接示意

本书在第一章第四节中充分讨论了采用接触搭接方式不能足强度传力的问题，应改用

❶　钢筋绑扎搭接实质为两根交错钢筋分别在混凝土中的粘结锚固。非接触搭接接头之间保持最小净距，使混凝土对钢筋完全握裹，可实现较高粘结强度，能实际加大按现行规范规定计算的搭接长度裕量，从而有效提高钢筋搭接连接的可靠度。

非接触搭接。那么，采用机械连接或焊接连接是否能足强度传力，也值得深入探讨。

纵筋的机械连接，有直螺纹套筒、挤压套筒、注浆套筒、以及粗铁丝密匝捆绑等连接方式，现时我国应用最普遍的是直螺纹套筒连接，已经不再采用的是粗铁丝密匝捆绑连接，在房屋结构中几乎未见采用注浆套筒的实例。

按现代技术标准，机械连接应做到连接点的强度和刚度不低于线材本体，即实现足强度连接。实际情况是，采用注浆套筒和挤压套筒比较容易实现足强度连接，但我国普遍采用的直螺纹套筒连接在足强度连接方面存在一定问题。

直螺纹套筒连接，需要预先去掉带肋钢筋的肋，然后将实芯墩粗后套丝，保证套丝后的最小直径不小于变形钢筋的公称直径。由于墩粗后再套丝的工艺复杂，作者赴各地调查研究发现，在大量实际工程中施工方面往往省略了实芯墩粗工序直接在去掉肋的实芯上套丝。这样做的结果，系将带肋钢筋的实际截面面积减小了约 15%。柱纵筋采用实芯套丝后的直螺纹机械连接肯定不符合技术规范，这样做的后果是钢筋截面减小，若将接头设置在受力较大部位将存在安全隐患。此种情况应引起业界警觉。

钢筋的焊接，有闪光接触对焊、电渣压力焊、帮条焊等方式，其中，对较粗的纵筋采用闪光接触对焊的效果最好。应注意柱是逐层向上推高施工，柱的纵筋无法采用闪光接触对焊，故当前我国主要普遍采用的是电渣压力焊。应注意电渣压力焊的效果不如闪光接触对焊，做不到连接点的强度和刚度不低于线材本体，因此应将连接部位设在柱的受力较小处，且框架短柱、框支柱的纵筋不宜采用电渣压力焊。

3. 关于剪力墙边缘构件纵筋的连接

本节主要讨论综合通用构造，涉及如框架柱、剪力墙、梁等具体构件的纵筋连接构造主要在其相应章节内讨论，但对于当前业界在钢筋连接方面存在的比较重大的问题，有必要在本章本节先行强调一下，其中比较突出的问题，是剪力墙边缘构件纵筋的连接。

现行《混凝土结构设计规范》GB 50010—2010 第 8.4.1 条规定："混凝土结构中受力钢筋的连接接头宜设置在受力较小处，在同一根受力钢筋上宜少设接头，在结构的重要构件和关键传力部位，纵向受力钢筋不宜设置连接接头。"

规范的此条规定，折射出我国目前采用的绑扎搭接、机械连接或焊接三种连接方式，均达不到足强度连接的现代科学技术标准，所以必须将连接接头设置在受力较小处以规避连接短板。对框架柱可根据柱的剪切型变形对应的内力分布规律，找到框架柱中部为受力较小处；对梁类构件也可根据支座上部负弯矩和梁跨中正弯矩的分布规律，找到梁上部与下部的受力较小处；将柱纵筋、梁纵筋的连接设置在受力较小处从而满足规范要求。

现在的问题在于：剪力墙受楼层位置的影响甚微，其典型受力特征为弯曲型变形；在抵抗横向地震作用时，剪力墙左右摆动，两侧的边缘构件反复受拉和受压，边缘构件在楼层全高范围没有受力较小处。边缘构件的纵向钢筋将反复承受极限拉力、压力，而接触绑扎搭接连接、削弱纵筋截面的直接套丝机械连接、电渣压力焊接三种连接方式均不可能承受住极限拉力。

关于上述问题，本书将在后续章节中深入讨论。

七、箍筋与拉筋构造

梁、柱封闭箍筋和柱的拉筋弯钩构造，见图 2-4-9。

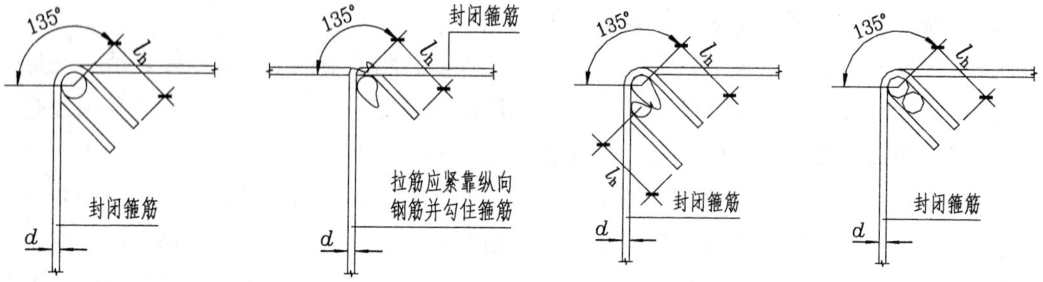

图 2-4-9 梁、柱、剪力墙箍筋和柱拉筋弯钩构造

注：1. 当构件抗震或受扭，或当构件非抗震但柱中全部纵向钢筋配筋率大于 3%时，箍筋弯钩端头平直段长度 l_h 不应小于 10d 和 75mm 中的较大值。

2. 当构件非抗震时，l_h 不应小于 5d（不包括柱中全部纵向钢筋配筋率大于 3%的情况）。

梁拉筋包括两类，一类为受力拉筋，再一类为构造拉筋。通常框架梁、非框架梁侧面拉筋为构造拉筋。当为梁受力拉筋时，两端弯钩均应为 135°且拉住钢筋十字交叉点，见图 2-4-10。；当为梁构造拉筋时，一端弯钩为 135°另端弯钩可为 90°，相邻交错设置。

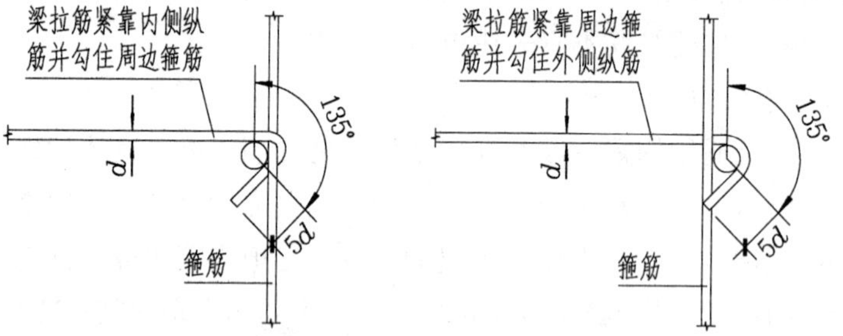

图 2-4-10 梁拉筋弯钩构造

梁周边或截面中部开口箍筋、梁截面中部单肢箍筋弯钩构造，见图 2-4-11。

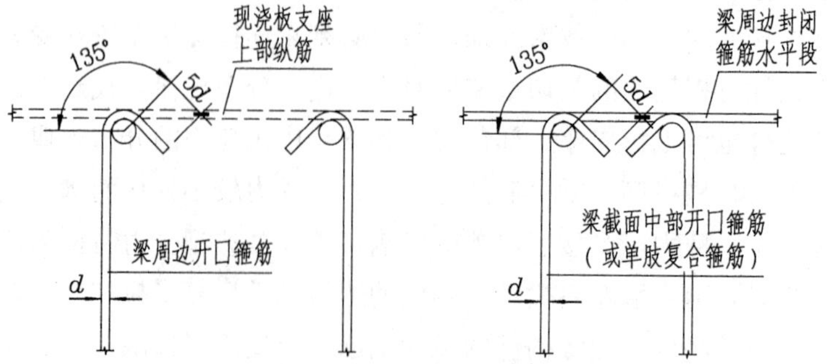

图 2-4-11 梁周边与截面中部开口箍筋和单肢箍筋弯钩构造

注：1. 当现浇板厚度满足梁横向钢筋弯钩锚固要求时，梁可采用开口箍筋。

2. 当现浇板厚度不满足梁横向钢筋弯钩锚固要求，但梁承载均布荷载时，亦可采用开口箍筋。

3. 当边梁配置复合箍筋时，梁周边采用封闭箍筋，梁截面中部可采用开口箍筋。

应当明确拉筋与单肢箍的定义不同。拉筋通常用于框架柱、剪力墙边缘暗柱和端柱，要求拉住纵横两向钢筋，即弯钩应钩住钢筋十字交叉点；拉筋具有约束构件和抗剪两项功能。单肢箍只有抗剪一项功能，故要求单肢箍仅需拉住纵筋，即弯钩不需钩住钢筋十字交叉点。拉筋兼有单肢箍的功能，但单肢箍不可充当拉筋。

框架梁与非框架梁采用开口箍筋构造，见图 2-4-12。

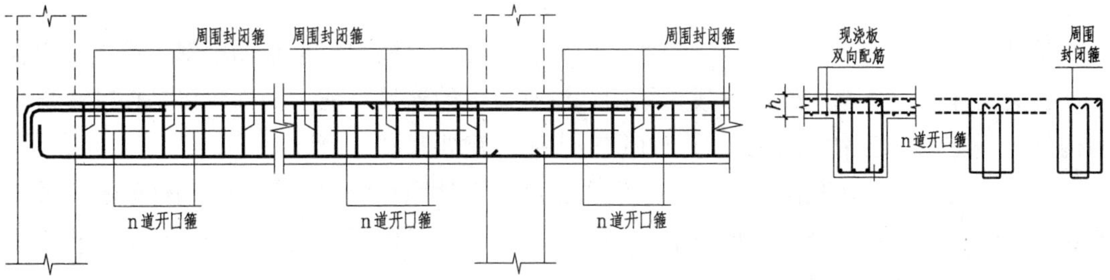

(a) 框架梁

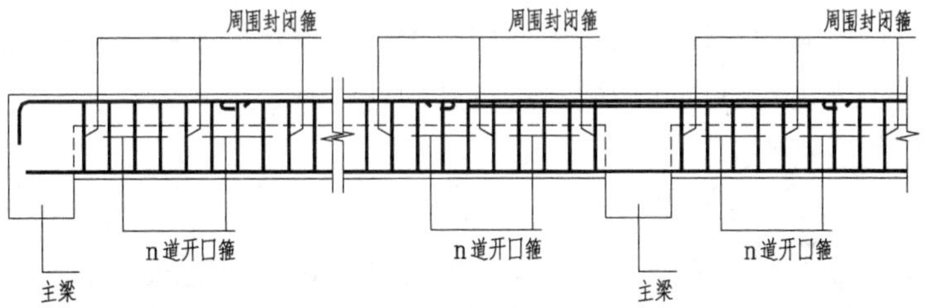

(b) 非框架梁

图 2-4-12　梁周边与截面中部开口箍筋和单肢箍筋弯钩构造

注：1. 现浇板楼层结构中部框架梁或非框架梁，当按计算不需要配置受压纵筋（即梁配筋按单筋计算），且不需要计算配置受扭封闭箍筋时，可采用非封闭箍筋（开口箍）。

2. 采用开口箍，现浇板的板厚 h 通常不小于 100mm，开口箍在板中的端部弯钩应为 135°。

3. 当梁全部采用开口箍筋时，梁上部纵筋由板纵筋支撑定位并与板上部纵筋交叉绑扎（板上部纵筋应在近板端增设马凳支撑）；当按传统绑扎方式固定梁上部纵筋时，可采用每隔数道开口箍设置一道封闭箍筋的方式，且封闭箍的间距、数量应满足施工支撑梁纵筋需要。

4. 当梁按构造需配置受扭封闭箍筋，且其间距为总体配置箍筋间距两倍即可满足要求时，可与开口箍间互设置。

5. 仅一侧有现浇板时的边梁，梁截面周边应采用封闭箍箍。

第五节　对通用构造规则的改进和补充

本节讲述对通用于柱、剪力墙、梁类构件的通用构造规则的改进和补充，包括以下内容：

1. 节点钢筋通用构造规则；

2. 对纵向受拉钢筋抗震锚固与非抗震锚固通用构造的改进和补充；

3. 对纵向受拉钢筋机械锚固构造的改进和补充；

4. 对纵向钢筋抗震连接与非抗震连接通用构造的改进和补充；

5. 对箍筋与拉筋通用构造的改进和补充；

6. 构件自由端部和自由边缘钢筋通用构造规则；

7. 构造钢筋与分布钢筋通用构造规则。

一、节点钢筋通用构造规则

基础、柱、墙、梁、板、楼梯等各类构件，在现浇钢筋混凝土结构中都不可能独立存在，各类构件通过节点的连接形成了结构，没有节点的连接功能，构件仅仅是构件，再多的构件也不能代表结构。因此，节点在结构中是关键要素。

出于历史原因，在我国现行的钢筋混凝土结构设计原理中主要关注了构件问题，涉及节点的问题较少，且至今尚未形成节点构造的系统概念。由于节点概念未成系统，构件概念和结构概念亦难以形成整合系统。

平法进行的是结构整合系统的研究，对节点系统概念和规则的研究是平法的重要研究内容。平法将节点研究的具体成果编入通用设计，以节点构造技术规则的方式应用于结构工程。设计与施工人员对节点通用构造进行准确理解时，首先应掌握节点的构造要素和节点内钢筋的通用构造规则。

1. 节点的构造要素

从现象观察，节点通常关系到多个构件的连接，是一个空间实体。研究这个空间实体需要首先确定它的归属。即将节点归属为与其相关的构件之一，还是归属于多个构件。

如前所述，混凝土结构作为一个完整的系统，其层次性在于：基础为柱的支承体，柱为梁的支承体，梁为板的支承体，板为自身支承体；其关联性在于：柱与基础关联，梁与柱关联，板与梁关联。因此，基础应在其支承柱的位置保持连续，柱应在其支承梁的位置保持连续，梁应在其支承板的位置保持连续。按此思路，若假定节点独立存在，明显不合理；若假定节点同时属于两类构件，将导致主次不分；而将节点主体归属两类构件其中之一，且另一类构件作为客体构件与节点主体相关联，则是比较合理的概念。

如此，节点便具备了两类要素：

(1) 节点主体；

(2) 节点客体。

节点客体与节点主体相关联（即客体锚入主体），根据结构的功能要求，可为刚性关联，也可为半刚性关联；刚性关联为客体钢筋足强度锚入主体，或称刚性锚固；半刚性关联为客体钢筋非足强度锚入主体，或称半刚性锚固。

节点主体必然是某个构件的一部分，该构件即为节点主体构件。节点主体构件的纵向钢筋与横向钢筋（箍筋），应连续贯穿节点设置；节点客体构件通常是关联构件的端部或中间支座部分，其纵筋主要完成在节点主体内的锚固或贯通。当节点主体位于构件端部时，节点主体构件的纵向钢筋应在构件端部可靠封闭。

节点主体构件的宽度，通常大于客体构件的宽度，以利于客体构件纵向钢筋锚固或者贯通节点。例如梁柱节点的柱宽通常大于梁宽，以方便梁纵向钢筋在节点内锚固或贯穿。节点主体构件宽度大于客体构件宽度是比较普遍的情况，但也存在节点客体构件宽度大于主体构件宽度的情况。例如，当主体构件为基础主梁时，基础主梁宽度通常小于柱宽。再如，当采用宽扁梁时，框架柱宽通常小于宽扁形框架梁宽。除此之外，还存在节点主体构件宽度与客体构件宽度相同的特殊情况。

为讨论问题方便起见，我们可把节点主体构件宽度大于客体构件宽度的情况，称为“宽主体节点”；节点主体构件宽度小于客体构件宽度的情况，称为“宽客体节点”；节点主体构件宽度与客体构件宽度相同的情况，称为“等宽度节点”。三类节点钢筋的具体构造有所不同。

2.“宽主体节点”节点钢筋通用构造规则

“宽主体节点”，其主体构件纵向钢筋和横向钢筋（箍筋），应连续贯穿节点设置，而客体构件的纵向钢筋应锚固或贯穿节点，但客体构件的横向钢筋（箍筋），通常情况下则不需在节点内设置。例如梁柱节点，柱为节点主体构件，梁为客体构件，柱纵向钢筋和箍筋应贯通节点连续设置，而梁纵向钢筋则锚入或贯穿节点，但梁箍筋通常情况下不在节点内设置。

在特殊情况下，为了使客体构件在节点内的插筋在浇铸、振捣混凝土时保持稳定，在节点内也少量设置客体构件的横向钢筋（箍筋）。例如，为了使框架柱或剪力墙竖向钢筋在基础内的插筋在浇铸、振捣混凝土时保持稳定，需要在基础内设置的少量柱箍筋和剪力墙横向钢筋。

3.“宽客体节点”的节点钢筋通用构造规则

“基础梁与框架柱”节点是比较常见的“宽客体节点”，除此之外，宽客体节点在主体结构上属于比较特殊的情况。宽客体节点的主体构件纵向钢筋和横向钢筋（箍筋），应连续贯穿节点设置（与“宽主体节点”要求相同），客体构件的纵向钢筋应锚固或贯穿节点，但与宽主体节点不同的是宽客体节点构件的横向钢筋（箍筋）则应根据具体情况确定是否在节点内设置。例如，宽扁框架梁与框架柱节点，框架柱为节点主体构件，宽扁型框架梁为客体构件，当为中柱节点时，双向正交的宽扁型框架梁在中柱外围构成“十字”形，故其箍筋不需要在节点内设置；但当为宽扁型框架边梁且外侧宽出框架边柱时，宽扁型边梁的箍筋则应贯通节点连续设置（在节点宽度内可据实际情况采用侧向开口箍筋）。

4.“等宽度节点”的节点钢筋通用构造规则

“等宽度节点”整体上属于更特殊的情况。对于“等宽度节点”，首先应明确谁为节点主体构件，节点主体构件的纵向钢筋和横向钢筋（箍筋）应连续贯穿节点设置（与“宽主体节点”要求相同），客体构件的纵向钢筋应锚固或贯穿节点，但客体构件的横向钢筋（箍筋）是否在节点内设置，则是比较复杂的问题。我们将在后面章节中，就具体柱、墙、梁构件的节点构造作详细分析。

5.主要节点构造分类表

以构成节点的节点主体和节点客体两个要素概念为主要思路，可以明确各类节点类型的节点主体构件和客体构件，并可将各类节点构造进行有序分类。关于常见节点构造的分类见表 2-5-1，表中所列节点代号是象征性的规则化尝试，本书第三、四、五章登载的数百种节点构造设计均冠以中文名称，暂未采用相应代号。

下面分别阐述。

6. 以基础为主体构件的节点钢筋通用构造规则

钢筋混凝土结构以基础为主体构件的节点有：框架柱—基础节点，剪力墙—基础节点，剪力墙柱—基础节点，基础连梁—基础节点。由于基础是节点主体，所以基础纵向钢筋和横向钢筋（箍筋）均应贯通节点连续设置，即作为节点主体的基础配筋在节点区连续设置。

常见节点构造分类 **表 2-5-1**

节点类型	节点主体构件与客体构件		节点代号
	主体构件	客体构件	
框架柱—基础	基础	框架柱	C-F
剪力墙—基础		剪力墙	W-F
剪力墙柱—基础		剪力墙柱	WC-F
基础连梁—基础		基础连梁	FCB-F
框架梁—框架柱	框架柱	框架梁	FB-C
		屋面框架梁	RFB-C
板—柱	柱	无梁楼盖板	S-C
		屋面无梁楼盖板	RS-C
剪力墙连梁—剪力墙（平面内）	剪力墙	剪力墙连梁	WCB-W
板—剪力墙（平面外）		楼面板	S-W
		屋面板	RS-W
梁—剪力墙（平面外）		楼层梁	B-W
		屋面梁	RB-W
基础次梁—基础主梁	基础主梁	基础次梁	SFB-MFB
次梁—主梁	主梁（框架或非框架梁）	次梁	SB-MB
长跨井字梁—短跨井字梁	短跨井字梁	长跨井字梁	LCB-SCB
边梁—悬挑梁	悬挑梁	边梁	EB-OB
悬挑梁—悬挑梁	主悬挑梁	次悬挑梁	OB-OB
基础底板—基础梁	基础梁（主梁或次梁）	基础底板	FS-MFB（SFB）
板—梁	梁（框架或非框架梁）	板	S-B

（1）框架柱—基础节点（代号 C-F）

框架柱—基础节点，对基础而言框架柱为客体构件。框架柱的纵向钢筋应锚入基础内，其箍筋并非必须在基础内设置，但为了保证浇筑混凝土时柱在基础内插筋保持稳定，应在基础内设置不少于两道间距≤500 的方框箍（复合箍的外框箍），以固定柱插筋。

（2）剪力墙—基础节点（代号 W-F）

剪力墙—基础节点，对基础而言，剪力墙为客体构件。剪力墙的竖向受力钢筋应锚入基础内，其水平钢筋并非必须在基础内设置，但为了保证浇筑混凝土时墙在基础内的插筋的定位不动，需要在基础内设置不少于两道间距≤500 的水平筋和相应构造拉筋，以固定墙的竖向插筋。

（3）剪力墙柱—基础节点（代号 WC-F）

剪力墙柱—基础节点，对基础而言，剪力墙柱（包括端柱、暗柱、小墙肢等）为客体构件。剪力墙柱的纵向钢筋应锚入基础内，其箍筋并非必须在基础内设置，但为了保证浇筑混凝土时剪力墙柱在基础内的插筋保持稳定，应在基础内设置不少于两道间距≤500 的方框箍（复合箍的外框箍），以固定柱插筋。

（4）基础连梁—基础节点（代号 FCB-F）

基础连梁—基础节点，对基础而言，基础连梁为客体构件。基础连梁纵向钢筋应锚入基础内或贯通基础，其箍筋是否在基础内设置则要看具体设计目标[1]。

7. 以框架柱为节点主体的节点钢筋通用构造规则

钢筋混凝土结构以框架柱为主体构件的节点有：框架梁—框架柱节点和板—柱节点。由于框架柱是节点主体，所以框架柱的纵向钢筋和箍筋均应贯通节点连续设置，即作为节点主体的框架柱配筋在节点区连续设置。

（1）楼层框架梁—框架柱、屋面框架梁—框架柱节点（代号 FB-C、RFB-C）

楼层框架梁—框架柱、屋面框架梁—框架柱节点，对框架柱而言，楼层框架梁、屋面框架梁为客体构件。梁纵向钢筋应锚入柱内或贯通节点，其箍筋则通常不需要在柱内设置，只有当采用宽扁梁且梁比柱宽，或边框梁外侧在柱以外的特殊情况下，边框梁的箍筋才应在节点内设置。

（2）无梁楼盖板—柱、屋面无梁楼盖板—柱节点（代号 S-C、RS-C）

无梁楼盖板—柱、屋面无梁楼盖板—柱节点，对柱而言，无梁楼盖板、屋面无梁楼盖板为客体构件。板的纵向钢筋和横向钢筋应贯通节点设置，而板中设置的抗冲切箍筋或暗梁箍筋并非必须在节点内设置。

8. 以剪力墙为节点主体的节点钢筋通用构造规则

钢筋混凝土结构以剪力墙为主体构件的节点有：剪力墙连梁—剪力墙（平面内）节点，板—剪力墙（平面外）节点，梁—剪力墙（平面外）节点。由于剪力墙是节点主体，所以剪力墙的竖向钢筋和水平钢筋均应贯通节点连续设置，即作为节点主体的剪力墙配筋在节点区连续设置。

（1）剪力墙连梁—剪力墙（平面内）节点（代号 WCB-W）

剪力墙连梁—剪力墙（平面内）节点，对剪力墙而言，剪力墙连梁为客体构件。剪力墙连梁纵向钢筋应锚入墙内或贯通节点，而仅当其为墙顶连梁时，连梁箍筋才需在剪力墙

---

[1] 见国家建筑标准设计 06G101-6。

内设置。

（2）楼层板—剪力墙（平面外）、屋面板—剪力墙（平面外）节点（代号 S-W、RS-W）

楼层板—剪力墙（平面外）、屋面板—剪力墙（平面外）节点，对剪力墙（平面外）而言，楼面板、屋面板为客体构件。板的纵向钢筋应锚入或贯通节点，其横向钢筋（与墙平行）不需要在墙内设置。

（3）楼层梁—剪力墙（平面外）、屋面梁—剪力墙（平面外）节点（代号 B-W、RB-W）

楼层梁—剪力墙（平面外）、屋面梁—剪力墙（平面外）节点，对剪力墙（平面外）而言，楼层、屋面梁为客体构件。梁纵向钢筋应锚入墙内或贯通节点，其箍筋通常非必须在剪力墙内设置。应注意剪力墙平面外支承梁，所形成的结构不是框架结构，因此，与墙平面外连接的梁不是框架梁。

9. 以各类梁为节点主体的节点钢筋通用构造规则

本条所指作为节点主体的梁包括：基础主梁、主梁（框架梁或非框架梁）、短跨井字梁、悬挑梁、主悬挑梁、基础梁（基础次梁或基础主梁）、梁（框架梁或非框架梁）等。

钢筋混凝土结构以梁为主体构件的节点有：基础次梁—基础主梁节点，次梁—主梁节点，长跨井字梁—短跨井字梁节点，边梁—悬挑梁端节点，悬挑梁—悬挑梁节点，基础底板—基础梁节点，板—梁节点，等等。作为节点主体的各类梁的纵向钢筋和箍筋，均应贯通节点连续设置，即作为节点主体的梁的配筋在节点区连续设置。

（1）基础次梁—基础主梁节点（代号 SFB-MFB）

基础次梁—基础主梁节点，对基础主梁而言，基础次梁为客体构件。基础次梁的纵向钢筋应锚入基础主梁内或贯通节点，其箍筋通常不需要在基础主梁内设置，仅当基础次梁的顶面高于基础主梁的顶面时，基础次梁的箍筋才应在节点内设置。

（2）次梁—主梁节点（代号 SB-MB）

次梁—主梁节点，对主梁而言，次梁为客体构件。主梁主要指框架梁，或刚度较大支承其他次梁的非框架梁。在次梁—主梁节点中，次梁的纵向钢筋应锚入主梁内或贯通节点，其箍筋通常不需要在主梁内设置，只有当次梁的顶面高于主梁的顶面时，次梁的箍筋才应在节点内设置。

（3）长跨井字梁—短跨井字梁节点（代号 LCB-SCB）

在长跨井字梁—短跨井字节点中，对短跨井字梁而言，长跨井字梁作为客体构件，其纵向钢筋应贯通节点，但其箍筋通常不需要在较短跨主梁内设置（但短跨主梁的箍筋应贯通节点设置）。

（4）边梁—悬挑梁端节点（代号 EB-OB）

边梁—悬挑梁端节点，当边梁截面高度不小于悬挑梁端部截面高度时，边梁可为“拟主体构件”（边梁不一定支承悬挑梁），当边梁截面高度等于或小于悬挑梁端部截面高度时，边梁可为客体构件（悬挑梁应支承边梁）。作为“拟主体构件”的边梁，其纵向钢筋和箍筋均应贯通节点设置（“拟客体构件”的悬挑梁端部纵筋锚入节点而其箍筋不需要在节点内设置）；作为客体构件的边梁的纵向钢筋应锚入节点内，其箍筋则通常不需要在节点内设置（主体构件的悬挑梁纵筋和箍筋贯通节点设置）。

（5）悬挑梁—悬挑梁节点（代号 OB-OB）

在悬挑梁—悬挑梁节点中，当两悬挑梁的悬挑长度相同但截面高度不同时，截面高度较小的悬挑梁为“拟客体构件”，“拟客体构件”的纵向钢筋应锚入节点，但箍筋通常不需要在节点内设置（截面高度较高的悬挑梁端的箍筋贯通节点设置）；当两悬挑梁的悬挑长度相同且截面高度相同，但截面宽度不同时，截面宽度较小者为“拟客体构件”；当两悬挑梁截面高度与宽度均相同，但悬挑长度不同时，通常悬挑长度较长者为“拟客体构件”；当两悬挑梁截面高度与宽度、悬挑长度均相同时，可任选一方为“拟客体构件”。

（6）基础底板—基础主梁、基础底板—基础次梁节点（代号 FS-MFB、FS-SFB）

在基础底板—基础主梁、基础底板—基础次梁节点中，对基础主梁和基础次梁而言，基础底板为客体构件。基础底板的纵向钢筋应锚入基础梁内或贯通节点，但其与基础主梁和基础次梁平行的横向钢筋不需要在基础主梁和基础次梁内设置。

（7）板—梁节点（代号 S-B）

板—梁节点，对支承板的各类梁而言，板为客体构件，梁统指框架梁、非框架梁、井字梁、剪力墙连梁等。板的纵向钢筋应锚入梁内或贯通节点，但其与梁平行的横向钢筋不需要在梁内设置。

二、对纵向受拉钢筋抗震锚固与非抗震锚固构造的改进和补充

使纵向受拉钢筋实现可靠的抗震锚固与非抗震锚固，必须使锚固达到“足强度”；实现足强度锚固的必要条件，是使混凝土对锚固钢筋产生足够高的粘结强度；实现足够高粘结强度的必要条件，是混凝土对钢筋的完全握裹且与同排钢筋的净距不小于 25mm。

以上推论可知，如果混凝土对钢筋非完全握裹，则不会产生足够高的粘结强度；如果未产生足够高的粘结强度，则无法实现足强度锚固；如果达不到足强度锚固，则无法实现可靠的抗震锚固与非抗震锚固。为了使受拉钢筋在锚固节点外的拉应力能够达到抗拉设计强度值，必须对受拉钢筋实现有效、可靠的锚固。

对受拉钢筋实现有效、可靠的锚固，应避免钢筋的锚固段与节点内的其他钢筋平行接触，应保持不小于 25mm 的净距。

锚固力是混凝土对锚固长度范围内的钢筋产生粘结力的总和。只有混凝土对锚固钢筋实现充分握裹，才能获得最高粘结力，从而获得最大锚固力。当两个方向的受拉钢筋顺同一层面同时进入节点锚固在位置上发生冲突时，传统施工做法是将钢筋稍加错位后并行接触排放。这种做法造成混凝土无法对钢筋完全握裹，所产生的锚固力通常约为钢筋抗拉强度的 50%；当钢筋应力达到抗拉设计强度时，锚固将会失效。因此，受拉钢筋在节点内锚固，应符合非平行接触锚固的原则。

受扭钢筋在节点内的锚固与受拉钢筋相同。

三、对纵向受拉钢筋机械锚固构造的改进和补充

上一节，我们给出了钢筋末端带 135°弯钩、末端与钢板穿孔角焊、末端与短钢筋双面贴焊三种机械锚固构造，当有多根受力钢筋同时进行锚固时，必须保证各钢筋之间有最小净距离，才能使多根钢筋的机械锚固有效。

钢筋末端带 135°弯钩机械锚固构造，既适用于保持最小净距离的一排多根钢筋同时进行的机械锚固，也适用于多排钢筋同时进行的机械锚固，但宜将多根钢筋的锚固深度交错保持适当差别，见图 2-5-1。

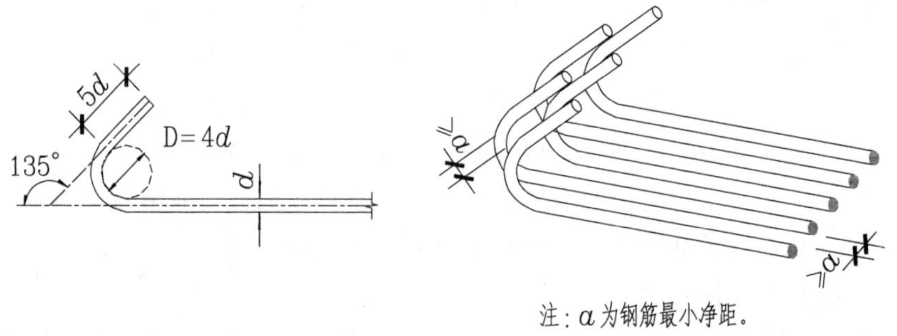

图 2-5-1 多根多排钢筋末端带 135°弯钩机械锚固构造

钢筋末端与钢板穿孔角焊机械锚固构造，其端部焊接钢板宽度为 5 倍钢筋直径，比钢筋外表面宽出 1.5 倍钢筋直径，宽出部分通常大于受力钢筋的最小净距离。当多根钢筋以最小净距成一排，且同时进行机械锚固时，可同时穿孔角焊在一块钢板上，但应注意钢板如果过宽，对钢筋混凝土支座的整体刚度不利，钢板总宽要≤钢筋混凝土支座宽度的 1/2，见图 2-5-2。

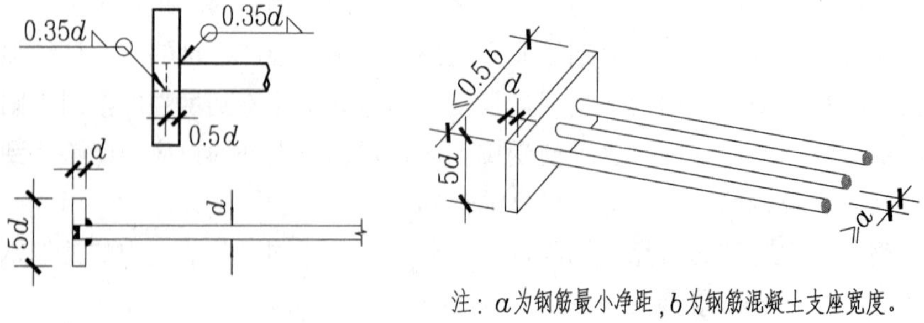

图 2-5-2 多根多排钢筋末端与钢板穿孔角焊机械锚固构造

钢筋末端与钢筋双面贴焊机械锚固构造，其端部焊接短钢筋长度为 5 倍钢筋直径，凸出的这段钢筋如果朝向不当，将使钢筋端部的净距离减小，因此，适用于不超过两排钢筋同时进行机械锚固，且应将端部焊接的短钢筋分别向上、下凸出，见图 2-5-3。

其他关于机械连接的规定同上一节相关内容。

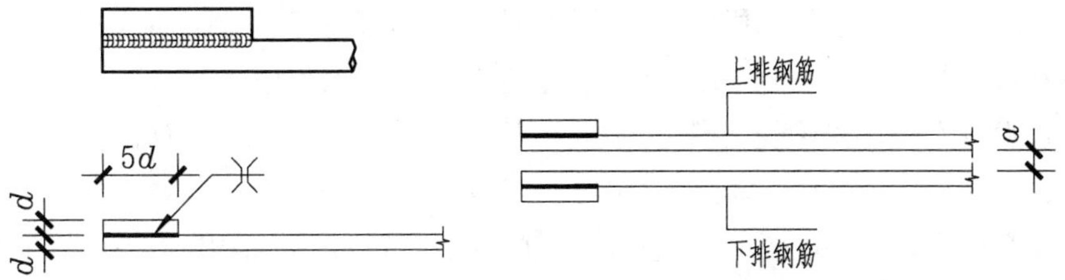

注：a为钢筋最小净距。

图 2-5-3　一排和两排钢筋末端与钢筋双面贴焊机械锚固构造

四、对纵向钢筋抗震连接与非抗震连接构造的改进和补充

1. 纵向受拉钢筋绑扎搭接“同一连接区段”的实用图示

上一节的图 2-4-8 同一连接区段内纵向受拉钢筋的绑扎搭接接头对“同一连接区段”的图示及说明很明确，但因度量时采用“间接度量点”（搭接接头的中点）而非“直接度量点”（搭接接头的端点），施工人员应用起来有些不便。如果采用“钢筋端点”进行度量，改变一下表达方式但内容保持不变，在结果完全相同的情况下，可使施工感到方便。为此，可将同一连接区段的定义采用另一种方式进行描述。

对“同一连接区段”加以定义的主要目的，是为了明确同一批钢筋搭接接头百分率的计算标准，因此，可称其为“同一批钢筋搭接区段”，并解释为：

（1）从搭接钢筋端点度量，同一批钢筋搭接区段的长度为 2.3 倍搭接长度，凡位于该搭接区段的搭接接头均属于同一批搭接的钢筋；

（2）同一搭接区段内纵向受力钢筋搭接接头面积百分率，为该区段内有搭接接头的纵向受力钢筋截面面积与全部纵向钢筋截面面积的比值，如图 2-5-4 所示。

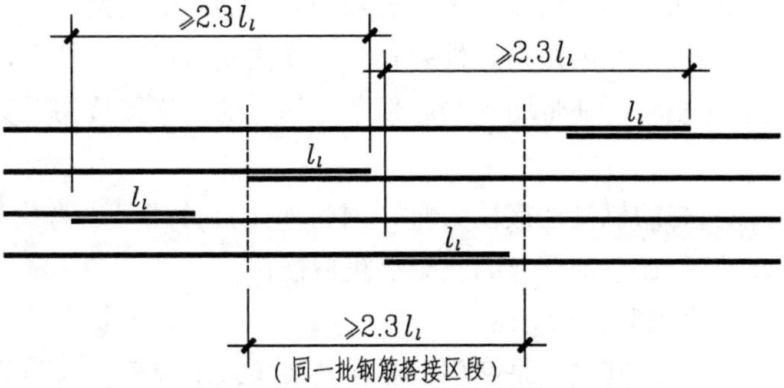

图 2-5-4　从搭接钢筋端点度量的同一钢筋搭接区段内的纵向受拉钢筋绑扎搭接接头

注：图中所示同一连接区段内的搭接接头为两根，当钢筋直径相同时，钢筋搭接接头百分率为 50%。

2. 关于“纵向受力钢筋搭接接头面积百分率”分析

规范要求位于同一连接区段内的受拉钢筋搭接接头面积百分率：对梁类、板类及墙类构件，不宜大于25%；对柱类构件，不宜大于50%。当工程中确有必要增大受拉钢筋搭接接头面积百分率时，对梁类构件，不应大于50%；对板类、墙类及柱类构件，可根据实际情况放宽。

在实际操作中，如果配置同种直径的钢筋，执行按“接头面积”计算接头百分率的规定不会有任何困难，但是若遇交错配置两种直径钢筋情况时，执行按“接头面积”计算接头百分率的规定，便会遇到以下问题：

（1）当两种直径的钢筋“隔一布一”时，实现50%搭接只能采用“两两交错”搭接方式，这样的搭接显然不如“相邻交错”搭接效果好；

（2）当两种直径的钢筋“隔一布一”时，除50%的搭接外，如果按其他搭接面积百分比，具体计算十分复杂，实际操作有困难；

（3）当两种直径的钢筋“隔一布二”时，无论按何种搭接面积百分比，具体计算均十分复杂，且可操作性很低。

规范明确规定连接接头按照“面积百分比”计算，按给定的面积百分比分批进行连接，便相应确定了与所连接钢筋面积百分比完全相同的抗力百分比，其合理性毋庸置疑。

连接规定是一种技术方法，操作是否方便是判定技术方法的是否先进的重要标准，合理性高的规定不一定可操作性也高。如前所述，当采用两种直径的钢筋时，按面积百分比分批连接操作很不方便。很明显，按钢筋根数计算连接百分比显然能大幅提高可操作性。

能否将连接接头按“根数百分比”计算，取决于另外一个逻辑前提，即确保连接的可靠性。当连接接头达到质量要求时，按“根数百分比”计算应是可行的。

当能够可靠实现“连接点的强度与刚度大于或等于被连接体”时，连接是可靠的。以这个标准衡量钢筋混凝土结构的钢筋搭接、机械连接、焊接三种连接方式，只有注浆套筒或挤压套筒机械连接能够可靠实现“连接点的强度与刚度大于或等于被连接体”，目前普遍采用的接触性绑扎搭接和焊接连接以及在去除带肋钢筋肋部直接在芯部套丝的直螺纹机械连接，都不能可靠实现。原因是接触性绑扎搭接无法获得最大粘结力，焊接连接做不到对所有焊接点进行质量检验，在带肋钢筋芯部套丝加直螺纹连接接头后实际钢筋截面缩小了约15%。

当采用质量等级较高的机械连接接头时，钢筋连接百分比可以考虑按“根数百分比”计算，但应排除去除肋部在芯部套丝的直螺纹机械连接。

3. 受拉钢筋的非接触搭接构造

受拉钢筋的搭接连接，其实质是两根钢筋在其搭接范围混凝土内的分别锚固，以混凝土为介质，实现搭接钢筋应力的传递。

采用非接触搭接方式，可以实现混凝土对钢筋的完全握裹，能使混凝土对钢筋产生足够高的锚固效应使混凝土对受拉钢筋产生最优粘结强度，从而满足我国规范极限状态设计原则下要求选配钢筋采用极限抗拉强度（即钢筋的屈服强度）的设计规定，实现搭接钢筋应力的足强度传递，完成可靠、有效的钢筋搭接连接。

对受拉钢筋搭接连接，应避免采用平行接触搭接方式（但对构造钢筋的搭接连接不受其限）。

非接触搭接有两种形式，分别是同轴非接触搭接和平行轴非接触搭接。同轴非接触搭接适用于梁的纵向钢筋，柱的角筋，剪力墙连梁的纵向钢筋，等等；平行轴非接触搭接适用于梁上、下部的中部纵筋、侧面筋，柱的中部筋，剪力墙身的竖向和横向受力筋，等等。由于剪力墙端柱、暗柱为偏心受拉受力状态，通常受拉和偏心受拉构件及所在边缘部位不应采用搭接连接，故非接触搭接是否适用于剪力墙端柱和暗柱，有待进一步研究。

同轴非接触搭接的构造见图 2-5-5，平行轴非接触搭接构造见图 2-5-6。

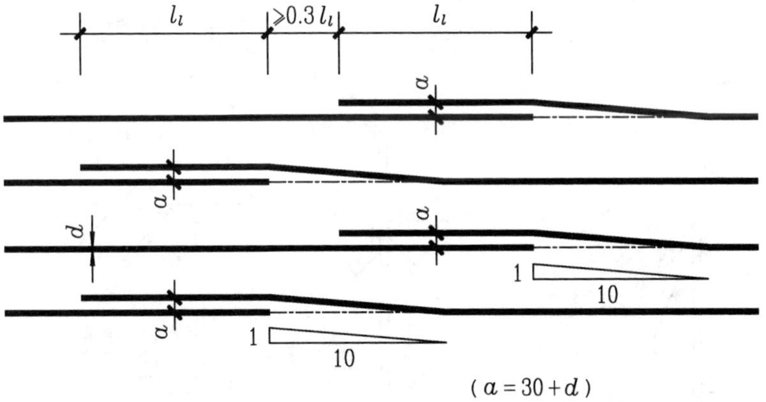

图 2-5-5 纵向钢筋同轴非接触搭接连接构造

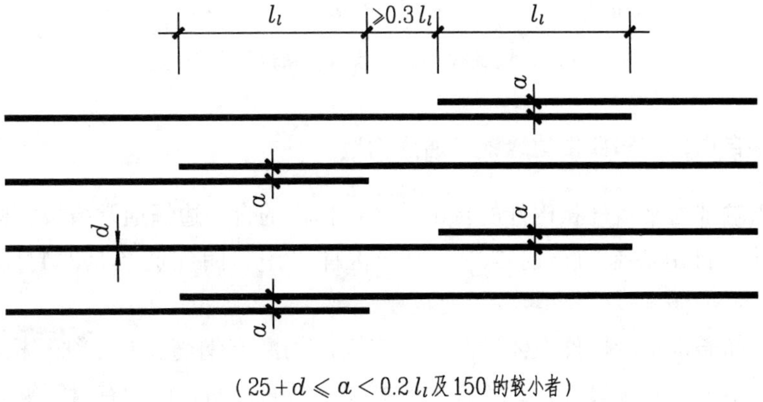

图 2-5-6 纵向钢筋平行轴非接触搭接连接构造

采用同样搭接长度，非接触搭接产生的总粘结力肯定高于接触搭接，钢筋非接触搭接采用现行规范规定的搭接长度（即按上节公式 2.4.3 或 2.4.4 计算），因计算公式基于接触搭接的试验结果，对非接触搭接而言显然过长。为了科学用钢，减少不必要的浪费，建议非接触搭接长度当为 100%时取 1.3l_a，当为 50%时取 1.2l_a，当为 20%时取 1.05l_a。

五、对箍筋与拉筋构造的改进和补充

包括在受拉钢筋非接触搭接范围的封闭箍筋、拉筋、开口箍筋、单肢箍筋的弯钩构造，见图 2-5-7。

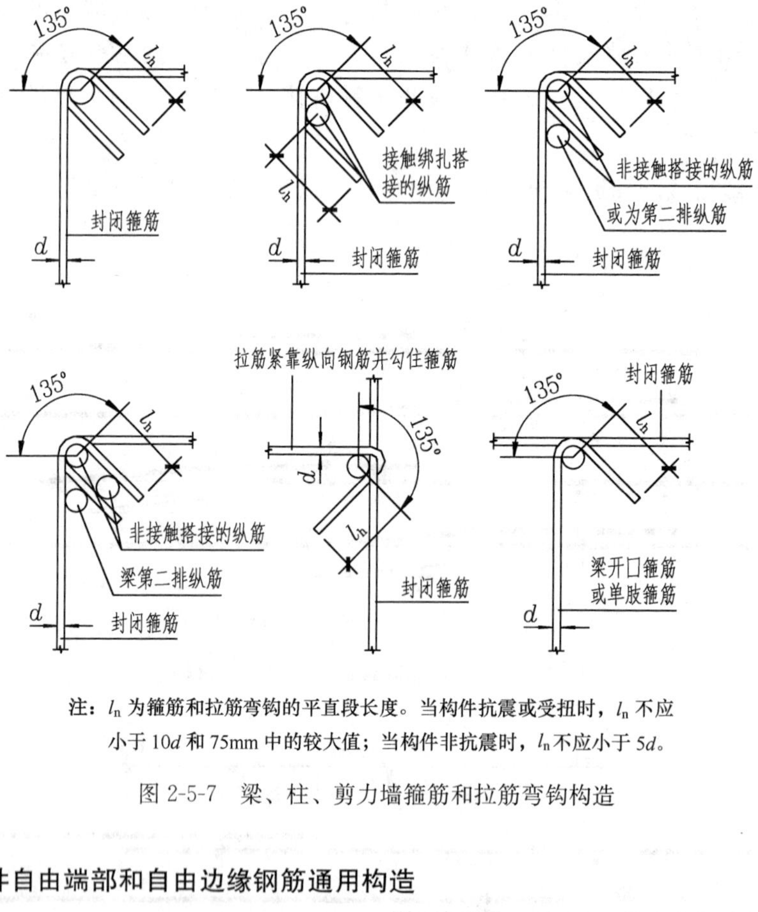

注：l_n 为箍筋和拉筋弯钩的平直段长度。当构件抗震或受扭时，l_n 不应小于 10d 和 75mm 中的较大值；当构件非抗震时，l_n不应小于 5d。

图 2-5-7　梁、柱、剪力墙箍筋和拉筋弯钩构造

六、构件自由端部和自由边缘钢筋通用构造

构件自由端部通常指杆状构件的自由端部，构件的自由边缘通常指板状构件的自由边缘。自由端部和自由边缘的钢筋构造，根据构件采用封闭配筋还是非封闭配筋亦有所不同。

封闭式配筋通常指沿构件主体轴向四个表面内均配有钢筋。对于细长构件如框架柱、框架梁、非框架梁、悬挑梁等，封闭式配筋既配有纵向钢筋，也配有封闭箍筋；对于平面较大厚度较小的构件如剪力墙、楼板等，封闭式配筋在剪力墙和板的两个主要表面均配有双向钢筋网（剪力墙通常还设置双向拉筋）。

非封闭式配筋通常适用于平面较大厚度较小的构件，如仅配置下部钢筋的楼板，仅配置上部钢筋的悬挑板，仅配置底部钢筋的独立基础，仅配置底部钢筋的条形基础底板，等等。

构件自由端部和自由边缘钢筋通用构造规则分类见表 2-5-2，具体的构造详图分别见本书各章相关内容。

构件自由端部和自由边缘钢筋构造分类 **表 2-5-2**

构件部位	构造分类			
	封闭式配筋		非封闭式配筋	
悬臂柱顶面	柱顶面封闭构造	柱顶面非封闭构造		
悬臂墙顶面	墙顶面封闭构造	墙顶面非封闭构造	墙顶面封闭构造	墙顶面非封闭构造
悬挑梁端部	悬挑端部封闭构造	悬挑端部非封闭构造		
悬挑板端部	悬挑边缘封闭构造	悬挑边缘非封闭构造	悬挑边缘封闭构造	悬挑边缘非封闭构造

七、构造钢筋与分布钢筋通用构造

在本书第一章第四节中曾简略列出构造钢筋和分布钢筋的主要构造原则，原则带有普遍性，适用于不同部位的构造钢筋和分布钢筋。

构造钢筋与分布钢筋在节点内需要满足构造锚固长度及端部是否弯钩等要求；在杆件内通常需要满足构造搭接长度、布置起点以及端部是否弯钩等要求。

结构设计时，通常不考虑构造钢筋和分布钢筋的受力，但在钢筋混凝土结构中不存在绝对不受力的钢筋，构造钢筋和分布钢筋肯定有自身特定功能。为使构造钢筋和分布钢筋的构造具有科学性，令其符合具有普遍性的原则很有必要。

1. 构造钢筋应符合其主要构造原则

（1）构造钢筋的设置应由其主要功能决定，应符合构造钢筋的主要功能原则。同一位置完成主要功能的同向构造配筋通常为较大值，配置较大构造配筋后，其他功能的构造配筋不需重复配置。

（2）同一层面上的不同构造钢筋必须协调，应符合构造协调原则。构造配筋应避免相互接触，不应多于两根构造钢筋长距离并排，应创造混凝土全包裹构造钢筋的条件，不应隔断核心混凝土与保护层混凝土材料的连续。

（3）应防止在构件同一表面有多种不同构造钢筋密集排列，出现构造超筋，应符合适筋构造原则。混凝土构件应为适筋构件，适筋的含义，不仅要求受力钢筋不应超筋，同时要求构造钢筋也不应超筋。

（4）构造钢筋按非足强度连接，因构造钢筋通常为非足强度受力，没有必要套用受拉钢筋的足强度连接方式。

（5）非足强度受力的构造钢筋，没有必要套用受拉钢筋的足强度锚固方式，按非足强度锚固为构造钢筋的锚固原则。

2. 分布钢筋应符合其主要构造原则

（1）分布钢筋的主要功能，系与单向受力钢筋或单向构造筋交叉成网，并为受力钢筋提供保护层方向的外侧约束。

（2）分布钢筋的锚固，取不小于一个“回头钩”的长度即可。

（3）分布钢筋的位置，宜位于最外层，以对受力钢筋或构造钢筋提供保护层方向的约束，协助受力钢筋或构造钢筋更好地发挥抗力性能。

第三章　柱平法施工图设计与施工规则

第一节　柱平法施工图设计规则

本节讲述的柱平法施工图设计规则，系为在柱平面布置图上采取截面注写方式或者列表注写方式表达柱结构设计内容的方法，将分为五部分进行讲述：

1. 关于柱平面布置图；
2. 柱编号规定；
3. 截面注写方式；
4. 列表注写方式；
5. 特殊设计内容的表达。

一、关于柱平面布置图

工程师着手设计柱平法施工图的第一步，是绘制柱平面布置图。柱平面布置图的主要功能是表达竖向构件❶。当主体结构为框架-剪力墙结构时，柱平面布置图通常与剪力墙平面布置图合并绘制。

柱平面布置图可采用“双比例”绘制，“双比例”系指轴网采用一种比例，柱截面轮廓在原位采用另一种比例适当放大绘制的方法。在用双比例绘制的柱平面布置图上，再采用截面注写方式或列表注写方式，并加注相关设计内容后，便构成了柱平法施工图。

在柱平法施工图中，要求放入结构层楼面标高及层高表，以便施工人员将注写的柱段高度与该表对照后，明确各柱在整个结构中的竖向定位（水平定位已经在平面布置图中表达）。例如：如果注写的柱高范围是“XX层—XX层”，可从表中查出该段柱的下端与上端标高；如果注写的柱高范围是“XXX标高—XXX标高”，可从表中查出该段柱的层数。

除注明单位者外，柱平法施工图中标注的尺寸以mm为单位，标高以m为单位。

为了方便设计和施工，平法规定了结构平面图的方向：当两个方向的轴网正交布置时，规定图面从左至右为X向，从下至上为Y向，见图3-1-1；当轴网发生转折时，局部坐标也做相应转折，见图3-1-2；当结构向心布置时，平面的切向为X向，径向为Y向，见图3-1-3。当平面布置比较复杂时，应由设计者具体规定坐标并在图面上明确表示。

---

❶ 用传统法绘制的结构平面布置图通常将竖向构件（柱和墙）和水平构件（梁和板）等在同一张图上布置。

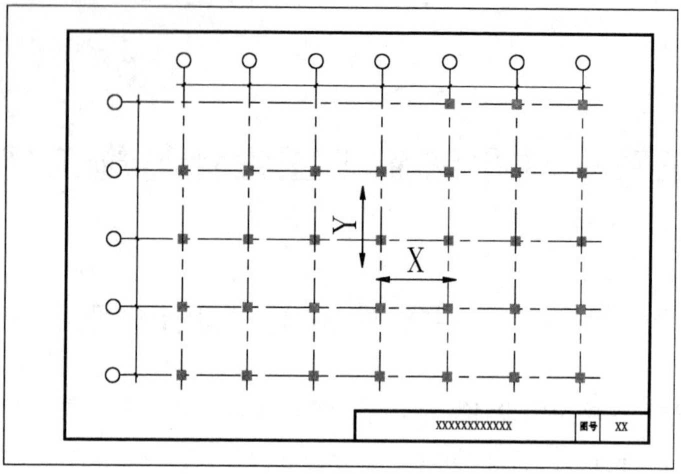

图 3-1-1

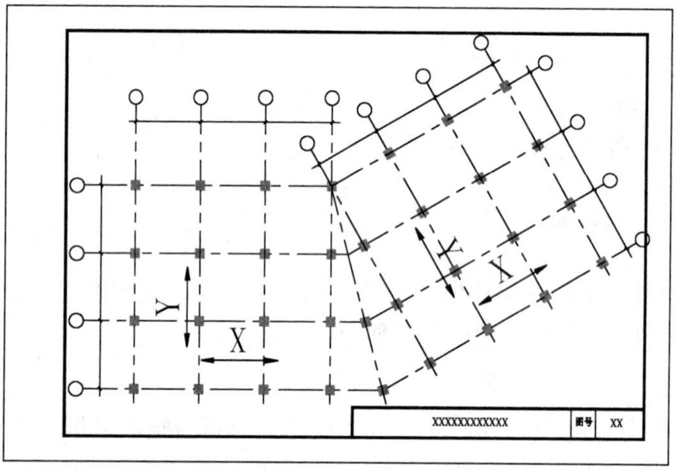

图 3-1-2

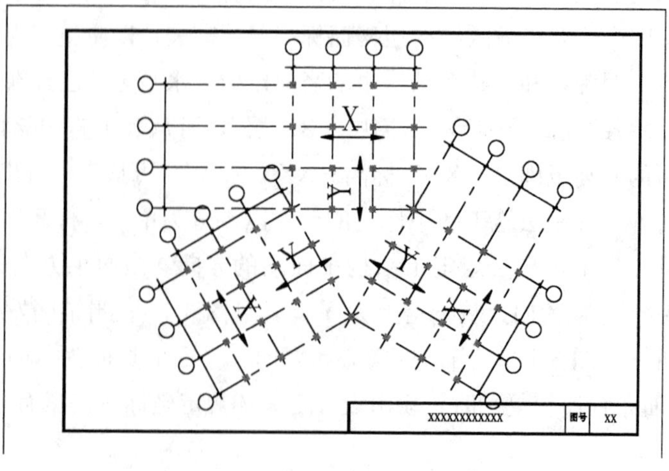

图 3-1-3

二、柱编号规定

在柱平法施工图中，各种柱均应按照表 3-1-1 的规定编号。同时，对相应的通用构造详图也标注了编号中的相同代号。柱编号不仅可以区别不同的柱，还将作为信息纽带在柱平法施工图与相应通用构造详图之间建立起明确的联系，使在平法柱施工图中表达的设计内容与相应的通用构造详图合并，构成完整的柱结构设计。

柱　编　号　　表 3-1-1

柱类型	代号（拼音）	代号（英文）	序号	特　　征
框架柱	KJZ	FC	xx	柱根部嵌固在基础或地下结构上，并与框架梁刚性连接构成框架
框支柱	KZZ	FFC	xx	柱根部嵌固在基础或地下结构上，并与框支梁刚性连接（框支梁为架空剪力墙底部偏心受拉的边缘构造）
芯柱	XZ	CC	xx	设置在底层的框架柱、框支柱、剪力墙柱❶的核心部位
梁上柱	LZ	BC	xx	支承或悬挂在梁上的柱
板上柱	BZ	SC	xx	支承或悬挂在板上的柱
剪力墙上柱	QZ	WC	xx	支承在剪力墙顶部的柱

注：柱截面可为矩形、圆形、工字形、T 形等。

三、柱截面注写方式

采用截面注写方式，需要在相同编号的柱中选择一根柱，将其在原位放大绘制“截面配筋图”，并在其上直接引注几何尺寸和配筋，对于其他相同编号的柱仅需标注编号和偏心尺寸。截面配筋图在原位需适当放大的倍数，应满足视图需要。

截面注写方式适用于各种结构类型。采用截面注写方式，在柱截面配筋图上直接引注的内容有：1. 柱编号，2. 柱高（分段起止高度），3. 截面尺寸，4. 纵向钢筋，5. 箍筋，见图 3-1-4。设计时，可按单个柱标准层分别绘制，见图 3-1-5；也可将多个标准层合并绘制，见图 3-1-6。

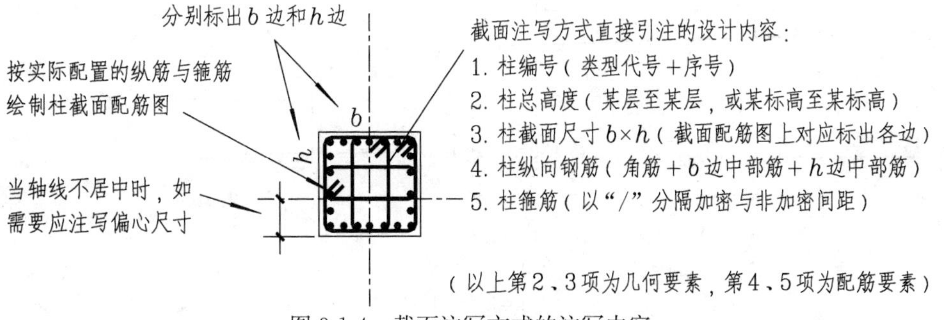

图 3-1-4　截面注写方式的注写内容

注：直接引注的柱总高度是选注值。

❶ 关于剪力墙柱详见第四章。

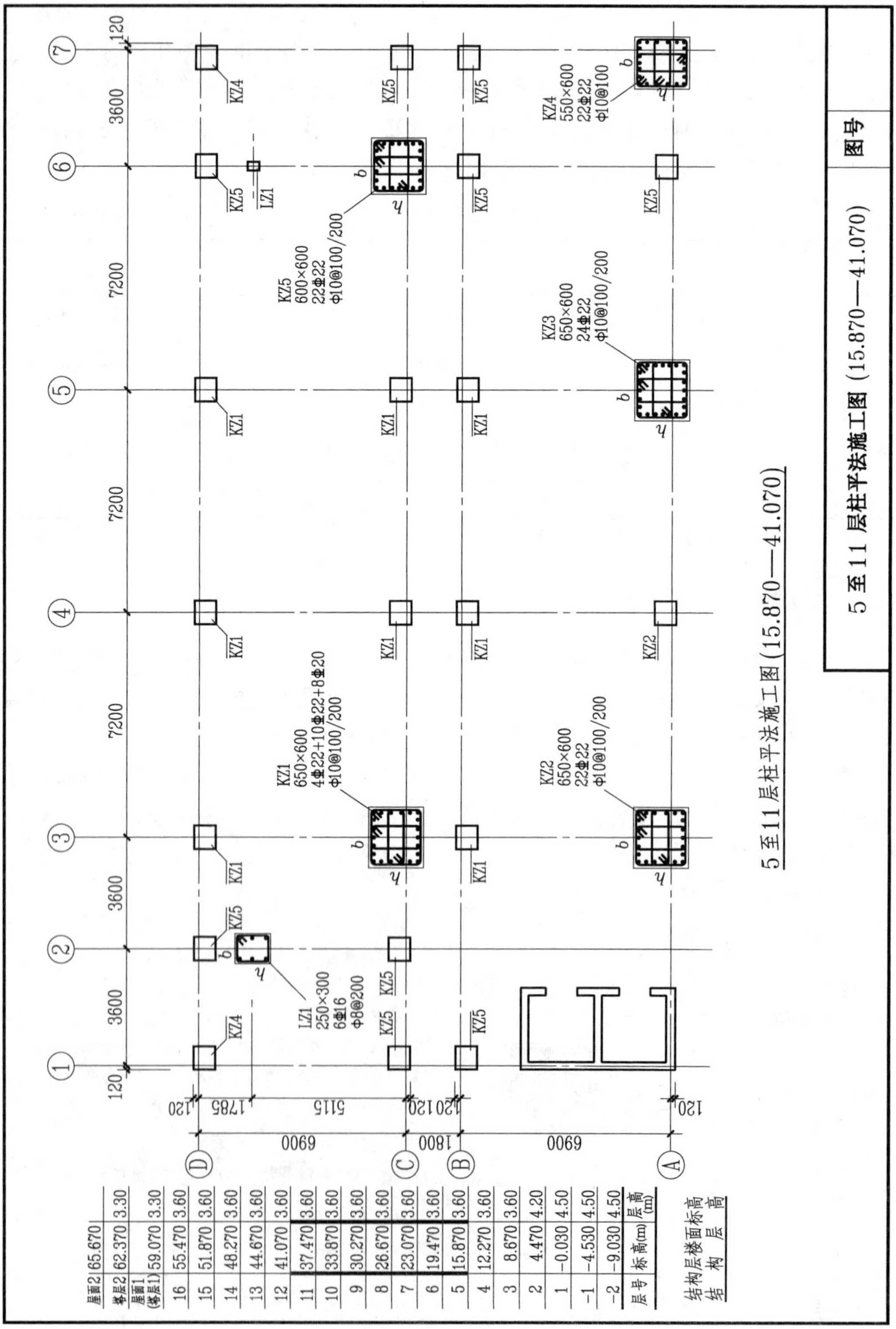

图 3-1-5 柱平法施工图截面注写方式示例（1）

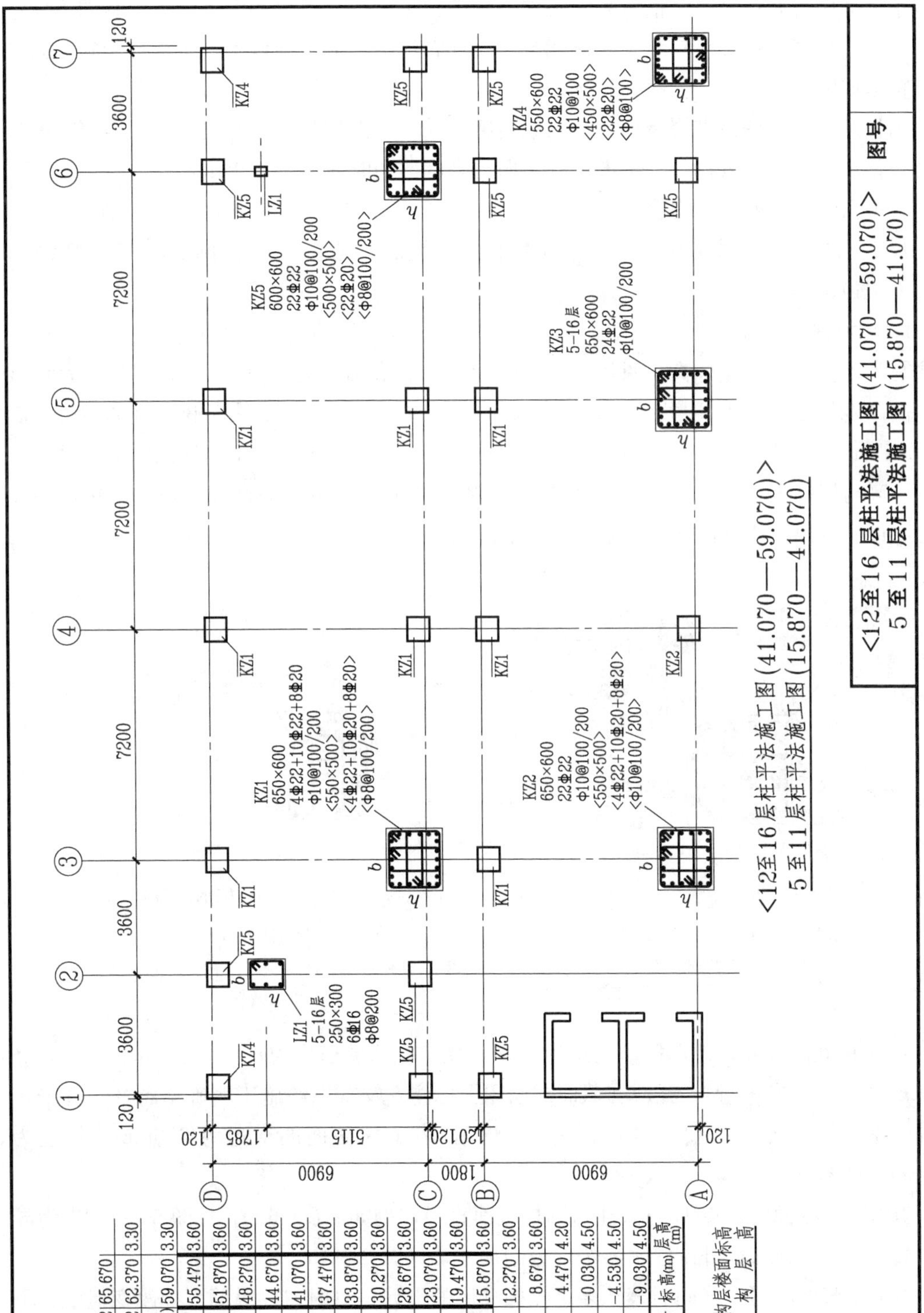

图 3-1-6 柱平法施工图截面注写方式示例（2）

当按单个柱标准层分别绘制时，柱平法施工图的图纸张数与柱标准层的数量相等；当将多个标准层合并绘制时，信息更为集中，图纸数量更少。只要图面空间可以容纳下应注写的内容，将多个柱标准层合并绘制能方便设计者进行整体平衡调整，也更宜于施工人员对结构形成整体概念。

因柱高通常与柱标准层竖向各层的总高度相同，所以柱高的注写属于选注内容，即当柱高与该页施工图所表达的柱标准层的竖向总高度不同时才注写，否则不注。

直接引注的一般设计内容解释如下：

1. 注写柱编号。柱编号有柱类型代号和序号组成，见表 3-1-1。例如：KZ3（FC3），LZ1（BC1），等等。

2. 注写柱高，此项为选注值。当需要注写时，可以注写为该段柱的起止层数，也可以注写为该段柱的起止标高。见图 3-1-7 和图 3-1-8。例如：注写为“5—11 层”，表示该段柱的高度从 5 层至 11 层共 7 层；或注写为“15.870—41.070”，表示该段柱的下端标高为 15.870m，上端标高为 41.070m。当按起止层数注写时，施工人员对照图中的“结构层楼面标高与层高表”，即可查出该段柱的下端和上端标高和每层的柱高；当按起止标高注写时，即可查出该段柱的起止层数和每层的层高。

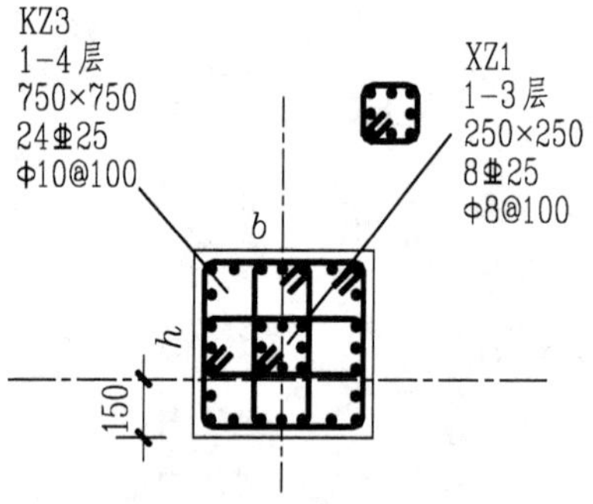

图 3-1-7　芯柱高度与该层柱标准层竖向高度不同示例

注：XZ1 截面尺寸为其箍筋的外围尺寸

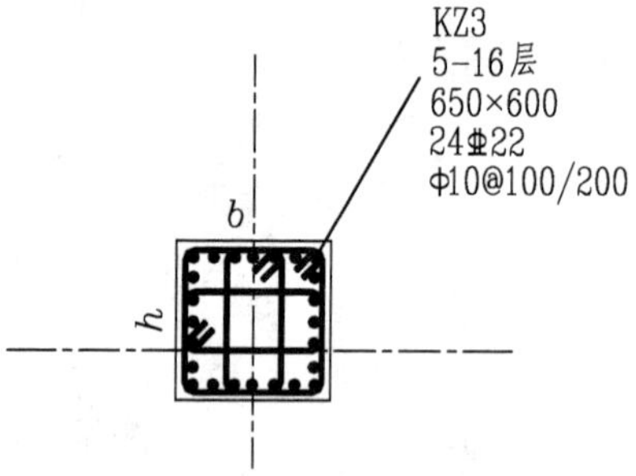

图 3-1-8　KZ3 在两个柱标准层段的几何尺寸与配筋示例

注：两个柱标准层分别为 5-11 层和＜12-16 层＞

3. 注写截面尺寸，矩形截面注写为 $b\times h$，规定截面的横边为 b 边（与 X 向平行），竖边为 h 边（与 Y 向平行），并应在截面配筋图上标注 b 及 h 以给施工明确指示（当柱未正放时标注 b 及 h 尤其必要）。例如：650×600，表示柱截面的横边为 650mm，竖边为 600mm，见图 3-1-8。

当为圆形截面时，以 D 打头注写圆柱截面直径，例如：$D=600$，见图 3-1-9。当为异形柱截面时，需在截面外围注写各个部分的尺寸，见图 3-1-10。

当采用截面注写方式同时表达多个柱标准层的设计信息时，除纵筋直径改变但根数不变的情况外，原位绘制的柱截面配筋图不能同时代表不同标准层的柱配筋截面，此时应自下而上将不同标准层的配筋截面就近绘制，并分别引注设计内容。见图 3-1-11。

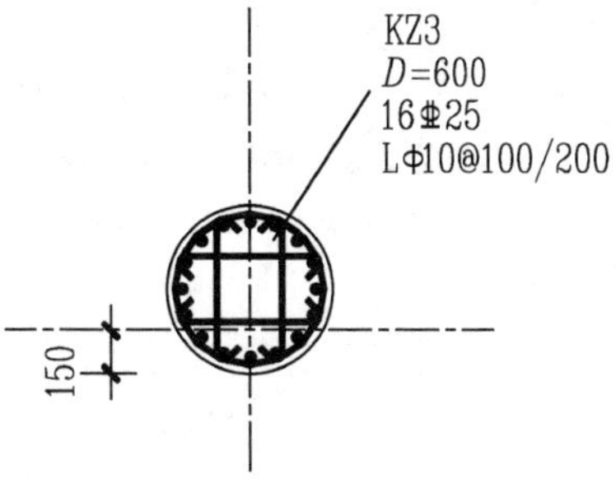

图 3-1-9　圆柱截面注写示例

注：箍筋打头字母 L 表示圆形箍筋为螺旋箍筋

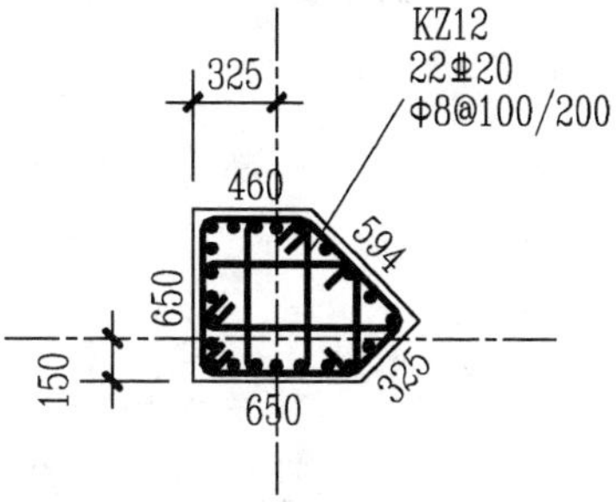

图 3-1-10　异型柱截面柱写示例

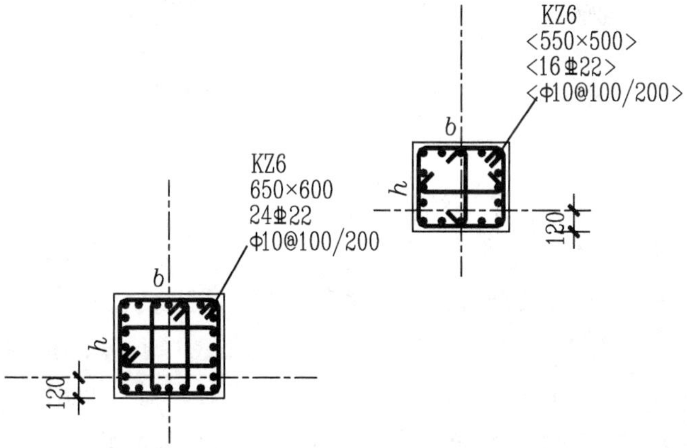

图 3-1-11　KZ5 在两个柱标准层段的不同几何尺寸与配筋示例

注：两个柱标准层分别为 5-11 层和＜12-16 层＞

4. 注写纵向钢筋。当纵筋为同一直径时，无论为矩形截面还是圆形截面，均注写全部纵筋，见图 3-1-8。当矩形截面的角筋与中部筋直径不同时，按“角筋+b 边中部筋+h 边中部筋”的形式注写，例如：4Φ25+10Φ22+10Φ22 表示角筋为 4Φ25，b 边中部筋共为 10Φ22（每边 5Φ22），h 边中部筋共为 10Φ22（每边 5Φ22），见图 3-1-12（a）；也可在直接引注中仅注写角筋。然后在截面配筋图上原位注写中部筋。当采用对称配筋

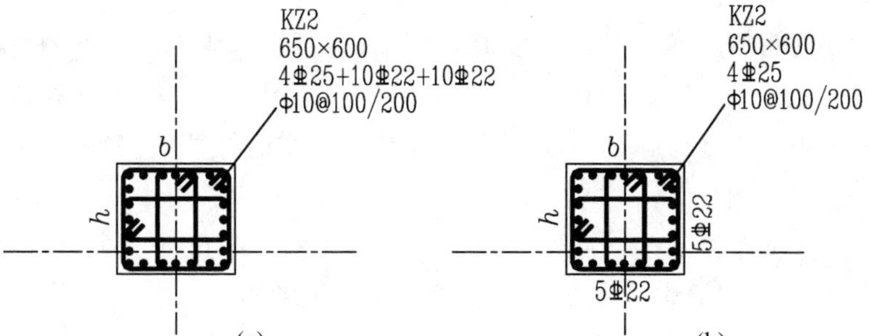

(a)　(b)

图 3-1-12

时，可仅注写一侧中部筋，另一侧不注，见图 3-1-12（b）。

当异形截面的角筋与中部筋直径不同时，按“角筋＋中部筋”的形式注写，例如：5 Φ 25＋17 Φ 22 表示角筋为 5 Φ 25，各边中部筋共为 17 Φ 22（具体分布见截面配筋图）见图 3-1-13（a）；也可在直接引注中注写角筋，然后在截面配筋图上原位注写中部筋，见图 3-1-13（b）。

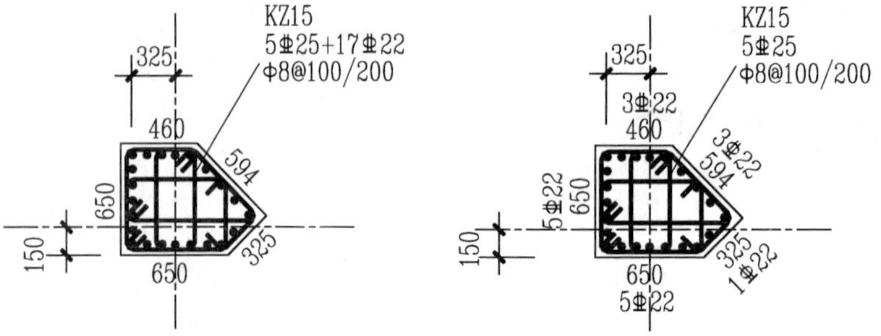

(a)　　(b)

图 3-1-13

5. 注写箍筋，包括钢筋级别、直径与间距；当圆柱采用螺旋箍时，需在箍筋前加“L”（图 3-1-9）；箍筋的肢数及复合方式在柱截面配筋图上表示。

当为抗震设计时，用“/”区分箍筋加密区与非加密区长度范围内箍筋的不同间距；当箍筋沿柱全高为一种间距时（如柱全高加密的情况），则不使用“/”。例如：Φ 10@100/200，表示箍筋为 HPB300 钢筋，直径 10mm，加密区间距为 100mm，非加密区为 200mm，见图 3-1-8。

四、柱列表注写方式

列表注写方式适用于各种柱结构类型。采用列表注写方式设计柱平法施工图，需要在按适当比例绘制的柱平面布置图上增设柱表，在柱表中注写柱的几何元素与配筋元素。单项工程的柱平法施工图通常仅需要一张图纸，即可将柱平面布置图中的所有柱的从基础顶面（或基础结构顶面）到柱顶端的设计内容集中表达清楚。图 3-1-14 为采用列表注写方式的柱平法施工图示例。

在柱表中要注写的内容与截面注写方式类同，包括：1. 柱编号，2. 柱高（分段起止高度），3. 截面几何尺寸（包括柱截面对轴线的偏心情况），4. 柱纵向钢筋，5. 柱箍筋。在柱表上部或表中适当部位，还应绘制本设计计所采用的柱截面箍筋类型图。图 3-1-15 为柱表的表头格式示例。

此外，在柱平面布置图上，需要分别在同一编号的柱中选择一个（有时需要选择几个），标注几何参数代号 b_1 与 b_2、h_1 与 h_2。在柱平法施工图设计中，为了柱表中的内容与图上的内容准确对应，柱截面 b 边和 h 边的方向必须统一，规定与图面 X 向平行的柱边为 b 边，与图面 Y 向平行的柱边为 h 边。

层号	标高(m)	层高(m)
屋面2	65.670	
塔层2	62.370	3.30
屋面1(塔层1)	59.070	3.30
16	55.470	3.60
15	51.870	3.60
14	48.270	3.60
13	44.670	3.60
12	41.070	3.60
11	37.470	3.60
10	33.870	3.60
9	30.270	3.60
8	26.670	3.60
7	23.070	3.60
6	19.470	3.60
5	15.870	3.60
4	12.270	3.60
3	8.670	3.60
2	4.470	4.20
1	-0.030	4.50
-1	-4.530	4.50
-2	-9.030	4.50

结构层楼面标高
结 构 层 高

柱表

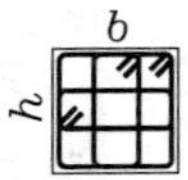

箍筋类型1.(m×n)

柱号	柱高	b×h(圆柱直径D)	b_1/b_2, h_1/h_2	全部纵筋或角筋/b边一侧中部筋/h边一侧中部筋	箍筋，箍筋类型	备注
KZ1	-0.030 - 19.470	750×700	375/375, 150/550	24Φ25	Φ10@100/200, 1(5×4)	
	19.470 - 37.470	650×600	325/325, 150/450	4Φ22/5Φ22/4Φ20	Φ10@100/200, 1(4×4)	
	37.470 - 59.070	550×500	275/275, 150/350	4Φ22/5Φ22/4Φ20	Φ8@100/200, 1(4×4)	
XZ1	-0.030 - 8.670			8Φ25	Φ10@200, 1(2×2)	③×Ⓑ轴KZ1中设置

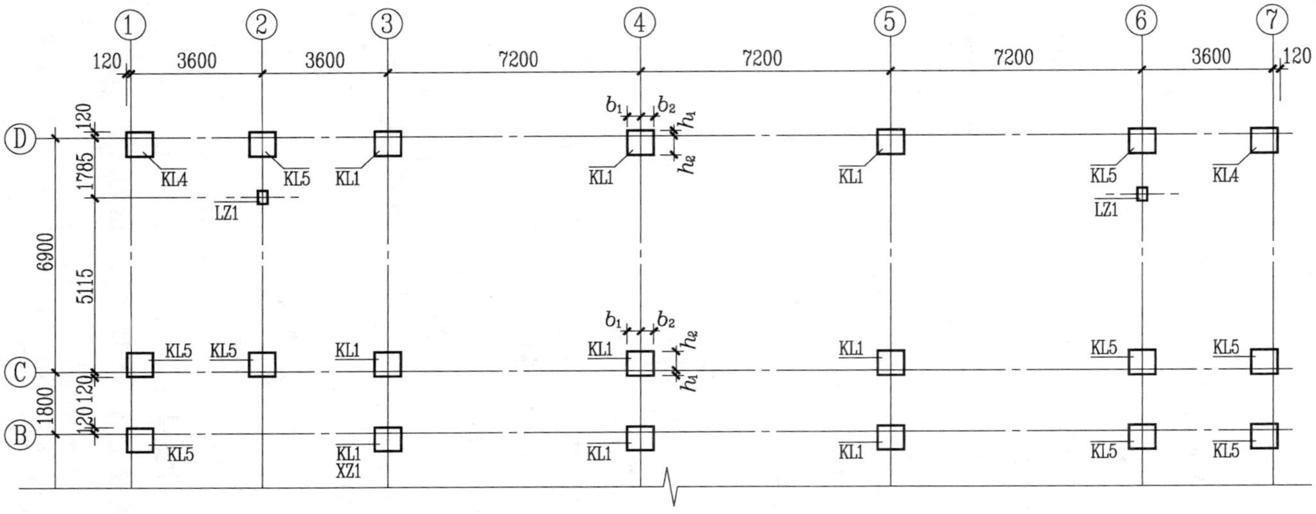

1至16层柱平法施工图（局部）(-0.030—59.070)

1至16层柱平法施工图（局部）(-0.030—59.070)	图号	

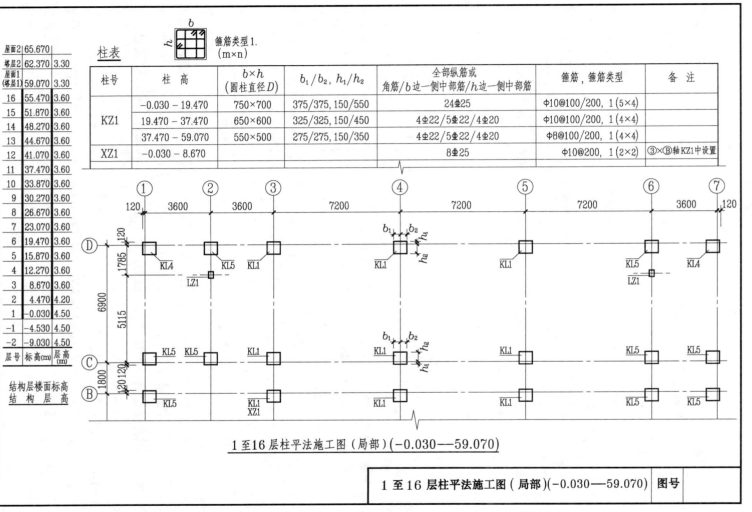

图 3-1-14　柱平法施工图列表注写方式示例

第二节 设计注意事项

本节讲述的主要内容为：1. 应用平法设计时的注意事项；2. 关于柱几何尺寸方面的注意事项；3. 关于柱配筋方面的注意事项。

一、应用平法设计时的注意事项

1. 在设计前，工程师应了解现行平法通用设计中具体包括哪些构造设计内容，哪些构造设计内容尚未包括进去。

柱平法施工图主要表达结构的几何尺寸和配筋，不表达常用构造，常用构造将以通用设计的方式提供。在我国，现行平法通用设计是 C101 系列❶，适用于现浇混凝土框架、剪力墙、框架-剪力墙、框支剪力墙结构的是 C101-1 以及未来修版，及拟编制的内容更为广泛的平法通用构造设计。

平法拟将大量重复性的构造设计通用化，但这是一个渐进过程，只能分期分批逐步解决，在解决的过程中还会不断改进已经解决了的问题。并且，应清醒地意识到我们永远做不到将所有构造设计通用化（即便是全系列国家规范也不可能解决所有问题）。因此，在设计前，工程师应了解平法通用设计中具体包括有哪些构造设计内容，哪些构造设计内容尚未包括进去。尚未包括进去的构造设计一部分属于一般构造，还有一部分属于特殊构造（特殊节点构造或构件本体构造），应注意特殊构造不属于通用化范畴，应属工程师的创造性设计内容。随着 C101 系列平法通用设计的周期性修版，将逐渐丰富通用构造设计内容；根据市场经济的需要，本书作者将编制内容更丰富实用的通用构造设计。本书将对已经通用化的构造设计做出详解，并在深入研究的基础上对现行构造设计进行改进和补充，推出一批新的构造设计，为结构设计工程师和施工技术人员提供更全面的参考。

2. 由工程师补充设计的特殊构造可以借鉴通用构造设计，但其设计深度应满足施工要求。

在多数情况下，特殊构造可以通用设计图集中的普通构造为基础，在其上加注必要的注解即可。C101-1 中提供的变更表，就是方便设计者变更时采用。对具体工程中的特殊构造，设计者无论是全画还是以通用构造为基础加注变更，其设计深度均应满足施工要求。

3. 不可随意扩大平法通用设计的适用范围。

根据平法解构原理，平法通用设计遵循功能、性能和逻辑三条主线，包括结构分解系统和结构规则系统两大部分内容。由于平法在持续研究发展的过程中，当前尚未完成比较全面的通用设计，只能随着时间推移推出更多的实用内容。只要业界掌握了平

❶ 与该系列相应的 G101 系列国家建筑标准设计全部由本书作者设计。

法解构原理，包罗万象的平法通用设计完全可以自行推导出来，需要特别注意的是不可随意扩大平法通用设计的适用范围，推导时应遵循功能、性能和逻辑三条主线；否则，必然出错。

例如，16G101-1 中要求剪力墙暗梁纵筋端部构造按框架梁纵筋端部构造就是一典型谬误，其谬在于剪力墙暗梁与框架梁的功能无任何相同之处，剪力墙暗梁纵筋的功能是阻止墙身可能出现竖向裂缝的延伸扩展，框架梁纵筋的功能是抵抗其所承受弯矩。剪力墙暗梁纵筋端部构造按框架梁纵筋端部构造不仅在功能上说不通，在逻辑上亦完全说不通，因两者的逻辑前提完全不同，框架梁纵筋端部构造适用于框架梁，不可以将其随意往剪力墙暗梁上套用。

二、关于柱几何尺寸方面的注意事项

1. 矩形截面柱的最小边长和圆形截面柱的最小直径。

矩形截面柱的最小边长，当为四级抗震等级或不超过二层时不宜小于 300mm，一、二、三级抗震等级且超过二层时不宜小于 400mm；圆形截面柱的最小直径，当为四级抗震等级或不超过二层时不宜小于 350mm，一、二、三级抗震等级且超过二层时不宜小于 450mm。非抗震设计时，矩形截面柱的最小边长不宜小于 250mm，圆形截面柱的最小直径不宜小于 300mm；当为多边形截面时，其内切圆的直径要求与圆形柱截面相同，或其内接矩形的边长要求与矩形柱截面相同。

2. 框架柱的最小剪跨比。

框架柱的剪跨比 λ 宜大于 2（$\lambda=a/h_0$，a 为横向集中荷载作用点至支座或节点边缘的距离，h_0 为截面有效高度）。当剪跨比不大于 2 时，应按短柱构造进行处理。

3. 柱截面高度与宽度的比值。

柱截面高度与宽度的比值不应大于 3。

4. 芯柱截面的大小。

芯柱边长不宜小于矩形柱边长或圆柱直径的 1/3，便于与梁的纵向钢筋顺利交叉。芯柱的功能为以其纵筋的总抗压强度替代等压力值的混凝土，使抗震框架柱在满足规范轴压比要求后，柱截面不至于过大，或可改变框架柱剪跨比 λ 不大于 2 的情况，避免出现“短柱效应”。因此，芯柱仅需在压力值较大的底部若干层设置，不需要设置在框架顶部。观察到 16G101-1 图集复制作者原创柱平法施工图截面注写方式示例图后又在 6～9 层添加了芯柱（见该图集第 12 页），一栋 16 层框剪结构的 6～9 层柱截面的轴压比已大幅满足规范的轴压比要求，完全不需要设置芯柱，应注意避免误导。

5. 柱轴压比是抗震设计时确定柱截面大小的重要依据。

《混凝土结构设计规范》GB 50010—2010 第 11.4.16 条，《建筑抗震设计规范》GB 50011—2010 第 6.3.6 条，《高层建筑混凝土结构技术规程》JGJ 3—2010 第 6.4.2 条，均对抗震柱轴压比限值做出规定，见表 3-2-1，并均强调对于Ⅳ类场地上较高的高层建筑，轴压比限值应适当减小。

框架柱轴压比限值　　表 3-2-1

结构体系	抗　震　等　级			
	一级	二级	三级	四级
框架结构	0.65	0.75	0.85	0.9
框架—剪力墙、板柱—剪力墙、框架—核心筒、筒中筒结构	0.75	0.85	0.90	0.95
部分框支剪力墙结构	0.60	0.70	—	—

注：1. 轴压比 $N/(f_cA)$ 指考虑地震作用组合的框架柱和框支柱轴向压力设计值 N 与柱全截面面积 A 和混凝土轴心抗压强度设计值 f_c 乘积的比值；对不进行地震作用计算的结构，取无地震作用组合的轴力设计值。

2. 表内限值适用于剪跨比 $\lambda>2$、混凝土强度等级不高于 C60 的柱。对剪跨比为 $1.5\leqslant\lambda\leqslant2$ 的柱，轴压比限值应按表中数值减小 0.05；对剪跨比 $\lambda<1.5$ 的柱，轴压比限值应按专门研究并采取特殊构造措施。

3. 沿柱全高采用井字复合箍且箍筋间距不大于 200mm、肢距不大于 200mm、直径不小于 12mm；或当沿柱全高采用复合螺旋箍且螺距及箍距不大于 100mm、肢距不大于 200mm、直径不小于 12mm；或沿柱全高采用连续复合矩形螺旋箍，且螺距不大于 80mm、肢距不大于 200mm、直径不小于 10mm 时，轴压比限值均可按表中限值增加 0.10。上述三种箍筋的配箍特征值 λ_v 均应按增大的轴压比按表 3-2-3 查用。

4. 柱截面中部设置由附加纵向钢筋及专设箍筋形成的芯柱，且附加纵向钢筋的总面积不少于柱截面面积的 0.8%时，其轴压比限值可按表中数值增加 0.05。此项措施与注 3 的措施同时采用时，轴压比限值可按表中数值增加 0.15，但箍筋的配箍特征值 λ_v 均应按增大的轴压比按表 3-2-3 查用。

5. 柱经采用上述加强措施后，其最终的轴压比限值不应大于 1.05。

三、关于柱配筋方面的注意事项

以下第 1～7 项系关于配置柱纵向钢筋时应注意事项，第 8～12 项系关于配置柱箍筋时应注意事项。

1. 控制柱每一侧纵向钢筋最小配筋率和柱全部纵向钢筋最小配筋率。

柱每一侧纵向钢筋的最小配筋率 ρ 不应小于 0.2%。$\rho=A_s/(bh)$；式中：A_s 为截面一侧全部纵筋面积（角筋可重复计算）；bh 为矩形柱截面宽与高相乘所得柱全截面面积。柱每一侧纵向钢筋的最小配筋率适用于抗震和非抗震设计。

柱全部纵向钢筋的最小配筋率不应小于表 3-2-2 的数值，同时每一侧配筋率不应小于 0.2%；对Ⅳ类场地上较高的高层建筑，最小配筋率应按表中数值增加 0.1。

柱全部纵向钢筋最小配筋率（%）　　表 3-2-2

柱类型	抗　震　等　级				非抗震（高层建筑）
	一级	二级	三级	四级	
中柱、边柱	0.9（1.0）	0.7（0.8）	0.6（0.7）	0.5（0.6）	0.5
角柱	1.1	0.9	0.8	0.7	0.5
框支柱	1.1	0.9	—	—	0.7

注：1. 表中括号内的数值用于框架结构的柱。

2. 当采用 335MPa 级、400MPa 级纵向受力钢筋时，应分别按表中数值增加 0.1 和 0.05 采用。

3. 当混凝土强度等级为 C60 以上时，应按表中数值增加 0.1 采用。

2. 控制纵向钢筋的最大配筋率。

抗震设计时，全部纵向钢筋的配筋率不应大于5%；一级抗震等级设计且柱的剪跨比$\lambda \leqslant 2$时，柱每侧纵向钢筋的配筋率不宜大于1.2%。

非抗震设计时，全部纵向钢筋的配筋率不宜大于5%，不应大于6%。

3. 柱的纵向钢筋宜采用对称配置。

抗震设计时，柱在弯矩作用平面内承受往复地震作用，柱的纵向钢筋通常采用对称配置。

4. 控制纵向钢筋的最小直径。

柱纵向受力钢筋的直径不宜小于12mm。当为非抗震设计的偏心受压柱且柱截面高度$h \geqslant 600$mm时，在柱的侧面上应设置直径为10～16mm的纵向构造钢筋（并相应设置复合箍筋或拉筋）。

5. 控制圆柱纵向钢筋的最少根数。

圆柱中纵向钢筋沿周边均匀布置，根数不宜少于8根（两相邻纵筋的中心角度≤45°），建议最少采用12根（两相邻纵筋的中心角度≤30°）。

6. 控制纵向钢筋的最小间距和最大间距。

柱中纵向受力钢筋的最小净间距，抗震与非抗震设计时均不应小于50mm。

一、二、三级抗震设计时，截面尺寸大于400mm的柱，纵向钢筋的中心间距不宜大于200mm。

抗震等级为四级和非抗震设计时，纵向钢筋的中心间距不宜大于300mm，不应大于350mm。

7. 控制在纵向钢筋面积改变的位置，上柱与下柱截面纵筋根数及直径的协调。

柱纵向钢筋面积的改变，通常是上柱小于下柱。此时，通常采取“根数不变减小直径”或“减少根数直径不变”的做法，这两种做法均可使柱纵向钢筋在上柱的连接为“顺接”。对于这种纵筋面积上柱小于下柱的普遍情况，应避免采用加大上柱纵筋直径的做法；否则，将导致上下柱纵向钢筋需在下柱连接，因不常采用易导致施工疏忽。

当柱纵向钢筋面积上柱大于下柱时，在满足钢筋最小净距的前提下，宜采用“增加根数直径不变”的做法，施工时只要将增加的根数在纵筋改变位置预埋插筋，就可使大部分钢筋在上柱的连接为“顺接”，尽可能避免采用加大上柱纵筋直径的做法。

当改变上下柱的纵筋根数时，应注意是否需同时改变上下柱的箍筋类型，特别是柱截面也同时发生改变时更应引起注意，防止根数减少可能伴生箍筋对纵筋“拉空”，或当根数增加可能出现不满足箍筋对纵筋“隔一拉一”的情况。

总之，无论采用“根数不变直径改变”，或者“根数改变直径不变”，或者“根数直径均改变”的做法，均应遵循“构造合理，上下协调，易保质量，方便施工”的原则。

8. 控制柱箍筋的体积配箍率。

- 加密区框架柱箍筋的体积配箍率按式（3.2.1）计算（式中最小配箍特征值查表3-2-3)；
- 非加密区框架柱箍筋的体积配箍率不宜小于加密区的50%；

- 对一、二、三、四级抗震等级框架柱，加密区箍筋的体积配箍率分别不应小于 0.8%、0.6%、0.4%和 0.4%；
- 对一、二、三级抗震等级框架节点核芯区柱，箍筋的体积配箍率分别不宜小于 0.6%、0.5%、0.4%；
- 当剪跨比 $\lambda \leqslant 2$ 时，对一、二、三级抗震等级框架柱的体积配箍率不应小于 1.2%，9 度设防烈度不应小于 1.5%；
- 框支柱体积配箍率不应小于 1.5%。

柱加密区箍筋的体积配箍率，应符合下式要求：

$$\rho_v \geqslant \lambda_v \frac{f_v}{f_{yv}} \tag{3.2.1}$$

式中　ρ_v——柱箍筋加密区的体积配箍率，按式（3.2.2）计算；计算复合箍筋的体积配箍率时，按《混凝土结构设计规范》GB 50010—2010 第 6.6.3 条规定计算应扣除重叠部分的箍筋体积，按《建筑抗震设计规范》GB 50011—2010 第 6.3.9 条规定当计算复合螺旋箍时其非螺旋箍的箍筋体积应乘以折减系数 0.80，按《高层建筑混凝土结构技术规程》JGJ 3—2010 第 6.4.7 条第 4 款规定可不扣除重叠部分的箍筋体积（注意该规定与 GB 50010—2010 第 6.6.3 条规定存在矛盾）。

f_v——混凝土轴心抗压强度设计值，当强度等级低于 C35 时，按 C35 取值；

f_{yv}——箍筋及拉筋抗拉强度设计值，当超过 $360N/mm^2$ 时，应取 $360N/mm^2$；

λ_v——最小配箍特征值，按表 3-2-3 采用。

柱箍筋加密区的箍筋最小配箍特征值 λ_v　　**表 3-2-3**

抗震等级	箍筋形式	柱轴压比								
		≤0.30	0.40	0.50	0.60	0.70	0.80	0.90	1.00	1.05
一	普通箍、复合箍	0.10	0.11	0.13	0.15	0.17	0.20	0.23	—	—
	螺旋箍、复合或连续复合矩形螺旋箍	0.08	0.09	0.11	0.13	0.15	0.18	0.21	—	—
二	普通箍、复合箍	0.08	0.09	0.11	0.13	0.15	0.17	0.19	0.22	0.24
	螺旋箍、复合或连续复合矩形螺旋箍	0.06	0.07	0.09	0.11	0.13	0.15	0.17	0.20	0.22
三、四	普通箍、复合箍	0.06	0.07	0.09	0.11	0.13	0.15	0.17	0.20	0.22
	螺旋箍、复合或连续复合矩形螺旋箍	0.05	0.06	0.07	0.09	0.11	0.13	0.15	0.18	0.20

注：1. 普通箍指单个矩形箍筋或单个圆形箍筋；螺旋箍指单个螺旋箍筋；复合箍指由矩形、多边形、圆形箍筋或拉筋组成的箍筋；复合螺旋箍指由螺旋箍与矩形、多边形、圆形箍筋或拉筋组成的箍筋；连续复合矩形螺旋箍指由用同一根钢筋加工成的外圈矩形螺旋箍与矩形或拉筋组成的箍筋。
2. 在计算复合螺旋箍的体积配箍率时，其中非螺旋箍筋的体积应乘以换算系数 0.8。
3. 混凝土强度等级高于 C60 时，箍筋宜采用复合箍、复合螺旋箍或连续复合矩形螺旋箍；当轴压比不大于 0.6 时，其加密区的最小配箍特征值应比表中数值增加 0.02；当轴压比大于 0.6 时，宜按表中数值增加 0.03。
4. 框支柱宜采用复合螺旋箍或井字复合箍，其最小配箍特征值宜按表中数值增加 0.02，且体积配筋率不应小于 1.5%。
5. 对一、二、三级抗震等级框架节点核芯区柱箍筋配箍特征值分别不宜小于 0.12、0.10 和 0.08，且体积配箍率分别不宜小于 0.6%、0.5%和 0.4%。
6. 剪跨比 $\lambda<2$ 的框架节点核芯区柱箍筋配箍特征值不宜小于核芯区上、下柱端配箍特征值的较大值。

9. 柱箍筋体积配箍率 ρ_v 的计算方法。

当为方格网箍筋时，其体积配箍率 ρ_v 按式（3.2.2）计算：

$$\rho_v = \frac{n_1 A_{s1} l_1 + n_2 A_{s2} l_2}{A_{cor} s} \tag{3.2.2}$$

当为螺旋箍筋时，其体积配箍率 ρ_v 按式（3.2.3）计算：

$$\rho_v = \frac{4A_{ss1}}{d_{cor} s} \tag{3.2.3}$$

式中 ρ_v——柱箍筋加密区的体积配箍率（核心面积 A_{cor} 范围内，单位混凝土体积所含间接钢筋的体积），应扣除重叠部分的箍筋体积；

A_{cor}——方格网式及圆形或多边形外圈环状箍筋、或螺旋箍筋内表面范围内的混凝土核心面积，通常为混凝土全截面面积与截面外围混凝土保护层厚度构成的环形面积之差；

$n_1 A_{s1}$——方格网沿 l_1 方向的箍筋肢数（截面 b 边上的箍筋肢数）与单肢箍筋的截面面积；

$n_2 A_{s2}$——方格网沿 l_2 方向的箍筋肢数（截面 h 边上的箍筋肢数）与单肢箍筋的截面面积；

A_{ss1}——单根螺旋箍筋的截面面积，单根圆形或多边形环状箍筋的截面面积；

d_{cor}——螺旋箍筋内表面范围内的混凝土核心截面直径，通常为混凝土正方形截面边长减去 2 倍混凝土保护层厚度值；

s——方格网式或螺旋式箍筋间距。

计算复合箍、复合螺旋箍、连续复合矩形螺旋箍的体积配箍率时，应注意：

- 当采用复合箍，混凝土为矩形截面，且外圈矩形封闭箍筋有内切多边形或圆形箍筋时，其体积配箍率为方格网箍筋的 ρ_v 与多边形或圆形环状箍筋的 ρ_v 之和。前者按式（3.2.2）计算；后者为单根多边形或圆形箍筋截面积乘以环状周长所得体积，再除以 $A_{cor}s$ 。注意两者计算所用 A_{cor} 为同一数值，均为外圈矩形封闭箍筋内表面范围内的混凝土核心面积。

- 当采用复合箍，混凝土为多边形或圆形截面，且外圈多边形或圆形环状箍筋内有方格网箍筋时，其体积配箍率为方格网箍筋的 ρ_v 与多边形或圆形环状箍筋的 ρ_v 之和。前者为方格网箍筋的总体积（去处重叠部分）除以 $A_{cor}s$ ；后者将单根多边形或圆形箍筋截面积乘以环状周长所得体积，再除以 $A_{cor}s$ 。注意两者计算所用 A_{cor} 为同一数值，均为外圈多边形或圆形环状箍筋内表面范围内的混凝土核心面积。

- 当采用复合螺旋箍，混凝土为矩形（多为正方形）截面，矩形封闭箍筋在外圈，内有螺旋箍时，其体积配箍率为方格网箍筋的 ρ_v 与螺旋箍筋的 ρ_v 之和。前者按式（3.2.2）计算并乘以 0.8 换算系数；后者按式（3.2.3）计算。

- 当采用复合螺旋箍，混凝土为多边形或圆形截面，螺旋箍在外圈，内有方格网箍筋时，其体积配箍率为方格网箍筋的 ρ_v 与螺旋箍筋的 ρ_v 之和。前者按式（3.2.2）计算并乘以 0.8 换算系数，计算所用 A_{cor} 为外圈螺旋箍筋内表面范围内的混凝土核心面积；后者按式（3.2.3）计算。

● 当采用连续复合矩形螺旋箍（内有方格网箍筋）时，其体积配箍率为矩形螺旋箍筋的 ρ_v 与方格网箍筋的 ρ_v 之和。前者按式（3.2.3）计算但 d_{cor} 宜取矩形螺旋箍的内切圆直径；后者按式（3.2.2）计算并乘以 0.8 换算系数，计算所用 A_{cor} 为外圈矩形螺旋箍筋内表面范围内的混凝土核心面积。

● 当采用上述复合类型以外的复合方式时，可借鉴上述原理计算体积配箍率。

10. 控制柱箍筋最大间距和箍筋最小直径。

● 抗震设计时，框架柱上、下两端箍筋应加密，加密区的箍筋最大间距和最小直径应按表 3-2-4。

柱箍筋加密区的箍筋最大间距和最小直径　　表 3-2-4

抗震等级	箍筋最大间距（mm）	箍筋最小直径（mm）
一级	纵向钢筋直径的 6 倍和 100 中的较小值	10
二级	纵向钢筋直径的 8 倍和 100 中的较小值	8
三级	纵向钢筋直径的 8 倍和 150（柱根 100）中的较小值	8
四级	纵向钢筋直径的 8 倍和 150（柱根 100）中的较小值	6（柱根 8）

注：柱根系指基础顶面或嵌固部位。底层柱的柱根系指地下室的顶面或无地下室情况的基础顶面。

● 二级抗震等级的框架柱，当箍筋直径不小于 10mm、肢距不大于 200mm 时，除柱根外，箍筋间距（加密区）应允许采用 150mm。

● 三级抗震等级框架柱的截面尺寸不大于 400mm 时，箍筋最小直径应允许采用 6mm（但当剪跨比 $\lambda \leqslant 2$ 或 $\lambda > 2$ 但柱中全部纵向受力钢筋的配筋率大于 3%时，箍筋直径不应小于 8mm）。

● 四级抗震等级框架柱的剪跨比 $\lambda \leqslant 2$，或柱中全部纵向受力钢筋的配筋率大于 3%时，箍筋直径不应小于 8mm。

● 框支柱和剪跨比 $\lambda \leqslant 2$ 的各级抗震等级的框架柱，柱全高箍筋间距不应大于 100mm。

● 在柱箍筋非加密区的箍筋间距，不应大于加密区箍筋间距的 2 倍，且一、二级抗震等级框架柱不应大于 10 倍柱纵向钢筋最小直径；三、四级抗震等级框架柱不应大于 15 倍柱纵向钢筋最小直径，且当柱中全部纵向受力钢筋的配筋率大于 3%时，间距不应大于 10 倍柱纵向钢筋最小直径，且不应大于 200mm。

● 非抗震设计时，框架柱箍筋直径不应小于柱纵筋最大直径的 0.25 倍，且不应小于 6mm；箍筋间距不应大于 400mm 及构件截面的短边尺寸，且不应大于 15 倍柱纵向钢筋最小直径。

● 非抗震设计且当柱中全部纵向受力钢筋的配筋率大于 3%时，箍筋直径不应小于

8mm，间距不应大于 10 倍柱纵向钢筋最小直径，且不应大于 200mm。

● 在柱纵向钢筋搭接长度范围内，柱箍筋直径不应小于搭接钢筋较大直径的 0.25 倍。当柱纵向钢筋受拉时，箍筋间距不应大于搭接钢筋较小直径的 5 倍，且不应大于 100mm；当柱纵向钢筋受压时，箍筋间距不应大于搭接钢筋较小直径的 10 倍，且不应大于 200mm。当受压纵向钢筋直径大于 25mm 时，尚应在搭接接头两个端面外 100mm 范围内各设置两组箍筋。抗震设计与非抗震设计均应按上述规定，且抗震设计时应与抗震箍筋要求比较，取较严者。

● 在配有螺旋箍筋或焊接环箍筋等间接钢筋的柱中，如计算中考虑间接钢筋的作用，则间接钢筋的间距不应大于 80mm 及 d_{cor} 的 0.2 倍（d_{cor} 为间接钢筋内表面范围内的混凝土核心截面直径），且不宜小于 40mm；间接钢筋直径应符合上述各条规定。

11. 必须遵守柱箍筋应全高加密的规定（非全高加密的情况由平法通用设计详图表示，设计不注）。

● 框支柱和剪跨比 $\lambda \leqslant 2$ 的框架柱，应在柱全高范围内加密箍筋（间距不应大于 100mm）。

● 一、二级抗震等级框架柱的角柱应全高加密箍筋。

● 因设置填充墙等形成的柱净高与柱截面高度之比不大于 4 的柱，应在柱全高范围内加密箍筋。

12. 控制柱箍筋的肢距与肢数。

● 抗震设计时，柱箍筋加密区内的箍筋肢距：一级抗震等级不宜大于 200mm，二、三级抗震等级不宜大于 250mm 和 20 倍箍筋直径中的较大值；四级抗震等级不宜大于 300mm。每隔一根纵向钢筋宜在两个方向有箍筋或拉筋约束。

● 非抗震设计时，当柱每边纵向钢筋多于 3 根时，应设置复合箍筋。

● 非抗震设计采用复合箍筋时，对四边有梁与之相连的同一节点，可在四边梁端的最高梁底与最低梁顶范围的节点周边设置单框矩形箍筋。

当前，我国设计与施工方面在柱箍筋加密方式方面，存在功能混杂问题。当框架柱不需要全高加密箍筋时，楼层框架柱箍筋加密有柱下端、柱上端、柱中部纵筋分两批搭接的搭接范围三段。其中，柱上端和柱下端箍筋加密的功能，为实现抗震要求的"强剪弱弯"即抗震框架柱的抗剪强度裕量高于抗弯强度裕量；而柱中部纵筋搭接范围箍筋加密的功能，系为提高混凝土对搭接钢筋的机械粘结阻力。两者的功能完全不同。

根据平法解构原理的功能要素概念，当两种加密实现的功能不同时，加密构造方式亦应不同。柱下端和上端采用柱中部非加密箍筋同样方式缩小箍筋间距实现箍筋加密，但柱中部纵筋搭接范围的箍筋加密仅需满足加密箍筋直径不小于搭接钢筋较大直径的 0.25 倍，箍筋间距不大于搭接钢筋较小直径的 5 倍且不大于 100mm 即可。由于正常设计的非加密柱箍筋的间距超过了要求，故需在纵筋搭接范围内的两道非加密的柱箍筋之间增设一道直径不小于搭接钢筋较大直径的 0.25 倍的方框箍即可（搭接纵筋最大直径为 25mm 时增设直径 6.5mm 的方框箍即可），而不需要增设双向复合箍筋，即可实现提高混凝土对搭接钢筋机械粘结阻力的功能。

由于忽略了纵筋搭接区域加密箍筋的功能，业界普遍简单地采用将柱中部非加密箍筋缩小间距的方式完成加密，与柱下端和上端的加密方式完全相同而忽略了两者完全不同的功能目标，一栋建筑结构箍筋约可多用几吨至十几吨钢材。由于全国每年有一万多项建筑结构工程，仅此一项可导致超过万吨钢材浪费。

第三节　框架柱的构造分类

本节讲述的主要内容为：1. 框架柱构造的系统构成；2. 抗震框架柱钢筋构造分类；3. 非抗震框架柱钢筋构造分类。这几个层次的分类已体现了平法解构原理的“结构分解系统”中的部分内容，随着平法研究的深入，将会补充更为详尽的对各个部位构造分解到不可再分程度的内容。

一、框架柱构造的系统构成

钢筋混凝土结构由混凝土和钢筋两种材料构成，根据平法解构原理，框架柱构造首先分解为框架柱混凝土构造和框架柱钢筋构造。框架柱第一层次的构造分解系统如下：

框架柱构造
- 框架柱模板构造
- 框架柱混凝土构造
- 框架柱钢筋构造

1. 框架柱模板构造

（略）

2. 框架柱混凝土构造

框架柱混凝土构造，包括混凝土的配比、颗粒级配、水灰比或称水胶比、坍落度、浇筑和振捣方式、分批浇筑混凝土连接方式、凝固时间，等等。此处关于框架柱混凝土构造侧重于分批浇筑混凝土的抗震连接方式（属框架柱构造分解的第二层次的子系统），其分解系统如下：

框架柱混凝土构造（连接方式）
- 柱本体混凝土抗震连接构造
- 柱节点与节点客体混凝土抗震连接构造

注意到以上分解系统中的抗震混凝土连接构造，一是柱本体自身混凝土抗震连接构造即柱与柱的抗震连接；二是柱节点与节点客体的抗震理解构造即柱与梁或板的抗震连接，但却没有柱本体与柱节点的抗震连接。为什么？因为抗震框架柱的最大应力部位恰好位于柱本体与柱节点的交界位置，即柱下端和柱上端，而且这个交接位置正是抗震框架柱遭受地震破坏时的重灾部位，框架柱的混凝土连接部位即施工缝应当避开地震破坏时的重灾部位。因此，柱本体混凝土抗震连接位置即柱施工缝，应当设置在柱中部。

关于柱节点与节点客体混凝土抗震连接构造，系指框架柱与框架梁或楼板的施工缝做法。根据平法解构原理中的性能要素，由于高强度混凝土可实现对低强度混凝土的优化粘结，所以应先浇筑强度等级较低的梁板混凝土，后浇筑强度等级较高的柱混凝土。

业界当前存在的问题，一是把相对薄弱的柱混凝土施工缝普遍留在柱下端和柱上端两处地震破坏的重灾区；二是当梁柱混凝土强度等级不同时先浇筑强度等级高的混凝土柱后浇筑强度等级低的混凝土梁（甚至在最重要柱梁节点部位用较低强度等级梁的混凝土浇筑）。

3. 框架柱钢筋构造

框架柱钢筋构造，根据构造所处部位、具体构造内容等层次，构成框架柱钢筋构造分解系统如下：

- 框架柱钢筋构造
  - 柱根部钢筋锚固构造
    - 柱插筋独立基础锚固构造
    - 柱插筋条形基础锚固构造
    - 柱插筋筏形基础锚固构造
    - 柱插筋箱型基础锚固构造
    - 柱插筋桩基承台锚固构造
  - 柱本体钢筋构造
    - 与地下框架柱钢筋连接构造
    - 上部结构底层柱钢筋连接构造
    - 上部结构二层以上柱钢筋连接构造
  - 柱节点钢筋构造
    - 柱等截面节点钢筋构造
    - 柱变截面节点钢筋构造
    - 中柱柱顶钢筋构造
    - 边柱柱顶钢筋构造
    - 角柱柱顶钢筋构造

以上柱结构分解系统的末端，为具体部位的柱钢筋构造，继续分解可分解为柱纵向钢筋构造和柱箍筋构造两个子系统，且可继续分解至纵筋弯钩及箍筋弯钩的具体构造，即柱结构分解系统将覆盖全部构造直至末位细节。

以上系统应按抗震构造和非抗震构造分解为两个体系。

抗震与非抗震框架柱钢筋的构造分类，将在本节后面的表中列出，其中各钢筋构造均有相应的代号。对框架柱所有构造赋予代号的做法，系为将来采用平法解构原理开发计算机智能系统提供点对点的信息通道。

二、抗震框架柱钢筋构造分类

抗震框架柱的构造分类，见表 3-3-1。

抗震框架柱钢筋构造代号为 FC_E-x-y_L 和 FC_E-x-y_H。其中，FC_E表示抗震框架柱（F for Frame，C for Column，E for Earthquake），x 表示构造所处部位，y 表示具体构造内容，下标 L 表示纵向钢筋构造（L for longitudinal bar），下标 H 表示箍筋构造（H for hoop reinforcement）。

抗震框架柱钢筋的构造名称与代号 表 3-3-1

构造部位	构造名称	代 号	钢筋类型
框架柱根部	柱插筋独立基础锚固构造	FC_E-1-1_L	纵向钢筋
		FC_E-1-1_H	箍筋
	柱插筋条形基础锚固构造	FC_E-1-2_L	纵向钢筋
		FC_E-1-2_H	箍筋
	柱插筋筏形基础锚固构造	FC_E-1-3_L	纵向钢筋
		FC_E-1-3_H	箍筋
	柱插筋箱形基础锚固构造	FC_E-1-4_L	纵向钢筋
		FC_E-1-4_H	箍筋
	柱插筋桩基承台锚固构造	FC_E-1-5_L	纵向钢筋
		FC_E-1-5_H	箍筋
框架柱身	地下框架柱身钢筋构造	FC_E-2-1_L	纵向钢筋
		FC_E-2-1_H	箍筋
	上部结构底层柱身钢筋构造	FC_E-2-2_L	纵向钢筋
		FC_E-2-2_H	箍筋
	上部结构二层以上柱身钢筋构造	FC_E-2-3_L	纵向钢筋
		FC_E-2-3_H	箍筋
框架柱节点	柱等截面节点钢筋构造	FC_E-3-1_L	纵向钢筋
		FC_E-3-1_H	箍筋
	柱变截面节点钢筋构造	FC_E-3-2_L	纵向钢筋
		FC_E-3-2_H	箍筋
	中柱柱顶钢筋构造	FC_E-3-3_L	纵向钢筋
		FC_E-3-3_H	箍筋
	边柱柱顶钢筋构造	FC_E-3-4_L	纵向钢筋
		FC_E-3-4_H	箍筋
	角柱柱顶钢筋构造	FC_E-3-5_L	纵向钢筋
		FC_E-3-5_H	箍筋

三、非抗震框架柱钢筋构造分类

非抗震框架柱的钢筋构造分类，见表 3-3-2。

非抗震框架柱钢筋构造代号为 FC-x-y_L 和 FC-x-y_H。其中，FC 表示非抗震框架柱（F for Frame，Cfor Column），x 表示构造所处部位，y 表示具体构造内容，下标 L 表示纵向钢筋构造（L for longitudinal bar），下标 H 表示箍筋构造（Hfor hoop reinforcement）。除代表抗震的下标“E”之外，非抗震框架柱构造代号与抗震框架柱构造代号完全相同。

非抗震框架柱的钢筋构造分类　　表 3-3-2

构造部位	构造名称	代　号	钢筋类型
框架柱根部以下	柱插筋独立基础锚固构造	$FC\text{-}1\text{-}1_L$	纵向钢筋
		$FC\text{-}1\text{-}1_H$	箍筋
	柱插筋条形基础锚固构造	$FC\text{-}1\text{-}2_L$	纵向钢筋
		$FC\text{-}1\text{-}2_H$	箍筋
	柱插筋筏形基础锚固构造	$FC\text{-}1\text{-}3_L$	纵向钢筋
		$FC\text{-}1\text{-}3_H$	箍筋
	柱插筋箱形基础锚固构造	$FC\text{-}1\text{-}4_L$	纵向钢筋
		$FC\text{-}1\text{-}4_H$	箍筋
	柱插筋桩基承台锚固构造	$FC\text{-}1\text{-}5_L$	纵向钢筋
		$FC\text{-}1\text{-}5_H$	箍筋
框架柱身	地下框架柱身钢筋构造	$FC\text{-}2\text{-}1_L$	纵向钢筋
		$FC\text{-}2\text{-}1_H$	箍筋
	上部结构柱身钢筋构造	$FC\text{-}2\text{-}2_L$	纵向钢筋
		$FC\text{-}2\text{-}2_H$	箍筋
框架柱节点	柱等截面节点钢筋构造	$FC\text{-}3\text{-}1_L$	纵向钢筋
		$FC\text{-}3\text{-}1_H$	箍筋
	柱变截面节点钢筋构造	$FC\text{-}3\text{-}2_L$	纵向钢筋
		$FC\text{-}3\text{-}2_H$	箍筋
	中柱柱顶钢筋构造	$FC\text{-}3\text{-}3_L$	纵向钢筋
		$FC\text{-}3\text{-}3_H$	箍筋
	边柱柱顶钢筋构造	$FC\text{-}3\text{-}4_L$	纵向钢筋
		$FC\text{-}3\text{-}4_H$	箍筋
	角柱柱顶钢筋构造	$FC\text{-}3\text{-}5_L$	纵向钢筋
		$FC\text{-}3\text{-}5_H$	箍筋

第四节　抗震框架柱和地下框架柱根部钢筋锚固构造

本节内容为：

1. 抗震柱插筋独立基础锚固构造；
2. 抗震柱插筋条形基础锚固构造；
3. 抗震柱插筋筏形基础锚固构造；
4. 抗震柱插筋箱型基础锚固构造；
5. 抗震柱插筋桩基承台锚固构造；
6. 抗震框架梁上起柱钢筋锚固构造；
7. 抗震结构板上起柱钢筋锚固构造；
8. 抗震剪力墙上起柱钢筋锚固构造；

9. 芯柱各类基础锚固构造。

为方便讨论问题，对文中所用若干词语解释如下：

“抗震柱”指抗震框架柱和抗震主体结构柱向下延伸的地下框架柱。

“封闭配筋基础”指配置纵向钢筋和封闭箍筋的基础梁、承台梁，顶部配置水平钢筋网的大直径钢筋混凝土灌注桩，底部和顶部均配置双向受力钢筋的板式筏形基础，墙体双面均配置竖向和水平钢筋的箱形基础，等等。

“非封闭配筋基础”指仅配置底部双向受力钢筋的独立基础、独立承台等。

“地下框架柱”指地下室中的框架柱，或无地下室但在地上框架底层的地面位置设置双向地下框架梁时埋在土中的柱。但是，当地上框架底层柱仅有部分埋入地下时，该柱仍为地上框架柱。

“柱根部标高”指支承框架柱和地下框架柱的基础顶面标高。

“基础底面标高”指覆盖地基的基础垫层（包括防水层）的顶面标高。

“基础容许竖向直锚深度”指从基础顶面至基础底部双向配筋或中部双向配筋（厚度超过 2m 的板式筏形基础应设置）上表面的高度。

一、抗震柱插筋独立基础锚固构造

独立基础平面远大于框架柱根部截面，框架柱插筋锚入独立基础的节点普遍属于宽主体节点；仅当双柱联合独立基础设置基础梁且柱比基础梁宽时为宽客体节点。设计人应注意，设置基础梁的双柱联合独立基础不应设计为等宽度节点；否则，当柱插筋与基础梁纵筋相顶时，无法实现直通锚固。

1. 独立基础容许竖向直锚深度$\geqslant l_{aE}$时的抗震柱插筋锚固构造

当抗震柱插筋插至基础底部配筋位置，直锚深度$\geqslant l_{aE}$时，柱角插筋应插至基础底部配筋上表面并做 90°弯钩，弯钩直段长度≥6 倍柱插筋直径且≥150mm，柱中部插筋可插至 l_{aE}深度后截断；见图 3-4-1。

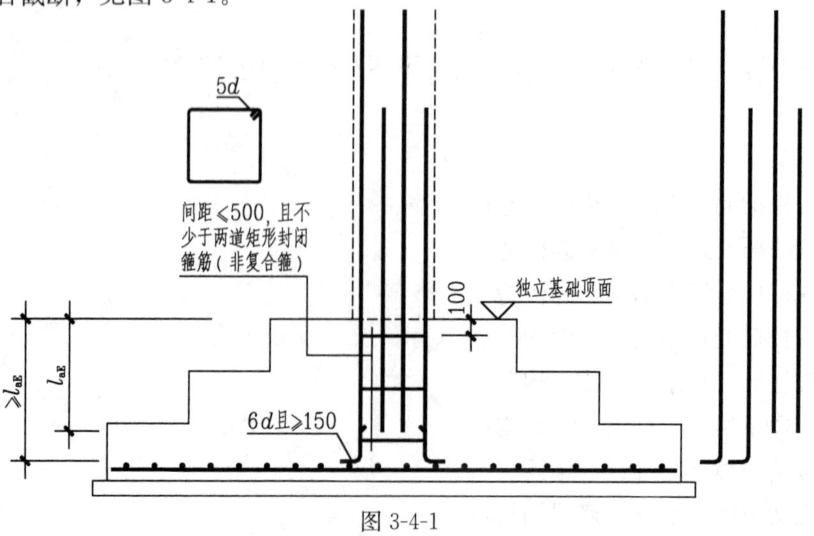

图 3-4-1

2. 独立基础容许竖向直锚深度<l_{aE}时的抗震柱插筋锚固构造

当抗震柱插筋插至基础底部配筋位置，直锚深度<l_{aE}时，所有插筋应插至基础底部配筋上表面并做90°弯钩，见图3-4-2；与直锚深度（竖直长度）对应的弯钩直段长度a，见表3-4-1。

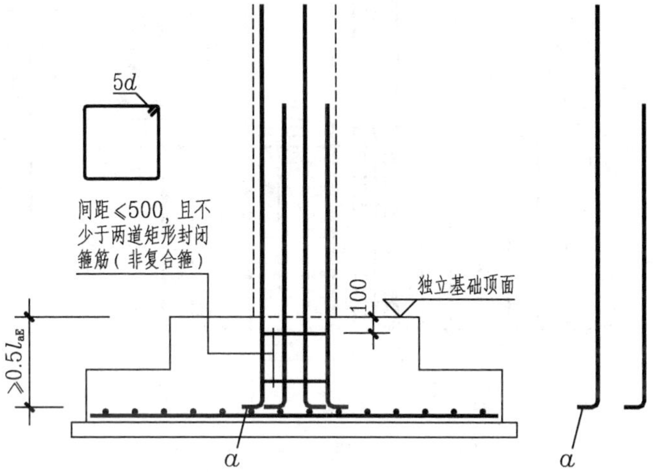

图 3-4-2

柱插筋锚固竖直深度与弯钩直段长度对照表　　**表 3-4-1**

竖直长度（mm）	弯钩直段长度 a（mm）	竖直长度（mm）	弯钩直段长度 a（mm）
≥0.5l_{aE}	12d 且≥150	≥0.7l_{aE}	8d 且≥150
≥0.6l_{aE}	10d 且≥150	≥0.8l_{aE}	6d 且≥150

3. 双柱独立基础抗震柱插筋锚固构造

（1）双柱之间未设基础梁时的抗震柱插筋锚固构造，与容许竖向直锚深度≥l_{aE}或<l_{aE}时的抗震柱插筋锚固构造相同，见图3-4-1和图3-4-2。当双柱之间设置基础梁但基础梁宽度小于柱宽度时，抗震柱插筋锚固构造见本节“二、抗震框架柱和地下结构柱插筋条形基础锚固构造”中的相应内容。

（2）当双柱之间设置基础梁且基础梁宽度大于柱宽度，插筋插至双柱独立基础底部配筋位置，直锚深度≥l_{aE}时，柱角插筋和与基础梁轴线平行布置的柱中部插筋应插至基础底部配筋上表面并做90°弯钩，弯钩直段长度≥6倍柱插筋直径且≥150mm；锚入基础梁横截面中的柱中部插筋可插至l_{aE}深度后截断；见图3-4-3。

（3）当双柱之间设置基础梁但基础梁宽度大于柱宽度，且插筋插至双柱独立基础底部配筋位置，直锚深度<l_{aE}时，所有柱插筋应插至基础底部配筋上表面并做90°弯钩，见图3-4-4；与直锚深度（竖直长度）对应的弯钩直段长度a，见表3-4-1。

二、抗震框架柱和地下框架柱插筋条形基础锚固构造

框架柱—条形基础节点，条形基础为节点主体，框架柱为节点客体。通常情况下柱截

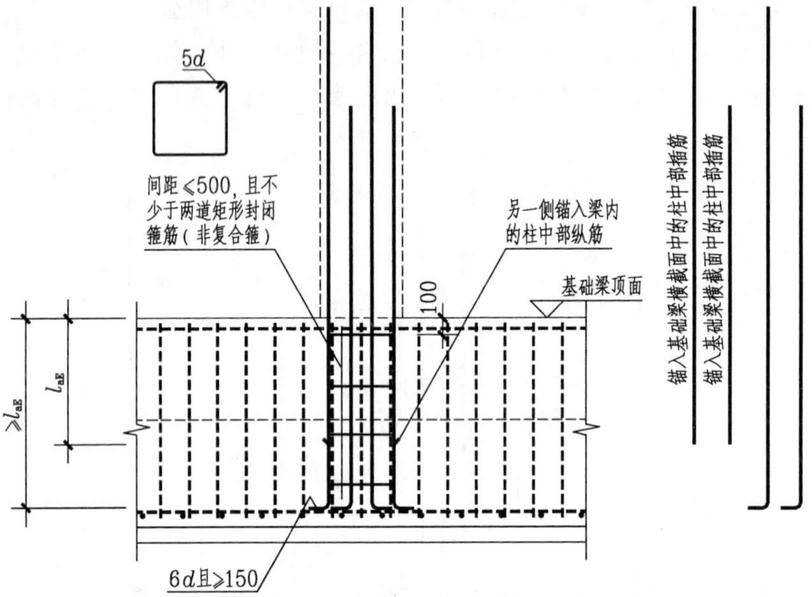

注：粗虚线所示为基础梁底部与顶部纵筋和基础梁箍筋

图 3-4-3

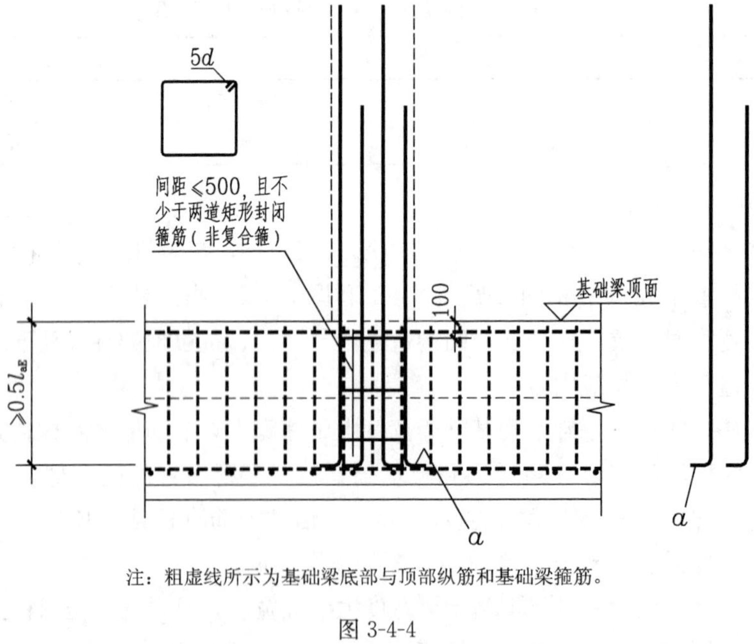

注：粗虚线所示为基础梁底部与顶部纵筋和基础梁箍筋。

图 3-4-4

面宽度大于条形基础梁，属于宽客体节点；条形基础梁宽度大于柱截面宽度，属于宽主体节点的情况相对较少。整体结构要求框架柱在条形基础的锚固必须可靠，应采用条形基础梁加侧腋实现梁包柱以提高锚固的可靠度。设计人应注意，框架柱与条形基础不应设计为等宽度节点，否则，当柱插筋与基础梁纵筋相顶时，无法实现直通锚固。

1. 条形基础容许竖向直锚深度$\geqslant l_{aE}$时的抗震柱插筋锚固构造

当抗震柱插筋插至条形基础梁底部配筋位置，直锚深度$\geqslant l_{aE}$时，柱角插筋应插至基础底部配筋上表面并做 90°弯钩，弯钩直段长度≥6 倍柱插筋直径且≥150mm，柱中部插筋可插至 l_{aE}深度后截断；见图 3-4-5。

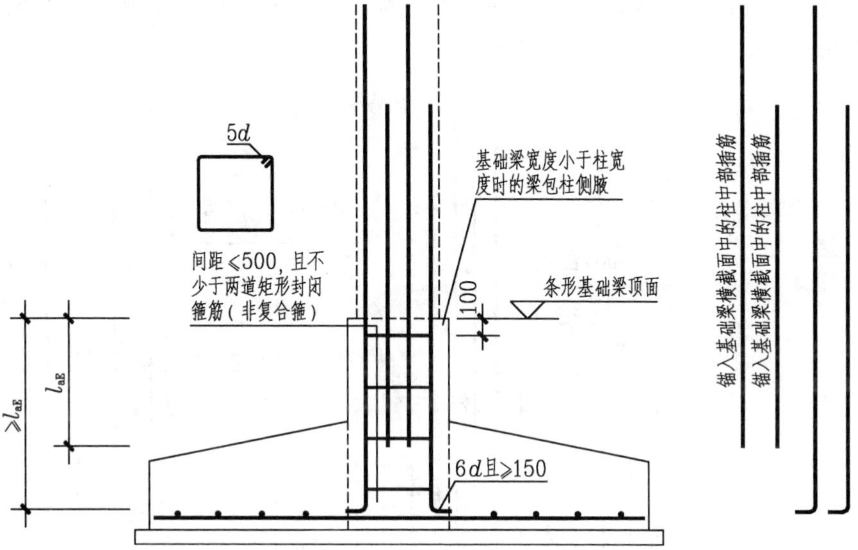

图 3-4-5

2. 条形基础容许竖向直锚深度$< l_{aE}$时的抗震柱插筋锚固构造

当抗震柱插筋插至条形基础梁底部配筋位置，直锚深度$< l_{aE}$时，所有插筋应插至基础底部配筋上表面并做 90°弯钩，见图 3-4-6；与直锚深度（竖直长度）对应的弯钩直段长度 a，见表 3-4-1。

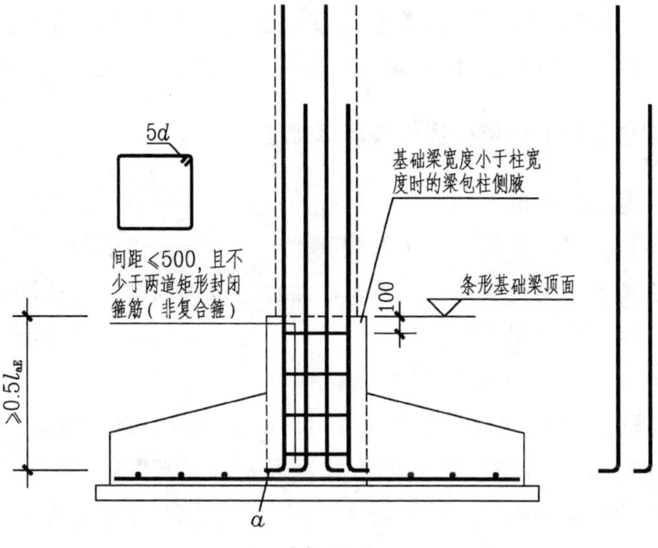

图 3-4-6

3. 抗震柱支承在单根基础梁上时的柱插筋锚固构造

（1）当抗震柱支承在单根基础梁上（即非两向基础梁相交位置），插筋至条形基础梁底部配筋位置，直锚深度$\geqslant l_{aE}$时，柱角插筋和与基础梁轴线平行布置的柱中部插筋应插至基础底部配筋上表面并做90°弯钩，弯钩直段长度≥6倍柱插筋直径且≥150mm；锚入基础梁横截面中的柱中部插筋可插至l_{aE}深度后做90°弯钩，弯钩直段长度≥6倍柱插筋直径且≥150mm，见图3-4-7。

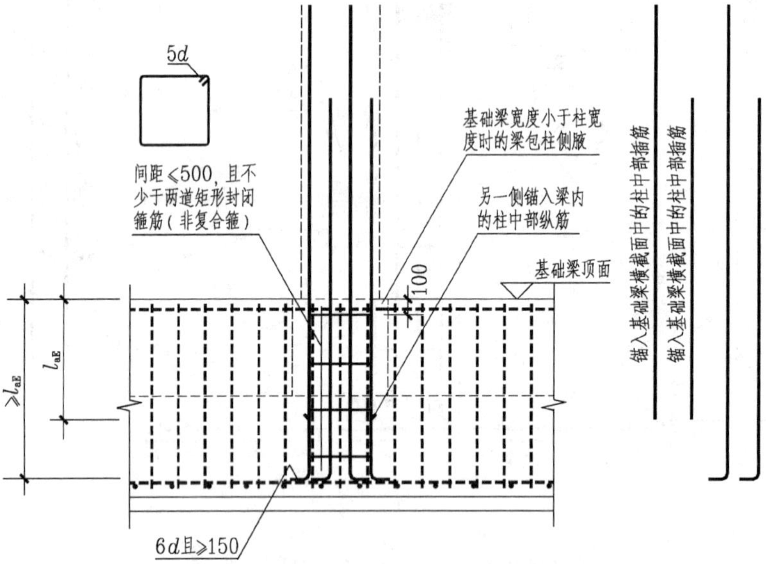

注：粗虚线所示为基础梁底部与顶部纵筋和基础梁箍筋

图3-4-7

（2）当抗震柱支承在单根基础梁上（即非两向基础梁相交位置），插筋至条形基础梁底部配筋位置，直锚深度$< l_{aE}$时，所有柱插筋应插至基础底部配筋上表面并做90°弯钩，见图3-4-8；与直锚深度（竖直长度）对应的弯钩直段长度a，见表3-4-1。

三、抗震框架柱和地下框架柱插筋筏形基础锚固构造

当为板式筏形基础时，框架柱—板筏基础节点为宽主体节点；当为梁板式筏形基础且柱宽度大于基础梁宽度时，框架柱—梁板筏基础节点为宽客体节点。对于宽客体节点，应将基础梁加侧腋变宽客体为宽主体，实现基础梁包柱以提高柱插筋锚固的可靠度。设计人应注意，框架柱与筏形基础梁不应设计为等宽度节点；否则，当柱插筋与基础梁纵筋相顶时，不能实现直通锚固。

1. 板式筏形基础容许竖向直锚深度$\geqslant l_{aE}$时的抗震柱插筋锚固构造

（1）当抗震柱插筋插至厚度≤2m的板式筏形基础底部配筋位置，直锚深度$\geqslant l_{aE}$时，柱角插筋应插至基础底部配筋上表面并做90°弯钩，柱中部插筋可插至l_{aE}深度后做90°弯钩，弯钩直段长度≥6倍柱插筋直径且≥150mm，见图3-4-9。

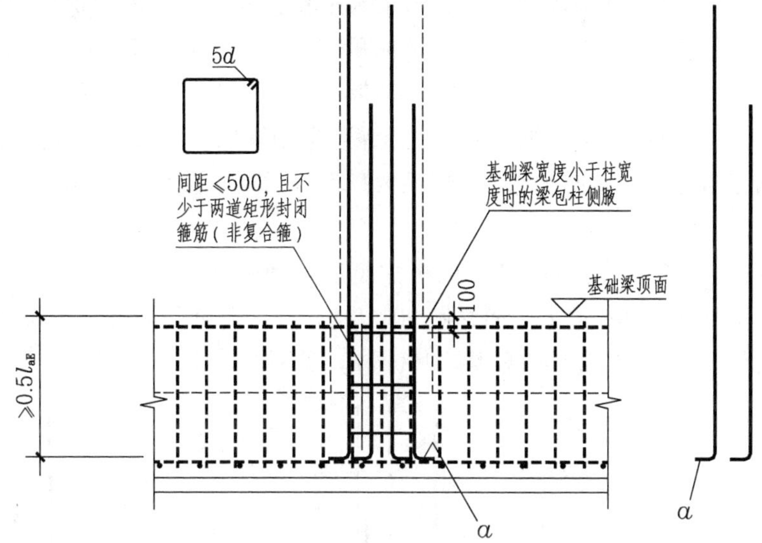

注：粗虚线所示为基础梁底部与顶部纵筋和基础梁箍筋

图 3-4-8

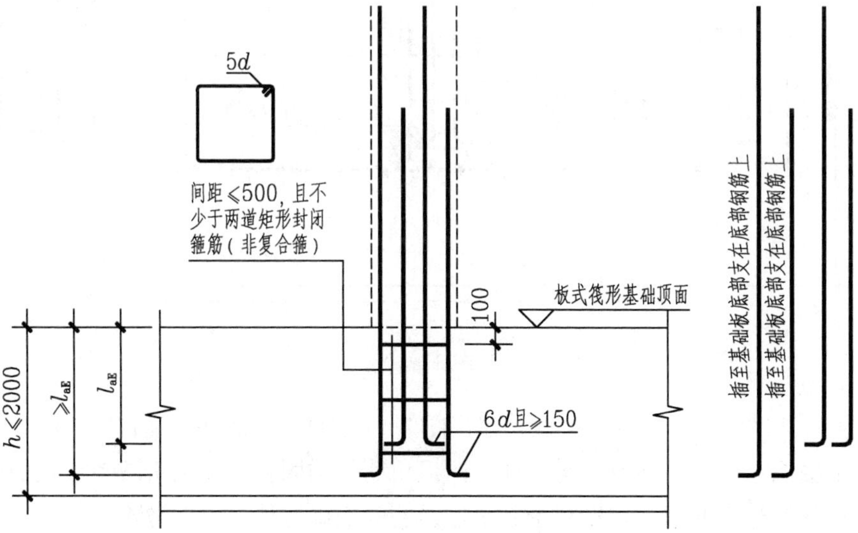

图 3-4-9

这里需要斟酌的问题涉及柱纵筋在大体积混凝土中的锚固。根据规范规定，当钢筋以外的混凝土保护层厚度（此处应理解为钢筋周围的混凝土厚度）不小于 5d 时，钢筋的锚固长度可乘折减系数 0.7。由于业界对该条规定的背景不清楚，规范对具体的实例亦无相关解释，故在实际工程中乘以折减系数并不多见。

为什么规范规定钢筋以外的混凝土保护层厚度不小于 5d 时钢筋锚固长度可乘折减系数 0.7，符合逻辑的推论应是规范关于锚固长度的计算方法，不是以钢筋以外混凝土厚度

达到 $5d$ 时所产生最优粘结锚固强度试验结果为依据，而是以混凝土保护层厚度小于 $3d$ 时的试验结果为依据。因此，对柱纵筋在大体积混凝土中的锚固长度乘以折减系数符合规范要求。

在图 3-4-9 中，建议柱中部纵筋垂直锚固深度采用乘以折减系数的锚固长度值并加设弯钩，柱的四根角筋的锚固长度不乘折减系数且仍应插至厚板底部钢筋网上，以利于稳定柱插筋的准确定位。

（2）当抗震柱插筋插至厚度＞2m 的板式筏形基础中部配筋位置，直锚深度≥l_{aE}时，柱角插筋应插至基础中部配筋上表面并做 90°弯钩，柱中部插筋可插至 l_{aE}深度后做 90°弯钩，弯钩直段长度≥6 倍柱插筋直径且≥150mm，见图 3-4-10。

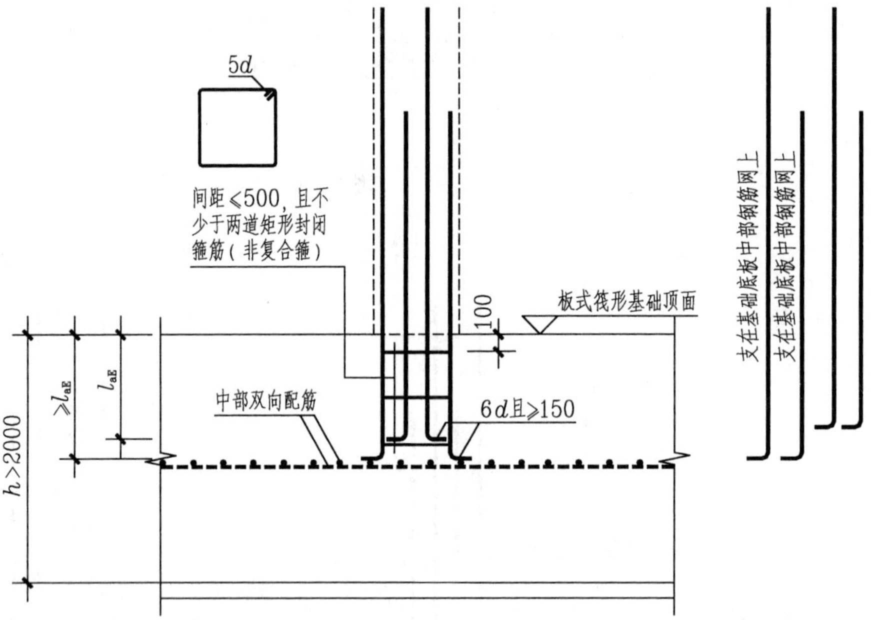

图 3-4-10

图 3-4-10 与图 3-4-9 有可类比性，建议图 3-4-10 的柱中部纵筋垂直锚固深度采用锚固长度乘以折减系数 0.7 并加设弯钩，柱的四根角筋的锚固长度不乘折减系数且仍应插至厚版中部配置的散热钢筋网上，以利于稳定柱插筋的准确定位。

2. 板式筏形基础容许竖向直锚深度＜l_{aE}时的抗震柱插筋锚固构造

（1）当抗震柱插筋插至厚度≤2m 的板式筏形基础底部配筋位置，直锚深度＜l_{aE}时，所有插筋应插至基础底部配筋上表面并做 90°弯钩，见图 3-4-11；与直锚深度（竖直长度）对应的弯钩直段长度 a，见表 3-4-1。

（2）当抗震柱插筋插至厚度＞2m 的板式筏形基础中部配筋位置，直锚深度＜l_{aE}时，所有插筋应插至基础中部配筋上表面并做 90°弯钩，见图 3-4-12；与直锚深度（竖直长度）对应的弯钩直段长度 a，见表 3-4-1。

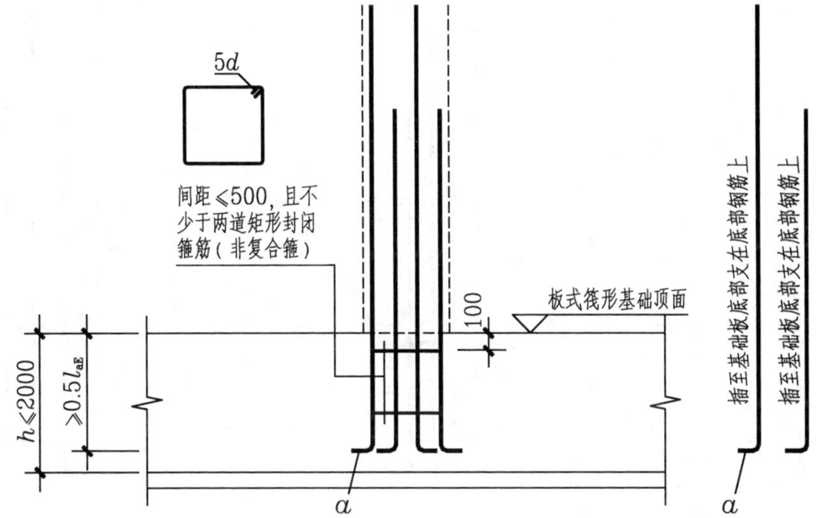

图 3-4-11

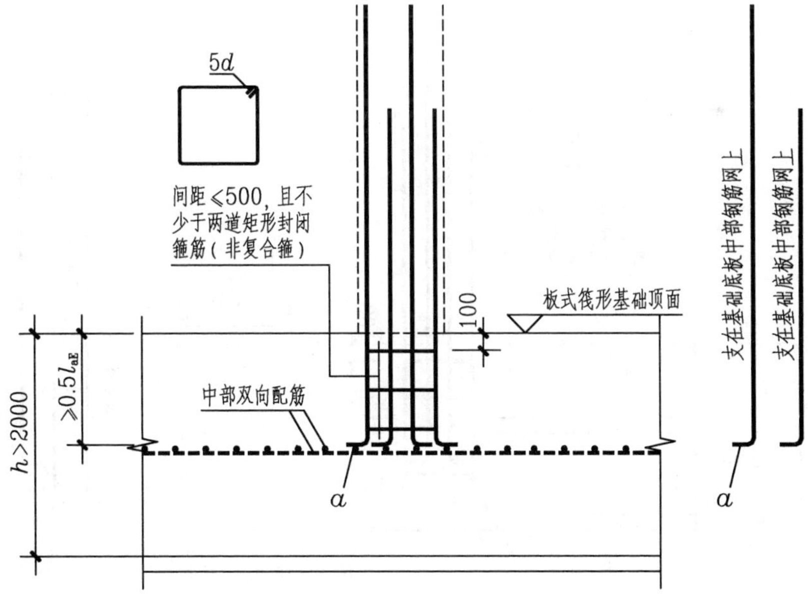

图 3-4-12

3. 梁板式筏形基础容许竖向直锚深度≥l_{aE}时的抗震柱插筋锚固构造

（1）当为低板位梁板式筏形基础，抗震柱插筋插至基础底部配筋位置，直锚深度≥l_{aE}时，柱角插筋应插至基础底部配筋上表面并做 90°弯钩，柱中部插筋可插至 l_{aE}深度后做 90°弯钩，弯钩直段长度≥6 倍柱插筋直径且≥150mm，见图 3-4-13。

（2）当为高板位梁板式筏形基础，抗震柱插筋插至基础梁底部配筋位置，直锚深度≥l_{aE}时，柱角插筋应插至基础梁底部配筋上表面并做 90°弯钩，柱中部插筋可插至 l_{aE}深度后做 90°弯钩，弯钩直段长度≥6 倍柱插筋直径且≥150mm，见图 3-4-14。

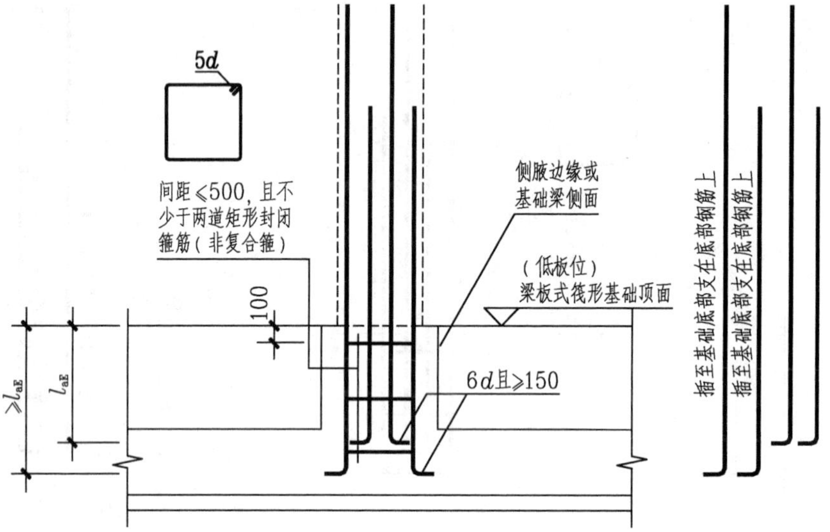

图 3-4-13

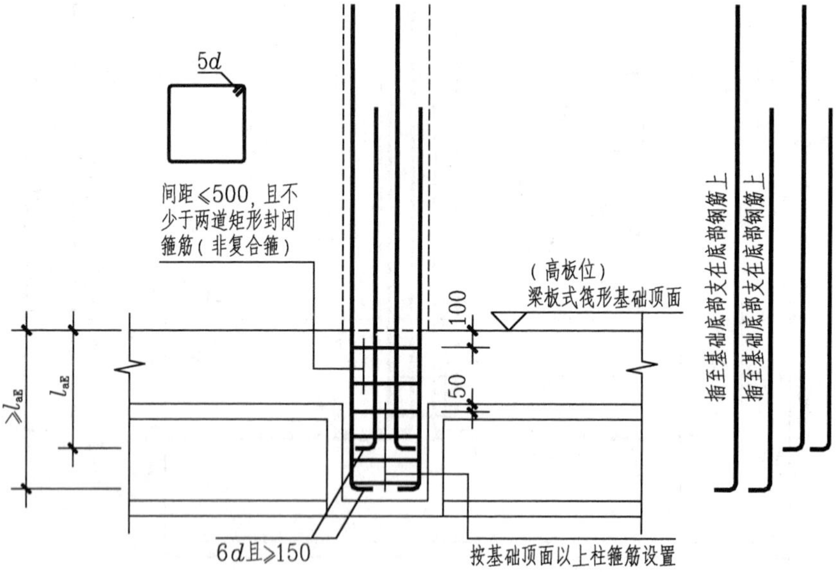

图 3-4-14

4. 梁板式筏形基础容许竖向直锚深度＜l_{aE}时的抗震柱插筋锚固构造

（1）当为低板位梁板式筏形基础，抗震柱插筋插至基础底部配筋位置，直锚深度＜l_{aE}时，所有插筋应插至基础底部配筋上表面并做90°弯钩，见图3-4-15；与直锚深度（竖直长度）对应的弯钩直段长度a，见表3-4-1。

（2）当为高板位梁板式筏形基础，抗震柱插筋插至基础底部配筋位置，直锚深度＜l_{aE}时，所有插筋应插至基础底部配筋上表面并做90°弯钩，见图3-4-16；与直锚深度（竖直长度）对应的弯钩直段长度a，见表3-4-1。

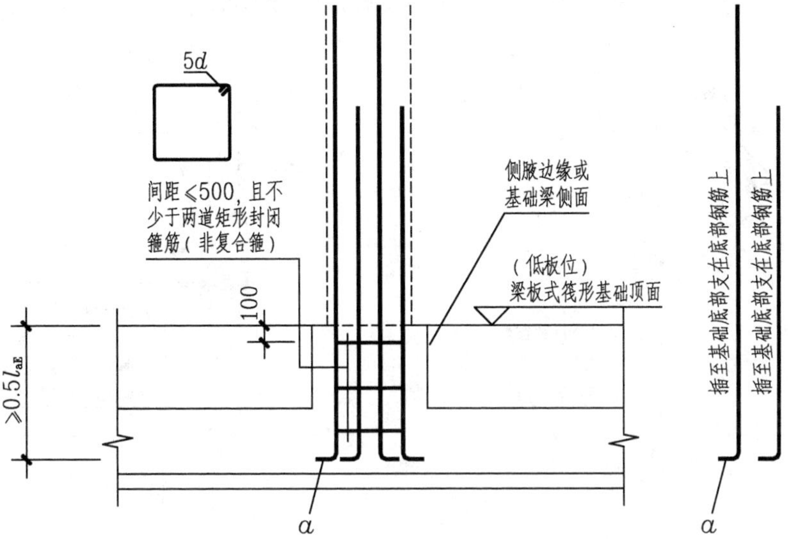

图 3-4-15

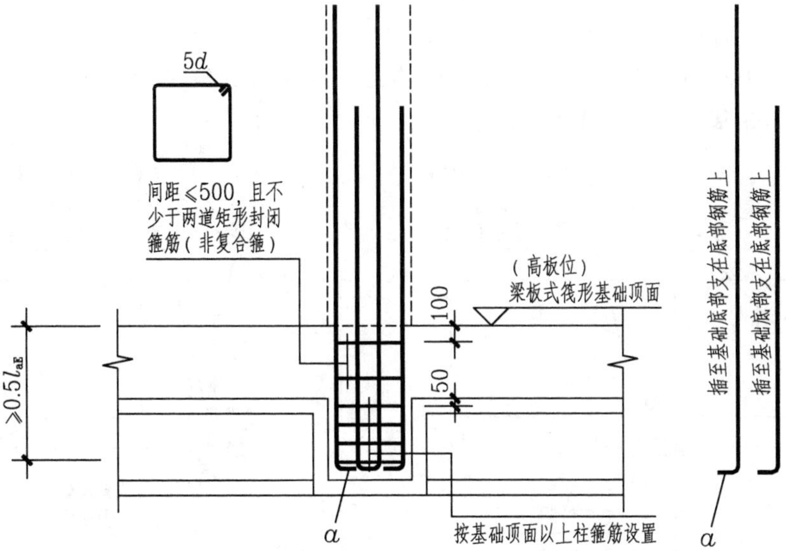

图 3-4-16

四、抗震框架柱插筋箱形基础锚固构造

当框架柱锚入箱型基础时，由于柱宽度通常大于墙厚度，应在沿柱凸出箱基墙身高度包八字角，以提高柱在箱型基础锚固的可靠度。设计人应注意，确定框架柱侧面和箱基墙面的位置时，应避免柱插筋与墙水平筋相顶，以实现柱纵筋的直通锚固。

1. 抗震柱角筋直通箱基底部的情况

当柱下三面或四面有箱基内墙时，抗震框架中柱角筋应通至基底，其他纵筋自箱基顶板底面向下延伸≥l_{aE}，箍筋配置同底层柱（仅有角筋时不设复合箍）见图 3-4-17。

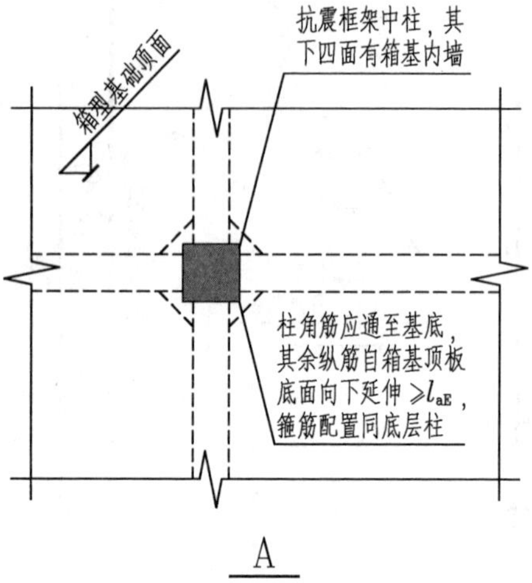

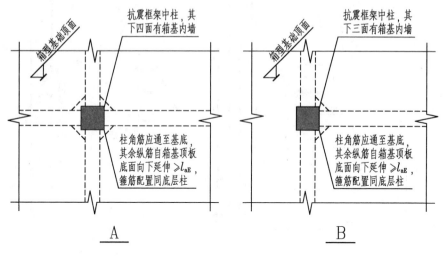

图 3-4-17

2. 抗震柱全部纵筋直通箱基底部的情况

当有以下三种情况之一时，抗震柱全部纵筋应直通箱基底部。

（1）当柱下三面或四面有箱基内墙时，抗震框架边柱、角柱和与剪力墙相连的中柱全部纵筋应通至箱基底部，箍筋配置同底层柱，见图 3-4-18。

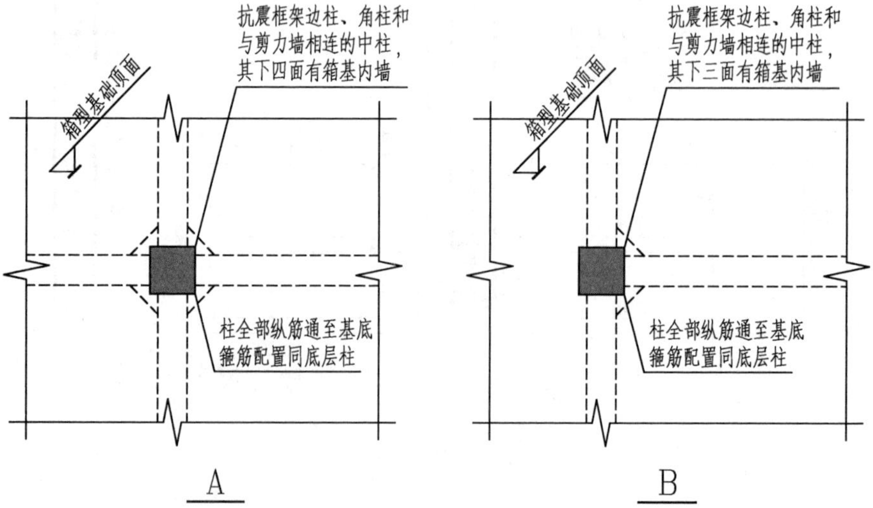

图 3-4-18

（2）当柱下两面有箱基内墙时，抗震框架边柱、角柱和中柱的全部纵筋均应通至箱基底部，箍筋配置同底层柱，见图 3-4-19。

（3）当柱下为箱基外墙时，抗震框架的边柱、角柱的全部纵筋均应通至基底，箍筋配置同底层柱，见图 3-4-20。

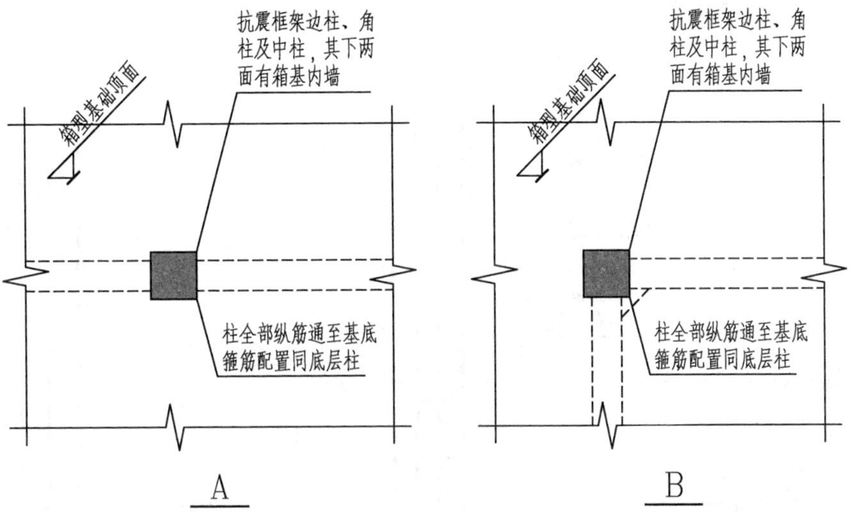

图 3-4-19

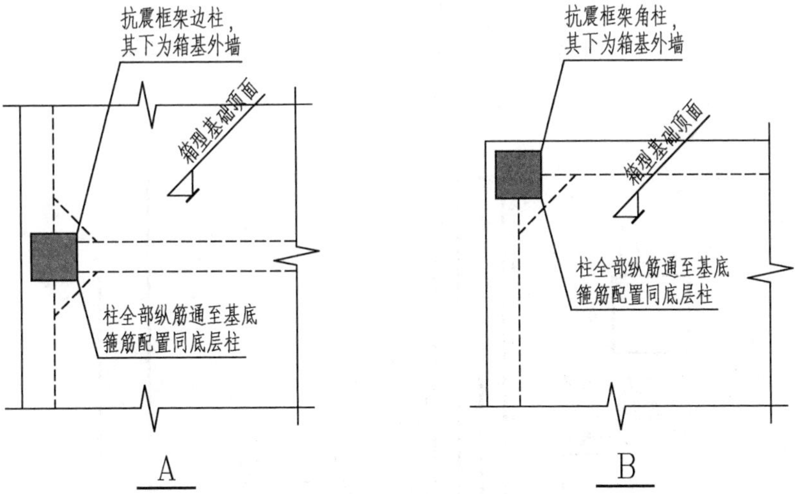

图 3-4-20

五、抗震框架柱和地下框架柱插筋桩基承台锚固构造（包括大直径桩顶）

1. 桩基独立承台容许竖向直锚深度≥l_{aE}且≥35d时的抗震柱插筋锚固构造

当抗震柱插筋插至桩基独立承台底部配筋位置，直锚深度≥l_{aE}且≥35d时，柱角插筋应插至基础底部配筋上表面并做90°弯钩，弯钩直段长度≥6倍柱插筋直径且≥150mm，柱中部插筋可插至l_{aE}与35d取较大者后截断；见图3-4-21。

2. 桩基独立承台容许竖向直锚深度<l_{aE}且<35d时的抗震柱插筋锚固构造

当抗震柱插筋插至桩基独立承台底部配筋位置，直锚深度<l_{aE}且<35d时，所有插筋应插至基础底部配筋上表面并做90°弯钩，弯钩直段长度取35d减实际竖直锚固长度且≥

$6d$ 及≥150，见图 3-4-22。

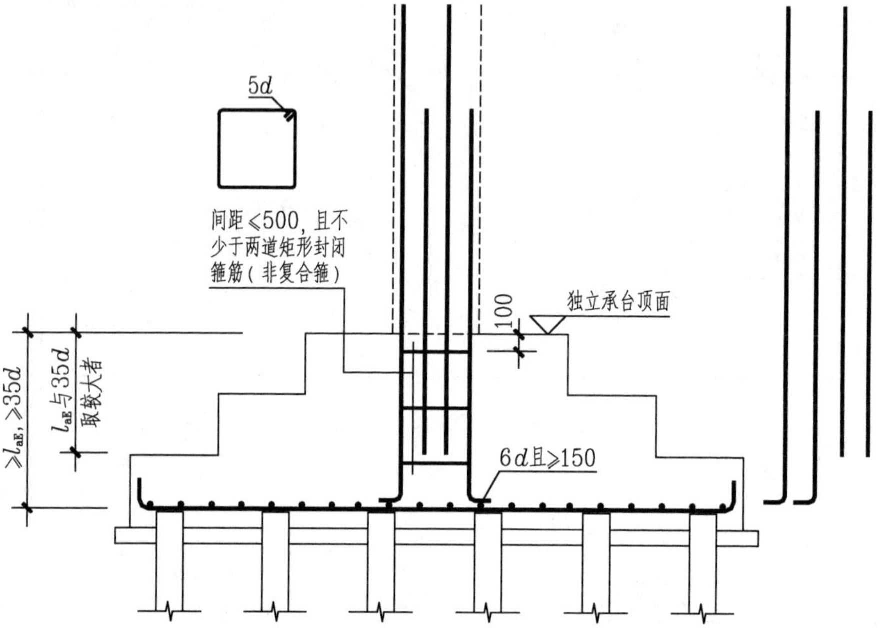

图 3-4-21

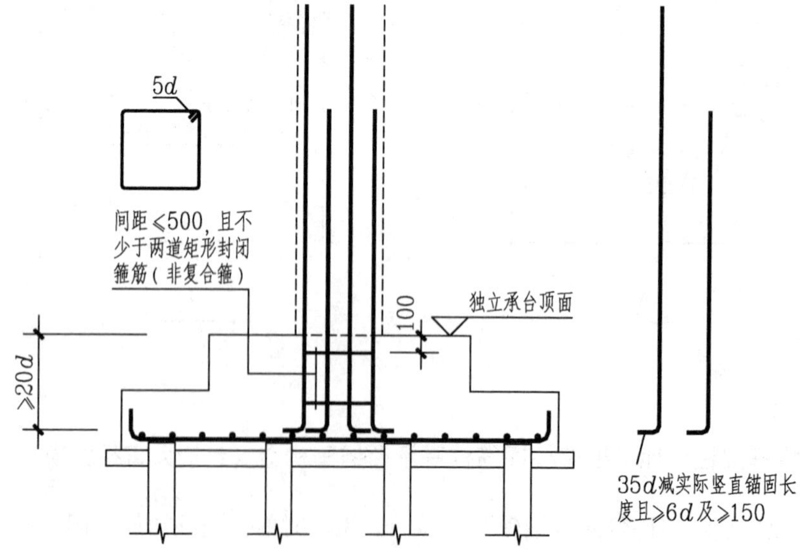

图 3-4-22

3. 桩基承台梁容许竖向直锚深度≥l_{aE}且≥$35d$ 时的抗震柱插筋锚固构造

当抗震柱插筋插至桩基承台梁底部配筋位置，直锚深度≥l_{aE}且≥$35d$ 时，柱角插筋应插至基础底部配筋上表面并做 90°弯钩，弯钩直段长度≥6 倍柱插筋直径且≥150mm，柱中部插筋可插至 l_{aE}与 $35d$ 取较大者后截断；见图 3-4-23。

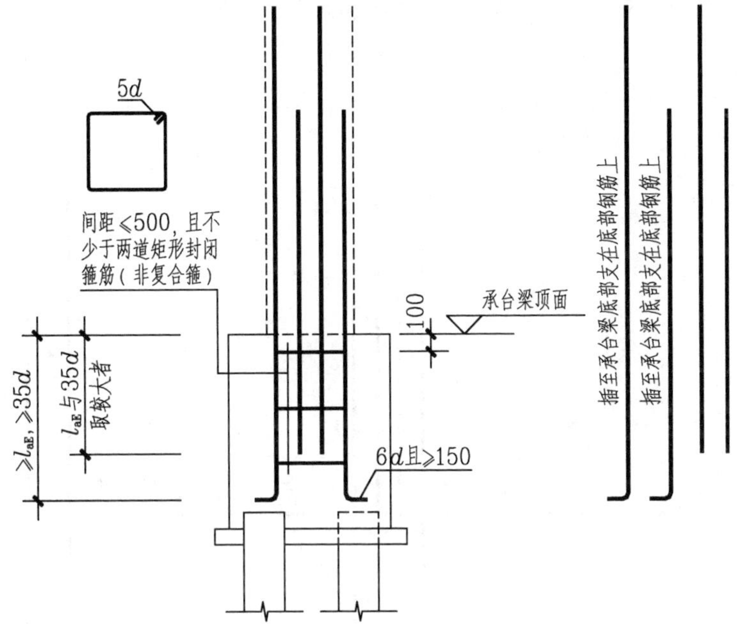

图 3-4-23

4. 桩基承台梁容许竖向直锚深度$<l_{aE}$且$<35d$时的抗震柱插筋锚固构造

当抗震柱插筋插至桩基承台梁底部配筋位置，直锚深度$<l_{aE}$且$<35d$时，所有插筋应插至基础底部配筋上表面并做90°弯钩，弯钩直段长度取$35d$减实际竖直锚固长度且$\geqslant 6d$及$\geqslant 150$，见图 3-4-24。

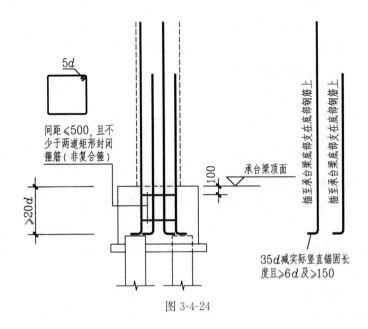

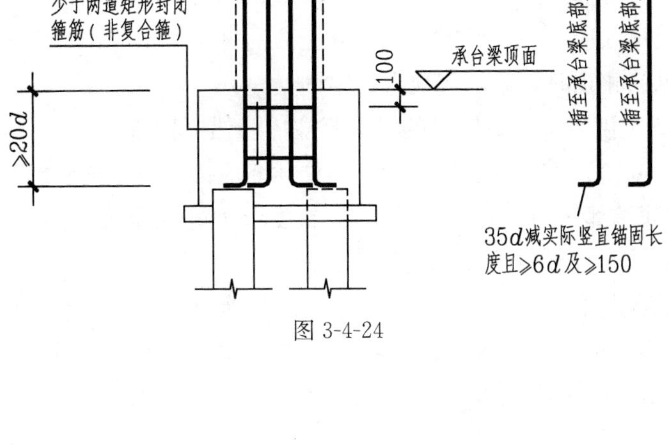

图 3-4-24

5. 抗震柱插筋在钢筋混凝土大直径灌注桩的锚固构造

当抗震柱插筋直接锚固在钢筋混凝土大直径灌注桩时，所有纵筋直锚深度≥l_{aE}且≥35d并做90°弯钩，弯钩直段长度≥6d且≥150，见图3-4-25。设计应注意，大直径灌注桩顶部应设置水平双向配筋将桩顶封闭。

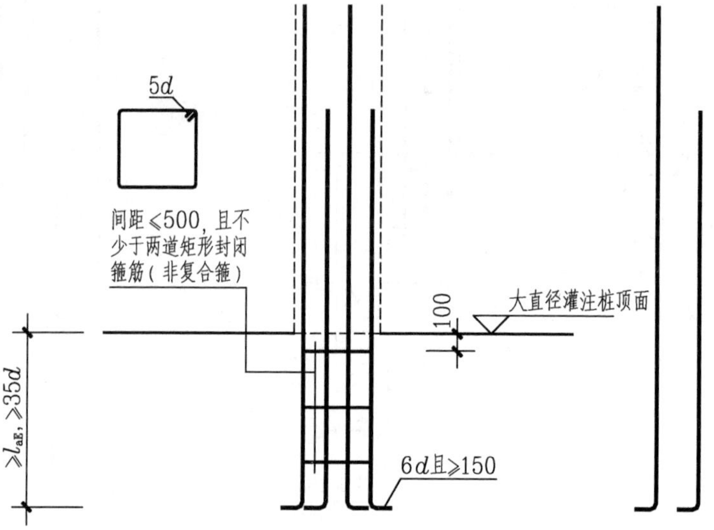

图3-4-25

六、抗震框架梁上起柱钢筋锚固构造

下面讲述的抗震框架梁上起柱，系指一般抗震框架梁上的少量起柱（例如承托层间梯梁的柱等），其构造不适用于结构转换层上的转换大梁起柱。主体结构整体转换层构造属于特殊构造，不可将少量的普通梁上起柱套用在整体性的结构转换层上。专门针对转换层构件的平法制图规则和通用构造详图仍在创作中。

承托柱的框架梁，类似被承托柱的架空高位基础。框架梁上起柱，框架梁为节点主体，柱为节点客体。当梁宽度大于柱宽度时，为宽主体节点；当梁宽度小于柱宽度时，为宽客体节点。对于宽客体节点，为使柱在框架梁上锚固可靠，应在框架梁上加侧腋以提高锚固的可靠度。设计人应注意，梁上起柱与承托柱的框架梁不应设计为等宽度；否则，当柱插筋与框架梁纵筋相顶时，不能实现直通锚固。

1. 抗震框架梁宽度大于柱宽度时的梁上起柱插筋锚固构造

当抗震框架梁宽度大于柱宽度时，梁上起柱插筋应插至框架梁底部配筋位置，直锚深度应≥0.5l_{aE}，插筋端部做90°弯钩，弯钩直段长度取12倍柱插筋直径，见图3-4-26。

2. 抗震框架梁宽度小于柱宽度时的梁上起柱插筋锚固构造

当抗震框架梁宽度小于柱宽度时，应在梁上起柱节点处设置梁包柱侧腋，示意图见图3-4-27。柱插筋应插至框架梁底部配筋位置，直锚深度应≥0.5l_{aE}，插筋端部做90°弯钩，弯钩直段长度取12倍柱插筋直径，见图3-4-28。

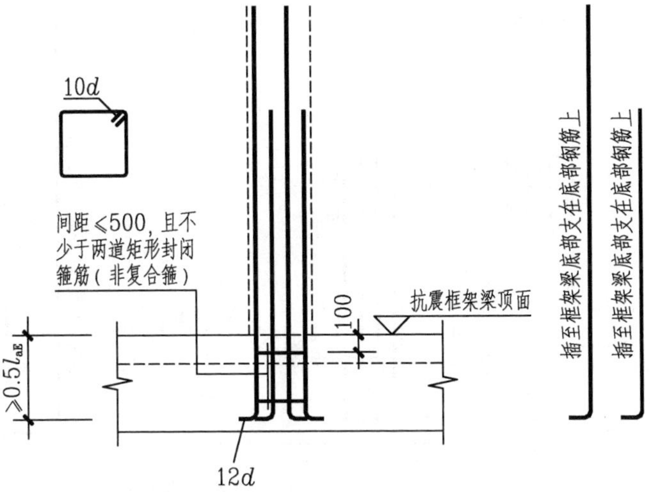

图 3-4-26

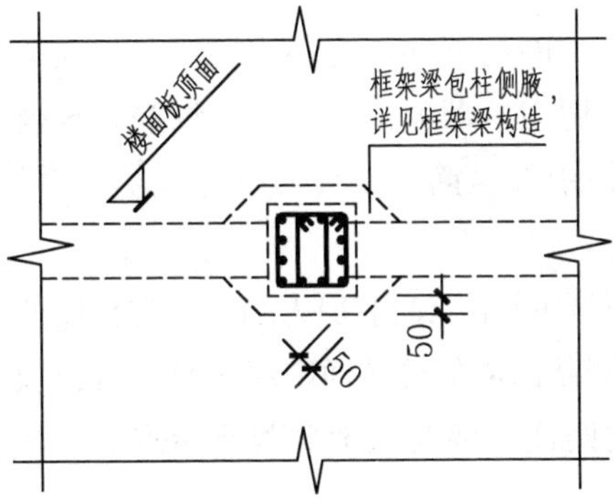

图 3-4-27

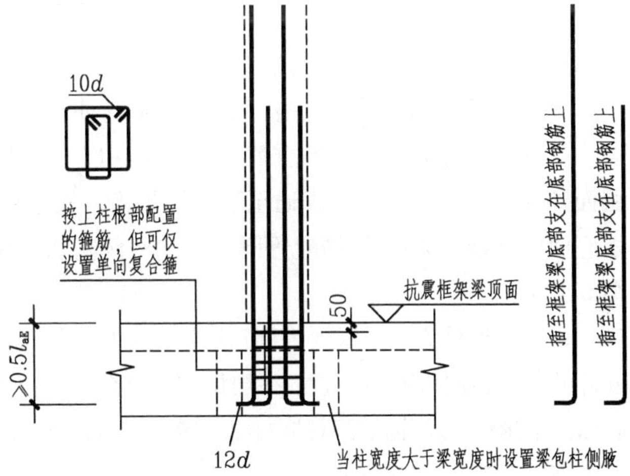

图 3-4-28

七、抗震结构板上起柱钢筋锚固构造

下面讲述的抗震结构板上起柱，系指在一般抗震结构个别部位的少量起柱，其构造不适用于结构转换层上的板上起柱。

框架抗震框架板上起柱，应支承在采用封闭配筋并配置抗冲切钢筋的厚板上。柱插筋应插至厚板底部配筋位置，直锚深度应≥0.5l_{aE}，插筋端部做90°弯钩，弯钩直段长度取12倍柱插筋直径，见图3-4-29。当柱插筋直锚深度不能满足≥0.5l_{aE}时，应选用较小直径的柱纵筋或在局部增加板厚予以满足。

八、抗震剪力墙上起柱钢筋锚固构造

下面讲述的抗震剪力墙上起柱，系指普通抗震剪力墙上个别部位的少量起柱，不适用

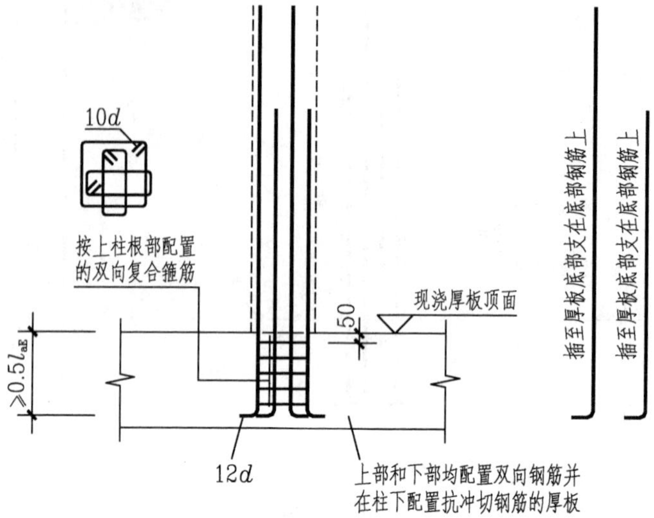

图 3-4-29

于结构转换层上的剪力墙起柱。

1. 与顶层抗震剪力墙搭接一层的墙上起柱情况

(1) 当设计为与顶层抗震剪力墙搭接一层，墙上起柱的柱下四面有剪力墙时，柱在墙截面外的纵筋（如角筋）直通至下一层板面；其余锚入剪力墙截面内的柱中部纵筋，自楼板底面向下延伸 l_{aE}，箍筋配置同柱非加密区箍筋（无柱中部纵筋时仅设外围方框箍），见图 3-4-30。

(2) 当设计为与抗震剪力墙顶层搭接一层，墙上起柱的柱下三面有剪力墙时，柱在墙截面外的纵筋和四角纵筋直通下一层板面；其余锚入剪力墙截面内的柱截面中部纵筋，自楼板底面向下延伸 l_{aE}，箍筋配置同柱非加密区箍筋（柱左右两侧有墙时取消顺两侧墙体的柱截面中部复合箍），见图 3-4-31。

(3) 当设计为与抗震剪力墙顶层搭接一层，在单片剪力墙上起柱时，柱在墙截面外的纵筋直通下一层板面；其余锚入剪力墙截面内的柱中部纵筋，自楼板底面向下延伸 l_{aE}，箍筋配置同柱非加密区箍筋（不需要设置顺墙体轴线的柱截面中部复合箍），见图 3-4-32。

2. 直接在抗震剪力墙顶部起柱的情况

当设计为直接在抗震剪力墙顶部起柱，柱下三面或四面有剪力墙时，所有柱纵筋自楼板顶面向下延伸 1.6l_{aE}，箍筋配置同柱加密区的复合箍筋，见图 3-4-33。设计应注意，不宜直接在单片剪力墙顶部起柱；若起柱，应在起柱点剪力墙平面外设置梁。

九、芯柱各类基础锚固构造

为使抗震柱等竖向构件在消耗地震能量时有适当的横向摆动延性，为避免满足规范柱轴压比规定时混凝土柱的截面过大，可在柱截面中部三分之一范围设置芯柱。因芯柱仅为满足压应力设置，故芯柱插筋在基础内的锚固长度可取≥0.7l_{aE}，见图 3-4-34。

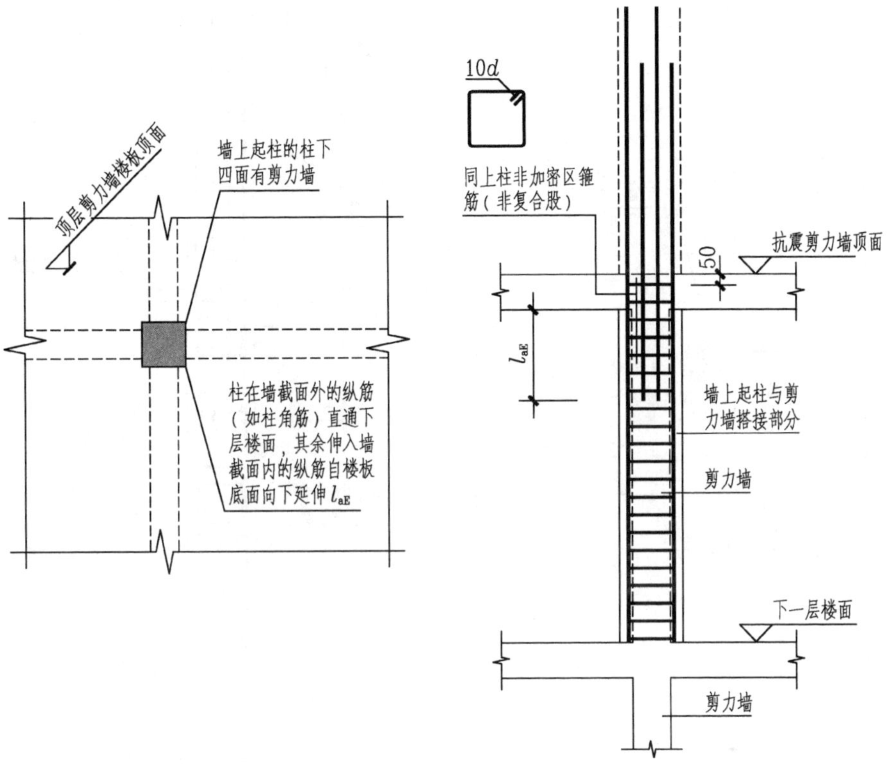
顶层剪力墙楼板顶面
墙上起柱的柱下四面有剪力墙
柱在墙截面外的纵筋（如柱角筋）直通下层楼面，其余伸入墙截面内的纵筋自楼板底面向下延伸l_{aE}
10d
同上柱非加密区箍筋（非复合股）
抗震剪力墙顶面
50
l_{aE}
墙上起柱与剪力墙搭接部分
剪力墙
下一层楼面
剪力墙

图 3-4-30

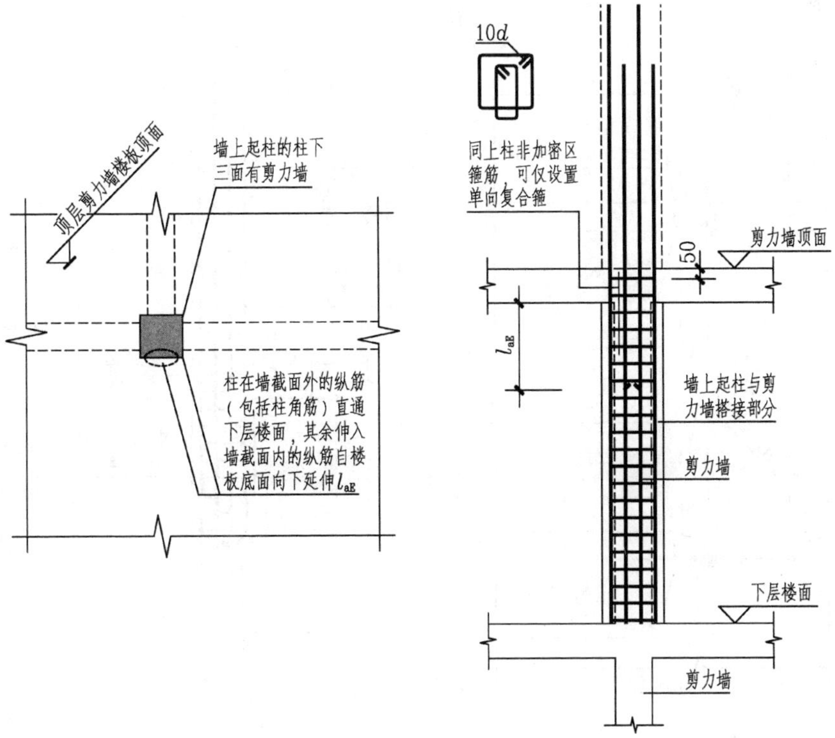
顶层剪力墙楼板顶面
墙上起柱的柱下三面有剪力墙
柱在墙截面外的纵筋（包括柱角筋）直通下层楼面，其余伸入墙截面内的纵筋自楼板底面向下延伸l_{aE}
10d
同上柱非加密区箍筋，可仅设置单向复合箍
剪力墙顶面
50
l_{aE}
墙上起柱与剪力墙搭接部分
剪力墙
下层楼面
剪力墙

图 3-4-31

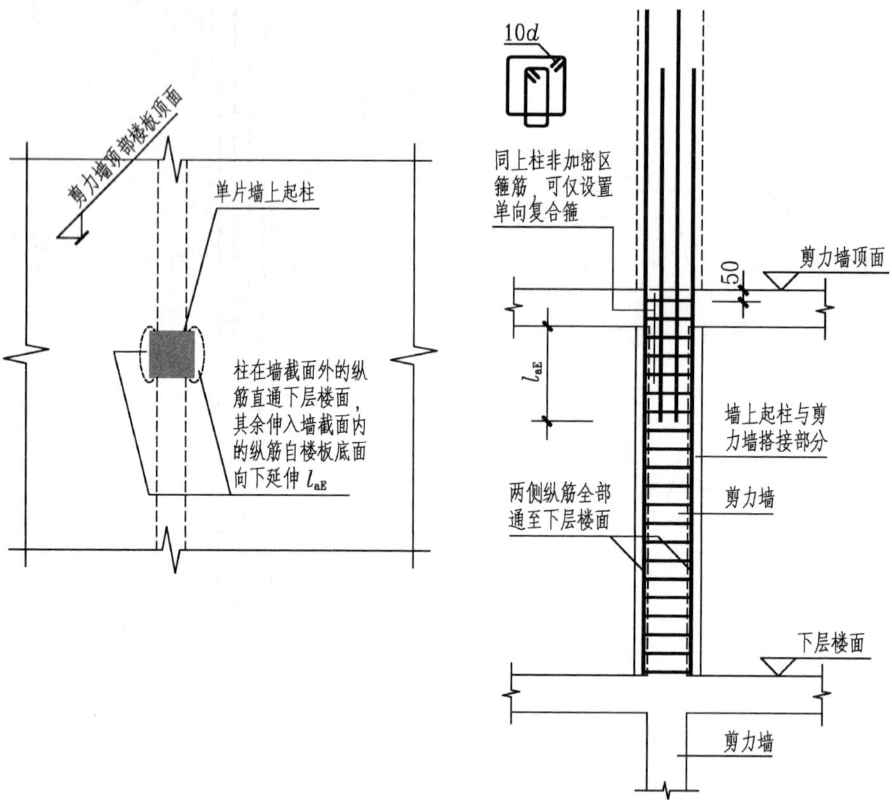
剪力墙顶部楼板顶面
单片墙上起柱
柱在墙截面外的纵筋直通下层楼面，其余伸入墙截面内的纵筋自楼板底面向下延伸 l_{aE}
10d
同上柱非加密区箍筋，可仅设置单向复合箍
剪力墙顶面
50
l_{aE}
墙上起柱与剪力墙搭接部分
两侧纵筋全部通至下层楼面
剪力墙
下层楼面
剪力墙

图 3-4-32

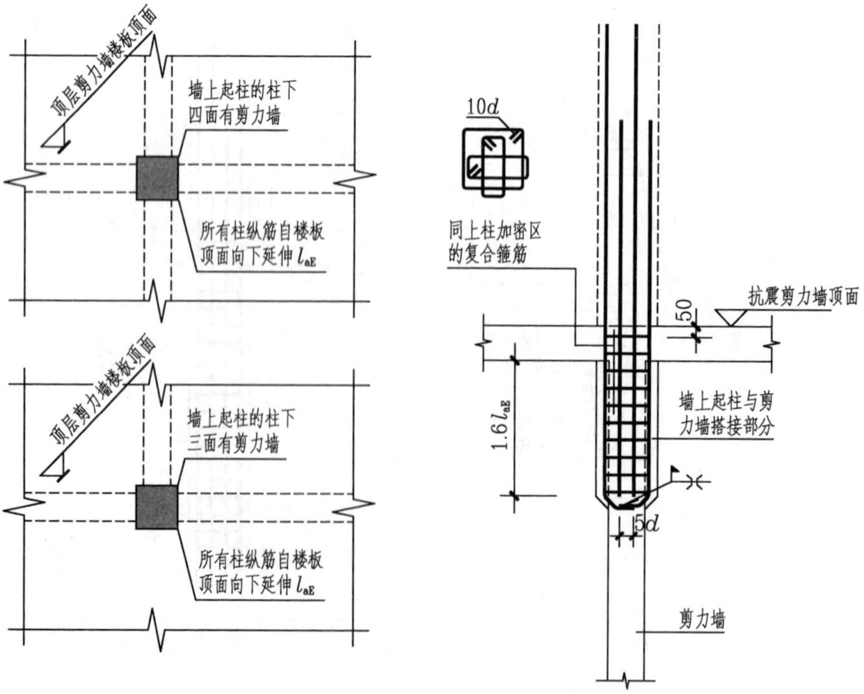
顶层剪力墙楼板顶面
墙上起柱的柱下四面有剪力墙
所有柱纵筋自楼板顶面向下延伸 l_{aE}
顶层剪力墙楼板顶面
墙上起柱的柱下三面有剪力墙
所有柱纵筋自楼板顶面向下延伸 l_{aE}
10d
同上柱加密区的复合箍筋
抗震剪力墙顶面
50
1.6l_{aE}
墙上起柱与剪力墙搭接部分
5d
剪力墙

图 3-4-33

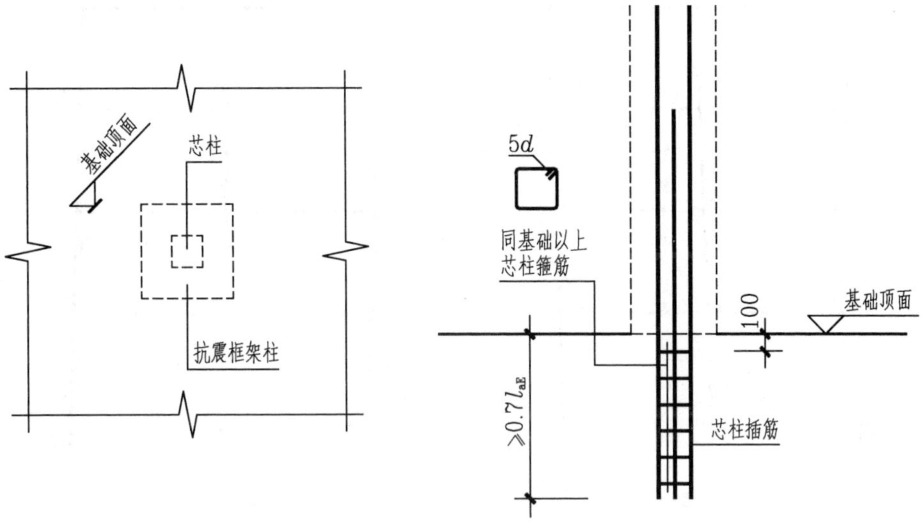

图 3-4-34

第五节　抗震框架柱和地下框架柱身钢筋构造

本节内容为：

1. 抗震框架柱的受力机理和钢筋设置规定；
2. 抗震框架柱和地下框架柱纵向钢筋连接构造；
3. 抗震框架柱箍筋构造。

一、抗震框架柱的受力机理和钢筋设置规定

柱为偏心受压构件。当为抗震时，框架结构要承受往复水平地震作用。地震作用对框架柱产生的作用效应，主要在柱身产生弯矩和剪力，见图 3-5-1

由图 3-5-1 可见，框架柱弯矩的反弯点通常在每层柱的中部，显然弯矩反弯点附近的内力较小，在此范围进行连接符合规范关于“受力钢筋连接应在内力较小处”的规定。为此，规范明确规定，抗震框架柱梁节点附近为柱纵向受力钢筋的非连接区（应注意此规定为适应我国钢筋连接技术未能达到足强度连接标准而设，是适应落后技术的规定）。

抗震框架柱纵筋非连接区示意见图 3-5-2。

除非连接区外，框架柱的其他部位为允许连接区。但应注意，允许连接区并不意味着必须连接，当钢筋定尺长度能满足两层要求，施工工艺也能保证钢筋稳定时，即可将柱纵筋伸至上一层连接区进行连接。总之，“避开柱梁节点非连接区”和“连接区内能通则通”，是抗震框架柱纵向钢筋连接的两个主要规定。

需要特别注意的是，钢筋混凝土结构是钢筋与混凝土两种材料构成，两种材料同样重要。对抗震框架而言，当钢筋刚达到屈服强度时结构不会发生严重破坏，但当混凝土被压

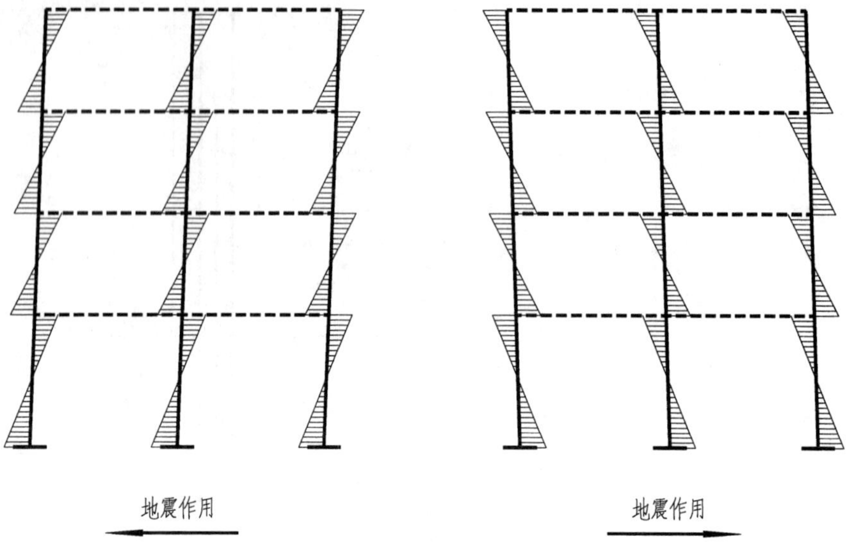

图 3-5-1　往复地震作用下的框架柱弯矩分布示意

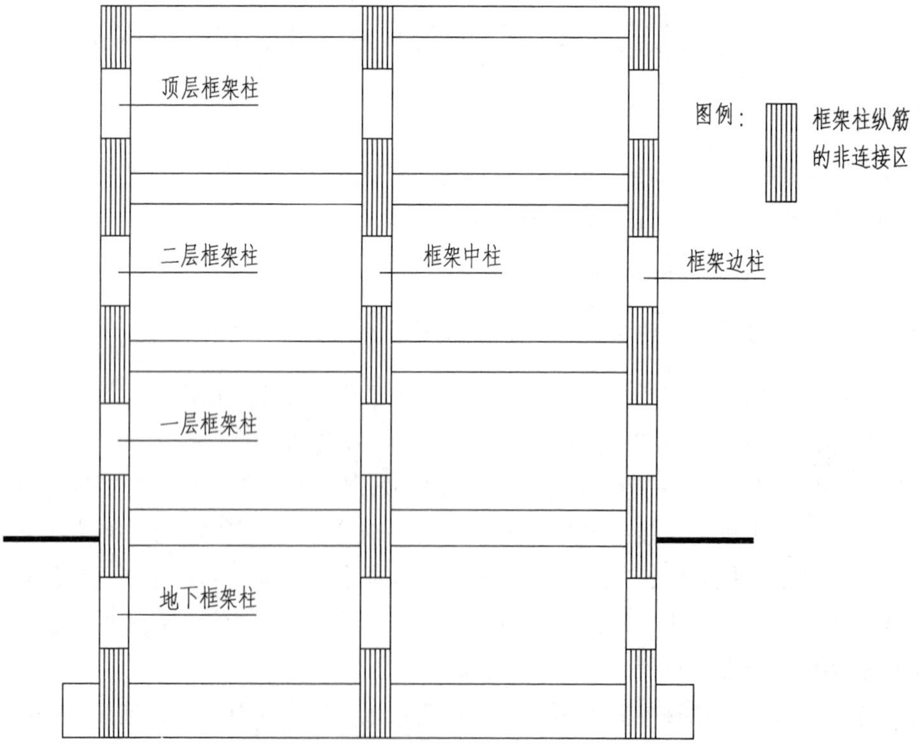

图 3-5-2　抗震框架柱纵筋非连接区示意

碎或被剪切破坏时钢筋会随即被压曲破坏，因此框架抗震时混凝土材料的重要性甚至高于钢筋。规范仅关注柱钢筋的非连接区却忽略了更为重要的混凝土非连接区，使混凝土连接盲目设置到柱端部的受力最大处，存在抗震安全漏洞。

二、抗震框架柱和地下框架柱纵向钢筋连接构造

1. 抗震地下框架柱纵向钢筋连接构造

抗震地下框架柱通常指地下室中的框架柱，其纵向钢筋连接见图 3-5-3，要点为：

（1）柱上端非连接区为$\geqslant H_n/6$、$\geqslant h_c$、$\geqslant$500mm（图中 mm 均省略）的“三控”值❶，应在三个控制值中取最大者使其全部得到满足；

（2）可在除非连接区外的柱身任意位置连接；

（3）优先采用绑扎搭接或机械连接；

（4）当钢筋直径>28mm 时，不宜采用绑扎搭接；

（5）上柱纵筋直径等于或小于下柱纵筋直径，且所有纵向钢筋应分两批交错连接。当采用搭接连接时，按分批搭接面积百分比并按较小钢筋直径计算搭接长度 l_{lE}；当不同直径钢筋采用对焊连接时，应先将较粗钢筋端头按 1∶6 斜度磨至较小直径后，再焊接。

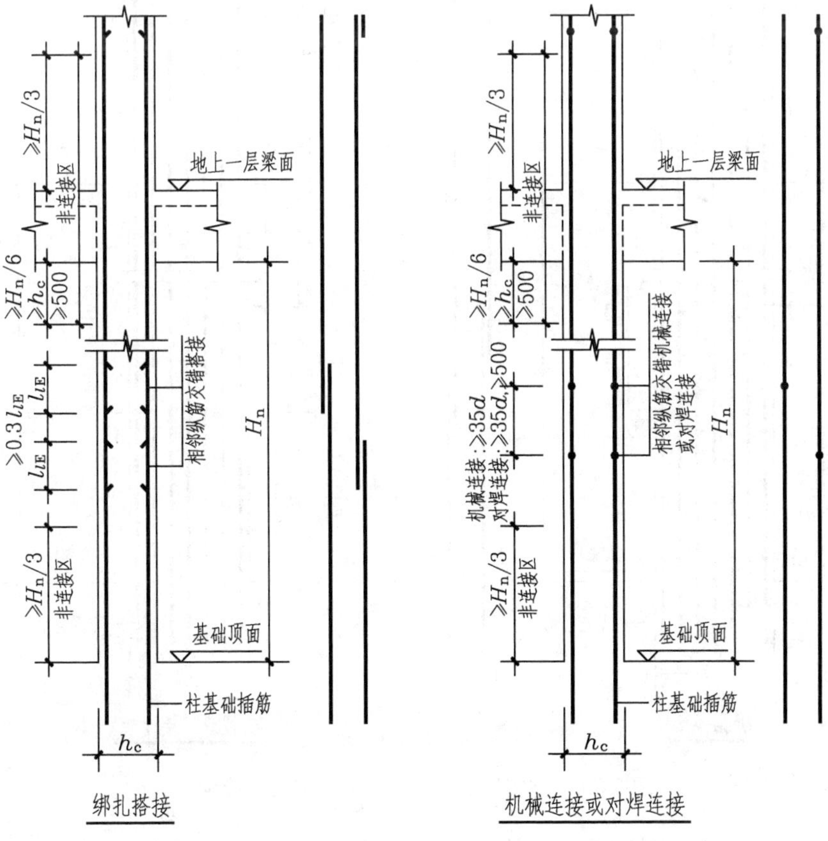

图 3-5-3　抗震地下框架柱纵向钢筋连接构造

❶ H_n为柱净高，h_c为柱截面高度。

2. 抗震地下框架柱为短柱时的纵向钢筋连接构造

当柱截面较大，地下框架柱净高 H_n 与柱截面有效高度 h_0 之比小于或等于 4 时为短柱。截面有效高度 h_0 为柱截面高度 h_c 减去"$c+d_1+d_2/2$"（c 为柱混凝土保护层厚度，d_1 为柱箍筋直径，d_2 为柱纵筋直径），为施工方便，可由 H_n：$h_c<4$ 判断为短柱。由于柱截面较大，截面高度 h_c 实际为柱上端非连接区"三控"值中的最大值，且当 H_n 与 h_c 之比小于 3 时，h_c 也将大于柱下端的非连接区控制值 $H_n/3$。

柱净高与柱截面高度之比小于 4 时，将可能使短柱中段的纵筋连接区高度小于柱纵筋分两批搭接时所需要的最小高度 $2.3l_{lE}$，甚至小于分两批机械连接或焊接所需要的交错距离，此种情况下应将柱纵筋分批连接的"连接中点"布置在短柱净高中点位置。

短柱纵筋分两批连接构造，见图 3-5-4，要点为：

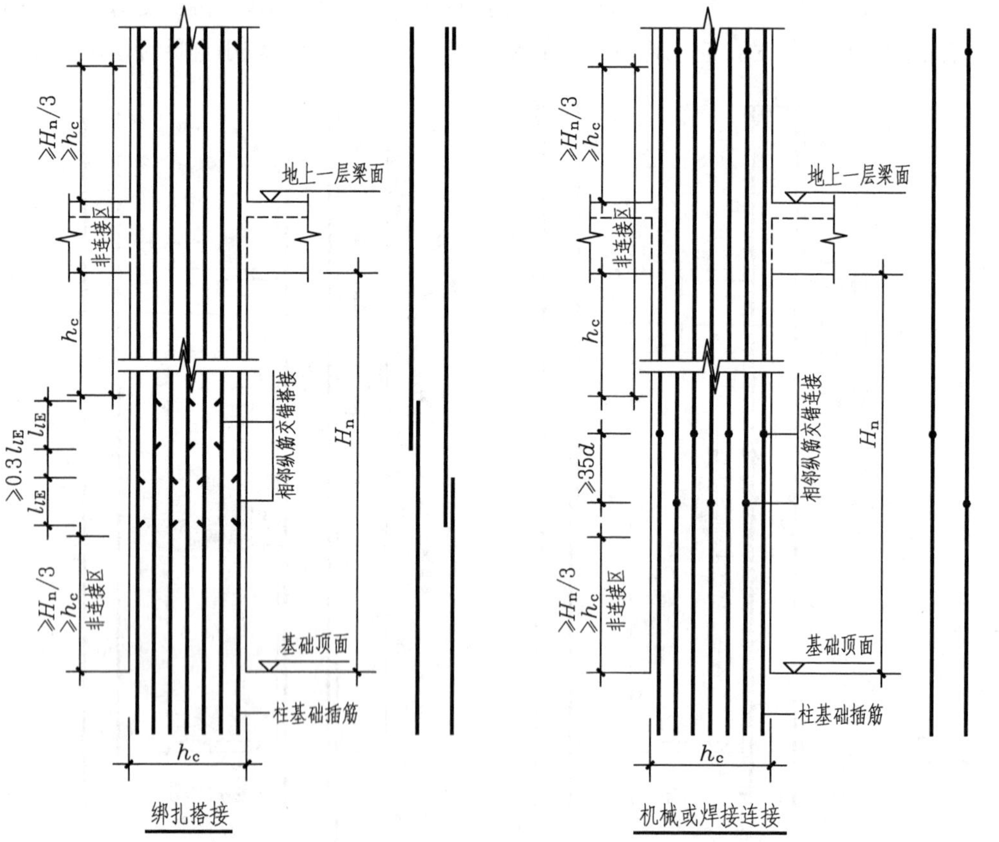

图 3-5-4 抗震地下框架短柱纵向钢筋连接构造

（1）原普通柱下端非连接区的 $\geqslant H_n/3$ 单控值，短柱应为 $\geqslant H_n/3$ 和 $\geqslant h_c$ 双控（短柱有可能出现 $h_c>H_n/3$ 的情况）；

（2）普通框架柱上端 $\geqslant H_n/6$、$\geqslant h_c$ 和 $\geqslant 500$mm（图中 mm 均省略）的非连接区三控值，短柱仅需 $\geqslant h_c$ 单控（短柱实际 $h_c>H_n/6$ 和 >500mm）；

（3）普通框架柱采用对焊连接时两批连接的最小间隔 $\geqslant 35d$ 和 $\geqslant 500$mm，短柱仅需 $\geqslant$

35d（短柱纵筋最小直径通常≥16mm，故35d>500mm）；

实际上，因短柱受力特征为不存在柱弯矩反弯点，主要承受地震横向剪力，故其纵筋仅需控制在柱中部分两批连接，并不需要硬性满足非短柱纵筋的连接要求。

3. 抗震框架柱纵向钢筋连接构造

抗震框架柱指地上框架柱，其纵向钢筋连接见图3-5-5，要点为：

（1）地上一层柱下端非连接区为≥H_n/3单控值；所有柱上端非连接区为≥H_n/6、≥

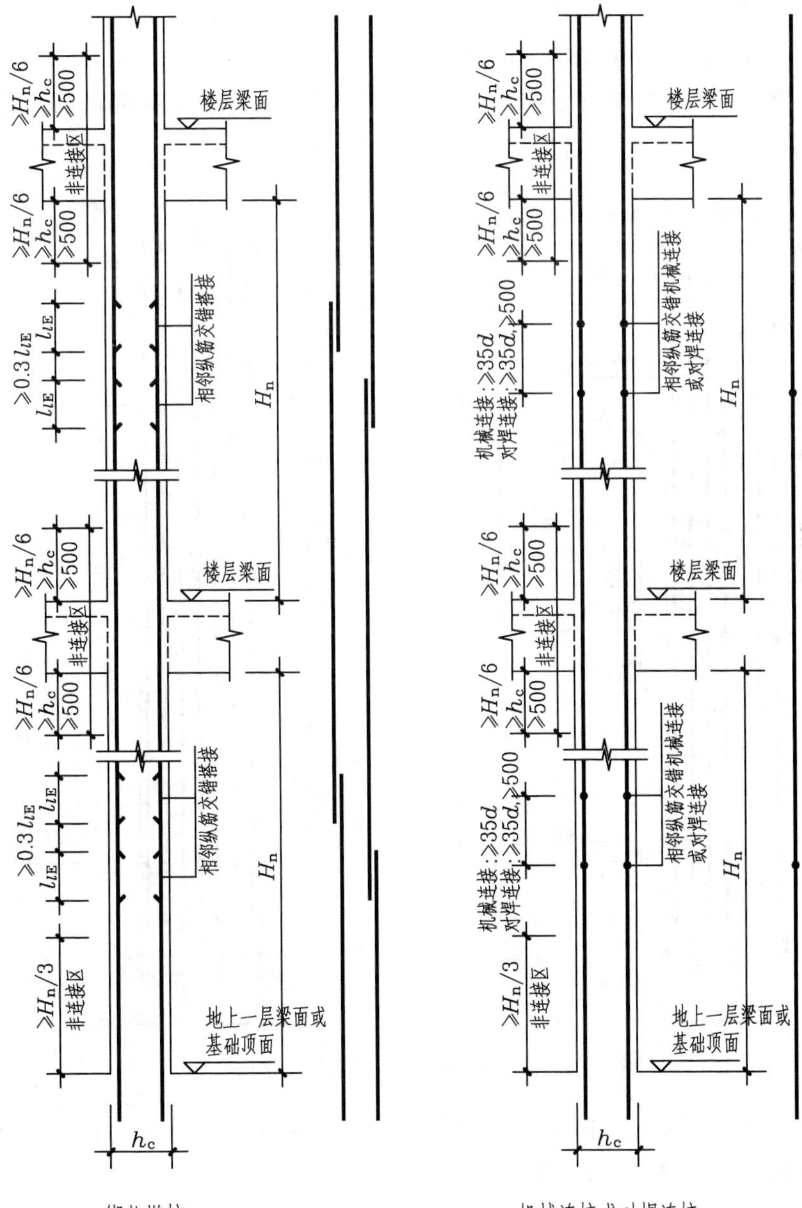

图3-5-5　抗震框架柱纵向钢筋连接构造

h_c、≥500mm（图中 mm 均省略）“三控”高度值[1]，应在三个控制值中取最大者使其全部得到满足；

（2）可在除非连接区外的柱身任意位置连接；

（3）优先采用绑扎搭接和机械连接；

（4）当钢筋直径>28mm 时，不宜采用绑扎搭接；

（5）上柱纵筋直径等于或小于下柱纵筋直径，且所有纵向钢筋应分两批交错连接。当采用搭接连接时，按分批搭接面积百分比并按较小钢筋直径计算搭接长度 l_{lE}；当不同直径钢筋采用对焊连接时，应先将较粗钢筋端头按 1∶6 斜度磨至较小直径后，再焊接。

4. 抗震框架柱为短柱时的纵向钢筋连接构造

抗震框架短柱（$H_n/h_0 \leqslant 4$ 或 $H_n/h_c < 4$）指地上框架短柱，其纵向钢筋连接见图 3-5-6，要点为：

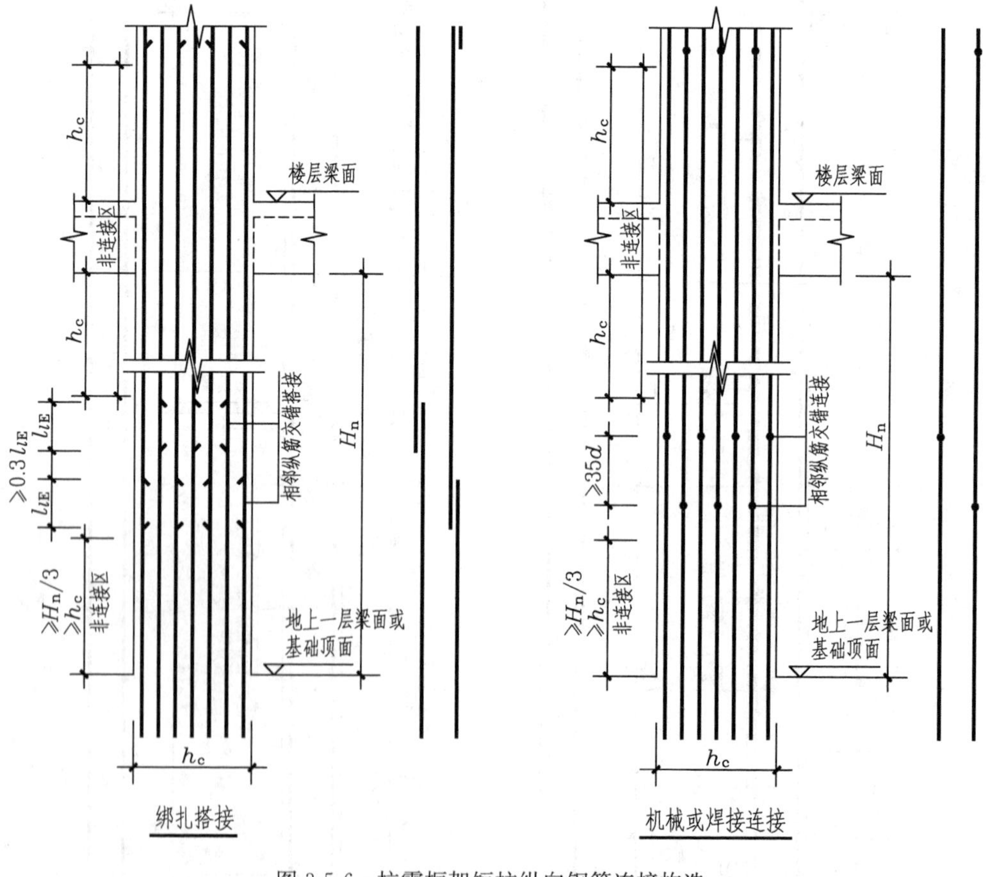

图 3-5-6 抗震框架短柱纵向钢筋连接构造

（1）抗震地上一层框架柱下端非连接区的 $H_n/3$ 单控值，短柱应为 $\geqslant H_n/3$ 和 $\geqslant h_c$ 双控（短柱可能出现 $h_c > H_n/3$ 的情况）；

---

[1] H_n 为柱净高，h_c 为柱截面高度。

（2）抗震框架柱上端≥$H_n/6$、≥h_c和≥500mm（图中 mm 均省略）的非连接区三控值，短柱仅需≥h_c单控（短柱实际$h_c>H_n/6$和>500mm）；

（3）普通柱采用对焊连接时两批连接的最小间隔≥35d和≥500mm，短柱仅需≥35d（短柱纵筋最小直径通常≥16mm，故有35d>500mm）；

（4）当柱净高减去柱上端和下端非连接区后，余者小于柱纵筋交错连接所需最小高度时，可将柱纵筋分两批连接总高度的中点置于连接区中点，连接总高度范围可分别对称进入柱上端和下端的非连接区。

（5）其他未注明要点与图 3-5-5 相关要点相同。

实际上，因短柱受力特征为不存在柱弯矩反弯点，主要承受地震横向剪力，如何配置足够的横向抗剪箍筋是短柱设计中的关键要素，故短柱纵筋仅需控制在柱中部分两批连接，并不需要硬性满足非短柱纵筋的连接要求。

5. 抗震无梁楼盖结构柱上端非连接区范围

当为无梁楼盖结构时，抗震柱上端的非连接区起始位置不同于框架结构，见图 3-5-7。要点为：

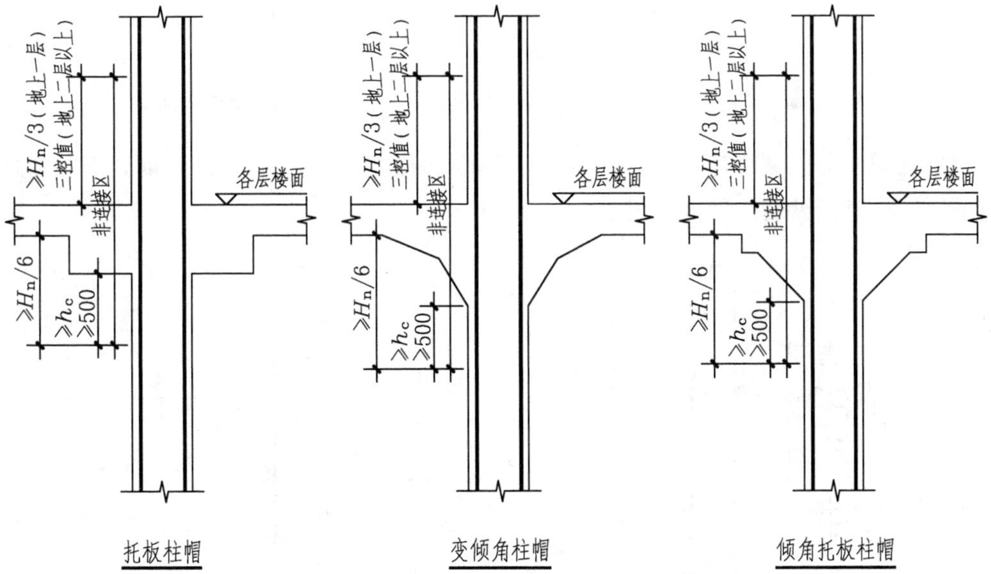

图 3-5-7 抗震无梁楼盖结构柱上端非连接区范围

（1）非连接区楼层以下柱上端三控值之一的≥$H_n/6$自楼板底面起始向下度量、另外两个控制值≥h_c和≥500mm（图中 mm 均省略）自柱帽根部度量；

（2）非连接区楼层以上柱下端的度量与抗震框架柱相同，即一层及地下楼层为≥$H_n/3$（H_n值自板顶面至上层板底面），以上各层为三控值≥$H_n/6$、≥h_c和≥500mm。

6. 抗震柱纵向钢筋上层大于下层时的连接构造

抗震柱上层纵筋根数增加但直径相同或直径小于下层时的连接构造，有几种不同形式，要点为：

（1）抗震柱上层纵筋根数增加但直径相同或直径小于下层时的连接构造，上层柱增加的纵筋锚入柱梁节点 $1.2l_{aE}$，见图 3-5-8。

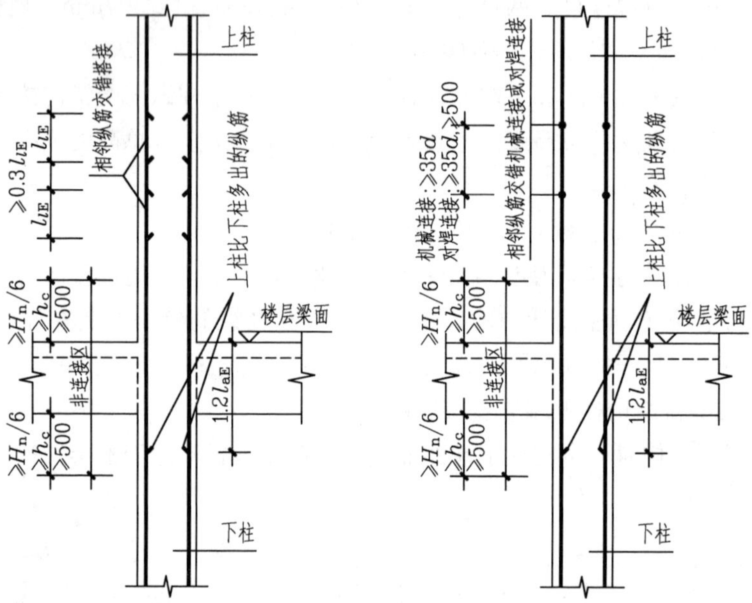

图 3-5-8　抗震柱上层纵筋根数增加但直径相同或直径小于下层连接构造

（2）抗震柱上层纵筋直径大于下层但根数相同时的连接构造，上层纵筋要下穿非连接区与下层较小直径纵筋连接，见图 3-5-9。

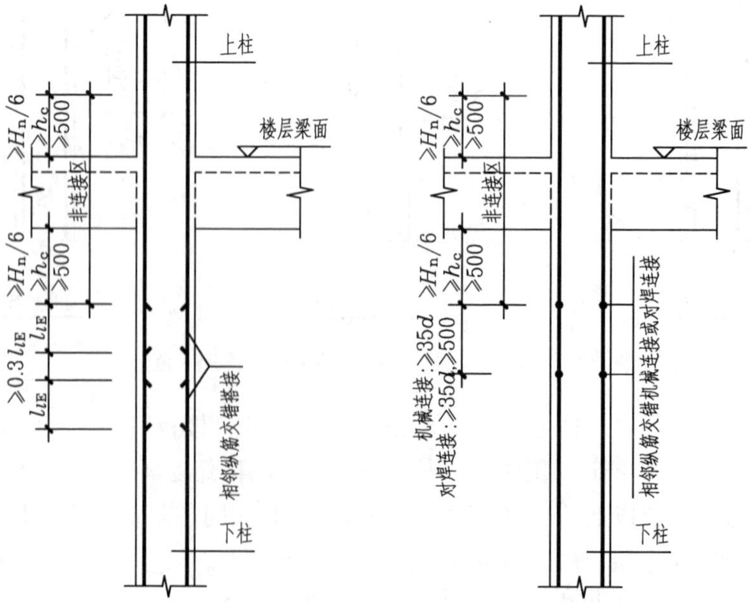

图 3-5-9　抗震柱上层纵筋直径大于下层但根数不变连接构造

（3）抗震柱上层纵筋根数减少但直径相同或直径小于下层时的连接构造，上层柱减少的纵筋向上锚入柱梁节点 $1.2l_{aE}$，见图 3-5-10。

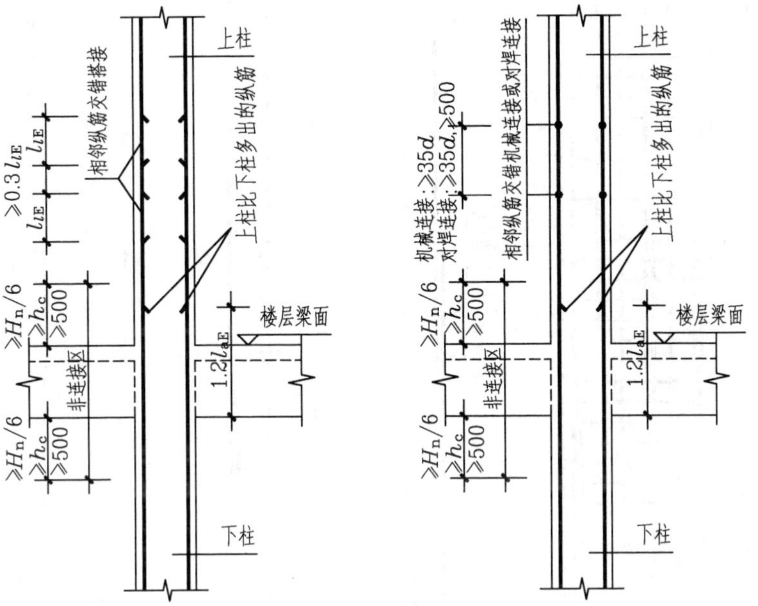

图 3-5-10　抗震柱上层纵筋根数减少但直径相同或直径小于下层连接构造

7. 抗震柱纵向钢筋非接触搭接构造

抗震柱纵筋采用非接触搭接，可使混凝土对受力纵筋完全握裹，优化混凝土对钢筋的粘结性能，实现最大粘结力，从而提高受力纵筋搭接传力的可靠度。抗震柱纵筋非接触搭接见图 3-5-11，要点为：

（1）柱角筋采用同轴心非接触搭接，按 c ∶ $12c$（$c=d+25$mm）缓斜度使钢筋净距达到 25mm 时（图中 mm 均省略），再使钢筋与直行钢筋非接触平行，搭接总长度为 l_{lE}，其中 $5c$ 为缓斜段，$l_{lE}-5c$ 为直段；

（2）柱中部纵筋采用轴心平行非接触搭接，搭接长度为 l_{lE}；

（3）当为圆柱时，所有纵筋均采用轴心平行非接触搭接（与矩形柱中部纵筋相同）。

纵筋采用非接触搭接连接不仅能够足强度传力，抗弯构件试验证明，50％搭接百分率时非接触搭接构件的极限承载力比采用贯通筋时高出 15％左右。因此，采用 50％搭接百分率的柱纵筋非接触连接已无必要受非连接区限制。而且，从科学用钢角度，50％的非接触搭接时的搭接长度取 $1.2l_{aE}$，即可实现足强度传力。

三、抗震框架柱箍筋构造

1. 抗震框架柱箍筋加密区范围

（1）抗震地上一层和地下框架柱的箍筋加密区范围，见图 3-5-12。要点为：抗震箍筋加密区范围与柱纵筋非连接区相同，即柱下端 ≥H_n/3 单控，柱上端 ≥H_n/6、≥h_c、≥

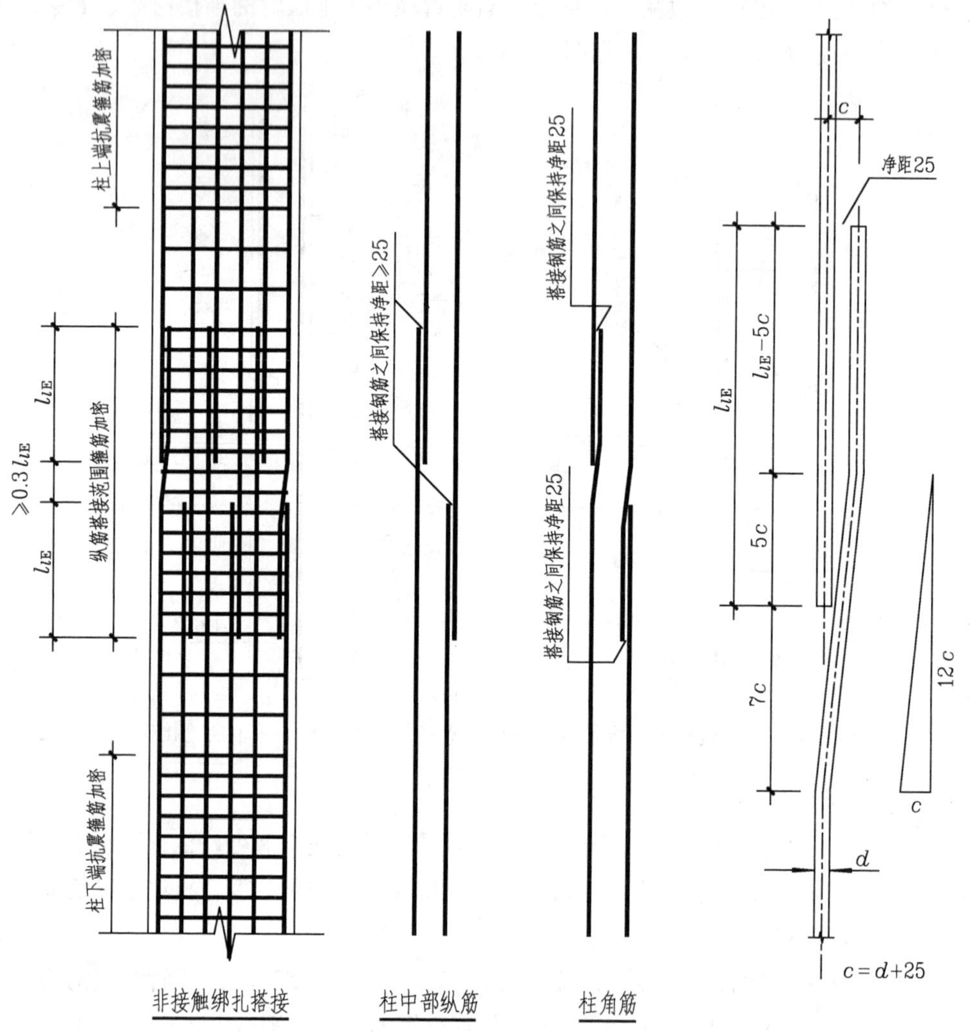

图 3-5-11　抗震柱纵筋非接触搭接构造

500mm（图中 mm 省略）三控。应注意，本构造图不适用于短柱、框支柱和一、二级抗震等级的角柱。

（2）当未设地下室的抗震框架柱基础埋置较深，且在一层地面位置未设置地下框架梁，又当柱下端箍筋加密至 $H_n/3$ 高度后，加密区高点距刚性地面底面＞500mm 或加密区高点距刚性地面顶面＜500mm 时，在刚性地面附近应设箍筋加密区，见图 3-5-13。

（3）二层以上抗震框架柱的箍筋加密区范围，见图 3-5-14。要点为：抗震箍筋加密区范围与柱纵筋非连接区相同，即柱上端和下端均为 $\geqslant H_n/6$、$\geqslant h_c$、≥500mm（图中 mm 省略）三控值。应注意，本构造图不适用于短柱、框支柱和一、二级抗震等级的角柱。

（4）抗震框架柱箍筋加密区范围，应在 $\geqslant H_n/6$、$\geqslant h_c$、≥500mm 三控值中取最大值，才能满足三控。为方便施工，可在表 3-5-1 中可直接查出三控值中的最大值。

（5）表 3-5-1 中列出应沿柱全高加密箍筋的情况为：①框架结构中一、二级抗震等级

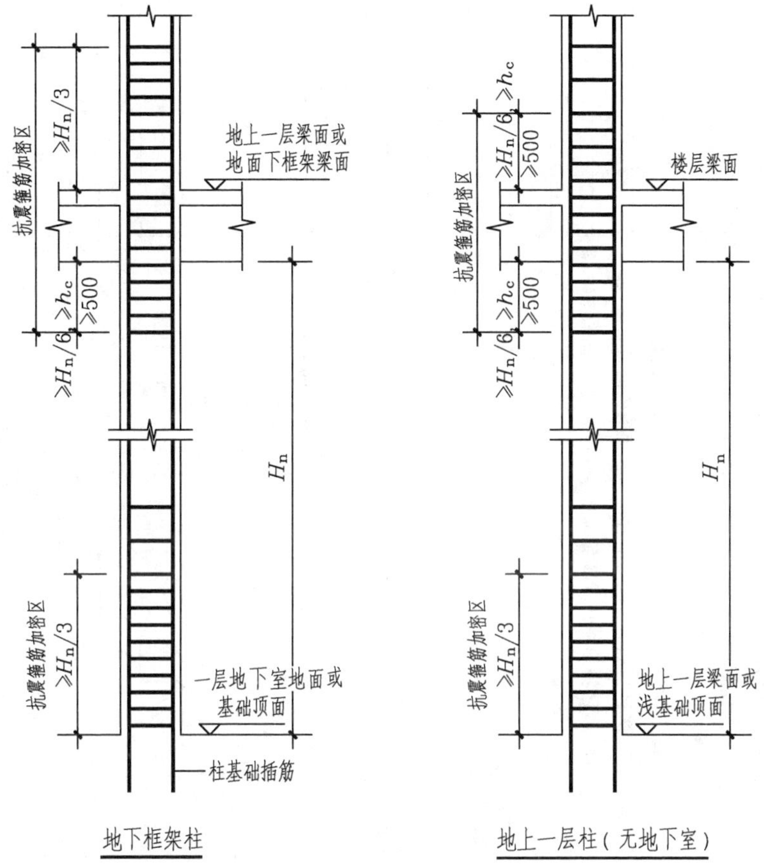

图 3-5-12　抗震地上一层和地下一层框架柱箍筋加密区范围

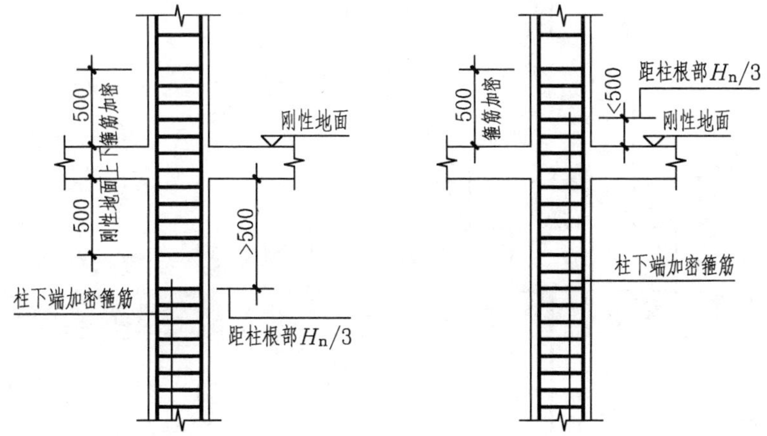

图 3-5-13　刚性地面附近箍筋加密范围

的角柱；②抗震框架 $H_n/h_0 \leqslant 4$ 或 $H_n/h_c < 4$ 的短柱；③抗震框支柱。

抗震框架柱箍筋加密区高度选用表（mm） **表 3-5-1**

柱净高 H_n（mm）	柱截面长边尺寸 h_c 或圆柱直径 D（mm）																			底层柱下端加密 $H_n/3$ 注：应将本栏数值与 h_c 或 D 比较后取较大者。
	400	450	500	550	600	650	700	750	800	850	900	950	1000	1050	1100	1150	1200	1250	1300	
1500																				
1800	500																			
2100	500	500	500					（A区）												
2400	500		500	550																800
2700	500	（B区）	500	550	600	650														900
3000	500	500	500	500	600	650	700													1000
3300	550	550	500	550	600	650	700	750	800											1100
3600	600	600	600	600	600	650	700	750	800	850										1200
3900	650	650	650	650	650	650	700	750	800	850	900	590								1300
4200	700	700	700	700	700	700	700	750	800	850	900	950	1000							1400
4500	750	750	750	750	750	750	750	750	800	850	900	950	1000	1050	1100					1500
4800	800	800	800	800	800	800	800	800	800	850	900				1100	1150				1600
5100	850	850	850	850	850	850	850	850	850	850	900		（C区）		1100	1150	1200	1250		1700
5400	900	900	900	900	900	900	900	900	900	900	900	950	1000	1050	1100	1150	1200	1250	1300	1800
5700	950	950	950	950		（D区）		590	590	590	590	950	1000	1050	1100	1150	1200	1250	1300	1900
6000	1000	1000	1000	1000				1000	1000	1000	1000	1000	1000	1050	1100	1150	1200	1250	1300	2000
6300	1050	1050	1050	1050	1050	1050	1050	1050	1050	1050	1050	1050	1050	1050	1100	1150	1200	1250	1300	2100
6600	1100	1100	1100	1100	1100	1100	1100	1100	1100	1100	1100	1100	1100	1100	1100	1150	1200	1250	1300	2200
6900	1150	1150	1150	1150	1150	1150	1150	1150	1150	1150	1150	1150	1150	1150	1150	1150	1200	1250	1300	2300
7200	1200	1200	1200	1200	1200	1200	1200	1200	1200	1200	1200	1200	1200	1200	1200	1200	1200	1250	1300	2400
7500	1250	1250	1250	1250	1250	1250	1250	1250	1250	1250	1250	1250	1250	1250	1250	1250	1250	1250	1300	2500
7800	1300	1300	1300	1300	1300	1300	1300	1300	1300	1300	1300	1300	1300	1300	1300	1300	1300	1300	1300	2600
8110	1350	1350	1350	1350	1350	1350	1350	1350	1350	1350	1350	1350	1350	1350	1350	1350	1350	1350	1350	2700

注：1. A区为柱净高（包括因嵌砌填充墙等形成的柱净高）与柱截面长边尺寸或圆柱直径之比 $H_n/h_c<4$ 的短柱，其箍筋应沿柱全高加密。
2. B区箍筋加密区高度为500（三控值中的最大值）。
3. C区箍筋加密区高度为 h_c（三控值中的最大值）。
4. D区箍筋加密区高度为 $H_n/6$（三控值中的最大值）。

当框架柱的 $H_n/h_0 \leqslant 4$ 即剪跨比 $\lambda \leqslant 2$ 时，在地震作用下，柱身弯矩在柱层高内不会出现反弯点，此时框架柱的刚度较大，柱身横向摆动的延性（即吸收地震能量的能力）相应降低。在横向地震作用下，柱身任何部位都有可能发生受剪破坏（有反弯点的柱通常不会在柱中部发生剪切破坏），因此，采用沿柱全高加密箍筋的措施，可以防止受剪破坏的发生。

框支结构是一种低位转换的结构形式。框支柱支承起不落地剪力墙，此时剪力墙在两个支承点之间形成压力拱迹线，即在两支承点之间形成暗拱。暗拱的压应力斜交于框支柱上端后，可分解为方向垂直向下的和水平向外的分力。垂直向下的力将由框支柱承载，但水平向外的力则由不落地剪力墙底部设置的拉梁承载，这道偏心受拉的拉梁称为框支梁。

应特别注意，框支柱支承起不落地剪力墙故可认为其为低位转换柱，但框支梁的功能是承载不落地剪力墙底边的偏心拉力，其实质为不落地剪力墙底部边缘的加强构造而并不起转换作用，不具有转换功能。所以，框支梁的受力原理和构造要求完全不同于中、高位转换层上的转换大梁。本书中的平法制图规则和构造规则，也并未包括中、高位转换结构及构件的内容。

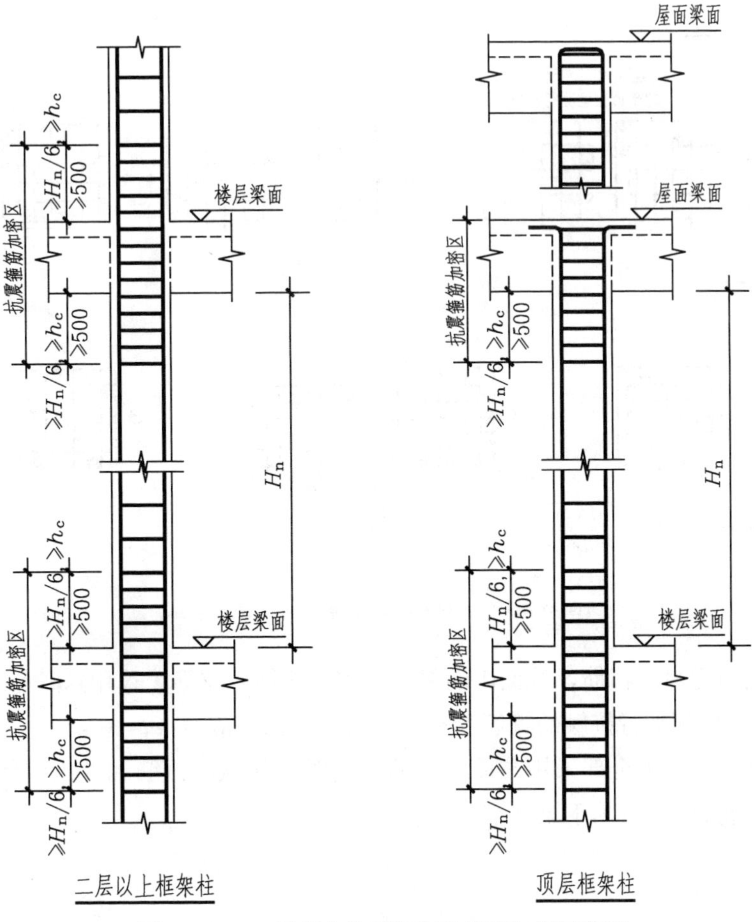

图 3-5-14 二层以上抗震框架柱箍筋加密区范围

明确构件与构造的功能，是平法解构原理的第一要素。该要素对构造具有科学性起关键作用。只要明确框支梁的偏心受拉功能，就不会将框架梁上部抗弯纵筋构造和梁端抗剪箍筋构造错误地套用在框支梁上❶。

2. 抗震框架柱箍筋的复合方式

（1）抗震框架柱矩形截面箍筋的复合方式，见图 3-5-15。要点为：

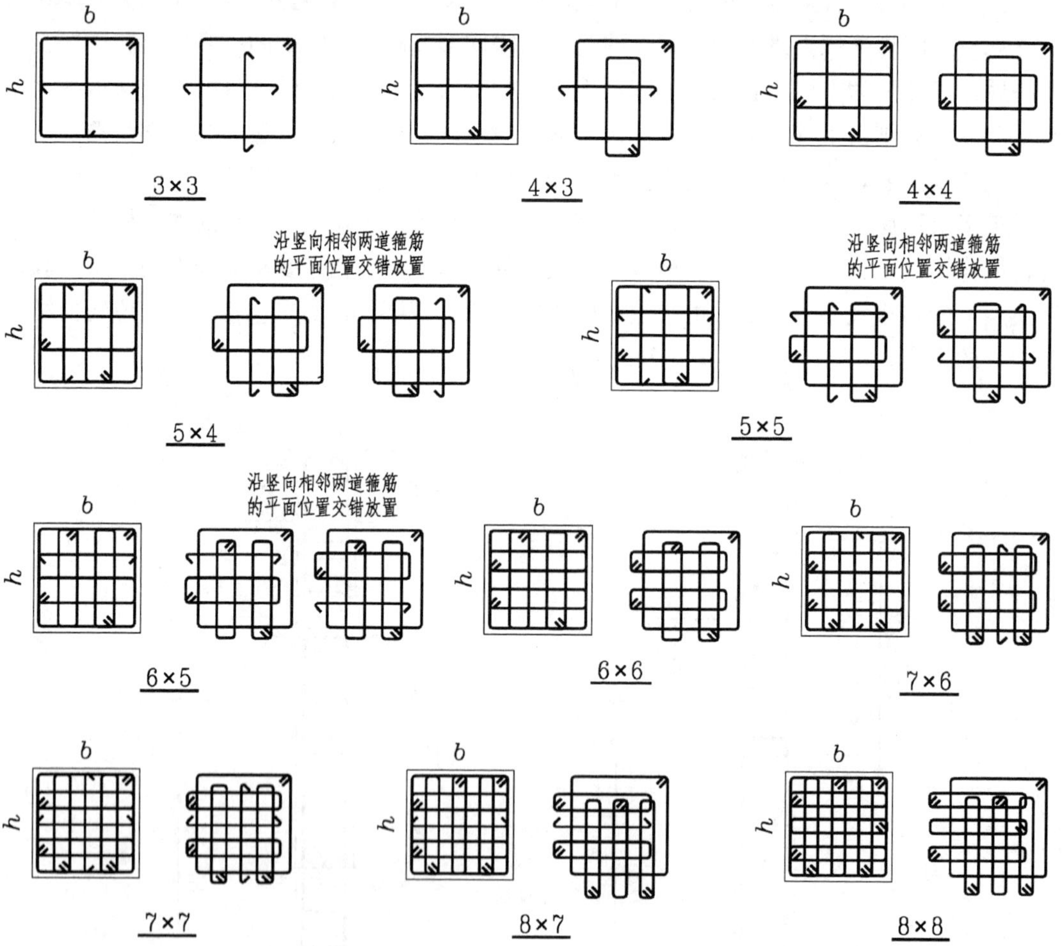

图 3-5-15　抗震矩形柱箍筋的复合方式

① 截面周边为封闭箍筋，截面内的复合箍为小箍筋或拉筋。采用这种箍筋复合方式，沿封闭箍筋周边局部平行接触的箍筋不多于两道，用钢量最经济；

② 柱内复合箍也可全部采用拉筋，拉筋应同时钩住纵向钢筋和外围封闭箍筋，此种形式的箍筋复合方式也可用于梁柱节点内；

❶ 见 16G101-1 第 96 页关于框支梁 KZL 的错误构造。

③ 抗震柱所有箍筋的弯钩角度应为 135°，箍筋弯钩直段长度应为 $10d$（d 为箍筋直径）与 75mm 中的较大值。

（2）抗震圆柱螺旋箍筋构造，见图 3-5-16。要点为：

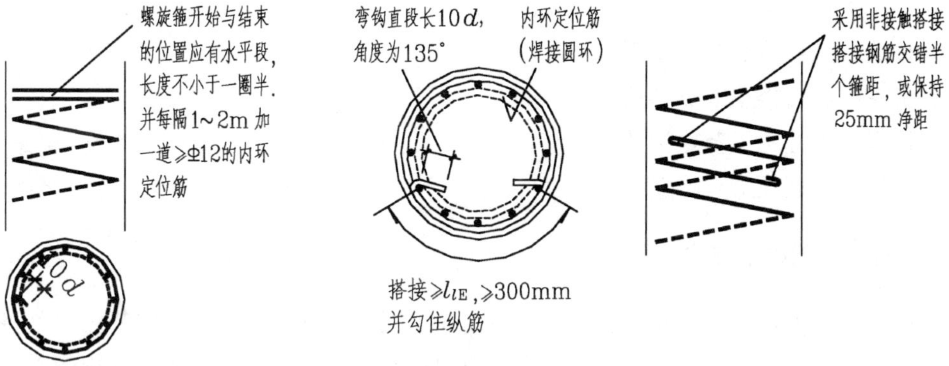

1. 圆柱端部构造　　　　2. 搭接构造

图 3-5-16　抗震圆柱螺旋箍筋构造

① 沿柱高每隔 1～2m 设置一道直径≥12mm 的内环定位钢筋，但当采用复合箍筋时可以省去不设；

② 螺旋箍筋搭接长度为≥l_{lE}且≥300，弯钩直段长度为 $10d$，角度为 135°；

③ 当螺旋箍筋采用非接触搭接方式时，搭接钢筋可交错半个箍距或保持 25mm 净距。非接触搭接有利于混凝土对搭接钢筋产生较高的粘结力。

（3）抗震芯柱箍筋的复合方式，见图 3-5-17。

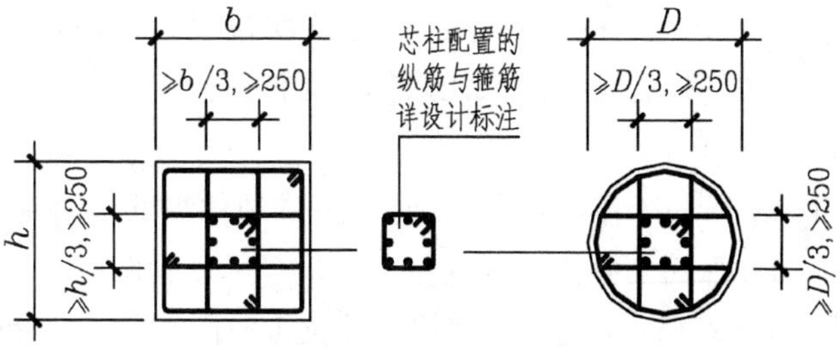

图 3-5-17　芯柱箍筋构造

3. 抗震框架柱纵筋搭接长度范围箍筋加密构造

当抗震框架柱纵筋采用搭接连接时，应在柱纵筋搭接长度范围内按≤$5d$（d 为搭接钢筋的较小直径）及≤100mm 的间距加密箍筋。施工及预算应注意，当原设计的非加密箍筋间距>$5d$ 或>100mm 时，若采取将原设计的非加密复合箍筋间距缩小排密的办法会多耗费钢材。科学用钢的做法是，在柱纵筋搭接长度范围内每两道箍筋之间增设一道直径不小于搭接纵筋较大直径 1/4 的方框箍（非复合箍），即可满足功能要求。

第六节 抗震框架柱节点钢筋构造

本节内容为：

1. 抗震框架柱节点构造要素；
2. 抗震框架柱楼层节点构造；
3. 抗震框架柱顶层节点构造；
4. 抗震框支柱顶节点构造。

一、抗震框架柱节点构造要素

柱节点系指框架楼层（包括地下室楼层）和顶层的柱与梁刚性连接的节点，是将构件结合成结构的充要条件。抗震框架梁柱节点的构造是否合理，关系到整个结构能否实现设计预定的安全度，能否有效抵抗地震作用。抗震梁柱节点的构造要素为：

1. 框架柱为节点主体构件，框架梁为节点客体构件。抗震框架结构应以“宽主体节点”为主[1]，当为“宽客体节点”、“等宽度节点”或“某一侧面相平[2]节点”时，注意其构造有特殊要求。

2. 主体构件纵筋应贯通节点，其箍筋应在节点内加密设置。

3. 客体构件纵筋应可靠锚固（如梁下部纵筋）或贯通节点（如梁上部纵筋），其箍筋通常不在节点内设置。但当为宽客体节点、等宽度节点或某一侧面相平节点时，客体构件也应在节点内设置箍筋。

4. 在节点内锚固或贯通的钢筋，应逐根被混凝土环绕钢筋表面握裹。当节点内钢筋交叉时可以点状接触，但节点内的平行钢筋不应线状接触，应保持最小净距（25mm）；否则，两根钢筋的接触位置仅有很薄的水泥浆体而无混凝土，将显著减小在钢筋表面产生的粘结力。

5. 当为等宽度节点和某一侧面相平节点时，主体构件纵筋应直通，客体构件纵筋应以缓斜度略弯从本体构件纵筋内侧锚入或通过节点。当纵筋缓斜度略弯深入节点时，导致同排相邻纵筋的净距小于25mm，则应将客体构件位置向内平移，使相邻同排纵筋满足净距不小于25mm。有关该方面的节点构造问题，将在第五章的相关章节中讲述。

二、抗震框架柱楼层节点构造

1. 抗震框架柱变截面节点构造

柱变截面通常指上柱截面尺寸小于下柱截面，其纵筋在变截面位置进入节点有非贯通或贯通两种构造。

---

[1] 从仿生学角度来看，在枝干位置，树干直径大于树枝是客观现象。

[2] 此处的“某一侧面相平”，系指柱的某一侧面与梁的某一侧面在同一个平面上的不合理的传统做法。

(1) 抗震框架柱变截面纵筋非贯通构造见图 3-6-1，相应箍筋构造见图 3-6-2。要点为：

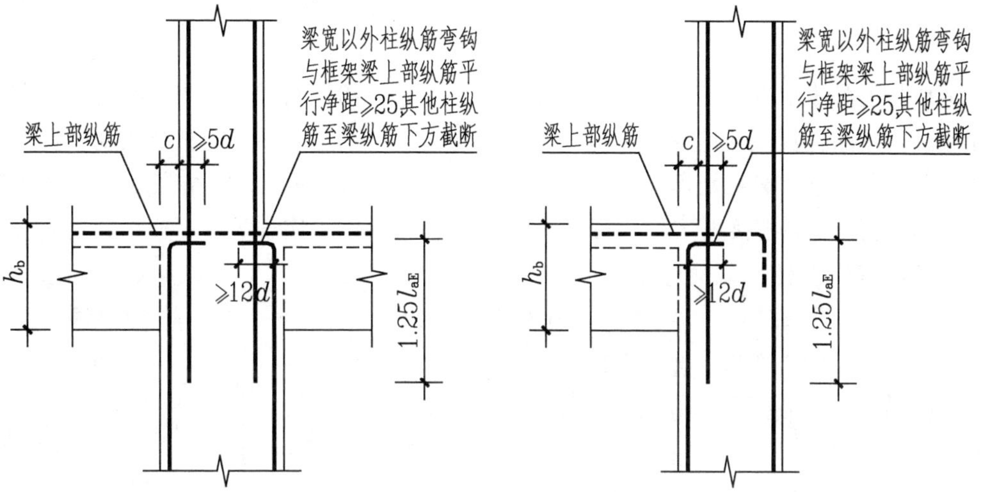

注：一、二级抗震等级：$c/h_b>1/12$；三、四级抗震等级：$c/h_b>1/6$

图 3-6-1 抗震框架柱变面纵筋非贯通构造

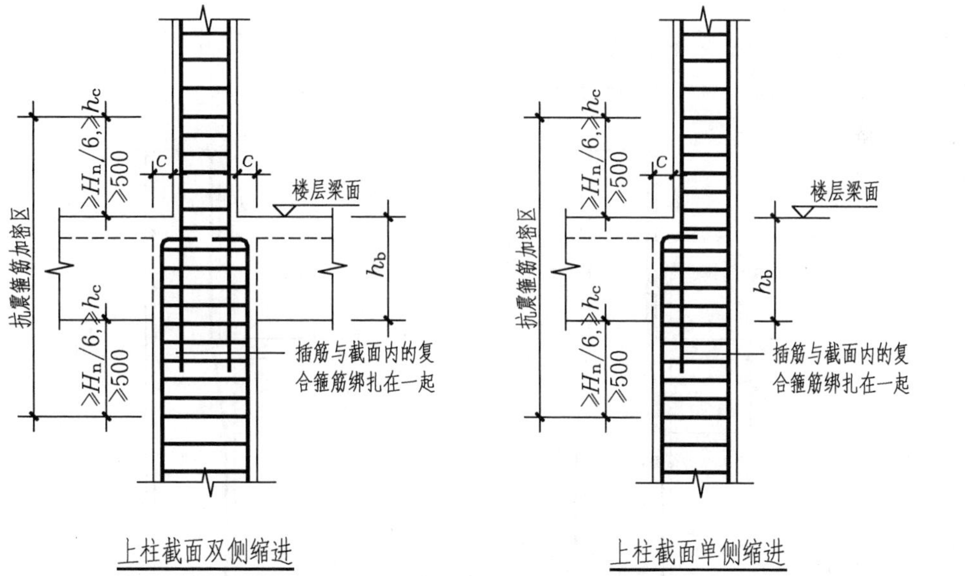

图 3-6-2 抗震框架柱变面纵筋非直通时的箍筋构造

① 当梁宽小于柱宽时，梁宽以外的下柱纵筋和角筋伸至梁纵筋位置下方设置弯钩，柱角筋弯钩朝向柱截面中心，其他纵筋弯钩与梁纵筋净距应不小于 25mm（图中 mm 均省略），弯钩投影长度为≥12d（d 为柱纵筋直径），且水平伸入上柱投影截面内≥5d；在梁宽之内的下柱纵筋可伸至梁纵筋之下截断。

② 上柱收缩截面的插筋插入节点，与下柱弯折钢筋垂直段搭接长度为 $1.25l_{aE}$；

③ 当一、二级抗震等级 $c/h_b>1/12$（c 为上柱截面缩进尺寸，h_b为框架梁截面高度），

三、四级抗震等级级 $c/h_b>1/6$ 时，应采用柱纵筋非贯通构造；

④ 柱节点上下箍筋加密区的计算，下柱采用下柱的 H_n 和 h_c，上柱采用上柱的 H_n 和 h_c。

下柱与上柱纵筋在柱变截面位置虽然无法贯通，但却自然形成了非接触搭接状态。由于非接触搭接时，混凝土能够完全包裹钢筋，优化了混凝土对钢筋的粘结强度，且上部纵筋插入下柱后钢筋以外的混凝土厚度超过了 $5d$，又使其获得最高粘结强度，故虽在禁止连接范围进行 100%搭接连接，其搭接长度取 $1.25l_{aE}$，即可实现足强度连接的功能。

（2）抗震框架柱变截面时下柱非贯通纵筋角筋弯钩平面示意，见图 3-6-3。要点为：柱角筋在梁纵筋之下朝向截面中心弯折，伸入上柱截面≥$5d$。

当框架边柱变截面时，应保持边柱外侧面平直，即上柱截面向外缩小而不是相反；否则，将使建筑整体外观不在一个平面上，影响建筑外墙立面效果。

（3）抗震框架柱变截面纵筋直通构造见图 3-6-4，相应的箍筋构造见图 3-6-5。要点为：

① 当一、二级抗震等级 $c/h_b \leqslant 1/12$（c 为上柱截面缩进尺寸，h_b 为框架梁截面高度），三、四级抗震等级 $c/h_b \leqslant 1/6$ 时，可将下柱纵筋略向内斜弯再向

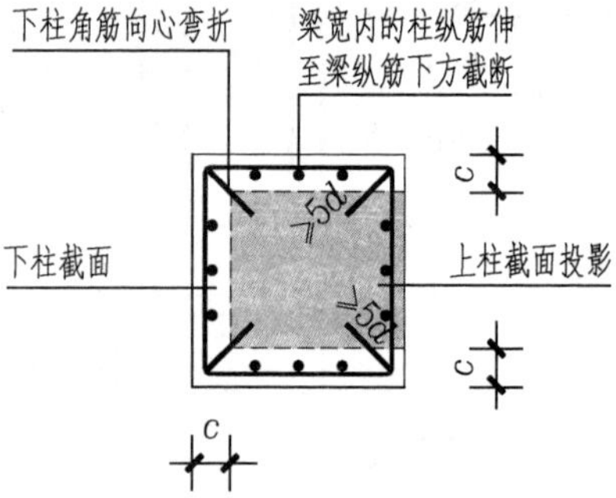

图 3-6-3　柱变截面时下柱非直通纵筋角筋弯钩平面

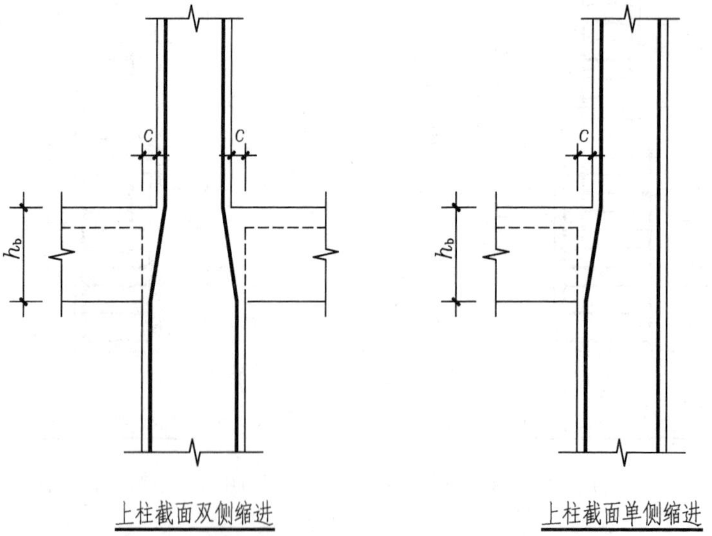

注：一、二级抗震等级：$c/h_b \leqslant 1/12$；三、四级抗震等级：$c/h_b \leqslant 1/6$。

图 3-6-4　抗震框架柱变面纵筋直通构造

上直通；应注意此处对一、二级抗震等级的要求严于业界通常采用的方式，系考虑到当 c/h_b 为 1/6 时若将纵筋弯折贯通，所产生的水平分力将增加节点核心区箍筋的拉应力，而

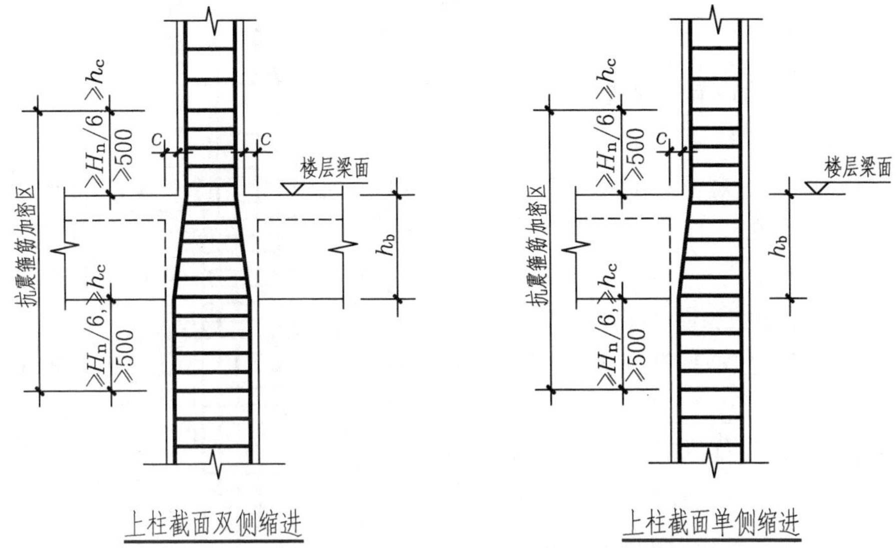

图 3-6-5　抗震框架柱变面纵筋直通时的箍筋构造

增加的拉应力在结构计算时并未予以考虑。

② 节点内箍筋应按加密区箍筋设计，顺斜弯度紧扣纵筋设置；

③ 柱节点上下箍筋加密区的计算，下柱采用下柱的 H_n 和 h_c，上柱采用上柱的 H_n 和 h_c。

2. 抗震框架柱上下错位节点构造

抗震框架柱上下错位节点纵筋构造见图 3-6-6，相应的箍筋构造见图 3-6-7。要点为：

（1）上柱起点标高低于下柱止点标高，上下柱重叠高度由设计确定，上柱错出下柱截面的纵筋下端斜锚入下柱内 l_{aE}；

（2）下柱纵筋向上伸至梁纵筋之下弯钩，弯钩与梁纵筋的净距为 25mm（图中 mm 均省略），弯钩投影长度为≥12d（d 为柱纵筋直径），且水平锚入上柱截面投影内≥5d；其他纵筋能通则通；

（3）上下柱重叠部分的箍筋规格、间距同下柱，应根据纵筋增加的排数增加箍筋肢数（可采用拉进方式形成双向复合箍），满足规范对纵筋的拉结要求。

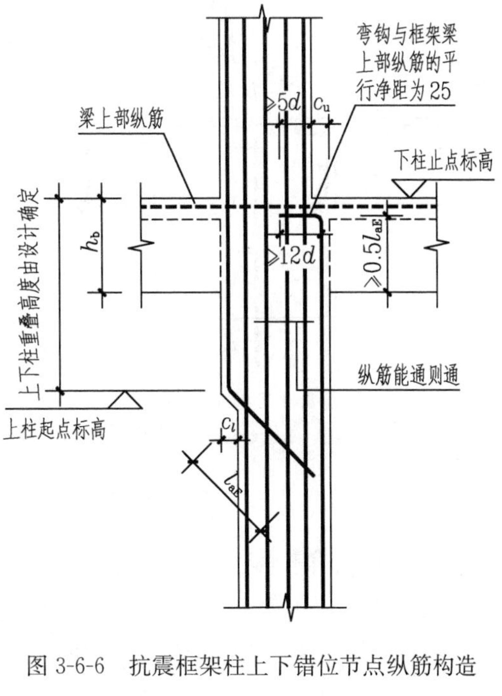

图 3-6-6　抗震框架柱上下错位节点纵筋构造

三、抗震框架柱顶节点构造

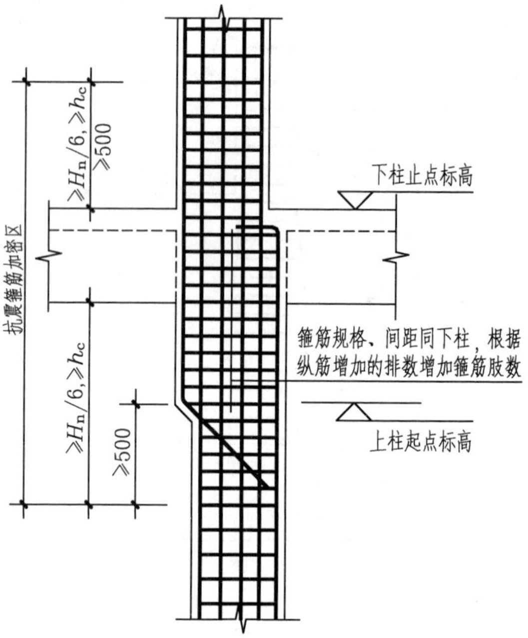

图 3-6-7　抗震框架柱上下错位节点箍筋构造

1. 抗震框架中柱顶节点构造

抗震框架中柱顶节点构造，根据中柱纵筋上端弯钩与框架梁上部受力纵筋的位置关系，可分为（柱梁）顶面相平和柱顶微凸两类构造。

（1）抗震框架中柱顶面相平纵筋构造见图 3-6-8，相应的箍筋构造见图 3-6-9。要点为：

① 当从梁底计算柱纵筋向上允许直通高度＜l_{aE}时，下柱纵筋向上伸至梁纵筋之下≥0.5l_{aE}后弯钩，弯钩与梁纵筋的净距为≥25mm（图中，mm 均省略），弯钩投影长度为 12d（d 为柱纵筋直径）；弯钩应朝向柱截面内，也可朝向柱截面外（此为 GB 50010—2010 规范中的示意图所示，本书有不同观点）。

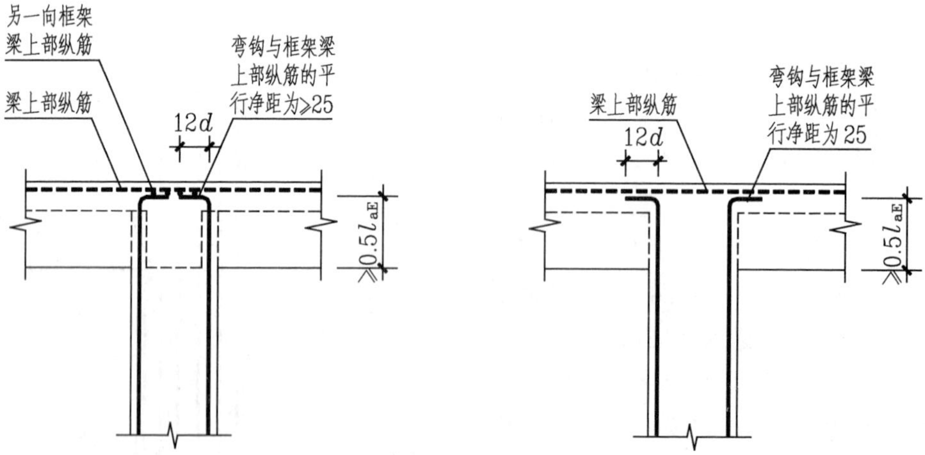

图 3-6-8　抗震框架中柱顶面相平纵筋构造

② 节点内按柱上端的复合加密箍筋设置到顶；

③ 箍筋应紧扣柱纵筋绑扎。当柱纵筋顶端向内弯钩时，最高处一道复合箍筋的外框封闭箍筋应比下方外框封闭箍筋稍小；当柱纵筋顶端向外弯钩时，最高处一道复合箍筋的外框封闭箍筋应比下方外框封闭箍筋稍大。

④ 与本图框架梁相交的另一向框架梁的上部纵筋，在柱纵筋顶部弯钩与梁纵筋之间的净距中穿过。两向框架梁的上部纵筋分别走顶部第一层和第二层，并交叉接触，在每一交叉点均应进行绑扎。

⑤ 当为较高抗震等级时，如一、二级抗震等级，宜采用中柱顶微凸构造（详见下款）。

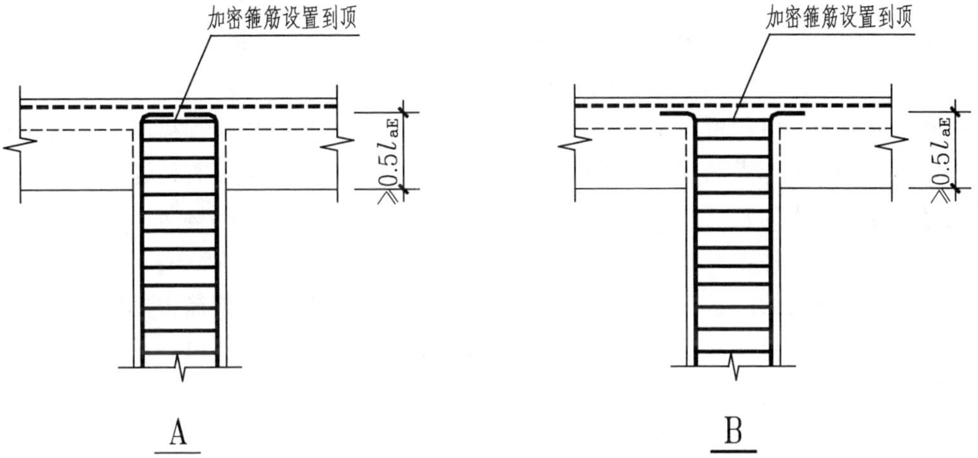

图 3-6-9　抗震框架中柱顶面相平箍筋构造

图 3-6-8 所示抗震框架中柱顶面相平纵筋构造，取自现行规范的相关规定。当按平法解构原理推论则存在以下问题：

● 按规范要求表达的中柱纵筋柱顶部构造，与柱纵筋在基础中的锚固构造基本相同。然而，我们观察到，其一，柱根部是基础支承柱，而柱顶部是柱支承梁，支承方向相反；其二，柱在基础中作为客体构件进行刚性锚固，而柱在主体结构中作为梁柱节点的主体构件为梁提供锚固空间，自身去锚固跟他构件锚入自身完全不是一回事。倘若把柱在基础中的锚固构造，反过来用在柱顶部纵筋在屋面框架梁内锚固，这个“锚固”显然缺少科学依据。

● 这里的逻辑问题是谁支承谁的问题。柱被基础支承所以柱纵筋应锚入基础，那么柱顶是支承梁而不是被梁支承，梁纵筋应在柱内锚固而不是相反。客体构件纵筋应在节点主体中锚固而不是主体构件纵筋在客体构件中锚固。简而言之，柱与基础跟柱与梁的支承关系恰好相反，相反的支承关系却采用同样的构造方式，逻辑不通。

● 由于建筑位于地球表面，故其永远受地心引力即重力的作用；即便发生横向地震破坏，地球重力也永远存在。只有在无重力存在的太空中，某种结构的构件与构件之间主要是连接关系而不是支承与被支承关系，但在重力无处不在的地球表面所建结构中，柱与梁的支承与被支承关系恒定存在。

● 在中柱柱顶的柱梁节点，柱是节点主体支承梁，梁是节点客体由柱支承，这样的构件支承链是定向的，不会因地震或非地震状态而改变。既然柱恒定对梁提供支承，那么，柱纵筋在柱顶需要完成对节点的封闭，以便为梁营造可靠的锚固空间。因此，图 3-6-8 中左图所示的构造是合理的，而右图所示构造非但没有完成对节点的封闭，且在梁宽范围以外的纵筋如角筋完全在梁截面之外，锚入梁之说显然缺少依据。

● 此外，在标准设计 16G101—1 关于中柱柱顶纵向钢筋构造中，竟然还有在正投影透视图上绘有中柱纵筋伸入屋面梁内 $\geqslant l_{aE}$ 时直接在柱顶截断的构造，完全忽略了当柱比梁宽，柱角筋完全在梁之外的客观事实。即便以不符合逻辑的支承构件纵筋锚入被支承构件的“反向锚固”之说，完全在梁以外的柱角筋也不存在锚固条件。

● 图 3-6-8 中左图所示构造虽然合理但仍存在欠缺，柱纵筋在梁纵筋之下弯钩，不能直接对梁上部纵筋提供约束。梁纵筋之上为混凝土最小保护层厚度，柱纵筋弯钩若在梁纵筋之上，会压低梁上部纵筋位置给纵筋直通带来问题而且减小梁截面有效计算高度不利于发挥抗力。因此，当为较高抗震等级时，宜采用下款表述的柱顶微凸构造。

● 柱纵筋必须在柱顶弯钩，而梁纵筋需要贯通柱顶，两种钢筋在同一层面布置肯定发生冲突。业界当前的做法是互相插空排布，造成的问题是柱顶顶层钢筋密集排布，混凝土根本无法往下浇筑，只能从侧面挤入这层密集排布钢筋下面的空间，最后在其上浇上混凝土保护层。这样的结构不是科学意义上的钢筋混凝土结构，而是“钢筋笼子”结构加混凝土面层。当承受地震作用时，柱顶的混凝土“面层”很容易脱开、崩裂。

● 为了避免柱纵筋柱顶弯钩与梁纵筋在同一层面布置时的冲突，需采取压低梁纵筋位置或升高柱顶的措施。由于梁顶面所占平面大幅多于柱顶，显然升高柱顶比较节省混凝土材料。本书提议，柱顶微凸 $\geqslant 2d$ 且 $\geqslant$50mm（d 为柱纵筋直径）。其中，$2d$ 为柱两个侧面在梁纵筋之上的弯钩相交叉占用的高度值，且当柱纵筋直径小于 25mm 时微凸 $\geqslant$50mm，以确保钢筋之间留有 25mm 净距。

（2）抗震框架中柱柱顶微凸钢筋构造（柱两边梁高度相同），见图 3-6-10。要点为：

①框架中柱顶微凸出梁顶面高度 $\geqslant$50mm 且不小于 $2d$（d 为柱纵筋直径，图中 mm

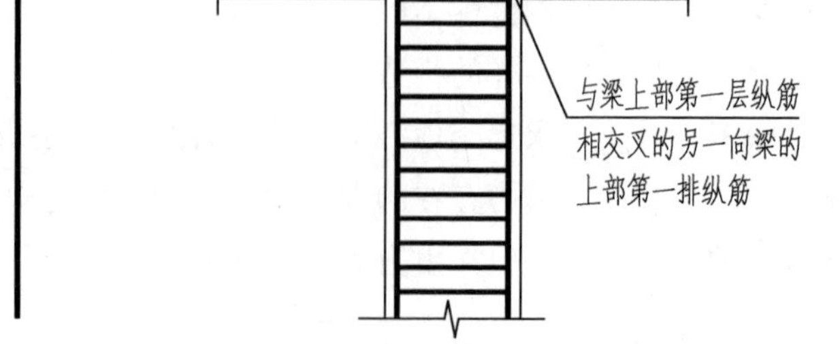

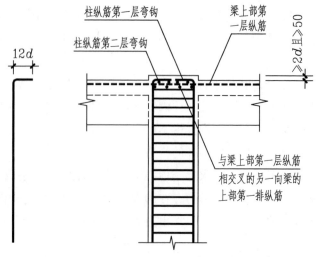

图 3-6-10　抗震框架中柱柱顶微凸钢筋构造（柱两边梁高度相同）

均省略），两正交侧面的柱纵筋伸至微凸出的柱顶分两层朝内交叉接触弯钩。第一层弯钩上方为柱顶混凝土保护层厚度下方与第二层弯钩交叉接触，第二层弯钩下方与第一层梁纵筋交叉接触，弯钩投影长度均为 12d，为梁纵筋直接提供有效约束。

② 节点内按柱上端复合加密箍筋贯通设置到顶部，且应紧扣柱纵筋绑扎（柱纵筋顶端最高处一道复合箍筋的外框封闭箍筋应比下方外框封闭箍筋稍小），其位置在框架梁纵筋之上（为表示柱纵筋第二层弯钩的断面，图中未绘制最高位置的一道外框封闭箍筋）。

（3）抗震框架中柱两边梁高不同时的柱顶微凸纵筋和箍筋构造（柱两边梁高度不同），见图 3-6-11。要点为：

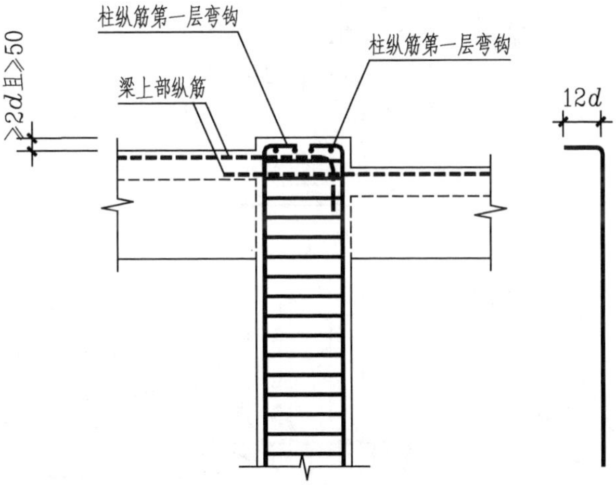

图 3-6-11　抗震框架中柱柱顶顶微凸钢筋构造
（柱两边梁高度不同）

① 以较高框架梁顶面为准，柱顶微凸出梁顶面高度≥50mm 且不小于 2d（d 为柱纵筋直径，图中 mm 均省略），两正交侧面的柱纵筋伸至微凸出的柱顶分两层朝内交叉接触弯钩。第一层弯钩上方为柱顶混凝土保护层厚度下方与第二层弯钩交叉接触，第二层弯钩下方与较高框架梁的第一层梁纵筋交叉接触，弯钩投影长度均为 12d；

② 节点内按柱上端复合加密箍筋贯通设置到顶部，且应紧扣柱纵筋绑扎（柱纵筋顶端最高处一道复合箍筋的外框封闭箍筋应比下方外框封闭箍筋稍小），其位置在框架梁纵筋之上（为表示柱纵筋第二层弯钩的断面，图中未绘制最高位置的一道外框封闭箍筋）。

（4）抗震框架中柱顶微凸构造钢筋分布示意，见图 3-6-12。

（5）当框架柱纵筋直径较大，柱顶纵筋弯钩较长可能出现同层面与相对钢筋弯钩相顶的情况，可采取将对顶钢筋弯钩适度偏斜错开放置的措施，见图 3-6-13。

2. 抗震框架顶层端节点（边柱或角柱顶节点）构造

抗震框架顶层端节点（边柱或角柱顶节点）构造，与框架中柱顶节点构造的显著区别是柱外侧纵筋与梁上部纵筋的搭接方式有“纵筋弯折搭接”和“纵筋竖直搭接”两种不同类型。

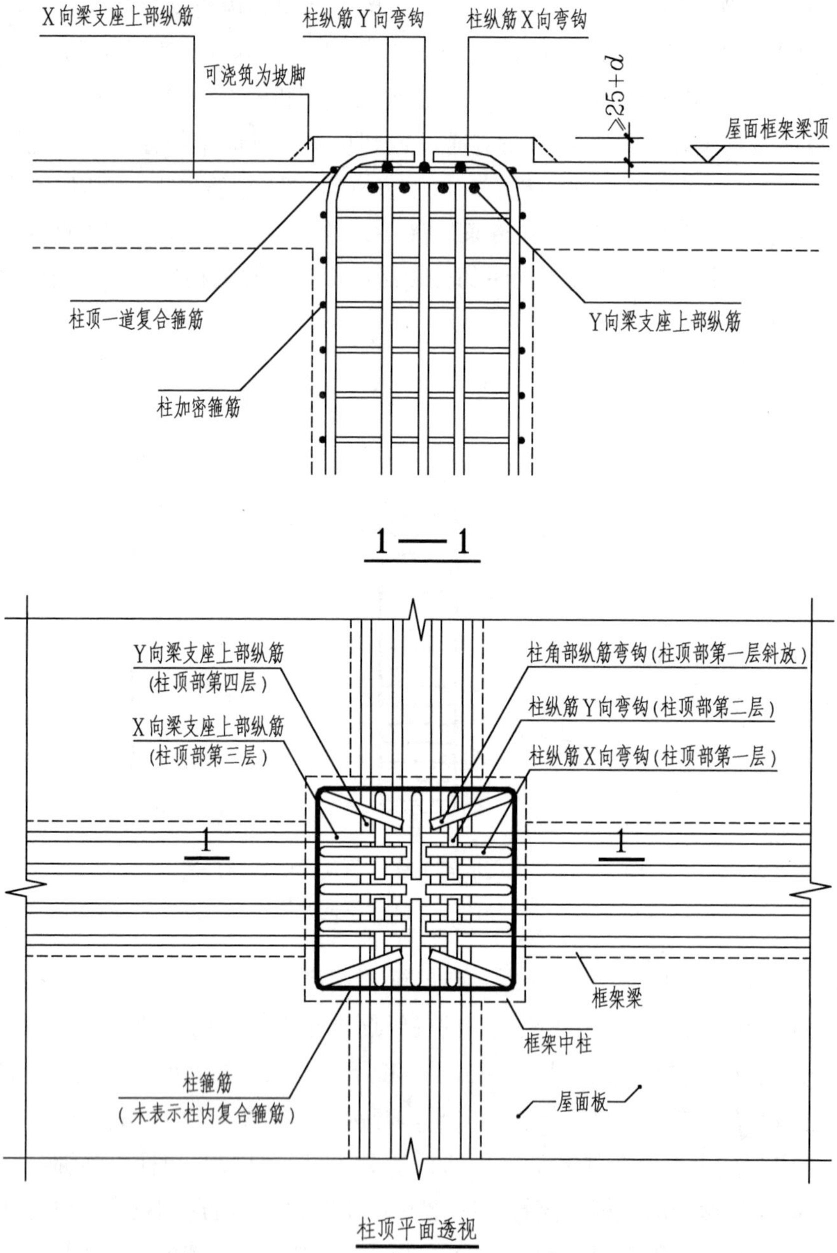

图 3-6-12 抗震框架中柱顶微凸构造钢筋分布示意

当在地震发生时，为了实现框架结构“大震不倒”，必须做到节点不散，而框架顶层端节点在大震时最容易散开，故应将柱外侧纵筋与梁上部纵筋的弯折搭接留有充足的裕量，且应采用非接触方式，以使其具有较高的可靠度。

根据柱外侧纵筋上端弯折后的水平段与框架梁上部纵筋的上下位置关系，抗震框架顶层端节点构造又可分为顶面相平和柱顶微凸两类构造。应注意：角柱在两个正交方向上均应按端节点构造，边柱顶节点的平面外方向的中部筋按中柱顶节点构造。

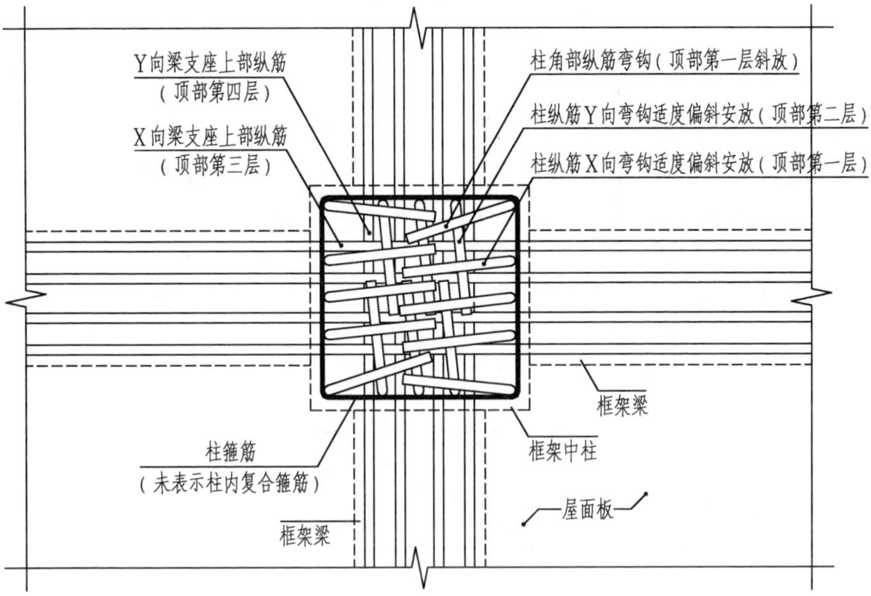

注：当弯钩较长时，同层面对顶弯钩适度偏斜错开。

图 3-6-13 纵筋弯钩较长时抗震中柱柱顶微凸构造钢筋分布示意

（1）抗震框架顶层端节点顶面相平纵筋弯折搭接构造，见图 3-6-14，相应的箍筋构造见图 3-6-15。要点为：

① 梁上部纵筋伸至柱外侧纵筋内侧，弯钩至梁底位置，弯钩与柱外侧纵筋的净距为 25mm（图中，mm 均省略）；柱外侧纵筋向上伸至梁上部纵筋之下，水平弯折后向梁内延伸；柱纵筋水平延伸段与梁上部纵筋的净距为≥25mm，自梁底起算的弯折搭接总长度为 $\geqslant 1.5l_{aE}$；

② 柱内侧纵筋向上伸至梁纵筋之下朝柱截面内弯钩，弯钩与梁纵筋的净距为≥25mm，弯钩投影长度为 $12d$（d 为柱纵筋直径）；

③ 节点内按柱上端的复合加密箍筋设置到顶；

④ 柱箍筋应紧扣柱纵筋绑扎，最高处一道复合箍筋的外框封闭箍筋应比下方外框封闭箍筋稍小；

⑤ 梁上部纵筋在柱顶部范围设置附加箍筋，附加箍筋可采用开口箍，其规格、间距与梁端加密箍筋相同；当为多肢箍时，均采用等大的小开口箍；

⑥ 当为较高抗震等级时，如一、二级抗震等级，宜采用端节点柱顶微凸构造（详见下款）。

（2）抗震框架顶层端节点柱顶微凸纵筋弯折搭接构造，见图 3-6-16，相应的箍筋构造见图 3-6-17。要点为：

① 柱顶凸出梁顶面高度为≥25mm+d（d 为柱纵筋直径，图中 mm 均省略），柱纵筋

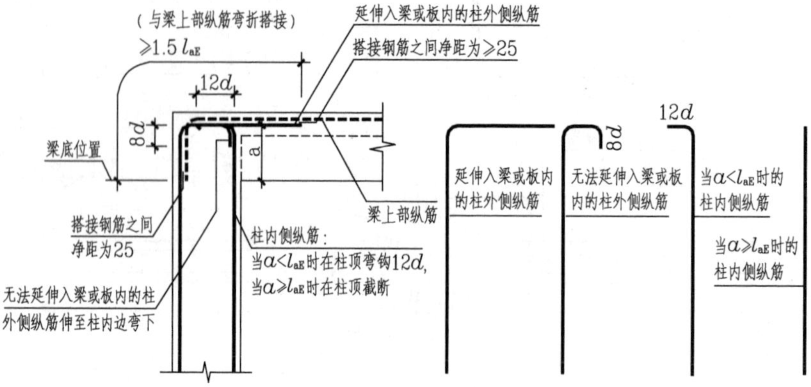

A
（当柱外侧纵向钢筋配筋率≤1.2%时）

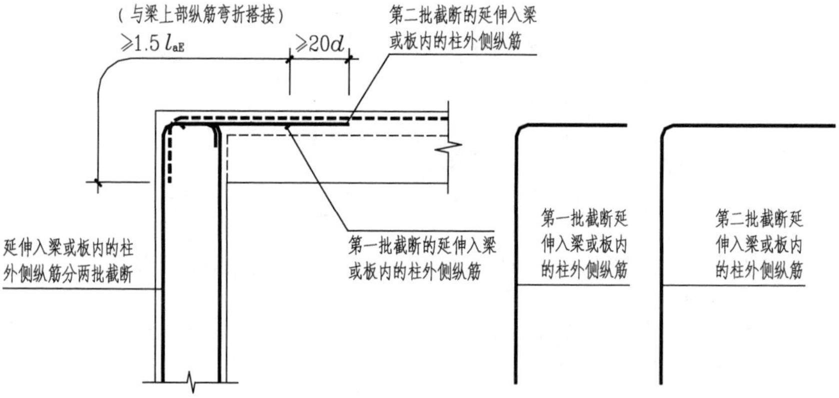

B（其他要求同A）
（当柱外侧纵向钢筋配筋率>1.2%时）

图 3-6-14　抗震框架顶层端节点顶面相平纵筋弯折搭接构造

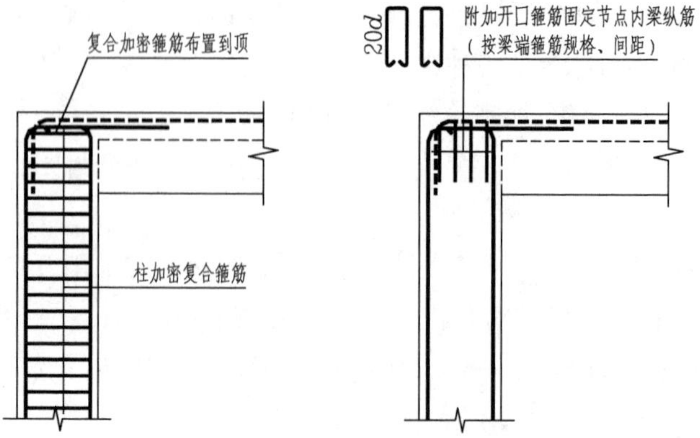

柱顶节点柱箍筋　　　　柱顶节点附加箍筋

图 3-6-15　抗震框架顶层端节点顶面相平纵筋弯折搭接时的箍筋构造

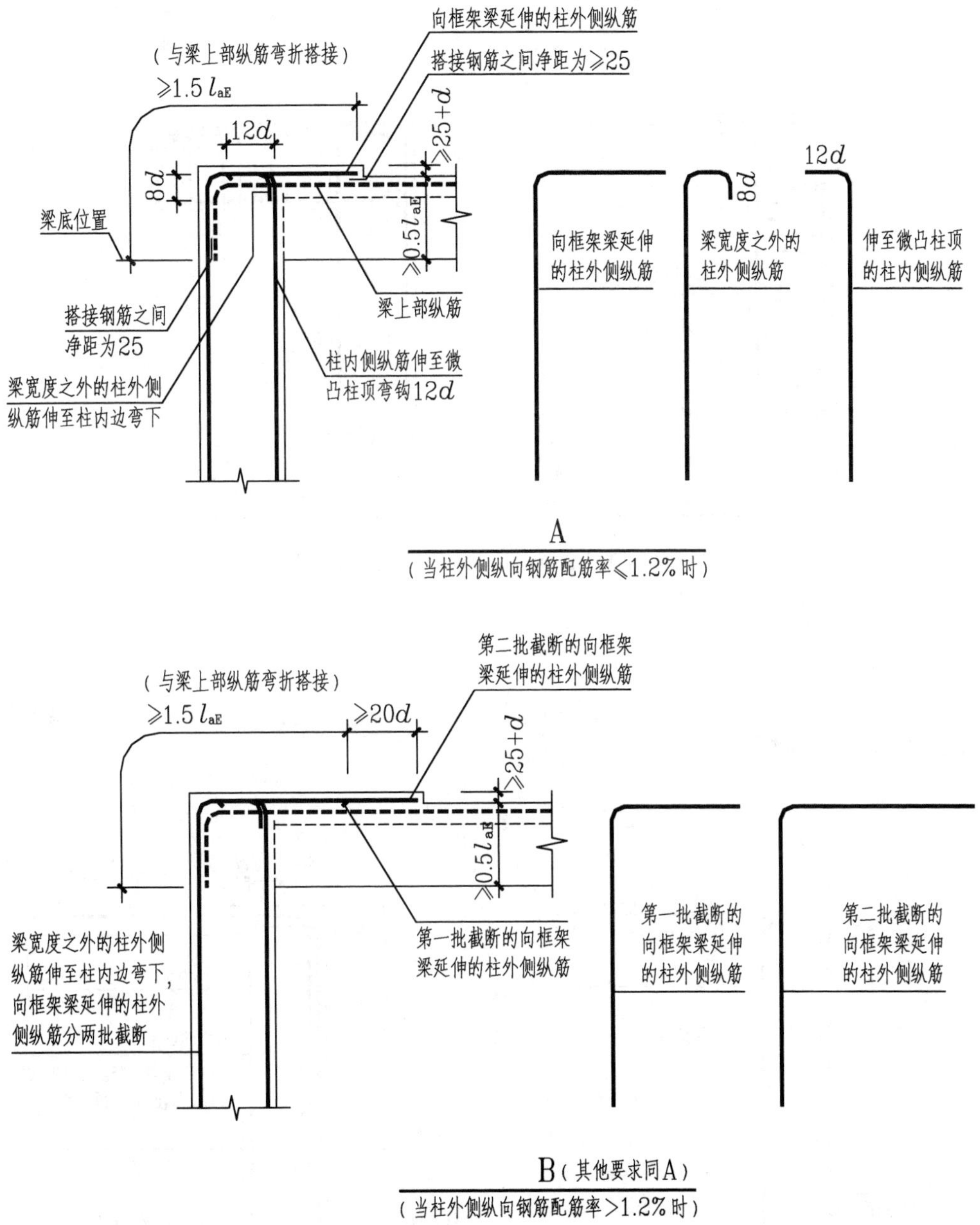

图 3-6-16　抗震框架顶层端节点柱顶微凸纵筋弯折搭接构造

伸至混凝土保护层位置水平弯折后向框架梁延伸；梁上部纵筋在柱纵筋水平延伸段下方，两者净距为≥25mm，自梁底起算的弯折搭接总长度为≥1.5l_{aE}；

② 节点内按柱上端的复合加密箍筋设置到顶，且应紧扣柱纵筋绑扎（柱纵筋顶端最高处一道复合箍筋的外框封闭箍筋应比下方外框封闭箍筋稍小），其位置在框架梁纵筋下面；

③ 在梁纵筋之上的柱外侧弯折纵筋水平延伸范围，按框架梁端加密箍筋配置适量增

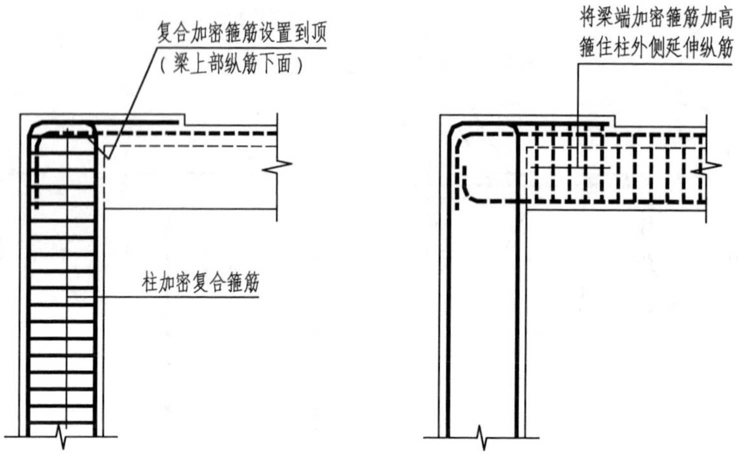

柱顶微凸节点柱箍筋　　柱顶微凸节点梁加高箍筋

图 3-6-17 抗震框架顶层端节点柱顶微凸纵筋弯折搭接时的箍筋构造

加高度后箍住柱外侧延伸纵筋；

④ 本构造适用于各级抗震等级。

（3）抗震框架顶层端节点顶面相平纵筋竖直搭接构造，见图 3-6-18，相应的箍筋构造见图 3-6-19。要点为：

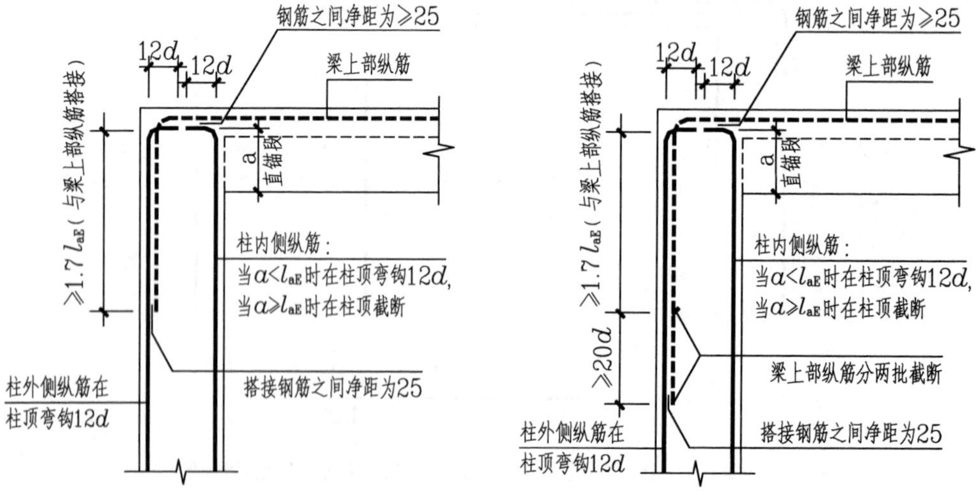

A
（当梁上部纵向钢筋配筋率≤1.2%时）

B
（当梁上部纵向钢筋配筋率>1.2%时）

图 3-6-18 抗震框架顶层端节点顶面相平纵筋竖直搭接构造

① 梁上部纵筋伸至柱外侧纵筋内侧竖直向下弯折，竖直段与柱外侧纵筋搭接总长度为≥1.7l_{aE}，净距为 25mm（图中 mm 均省略）；柱外侧纵筋向上伸至梁上部纵筋之下，水

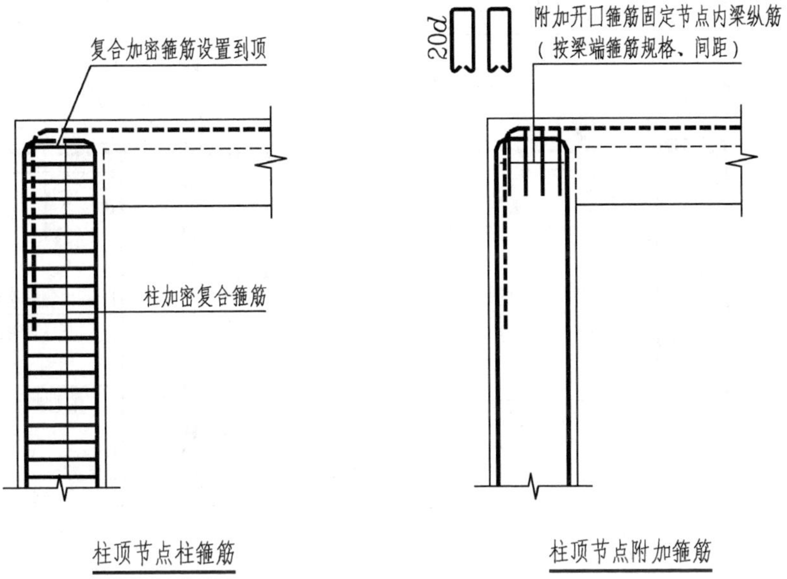

图 3-6-19 抗震框架顶层端节点顶面相平纵筋竖直搭接时的箍筋构造

平弯钩 12d；柱纵筋水平弯钩与梁上部纵筋的净距为≥25mm；

② 柱内侧纵筋向上伸至梁纵筋之下朝柱截面内弯钩，弯钩与梁纵筋的净距为≥25mm，弯钩投影长度为 12d（d 为柱纵筋直径）；

③ 节点内按柱上端的复合加密箍筋设置到顶；

④ 柱箍筋应紧扣柱纵筋绑扎，最高处一道复合箍筋的外框封闭箍筋应比下方外框封闭箍筋稍小；

⑤ 梁上部纵筋在柱顶部范围设置附加箍筋，附加箍筋可采用开口箍，其规格、间距与梁端加密箍筋相同；

⑥ 当为较高抗震等级时，如一、二级抗震等级，宜采用端节点柱顶微凸构造（详见下款）。

（4）抗震框架顶层端节点柱顶微凸纵筋竖直搭接构造，见图 3-6-20，相应的箍筋构造见图 3-6-21。要点为：

① 柱顶凸出梁顶面高度为≥25mm＋d（d 为柱纵筋直径，图中 mm 均省略），柱外侧和内侧纵筋均伸至混凝土保护层位置水平弯折 12d，梁上部纵筋在柱纵筋水平弯钩下方，两者净距为≥25mm；梁上部纵筋伸至柱外侧纵筋内侧弯折后，竖直向下延伸至与柱外侧纵筋竖直搭接长度为≥1.7l_{aE}，净距为 25mm；

② 节点内按柱上端的复合加密箍筋设置到顶，且应紧扣柱纵筋绑扎（柱纵筋顶端最高处一道复合箍筋的外框封闭箍筋应比下方外框封闭箍筋稍小），其位置在框架梁纵筋上面；

③ 本构造适用于各级抗震等级。

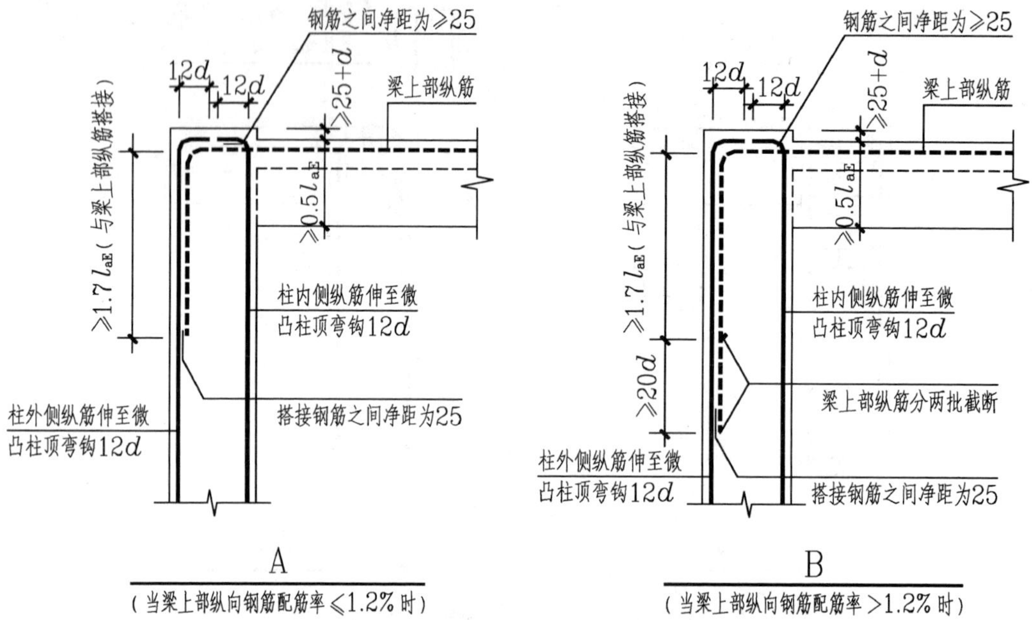

图 3-6-20 抗震框架顶层端节点柱顶微凸纵筋竖直搭接构造

四、抗震框支柱顶节点构造

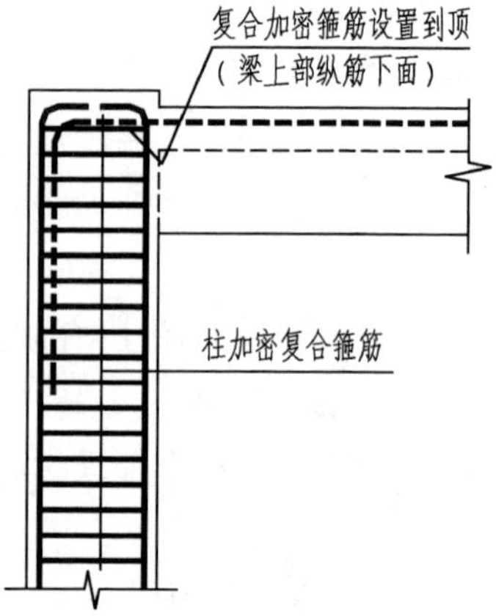

图 3-6-21 抗震框架顶层端节点柱顶微凸纵筋竖直搭接时的箍筋构造

框支柱术语因含有“柱”字，通常在规范和专业教科书中将其归入柱类构件，且将与框支柱配套的框支梁归入梁类构件。从功能角度观察，框支柱的功能是支承不落地剪力墙，而框支梁的功能并非支承不落地剪力墙，而是作为不落地剪力墙底部的偏心受拉凌空边缘加强构造。

框支柱为完整构件而框支梁并不属于构件，框支柱和与不落地剪力墙成一体的框支梁并不构成特殊框架，即不构成完整的结构体系；从逻辑上推论，只有一种结构体系转换为另一种结构体系时，两种不同结构体系的界面部位称为“转换层”；框支柱对不落地剪力墙起支承作用但并不起转换结构体系的作用，框支柱与不落地剪力墙构成特殊的不落地剪力墙。

如果将框支柱归入框架柱讨论，往往会连带将框支梁当成框架梁讨论，这样做容易将适用于受弯且受剪的框架梁构造错误地套用到承受偏心拉力的框支梁上。本书在此仍将框支柱列入柱类构件讨论，但在后续章节中会将框支梁列入剪力墙构件中讨论，以明晰概念。

1. 抗震框支中柱顶节点构造

（1）抗震框支中柱顶节点纵筋构造见图 3-6-22，相应的箍筋构造见图 3-6-23。要点为：

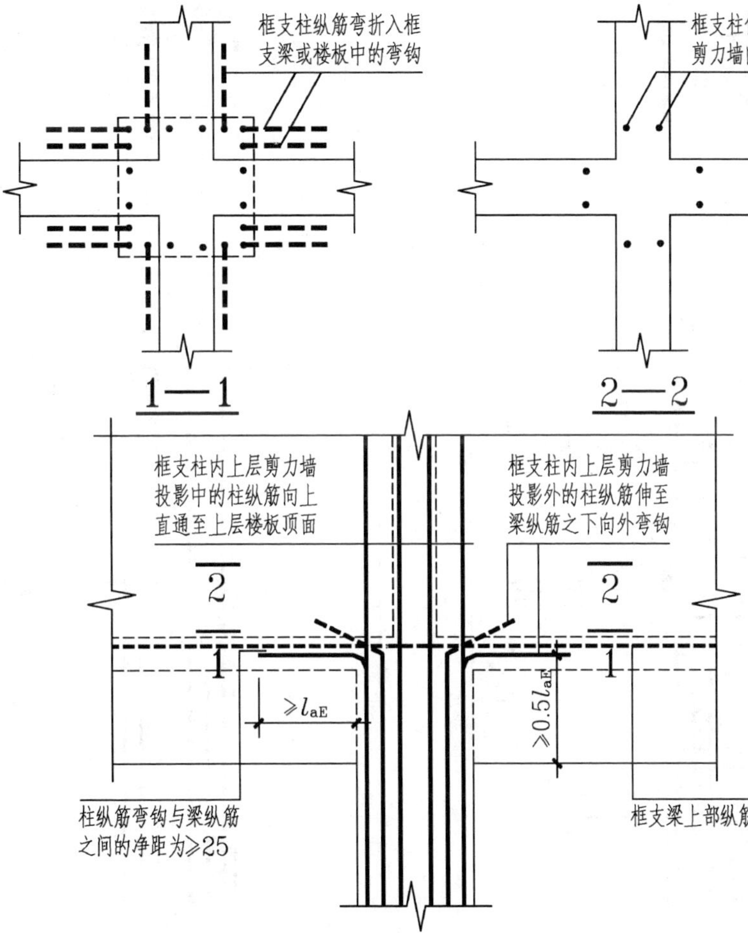

图 3-6-22　抗震框支中柱顶节点纵筋构造

① 抗震框支柱顶以上为钢筋混凝土剪力墙，在框支柱截面上的剪力墙投影中的柱纵筋向上直通至上层楼板顶面，与柱顶之上的不落地剪力墙重叠一层，通至该层的框支柱纵筋应与剪力墙边缘暗柱纵筋协调布置，彼此之间应满足规范规定的纵筋最小净距要求；

② 框支柱内位于剪力墙投影之外不能向上直通的纵筋，伸至梁纵筋之下≥0.5l_{aE}后向柱外框支梁或楼板中弯钩 l_{aE}，弯钩与梁纵筋的净距为≥25mm（图中 mm 均省略）；

③ 节点内按框支柱上端的复合加密箍筋设置到顶，且应紧扣柱纵筋绑扎；框支梁上部纵筋在柱顶部范围设置附加箍筋，附加箍筋可采用开口箍，其规格、间距与梁端加密箍筋相同；

（2）当框支中柱截面中的剪力墙投影为十字截面时，如图 3-6-23 所示，应在向上伸入剪力墙中的框支柱纵筋上设置箍筋，箍筋的规格、间距同框支柱加密箍筋，并相应改变

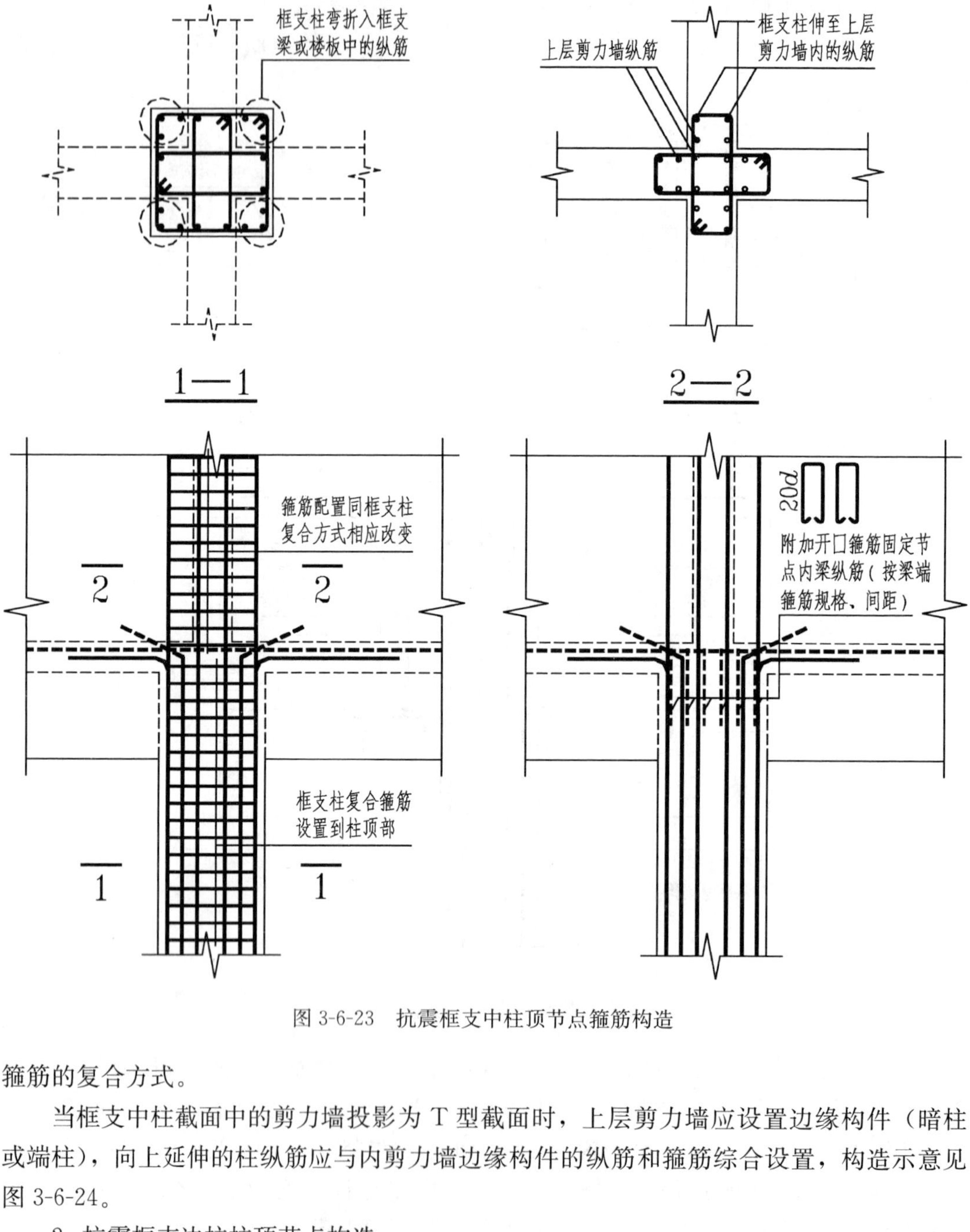

图 3-6-23 抗震框支中柱顶节点箍筋构造

箍筋的复合方式。

当框支中柱截面中的剪力墙投影为 T 型截面时，上层剪力墙应设置边缘构件（暗柱或端柱），向上延伸的柱纵筋应与内剪力墙边缘构件的纵筋和箍筋综合设置，构造示意见图 3-6-24。

2. 抗震框支边柱柱顶节点构造

(1) 抗震框支边柱顶节点纵筋构造见图 3-6-25，相应的箍筋构造见图 3-6-26。要点为：

① 抗震框支柱顶以上为混凝土剪力墙，在框支柱截面中的剪力墙截面投影内的柱纵筋向上直通至上层楼板顶面；

② 框支柱内位于剪力墙水平截面之外不能向上直通的纵筋，伸至梁纵筋之下$\geqslant 0.5l_{aE}$后向柱外框支梁或楼板中弯钩l_{aE}，弯钩与梁纵筋的净距为$\geqslant$25mm（图中 mm 均省略）；

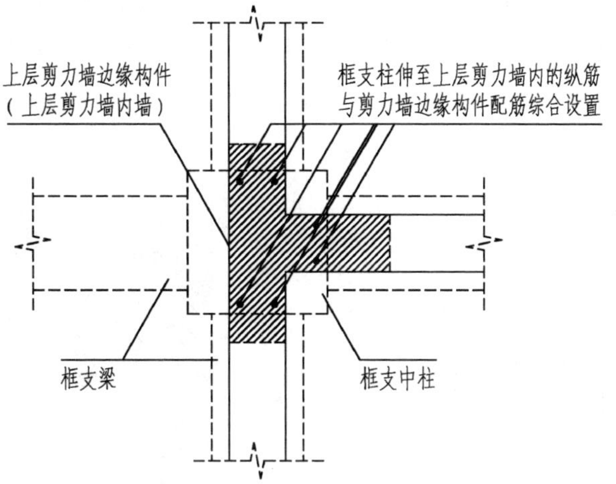

图 3-6-24　抗震框支中柱以上为剪力墙边缘构件构造示意

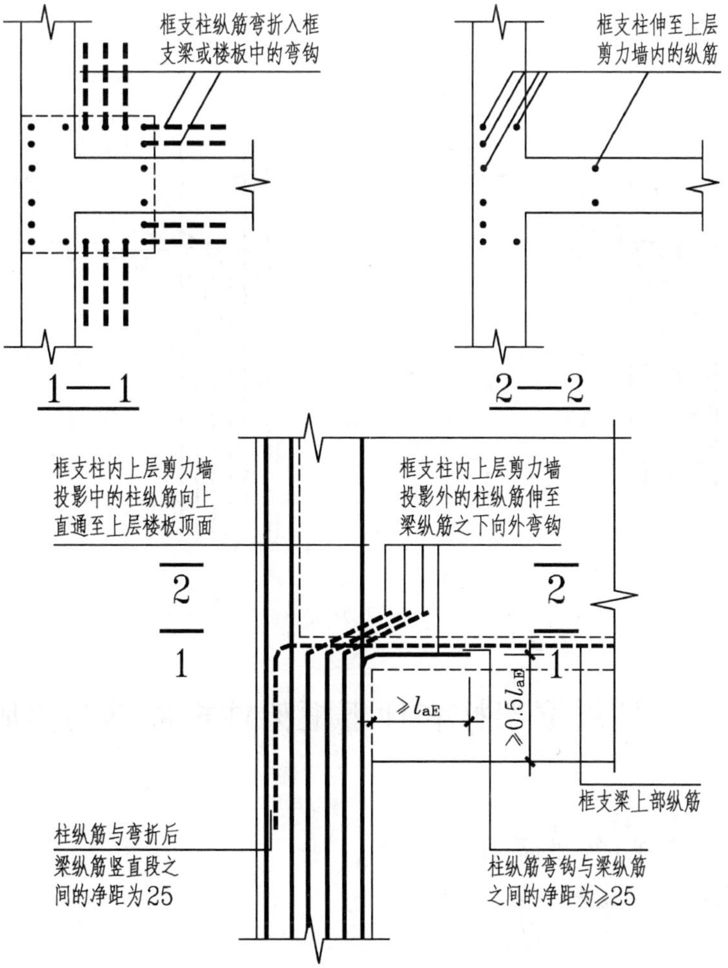

图 3-6-25　抗震框支边柱顶节点纵筋构造

③ 节点内按框支柱上端的复合加密箍筋设置到顶，且应紧扣柱纵筋绑扎；框支边柱和角柱以上应设有剪力墙边缘构件（暗柱或端柱），向上延伸的柱纵筋应与剪力墙边缘构件的纵筋和箍筋综合设置。

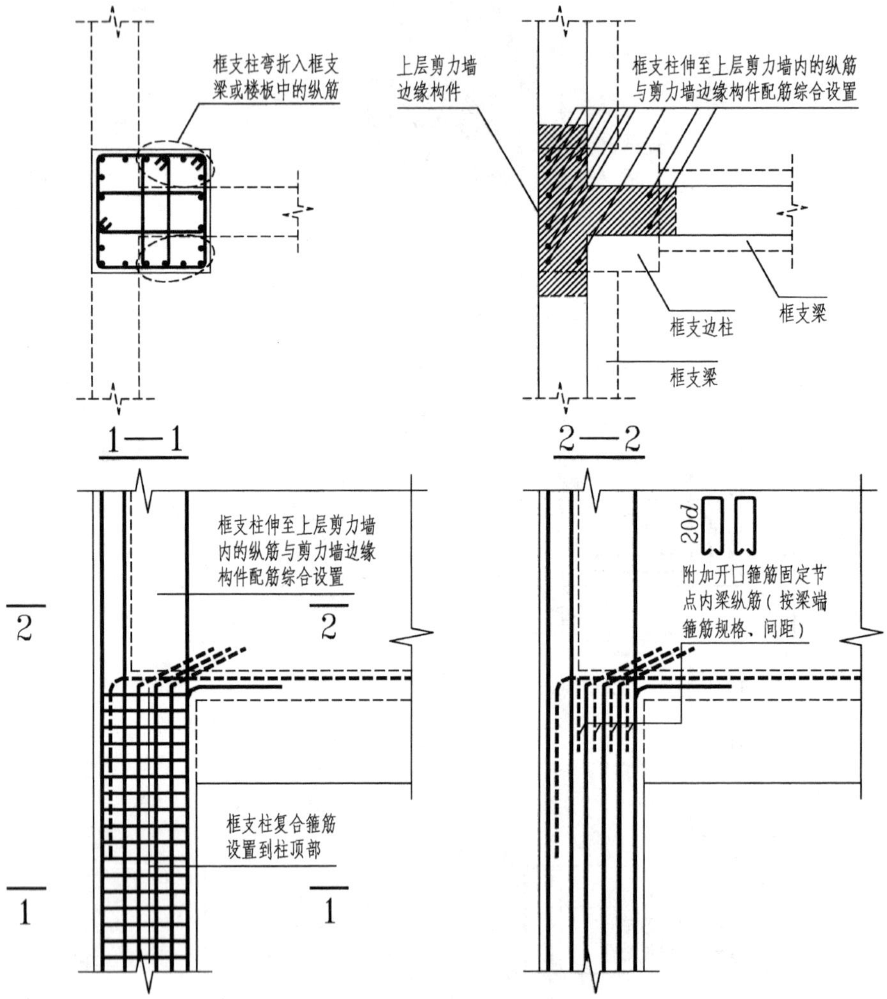

图 3-6-26　抗震框支边柱顶节点箍筋构造

第七节　非抗震框架柱和地下框架柱根部钢筋锚固构造

本节内容为：

1. 非抗震柱插筋独立基础锚固构造；
2. 非抗震柱插筋条形基础锚固构造；
3. 非抗震柱插筋筏形基础锚固构造；
4. 非抗震柱插筋箱型基础锚固构造；

5. 非抗震柱插筋桩基承台锚固构造；

6. 非抗震框架梁上起柱钢筋锚固构造；

7. 非抗震结构板上起柱钢筋锚固构造；

8. 非抗震剪力墙上起柱钢筋锚固构造；

为方便讨论问题，对文中所用若干词语解释如下：

“非抗震柱”指非抗震框架柱和地下框架柱。

“封闭配筋基础”指配置纵向钢筋和封闭箍筋的基础梁、承台梁，顶部配置水平钢筋网的大直径钢筋混凝土灌注桩，底部和顶部均配置双向受力钢筋的板式筏形基础，墙体双面均配置竖向和水平钢筋的箱形基础等。

“非封闭配筋基础”指仅配置底部双向受力钢筋的独立基础、独立承台等。

“地下框架柱”指地下室中的框架柱，或无地下室但在地上框架底层的地面位置设置双向地下框架梁时埋在土中的柱。但当地上框架底层柱仅有部分埋入地下时，该柱仍为地上框架柱。

“柱根部标高”指支承框架柱和地下框架柱的基础顶面标高。

“基础底面标高”指覆盖地基的基础垫层（包括防水层）的顶面标高。

“基础容许竖向直锚深度”指从基础顶面至基础底部双向配筋或中部双向配筋（厚度超过 2m 的板式筏形基础应设置）上表面的高度。

一、非抗震柱插筋独立基础锚固构造

独立基础平面远大于框架柱根部截面，框架柱插筋锚入独立基础的节点普遍属于宽主体节点；仅当双柱联合独立基础设置基础梁且柱比基础梁宽时为宽客体节点。设计人应注意，设置基础梁的双柱联合独立基础不应设计为等宽度节点，否则，柱插筋与基础梁纵筋相顶不能直通锚固。

1. 独立基础容许竖向直锚深度≥l_a时的非抗震柱插筋锚固构造

当非抗震柱插筋插至基础底部配筋位置直锚深度≥l_a时，柱角插筋应插至基础底部配筋上表面并做 90°弯钩，弯钩直段长度≥6 倍柱插筋直径且≥150mm，柱中部插筋可插至l_a深度（因钢筋外混凝土厚度≥$5d$，可乘折减系数 0.7）截断；见图 3-7-1。

2. 独立基础容许竖向直锚深度＜l_a时的非抗震柱插筋锚固构造

当非抗震柱插筋插至基础底部配筋位置，直锚深度＜l_a时，所有插筋应插至基础底部配筋上表面并做 90°弯钩，见图 3-7-2；与直锚深度（竖直长度）对应的弯钩直段长度 a，见表 3-7-1。

柱插筋锚固竖直深度与弯钩直段长度对照表　　表 3-7-1

竖直长度（mm）	弯钩直段长度 a（mm）	竖直长度（mm）	弯钩直段长度 a（mm）
≥$0.5l_a$	$12d$ 且≥150	≥$0.7l_a$	$8d$ 且≥150
≥$0.6l_a$	$10d$ 且≥150	≥$0.8l_a$	$6d$ 且≥150

3. 双柱独立基础非抗震柱插筋锚固构造

（1）双柱之间未设基础梁时的非抗震柱插筋锚固构造，与容许竖向直锚深度≥l_a或<l_a时的非抗震柱插筋锚固构造相同，见图 3-7-1 和图 3-7-2。当双柱之间设置基础梁但基础梁宽度小于柱宽度时，非抗震柱插筋锚固构造见本节“二、非抗震框架柱和地下结构柱插筋条形基础锚固构造”中的相应内容。

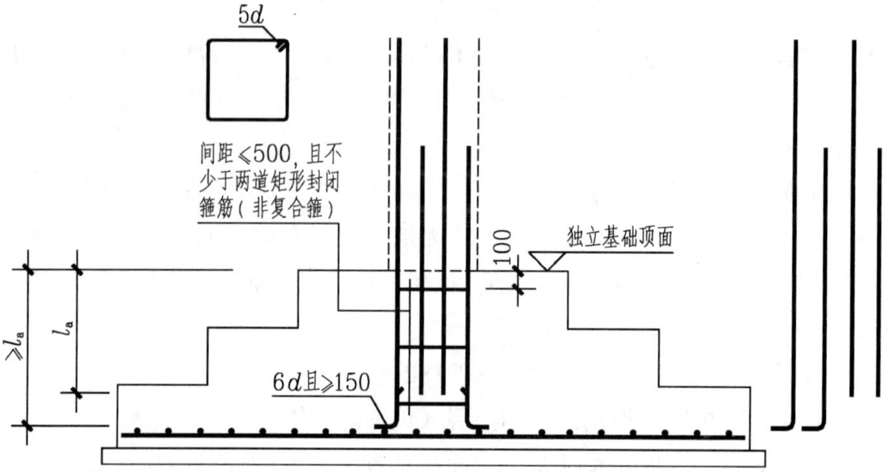

图 3-7-1

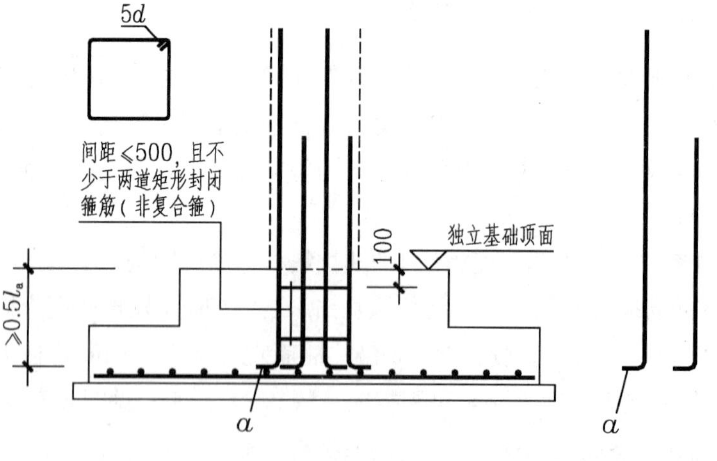

图 3-7-2

（2）当双柱之间设置基础梁且基础梁宽度大于柱宽度，插筋插至双柱独立基础底部配筋位置，直锚深度≥l_a时，柱角插筋和与基础梁轴线平行布置的柱中部插筋应插至基础底部配筋上表面并做 90°弯钩，弯钩直段长度≥6 倍柱插筋直径且≥150mm；锚入基础梁横截面中的柱中部插筋可插至 l_a深度后截断；见图 3-7-3。

（3）当双柱之间设置基础梁但基础梁宽度大于柱宽度，且插筋插至双柱独立基础底部配筋位置，直锚深度<l_a时，所有柱插筋应插至基础底部配筋上表面并做 90°弯钩，见图

3-7-4；与直锚深度（竖直长度）对应的弯钩直段长度 a，见表 3-7-1。

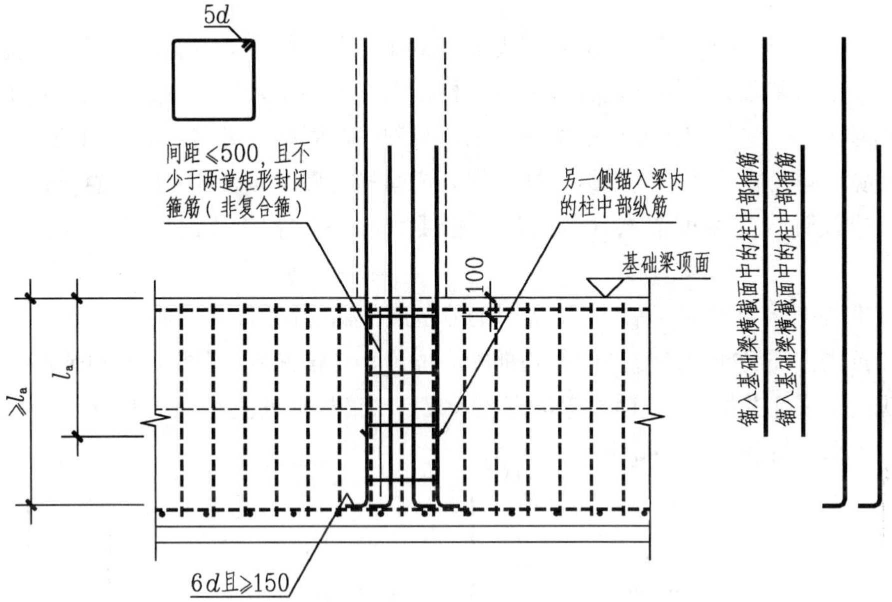

注：粗虚线所示为基础梁底部与顶部纵筋和基础梁箍筋。

图 3-7-3

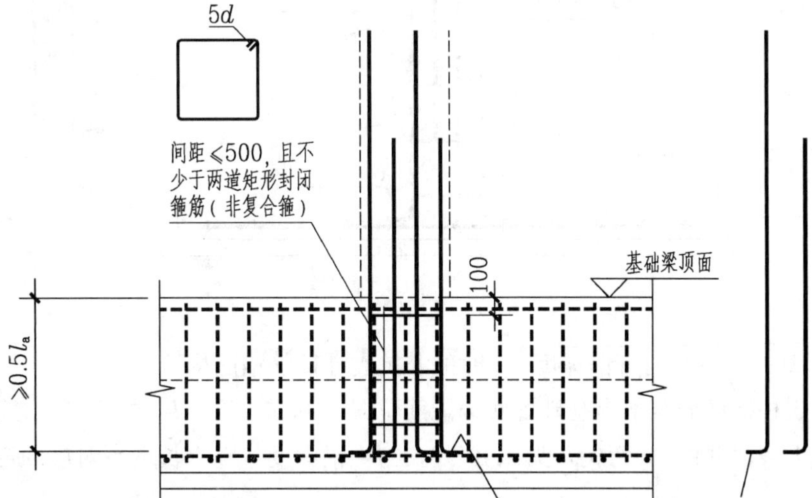

注：粗虚线所示为基础梁底部与顶部纵筋和基础梁箍筋。

图 3-7-4

二、非抗震框架柱和地下框架柱插筋条形基础锚固构造

框架柱—条形基础节点，条形基础为节点主体，框架柱为节点客体。通常情况下柱截面宽度大于条形基础梁，属于宽客体节点；柱截面宽度小于条形基础梁，属于宽主体节点的情况相对较少。整体结构要求框架柱在条形基础的锚固必须可靠，应采用条形基础梁加侧腋，变宽客体为宽主体，实现梁包柱以提高锚固的可靠度。设计人应注意，框架柱与条形基础不应设计为等宽度节点，否则，当柱插筋与基础梁纵筋相顶时，不能实现直通锚固。

1. 条形基础容许竖向直锚深度$\geqslant l_a$时的非抗震柱插筋锚固构造

当非抗震柱插筋插至条形基础梁底部配筋位置，直锚深度$\geqslant l_a$时，柱角插筋应插至基础底部配筋上表面并做90°弯钩，弯钩直段长度$\geqslant$6倍柱插筋直径且$\geqslant$150mm，柱中部插筋可插至l_a深度后截断；见图3-7-5。

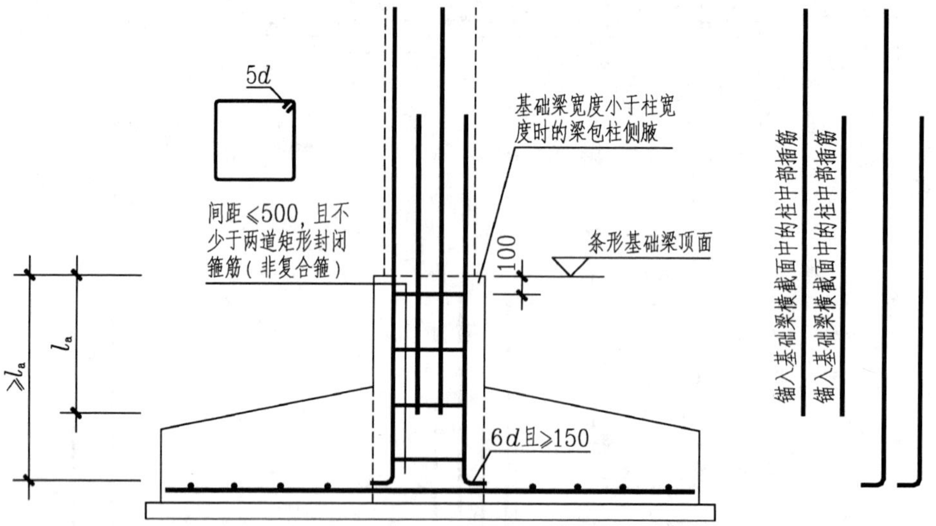

图3-7-5

2. 条形基础容许竖向直锚深度$< l_a$时的非抗震柱插筋锚固构造

当非抗震柱插筋插至条形基础梁底部配筋位置，直锚深度$< l_a$时，所有插筋应插至基础底部配筋上表面并做90°弯钩，见图3-7-6；与直锚深度（竖直长度）对应的弯钩直段长度a，见表3-7-1。

3. 非抗震柱支承在单根基础梁上时的柱插筋锚固构造

（1）当非抗震柱支承在单根基础梁上（即非两向基础梁相交位置），插筋至条形基础梁底部配筋位置直锚深度$\geqslant l_a$时，柱角插筋和与基础梁轴线平行布置的柱中部插筋应插至基础底部配筋上表面并做90°弯钩，弯钩直段长度$\geqslant$6倍柱插筋直径且$\geqslant$150mm；锚入基础梁横截面中的柱中部插筋可插至l_a深度后做90°弯钩，弯钩直段长度$\geqslant$6倍柱插筋直径且$\geqslant$150mm；见图3-7-7。

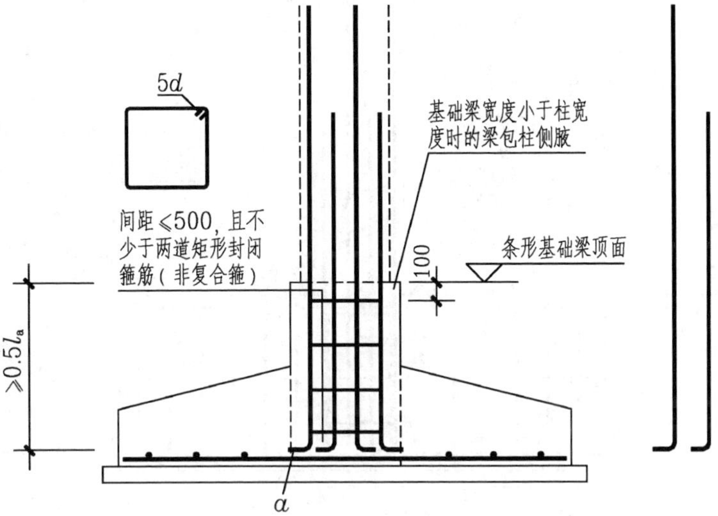

图 3-7-6

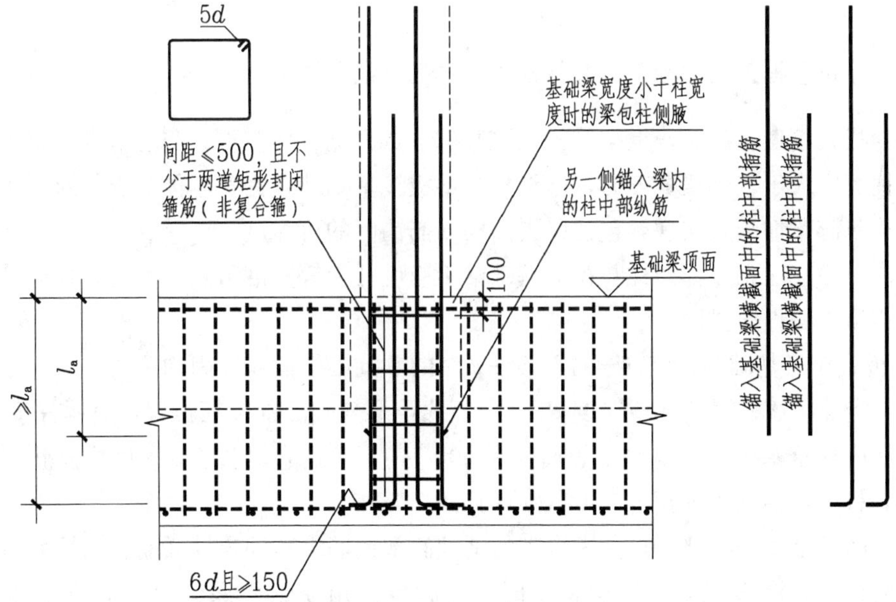

注：粗虚线所示为基础梁底部与顶部纵筋和基础梁箍筋。

图 3-7-7

（2）当非抗震柱支承在单根基础梁上（即非两向基础梁相交位置），插筋至条形基础梁底部配筋位置直锚深度<l_a时，所有柱插筋应插至基础底部配筋上表面并做 90°弯钩，见图 3-7-8；与直锚深度（竖直长度）对应的弯钩直段长度 a，见表 3-7-1。

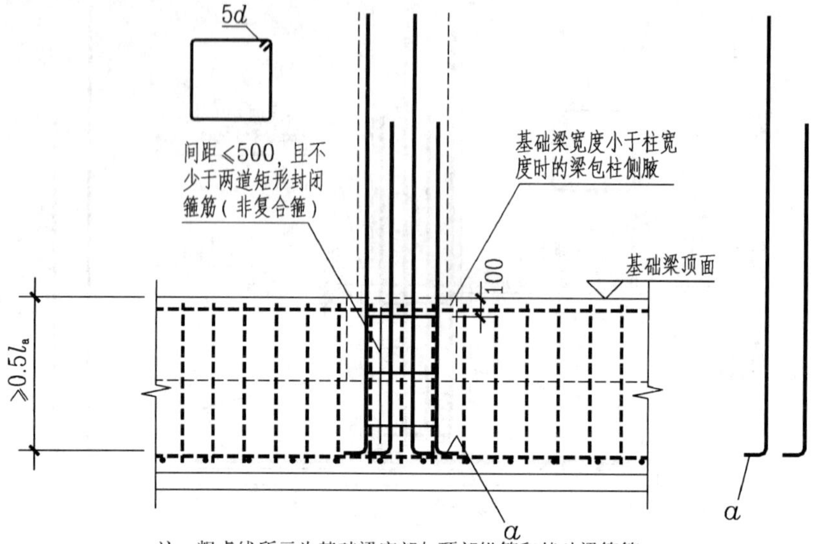

注：粗虚线所示为基础梁底部与顶部纵筋和基础梁箍筋。

图 3-7-8

三、非抗震框架柱和地下框架柱插筋筏形基础锚固构造

当为板式筏形基础时，框架柱—板筏基础节点为宽主体节点；当为低板位梁板式筏形基础且柱宽度大于基础梁宽度时，框架柱—梁板筏基础节点为宽客体节点。对于宽客体节点，应将基础梁加侧腋实现梁包柱以提高柱插筋锚固的可靠度。

设计方面应注意，框架柱与筏形基础梁不应设计为等宽度节点，否则，柱插筋与基础梁纵筋相顶无法直通锚固。

1. 板式筏形基础容许竖向直锚深度≥l_a时的非抗震柱插筋锚固构造

（1）当非抗震柱插筋插至厚度≤2m 的板式筏形基础底部配筋位置，直锚深度≥l_a时，柱角插筋应插至基础底部配筋上表面并做 90°弯钩，弯钩直段长度≥6 倍柱插筋直径且≥150mm，柱中部插筋可插至 l_a深度截断，见图 3-7-9。

柱角筋插至基础底部，是为了将其与基础底部钢筋绑扎固定柱插筋。当采取措施能确保柱插筋稳定，浇筑混凝土不会移位时，当满足柱角筋锚固深度要求后可不插至基础底部。

对于非抗震结构，由于所承受的横向作用力主要为风力，当非抗震框架柱纵筋在板式筏形基础中锚固时，钢筋以外混凝土的厚度≥5d（为柱纵筋较大直径），根据《混凝土结构设计规范》GB 50010—2010 中的相关规定，此时柱中部纵筋锚固长度为≥0.7l_a即可满足要求。

（2）当非抗震柱插筋插至厚度>2m 的板式筏形基础中部配筋位置，直锚深度≥l_a时，柱角插筋应插至基础中部配筋上表面并做 90°弯钩，弯钩直段长度≥6 倍柱插筋直径且≥150mm，柱中部插筋可插至 l_a深度截断，见图 3-7-10。

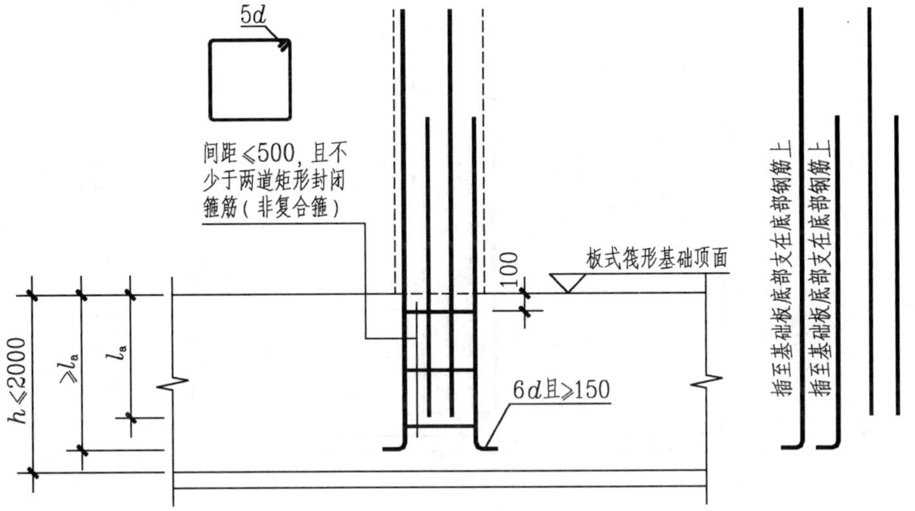

图 3-7-9

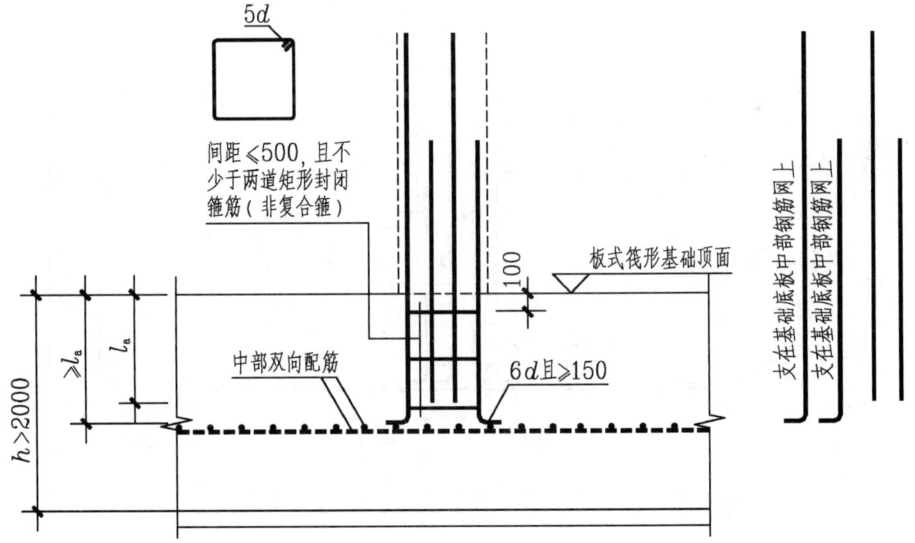

图 3-7-10

2. 板式筏形基础容许竖向直锚深度$<l_a$时的非抗震柱插筋锚固构造

（1）当非抗震柱插筋插至厚度≤2m 的板式筏形基础底部配筋位置，直锚深度$<l_a$时，所有插筋应插至基础底部配筋上表面并做 90°弯钩，见图 3-7-11；与直锚深度（竖直长度）对应的弯钩直段长度 a，见表 3-7-1。

（2）当非抗震柱插筋插至厚度>2m 的板式筏形基础中部配筋位置，直锚深度$<l_a$时，所有插筋应插至基础中部配筋上表面并做 90°弯钩，见图 3-7-12；与直锚深度（竖直长度）对应的弯钩直段长度 a，见表 3-7-1。

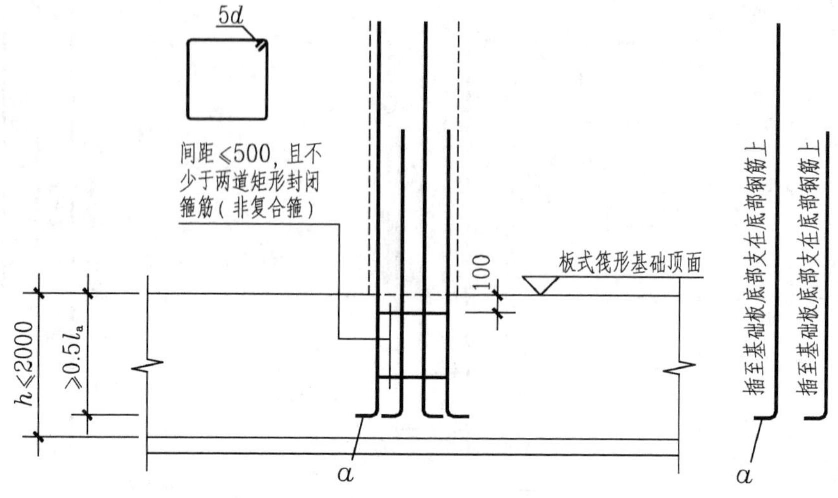

图 3-7-11

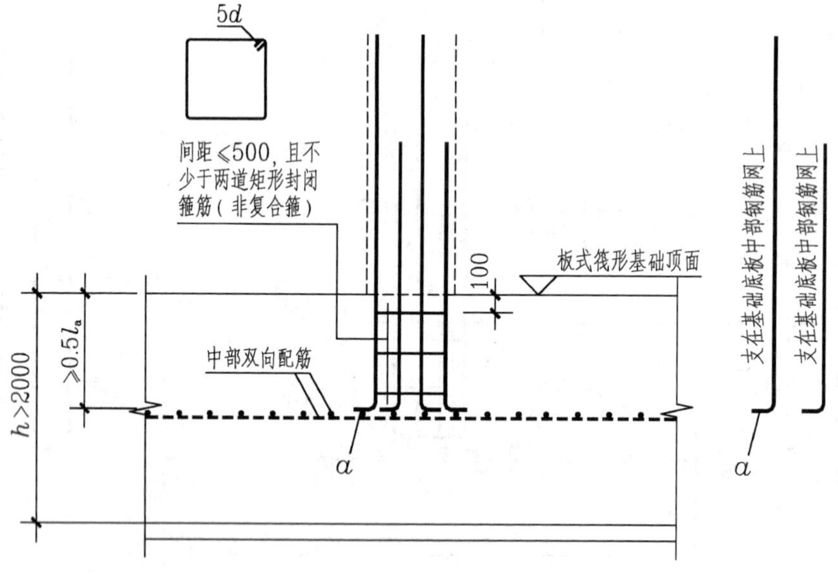

图 3-7-12

3. 梁板式筏形基础容许竖向直锚深度≥l_a时的非抗震柱插筋锚固构造

（1）当为低板位梁板式筏形基础，非抗震柱插筋插至基础底部配筋位置，直锚深度≥l_a时，柱角插筋应插至基础底部配筋上表面并做90°弯钩，弯钩直段长度≥6倍柱插筋直径且≥150mm，柱中部插筋可插至l_a深度截断，见图3-7-13。

（2）当为高板位梁板式筏形基础，非抗震柱插筋插至基础梁底部配筋位置，直锚深度≥l_a时，柱角插筋应插至基础梁底部配筋上表面并做90°弯钩，弯钩直段长度≥6倍柱插筋直径且≥150mm，柱中部插筋可插至l_a深度后截断，见图3-7-14。

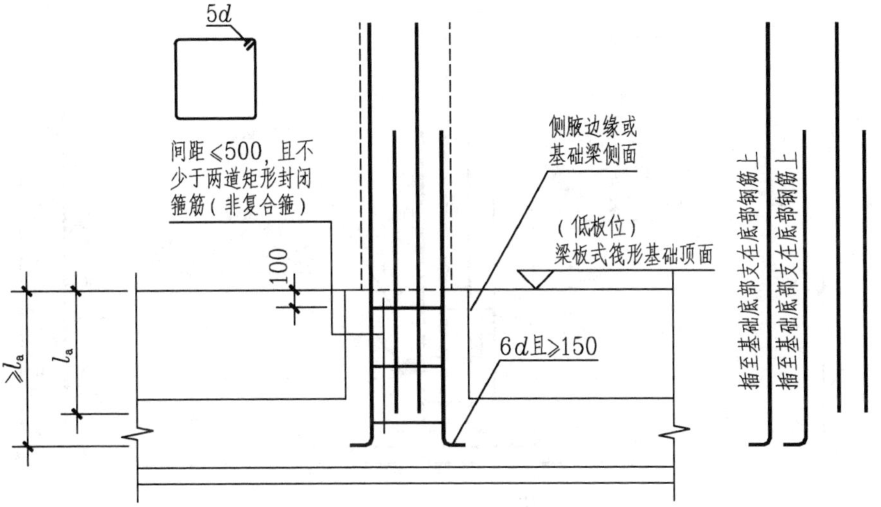

图 3-7-13

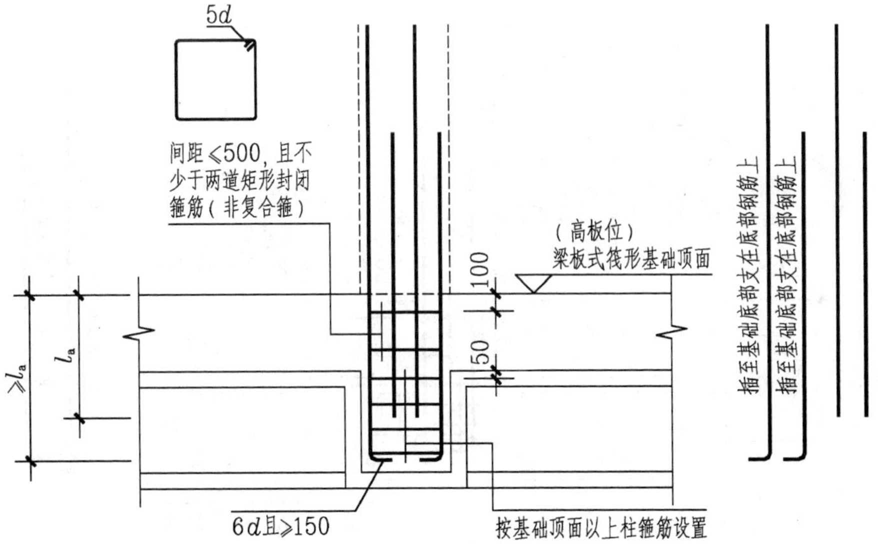

图 3-7-14

4. 梁板式筏形基础容许竖向直锚深度$<l_a$时的非抗震柱插筋锚固构造

（1）当为低板位梁板式筏形基础，非抗震柱插筋插至基础底部配筋位置，直锚深度$<l_a$时，所有插筋应插至基础底部配筋上表面并做90°弯钩，见图3-7-15；与直锚深度（竖直长度）对应的弯钩直段长度a，见表3-7-1。

（2）当为高板位梁板式筏形基础，非抗震柱插筋插至基础底部配筋位置，直锚深度$<l_a$时，所有插筋应插至基础底部配筋上表面并做90°弯钩，见图3-7-16；与直锚深度（竖直长度）对应的弯钩直段长度a，见表3-7-1。

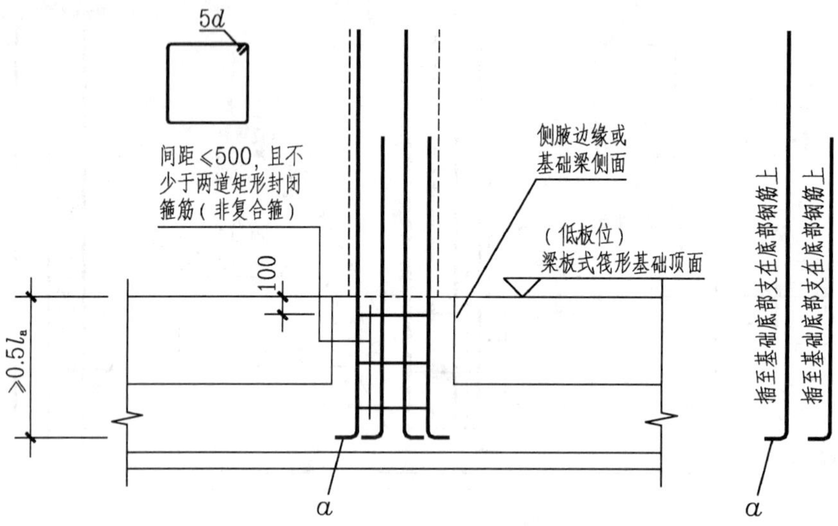

图 3-7-15

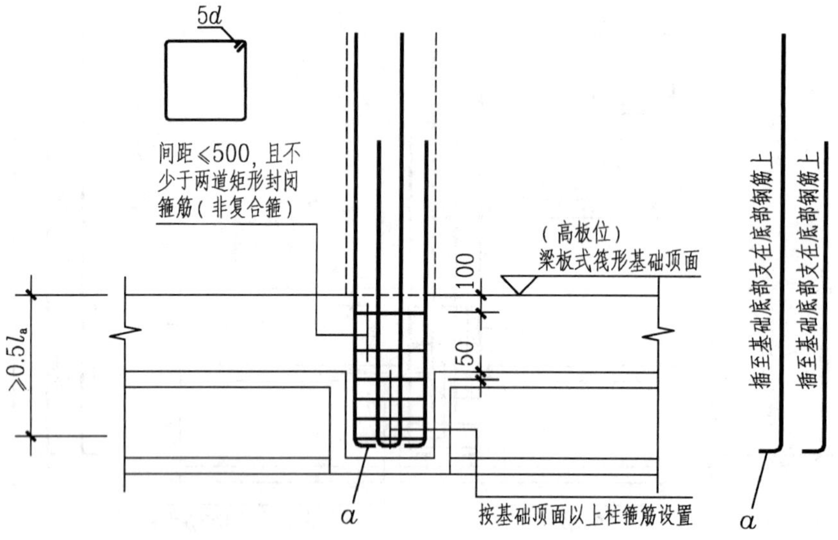

图 3-7-16

四、非抗震框架柱插筋箱形基础锚固构造

当框架柱锚入箱型基础时，由于柱宽度通常大于墙厚度，应在沿柱凸出箱基墙身高度包八字角，以提高柱在箱型基础锚固的可靠度。设计人应注意，确定框架柱侧面和箱基墙面的位置时，应避免柱插筋与墙水平筋相顶，以实现柱纵筋的直通锚固。

1. 非抗震柱角筋直通单层箱基底部或多层箱基地下一层楼板底面情况

当非抗震框架中柱下三面或四面有箱基内墙，单层箱基时中柱角筋应通至基底，多层箱基时中柱角筋可通至地下一层楼板底面，其他纵筋自箱基顶板底面向下延伸≥l_a，箍筋配置同底层柱，见图 3-7-17。

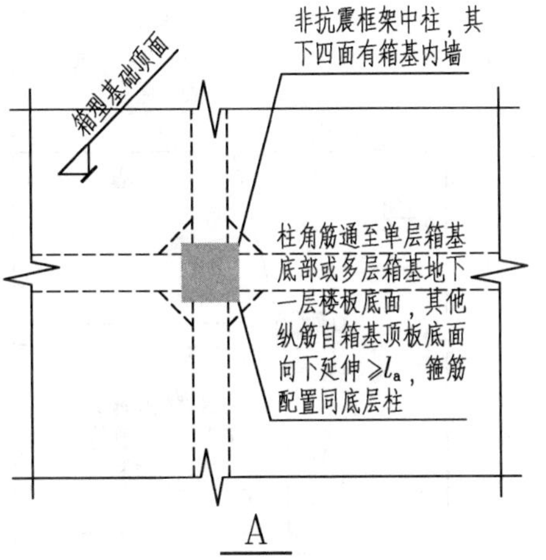

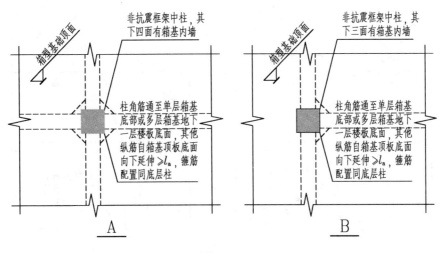

图 3-7-17

2. 非抗震柱全部纵筋直通单层箱基底部或多层箱基地下一层楼板底面的情况

当柱下三面或四面有箱基内墙时，非抗震框架边柱、角柱和与剪力墙相连的中柱，其全部纵筋应通至箱基底部或多层箱基的地下一层楼板底面，箍筋配置同底层柱，见图 3-7-18。

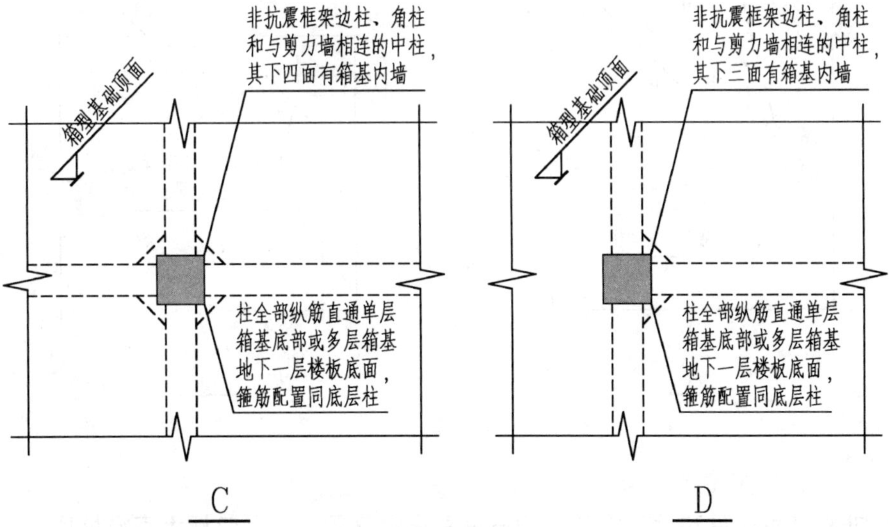

图 3-7-18

3. 非抗震柱全部纵筋直通单层或多层箱基底部的情况

（1）柱下两面有箱基内墙时，非抗震框架的边柱、角柱与中柱的全部纵筋均应通至基底，箍筋配置同底层柱，见图 3-7-19。

（2）柱下为箱基外墙时，非抗震框架边柱、角柱的全部纵筋均应通至基底，箍筋配置同底层柱，见图 3-7-20。

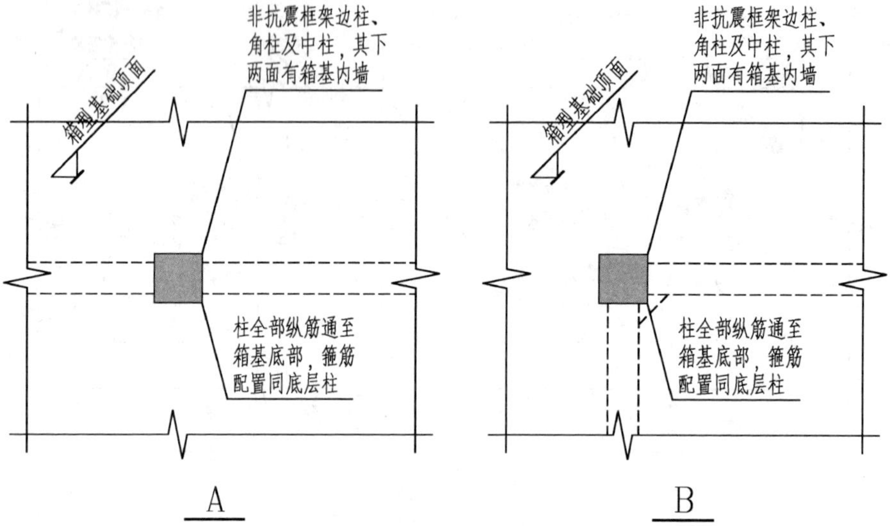

图 3-7-19

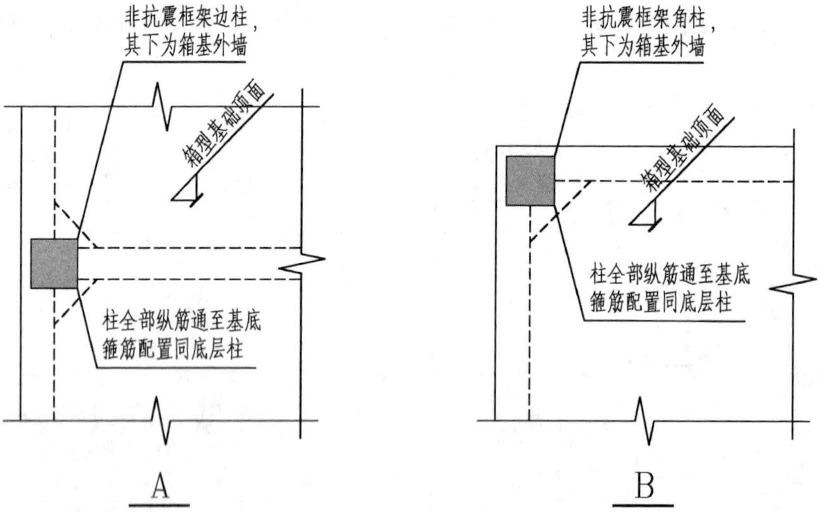

图 3-7-20

五、非抗震框架柱和地下框架柱插筋桩基承台锚固构造（包括大直径桩顶）

1. 桩基独立承台容许竖向直锚深度≥l_a且≥35d 时的非抗震柱插筋锚固构造

当非抗震柱插筋插至桩基独立承台底部配筋位置，直锚深度≥l_a且≥35d 时，柱角插筋应插至基础底部配筋上表面并做 90°弯钩，弯钩直段长度≥6 倍柱插筋直径且≥150mm，柱中部插筋可插至 l_a与 35d 取较大者后截断；见图 3-7-21。

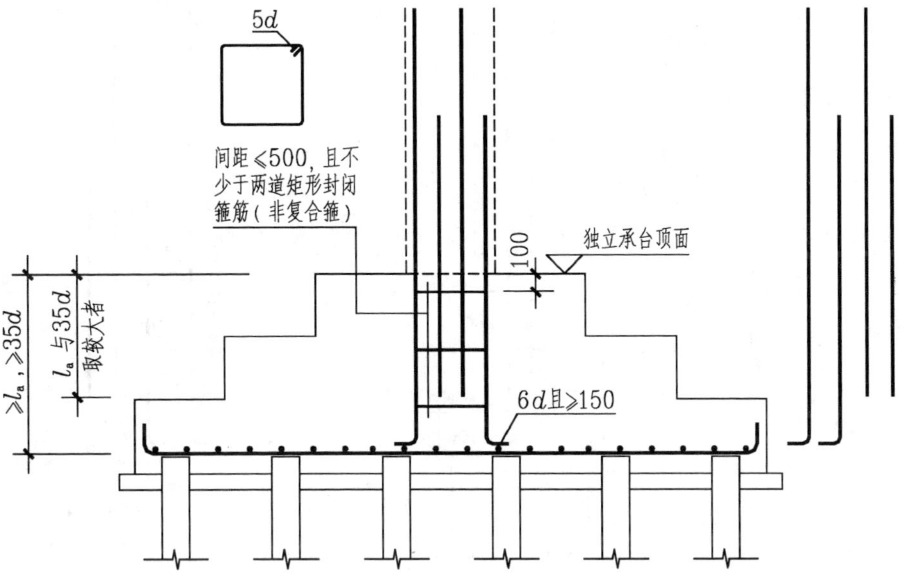

图 3-7-21

2. 桩基独立承台容许竖向直锚深度$<l_a$且$<35d$时的非抗震柱插筋锚固构造

当非抗震柱插筋插至桩基独立承台底部配筋位置，直锚深度$<l_a$且$<35d$时，所有插筋应插至基础底部配筋上表面并做90°弯钩，弯钩直段长度取$35d$减实际竖直锚固长度且$\geqslant 6d$及$\geqslant 150$，见图3-7-22。

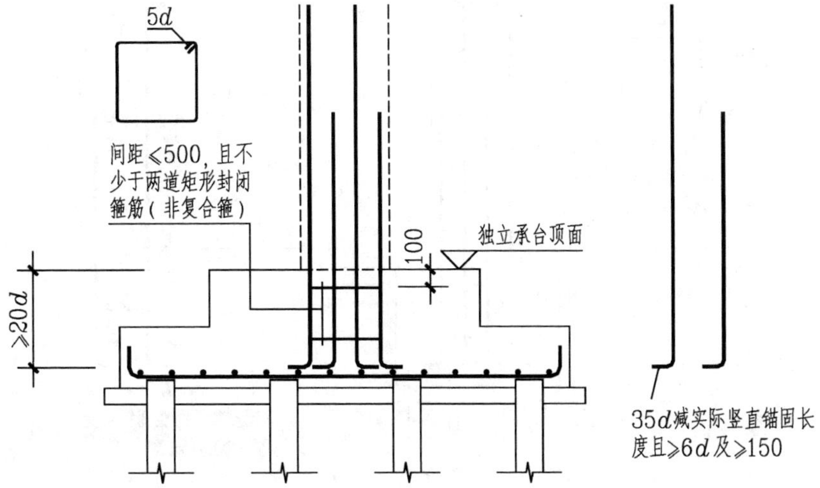

图 3-7-22

3. 桩基承台梁容许竖向直锚深度$\geqslant l_a$且$\geqslant 35d$时的非抗震柱插筋锚固构造

当非抗震柱插筋插至桩基承台梁底部配筋位置，直锚深度$\geqslant l_a$且$\geqslant 35d$时，柱角插筋应插至基础底部配筋上表面并做90°弯钩，弯钩直段长度$\geqslant 6$倍柱插筋直径且$\geqslant 150$mm，柱中部插筋可插至l_a与$35d$取较大者后截断；见图3-7-23。

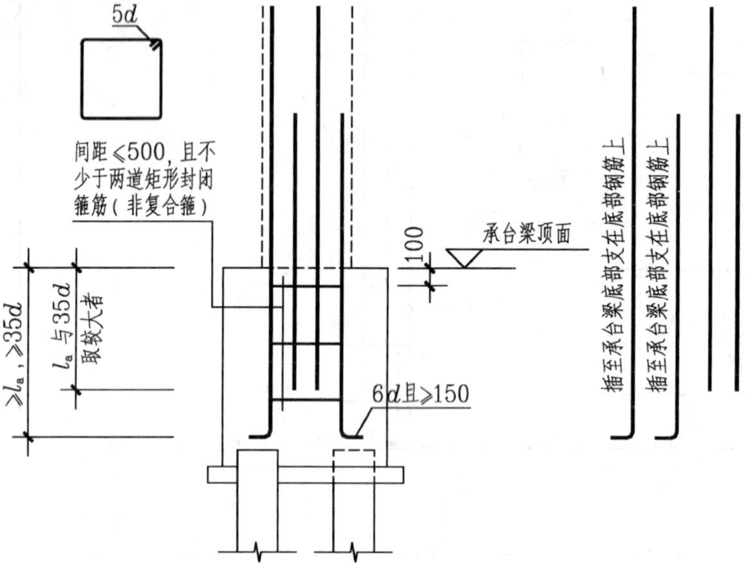

图 3-7-23

4. 桩基承台梁容许竖向直锚深度$<l_a$且$<35d$时的非抗震柱插筋锚固构造

当非抗震柱插筋插至桩基承台梁底部配筋位置，直锚深度$<l_a$且$<35d$时，所有插筋应插至基础底部配筋上表面并做90°弯钩，弯钩直段长度取$35d$减实际竖直锚固长度且≥$6d$及≥150，见图 3-7-24。

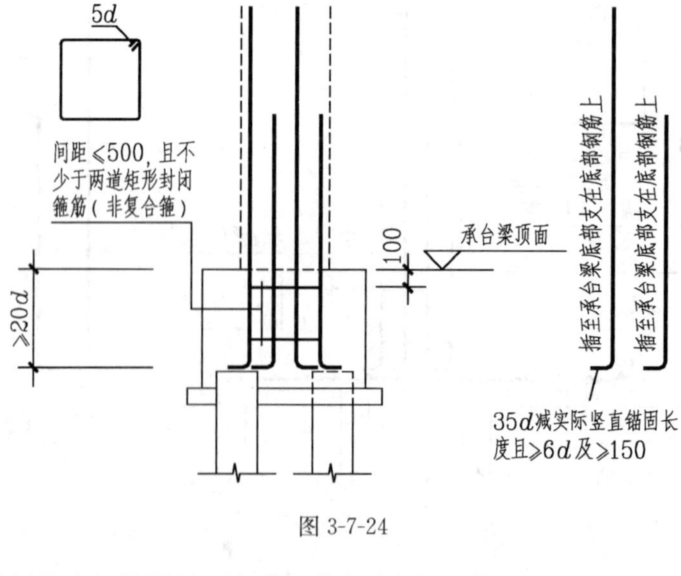

图 3-7-24

5. 非抗震柱插筋在钢筋混凝土大直径灌注桩的锚固构造

当非抗震柱插筋直接锚固在钢筋混凝土大直径灌注桩时，所有纵筋直锚深度≥l_a且≥$35d$并做90°弯钩，弯钩直段长度≥$6d$且≥150，见图 3-7-25。设计应注意，大直径灌注桩顶部应设置水平双向配筋将桩顶封闭。

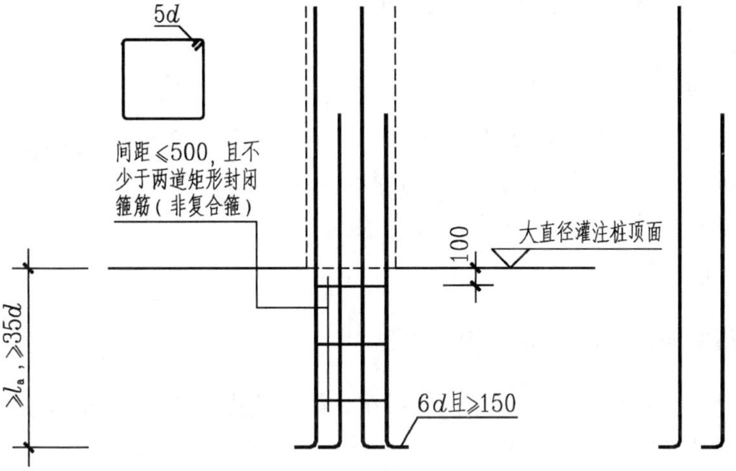

图 3-7-25

六、非抗震框架梁上起柱钢筋锚固构造

下面讲述的非抗震框架梁上起柱，系指一般非抗震框架梁上的少量起柱（例如承托层间梯梁的柱等），其构造不适用于结构转换层上的转换大梁起柱。

承托柱的框架梁，可类比作被承托柱的架空高位基础。框架梁上起柱，框架梁为节点主体，柱为节点客体。当梁宽度大于柱宽度时，为宽主体节点；当柱宽度大于梁宽度时，为宽客体节点。对于宽客体节点，为使柱在框架梁上锚固可靠，应在框架梁上加侧腋以提高锚固的可靠度。设计人应注意，梁上起柱与承托柱的框架梁不应设计为等宽度，否则，当柱插筋与框架梁纵筋相顶时，不能实现直通锚固。

1. 非抗震框架梁宽度大于柱宽度时的梁上起柱插筋锚固构造

当非抗震框架梁宽度大于柱宽度时，梁上起柱插筋应插至框架梁底部配筋位置，直锚深度应≥0.5l_a，插筋端部做90°弯钩，弯钩直段长度取12倍柱插筋直径，见图 3-7-26。

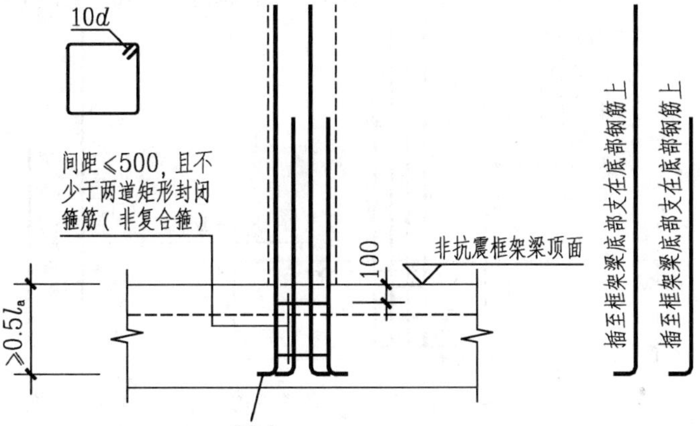

图 3-7-26

2. 非抗震框架梁宽度小于柱宽度时的梁上起柱插筋锚固构造

当非抗震框架梁宽度小于柱宽度时，应在梁上起柱节点处设置梁包柱侧腋，示意图见图 3-7-27。柱插筋应插至框架梁底部配筋位置，直锚深度应≥$0.5l_a$，插筋端部做 90°弯钩，弯钩直段长度取 12 倍柱插筋直径，见图 3-7-28。

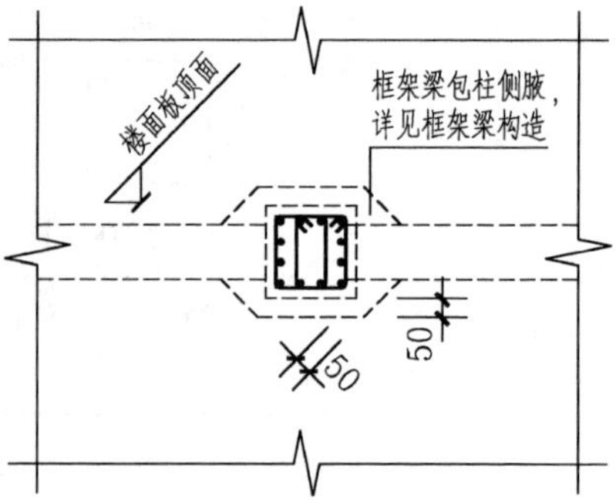

图 3-7-27

七、非抗震结构板上起柱钢筋锚固构造

下面讲述的非抗震结构板上起柱，系指在一般非抗震结构个别部位的少量起柱，其构造不适用于结构转换层上的板上起柱。

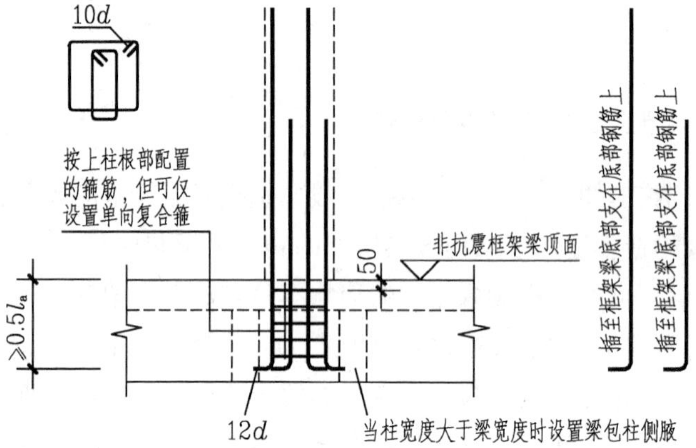

图 3-7-28

框架非抗震框架板上起柱，应支承在采用封闭配筋并配置抗冲切钢筋的厚板上。柱插筋应插至厚板底部配筋位置，直锚深度应≥$0.5l_a$，插筋端部做 90°弯钩，弯钩直段长度取 12 倍柱插筋直径，见图 3-7-29。当柱插筋直锚深度不能满足≥$0.5l_a$时，应选用较小直径

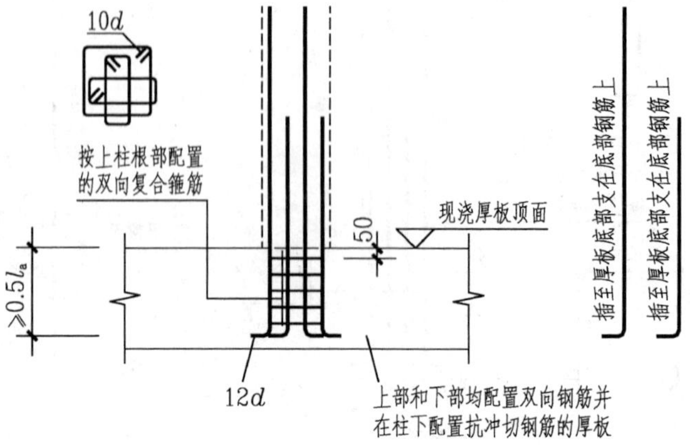

图 3-7-29

的柱纵筋或在一定范围内增加板厚予以满足。

八、非抗震剪力墙上起柱钢筋锚固构造

下面讲述的非抗震剪力墙上起柱，系指普通非抗震剪力墙上个别部位的少量起柱，不适用于结构转换层上的剪力墙起柱。

1. 与顶层非抗震剪力墙搭接一层的墙上起柱情况

（1）当设计为与顶层非抗震剪力墙搭接一层，墙上起柱的柱下四面有剪力墙时，柱在墙截面外的纵筋（如角筋）直通至下一层板面；其余锚入剪力墙截面内的柱中部纵筋，自楼板底面向下延伸 l_a，箍筋配置同柱非加密区箍筋，见图 3-7-30。

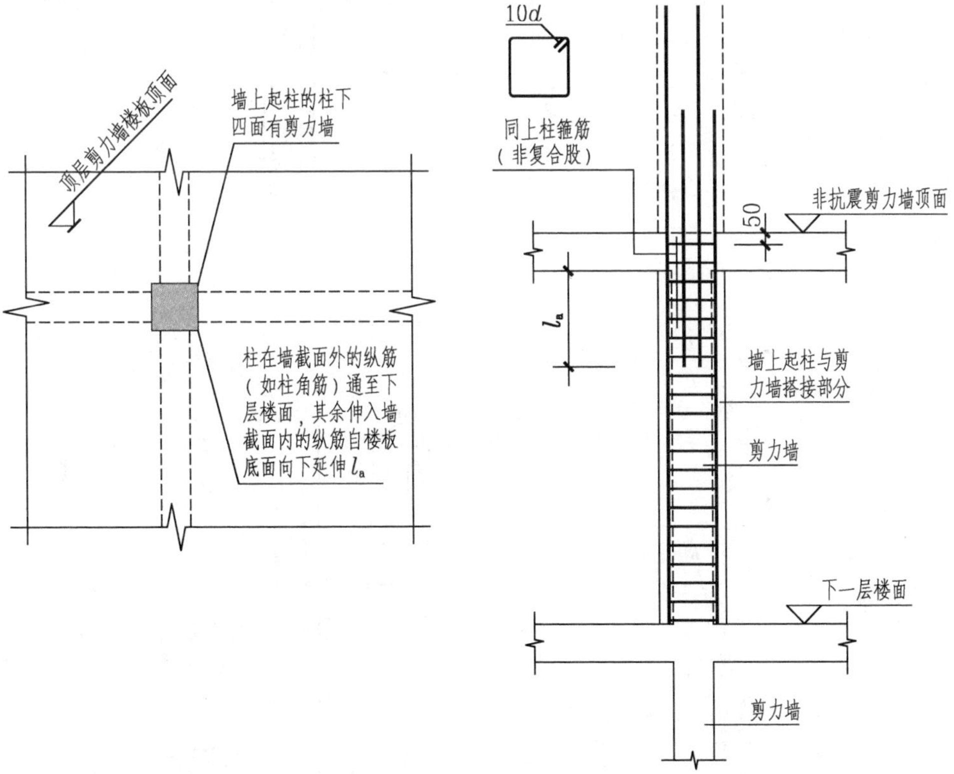

图 3-7-30

（2）当设计为与非抗震剪力墙顶层搭接一层，墙上起柱的柱下三面有剪力墙时，柱在墙截面外的纵筋和四角纵筋直通下一层板面；其余锚入剪力墙截面内的柱截面中部纵筋，自楼板底面向下延伸 l_a，箍筋配置同柱非加密区箍筋，见图 3-7-31。

（3）当设计为与非抗震剪力墙顶层搭接一层，在单片剪力墙上起柱时，柱在墙截面外的纵筋直通下一层板面；其余锚入剪力墙截面内的柱中部纵筋，自楼板底面向下延伸 l_a，箍筋配置同柱非加密区箍筋，见图 3-7-32。

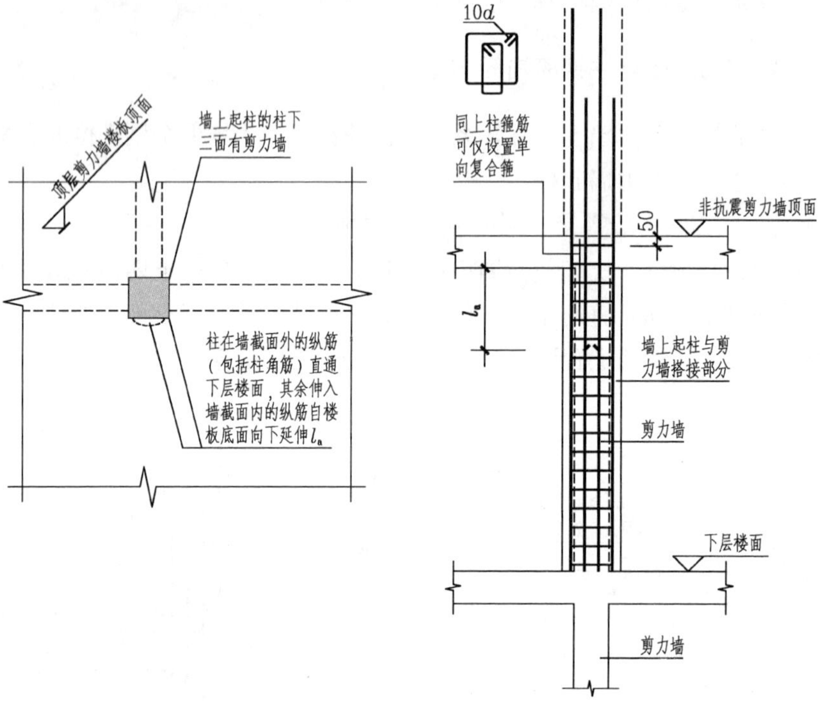
顶层剪力墙楼板顶面
墙上起柱的柱下
三面有剪力墙
柱在墙截面外的纵筋
（包括柱角筋）直通
下层楼面，其余伸入
墙截面内的纵筋自楼
板底面向下延伸l_a
10d
同上柱箍筋
可仅设置单
向复合箍
非抗震剪力墙顶面
50
l_a
墙上起柱与剪
力墙搭接部分
剪力墙
下层楼面
剪力墙

图 3-7-31

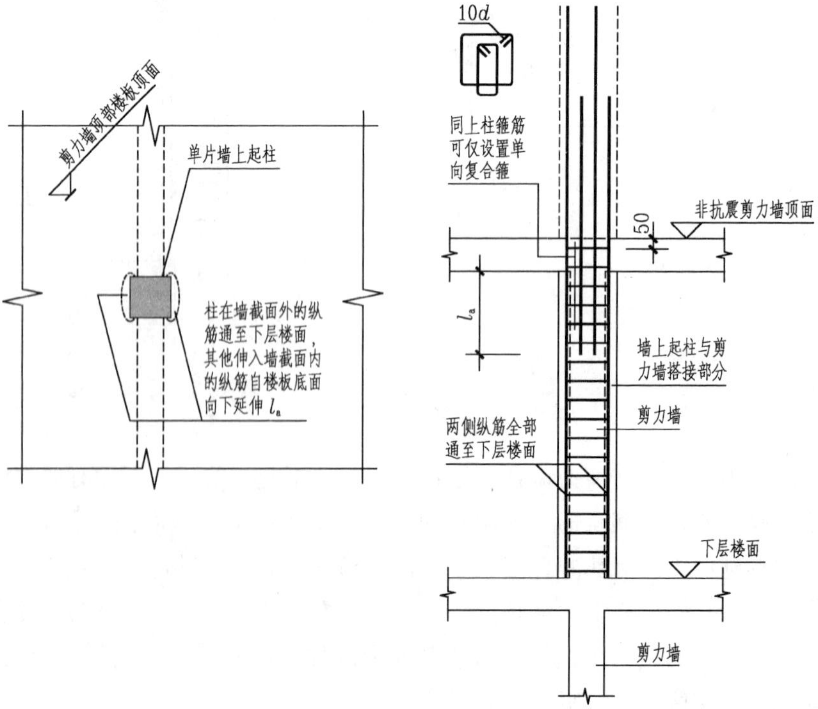
剪力墙顶部楼板顶面
单片墙上起柱
柱在墙截面外的纵
筋通至下层楼面，
其他伸入墙截面内
的纵筋自楼板底面
向下延伸 l_a
10d
同上柱箍筋
可仅设置单
向复合箍
非抗震剪力墙顶面
50
l_a
墙上起柱与剪
力墙搭接部分
剪力墙
两侧纵筋全部
通至下层楼面
下层楼面
剪力墙

图 3-7-32

2. 直接在非抗震剪力墙顶部起柱的情况

当设计为直接在非抗震剪力墙顶部起柱，柱下三面或四面有剪力墙时，所有柱纵筋自楼板顶面向下延伸 1.6l_a（按 100%搭接考虑），箍筋配置同柱加密区的复合箍筋，见图 3-7-33。设计应注意，不宜直接在单片剪力墙顶部起柱。

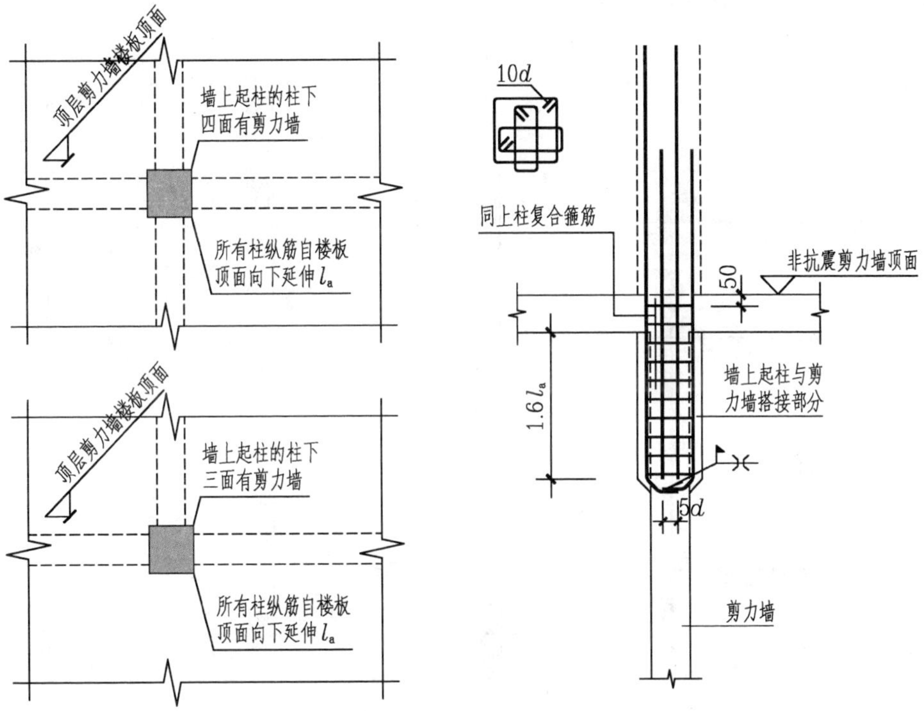

图 3-7-33

第八节　非抗震框架柱和地下框架柱身钢筋构造

本节内容为：

1. 非抗震框架柱的受力机理和钢筋连接要素；
2. 非抗震框架柱纵向钢筋连接构造；
3. 非抗震框架柱箍筋构造。

一、非抗震框架柱的受力机理和钢筋布置要素

柱为偏心受压构件。当为非抗震时，框架结构主要承受重力作用（横向作用的风力通常不起控制作用）。

框架柱与框架梁的刚性连接，将导致框架柱端产生与框架梁端相平衡的弯矩，见图 3-8-1。由图可见，框架柱弯矩的反弯点通常在每层柱的中部，弯矩反弯点附近的

内力较小，在此范围进行连接符合现行规范要求“受力钢筋连接应在内力较小处”的规定。

当钢筋连接技术做不到连接点的强度与刚度不低于线材本身时，非抗震框架柱纵筋的搭接连接应避开柱梁节点区，机械连接或焊接点也应距离节点一定距离（通常为≥500mm）。柱纵筋的非连接区示意见图 3-8-2。

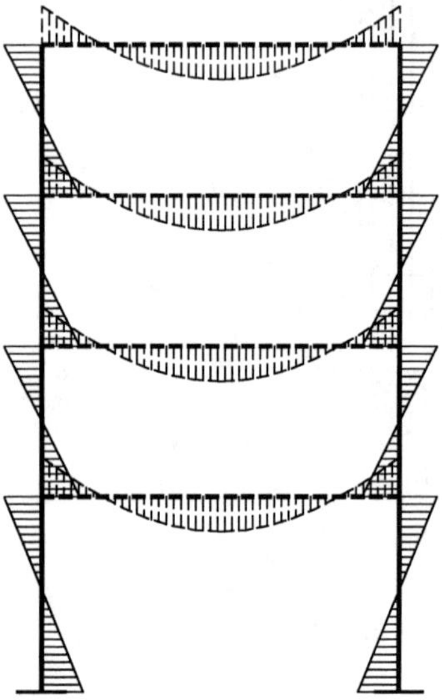

图 3-8-1 重力均布荷载作用下的框架弯矩分布示意

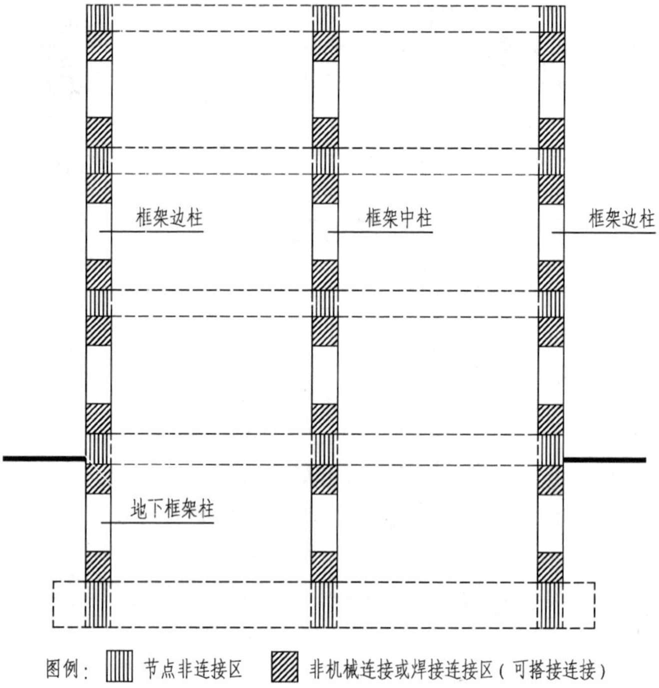

图 3-8-2 非抗震框架柱非连接区示意

除非连接区外，框架柱的其他部位为允许连接区。当钢筋定尺长度能满足两层要求，施工工艺也能保证钢筋稳定时，即可将柱纵筋伸至上一层连接区进行连接，“避开非连接区”和“连接区内能通则通”，是柱纵向钢筋连接的两个要素。

二、非抗震框架柱纵向钢筋连接和箍筋构造

1. 非抗震框架柱纵向钢筋连接构造

非抗震框架柱通常包括框架柱和地下框架柱，其纵向钢筋连接构造见图 3-8-3，要点为：

（1）搭接连接范围可在除柱梁节点外的柱身任何部位，机械连接或焊接连接位置应距离柱梁节点≥500mm（图中 mm 均省略）；

（2）优先采用绑扎搭接或机械连接，但当钢筋直径>28mm 时不宜采用绑扎搭接；

（3）上柱纵筋直径等于或小于下柱纵筋直径，且所有纵向钢筋应分两批交错连接。当

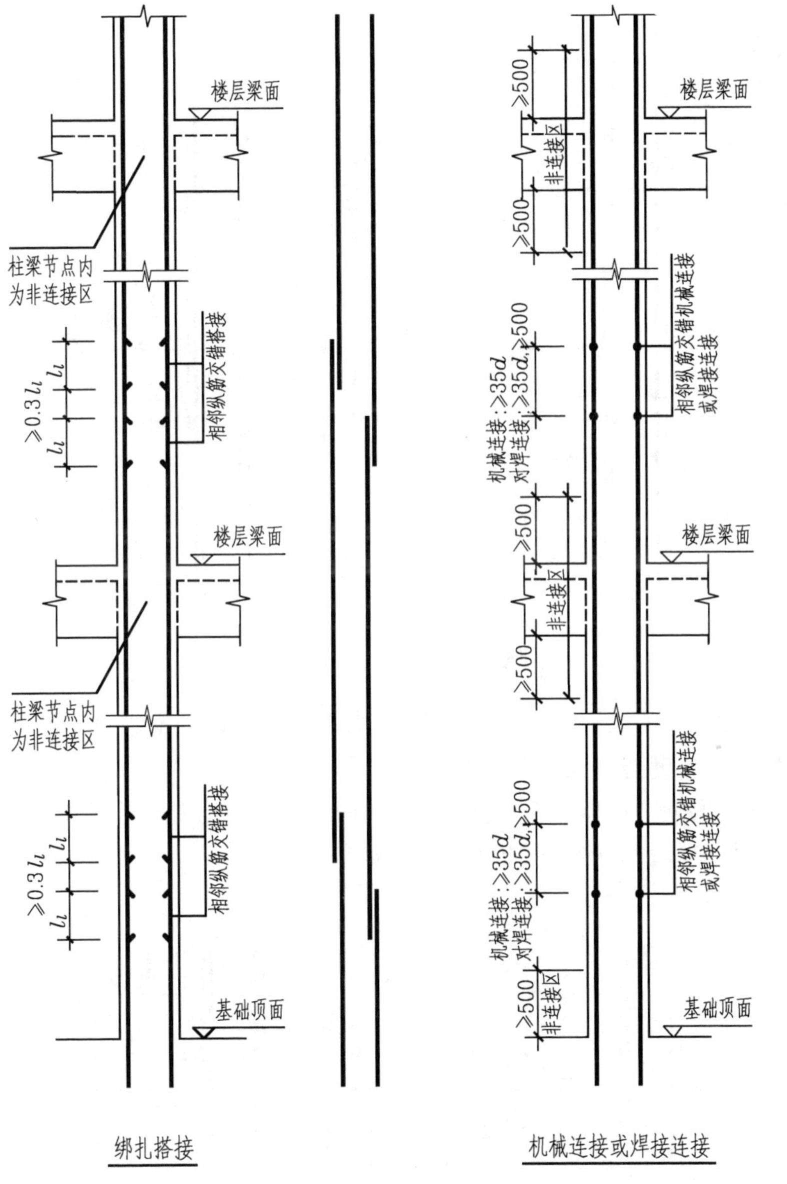

图 3-8-3　非抗震框架柱纵向钢筋连接构造

采用搭接连接时，按分批搭接面积百分比并按较小钢筋直径计算搭接长度 l_l；当不同直径钢筋采用对焊连接时，应先将较粗钢筋端头按 1∶6 斜度磨至较小直径后再进行焊接；

（4）可以采用非接触搭接连接（当上柱纵筋根数改变时更方便施工），且当为 50%接头率的非接触搭接时可在任意位置搭接，不需避开非连接区；

（5）图 3-8-2 和以上要点对 H_n∶h_c<4 的短柱同样适用。

2. 非抗震框架柱纵向钢筋上、下层配置不同时的连接构造

（1）非抗震柱上层纵筋根数增加但直径相同或直径小于下层时的连接构造，见图 3-8-4。

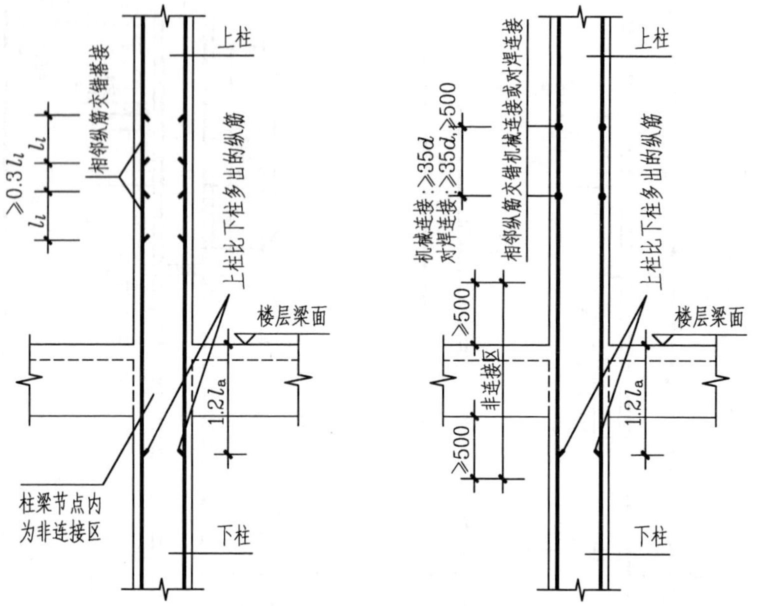

图 3-8-4 非抗震柱上层纵筋根数增加但直径相同或直径小于下层连接构造

要点为：上层柱增加的纵筋锚入柱梁节点 $1.2l_a$（当不同直径钢筋采用对焊连接时，应将较粗钢筋端头按 1∶6 斜度磨至较小直径）。

（2）非抗震柱上层纵筋直径大于下层但根数相同时的连接构造，见图 3-8-5。要点为：上层纵筋要下穿非连接区与下层较小直径纵筋连接。

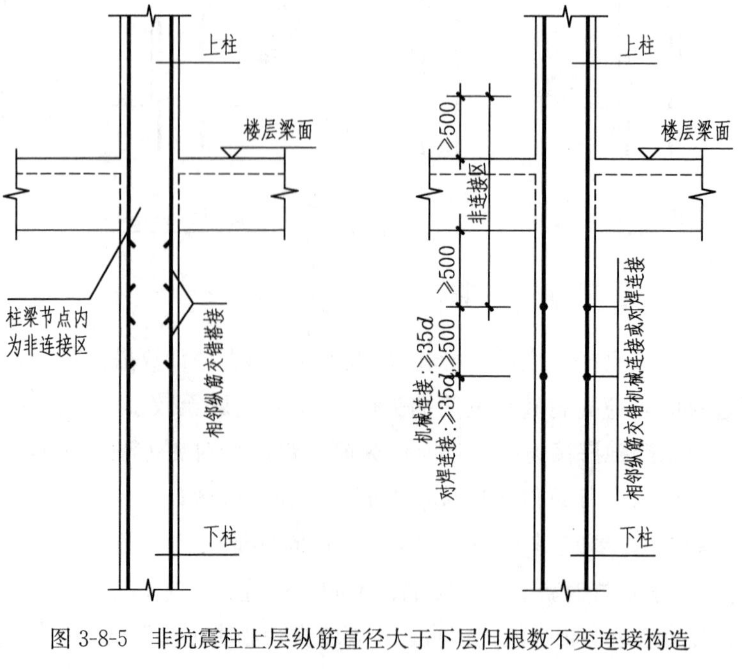

图 3-8-5 非抗震柱上层纵筋直径大于下层但根数不变连接构造

（3）非抗震柱上层纵筋根数减少但直径相同或直径小于下层时的连接构造，见图 3-8-6。要点为：上层柱减少的纵筋向上锚入柱梁节点 1.2l_a。

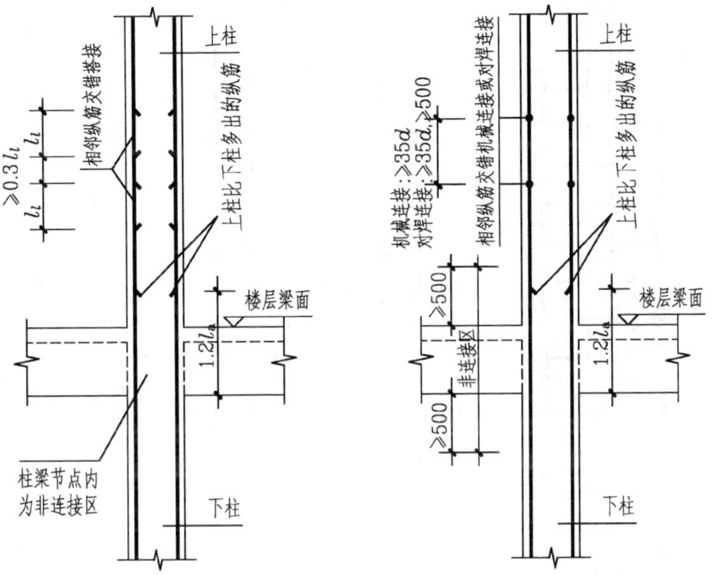

图 3-8-6　非抗震柱上层纵筋根数减少但直径相同或直径小于下层连接构造

3. 非抗震柱纵向钢筋非接触搭接构造

非抗震柱纵筋采用非接触搭接，可使混凝土对受力纵筋实现完全握裹，达到最大粘结力，从而提高受力纵筋搭接传力的可靠度。非抗震柱纵筋非接触搭接见图 3-8-7，要点为：

（1）柱角筋采用同轴心非接触搭接，按 c : 12c（$c=d+25$mm）缓斜度使钢筋净距达到 25mm 时（图中 mm 均省略），再使钢筋与直行钢筋非接触平行，搭接总长度为 l_l，其中 5c 为缓斜段，l_l-5c 为直段；

（2）柱中部纵筋采用轴心平行非接触搭接，搭接长度为 l_l；

（3）当为圆柱时，所有纵筋均采用轴心平行非接触搭接（与矩形柱中部纵筋相同）。

4. 非抗震框架柱箍筋构造

（1）非抗震框架柱矩形截面箍筋的复合方式，见图 3-8-8。要点为：

① 截面周边为封闭箍筋，截面内的复合箍为小箍筋或拉筋。采用这种箍筋复合方式，沿封闭箍筋周边局部平行接触的箍筋不多于两道，因此用钢量最少；

② 柱内复合箍也可以全部采用拉筋，拉筋应同时钩住纵向钢筋和外围封闭箍筋，该箍筋复合方式也可用于梁柱节点内；

③ 非抗震柱所有箍筋的弯钩角度应为 135°，箍筋弯钩直段长度应为≥5d（d 为箍筋直径）。

（2）非抗震圆柱螺旋箍筋构造，见图 3-8-9。要点为：

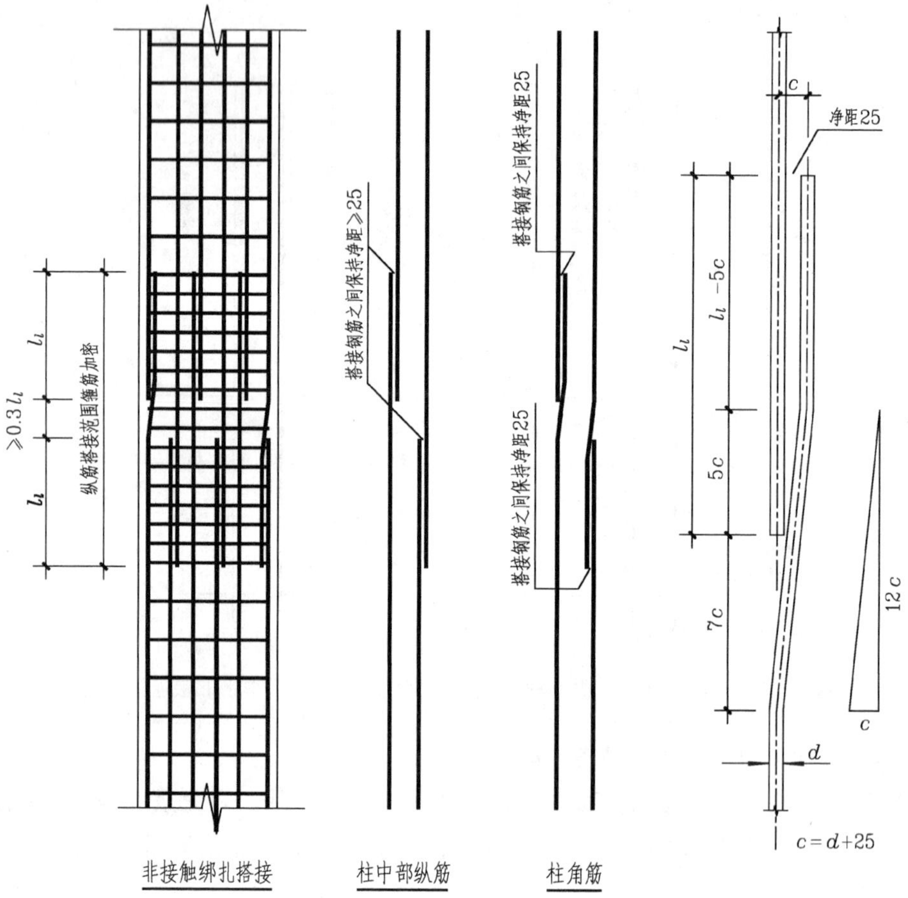

图 3-8-7　非抗震柱纵筋非接触搭接构造

① 沿柱高每隔 1m 至 2m 设置一道直径≥12mm 的内环定位钢筋，但当采用复合箍筋时可以省去不设；

② 螺旋箍筋搭接长度为≥l_l且≥300，弯钩直段长度为≥5d（d 为箍筋直径），角度为 135°；

③ 当螺旋箍筋采用非接触搭接方式时，搭接钢筋可交错半个箍距，或保持 25mm 净距。非接触搭接有利于混凝土对搭接钢筋产生较高的粘结力。

（3）非抗震框架柱箍筋构造见图 3-8-10。

当非抗震框架柱纵筋采用搭接连接时，应在柱纵筋搭接长度范围内按≤5d（d 为搭接钢筋的较小直径）及≤100mm 的间距加密箍筋。在纵筋搭接范围原设计的双向多肢箍筋未能满足≤5d 或间距≤100mm 要求时，须在两道复合箍筋之间增设一道箍筋，但应注意，增设的这道箍筋为直径不小于 $d/4$（d 为搭接钢筋的较大直径）的方框箍即满足规范要求和功能需要，不需增设一道原设计的双向多肢箍，以免浪费钢材。

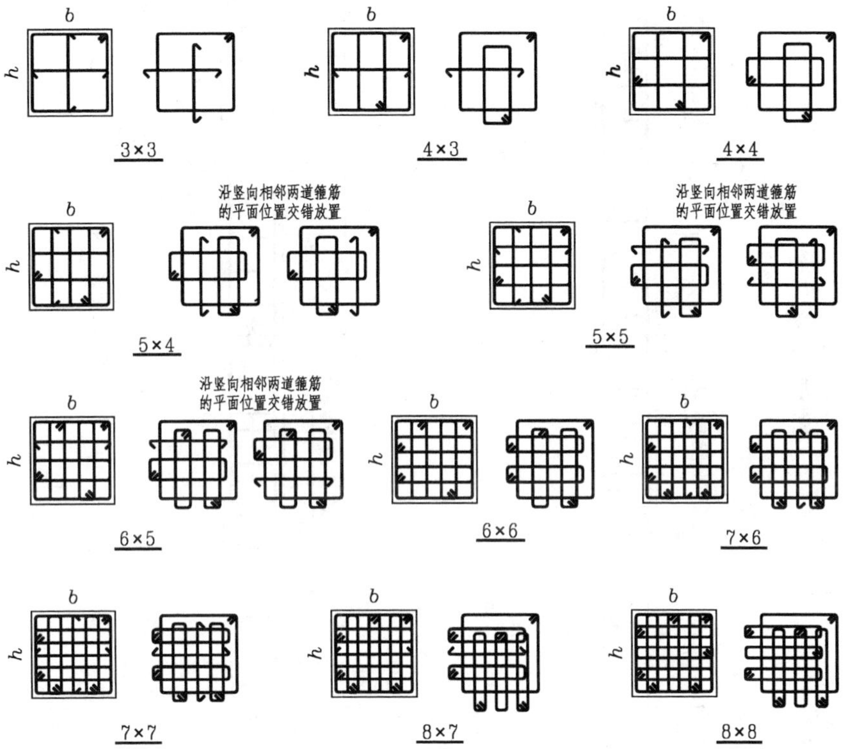

图 3-8-8　非抗震矩形柱箍筋的复合方式

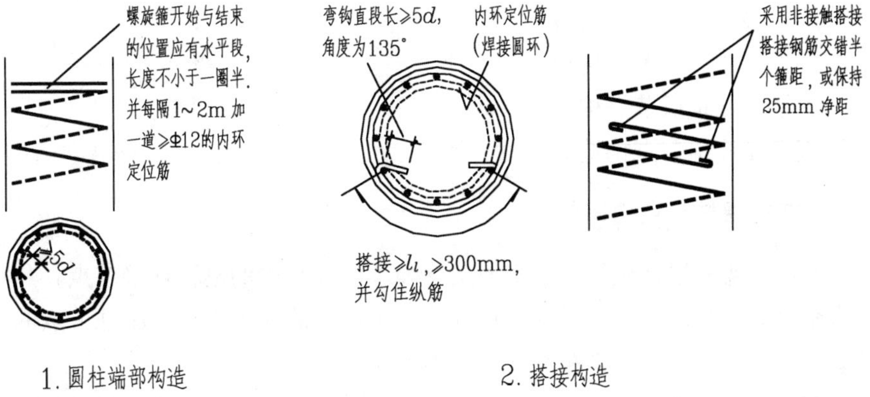

图 3-8-9　非抗震圆柱螺旋箍筋构造

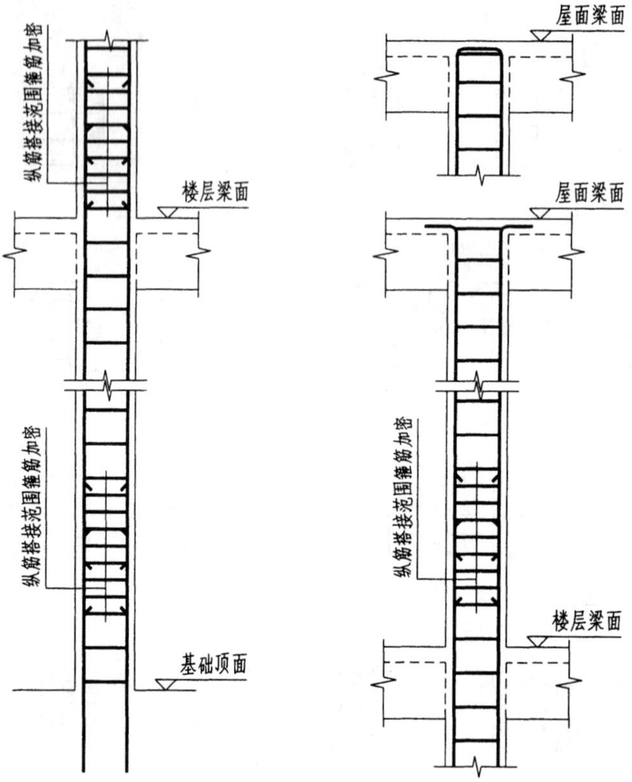

图 3-8-10　非抗震框架柱箍筋构造

第九节　非抗震框架柱节点钢筋构造

本节内容为：

1. 非抗震框架柱节点构造要素；
2. 非抗震框架柱楼层节点构造；
3. 非抗震框架柱顶层节点构造；
4. 非抗震框支柱顶节点构造。

一、非抗震框架柱节点构造要素

柱节点系指框架楼层（包括地下室楼层）和顶层柱与梁的刚性连接节点，是将构件结合成结构的充要条件。由于柱为梁柱节点的节点主体，故非抗震框架梁柱节点的构造要素与非抗震框架柱节点的构造要素相同，再述如下：

1. 框架柱为节点主体构件，框架梁为节点客体构件。非抗震框架结构应以“宽主体节点”为主❶，当为“宽客体节点”、“等宽度节点”或“单侧相平❷节点”时，注意其构

❶ 从仿生学角度来看，在枝干位置，树干直径大于树枝是客观现象。

❷ “单侧相平”系指柱的侧面与梁的侧面在同一个平面上，应注意这种构造梁柱纵筋交叉冲突缺乏合理性。

造有特殊要求。

2. 主体构件的纵筋应贯通节点，其箍筋应在节点内设置。

3. 客体构件的纵筋应可靠锚固（如梁上、下部纵筋）或贯通节点（如梁中部支座的上部纵筋），其箍筋通常不在节点内设置。但当为宽客体节点、等宽度节点或单侧相平节点时，客体构件也应根据锚固需要在节点内设置特殊箍筋。

4. 在节点内锚固或贯通的钢筋，应逐根被混凝土环表面握裹。节点内交叉的相邻层钢筋可点状接触，但节点内同排平行钢筋不应线状接触，应不小于最小净距 25mm，否则在两根钢筋接触范围仅有很薄的水泥浆而无混凝土，不仅显著减小钢筋表面的粘结强度，而且降低节点的整体刚度。

5. 当为等宽度节点和单侧相平节点时，主体构件纵筋应直通，客体构件纵筋应以缓斜度略弯从主体构件纵筋内侧锚入或通过节点。当难以实现时，客体构件应在节点内设置箍筋。有关该方面的节点构造问题，将在第五章的相关章节中继续讲述。

二、非抗震框架柱楼层节点构造

1. 非抗震框架柱变截面节点构造

柱变截面通常指上柱比下柱截面向内缩进，其纵筋在节点内有非直通或直通两种构造。

(1) 非抗震框架柱变截面纵筋非直通构造见图 3-9-1，相应的箍筋构造见图 3-9-2。要点为：

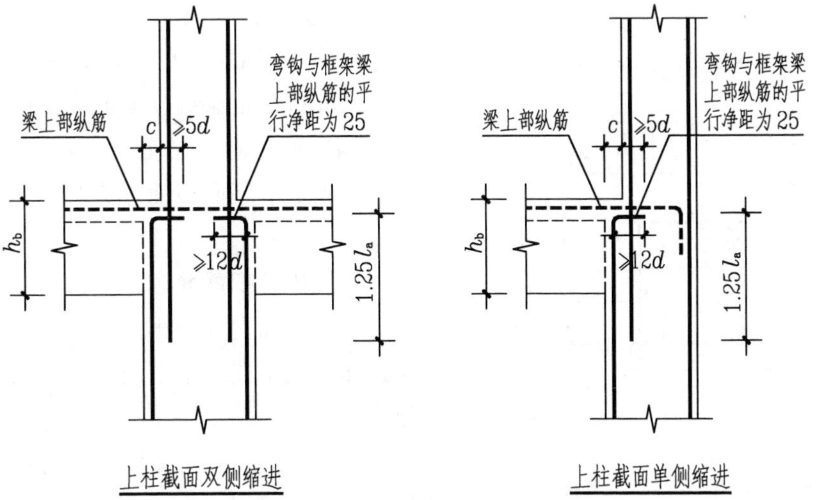

图 3-9-1　非抗震框架柱变面纵筋非直通构造

① 当梁宽小于柱宽时，梁宽以外的下柱纵筋和角筋伸至梁纵筋位置下方设置弯钩，柱角筋弯钩朝向柱截面中心，其他纵筋若设弯钩则与梁纵筋净距应不小于 25mm（柱纵筋可伸至梁纵筋之下截断，在梁宽内实际并不需要弯钩），弯钩投影长度为≥12d（d 为柱纵

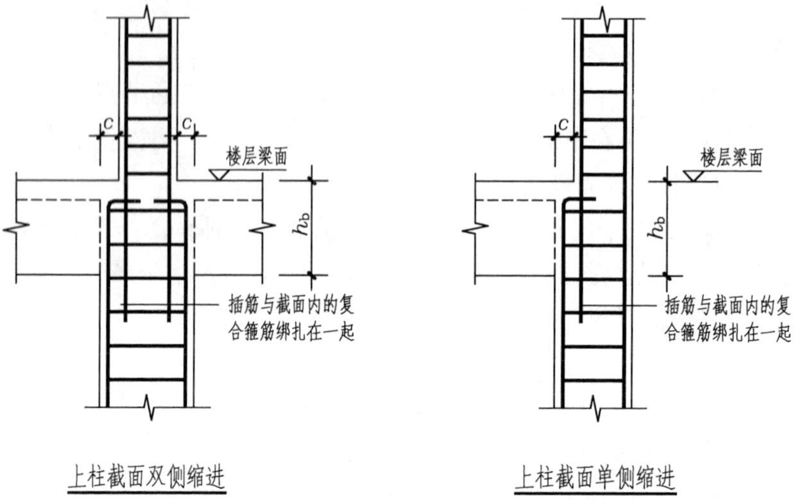

图 3-9-2 非抗震框架柱变面纵筋非直通时的箍筋构造

筋直径)，且水平伸入上柱投影截面内≥5d；在梁宽之内的下柱纵筋可伸至梁纵筋之下截断。

② 上柱收缩截面的插筋锚入节点，与下柱弯折钢筋垂直段搭接长度为 1.25l_a；

③ 当 c/h_b>1/6 时，应采用柱纵筋非直通构造；

下柱与上柱纵筋在柱变截面位置虽然无法贯通，但却自然形成了非接触搭接状态。由于非接触搭接时混凝土能够完全包裹钢筋，优化了混凝土对钢筋的粘结强度，且上部纵筋插入下柱后钢筋以外的混凝土厚度超过了 5d，又使其获得最高粘结强度，故虽在禁止连接范围进行 100%搭接连接，其搭接长度取 1.25l_a即可实现足强度连接的功能。

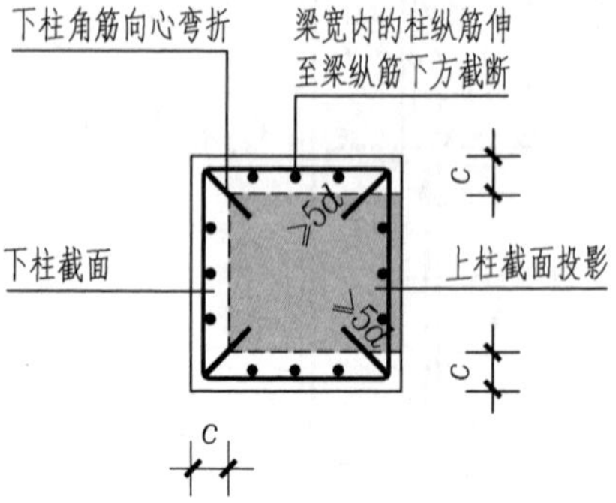

图 3-9-3 柱变截面时下柱非直通纵筋角筋弯钩平面

(2) 非抗震框架柱变截面时下柱非贯通纵筋角筋弯钩平面示意，见图 3-9-3。要点为：柱角筋在梁纵筋之下朝向截面中心弯折，伸入上柱截面≥5d。

当框架边柱变截面时，应保持边柱外侧面平直，即上柱截面向外缩小而不是相反。否则将使建筑整体外观不在一个平面上，影响建筑外墙立面效果。

(3) 非抗震框架柱变截面纵筋和箍筋直通构造见图 3-9-4，要点为：

① 当 c/h_b≤1/6 时，可采用下柱纵筋略向内斜弯再向上直通构造；

② 节点内箍筋应顺斜弯度紧扣纵筋设置。

③ 柱节点上下箍筋加密区的计算，下柱采用下柱的 H_n 和 h_c，上柱采用上柱的 H_n

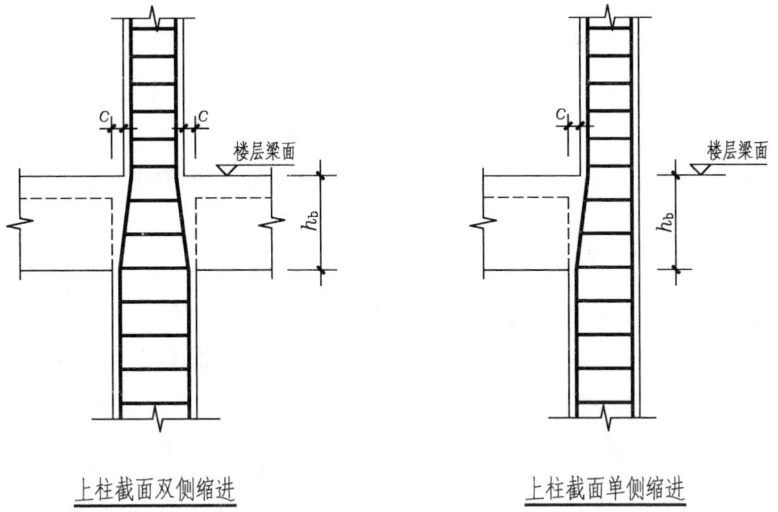

图 3-9-4 非抗震框架柱变面纵筋直通构造

和 h_c。

2. 非抗震框架柱上下错位节点构造

非抗震框架柱上下错位节点纵筋构造见图 3-9-5，相应的箍筋构造见图 3-9-6。要点为：

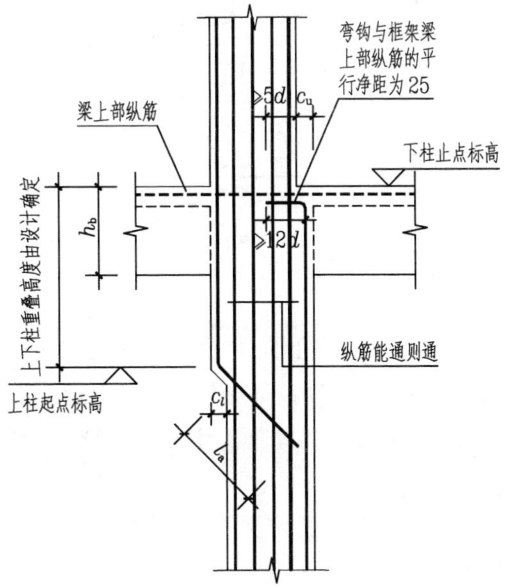

图 3-9-5 非抗震框架柱上下错位节点纵筋构造

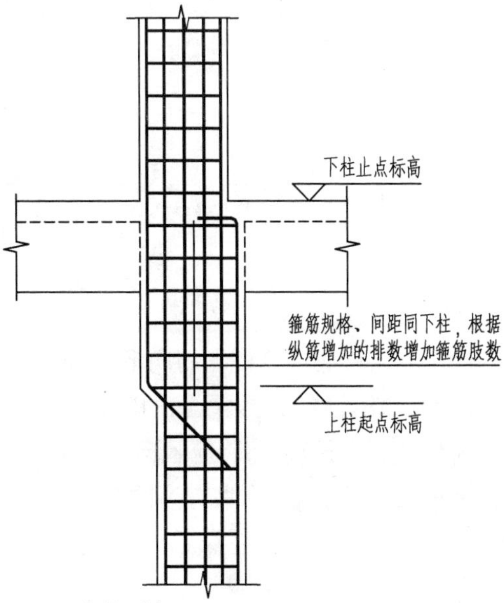

图 3-9-6 非抗震框架柱上下错位节点箍筋构造

(1) 上柱起点标高低于下柱止点标高，上下柱重叠高度由设计确定，上柱错出下柱截面的纵筋下端斜锚入下柱内 l_a；

（2）下柱纵筋向上伸至梁纵筋之下弯钩，弯钩与梁纵筋的净距为 25mm（图中 mm 均省略），弯钩投影长度为≥12d（d 为柱纵筋直径），且水平锚入上柱截面投影内≥5d；其他纵筋能通则通；

（3）上下柱重叠部分的箍筋规格、间距同下柱，根据纵筋增加的排数增加箍筋肢数。

三、非抗震框架柱顶节点构造

1. 非抗震框架中柱顶节点构造

非抗震框架中柱顶节点构造，根据中柱纵筋上端弯钩与框架梁上部受力纵筋的位置关系，可分为（柱梁）顶面相平和柱顶微凸两类构造。

（1）非抗震框架中柱顶面相平纵筋和箍筋构造见图 3-9-7。要点为：

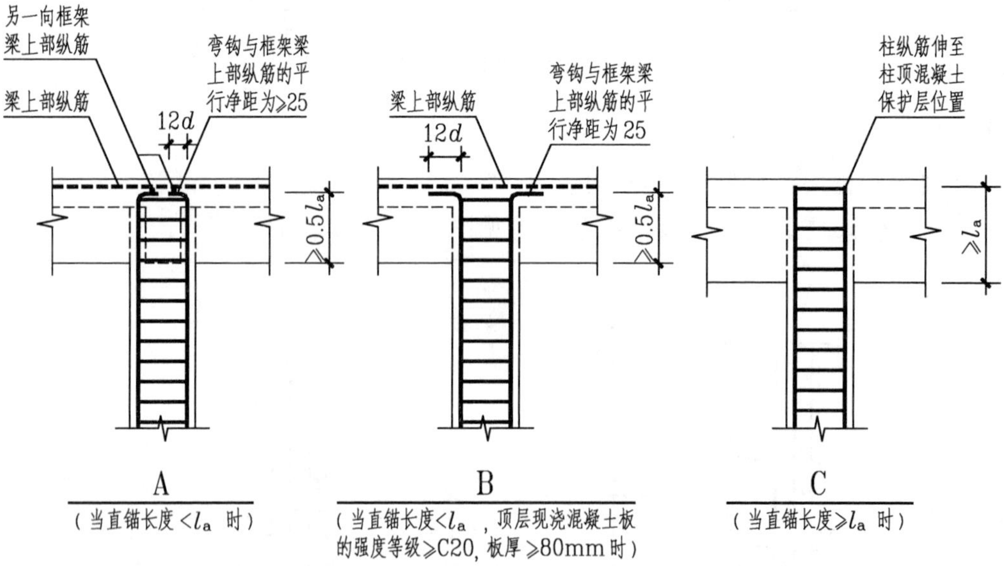

图 3-9-7　非抗震框架中柱顶面相平钢筋构造

① 当从梁底计算柱纵筋向上允许直通高度＜l_{aE}时，下柱纵筋向上伸至梁纵筋之下≥0.5l_{aE}后弯钩，弯钩与梁纵筋的净距为≥25mm（图中 mm 均省略），弯钩投影长度为 12d（d 为柱纵筋直径）；弯钩应朝向柱截面内，也可朝向柱截面外（此为 GB 50010—2010 规范中的示意图所示，本书有不同观点）。

② 当从梁底计算柱纵筋向上允许直通高度≥l_a时，柱纵筋伸至柱顶混凝土保护层位置；

③ 节点内按柱上端的复合箍筋设置到顶；

④ 箍筋应紧扣柱纵筋绑扎。当柱纵筋顶端向内弯钩时，在弯钩圆弧位置的复合箍筋应比下方箍筋稍小；当柱纵筋顶端向外弯钩时，在弯钩圆弧位置的复合箍筋应比下方箍筋稍大。

⑤ 与本图框架梁相交的另一向框架梁的上部纵筋，在柱纵筋顶部弯钩与梁纵筋之间的净距中穿过。两向框架梁的上部纵筋分别走顶部第一层和第二层，并交叉接触，在每一交叉点均应进行绑扎。

（2）非抗震框架中柱顶微凸纵筋和箍筋构造见图 3-9-8。要点为：

① 框架中柱顶凸出梁顶面高度为≥25mm＋d（d 为柱纵筋直径，图中 mm 均省略），柱纵筋伸至混凝土保护层位置后朝内弯钩，弯钩投影长度为 12d，梁纵筋设置在弯钩下方，与弯钩净距为≥25mm；

② 节点内按柱上端的复合箍筋设置到顶，且应紧扣柱纵筋绑扎（柱纵筋顶端最高处一道复合箍筋的外框封闭箍筋应比下方外框封闭箍筋稍小），其位置在框架梁纵筋上面；

③ 框架柱截面另一侧的纵筋弯钩（与图面垂直），在凸起部位的柱纵筋顶部弯钩与梁纵筋之间的净距中穿过，并交叉接触，在每一交叉点均应进行绑扎。

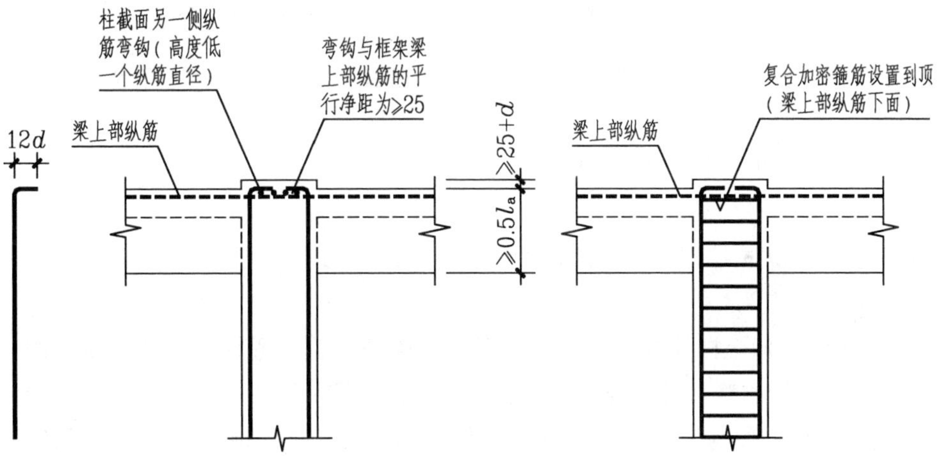

图 3-9-8　非抗震框架中柱顶微凸钢筋构造

（3）非抗震框架中柱两边梁高不同时柱顶微凸纵筋和箍筋构造见图 3-9-9。要点为：

① 以较高框架梁顶面为准，柱顶微凸高度为≥25mm＋d（d 为柱纵筋直径，图中 mm 均省略），柱纵筋伸至混凝土保护层位置后朝内弯钩，弯钩投影长度为 12d，梁纵筋设置在弯钩下方，与弯钩净距为≥25mm；

② 其他要点同图 3-9-8。

（4）非抗震框架中柱顶微凸构造钢筋分布示意，参见本章第六节图 3-6-12 和图 3-6-13。

2. 非抗震框架顶层端节点（边柱或角柱顶节点）构造

非抗震框架顶层端节点（边柱或角柱顶节点）构造，与框架中柱顶节点构造的显著区别是柱外侧纵筋与梁上部纵筋的搭接方式有“纵筋弯折搭接”和“纵筋竖直搭接”两种不同类型。

当框架顶层端节点正常受力时，柱外侧纵筋与梁上部纵筋的搭接采用非接触方式可

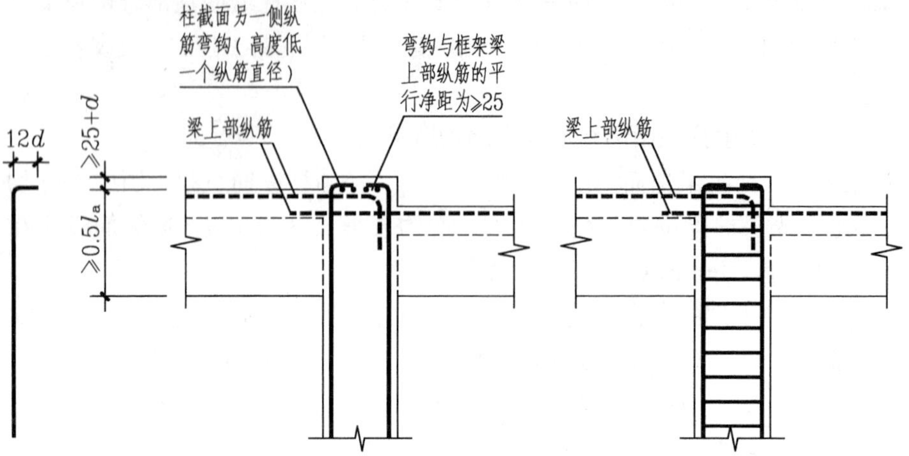

图 3-9-9　非抗震框架中柱顶微凸钢筋构造（柱两边梁高度不同）

具备较高的可靠度。根据柱外侧纵筋上端弯折后的水平段与框架梁上部纵筋的上下位置关系，非抗震框架顶层端节点又可分为顶面相平和柱顶微凸两类构造。应注意：边柱顶节点的平面外方向的中部筋按中柱柱顶节点构造，角柱在两个正交方向上均应按端节点构造。

（1）非抗震框架顶层端节点顶面相平纵筋弯折搭接构造，见图 3-9-10，相应的箍筋构造见图 3-9-11。要点为：

① 梁上部纵筋伸至柱外侧纵筋内侧，弯钩至梁底位置，弯钩与柱外侧纵筋的净距为 25mm（图中 mm 均省略）；柱外侧纵筋向上伸至梁上部纵筋之下，水平弯折后向梁内延伸；柱纵筋水平延伸段与梁上部纵筋的净距为≥25mm，自梁底起算的弯折搭接总长度为≥$1.5l_a$；

② 柱内侧纵筋向上伸至梁纵筋之下朝柱截面内弯钩，弯钩与梁纵筋的净距为≥25mm，弯钩投影长度为 $12d$（d 为柱纵筋直径）；

③ 节点内按柱上端的复合箍筋设置到顶；

④ 柱箍筋应紧扣柱纵筋绑扎，最高处一道复合箍筋应比下方箍筋稍小；

⑤ 梁上部纵筋在柱顶部范围设置附加箍筋，附加箍筋可采用开口箍，其规格、间距与梁端箍筋相同；当为多肢箍时，均采用等大的小开口箍。

《混凝土结构设计规范》GB 50010—2010 新增“基本锚固长度 l_{ab}”指标，注意到该指标与《混凝土结构设计规范》GB 50010—2002 的“锚固长度 l_a”指标的计算公式无实质不同，只是将 GB 50010—2002 中修正 l_a 的几个条件以修正系数 ζ_a 代表，形成公式 $l_a=\zeta_a l_{ab}$。公式在形式上比较整齐，但实质内容并未发生任何改变。

GB 50010—2010 的 l_{ab} 与 GB 50010—2002 的 l_a 在实质内容上无任何改变，系 l_{ab} 并未对生成 l_a 的试验条件作任何改变修正，只是增加了“基本”修饰词。在以极限状态设计原则为基本设计原则的中国规范和美国规范中，原本不存在“基本锚固长度”术语。基本锚固长度概念是以容许应力设计原则为基本原则而不是以极限状态设计原则为基本原则的欧洲规范的术语。由于定义为“基本锚固长度”，所以该锚固长度应以具有普遍性锚固方式和工作状态的试验条件下的结果为依据，对于相应于不同工作状态下的锚固方式，则以相应系数修正基本锚固长度（如欧洲规范即以系数 $a1 \sim a6$ 进行修正）。简言之，“基本锚固长度”在逻辑上是中间参数而不是最后参数，不适于用作与特定工作状态相应的锚固方式或搭接方式的表达。故本书在图 3-9-10 中采用参数 l_a 而非参数 l_{ab}，尽管二者的数值实际相同。

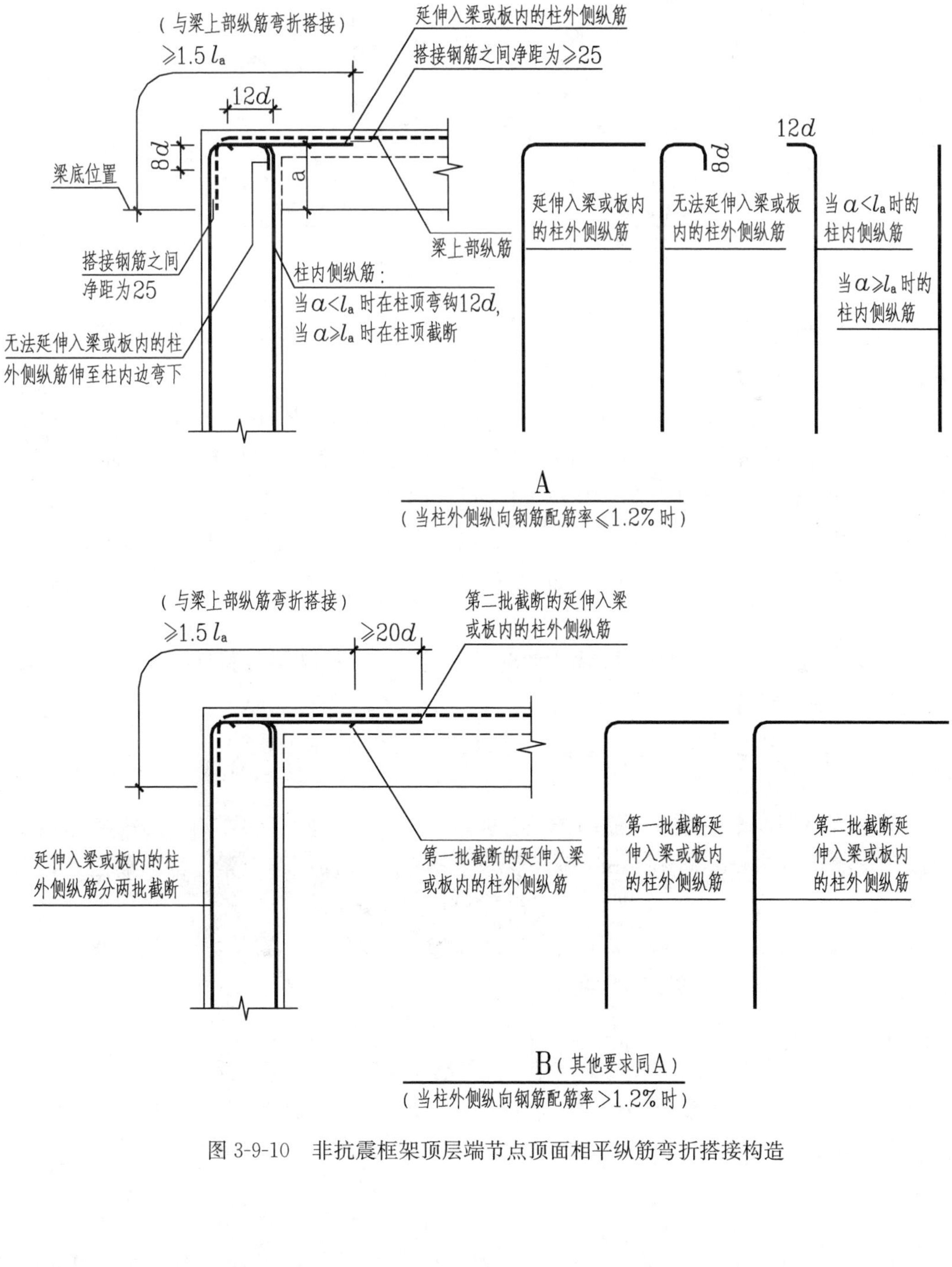

图 3-9-10　非抗震框架顶层端节点顶面相平纵筋弯折搭接构造

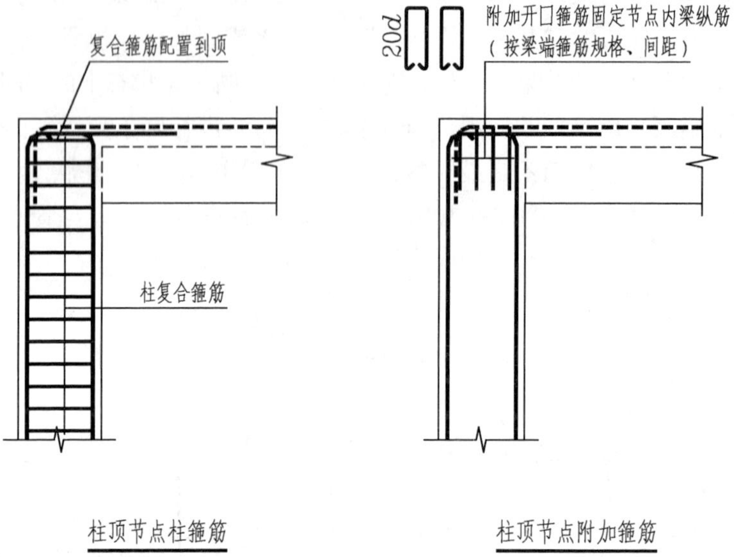

图 3-9-11 非抗震框架顶层端节点顶面相平纵筋弯折搭接时的箍筋构造

（2）非抗震框架顶层端节点柱顶微凸纵筋弯折搭接构造，见图 3-9-12，相应的箍筋构造见图 3-9-13。要点为：

① 柱顶凸出梁顶面高度为≥25mm+d（d 为柱纵筋直径，图中 mm 均省略），柱纵筋伸至混凝土保护层位置水平弯折后向框架梁延伸；梁上部纵筋在柱纵筋水平延伸段下方，两者净距为≥25mm，自梁底起算的弯折搭接总长度为≥1.5l_a；

② 节点内按柱上端的复合箍筋设置到顶，且应紧扣柱纵筋绑扎（柱纵筋顶端最高处一道复合箍筋的外框封闭箍筋应比下方外框封闭箍筋稍小），其位置在框架梁纵筋下面；

③ 在梁纵筋之上的柱外侧弯折纵筋水平延伸范围，按框架梁端箍筋配置适量增加高度后箍住柱外侧延伸纵筋；

（3）非抗震框架顶层端节点顶面相平纵筋竖直搭接构造，见图 3-9-14，相应的箍筋构造见图 3-9-15。要点为：

① 梁上部纵筋伸至柱外侧纵筋内侧竖直向下弯折，竖直段与柱外侧纵筋搭接总长度为≥1.7l_a，净距为 25mm（图中 mm 均省略）；柱外侧纵筋向上伸至梁上部纵筋之下，水平弯钩 12d；柱纵筋水平弯钩与梁上部纵筋的净距为≥25mm；

② 柱内侧纵筋向上伸至梁纵筋之下朝柱截面内弯钩，弯钩与梁纵筋的净距为≥25mm，弯钩投影长度为 12d（d 为柱纵筋直径）；

③ 节点内按柱上端的复合箍筋设置到顶；

④ 柱箍筋应紧扣柱纵筋绑扎，最高处一道复合箍筋应比下方箍筋稍小；

⑤ 梁上部纵筋在柱顶部范围设置附加箍筋，附加箍筋可采用开口箍，其规格、间距与梁端箍筋相同。

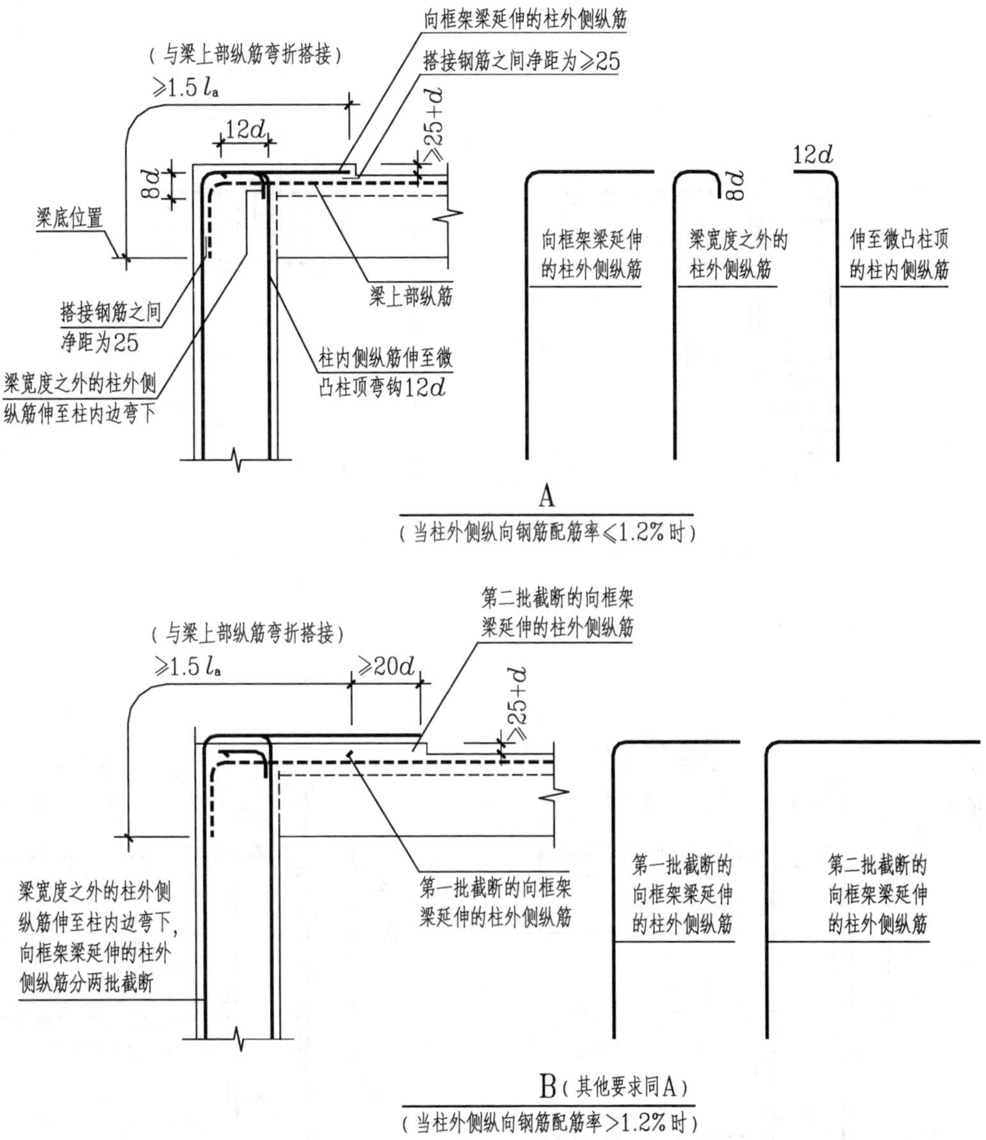

图 3-9-12　非抗震框架顶层端节点柱顶微凸纵筋弯折搭接构造

（4）非抗震框架顶层端节点柱顶微凸纵筋竖直搭接构造，见图 3-9-16，相应的箍筋构造见图 3-9-17。要点为：

① 柱顶凸出梁顶面高度为≥25mm＋d（d 为柱纵筋直径，图中 mm 均省略），柱外侧和内侧纵筋均伸至混凝土保护层位置水平弯折 12d，梁上部纵筋在柱纵筋水平弯钩下方，两者净距为≥25mm；梁上部纵筋伸至柱外侧纵筋内侧弯折后，竖直向下延伸至与柱外侧纵筋竖直搭接长度为≥1.7l_a，净距为 25mm；

② 节点内按柱上端的复合箍筋设置到顶，且应紧扣柱纵筋绑扎，其位置在框架梁纵筋下面。

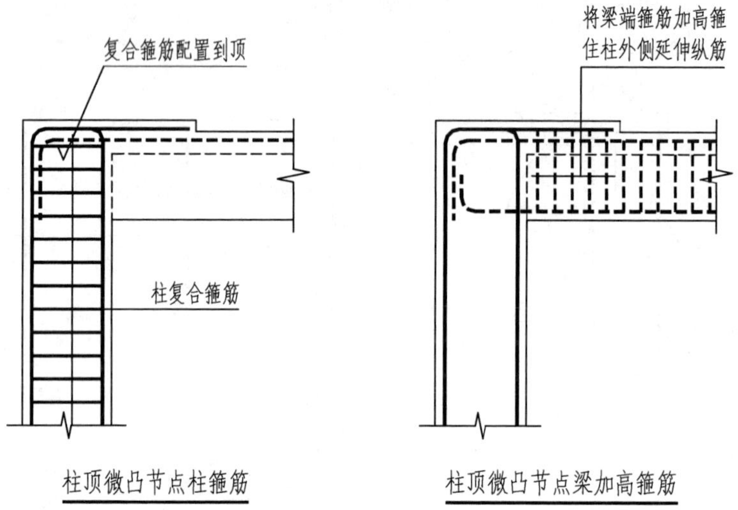

图 3-9-13　非抗震框架顶层端节点柱顶微凸纵筋弯折搭接时的箍筋构造

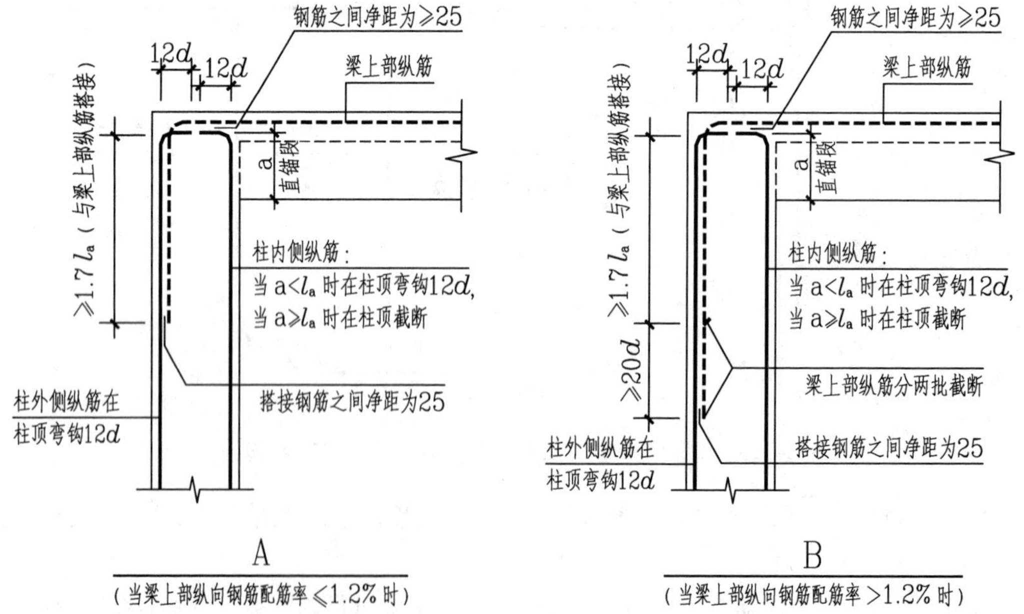

图 3-9-14　非抗震框架顶层端节点顶面相平纵筋竖直搭接构造

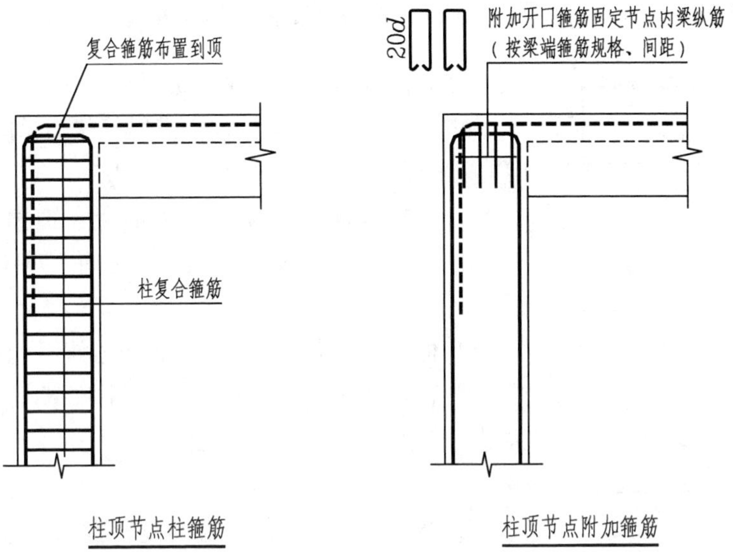

图 3-9-15　非抗震框架顶层端节点顶面相平纵筋竖直搭接时的箍筋构造

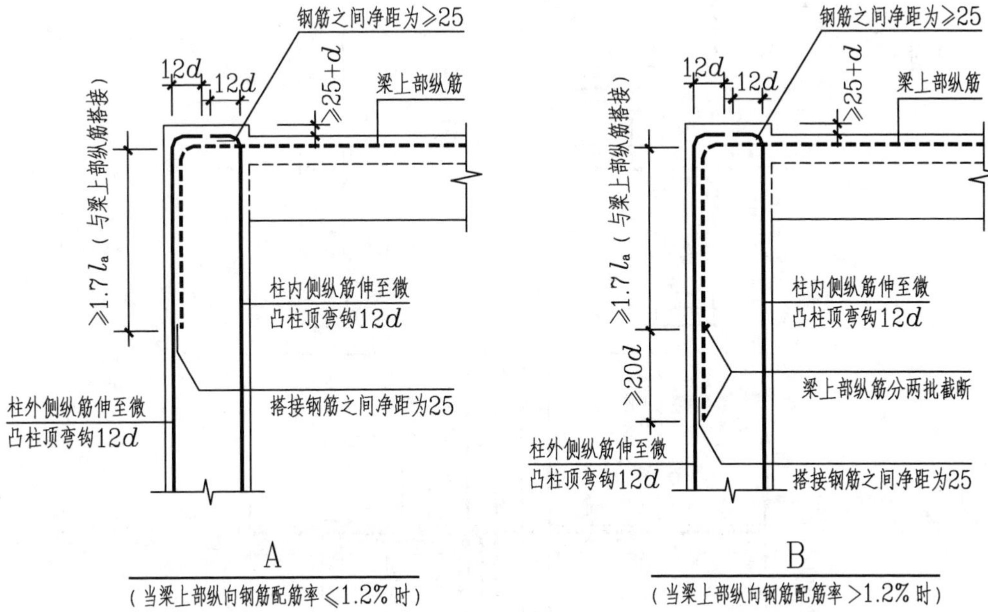

图 3-9-16　非抗震框架顶层端节点柱顶微凸纵筋竖直搭接构造

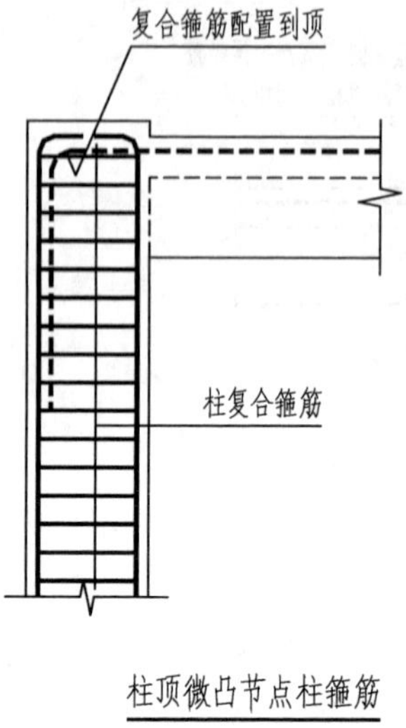

图 3-9-17　非抗震框架顶层端节点柱顶微凸纵筋竖直搭接时的箍筋构造

四、非抗震框支柱顶节点构造

1. 非抗震框支中柱顶节点构造

(1) 非抗震框支中柱顶节点纵筋构造见图 3-9-18，相应的箍筋构造见图 3-9-19。要点为：

① 非抗震框支柱顶以上为混凝土剪力墙，在框支柱截面上的剪力墙投影中的柱纵筋向上直通至上层楼板顶面；

② 框支柱内位于剪力墙投影之外不能向上直通的纵筋，伸至梁纵筋之下≥$0.5l_a$后向柱外框支梁或楼板中弯钩 l_a，弯钩与梁纵筋的净距为≥25mm（图中 mm 均省略）；

③ 节点内按框支柱上端的复合箍筋设置到顶，且应紧扣柱纵筋绑扎；框支梁上部纵筋在柱顶部范围设置附加箍筋，附加箍筋可采用开口箍，其规格、间距与梁端箍筋相同；

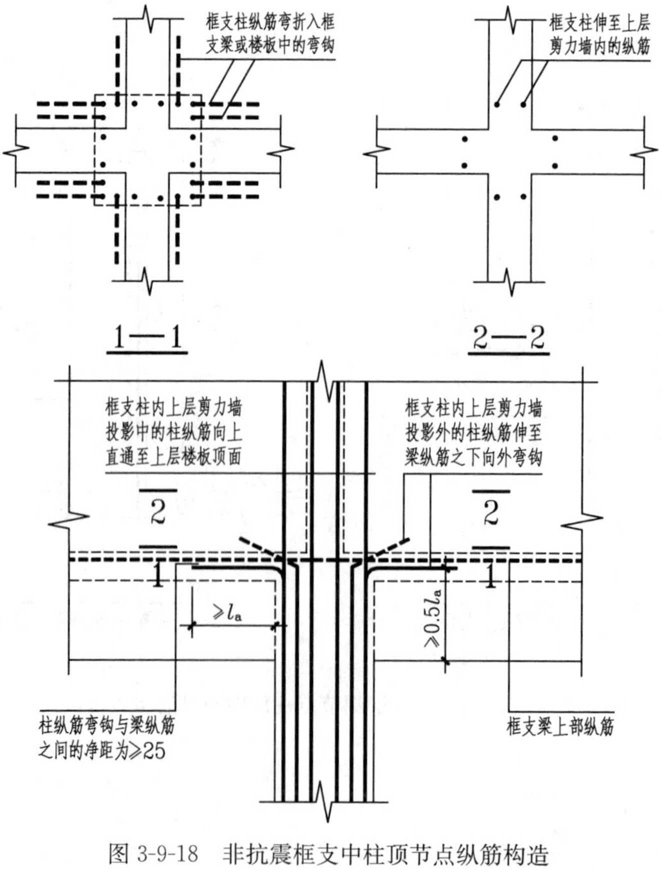

图 3-9-18　非抗震框支中柱顶节点纵筋构造

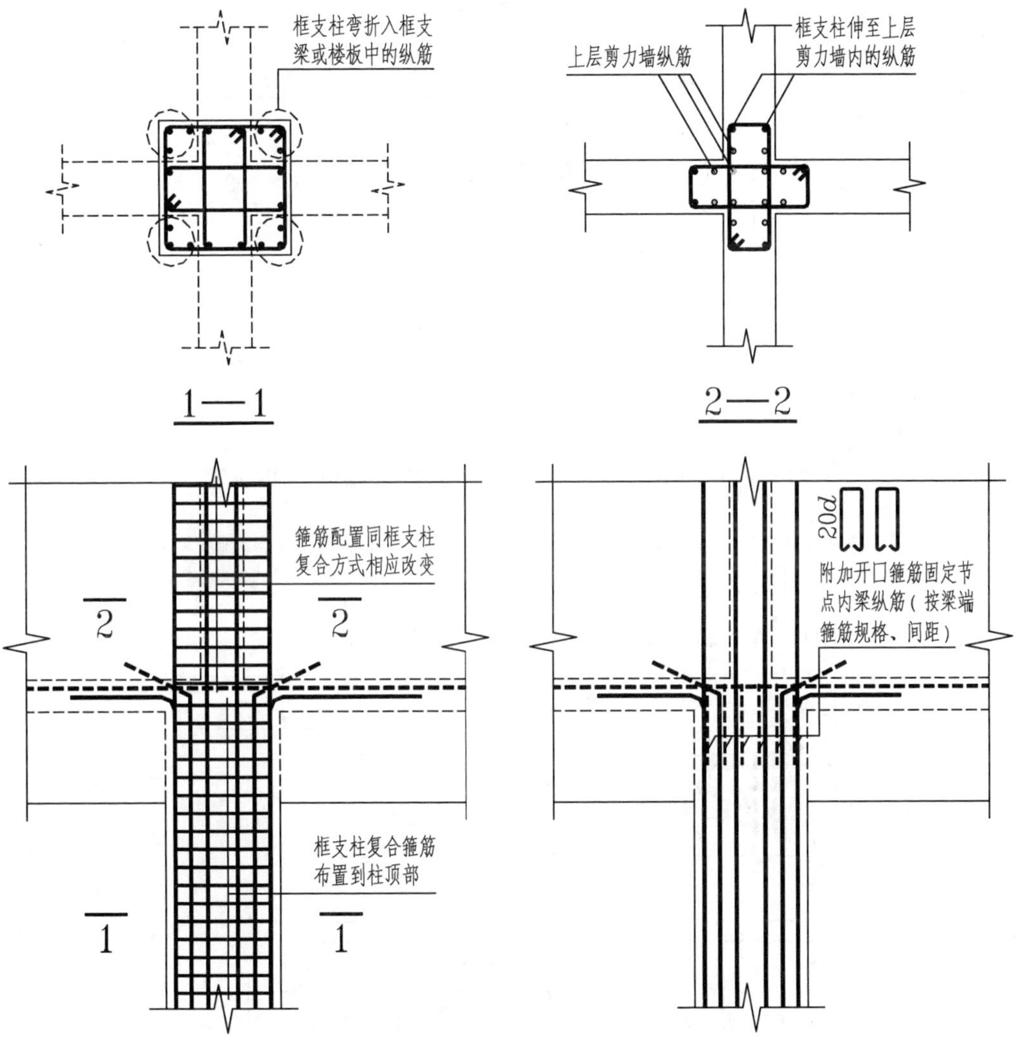

图 3-9-19　非抗震框支中柱顶节点箍筋构造

（2）当框支中柱截面中剪力墙投影为十字截面时，如图 3-9-19 所示，应在向上伸入剪力墙中的柱纵筋上设置箍筋，箍筋的规格、间距同框支柱箍筋，并相应改变箍筋的复合方式。当框支中柱截面中剪力墙投影为丁字截面时，上层剪力墙应设置边缘构件（暗柱或端柱），向上延伸的柱纵筋应与内剪力墙边缘构件纵筋和箍筋综合设置，构造示意见图3-9-20。

2. 非抗震框支边柱顶节点构造

（1）非抗震框支边柱顶节点纵筋构造见图 3-9-21，相应的箍筋构造见图 3-9-22。要点为：

① 非抗震框支柱顶以上为混凝土剪力墙，在框支柱截面中的剪力墙截面投影内的柱纵筋向上直通至上层楼板顶面；

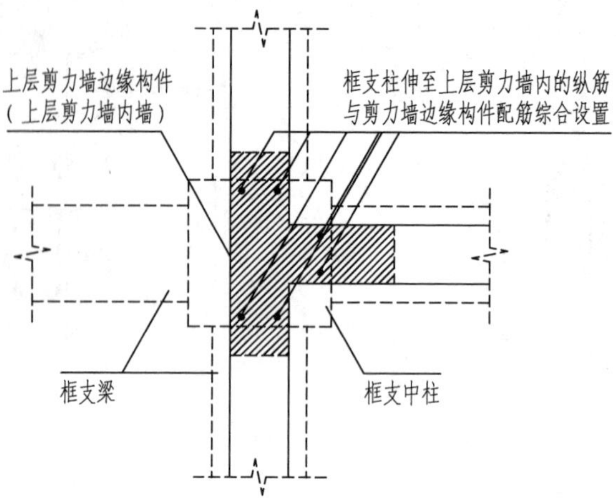

图 3-9-20　非抗震框支中柱以上为剪力墙边缘构件构造示意

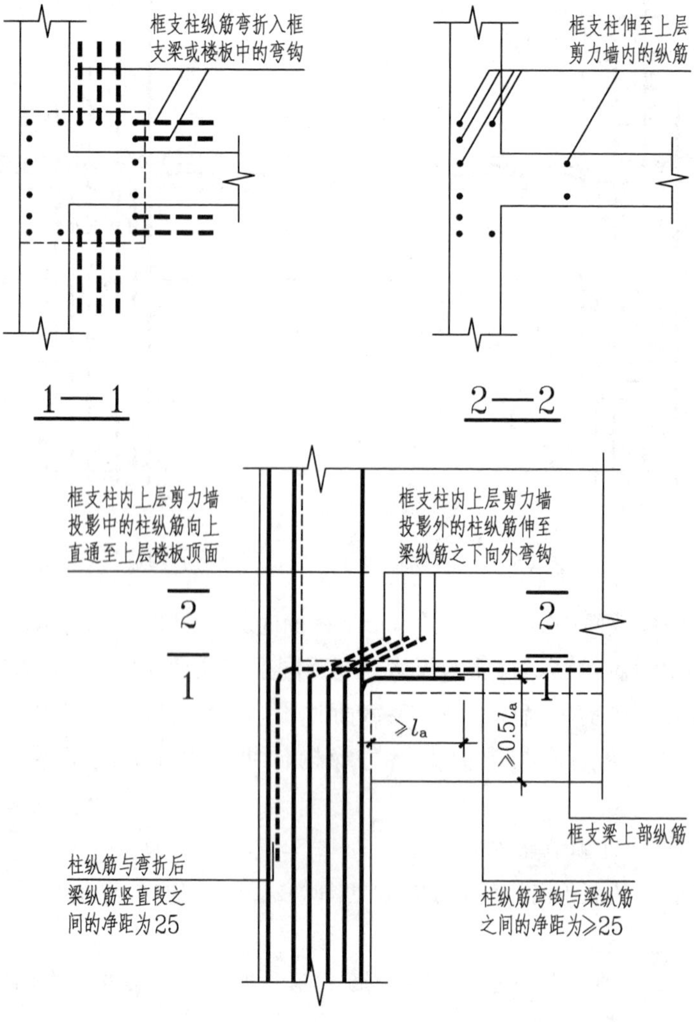

图 3-9-21　非抗震框支边柱顶节点纵筋构造

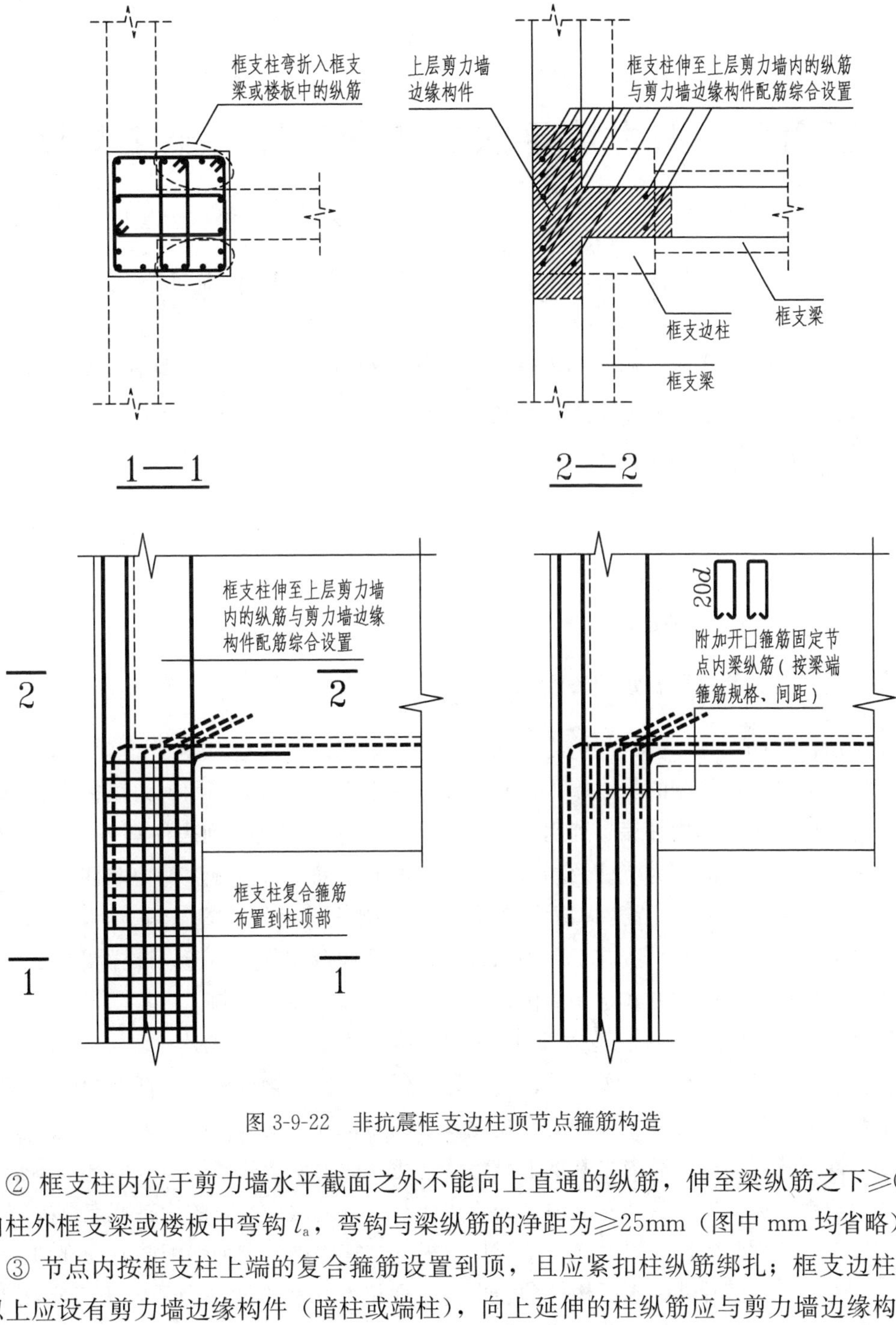

图 3-9-22　非抗震框支边柱顶节点箍筋构造

② 框支柱内位于剪力墙水平截面之外不能向上直通的纵筋，伸至梁纵筋之下≥$0.5l_a$后向柱外框支梁或楼板中弯钩 l_a，弯钩与梁纵筋的净距为≥25mm（图中 mm 均省略）；

③ 节点内按框支柱上端的复合箍筋设置到顶，且应紧扣柱纵筋绑扎；框支边柱和角柱以上应设有剪力墙边缘构件（暗柱或端柱），向上延伸的柱纵筋应与剪力墙边缘构件的纵筋和箍筋综合设置。

第四章　剪力墙平法施工图设计与施工规则

第一节　剪力墙平法施工图设计规则

本节讲述的剪力墙平法施工图设计规则，系为在剪力墙平面布置图上采取截面注写方式或列表注写方式表达剪力墙结构设计的方法，将分为五部分进行讲述：

1. 关于剪力墙平面布置图；

2. 剪力墙编号规定；

3. 截面注写方式；

4. 列表注写方式；

5. 特殊设计内容的表达。

一、关于剪力墙平面布置图

按平法设计制图规则完成的剪力墙结构施工图，包括两部分内容：

第一部分：专门绘制的剪力墙平面布置图。在平面布置图上采用剪力墙柱表、剪力墙身表、剪力墙梁表，按构件编号列明各构件的几何尺寸和配筋（列表注写方式），或者在剪力墙平面布置图上的剪力墙柱及墙身部位增加绘制配筋，直接标注剪力墙柱、剪力墙身和剪力墙梁的截面尺寸和配筋（截面注写方式），构成剪力墙平法施工图。

第二部分：为剪力墙平法施工图中未包括的构件构造和节点构造设计详图，该部分内容以平法通用构造详图的方式统一提供，不需设计工程师设计绘制。

1. 剪力墙分为剪力墙柱、剪力墙身、剪力墙梁三类构造分别表达

剪力墙设计与框架柱或梁类构件设计有显著区别。柱、梁构件属于杆类构件，而剪力墙水平截面的长宽比相对杆类构件的高宽比要大的多；柱、梁构件的内力基本上逐层、逐跨呈规律性变化，而剪力墙内力基本上呈整体变化，剪力墙承载楼层荷载但基本不受其所关联层的约束。剪力墙本身特有的内力变化规律与抵抗地震作用时的构造特点，决定了必须在其边缘部位加强配筋，以及在其楼层位置根据抗震等级要求加强配筋或局部加大截面尺寸。此外，连接两片墙的水平构件功能也与普通梁有显著不同。为了表达简便、清晰，平法将剪力墙分为剪力墙柱、剪力墙身和剪力墙梁三类构造分别表达。

应注意，归入剪力墙柱的端柱、暗柱等不是普通概念的柱，因为这些墙柱不可能脱离整片剪力墙独立存在，也不可能独立变形，称其为墙柱，是其配筋都是由竖向纵筋和水平箍筋构成，绑扎方式与柱类似，但与柱不同的是墙柱同时与墙身混凝土和钢筋完整结合在

一起。因此，墙柱实质上是剪力墙边缘的集中配筋加强部位。同理，归入剪力墙梁的暗梁、边框梁、框支梁等与受弯且受剪的梁没有任何关系，因为这些墙梁不可能脱离整片剪力墙独立存在，也不可能像普通概念的梁一样独立受弯变形。暗梁、边框梁、框支梁根本不属于受弯构件[1]，称其为墙梁，系因为其配筋都是由纵向钢筋和横向箍筋构成，绑扎方式与梁类似，同时又与墙身混凝土和钢筋完整结合在一起。因此，暗梁、边框梁、框支梁实质上是剪力墙在楼层位置的水平加强带。此外，归入剪力墙梁中的连梁属相对独立的水平构件，但其主要功能是将两片剪力墙连结在一起，当抵抗地震作用时使两片连在一起的剪力墙协同工作。连梁的形状与深梁基本相同，但受力原理亦有较大不同。

剪力墙上通常需要为采暖、通风、消防等设备的管道开洞，或者为嵌入设备开洞，洞边通常需要配置加强钢筋。当剪力墙较厚时，某些设备如消防器材箱的厚度小于墙厚，嵌入墙身即可。为了满足设备通过或嵌入要求，需要在剪力墙上设计洞口或壁龛。洞口或壁龛的加强钢筋通常可在通用构造详图中解决，但在剪力墙平法施工图上应清楚地表达剪力墙洞口或设置壁龛的位置和几何尺寸，故剪力墙洞口和壁龛的位置和几何尺寸的表达也属平法设计与施工规则中的内容。

2. 剪力墙构造边缘构件墙柱与约束边缘构件墙柱

根据抗震等级的不同，剪力墙边缘构件应按规定设计为构造边缘构件和约束边缘构件。构造边缘构件设置墙柱核心部位，见图 4-1-1；约束边缘构件设置墙柱核心部位和扩展部位，见图 4-1-2。

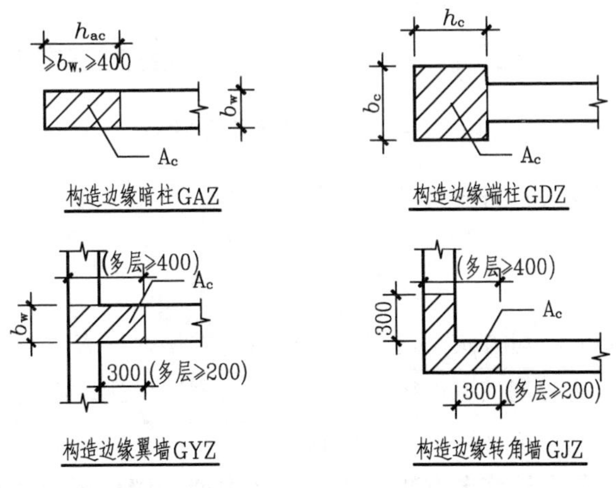

图 4-1-1 剪力墙构造边缘构件

3. 设计剪力墙平法施工图的两种表达方式

着手设计剪力墙平法施工图的第一步，是绘制剪力墙平面布置图。平法设计制图规则要求在设计之前，首先考虑采用何种表达方式，以便为可能需要采用的“多比例”做相关准备。

---

[1] 框架和非框架梁属典型受弯且受剪构件，而剪力墙暗梁、边框梁、框支梁的受力与其完全不同。

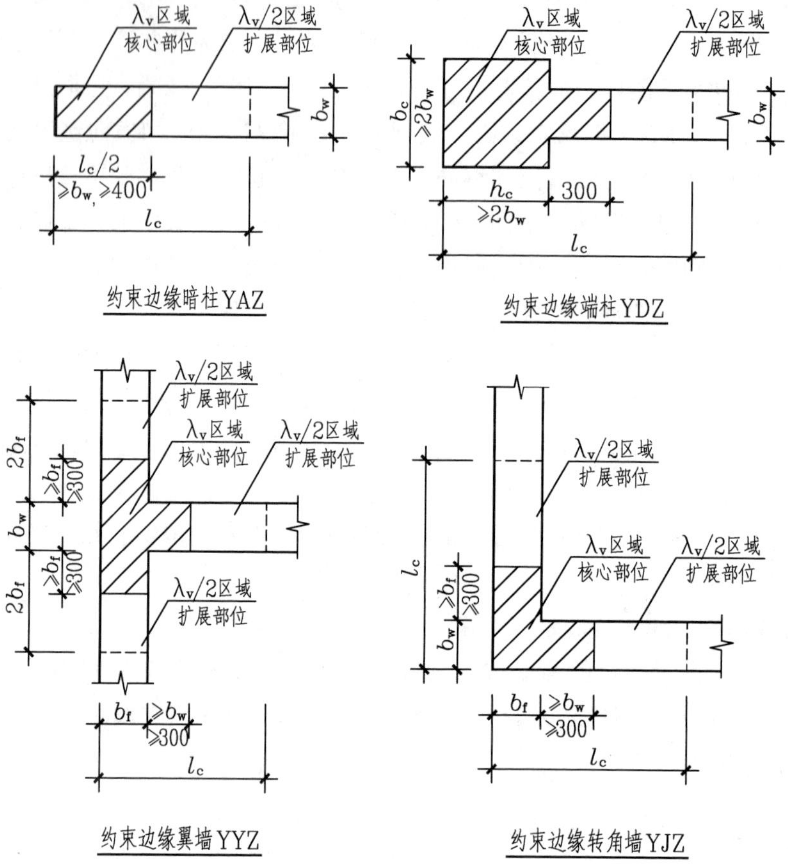

图 4-1-2　剪力墙约束边缘构件

剪力墙平法施工图的表达方式有两种：

(1) 截面注写方式；

(2) 列表注写方式。

截面注写方式与列表注写方式均适用于各种结构类型，列表注写方式可在一张图纸上将全部剪力墙一次性表达清楚，也可按剪力墙标准层逐层表达。截面注写方式通常需要首先划分剪力墙标准层后，再按标准层分别绘制。

截面注写方式实际是一种综合方式。其中，剪力墙的墙柱需要在原位绘制配筋截面，属于截面完全注写，但墙身则不需要绘制配筋属于截面不完全注写，而墙梁实际上是平面注写（参见与本书有关梁的章节）。为了表述简单，将其统称为截面注写方式。由于截面注写方式要求原位绘制墙柱配筋截面，为了将墙柱截面配筋绘制清楚，通常截面注写方式所采用的绘图比例与列表注写方式有所不同。

采用截面注写方式与采用列表注写方式完成的设计图纸，单张图纸所载信息量有差别，但两种表达方式所表达的内容实质上完全相同，因此，剪力墙通用构造详图可以分别与任何一种配合使用，且均能与平法施工图自然合并，共同构成完整的剪力墙结构施工图设计文件。

4. 剪力墙平面布置图的绘制

平法剪力墙平面布置图不同于传统方法的结构平面布置图。传统方法的结构平面布置图包括柱、墙、梁、板等所有构件的平面投影，全图通常采用一种比例绘制。平法剪力墙平面布置图需要单独绘制或者与柱平面布置图合并绘制；如果采用截面注写方式，通常需要采用“多比例”绘制。

采用列表注写方式表达剪力墙平法施工图，完全可以按一种比例绘制其平面图。无论层数和、高度及截面变化如何，只要图面能够容下结构平面和相应的表格，采用列表注写方式仅需一张图纸，即可将本工程所有剪力墙除构造之外的设计内容一次性地表达清楚。采用截面注写方式则宜分标准层表达，每张图纸可表达一个剪力墙标准层。两种方式均可灵活运用，如列表注写方式也可分标准层表达，此时图纸张数通常与截面注写方式基本相等，截面注写方式也可采用将不同标准层的设计要素加括号以示区别，从而在一张图纸上表达多于一个标准层。

截面注写方式与列表注写方式均应绘制剪力墙端柱、翼墙柱、转角墙柱、暗柱、短肢墙等的截面配筋图。当采用截面注写方式时，截面配筋图在原位绘制；当采用列表注写方式时，截面配筋图在表格中绘制。

用截面注写方式表达剪力墙平法施工图，需要增加考虑几个方面的问题：

(1) 为了将配筋表达清楚，需要采用与绘制轴网不同的比例，将剪力墙截面适当放大（即“双比例”法）。双比例法实际上只能按比例局部放大墙柱，放大了的墙柱顺墙身方向将使墙身受轴网比例形成的固定间距限制而无法放大；

(2) 采用双比例法，能够保持剪力墙暗柱、端柱的实际形状，但墙身、墙梁则需在其中部采用截断线。当采用的双比例绘制的剪力墙平面变形较大时，应减小双比例差，并采用较大号的图纸绘制；

(3) 当表达短肢剪力墙时，通常需要在短肢墙上加截断线；

(4) 当采用双比例绘图时，会因两轴线之间的图面间距不足，导致在两轴线上放大绘制的暗柱距离过近的情况，此时，也可以采取适当拉大两条轴线间距的“多比例”方法予以解决。

(5) 当采用单比例绘图时，为将配筋表示清楚，需要将全图整体放大，并采用较大号的图纸绘制。

5. 在剪力墙平法施工图中，要注明各结构层的楼面标高及相应的结构层号

在前面章节里，我们已经讲述了在各类构件的平法结构施工图中应加注结构层楼面标高及层高表，在剪力墙平法施工图中同样要求放入，以便施工人员将注写的剪力墙高度与表对照后，明确剪力墙的竖向定位（水平定位已经在平面布置图中表达），见图 4-1-3。例如：如果注写的剪力墙高度范围是“××层—××层”，可从表中查出该段剪力墙的下端与上端标高；如果注写的剪力墙高度范围是“×××标高—×××标高”，可从表中查出该段剪力墙的层数。

层号	标高(m)	层高(m)
屋面2	65.670	
塔层2	62.370	3.30
屋面1(塔层1)	59.070	3.30
16	55.470	3.60
15	51.870	3.60
14	48.270	3.60
13	44.670	3.60
12	41.070	3.60
11	37.470	3.60
10	33.870	3.60
9	30.270	3.60
8	26.670	3.60
7	23.070	3.60
6	19.470	3.60
5	15.870	3.60
4	12.270	3.60
3	8.670	3.60
2	4.470	4.20
1	-0.030	4.50
-1	-4.530	4.50
-2	-9.030	4.50

底部加强部位（1~2层）

(8.670~30.270)
3至8层墙结构平法施工图

层号	标高(m)	层高(m)
屋面2	65.670	
塔层2	62.370	3.30
屋面1(塔层1)	59.070	3.30
16	55.470	3.60
15	51.870	3.60
14	48.270	3.60
13	44.670	3.60
12	41.070	3.60
11	37.470	3.60
10	33.870	3.60
9	30.270	3.60
8	26.670	3.60
7	23.070	3.60
6	19.470	3.60
5	15.870	3.60
4	12.270	3.60
3	8.670	3.60
2	4.470	4.20
1	-0.030	4.50
-1	-4.530	4.50
-2	-9.030	4.50

底部加强部位（1~2层）

(-0.030 ~ 59.070)
1至16层墙结构平法施工图

图 4-1-3 剪力墙平法施工图中的结构层楼面标高与层高表

除注明单位者外，剪力墙平法施工图中标注的尺寸以 mm 为单位，标高以 m 为单位。

6. 关于剪力墙的定位

通常情况下轴线位居剪力墙中央，但当轴线未居中时，应在剪力墙平面布置图上直接标注偏心尺寸。由于剪力墙暗柱及短肢剪力墙的宽度与剪力墙身厚度相同，所以，当剪力墙身的偏心情况一旦确定，暗柱及短肢剪力墙的定位亦随之确定。

剪力墙端柱的定位通常有两种情况，一种情况是：端柱和与其相连的墙身共同对称于自身的中心线，此时当墙身的偏心情况一旦确定，端柱的定位亦随之确定；另一种情况是：端柱的一个侧面与墙身的一个侧面相平（常在外墙上），此时当墙身偏心一旦确定，端柱的定位亦间接确定。端柱在以上两种情况下对轴线的偏心情况不需要专门注明。当端柱与墙身的关系出现与以上两种情况不同的特殊情况时，需要在图上注明。

二、剪力墙编号规定

剪力墙柱编号见表 4-1-1，剪力墙身编号见表 4-1-2，剪力墙梁编号见表 4-1-3，剪力墙洞口与壁龛编号见表 4-1-4。

剪力墙柱编号 **表 4-1-1**

类 型	代号（拼音）	代号（英文）	序号	说 明
约束端柱	YDZ	REC	xx	为设置在剪力墙转角、丁字相交、端部等部位的凸出墙身的柱。按照现行规范规定的条件，分约束边缘构件和构造边缘构件
构造端柱	GDZ	TEC	xx	
约束边缘翼墙	YYZ	RFW	xx	为设置在剪力墙转角、丁字相交、端部等部位的与墙身等厚度的暗柱、翼墙暗柱、L形转角暗柱。按照现行规范规定的条件，分约束边缘构件和构造边缘构件
构造边缘翼墙	GYZ	TFW	xx	
约束边缘转角墙	YJZ	RTW	xx	
构造边缘转角墙	GJZ	TTW	xx	
约束边缘暗柱	YAZ	RCC	xx	
构造边缘暗柱	GAZ	TCC	xx	
短肢剪力墙	DZQ	SW	xx	通常指墙肢截面高度与厚度之比为4～8倍的剪力墙
非边缘暗柱	AZ	CC	xx	当楼面或屋面梁支承在剪力墙上时可根据具体情况设置，以减小梁端部弯矩对墙的不利影响
扶壁柱	FBZ	BC	xx	

剪力墙身编号 **表 4-1-2**

类 型	代号（拼音）	代号（英文）	序号	说 明
剪力墙身	Q(x)	W(x)	xx	为剪力墙除去端柱、边缘暗柱、边缘翼墙、边缘转角墙的墙身部分。剪力墙身代号后的"(x)"为剪力墙配置钢筋的排数，通常墙身厚度不大于400mm时配置双排，大于400mm时，根据具体情况和有关规定可配置更多排

剪力墙梁编号 **表 4-1-3**

类 型	代号（拼音）	代号（英文）	序号	特 征
Ⅰ型连梁（普通连梁）	LL-Ⅰ或LL	JB-Ⅰ	xx	跨高比＞2.5但≤5，配置梁纵筋与箍筋，采用普遍（可按传统习惯注为LL）
Ⅱ型连梁（弱线刚度连梁）	LL-Ⅱ	JB-Ⅱ	xx	跨高比＞5，梁本体配筋可同框架梁，梁端锚固构造同普通连梁
Ⅲ型连梁（交叉斜筋连梁）	LL-Ⅲ	JB-Ⅲ	xx	跨高比≤2.5，梁宽≥250时相对普通连梁构造增设交叉斜筋
Ⅳ型连梁（成束对角斜筋连梁）	LL-Ⅳ	JB-Ⅳ	xx	跨高比≤2.5，梁宽≥400时相对普通连梁增设成束对角斜筋

续表

类　型	代号（拼音）	代号（英文）	序号	特　征
V型连梁（对角暗撑连梁）	LL-V	JB-V	xx	跨高比≤2.5，梁宽≥400时相对普通连梁增设对角暗撑
双连梁（竖向组合）	LL-X/Y	JB-X/Y	xx	将跨高比≤2.5的构造复杂的连梁转换为采用水平缝分隔的双连梁竖向组合，X、Y分别可为Ⅰ、Ⅱ型连梁
暗　梁	AL	CB	xx	设置在剪力墙楼面和屋面位置，为阻止剪力墙纵向裂缝延伸的构造
边框梁	BKL	EBB	xx	设置在剪力墙楼面和屋面位置，为阻止剪力墙纵向裂缝延伸的构造
框支梁	KZL	WBE	xx(x)	设置在不落地剪力墙的底部边缘，功能为抵抗底部边缘的偏心拉力

剪力墙洞口和壁龛编号　　**表 4-1-4**

类　型	代号（拼音）	代号（英文）	序号	特　征
矩形洞口	JD	RO	xx	通常为在内墙墙身或连梁上的设备管道预留洞
圆形洞口	YD	CO	xx	
矩形壁龛	JBK	RN	xx	通常为在较厚内墙墙身嵌入箱形设备而设置。只要不需要穿透墙厚，将设备所需嵌入空间设置为壁龛对剪力墙的刚度有利
圆形壁龛	YBK	CN	xx	

三、剪力墙截面注写方式

1. 截面注写方式的一般要求

剪力墙截面注写方式，系在分标准层绘制的剪力墙平面布置图上，直接在墙柱、墙身、墙梁上注写截面尺寸和配筋具体数值，整体表达该标准层的剪力墙平法施工图。

具体操作时，剪力墙平面布置图需选用适当比例放大绘制，墙柱应绘制截面配筋图，其竖向受力纵筋、箍筋和拉筋均应在截面配筋图上绘制清楚；当为约束边缘构件时，由于墙柱扩展部位的水平分布筋和垂直分布筋就是剪力墙的配筋，而仅墙柱扩展部位的拉筋属于约束边缘墙柱配筋，所以墙身也需要绘制钢筋，但墙梁仅需绘制平面轮廓线；当为构造边缘构件时，墙柱应绘制截面配筋图，墙身和墙梁则仅需绘制平面轮廓线；墙洞口和壁龛需要在平面图上标注其中心的平面定位尺寸。

对所有墙柱、墙身、墙梁、墙洞口和壁龛，应分别按表 4-1-1、表 4-1-2、表 4-1-3 和表 4-1-4 的规定进行编号，并分别在相同编号的墙柱、墙身、墙梁、墙洞口或壁龛中选择一根墙柱、一道墙身、一道墙梁、一处洞口或壁龛进行注写，其他相同者则仅需标注编号及所在层数等。

2. 剪力墙柱的截面注写

在选定进行标注的截面配筋图上集中注写：

（1）墙柱编号：见表 4-1-1；

（2）墙柱竖向纵筋：xxΦ xx（注意钢筋强度等级符号：Φ为 HPB300，Φ为 HRB335，Φ为 HRB400）；

（3）墙柱核心部位箍筋/墙柱扩展部位拉筋：Φ xx@xxx/Φ xx。

关于截面配筋图集中注写的说明：

（1）墙柱编号的注写：应注意约束边缘与构造边缘构件两种墙柱的代号不同，其几何尺寸和配筋率应满足现行规范的相应规定。

（2）墙柱竖向纵筋的注写：对于约束边缘构件，所注纵筋不包括设置在墙柱扩展部位的竖向纵筋，该部位的纵筋规格与剪力墙身的竖向分布筋相同，但分布间距必须与设置在该部位的拉筋保持一致，且应小于或等于墙身竖向分布筋的间距。对于构造边缘构件则无墙柱扩展部分。墙柱纵筋的分布情况在截面配筋图上直观绘制清楚。

（3）墙柱核心部位箍筋与墙柱扩展部位拉筋的注写：墙柱核心部位的箍筋注写竖向分布间距，且应注意采用同一间距（全高加密），箍筋的复合方式应在截面配筋图上直观绘制清楚；墙柱扩展部位的拉筋不注写竖向分布间距，其竖向分布间距与剪力墙水平分布筋的竖向分布间距相同，拉筋应同时拉住该部位的墙身竖向分布筋和水平钢筋，拉筋应在截面配筋图上直观绘制清楚。

（4）各种墙柱截面配筋图上应原位加注几何尺寸和定位尺寸。

（5）在相同编号的其他墙柱上可仅注写编号及必要附注。

剪力墙约束端柱 YDZ 和构造端柱 GDZ 的截面注写示意，见图 4-1-4。

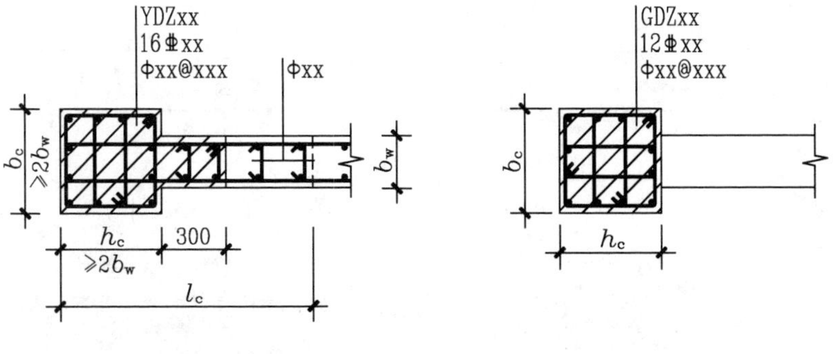

约束边缘端柱 YDZ　　　　构造边缘端柱GDZ

图 4-1-4

剪力墙约束边缘翼墙 YYZ 和构造边缘翼墙 GYZ 的截面注写示意，见图 4-1-5。

剪力墙约束边缘转角墙 YJZ 和构造边缘转角墙 GJZ 的截面注写示意，见图 4-1-6。

剪力墙约束边缘暗柱 YAZ 和构造边缘暗柱 GAZ 的截面注写示意，见图 4-1-7。

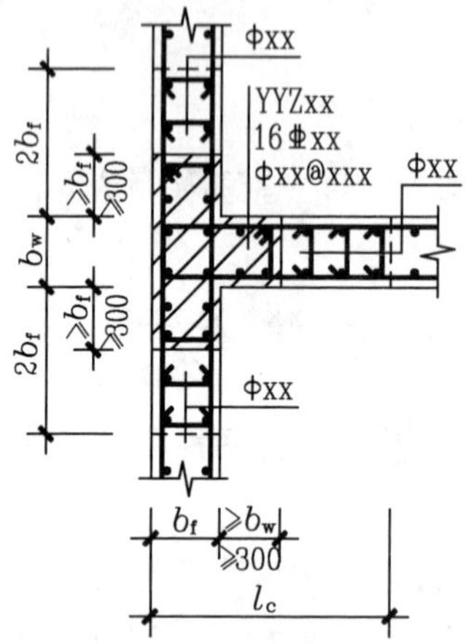

约束边缘翼墙YYZ

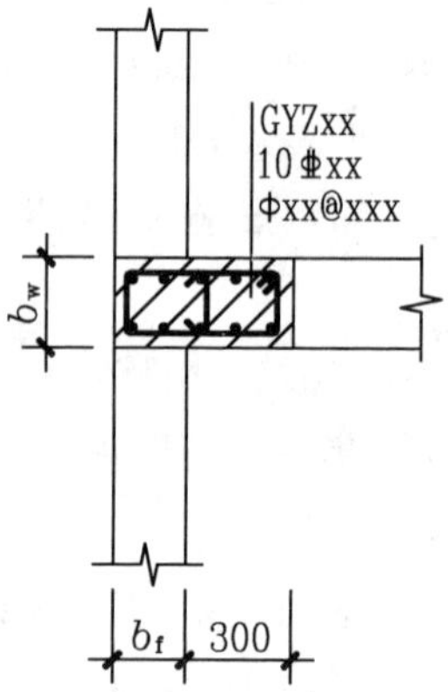

构造边缘翼墙GYZ

图 4-1-5

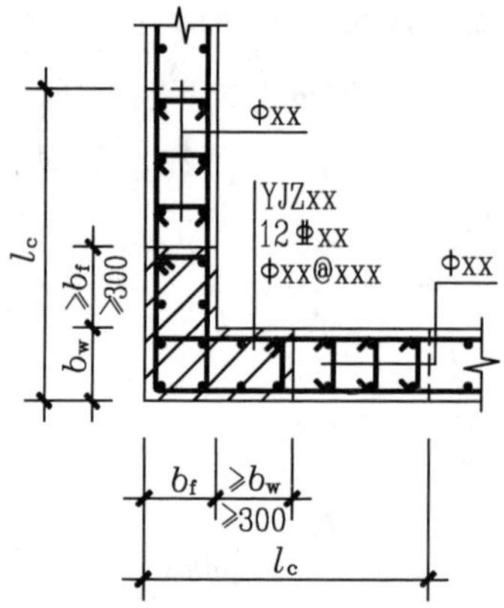

约束边缘转角墙YJZ

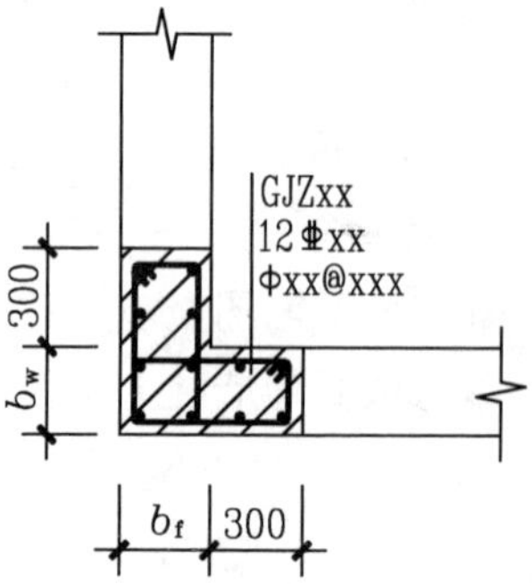

构造边缘转角墙GJZ

图 4-1-6

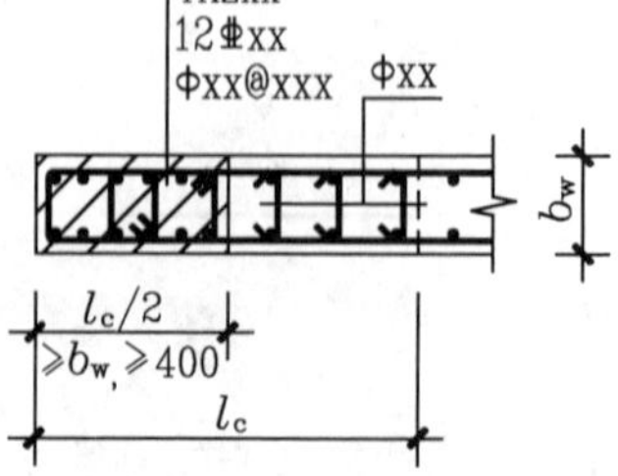

约束边缘暗柱YAZ

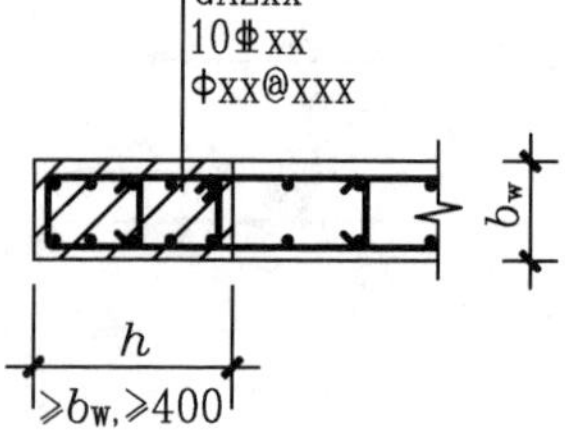

构造边缘暗柱GAZ

图 4-1-7

剪力墙短肢墙 DZQ 和扶壁柱 FBZ 的截面注写示意，见图 4-1-8。

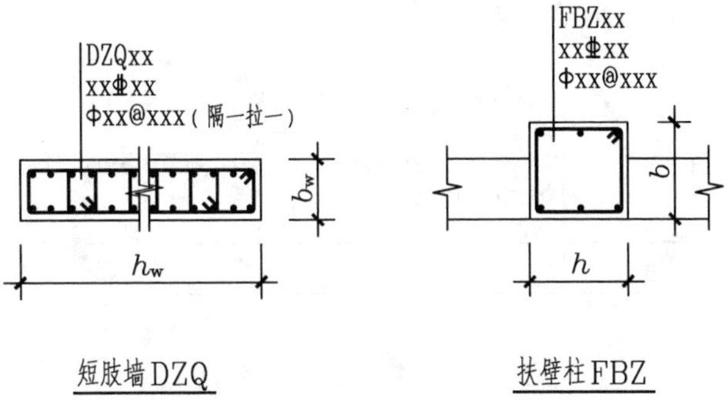

图 4-1-8

剪力墙非边缘暗柱 AZ 的截面注写示意，见图 4-1-9。

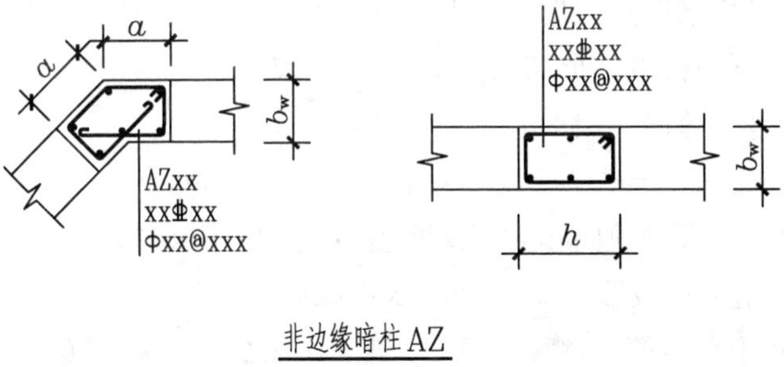

图 4-1-9

3. 剪力墙身的注写

在选定进行标注的墙身上集中注写：

（1）墙身编号：Qxx(x)，“（ ）”内需要注写钢筋的排数；

（2）墙厚：xxx；

（3）水平分布筋/垂直分布筋/拉筋：Φ xx Φ xxx/Φ xx@xxx/Φ x@xa@xb 双向（或梅花双向）。

关于剪力墙身的注写说明：

（1）拉筋应在剪力墙竖向分布筋和水平分布筋的交叉点同时拉住两筋，其间距@xa 表示拉筋水平间距为剪力墙竖向分布筋间距 a 的 x 倍、@xb 表示拉筋竖向间距为剪力墙水平分布筋间距 b 的 x 倍，且应注明“双向”或“梅花双向”。当所注写的拉筋直径、间距相同时，应注意拉筋“梅花双向”布置的用钢量约为“双向”布置的两倍。

（2）约束边缘构件墙柱的扩展部位是与剪力墙身的共有部分，该部位的水平筋就是剪力墙身的水平分布筋；竖向筋的强度等级和直径按剪力墙身的竖向分布筋，但其间距应小于竖向分布筋的间距，具体间距值相应于墙柱扩展部位设置的拉筋间距。具体操作由构造详图解决，设计不注。

（3）在剪力墙平面布置图上应注墙身的定位尺寸，该定位尺寸同时可确定剪力墙柱的定位。在相同编号的其他墙身上可仅注写编号及必要附注。

剪力墙身 Q(x) 的注写示意，见图 4-1-10。

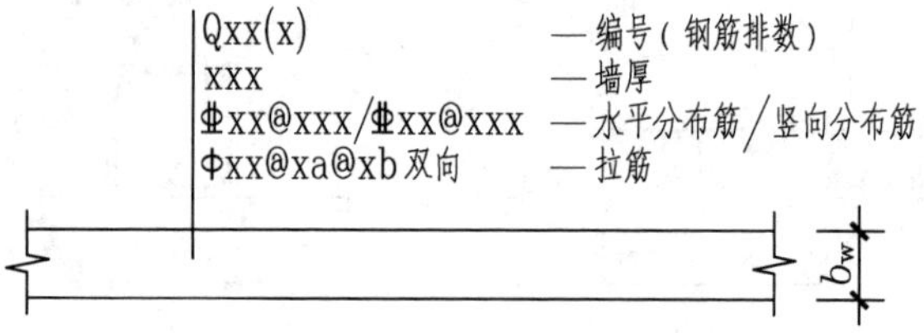

图 4-1-10　剪力墙身注写示意

4. 剪力墙梁的注写

在选定进行标注的墙梁上集中注写：

(1) 墙梁编号：见表 4-1-3；

① 当为设有交叉斜筋的连梁时，编号为 LL-Ⅲxx，在编号后注写一道斜向钢筋的配筋值并×2 表明两道钢筋交叉，形式为 LL-Ⅲxx，xΦxx×2；

② 当为设有交叉暗撑的连梁时，编号为 LL-Ⅴxx，在编号后注写一根暗撑的配筋值并×2 表明两道暗撑交叉，形式为 LL-Ⅴxx，xΦxx/Φxx@xxx×2；

(2) 所在楼层号/（墙梁顶面相对标高高差）：xx 层至 xx 层/（±x. xxx）；

(3) 截面尺寸/箍筋（肢数）：$b\times h$/Φxx@xxx(x)；

(4) 下部纵筋；上部纵筋；侧面纵筋：xΦxx；xΦxx；Φxx@xxx；当为跨高比＞5 的Ⅱ型连梁时可按框架梁做集中标注和原位标注（但支座锚固同连梁），详见第五章。

(5) 当不同楼层的梁截面尺寸不同，但梁顶面相对标高高差相同时，可将梁顶面标高高差注写在该项：(±x. xxx)。

关于剪力墙梁的注写说明：

(1) 暗梁和边框梁在单线简图上进行标注更简单明了。应注意：暗梁钢筋不与连梁配筋重叠设置；边框梁宽度大于连梁，但空间位置上与连梁相重叠的钢筋不重叠设置。该类问题由构造设计解决。

(2) 墙梁顶面相对标高高差，系相对于结构层楼面标高的高差，有高差需注在括号内，无高差则不注，当高于时为正（＋x. xxx），当低于时为负（－x. xxx）。当不同楼层的梁截面尺寸不同，但梁顶面相对标高高差相同时，可将梁顶面标高高差注写在最后一项。

(3) 当墙梁的侧面纵筋与剪力墙身的水平分布筋相同时，设计不注，施工按通用构造详图；当墙梁的侧面纵筋与剪力墙身的水平分布筋不同时，按本书第五章有关注写梁侧面构造纵筋的方式进行标注。

(4) 与墙梁侧面纵筋配合的拉筋按构造详图施工，设计不注。当构造详图不能满足具体工程的要求时，设计应补充注明。

(5) 在相同编号的其他墙梁上可仅注写编号及必要附注。

剪力墙梁的注写示意，见图 4-1-11（因未设置不落地剪力墙，故图中未包括设置在不落地剪力墙底部边缘的框支梁）。

将框支梁归为梁构件类表达易导致概念上的混乱。当采用框支柱支起不落地剪力墙时，在剪力墙底部两支点之间的墙体内将形成暗拱；暗拱效应将使架空剪力墙底部边缘产生拉力；设置框支梁即为了平衡偏心拉力。因此，框支梁不是构件而是剪力墙底部边缘特殊构造，其受力特征完全不同于受弯且受剪的梁类构件。国内某些构造图集中便错误地将框架梁非通长筋和抗震梁端加密箍筋套在完全不需要该构造的框支梁上。平法将框支梁归入剪力墙梁类表达，更符合框支梁的功能属性。

5. 剪力墙洞口和壁龛的平面注写

(1) 注写洞口、壁龛编号：见表 4-1-4；

(2) 注写洞口、壁龛所在楼层号/中心相对标高：xx 层至 xx 层/＋x. xxx；

(3) 注写洞口尺寸：

① 矩形洞口注写洞口宽×高（$b \times h$）；

② 圆形洞口注写洞口直径（D）；

③ 矩形壁龛注写壁龛宽×高×凹深（$b \times h \times d$）；

④ 圆形壁龛注写壁龛直径×凹深（$D \times d$）。

注：洞口、壁龛的边缘加强钢筋按构造详图施工，设计不注。当构造详图不能满足具体工程的要求时，设计应补充注明。关于洞口设计示意，见图 4-1-11。

6. 剪力墙截面注写方式的综合表达

采用截面注写方式表达的剪力墙平法施工图示例，见图 4-1-11。

四、剪力墙列表注写方式

1. 列表注写方式的一般要求

剪力墙列表注写方式，系分别对应于剪力墙平面布置图上的编号，在剪力墙柱表、剪力墙身表、剪力墙梁表以及剪力墙洞口和壁龛表中放入截面配筋图，并在表的相应栏目中注写几何尺寸与配筋的方式，来表达剪力墙平法施工图。

首先绘制剪力墙平面布置图（可采用单一比例），对图中所有墙柱、墙身、墙梁、墙洞口和壁龛，应分别按表 4-1-1、表 4-1-2、表 4-1-3 和表 4-1-3 的规定进行编号。具体设计内容则在剪力墙柱表、墙身表、墙梁表、墙洞口和壁龛表中分别表达。

2. 关于剪力墙柱表

剪力墙柱表的格式，见表 4-1-5。表中可根据具体工程情况增加栏目。

在剪力墙柱表中表达的内容为：

(1) 注写墙柱编号并绘制各段墙柱的截面配筋图；

(2) 与墙柱的截面配筋图对应，注写各段墙柱的起止标高，自墙柱根部往上以变截面位置或截面未变但配筋改变处为界分段注写。墙柱根部标高系指基础顶面标高（如为框支剪力墙结构则为框支梁顶面标高）；

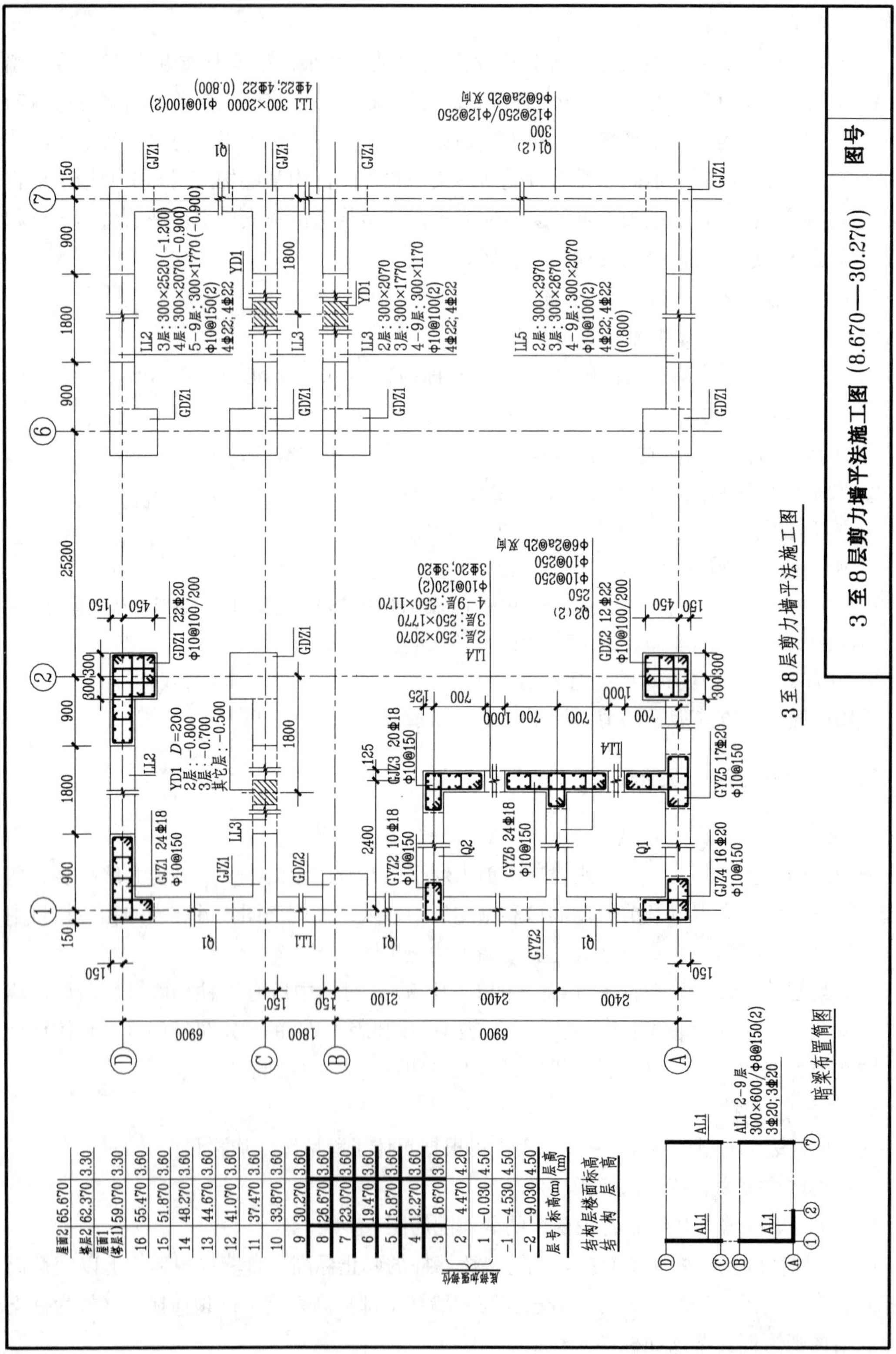

图 4-1-11　剪力墙平法施工图截面注写方式示例

剪力墙柱表 表 4-1-5

墙柱编号	YDZxx（或 GDZxx、YYZxx、GYZxx、YJZxx、GJZxx、YAZxx、GAZxx）			
截面配筋图	（第 1 段墙柱截面配筋图）	（第 2 段墙柱截面配筋图）		（第 n 段墙柱截面配筋图）
墙柱标高	H_1-H_2	H_2-H_3		$H_{n-1}-H_n$
墙柱纵筋	xx ⌀ xx	xx ⌀ xx		xx ⌀ xx
墙柱箍筋（核心部位）	⌀ xx@xxx	⌀ xx@xxx		⌀ xx@xxx
约束边缘墙柱扩展部位拉筋	⌀ xx（竖向间距同墙身水平筋）	⌀ xx（竖向间距同墙身水平筋）		⌀ xx（竖向间距同墙身水平筋）

（3）注写各段墙柱的纵筋和箍筋，注写的纵筋根数应与在表中绘制的截面配筋图对应一致。纵筋注写总配筋值；箍筋注写规格与竖向间距，但不注写两向肢数，箍筋肢数与复合方式在截面配筋图中应绘制准确。对于构造边缘构件墙柱 GDZ、GYZ、GJZ 和 GAZ，注写墙柱核心部位的箍筋。对于约束边缘构件墙柱 YDZ、YYZ、YJZ 和 YAZ，注写墙柱核心部位的箍筋，以及墙柱扩展部位的拉筋或箍筋（可仅注直径，其根数见截面图、竖向间距与剪力墙水平分布筋间距相同）。

3. 关于剪力墙身表

剪力墙身表的格式，见表 4-1-6。表中可根据具体工程情况增加栏目。

在剪力墙身表中表达的内容如下：

（1）注写墙身编号；

（2）注写各段墙身高度和墙厚尺寸；

（3）对应于各段墙身高度的水平分布筋、竖向分布筋和拉筋。

剪力墙身表 表 4-1-6

墙身编号	墙身高度	墙　厚	水平分布筋/竖向分布筋/拉筋
Q(x)xx	H_1-H_2	xxx	⌀ xx@xxx/⌀ xx@xxx/φ xx@xa@xb 双向
	H_2-H_3	xxx	⌀ xx@xxx / ⌀ xx@xxx /φ xx@xa@xb 双向
	$H_{n-1}-H_n$	xxx	⌀ xx@xxx / ⌀ xx@xxx /φ xx@xa@xb 双向

4. 关于剪力墙梁表

剪力墙梁表的格式，见表 4-1-7。表中可根据具体工程情况增加栏目。

在剪力墙梁表中表达的内容如下：

（1）注写墙梁编号(普遍采用的 Ⅰ 型连梁可按传统习惯注写为 LLxx)；

（2）注写墙梁所在楼层号/墙梁顶面相对标高高差(当无高差时则不注，例如 BKL、AL 顶面标高通常与结构层楼面标高相同，不需标注)；

(3) 注写梁截面尺寸 $b\times h$/箍筋(肢数);

(4) 注写墙梁上部纵筋、下部纵筋、侧面纵筋(当不注侧面纵筋时,侧面纵筋按墙身水平分布筋设置)。

剪力墙梁表 **表 4-1-7**

墙梁编号	所在楼层号/梁顶面相对标高高差	宽×高/箍筋	下部纵筋;上部纵筋;侧面纵筋
LLxx	xx层至xx层/x. xxx	$b\times h$ /Φ xx@xxx(x)	x⌀ xx; x⌀ xx; ⌀ xx@xxx
BKLxx	xx层至xx层	$b\times h$ /Φ xx@xxx(x)	x⌀ xx; x⌀ xx; ⌀ xx@xxx
ALxx	xx层至xx层	$b\times h$ /Φ xx@xxx(x)	x⌀ xx; x⌀ xx; ⌀ xx@xxx
KZLxx	xx层	$b\times h$ /Φ xx@xxx(x)	x⌀ xx; x⌀ xx; ⌀ xx@xxx

5. 关于剪力墙洞口、壁龛表

剪力墙洞口、壁龛表的格式,见表 4-1-8。表中可根据具体工程情况增加栏目(例如当构造配置的边缘加强筋不满足具体工程要求时加注边缘加强筋)。

在剪力墙洞口、壁龛表中表达的内容如下:

(1) 注写洞口、壁龛编号;

(2) 注写洞口、壁龛所在楼层号/中心相对标高(即洞口、壁龛中心相对于结构层楼面的标高);

(3) 注写洞口尺寸。当为矩形洞口时,注写洞口宽×高($b\times h$);当为圆形洞口时,注写洞口直径(D);当为矩形壁龛时,注写壁龛宽×高×凹深($b\times h\times d$);当为圆形壁龛时,注写壁龛直径×凹深($D\times d$);

剪力墙洞口、壁龛表 **表 4-1-8**

编 号	所在楼层号/中心相对标高	洞口、壁龛尺寸	需要时标注:水平加强筋/竖向加强筋,或环形加强筋
JDxx	xx层至xx层/x. xxx	$b\times h$ (宽×高)	x⌀ xx / x⌀ xx,或 x⌀ xx
YDxx	(xx层至xx层)x. xxx	D(直径)	x⌀ xx / x⌀ xx,或 x⌀ xx
JBKxx	(xx层至xx层)x. xxx	$b\times h/d$ (宽×高/凹深)	x⌀ xx / x⌀ xx,或 x⌀ xx
YBKxx	(xx层至xx层)x. xxx	D/d (直径/凹深)	x⌀ xx / x⌀ xx,或 x⌀ xx

6. 剪力墙列表注写方式的综合表达

采用列表注写方式表达的剪力墙平法施工图示例,见图 4-1-12 和图 4-1-13。由于书页的图幅太小,无法同时将一个剪力墙设计示例的墙梁、墙身、墙柱在一张小图上同时表达,故分在两张图上。实际进行设计时,仅需一张图即可完整表达包括所有墙梁、墙身、墙柱的剪力墙平法施工图。

层号	标高(m)	层高(m)
屋面2	65.670	
塔层2	62.370	3.30
屋面1(塔层1)	59.070	3.30
16	55.470	3.60
15	51.870	3.60
14	48.270	3.60
13	44.670	3.60
12	41.070	3.60
11	37.470	3.60
10	33.870	3.60
9	30.270	3.60
8	26.670	3.60
7	23.070	3.60
6	19.470	3.60
5	15.870	3.60
4	12.270	3.60
3	8.670	3.60
2	4.470	4.20
1	-0.030	4.50
-1	-4.530	4.50
-2	-9.030	4.50

底部加强部位

结构层楼面标高
结构层高

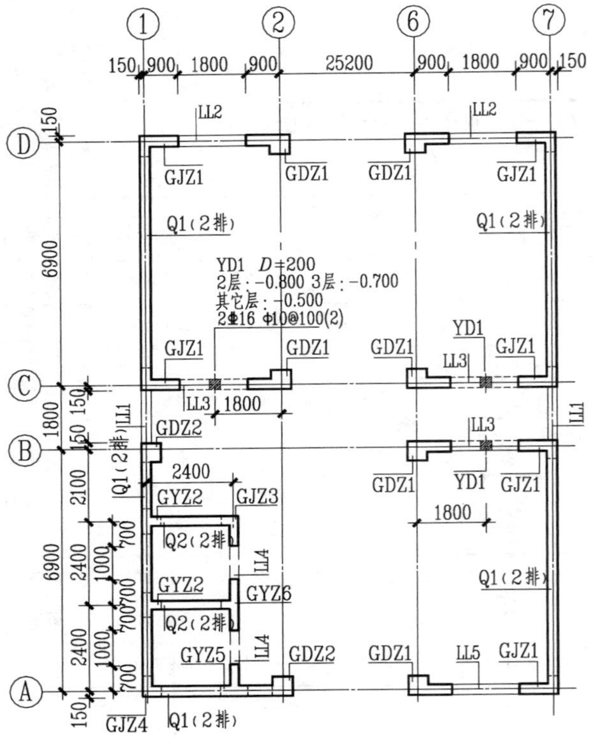

1 至16层剪力墙平法施工图

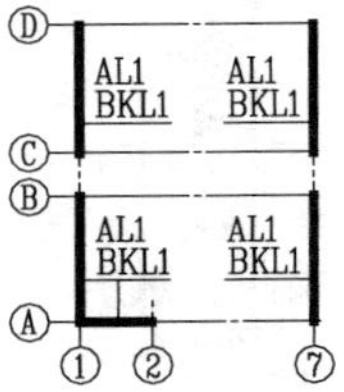

暗梁、边框梁布置简图

剪　力　墙　梁　表

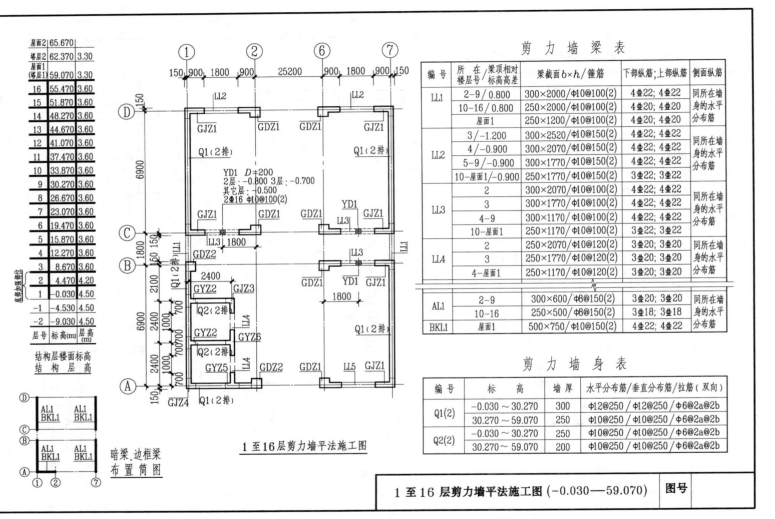

编号	所在楼层号/梁顶相对标高高差	梁截面 b×h/箍筋	下部纵筋;上部纵筋	侧面纵筋
LL1	2-9/0.800	300×2000/Φ10@100(2)	4Φ22; 4Φ22	同所在墙身的水平分布筋
	10-16/0.800	250×2000/Φ10@100(2)	4Φ20; 4Φ20	
	屋面1	250×1200/Φ10@100(2)	4Φ20; 4Φ20	
LL2	3/-1.200	300×2520/Φ10@150(2)	4Φ22; 4Φ22	同所在墙身的水平分布筋
	4/-0.900	300×2070/Φ10@150(2)	4Φ22; 4Φ22	
	5-9/-0.900	300×1770/Φ10@150(2)	4Φ22; 4Φ22	
	10-屋面1/-0.900	250×1770/Φ10@150(2)	3Φ22; 3Φ22	
LL3	2	300×2070/Φ10@100(2)	4Φ22; 4Φ22	同所在墙身的水平分布筋
	3	300×1770/Φ10@100(2)	4Φ22; 4Φ22	
	4-9	300×1170/Φ10@100(2)	4Φ22; 4Φ22	
	10-屋面1	250×1170/Φ10@100(2)	3Φ22; 3Φ22	
LL4	2	250×2070/Φ10@120(2)	3Φ20; 3Φ20	同所在墙身的水平分布筋
	3	250×1770/Φ10@120(2)	3Φ20; 3Φ20	
	4-屋面1	250×1170/Φ10@120(2)	3Φ20; 3Φ20	
AL1	2-9	300×600/Φ8@150(2)	3Φ20; 3Φ20	同所在墙身的水平分布筋
	10-16	250×500/Φ8@150(2)	3Φ18; 3Φ18	
BKL1	屋面1	500×750/Φ10@150(2)	4Φ22; 4Φ22	

剪　力　墙　身　表

编号	标高	墙厚	水平分布筋/垂直分布筋/拉筋(双向)
Q1(2)	-0.030～30.270	300	Φ12@250/Φ12@250/Φ6@2a@2b
	30.270～59.070	250	Φ10@250/Φ10@250/Φ6@2a@2b
Q2(2)	-0.030～30.270	250	Φ10@250/Φ10@250/Φ6@2a@2b
	30.270～59.070	200	Φ10@250/Φ10@250/Φ6@2a@2b

1 至 16 层剪力墙平法施工图 (-0.030—59.070)　**图号**

图 4-1-12　剪力墙平法施工图列表注写方式示例（墙梁与墙身）

层号	标高(m)	层高(m)
屋面2	65.670	
塔层2	62.370	3.30
屋面1(塔层1)	59.070	3.30
16	55.470	3.60
15	51.870	3.60
14	48.270	3.60
13	44.670	3.60
12	41.070	3.60
11	37.470	3.60
10	33.870	3.60
9	30.270	3.60
8	26.670	3.60
7	23.070	3.60
6	19.470	3.60
5	15.870	3.60
4	12.270	3.60
3	8.670	3.60
2	4.470	4.20
1	-0.030	4.50
-1	-4.530	4.50
-2	-9.030	4.50

底部加强部位

结构层楼面标高
结构层高

剪 力 墙 柱 表

截面	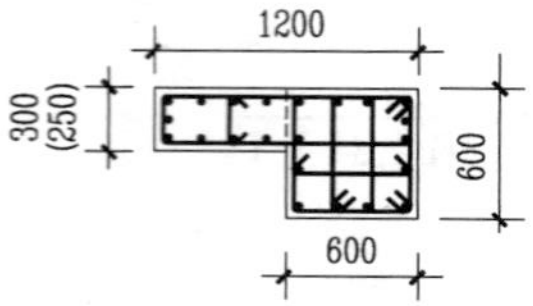			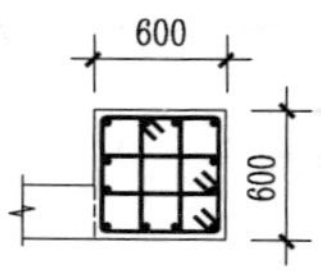		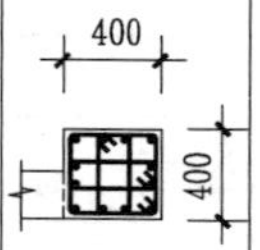	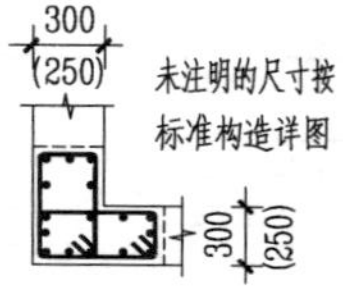 未注明的尺寸按标准构造详图		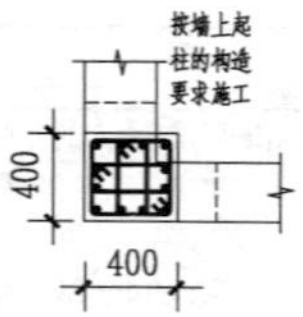
编号	GDZ1			GDZ2			GJZ4		
标高	-0.030~8.670	8.670~30.270	(30.270~59.070)	-0.030~8.670	8.670~59.070	59.070~65.670	-0.030~8.670 8.670~30.270	(30.270~59.070)	59.070~65.670
纵筋	22⌀22	22⌀20	(22⌀18)	12⌀25	12⌀22	12⌀20	16⌀22 16⌀20	(16⌀18)	12⌀18
箍筋	ф10@100	ф10@100/200	(ф10@100/200)	ф10@100	ф10@100/200	ф10@100/200	ф10@150 ф10@150	(ф10@200)	ф8@100

截面	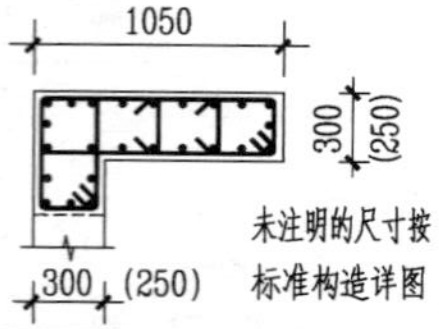 未注明的尺寸按标准构造详图			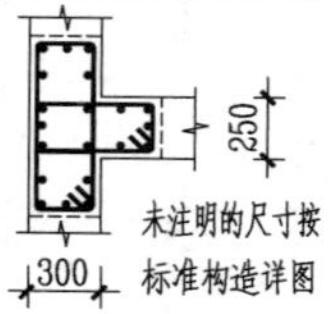 未注明的尺寸按标准构造详图	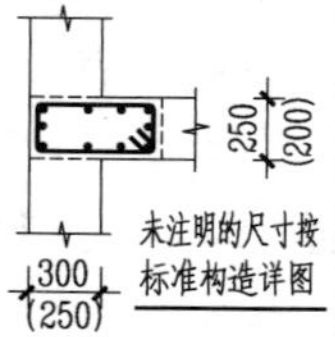 未注明的尺寸按标准构造详图	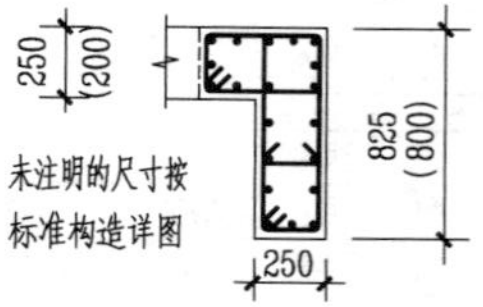 未注明的尺寸按标准构造详图		
编号	GJZ1			GYZ2		GJZ3		
标高	-0.030~8.670	8.670~30.270	(30.270~59.070)	-0.030~8.670	8.670~30.270 (30.270~59.070)	-0.030~8.670	8.670~30.270	(30.270~59.070)
纵筋	24⌀20	24⌀18	(24⌀16)	20⌀20	10⌀18 (10⌀18)	20⌀20	20⌀18	(20⌀18)
箍筋	ф10@100	ф10@150	(ф10@150)	ф10@100	ф10@150 (ф10@150)	ф10@100	ф10@150	(ф10@150)

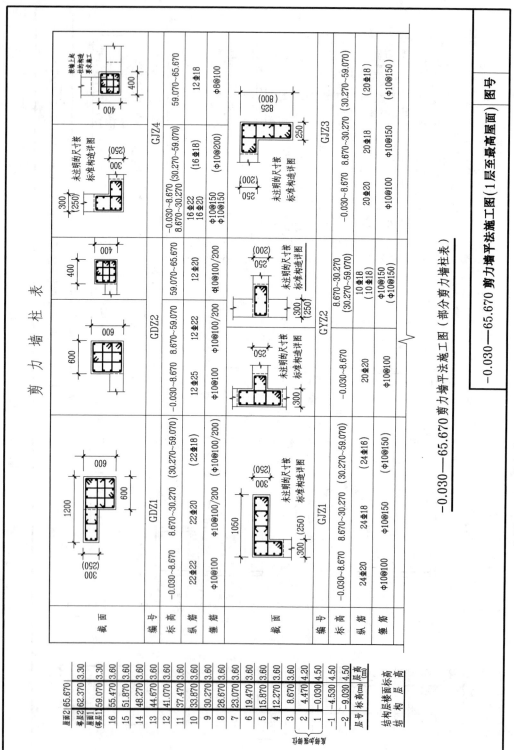

-0.030—65.670剪力墙平法施工图（部分剪力墙柱表）

-0.030—65.670 剪力墙平法施工图(1层至最高屋面)	图号	

图 4-1-13 剪力墙平法施工图列表注写方式示例（墙柱）

图 4-1-12 和图 4-1-13 在表中表达剪力墙梁、墙身、墙柱的几何尺寸和配筋，但却直接在图面上表达墙洞的设计内容，表明在实际设计时，完全可以根据工程的具体情况，灵活地混合采用不同表达方式。

五、特殊设计内容的表达

1. 厚墙体约束边缘转角墙和构造边缘转角墙设计

当墙体较厚时，约束边缘转角墙和构造边缘转角墙墙柱核心部位应设置双向复合箍筋，无论采用截面注写方式还是列表注写方式，均应将实际设置的双向复合箍筋表达清楚。约束边缘转角墙双向复合箍筋示意见图 4-1-14，图中约束墙柱扩展部分用粗虚线示意两排剪力墙水平筋且未表示其弯钩。应注意当墙厚大于 400mm 时，墙身内的钢筋需要配置多于两排。构造边缘转角墙双向复合箍筋示意见图 4-1-15。

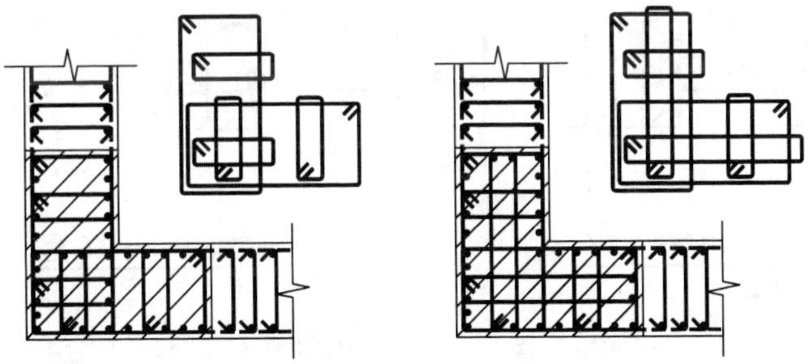

图 4-1-14　约束边缘转角墙 YJZ 双向复合箍筋示意

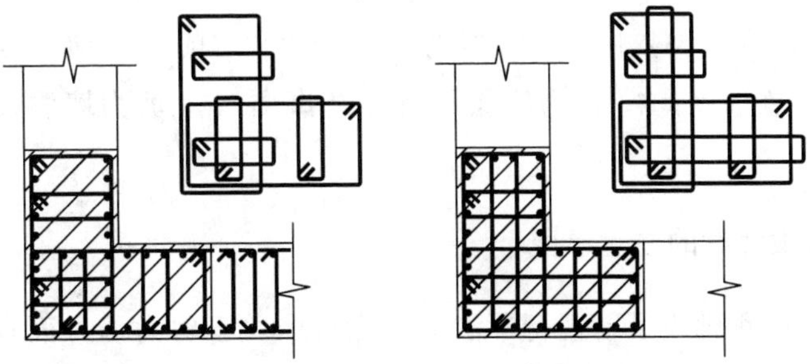

图 4-1-15　构造边缘转角墙 GJZ 双向复合箍筋示意

2. 厚墙体约束边缘翼墙和构造边缘翼墙设计

约束边缘翼墙双向复合箍筋示意见图 4-1-16。图中约束墙柱扩展部分用粗虚线示意两排剪力墙水平筋且未表示其弯钩。应注意当墙厚大于 400mm 时，墙身内的钢筋需要配置多于两排。

3. 厚墙体约束边缘暗柱和构造边缘暗暗柱设计

约束边缘暗柱 YAZ 和构造边缘暗柱 GAZ 双向复合箍筋示意见图 4-1-17。

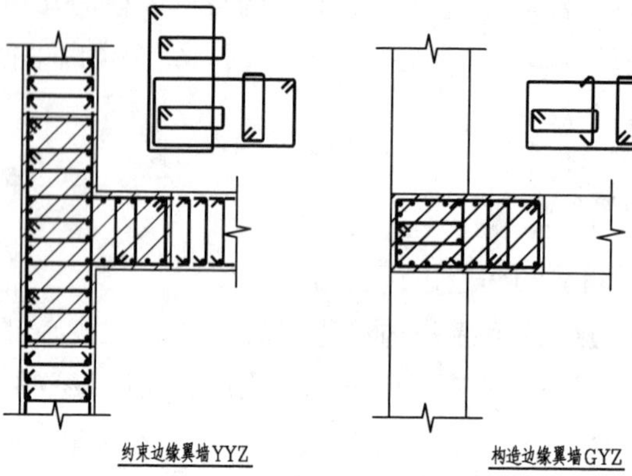

图 4-1-16 约束边缘翼墙 YYZ 和构造边缘翼墙 GYZ 双向复合箍筋示意

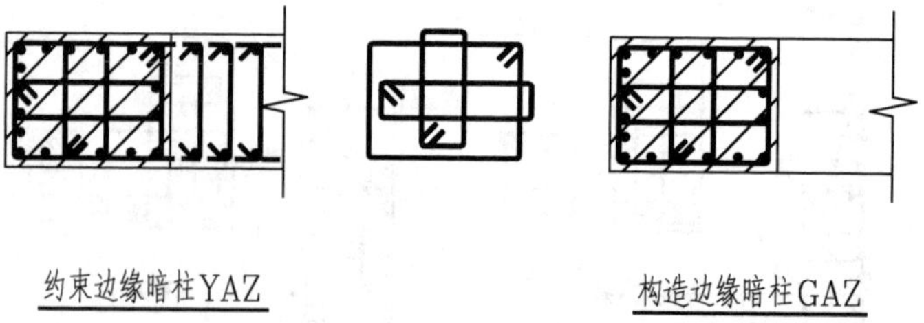

图 4-1-17 约束边缘暗柱 YAZ 和构造边缘暗柱 GAZ 双向复合箍筋示意

第二节 设计注意事项

本节讲述的主要内容为：1. 应用平法设计时的注意事项；2. 剪力墙身设计注意事项；3. 剪力墙柱设计注意事项；4. 剪力墙梁设计注意事项；5. 剪力墙洞口和壁龛设计注意事项。

一、应用平法设计时的注意事项

1. 在设计前，工程师应了解现行平法通用设计中关于剪力墙方面具体包括了哪些构造设计内容，哪些构造设计内容尚未包括进去。同时在剪力墙配筋设计中尤其应注意配筋协调问题，防止“构造超筋”，以保证浇筑混凝土的密实度、均匀度和刚度。

剪力墙平法施工图主要表达墙柱、墙身、墙梁的几何尺寸和配筋，不表达常用构造，常用构造将以通用设计的方式提供。剪力墙与框架结构相比受试验规模的限制，试验依据尚不充分，其构造设计根据基本原理和概念推导的比重较高。每次国家规范的修订，对剪力墙部分的改动相对更大一些，反映了在剪力墙设计理论和构造规定中，技术概念相对于科学概念所占比重相对较高。

平法的重要功能，是体现剪力墙设计的合理性并使设计表达简单化，为此，将剪力墙分为墙柱、墙身、墙梁来表达，同时将剪力墙构造相应分为墙柱、墙身、墙梁构造。墙柱、墙身、墙梁中除连梁外均不可能各自独立存在，实际上是名义上的"构件"，均为剪力墙不可分离的部位(连梁系连接两片剪力墙的水平构件)。为此，在设计时既应了解现行平法通用设计都解决了那些构造，又应在设计墙柱、墙身、墙梁时注意几何尺寸与配筋的相互协调，防止"构造超筋"，避免"构造冲突"。例如，暗梁在墙身厚度内设置，墙身水平钢筋设在最外层，墙身竖向钢筋设在水平钢筋内侧(第 2 层)，暗梁纵筋只能设置在墙身竖向纵筋的内侧(第 3 层)，暗梁箍筋则在墙身竖向钢筋之间插空设置(同在第 2 层)，暗梁的实际宽度比墙厚要小，当设计选用钢筋根数时应注意保持钢筋最小净距。再如，当在连梁内设置交叉暗撑或交叉钢筋时，应特别注意钢筋层面分布将导致设置空间受到限制，避免发生构造冲突。

现行平法通用设计尚未包括进去的构造设计，有一部分属于一般构造，还有一部分属于特殊构造，应注意比较特殊的构造通常需要工程师的创新设计，不属通用化范畴，但若缺失，将给施工和预算造成困难。

2. 由工程师补充设计的特殊构造可借鉴通用构造设计，也可以借鉴本书构造。

在多数情况下，特殊构造可参考通用设计图集中的普通构造，借鉴图集中的变更表形式在其上加注必要注解即可。也可以借鉴本书提供的构造内容，进行符合具体结构的特殊构造设计。但是，无论采用何种方式，其设计深度均应满足施工要求。

3. 不可随意扩大平法通用设计的适用范围。

进行剪力墙设计时，现行平法通用设计 C101-1 适用于剪力墙、框架—剪力墙、框支剪力墙结构，其中虽然包括短肢剪力墙的构造，但仅适用于整体结构中有少量短肢剪力墙的情况。当整个结构的一半为短肢剪力墙时(按规范规定不多于 50%)，属于短肢剪力墙结构。现在国内尚无短肢剪力墙结构的专门技术规程，当设计时不可直接套用现行平法通用设计中关于剪力墙的构造规定，因剪力墙的边缘构件对短肢剪力墙并不适用。

按物理学概念，边缘的定义系指在任何情况下均不可超过剪力墙总水平长度的 1/4(通常为 1/10 至 1/4)，即构件两侧边缘加起来不应大于剪力墙总水平长度的 1/2，墙身占墙总水平长度不应小于 1/2。如果边缘构件超过墙总水平长度的 1/4，则边缘合力中心的抵抗力臂过短，将严重削弱边缘构件的抗力，导致受力不合理。因此，对墙肢水平长度仅为 4 至 8 倍墙厚的短肢剪力墙套用剪力墙边缘构件构造是错误的。

二、剪力墙身设计注意事项

1. 与剪力墙肢长度、厚度相关的剪力墙用语

"墙肢截面高度"系指墙肢截面长边(或称墙肢水平长度)；"墙肢厚度"系指墙肢截面短边。

"一般剪力墙"指墙肢截面高度与厚度之比大于 8 的剪力墙；"短肢剪力墙"指墙肢截面高度与厚度之比为 4 至 8 的剪力墙(注意当抗震设计时其重力荷载代表值作用下的轴压比有较严的要求)。

当抗震墙的截面高度与厚度之比不大于 4 时，现行规范规定可按抗震柱的要求进行设计(但箍筋应全高加密)。

2. 剪力墙厚度的设计要求

剪力墙身厚度根据抗震等级和位置有不同要求：

(1) 剪力墙结构：按一、二抗震等级设计的剪力墙截面厚度，一般部位不应小于 160mm，且不宜小于层高或无支长度的 1/20；底部加强部位墙厚不应小于 200mm，且不宜小于层高或无支长度的 1/16；当墙端无端柱或无翼墙时，其底部加强部位墙厚不宜小于层高或无支长度的 1/12。按三、四级抗震等级设计的剪力墙的截面厚度，不应小于 140mm，且不宜小于层高或无支长度的 1/25。

(2) 框架—剪力墙结构：一般部位墙厚不应小于 160mm，且不宜小于层高或无支长度的 1/20；底部加强部位墙厚不应小于 200mm，且不宜小于层高或无支长度的 1/16。

(3) 框架—核心筒结构、筒中筒结构：一般部位墙厚不应小于 160mm，且不宜小于层高或无支长度的 1/20；底部加强部位墙厚不应小于 200mm，且不宜小于层高或无支长度的 1/16。筒体底部加强部位及其上一层不宜改变墙体厚度。

(4) 非抗震设计的剪力墙，其截面厚度不宜小于层高或剪力墙的 1/25，且不应小于 140mm；非抗震设计的框架—剪力墙结构的剪力墙截面厚度不宜小于楼层厚度的 1/20。

(5) 剪力墙井筒中分隔电梯井或管道井的墙肢截面厚度可适当减小，但不宜小于 160mm。

3. 抗震剪力墙底部加强部位的高度要求

抗震设计时，剪力墙主要根据抗震等级、墙肢高度和有否底部部分框支结构等条件，应从地下室顶板算起确定底部加强部位高度。

(1) 部分框支剪力墙结构的剪力墙，底部加强部位的高度可取框支层加框支层以上二层高度跟落地剪力墙总高度的 1/10 进行比较，取二者的较大值。其他结构的剪力墙，房屋高度大于 24m 时，底部加强部位的高度可取底部两层和墙肢总高度的 1/10 二者的较大值；房屋高度不大于 24m 时，底部加强部位可取底部一层。

(2) 当结构计算嵌固端位于地下一层的底板或以下时，底部加强部位的范围尚宜向下延伸到结构计算嵌固端。

4. 抗震剪力墙底部的轴压比限值

剪力墙轴压比，系指重力荷载代表值作用下的墙肢轴向压力设计值与混凝土轴心抗压强度设计值和剪力墙肢全截面面积的乘积的比值。

一、二、三级抗震等级的剪力墙的底部加强部位，其重力荷载代表值作用下的墙肢轴压比不宜超过表 4-2-1 的限值。

抗震剪力墙底部加强部位轴压比限值　　**表 4-2-1**

抗震等级(设防烈度)	一级(9 度)	一级(7、8 度)	二级、三级
剪力墙轴压比	0.4	0.5	0.6

三、剪力墙柱设计注意事项

1. 设置剪力墙柱的规范要求

剪力墙柱主要为剪力墙边缘构件，以及非边缘暗柱、扶壁柱等。根据抗震等级的不同，剪力墙边缘构件应按规定设计为约束边缘构件或构造边缘构件。

一、二、三级抗震等级的剪力墙，在重力荷载代表值作用下，当墙肢底截面轴压比大于表 4-2-2 的数值时，其底部加强部位及其上一层的墙肢端部应设置约束边缘构件；当墙肢底截面轴压比不大于表 4-2-2 的数值时，可按规范的相应规定在墙肢端部设置构造边缘构件。

抗震墙设置构造边缘构件的最大轴压比　　表 4-2-2

抗震等级(设防烈度)	一级(9 度)	一级(7、8 度)	二级、三级
最大轴压比	0.1	0.2	0.3

抗震墙的边缘构件分为端柱、翼墙、转角墙、（端部）暗柱。当翼墙、转角墙的翼墙长度小于墙厚 3 倍时，视为无翼墙剪力墙（按端部暗柱分析）；当端柱截面边长小于墙厚 2 倍时，视为无端柱剪力墙（按端部暗柱分析）。

当剪力墙身部位与平面外方向的楼面或屋面梁连接时，宜在墙与梁相交处设置扶壁柱；当不能设置扶壁柱时，宜在墙与梁相交处设置非边缘暗柱。

短肢剪力墙的抗震等级应比一般剪力墙的抗震等级提高一级进行设计，且应遵守各方面相应规定。一字形短肢剪力墙平面外不宜设置与其单侧相连接的楼面或屋面梁。

2. 剪力墙约束边缘构件墙柱的几何尺寸与配筋要求

剪力墙约束边缘构件墙柱的几何尺寸要求见本章第一节的图 4-1-2，约束边缘构件范围 l_c 及其配箍特征值 λ_v 见表 4-2-3。

一、二、三级抗震等级剪力墙约束边缘构件的纵向钢筋的截面面积，对图 4-2-1 中所示端柱、暗柱、翼墙和转角墙分别不应小于图中阴影范围的 1.2%、1.0%、1.0%。

剪力墙约束边缘构件范围 l_c 及其配箍特征值 λ_v　　表 4-2-3

抗震等级（设防烈度）		一级（9 度）		一级（7、8 度）		二级、三级	
轴压比		≤0.2	>0.2	≤0.3	>0.3	≤0.4	>0.4
λ_v		0.12	0.20	0.12	0.20	0.12	0.20
l_c (mm)	暗柱	$0.20h_w$	$0.25h_w$	$0.15h_w$	$0.20h_w$	$0.15h_w$	$0.20h_w$
	端柱、翼墙或转角墙	$0.15h_w$	$0.20h_w$	$0.10h_w$	$0.15h_w$	$0.10h_w$	$0.15h_w$

注：1. 剪力墙翼墙长度小于其厚度 3 倍时，视为无翼墙剪力墙；端柱截面边长小于墙厚 2 倍时，视为无端柱剪力墙；
2. l_c 为约束边缘构件的沿墙肢长度，不应小于表中数值且不宜小于墙厚和 400mm；当有翼墙、端柱或转角墙时，尚不应小于翼墙厚度或端柱沿墙肢方向截面高度加 300mm；
3. h_w 为剪力墙的墙肢截面高度。

应注意，以上要求适用于墙肢截面高度为大于 8 倍墙厚（至 8m）的剪力墙，不适用于墙肢截面高度为 4 至 8 倍墙厚的短肢剪力墙。

3. 剪力墙构造边缘构件墙柱的几何尺寸与配筋要求

剪力墙构造边缘构件墙柱的几何尺寸要求见本章第一节的图 4-1-1，构造边缘构件的配筋要求见表 4-2-4。

剪力墙构造边缘构件的配筋要求　　表 4-2-4

抗震等级	底部加强部位			其他部位		
	纵向钢筋最小配筋量（取较大值）	箍筋、拉筋		纵向钢筋最小配筋量（取较大值）	箍筋、拉筋	
		最小直径（mm）	沿竖向最大间距（mm）		最小直径（mm）	沿竖向最大间距（mm）
一	$0.010A_c$，$6\phi16$	8	100	$0.008A_c$，$6\phi14$	8	150
二	$0.008A_c$，$6\phi14$	8	150	$0.006A_c$，$6\phi12$	8	200
三	$0.006A_c$，$6\phi12$	6	150	$0.005A_c$，$4\phi12$	6	200
四	$0.005A_c$，$6\phi12$	6	200	$0.004A_c$，$4\phi12$	6	250

注：1. A_c 为计算边缘构件纵向构造钢筋的端柱、翼墙、转角墙、暗柱面积；

2. 对其他部位，拉筋的水平间距不应大于纵筋间距的 2 倍，即对纵筋至少隔一拉一，转角处宜设置箍筋；

3. 当端柱承受集中荷载时，其纵向钢筋、箍筋直径和间距应满足柱的相应要求。

当为非抗震设计时，剪力墙端部应按构造配置不少于 4 根 12mm 的纵向钢筋，沿纵向钢筋应配置不少于直径为 6mm、间距为 250mm 的拉筋。

4. 剪力墙非边缘构件墙柱的相关要求

短肢剪力墙截面厚度在底部加强部位不应小于 200mm，其他部位不应小于 180mm。抗震设计时短肢剪力墙宜设置翼缘，不宜在一字形短肢剪力墙上布置平面外与之相交的单侧楼面梁。

短肢剪力墙截面的全部纵向钢筋的配筋率，底部加强部位一、二级抗震等级不宜小于 1.2%，三、四级抗震等级不宜小于 1.0%；其他部位一、二级抗震等级不宜小于 1.0%，三、四级抗震等级不宜小于 0.8%。

抗震设计的各层短肢剪力墙（墙肢截面高度与厚度之比为 4 至 8），其重力荷载代表值作用下的轴压比不宜大于表 4-2-5 的限值。

抗震短肢剪力墙轴压比限值　　表 4-2-5

抗震等级	一　级	二　级	三　级
短肢剪力墙轴压比（有翼缘或端柱）	0.45	0.50	0.55
一字形短肢剪力墙轴压比（无翼缘或端柱）	0.35	0.40	0.45

非边缘暗柱和扶壁柱通常用于减小剪力墙平面外连接的梁端部弯矩对墙的不利影响，宜按计算确定截面和配筋。当进行结构整体计算时，通常仅考虑剪力墙平面内受力，由于剪力墙平面外支承的楼层梁端弯矩作用在剪力墙平面外，因此需要补充计算。

四、剪力墙连梁设计注意事项

1. 关于连梁截面尺寸的要求

剪力墙和筒体连梁的剪力设计值 V_{wb} 应根据《混凝土结构设计规范》GB 50010—2010 的相关规定计算，连梁的截面尺寸应根据跨高比是否大于 2.5，令其 bh_0 满足规范中相应 V_{wb} 计算公式的要求。

2. 关于连梁配筋的构造要求

（1）连梁顶面、底面纵向受力钢筋伸入墙内的锚固长度，抗震设计时不应小于 l_{aE}，非抗震设计时不应小于 l_a，且不应小于 600mm（平法将在通用构造中表示）；

（2）抗震设计时，沿连梁全长箍筋的构造应按抗震框架梁端加密区的构造要求采用；非抗震设计时，沿连梁全长的箍筋直径不应小于 6mm，间距不应大于 150mm；

（3）顶层连梁纵向钢筋伸入墙体的长度范围内，应配置间距不大于 150mm 的构造箍筋，箍筋直径与该连梁的箍筋直径相同（平法将在通用构造中表示）；

（4）墙体水平分布筋应作为连梁的腰筋在连梁范围内拉通连续配置；当连梁截面高度 h_w 不小于 450mm 时，其两侧面沿梁高度范围设置的纵向构造钢筋（腰筋）的直径不应小于 10mm，间距不应大于 200mm；对跨高比不大于 2.5 的连梁，梁两侧的纵向构造钢筋（腰筋）的面积配筋率不应小于 0.3%。

3. 关于连梁设置交叉斜筋、集中对角斜筋或对角暗撑的要求

（1）对一、二抗震等级的连梁，当跨高比不大于 2.5，且连梁截面宽度不小于 250mm 时，除普通箍筋外宜另设置交叉斜筋。

（2）对一、二抗震等级的连梁，当跨高比不大于 2.5，且连梁截面宽度不小于 400mm 时，可采用集中对角斜筋或对角暗撑。

五、剪力墙洞口和壁龛设计注意事项

1. 关于剪力墙身洞口

当剪力墙身开有宽度与高度均不大于 800mm 的非连续小洞口，且在整体计算中不考虑其影响时，应将洞口或壁龛处被截断的分布筋量分别集中配置在洞口或壁龛的上、下、左、右的边缘位置，且钢筋直径不应小于 12mm（平法将在通用构造中表示）。

2. 关于剪力墙壁龛

高层或超高层底层剪力墙比较厚，当墙身需要嵌入配电箱、消防箱等箱体时，由于箱体厚度小于墙体厚度，此时在较厚的墙体上开洞，不仅影响剪力墙的抗力，而且构造比较复杂。

平法制图规则中包括剪力墙壁龛的注写规则，非常方便壁龛的设计表达；平法通用构造中包括壁龛的施工构造，非常方便施工。

3. 关于剪力墙连梁洞口

实际工程中通常设置穿过连梁的管道，平法制图规则中包括穿过连梁或墙身的注写规则；平法通用构造中包括穿过连梁的洞口构造，如在连梁上宜预埋套管，洞口上下的有效

高度不宜小于梁高的1/3，且不宜小于200mm，洞口处宜配置补强钢筋等。此外，设计应注意对洞口削弱的截面应进行承载力验算。

第三节　剪力墙钢筋构造分类

一、剪力墙钢筋构造系统

剪力墙钢筋构造，可根据墙柱、墙身、墙梁的功能、部位、具体构造等要素，充分考虑构造的层次性、关联性和相对完整性，整合构成剪力墙钢筋构造系统如下：

- 剪力墙钢筋构造（主系统）
  - 剪力墙柱钢筋构造
    - 墙柱根部钢筋锚固构造
    - 墙柱柱身钢筋构造
    - 墙柱节点钢筋构造
  - 剪力墙身钢筋构造
    - 墙身根部钢筋锚固构造
    - 墙身钢筋构造
    - 墙身节点构造
    - 墙身开洞和壁龛构造
  - 剪力墙梁钢筋构造
    - 连梁构造
    - 暗梁构造
    - 边框梁构造
    - 框支梁构造
    - 连梁开洞构造

剪力墙钢筋构造，主要为纵向钢筋和横向钢筋（水平筋、箍筋与拉筋）两大部分构造内容。

在以上系统中，剪力墙柱钢筋构造、剪力墙身钢筋构造和剪力墙梁钢筋构造三个分系统，均包括抗震和非抗震两大类内容。

我们可以把剪力墙柱钢筋构造、剪力墙身钢筋构造、剪力墙梁构造三个分系统，分别作为下一层次的主系统继续进行分解，从而形成剪力墙钢筋构造的基本完整的体系。三个分系统的整合内容，将在下面款表中分别列出。

以上列出的剪力墙钢筋构造系统以及下面将列出的剪力墙钢筋构造分类表，系保留第一版的表达方式。根据本书第一章简述的平法解构原理，这些内容属于解构原理中的结构分解系统的部分内容，其中省略了关于剪力墙混凝土的连接构造。由于剪力墙工作状态为弯曲型变形，且在边缘部位不存在“受力较小处”，故其混凝土的连接位置可在任意高度。

二、剪力墙钢筋构造分类表

剪力墙构造分为墙柱、墙身、墙梁三大类。墙柱钢筋构造分类见表4-3-1，墙身钢筋构造分类见表 4-3-2，墙梁钢筋构造分类见表 4-3-3。剪力墙洞口和壁龛构造不单独分类，其中，剪力墙洞口构造分别列入剪力墙身和剪力墙梁构造分类表，剪力墙壁龛构造列入剪力墙身构造分类表。

剪力墙柱钢筋构造分类　　**表 4-3-1**

构造部位	抗震与否	构造内容
墙柱根部	抗震与非抗震	边缘构件墙柱插筋锚固构造
		非边缘墙柱插筋锚固构造
墙柱柱身	抗震与非抗震	纵向钢筋连接构造
		箍筋和拉筋构造
墙柱节点	抗震与非抗震	墙柱等截面节点钢筋构造
		墙柱变截面节点钢筋构造
		边缘墙柱顶部钢筋构造
		非边缘墙柱顶部钢筋构造

剪力墙身钢筋构造分类　　**表 4-3-2**

构造部位	抗震与否	构造内容
墙身根部	抗震与非抗震	墙身插筋锚固构造
墙　身	抗震与非抗震	竖向分布筋连接构造
		水平分布筋连接构造
		拉筋构造
墙身节点	抗震与非抗震	墙身端部节点水平分布筋构造
		墙身竖向变截面节点钢筋构造
		墙顶部节点钢筋构造
墙身开洞和壁龛	抗震与非抗震	墙身开洞构造
		墙身壁龛构造

剪力墙梁钢筋构造分类　　**表 4-3-3**

构造名称	抗震与否	构造内容
剪力墙连梁	抗震与非抗震	墙顶连梁纵筋与箍筋本体构造与锚固构造
		非墙顶连梁纵筋与箍筋本体构造与锚固构造
		连梁交叉斜筋构造
		连梁集中对角斜筋构造
		连梁对角暗撑钢筋构造
剪力墙暗梁	抗震与非抗震	暗梁纵筋与箍筋构造
		暗梁端部纵筋构造
		暗梁与连梁交互构造
剪力墙边框梁	抗震与非抗震	边框梁纵筋与箍筋构造
		边框梁端部纵筋构造
		边框梁与连梁交互构造

续表

构造名称	抗震与否	构造内容
剪力墙框支梁	抗震与非抗震	框支梁纵筋与箍筋本体构造与锚固构造
		多跨框支梁中间支座纵筋贯通连接构造
		框支梁顶面以上剪力墙开洞构造
连梁开洞	抗震与非抗震	连梁开洞补强构造

第四节　剪力墙柱钢筋构造

本节内容为：

1. 抗震与非抗震剪力墙墙柱根部插筋锚固构造；
2. 抗震与非抗震剪力墙柱柱身钢筋构造；
3. 抗震与非抗震剪力墙柱节点钢筋构造。

一、抗震与非抗震剪力墙柱插筋锚固构造

1. 条形基础、筏形基础容许竖向直锚深度≥l_{aE}、≥l_a时的抗震与非抗震剪力墙柱插筋锚固构造

剪力墙约束边缘翼墙和构造边缘翼墙、约束边缘转角墙和构造边缘转角墙、约束边缘暗柱和构造边缘暗柱、短肢剪力墙、非边缘暗柱、扶壁柱的根部插筋，当插至基础底部配筋位置的直锚深度≥l_{aE}、≥l_a时，所有剪力墙柱的阳角和阴角插筋应插至基础底部配筋上表面并做90°弯钩，弯钩直段长度≥6倍柱插筋直径且≥150mm；其他插筋可插至l_{aE}、l_a深度后截断；见图4-4-1。

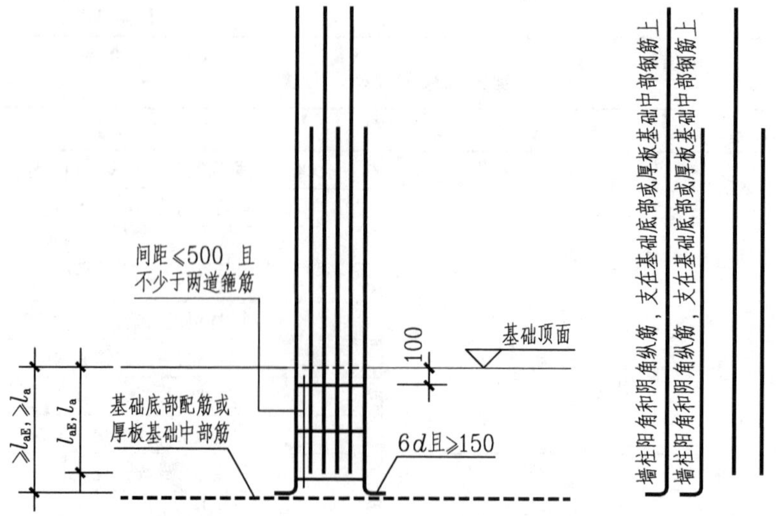

图4-4-1

剪力墙约束端柱、构造端柱的插筋直锚深度≥l_{aE}、≥l_a时，其在各类基础中的锚固构造与框架柱相同，详见本书第三章的相关内容。

l_{aE}为抗震锚固长度，l_a为非抗震锚固长度，下同。

当剪力墙柱纵筋插筋直锚深度满足l_{aE}、l_a时已实现钢筋的足强度锚固，要求阳角和阴角插筋插至基础底部≥l_{aE}、≥l_a且满足弯钩长度的功能，系为了使柱插筋有稳定的支点绑扎固定，以确保浇筑混凝土时柱插筋的稳定。

2. 条形基础、筏形基础容许竖向直锚深度<l_{aE}、<l_a时的抗震与非抗震剪力墙柱插筋锚固构造

剪力墙约束边缘翼墙和构造边缘翼墙、约束边缘转角墙和构造边缘转角墙、约束边缘暗柱和构造边缘暗柱、短肢剪力墙、非边缘暗柱、扶壁柱的根部插筋，当插至基础底部配筋位置的直锚深度<l_{aE}、<l_a时，所有插筋应插至基础底部配筋上表面，最小直锚段长度应≥20d并做90°弯钩，与基础底部配筋绑扎固定，见图4-4-2；与直锚深度（竖直长度）对应的弯钩直段长度a，见表4-4-1。

墙柱插筋锚固竖直深度与弯钩直段长度对照表 **表4-4-1**

竖直长度（mm）	弯钩直段长度a（mm）	竖直长度（mm）	弯钩直段长度a（mm）
≥0.5l_{aE}	12d且≥150	≥0.7l_{aE}	8d且≥150
≥0.6l_{aE}	10d且≥150	≥0.8l_{aE}	6d且≥150

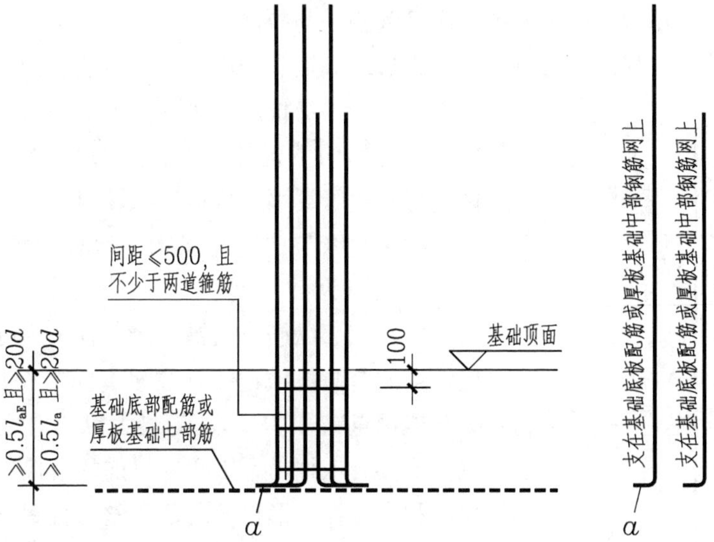

图4-4-2

剪力墙约束端柱、构造端柱插筋直锚深度<l_{aE}、<l_a时，其在各类基础中的锚固构造与框架柱相同，详见本书第三章的相关内容。

3. 桩基承台梁容许竖向直锚深度≥l_{aE}、≥l_a时的抗震与非抗震剪力墙柱插筋锚固构造

剪力墙约束边缘翼墙和构造边缘翼墙、约束边缘转角墙和构造边缘转角墙、约束边缘暗柱和构造边缘暗柱、短肢剪力墙、非边缘暗柱、扶壁柱的根部插筋，当插至桩基承台梁底部配筋位置的直锚深度≥l_{aE}、≥l_a时，所有阳角和阴角插筋应插至基础底部配筋上表面并做90°弯钩，与基础底部配筋绑扎固定；弯钩直段长度≥6倍柱插筋直径且≥150mm，其他插筋可插至l_{aE}、l_a深度后截断；见图4-4-1。

剪力墙约束端柱、构造端柱插筋直锚深度≥l_{aE}、≥l_a时在桩基承台梁中的锚固构造与框架柱相同，详见本书第三章的相关内容。

4. 桩基承台梁容许竖向直锚深度<l_{aE}、<l_a时的抗震与非抗震剪力墙柱插筋锚固构造

剪力墙约束边缘翼墙和构造边缘翼墙、约束边缘转角墙和构造边缘转角墙、约束边缘暗柱和构造边缘暗柱、短肢剪力墙、非边缘暗柱、扶壁柱的根部插筋，当插至桩基承台梁底部配筋位置直锚深度<l_{aE}、<l_a时，所有插筋应插至基础底部配筋上表面≥0.5l_{aE}且≥20d、≥0.5l_a且≥20d并做90°弯钩与承台梁下部配筋绑扎固定，弯钩直段长度≥6d及≥150，见图4-4-2。

剪力墙约束端柱、构造端柱插筋直锚深度<l_{aE}、<l_a时在桩基承台梁中的锚固构造与框架柱相同，详见本书第三章的相关内容。

二、抗震与非抗震剪力墙柱身钢筋构造

1. 边缘构件墙柱纵筋连接构造

抗震剪力墙边缘构件包括约束边缘构件和构造边缘构件，非抗震剪力墙没有边缘构件的定义，但在剪力墙端部应配置抗弯纵筋和箍筋与拉筋。

约束边缘构件墙柱指约束端柱、约束边缘翼墙、约束边缘转角墙、约束边缘暗柱，通常用于一、二级抗震等级的剪力墙底部加强部位和当有地下室时的向下延伸层。构造边缘构件墙柱指构造端柱、构造边缘翼墙、构造边缘转角墙、构造边缘暗柱。

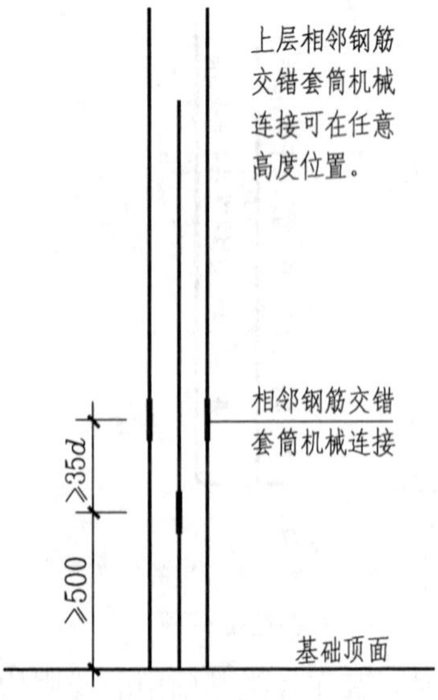

图4-4-3　约束边缘与构造边缘构件墙柱纵筋连接构造

约束边缘与构造边缘构件墙柱纵筋连接构造见图4-4-3，要点为：

(1) 相邻纵筋应交错连接。宜采用可实现足强度连接效果的套筒机械连接（注浆套筒或挤压套筒），相邻纵筋连接点错开35d（d为最大纵筋直径）；采用套筒机械连接的依据，系因我国目前的搭接连接、电渣压力焊接和直接在变形钢筋芯部套丝的直螺纹机械连接尚不能实现足强度传力，应用于框架柱时可用在层间内力较小处，但抗震剪力墙受力变形特征为第一振型（即弯曲型变形），边缘构件反复承受全高受拉和全高受压，不存在层间内力较小处，故不宜采用达不到足强度传力的连接方式；

（2）墙柱纵筋可沿高度在任意位置（包括骑楼层板位置）进行套筒机械连接；其依据为剪力墙呈弯曲型变形，虽承载楼层荷载但楼板并不影响剪力墙的受力变形规律，且在楼层范围内力无明显变化。剪力墙内力分布与框架柱显著不同的是框架柱上端、下端内力最大且在柱中部为弯矩反弯点，柱中部为内力较小范围。

l_{lE}为抗震搭接长度，l_l为非抗震搭接长度，下同。

非抗震剪力墙端部应配置抗弯纵筋、箍筋或拉筋。由于非抗震剪力墙受力变形特征同抗震剪力墙一样同属弯曲型第一振型，剪力墙边缘反复承受全高受拉和全高受压，各层均不存在层间内力较小处，所以非抗震剪力墙端部受力纵筋的连接构造与图 4-4-3 所示连接构造相同。

2. 抗震与非抗震非边缘墙柱纵筋连接构造

非边缘墙柱用于抗震和非抗震剪力墙，其纵筋连接构造见图 4-4-4，要点为：

（1）非边缘墙柱可采用搭接连接、各种机械连接或焊接。当采用搭接连接时，搭接长度为$\geqslant l_{lE}$、$\geqslant l_l$，相邻纵筋搭接错开 $0.3l_{lE}$、$0.3l_l$；当采用机械连接时，相邻纵筋连接点错开 $35d$（d 为最大纵筋直径）；当采用机械连接时，机械连接点距基础顶面≥500mm，向上的连接点可沿高度在任意位置。

（2）非边缘墙柱纵筋可沿高度在任意位置进行套筒机械连接，任意部位包括骑楼板位置，其依据为剪力墙受力后呈弯曲型变形，虽承载楼层荷载但楼板并不影响剪力墙变形规律，且当纵筋骑楼板搭接连接时，楼板对搭接钢筋的约束作用对连接有利。但应注意，当因剪力墙平面外支承大梁且非边缘暗柱或扶壁柱配筋按计算确定时，纵筋连接应设置在楼层中部。

（3）非边缘暗柱可采用非足强度传力的搭接连接、机械连接（未墩粗后套丝的直螺纹型）或焊接（通常为电渣压力焊），系因非边缘暗柱在剪力墙中部，通常其纵筋为非足强度受力；但若按足强度受力计算配置钢筋时，仍应采用可足强度传力的套筒机械连接构造。

（4）图 4-4-4 中搭接连接底部≥0 的含义为搭接连接起点无尺寸限制；顶部未绘制楼板示意的含义为上端连接位置不受楼层限制，搭接范围可在层间和跨层任意位置，即可骑贯楼层。只要施工绑扎钢筋时满足稳定要求，可用足钢筋的定尺长度，避免产生短钢筋下脚料，实现科学用钢。

（5）图 4-4-4 中机械连接或焊接底部≥500 的含义为仅在底部起步时距离基础顶面有≥500 的尺寸限制；顶部未绘制楼板示意的含义与搭接连接相同，即上端连接位置不受楼层限制，只要施工绑扎钢筋时满足稳定要求，可用足钢筋的定尺长度，避免产生短钢筋下脚料，实现科学用钢。

3. 非边缘墙柱纵筋的非接触搭接构造

剪力墙非边缘墙柱纵筋采用非接触搭接，可使混凝土对受力纵筋完全握裹获得最优粘结力，从而提高受力纵筋搭接传力的可靠度。抗震和非抗震剪力墙非边缘墙柱纵筋的非接触搭接构造见图 4-4-5，要点为：

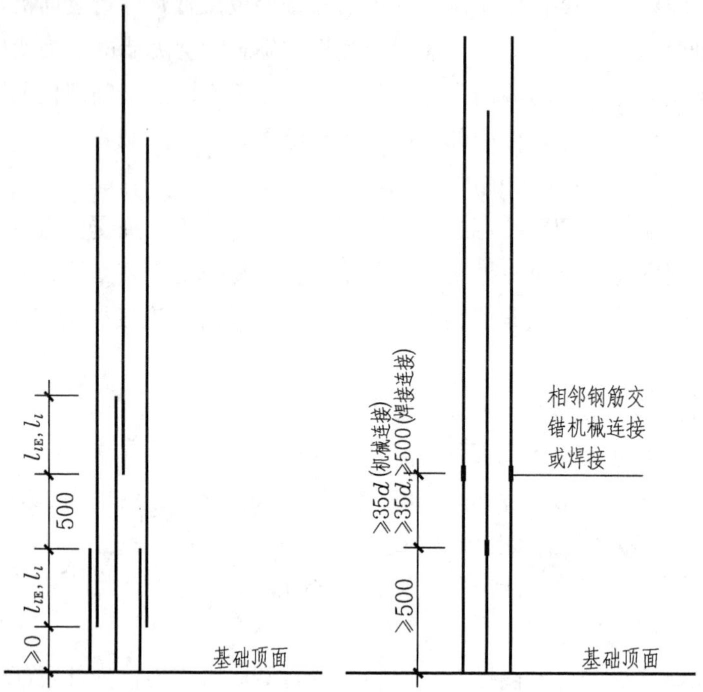

图 4-4-4 非边缘墙柱纵筋连接构造

(1) 剪力墙柱的阳角和阴角角筋采用同轴心非接触搭接，按 $c:12c$（$c=d+25$mm）缓斜度使钢筋净距达到 25mm 时（图中 mm 均省略），再使钢筋与直行钢筋非接触平行搭接，搭接总长度为 l_{lE}或 l_l，其中 $5c$ 为缓斜段，$l_{lE}-5c$ 或 l_l-5c 为直段；

(2) 除墙柱阳角和阴角角筋之外的其他纵筋可采用轴心平行非接触搭接，搭接长度为 l_{lE}或 l_l，也可采用同轴心非接触搭接。

4. 约束边缘端柱和构造边缘端柱截面配筋构造

抗震和非抗震剪力墙约束边缘端柱和构造边缘端柱截面配筋构造，见图 4-4-6，要点为：

(1) 设计者标注的约束边缘端柱和构造边缘端柱的纵筋和箍筋，均设置在端柱核心部位（图中阴影部分）；

(2) 约束边缘端柱具有扩展部位，端柱扩展部位的纵筋和水平筋均为剪力墙身配置的竖向分布筋和水平分布筋，但应将竖向分布筋的间距根据端柱扩展部位设置的拉筋的水平分布间距进行调整，调整后的间距应不大于墙身竖向分布筋的间距（当拉筋的水平分布间距大于竖向分布筋间距时，应在中间加设一根竖向筋）；

(3) 设计者应注意：

① 端柱扩展部位即为 $\lambda_v/2$ 体积配箍率区域；

② 计算该部位的体积配箍率时，拉筋的竖向间距应取剪力墙水平分布筋的竖向间距。为满足该部位体积配箍率，可采用调整拉筋根数的措施；当拉筋设置较密而仍不能满足配箍率要求时，可考虑在该部位设置附加箍筋或附加水平筋的措施。

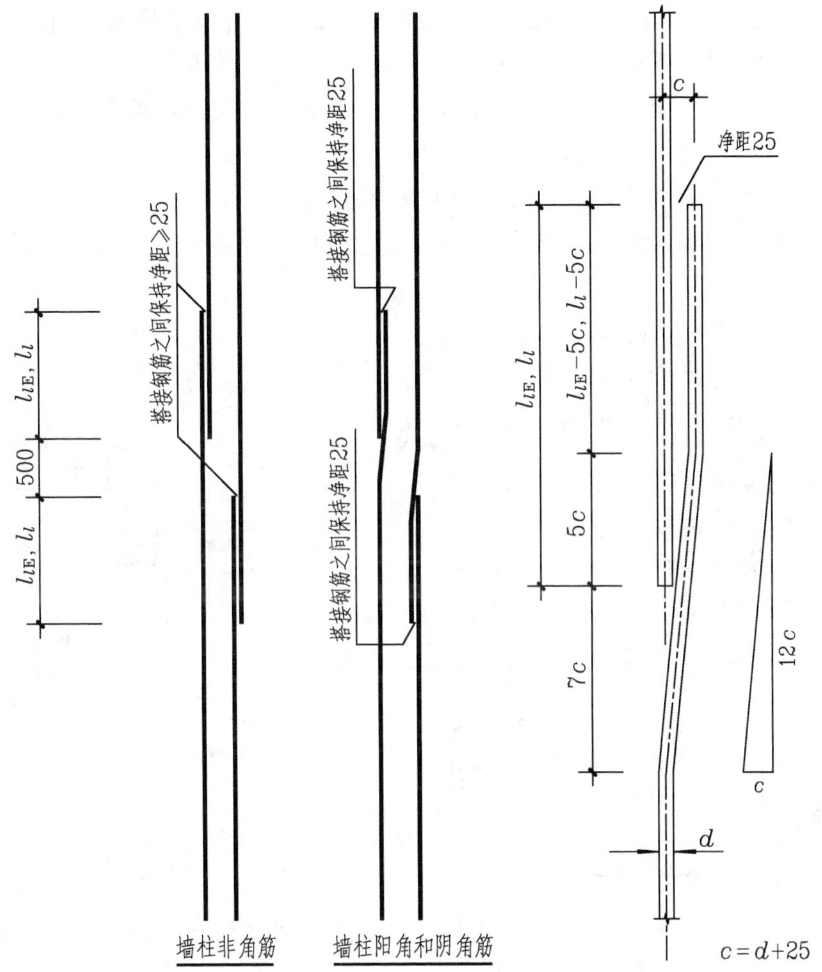

图 4-4-5　非边缘墙柱纵筋的非接触搭接构造

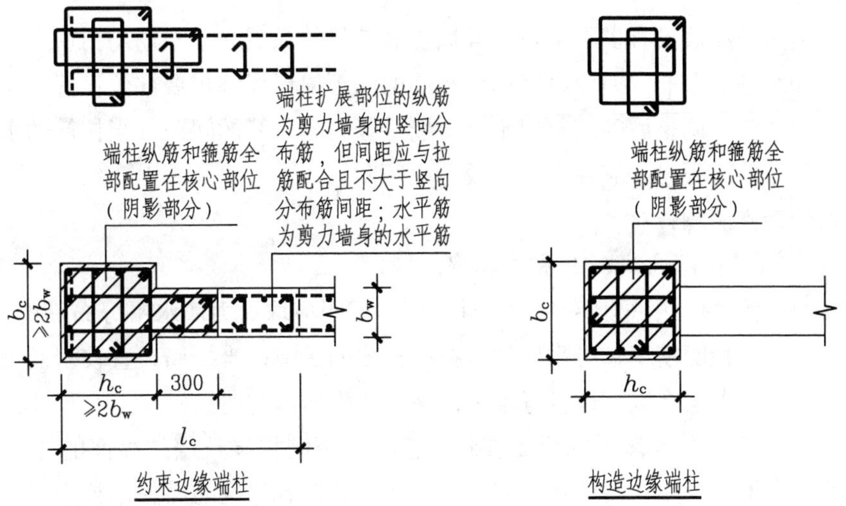

图 4-4-6　约束边缘端柱和构造边缘端柱截面配筋构造

③ 不应将计算出的端柱纵筋设置在扩展部位，否则将导致墙柱纵筋的合力中心内移从而减小抗力的后果。不宜采用将端柱核心部位的箍筋布满扩展部位的做法，否则因墙身水平分布筋伸至剪力墙端部时将与设置在扩展部位的箍筋发生长距离重叠，导致该部位的实际配箍率过大（超过 $\lambda_v/2$ 较多）。

5. 约束边缘翼墙和构造边缘翼墙截面配筋构造

抗震和非抗震剪力墙约束边缘翼墙和构造边缘翼墙截面配筋构造，见图 4-4-7，要点为：

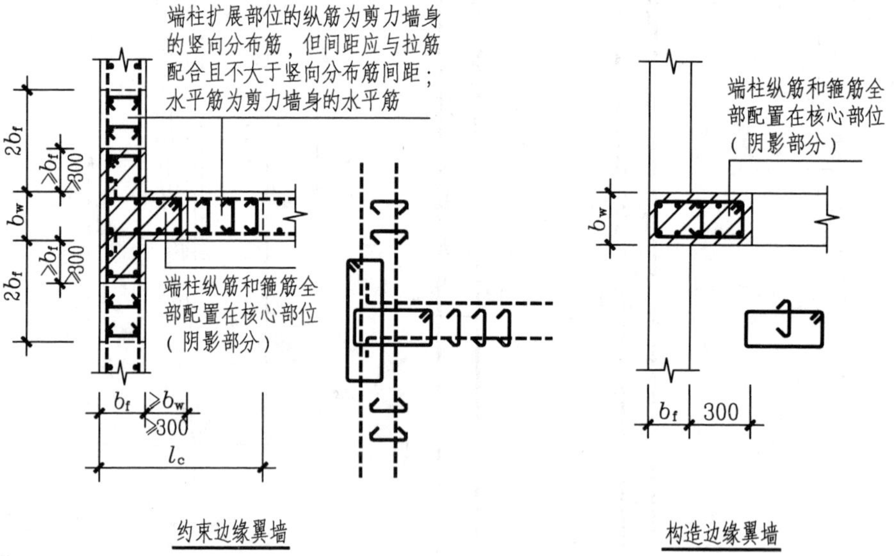

图 4-4-7 约束边缘翼墙和构造边缘翼墙截面配筋构造

（1）设计者标注的约束边缘翼墙和构造边缘翼墙的纵筋和箍筋，均设置在翼墙核心部位（图中阴影部分）；

（2）约束边缘翼墙具有扩展部位，翼墙扩展部位的纵筋和水平筋均为剪力墙身配置的竖向分布筋和水平分布筋，但应将竖向分布筋的间距根据翼墙扩展部位设置的拉筋的水平分布间距进行调整，调整后的间距应不大于墙身竖向分布筋的间距（当拉筋的水平分布间距大于竖向分布筋间距时，应在中间加设一根竖向筋）；

（3）设计者应注意：

① 翼墙扩展部位即为 $\lambda_v/2$ 体积配箍率区域；

② 计算该部位的体积配箍率时，拉筋的竖向间距应取剪力墙水平分布筋的竖向间距。为满足该部位的体积配箍率，可采用调整拉筋根数的措施；当拉筋设置较密而仍不能满足配箍率要求时，可考虑在该部位设置附加水平筋或附加箍筋的措施。

③ 不应将计算出的翼墙纵筋设置在扩展部位，否则将导致墙柱纵筋的合力中心内移从而减小抗力。不宜采用将翼墙核心部位的箍筋布满扩展部位的做法，否则因墙身水平分布筋伸至剪力墙端部时将与设置在扩展部位的箍筋发生长距离重叠，导致该部位的实际配

箍率过大（超过 $\lambda_v/2$ 较多）。

6. 约束边缘转角墙和构造边缘转角墙截面配筋构造

抗震和非抗震剪力墙约束边缘转角墙和构造边缘转角墙截面配筋构造，见图 4-4-8，要点为：

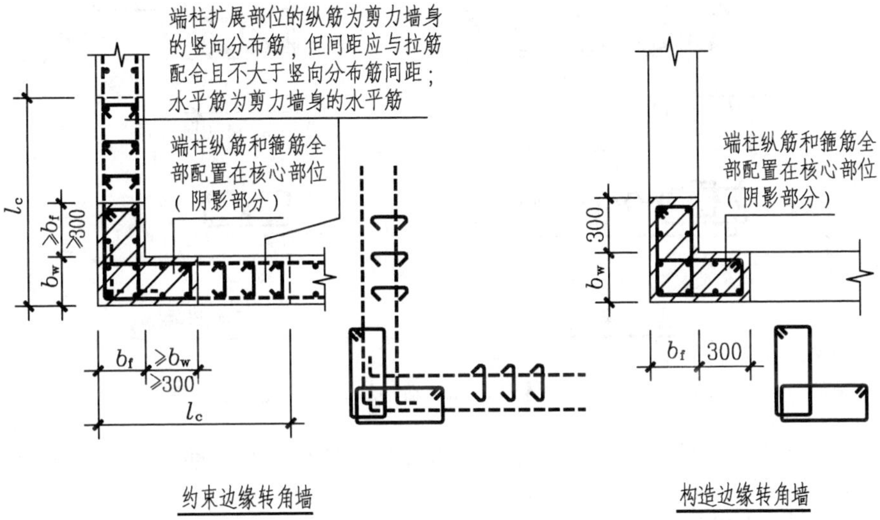

图 4-4-8 约束边缘转角墙和构造边缘转角墙截面配筋构造

(1) 设计者标注的约束边缘转角墙和构造边缘转角墙的纵筋和箍筋，均设置在转角墙核心部位（图中阴影部分）；

(2) 约束边缘转角墙具有扩展部位，转角墙扩展部位的纵筋和水平筋均为剪力墙身配置的竖向分布筋和水平分布筋，但应将竖向分布筋的间距根据转角墙扩展部位设置的拉筋的水平分布间距进行调整，调整后的间距应不大于墙身竖向分布筋的间距（当拉筋的水平分布间距大于竖向分布筋间距时，应在中间加设一根竖向筋）；

(3) 设计者应注意：

① 转角墙扩展部位即为 $\lambda_v/2$ 体积配箍率区域；

② 计算该部位的体积配箍率时，拉筋的竖向间距应取剪力墙水平分布筋的竖向间距。为满足该部位体积配箍率，可采用调整拉筋根数的措施；当拉筋设置较密而仍不能满足配箍率要求时，可考虑在该部位设置附加水平筋的措施。

③ 不应将计算出的转角墙纵筋设置在扩展部位，否则将导致墙柱纵筋的合力中心内移从而减小抗力。不宜采用将转角墙核心部位的箍筋布满扩展部位的做法，否则因墙身水平分布筋伸至剪力墙端部时将与设置在扩展部位的箍筋发生长距离重叠，导致该部位的实际配箍率过大（超过 $\lambda_v/2$ 较多）。

7. 约束边缘端部暗柱和构造边缘端部暗柱截面配筋构造

抗震和非抗震剪力墙约束边缘暗柱和构造边缘暗柱截面配筋构造，见图 4-4-9，要点为：

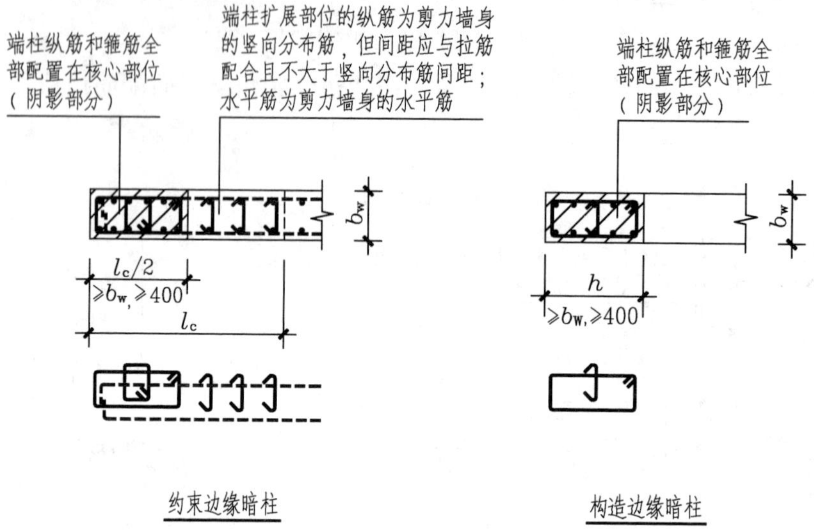

图 4-4-9 约束边缘暗柱和构造边缘暗柱截面配筋构造

（1）设计者标注的约束边缘暗柱和构造边缘暗柱的纵筋和箍筋，均设置在暗柱核心部位（图中阴影部分）；

（2）约束边缘暗柱具有扩展部位，暗柱扩展部位的纵筋和水平筋均为剪力墙身配置的竖向分布筋和水平分布筋，但应将竖向分布筋的间距根据暗柱扩展部位设置的拉筋的水平分布间距进行调整，调整后的间距应不大于墙身竖向分布筋的间距（当拉筋的水平分布间距大于竖向分布筋间距时，应在中间加设一根竖向筋）；

（3）设计者应注意：

① 暗柱扩展部位即为 $\lambda_v/2$ 体积配箍率区域；

② 计算该部位的体积配箍率时，拉筋的竖向间距应取剪力墙水平分布筋的竖向间距。为满足该部位体积配箍率，可采用调整拉筋根数的措施；当拉筋设置较密而仍不能满足配箍率要求时，可考虑在该部位设置附加水平筋的措施。

③ 不应将计算出的端部暗柱纵筋设置在扩展部位，否则将导致墙柱纵筋的合力中心内移从而减小抗力。不宜采用将端部暗柱核心部位的箍筋布满扩展部位的做法，否则因墙身水平分布筋伸至剪力墙端部时将与设置在扩展部位的箍筋发生长距离重叠，导致该部位的实际配箍率过大（超过 $\lambda_v/2$ 较多）。

8. 关于钢筋混凝土核心筒构造与剪力墙构造的问题

在我国现行规范中，关于钢筋混凝土核心筒的计算与构造与剪力墙合并在同一节内作相关规定。由于核心筒与剪力墙的工作机理有较大不同，从科学逻辑视角来看，将二者归为同类结构，无论在结构设计方面还是构件构造方面均不严谨，存在诸多矛盾。

剪力墙在抵抗横向地震作用时，系分别考虑在两个正交方向布置的剪力墙各在其平面内的抗力，任何方向设置的每道剪力墙在其平面内的左右两边缘反复承受拉力与压力，为此设置边缘构件以加强其抗力。核心筒结构在抵抗横向地震作用时，无论地震作用来自何方，核心筒均整体产生抗力；其周边墙体整体受力较大，而内部墙体受力较小。由于核心筒周边或内部墙体被门洞分割而成的分段墙体的受力变形特征，与单段剪力墙的受力变形特征有较大差别，因此，在核心筒分段墙体上套用剪力墙边缘构件概念，与实际受力需要差距较大。

平法认为无论在计算方面还是构造方面，规范宜将剪力墙与核心筒分为两类结构分别作出规定，尽快改变当前国内在核心筒结构上套用剪力墙构造的做法。平法正积极开展关于核心筒构造的科学研究，待研究成熟或待国家相关规范作出修订后，拟适时向业界推出适用于核心筒结构的平法设计规则和通用构造。

9. 非边缘墙柱截面配筋构造

抗震和非抗震剪力墙非边缘墙柱，为无翼墙或无转角墙的“一字型”短肢剪力墙（不包括按规范规定视为无翼墙、无转角墙的非边缘墙柱）、扶壁柱和非边缘暗柱，见图4-4-10。设计应注意，对一字型短肢剪力墙，应将主要抗拉与抗压纵筋集中设置在墙端部。

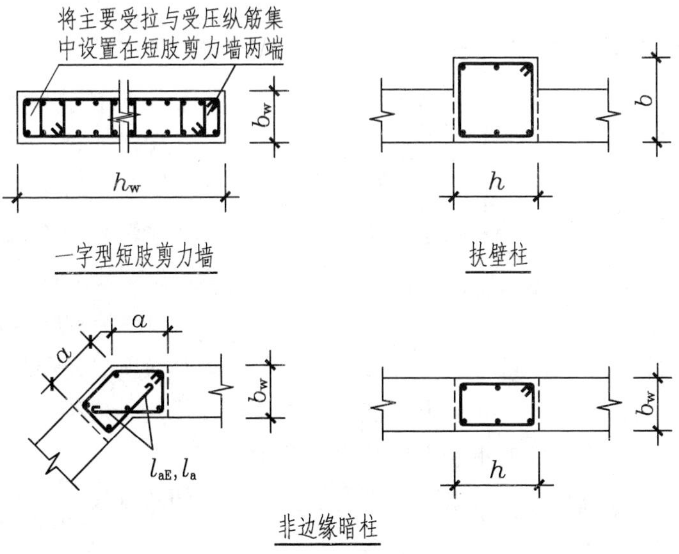

图 4-4-10 一字型短肢剪力墙、扶壁柱和非边缘暗柱截面配筋构造

三、抗震与非抗震剪力墙柱节点钢筋构造

1. 墙柱变截面钢筋构造

端柱变截面处钢筋构造同框架柱构造（非直通非接触搭接或内斜弯贯通均可），详见第三章的相关内容。除端柱外的墙柱变截面钢筋构造，见图4-4-11，要点为：

（1）可采用纵筋非直通非接触搭接构造（非接触搭接）或向内斜弯贯通构造；

（2）当采用纵筋非直通构造（非接触搭接）时，下层墙柱纵筋伸至变截面处向内弯折，至对面竖向钢筋处截断，上层纵筋垂直锚入下柱内 $1.25l_{aE}$、$1.25l_a$；

（3）当采用纵筋向内斜弯贯通构造时，墙柱纵筋自距离结构层楼面≥$6c$（c 为截面单

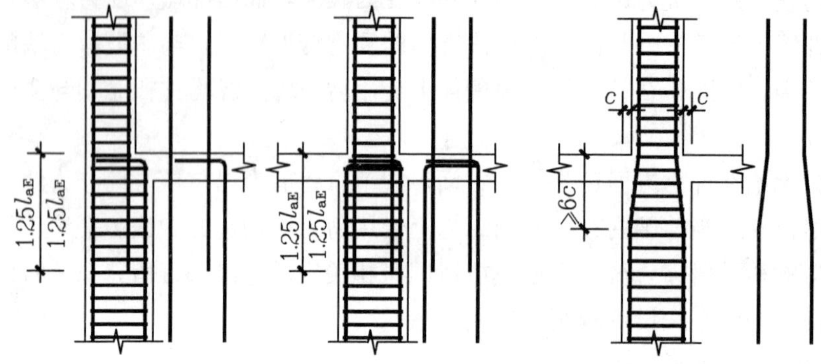

变截面处纵筋非直通构造　　　　变截面处纵筋内斜弯贯通构造

图 4-4-11　墙柱变截面钢筋构造

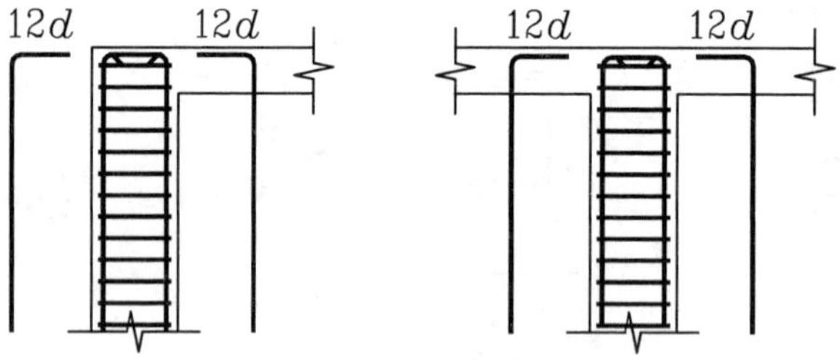

图 4-4-12　墙柱柱顶钢筋构造

侧内收尺寸）点向内略斜弯后向上垂直贯通。

2. 墙柱柱顶钢筋构造

端柱柱顶钢筋构造同框架柱，详见第三章的相关内容。

除端柱外的墙柱柱顶钢筋构造，见图 4-4-12，要点为：

（1）墙柱纵筋伸至剪力墙顶部后向内弯钩，弯钩长度 12d；向内弯钩的功能，为完成剪力墙顶部配筋封闭。由于剪力墙为支承构件，楼板为被支承构件，根据平法构造原理，支承构件应为封闭型配筋，纵筋在墙顶部封闭后，可为支承构件的钢筋提供可靠的锚固支座。

（2）墙柱纵筋弯钩宜在剪力墙最高水平纵筋上方，以便对其发挥约束作用。

第五节　剪力墙身钢筋构造

本节内容为：

1. 抗震与非抗震剪力墙墙身根部插筋锚固构造；
2. 抗震与非抗震剪力墙身水平分布筋构造；
3. 抗震与非抗震剪力墙身竖向分布筋构造。

一、抗震与非抗震剪力墙身插筋锚固构造

1. 条形基础、筏形基础、桩基承台容许竖向直锚深度≥l_{aE}、≥l_a时的抗震与非抗震剪力墙身插筋锚固构造

剪力墙身根部的竖向分布筋插筋伸至基础底部配筋位置，直锚深度≥l_{aE}、≥l_a时，部

分插筋可插至 l_{aE}、l_a深度后做 90°弯钩（需要有浇筑混凝土时的稳定插筋措施，否则应插至基础底部配筋之上并与其绑扎固定），弯钩直段长度≥6 倍柱插筋直径且≥150mm；其他插筋插至 l_{aE}、l_a深度后截断；见图 4-5-1。其中做 90°弯钩的竖向分布筋所占比例，应由设计者注明。

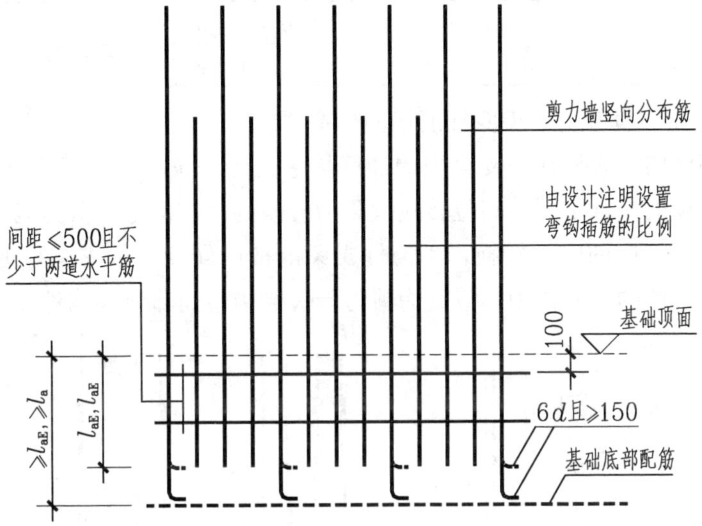

图 4-5-1

l_{aE}为抗震锚固长度，l_a为非抗震锚固长度，下同。

2. 条形基础、筏形基础、桩基承台容许竖向直锚深度<l_{aE}、<l_a时的抗震与非抗震剪力墙身插筋锚固构造

剪力墙身根部的竖向分布筋插筋伸至基础底部配筋位置，直锚深度<l_{aE}、<l_a时，所有插筋应插至基础底部配筋上表面并做 90°弯钩，见图 4-5-2；与直锚深度（竖直长度）对

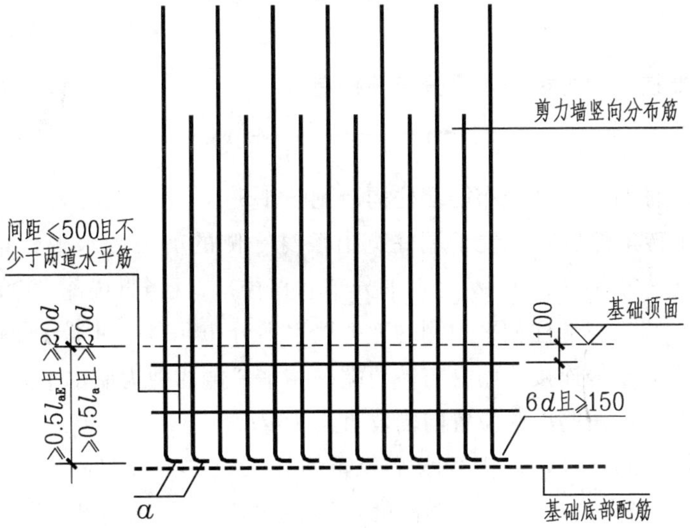

图 4-5-2

应的弯钩直段长度 a，见表 4-5-1。

墙身插筋锚固竖直深度与弯钩直段长度对照表　　表 4-5-1

竖直长度（mm）	弯钩直段长度 a（mm）	竖直长度（mm）	弯钩直段长度 a（mm）
$\geqslant 0.5l_{aE}$	$12d$ 且$\geqslant 150$	$\geqslant 0.7l_{aE}$	$8d$ 且$\geqslant 150$
$\geqslant 0.6l_{aE}$	$10d$ 且$\geqslant 150$	$\geqslant 0.8l_{aE}$	$6d$ 且$\geqslant 150$

3. 抗震与非抗震框支剪力墙身插筋锚固构造

框支剪力墙竖向分布筋在框支梁中的插筋构造见图 4-5-3。应注意，框支梁与高层建筑中高位转换大梁的属性不同，高位转换大梁为转换构件，但框支剪力墙结构的剪力墙自身刚度很大，仅框支柱的竖向转换，不需框支梁的横向转换。框支梁是剪力墙凌空下边缘，用以平衡该部位的偏心拉力，故其为剪力墙边缘构造而非转换构件。

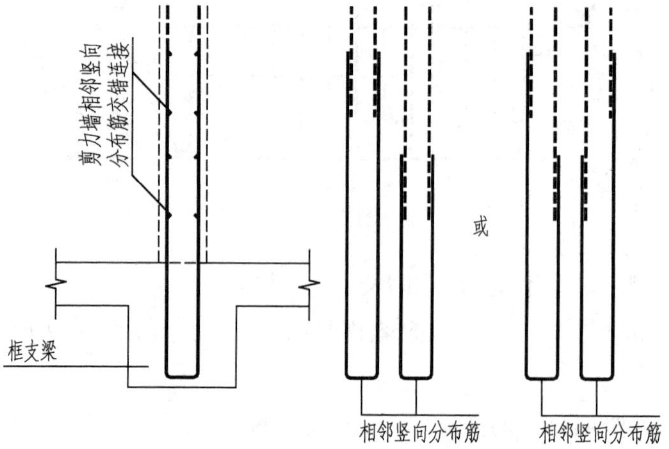

图 4-5-3

二、抗震与非抗震剪力墙身水平分布筋构造

1. 水平分布筋端柱构造

剪力墙设有端柱时，水平分布筋端柱构造见图 4-5-4，要点为：

（1）端柱位于转角部位时，位于端柱宽出墙身一侧的剪力墙水平分布筋伸入端柱$\geqslant 0.4l_{aE}$、$\geqslant 0.4l_a$位置弯直钩 $15d$（d 为水平分布筋直径），且当直锚深度$\geqslant l_{aE}$、$\geqslant l_a$时带肋钢筋可不设弯钩；墙身与端柱相平一侧的剪力墙水平分布筋需绕过端柱阳角，与另一片与端柱相平的墙水平分布筋连接；墙身与转角端柱相平一侧的剪力墙水平分布筋亦可不绕过端柱阳角，可伸至端柱角筋内侧位置向内弯直钩 $15d$；

（2）非转角位置的端柱，剪力墙水平分布筋伸入端柱$\geqslant 0.4l_{aE}$、$\geqslant 0.4l_a$位置弯直钩 $15d$（d 为水平分布筋直径），且当直锚深度$\geqslant l_{aE}$、$\geqslant l_a$时带肋钢筋可不设弯钩。

（3）由于端柱并非剪力墙的支座，而是宽出剪力墙身刚度加大了的竖向边缘，故剪力

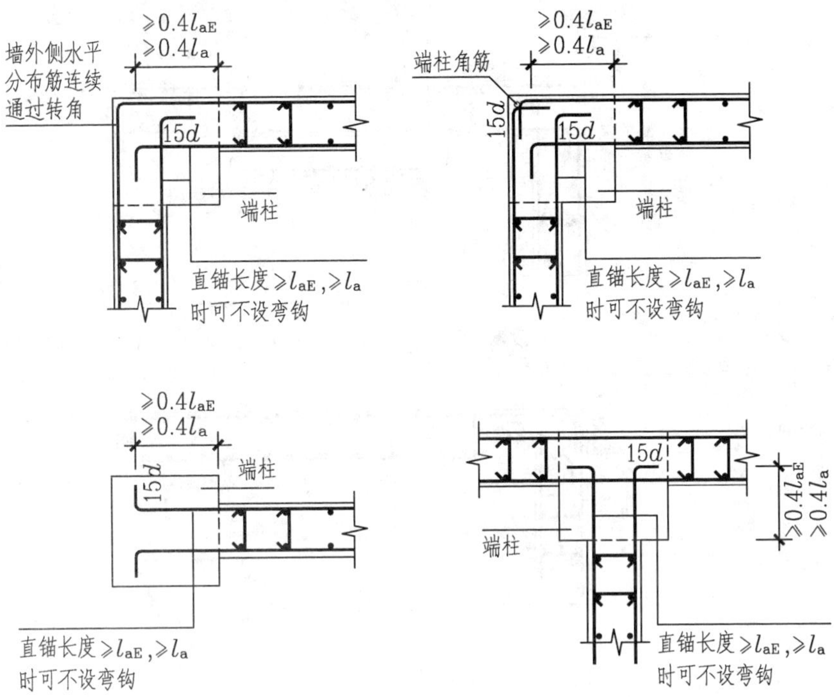

图 4-5-4 水平分布筋端柱构造

墙水平筋在端柱的构造不属于被支承构件锚入支承构件概念，而属剪力墙水平筋与端部变刚度部位的特殊连接构造。

l_{aE}为抗震锚固长度，l_a为非抗震锚固长度，下同。

2. 水平分布筋翼墙构造

剪力墙水平分布筋翼墙构造见图 4-5-5，要点为：

（1）翼墙两翼的墙身水平分布筋连续通过翼墙；

（2）翼墙肢部的墙身水平分布筋伸至翼墙核心部位的外侧钢筋内侧，弯直钩 15d。

（3）由于翼墙的两翼并非肢部剪力墙的支座，故翼墙肢部水平筋构造不属于被支承构件锚入支承构件概念，而属肢部剪力墙水平筋与两翼剪力墙的特殊连接构造。

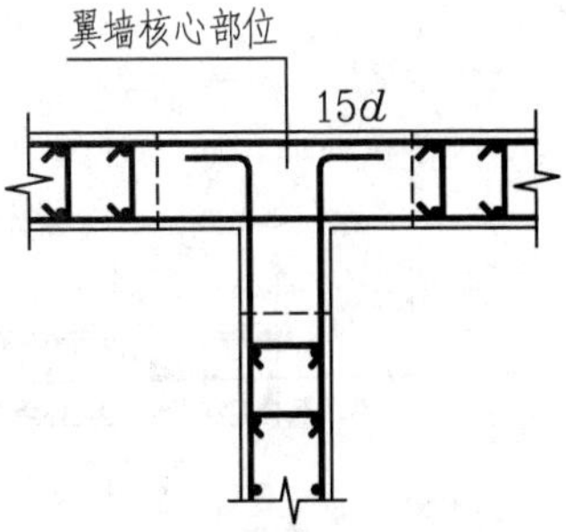

图 4-5-5 水平分布筋翼墙构造

3. 水平分布筋转角墙构造

剪力墙水平分布筋转角墙构造见图 4-5-6，要点为：

（1）上下相邻的墙身水平分布筋交错搭接连接，搭接长度≥1.2l_{aE}、≥1.2l_a，各自搭接范围交错≥500mm；

（2）墙外侧水平分布筋连续通过转角，在转角墙核心部位以外与另片剪力墙的外侧水平分布筋连接；墙内侧水平分布筋伸至转角墙核心部位的外侧钢筋内侧，弯直钩 15d；

（3）墙外侧水平分布筋亦可不连续通过转角，伸至转角墙角筋内侧位置向内弯直钩 15d。

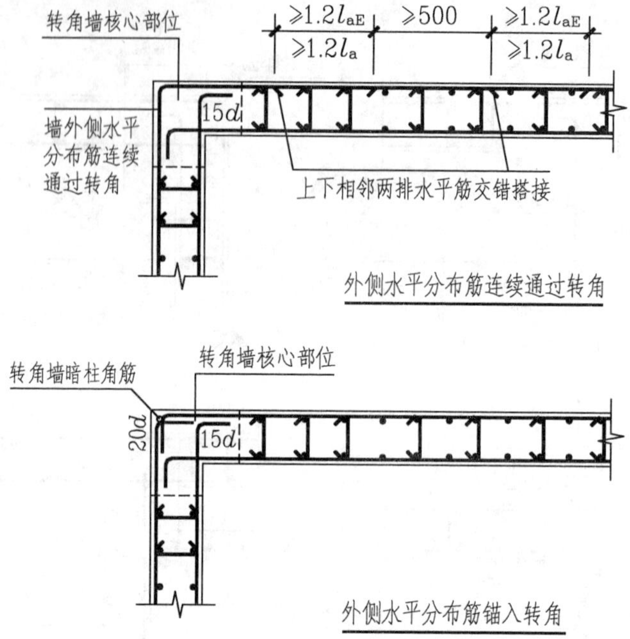

图 4-5-6　水平分布筋转角墙构造

4. 水平分布筋边缘暗柱构造和无暗柱封边构造

剪力墙水平分布筋边缘暗柱构造和无暗柱封边构造见图 4-5-7，要点为：

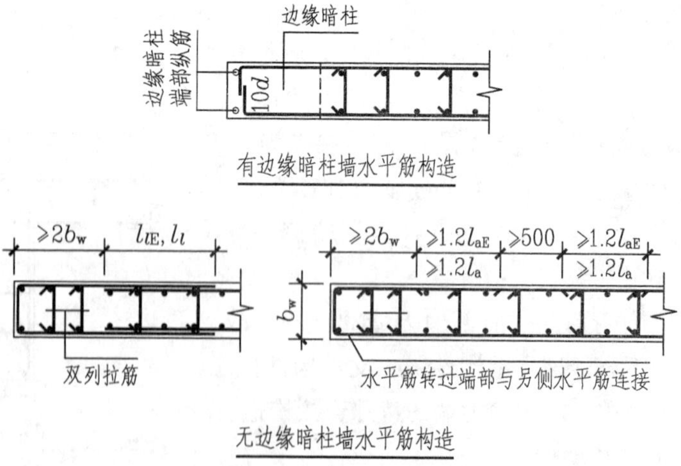

图 4-5-7　水平分布筋边缘暗柱和无暗柱封边构造

（1）墙身水平分布筋伸至边缘暗柱角筋内侧，向内弯直钩 10d；

（2）当无边缘暗柱时，可采用在端部设置 U 形水平筋（框住边缘竖向加强纵筋），墙身水平分布筋与 U 形水平筋搭接 l_{lE}、l_l；也可将一侧墙身水平分布筋连续转过端部竖向加强纵筋与另一侧墙身水平筋搭接，即按下一款水平分布筋交错搭接构造。

5. 水平分布筋交错连接构造

剪力墙水平分布筋交错连接构造见图 4-5-8，要点为：

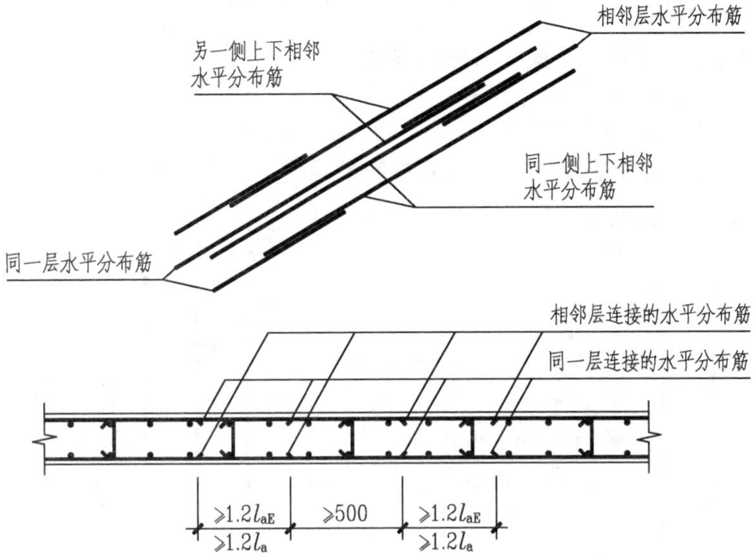

图 4-5-8 水平分布筋交错连接构造

(1) 同侧上下相邻的墙身水平分布筋交错搭接连接，搭接长度≥1.2l_{aE}、≥1.2l_a，搭接范围交错≥500mm；

(2) 同层不同侧的墙身水平分布筋交错搭接连接，搭接长度≥1.2l_{aE}、≥1.2l_a，搭接范围交错≥500mm。

(3) 剪力墙水平分布筋的功能是抗剪，即抵抗地震作用或风作用导致剪力墙内产生的水平剪力。由于剪力墙水平分布筋的设置系非足强度受力，故其搭接长度关于锚固长度的放大比例（1.2）小于足强度受力钢筋搭接连接时的放大比例。而实际上，如果采用非接触搭接连接（搭接范围保持 25mm 净距），当搭接接头百分率为 50%时，即便搭接长度为 1.2l_{aE}、1.2l_a亦能满足足强度受力需求。

6. 水平分布筋斜交墙和过扶壁柱构造

剪力墙水平分布筋斜交墙和过扶壁柱见图 4-5-9，要点为：

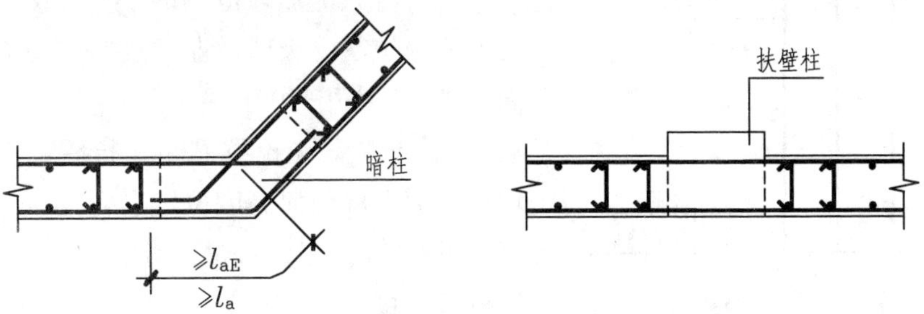

图 4-5-9 水平分布筋斜交墙和过扶壁柱构造

(1) 剪力墙斜交部位应设暗柱，阳角一侧的水平分布筋应连续通过阳角，阴角一侧的水平分布筋应在暗柱内锚固$\geqslant l_{aE}$、$\geqslant l_a$；

(2) 水平分布筋应连续通过扶壁柱，不宜在扶壁柱内连接，且不应在扶壁柱内锚固。

三、抗震与非抗震剪力墙身竖向分布筋构造

1. 剪力墙竖向分布筋连接构造

各级抗震等级和非抗震剪力墙竖向分布筋搭接连接构造见 4-5-10；各级抗震等级和非抗震剪力墙竖向分布筋机械连接构造见 4-5-11；要点为：

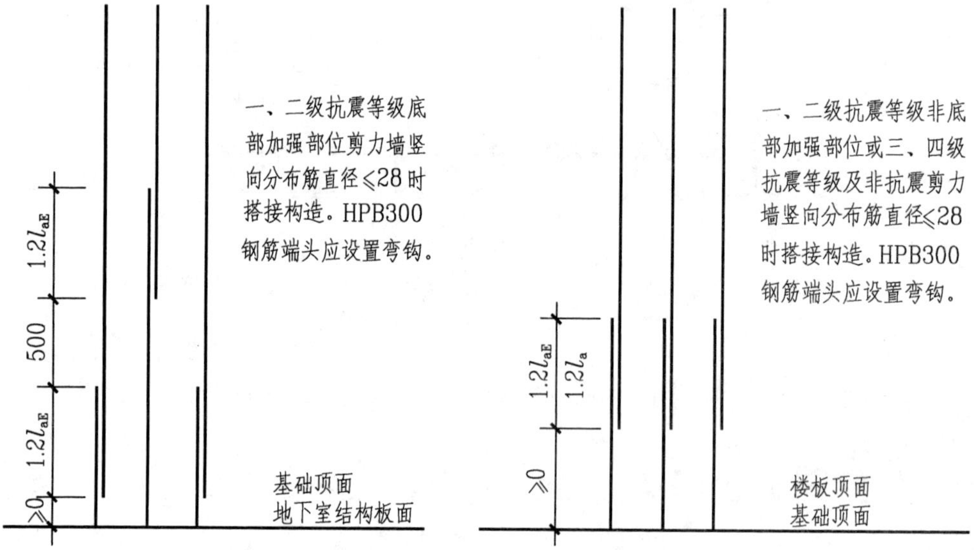

图 4-5-10 抗震和非抗震剪力墙竖向分布筋搭接连接构造

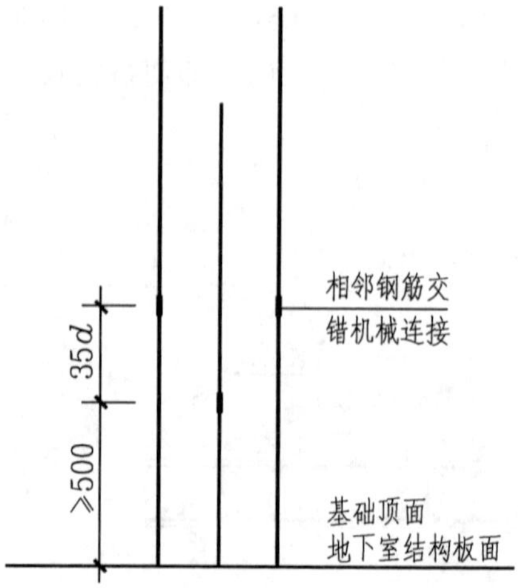

图 4-5-11 各级抗震等级或非抗震剪力墙竖向分布筋机械连接构造

(1) 当采用搭接连接时，一、二级抗震等级底部加强范围的相邻竖向分布筋应交错连接，搭接长度为 $1.2l_{aE}$，相邻钢筋搭接范围错开 500mm (图中 mm 均省略)；当钢筋直径＞28mm 时则不宜采用搭接连接；

(2) 非底部加强范围的一、二级抗震等级与三、四级抗震等级以及非抗震竖向分布筋，可在同一高度采用 100% 搭接连接，搭接长度为 $1.2l_{aE}$、$1.2l_a$。无论抗震与非抗震，竖向分布筋均可在剪力墙任何高度位置进行搭接连接（搭接范围可骑跨楼层板）；钢筋直径＞28mm 时不宜采用搭接连接；

(3) 当采用机械连接时，各级抗震等级或非

抗震相邻竖向分布筋应交错连接，连接点距离基础顶面≥500mm；相邻钢筋连接点错开35d（d为最大纵筋直径）。应注意，不可采用将肋形钢筋去肋后直接在芯部套丝的直螺纹机械连接，因去肋直接芯部套丝导致钢筋截面面积约减小15%。

l_{aE}为抗震锚固长度，l_a为非抗震锚固长度，下同。

应注意，图中≥0标注表示搭接连接起点不受在剪力墙平面外水平连接的楼层板限制。由于剪力墙受力变形以平面内弯曲型变形为主，其内力分布规律与框架柱的剪切型变形完全不同。在剪力墙中既不存在框架柱普遍存在的层间弯矩反弯点，也不存在层间中部受力较小处；且剪力墙受力分析与框架柱完全不同的是其主要考虑平面内受力，而在平面外承载的楼板对剪力墙平面内的影响不起主导作用；因此，剪力墙竖向钢筋的连接位置可以在任意高度，且当竖向分布筋的搭接范围骑跨楼层时，楼层板的固支效应反而增强搭接钢筋的传力效果。此外，图中≥0标注有科学用钢意义，可用足钢筋的定尺长度，消除截头短钢筋浪费钢材的状况。

剪力墙竖向分布筋的连接构造未包括焊接连接方式，系因剪力墙沿竖向施工时无法采用可足强度连接传力的闪光对焊连接，而通常采用的电渣压力焊达不到足强度连接传力效果。剪力墙与框架柱不同的是在层间不存在受力较小处，若采用电渣压力焊连接则达不到设计需要的可靠度水准。

2. 剪力墙变截面竖向分布筋构造

剪力墙身变截面竖向分布筋构造见图4-5-12，要点为：

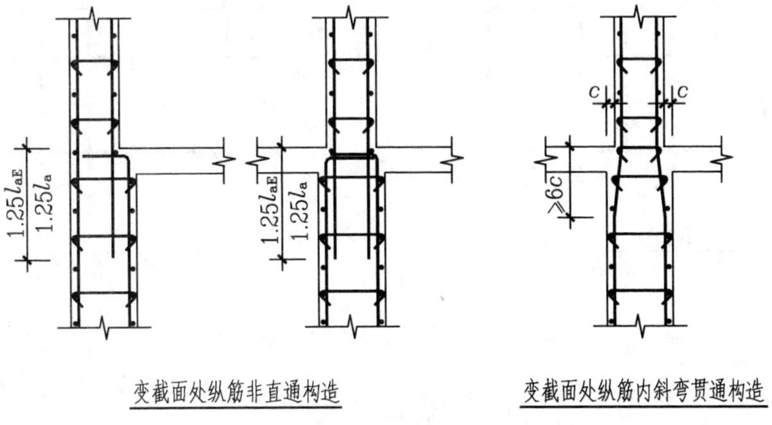

图4-5-12 墙身变截面竖向分布筋构造

（1）可采用竖向分布筋在变截面位置非直通搭接连接构造或向内斜弯贯通构造；

（2）当采用竖向分布筋非直通搭接连接构造时，下层墙身钢筋伸至变截面处向内弯折，至对面竖向分布筋处截断，上层纵筋垂直伸入下柱内1.25l_{aE}、1.25l_a；

（3）当采用竖向分布筋向内斜弯贯通构造时，钢筋自距离结构层楼面≥6c（c为截面单侧内收尺寸）点向内略斜弯后向上垂直贯通。

3. 墙身顶部竖向分布筋构造

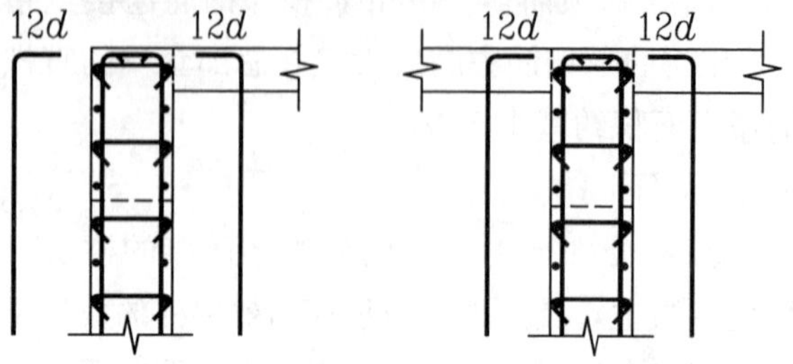

图 4-5-13 墙身顶部竖向分布筋构造

墙身顶部竖向分布筋构造见图 4-5-13，要点为：

（1）墙身竖向分布筋伸至剪力墙顶部后向内弯钩，弯钩长度 12d；

（2）由于剪力墙支承楼板，故在剪力墙顶部节点墙为节点主体，板为节点客体；作为节点主体的剪力墙竖向分布筋应设置弯钩封闭墙的顶部，为节点客体板的纵筋提供可靠的锚固空间；

（3）当剪力墙顶部设置暗梁时，竖向分布筋向内弯钩可对暗梁纵筋起约束作用。

4. 墙身拉筋的设置

墙身双向与梅花双向拉筋分布示意，见图 4-5-14，要点为：

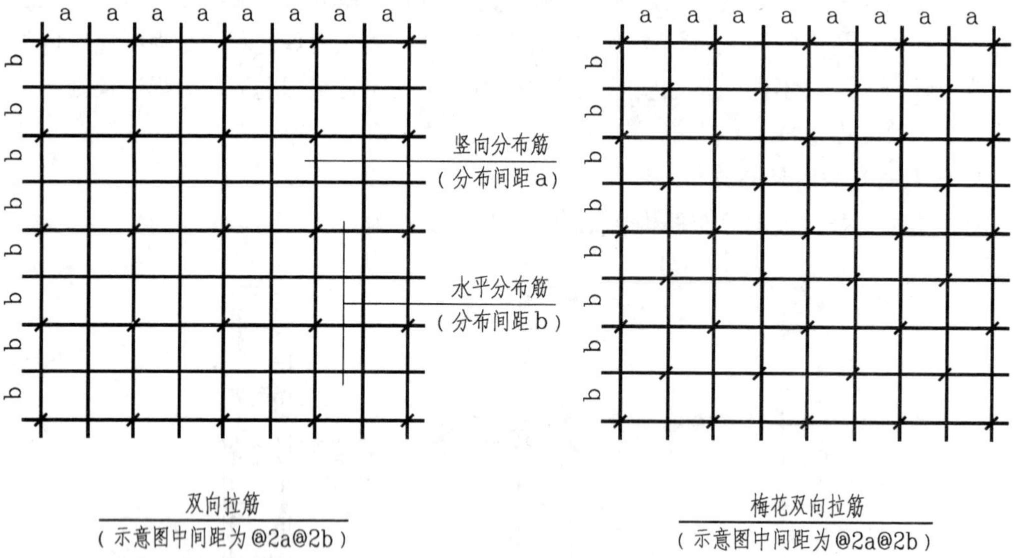

图 4-5-14 剪力墙身拉筋分布示意

（1）剪力墙受力拉筋应在竖向分布筋和水平分布筋的交叉点同时拉住两向分布筋；

（2）拉筋注写为 Φx@xa@xb 双向（或梅花双向），其间距@xa 表示拉筋水平间距为剪力墙竖向分布筋间距 a 的 x 倍、@xb 表示拉筋竖向间距为剪力墙水平分布筋间距 b 的 x 倍；

（3）当所注写的拉筋直径、间距相同时，拉筋用钢量“梅花双向”接近“双向”的两倍。

第六节 剪力墙梁钢筋构造

本节内容为：

1. 抗震与非抗震剪力墙连梁钢筋构造；

2. 抗震与非抗震剪力墙边框梁构造；

3. 抗震与非抗震剪力墙暗梁构造；

4. 抗震与非抗震剪力墙框支梁构造。

一、抗震与非抗震剪力墙连梁钢筋构造

1. 剪力墙连梁钢筋构造

剪力墙单洞口连梁钢筋构造见图 4-6-1，短肢剪力墙端部洞口连梁钢筋构造见图 4-6-2，剪力墙双洞口连梁钢筋构造见图 4-6-3，要点为：

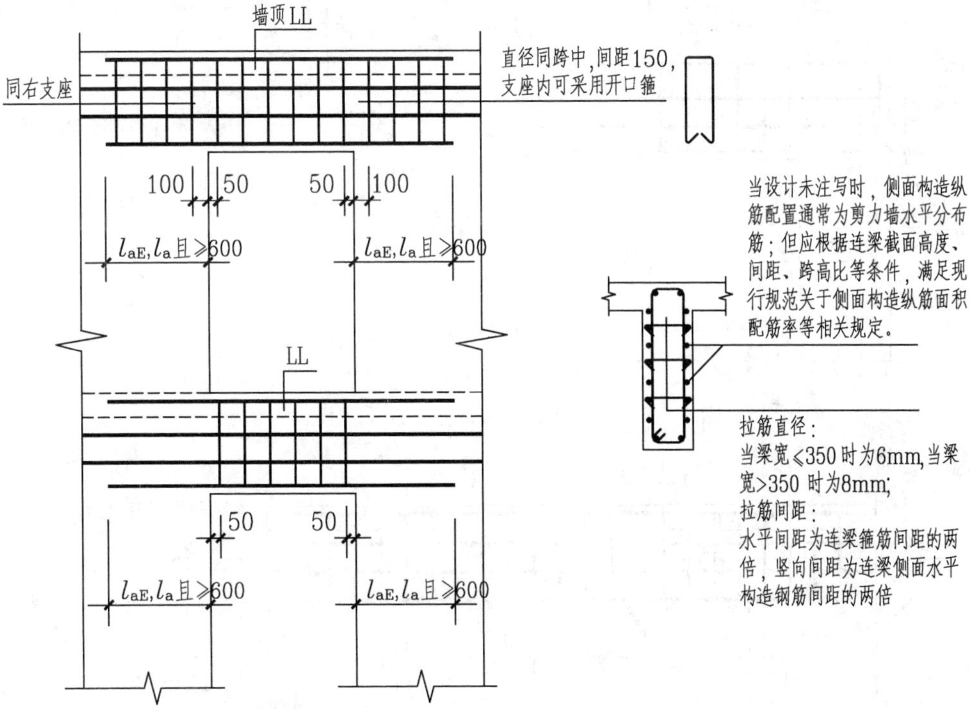

图 4-6-1　剪力墙单洞口连梁钢筋构造

（1）连梁下部纵筋和上部纵筋锚入剪力墙（墙柱）内 l_{aE}、l_a且≥600mm；

（2）剪力墙端部洞口短肢剪力墙连梁的纵筋弯锚，应伸至外侧纵筋内侧后弯钩，其直锚段长度≥0.4l_{aE}、≥0.4l_a，弯钩长度≥15d（d 为连梁纵筋直径）；

（3）当两洞口之间的洞间墙长度<2l_{aE}、<2l_a且<1200mm 时采用双洞口连梁，连梁下部、上部、侧面纵筋连续通过洞间墙；

（4）连梁第一道箍筋距支座边缘 50mm 开始设置；根据连梁不同的截面宽度，连梁拉筋直径和间距有相应规定；

（5）在墙顶连梁纵筋锚入支座长度范围应设置箍筋，箍筋直径与跨中相同，间距 150mm，距支座边缘 100mm 开始设置；在该范围设置箍筋的主要功能是增强墙顶连梁上部纵筋的锚固强度；为施工方便，可以采用向下开口箍筋；

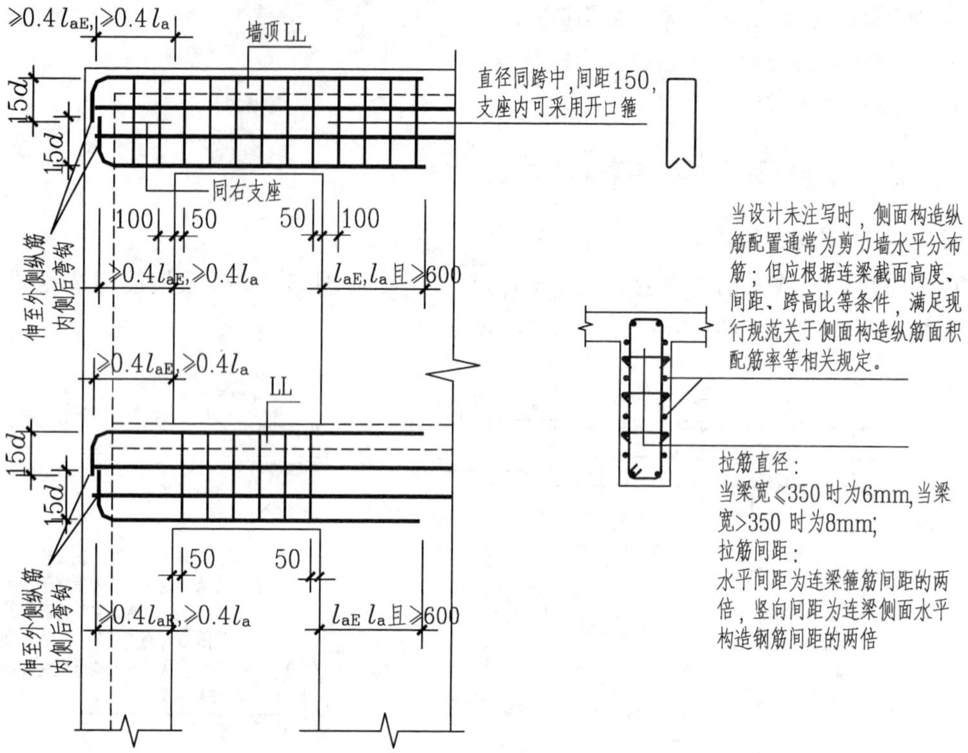

图 4-6-2 短肢剪力墙端部洞口连梁钢筋构造

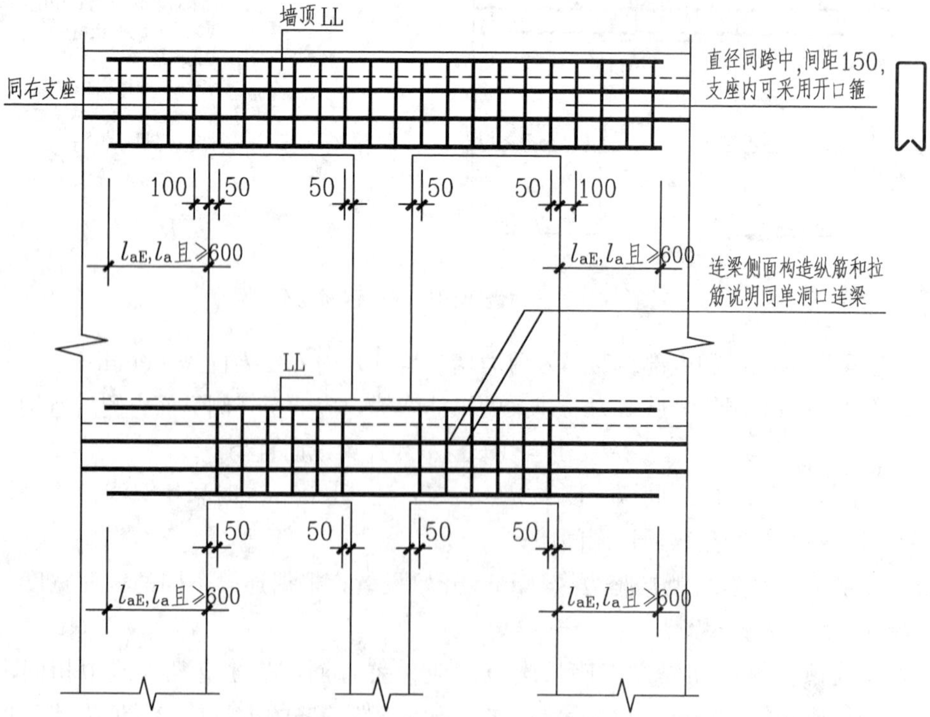

图 4-6-3 剪力墙双洞口连梁钢筋构造

(6) 当设计未注写连梁侧面构造纵筋时，墙体水平分布筋作为连梁侧面构造纵筋在连梁范围内拉通连续配置，但同时应满足下面要求：

① 应满足现行《混凝土结构设计规范》相应于连梁截面高度与跨高比等所作连梁侧面构造纵筋直径、间距与配筋率的相应规定；

② 连梁拉筋直径和间距通常为：当连梁截面宽度≤350mm时，拉筋直径为6mm；当连梁截面宽度>350mm时，拉筋直径为8mm；拉筋水平间距为两倍连梁箍筋间距（隔一拉一），拉筋竖向间距为两倍连梁侧面水平构造钢筋间距（隔一拉一）。

l_{aE}为抗震锚固长度，l_a为非抗震锚固长度，下同。

2. 剪力墙连梁斜向交叉钢筋构造

剪力墙连梁斜向交叉钢筋构造见图4-6-4，墙顶连梁斜向交叉钢筋构造见图4-6-5，要点为：

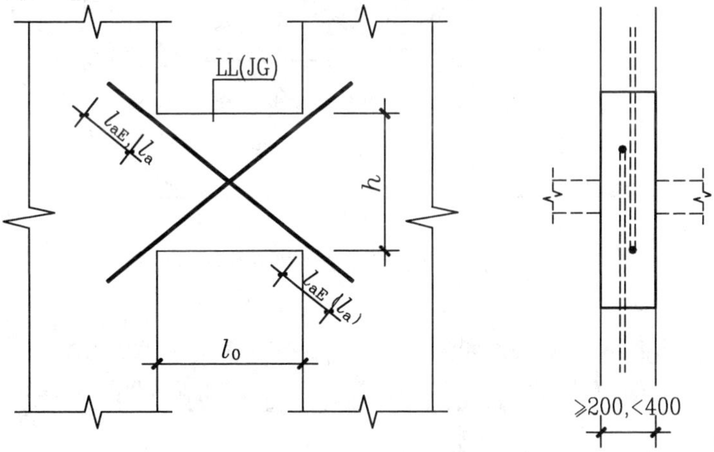

图4-6-4　剪力墙连梁斜向交叉钢筋构造

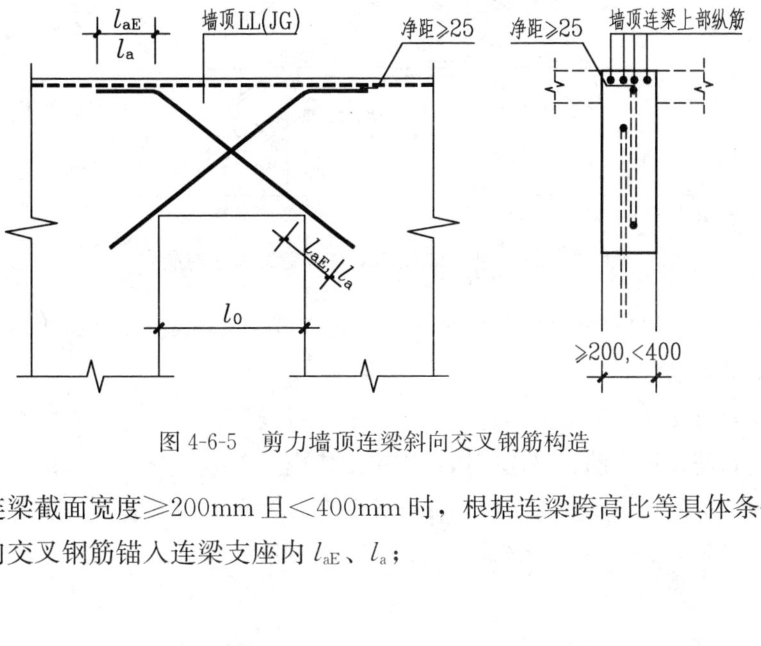

图4-6-5　剪力墙顶连梁斜向交叉钢筋构造

(1) 当连梁截面宽度≥200mm且<400mm时，根据连梁跨高比等具体条件设置；

(2) 斜向交叉钢筋锚入连梁支座内l_{aE}、l_a；

（3）墙顶连梁斜向交叉钢筋在墙顶部弯折，水平锚入墙体，锚入部分与连梁上部纵筋的平行净距为≥25mm；连梁箍筋应箍入支座，间距 150mm。

3. 剪力墙连梁复合交叉斜筋构造

剪力墙连梁复合交叉斜筋构造见图 4-6-6，墙顶连梁复合交叉斜筋构造见图 4-6-7，要点为：

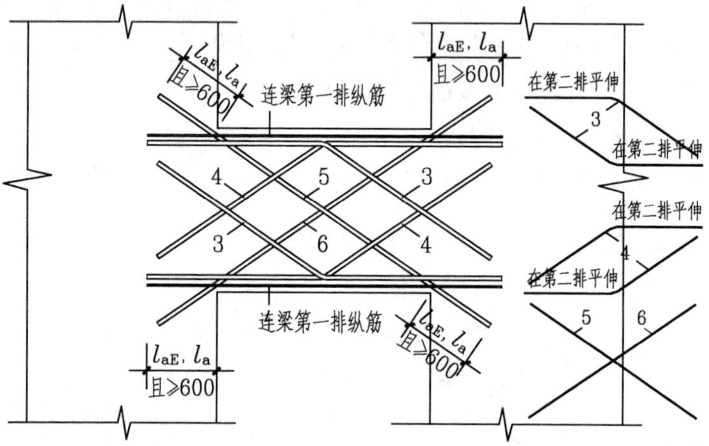

图 4-6-6 剪力墙连梁复合交叉斜筋构造

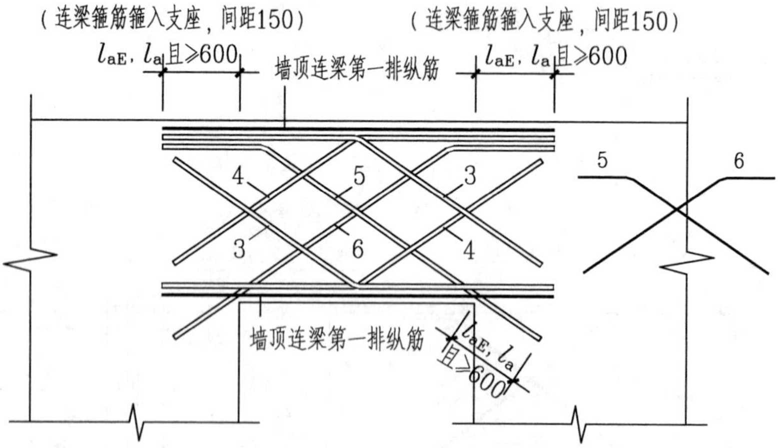

图 4-6-7 剪力墙顶连梁复合交叉斜筋构造

（1）对于一、二级抗震等级的连梁，当截面宽度≥250mm 且跨高比不大于 2.5 时，可设置复合交叉斜筋；

（2）设置复合交叉斜筋的连梁包括对角斜筋、折线筋、纵向筋、箍筋和拉筋；

（3）对角斜筋、折线筋、纵向筋锚入连梁支座内 l_{aE}、l_a且≥600mm；

（4）墙顶连梁的对角斜筋、折线筋在墙顶部弯折，水平锚入墙体，锚入部分与连梁上部纵筋的平行净距≥25mm；连梁箍筋应箍入支座，间距 150mm。

4. 剪力墙连梁集中对角斜筋构造

剪力墙连梁集中对角斜筋构造见图 4-6-8，墙顶连梁集中对角斜筋构造见图 4-6-9，要点为：

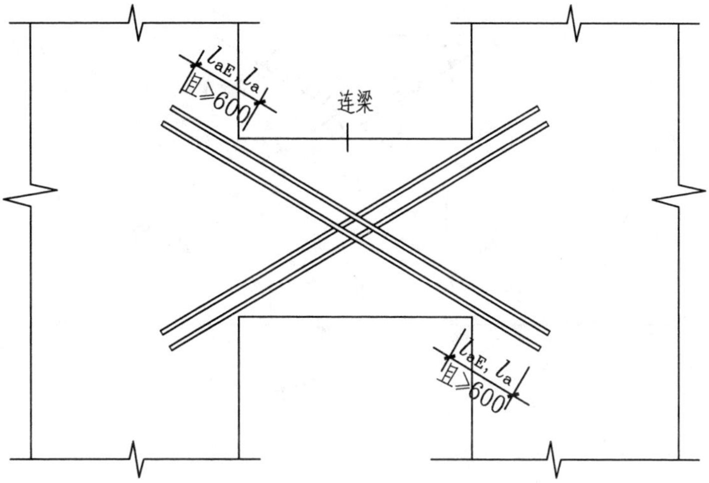

图 4-6-8 剪力墙连梁集中对角斜筋构造

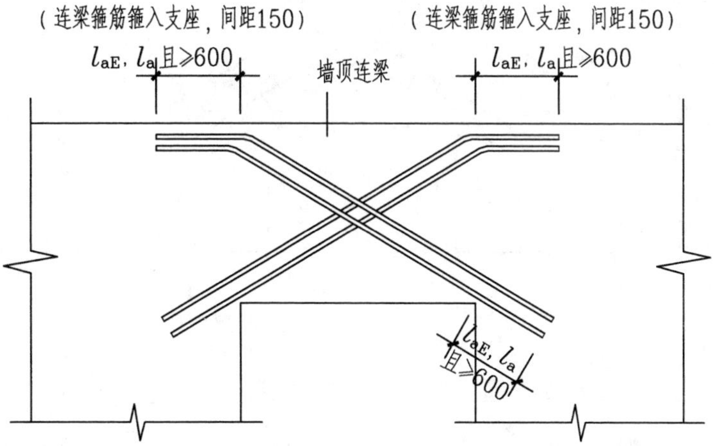

图 4-6-9 剪力墙顶连梁集中对角斜筋构造

(1) 对于一、二级抗震等级的连梁，当截面宽度≥400mm 且跨高比不大于 2.5 时，可设置集中对角斜筋；

(2) 设置集中对角斜筋的连梁包括集中对角斜筋、纵向筋、箍筋和拉筋；

(3) 集中对角斜筋、纵向筋锚入连梁支座内 l_{aE}、l_a且≥600mm；

(4) 墙顶连梁的集中对角斜筋在墙顶部弯折，水平锚入墙体，锚入部分与连梁上部纵筋的平行净距≥25mm；连梁箍筋应箍入支座，间距 150mm。

5. 剪力墙连梁对角暗撑构造

剪力墙连梁对角暗撑构造见图 4-6-10，墙顶连梁对角暗撑构造见图 4-6-11，要点为：

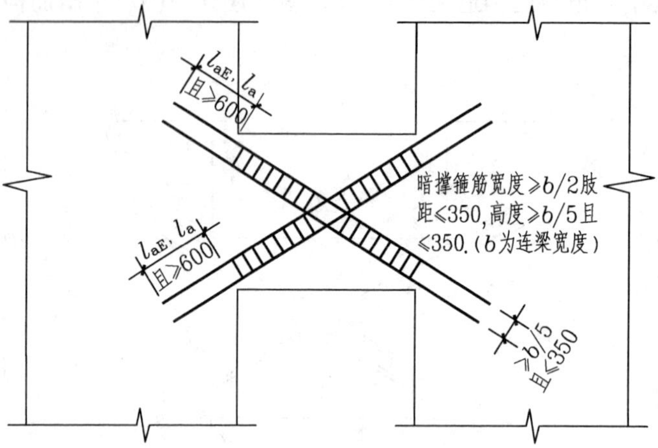

图 4-6-10 剪力墙连梁对角暗撑构造

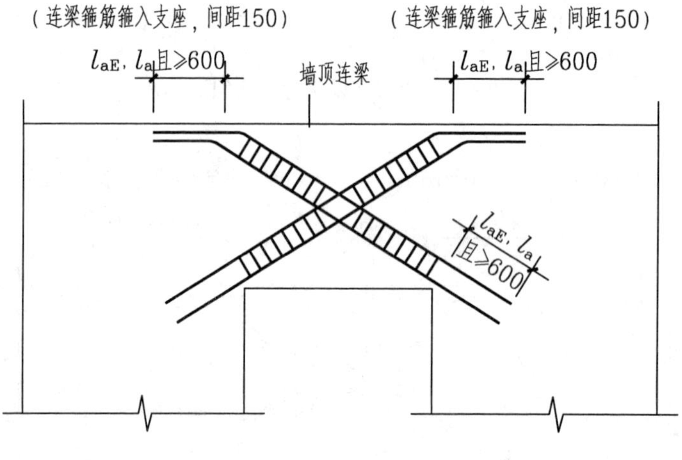

图 4-6-11 剪力墙顶连梁对角暗撑构造

（1）对于一、二级抗震等级的连梁，当截面宽度≥400mm 且跨高比不大于 2.5 时，可设置对角暗撑；

（2）对角暗撑周围箍筋宽度≥b/2 肢距≤350，高度≥b/5 且≤350（b 为连梁截面宽度）；当抗震设计时，暗撑箍筋有加密要求；

（3）对角暗撑锚入连梁支座内 l_{aE}、l_a且≥600mm；

（4）墙顶连梁的对角暗撑在墙顶部弯折，水平锚入墙体，锚入部分与连梁上部纵筋的平行净距为≥25mm，连梁箍筋应箍入支座，间距 150mm。

二、抗震与非抗震剪力墙边框梁钢筋构造

1. 剪力墙楼层边框梁钢筋构造

剪力墙楼层边框梁与高板位连梁（楼板顶面与连梁顶面相平）相连钢筋构造见图

4-6-12，楼层边框梁与中板位连梁（楼板在连梁腰部）相连钢筋构造见图 4-6-13，楼层边框梁钢筋构造竖向截面示意见图 4-6-14，要点为：

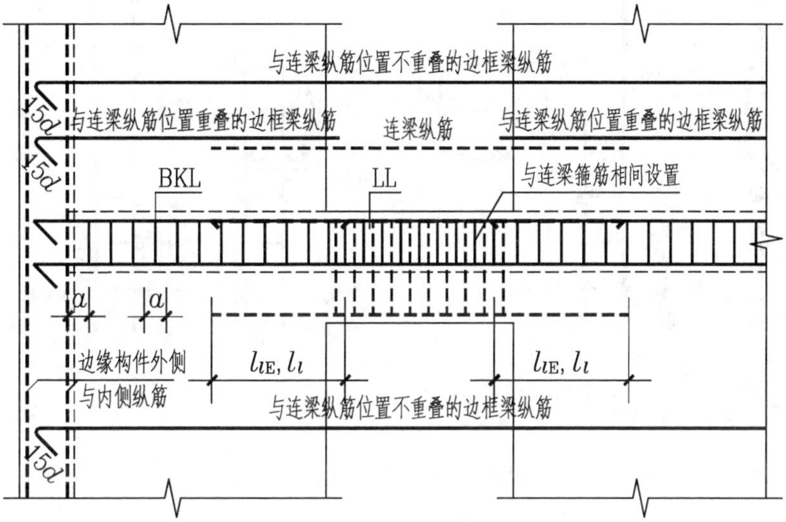

图 4-6-12 楼层边框梁与高板位连梁相连构造（立面示意）

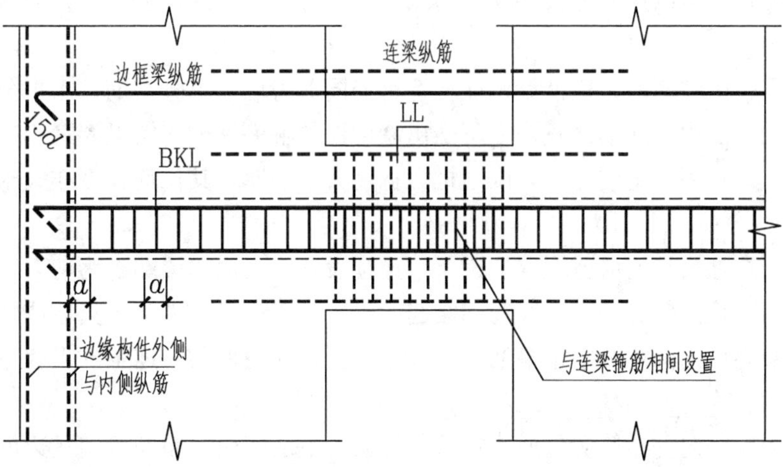

图 4-6-13 楼层边框梁与中板位连梁相连构造（立面示意）

（1）楼层边框梁与高板位连梁相连时，边框梁上部与高板位连梁上部位置重叠的纵筋相互搭接长度为 l_{lE}、l_l（l_{lE}、l_l分别为抗震、非抗震钢筋搭接长度，下同），位置不重叠的纵筋应贯通连梁设置；

（2）仅有一侧凸出墙面的楼层边框梁与高板位连梁相连时，与墙面相平一侧的边框梁角筋应位于由外向内第三层，箍筋应位于第二层（与剪力墙竖向分布筋同层并插空设置，最外层为剪力墙水平分布筋），因该侧面的边框梁角筋与连梁角筋位置重叠，二者搭接长度为 l_{lE}、l_l；

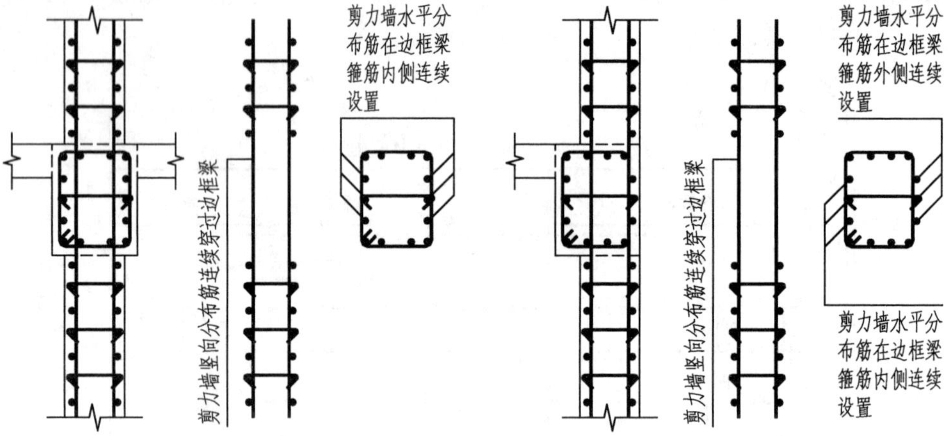

图 4-6-14　楼层边框梁钢筋构造竖向截面示意

（3）与中板位连梁相连的楼层边框梁，其纵筋与连梁纵筋位置未发生重叠，应贯通连梁腰部连续设置；

（4）楼层边框梁纵筋的连接和在剪力墙边缘构件墙柱内的构造方式，与剪力墙身水平分布筋相同；

（5）当设计未注明时，边框梁侧面构造钢筋同剪力墙水平分布筋；水平分布筋在边框梁凸出墙面的箍筋内侧连续设置，在不凸出墙侧面的箍筋外侧连续设置；当边框梁需设置拉筋时，施工计算用钢量应注意，因边框梁宽度大于墙厚，其拉筋长度亦大于剪力墙拉筋长度；

（6）楼层边框梁箍筋沿剪力墙和连梁应连续设置；当边框梁端部为剪力墙端柱时，边框梁箍筋距离端柱内侧纵筋一个箍筋间距起始设置；当边框梁端部为翼墙或转角墙时，箍筋距离剪力墙暗柱内侧纵筋一个箍筋间距起始设置；在边框梁与连梁的重叠范围，边框梁箍筋间距应调整为与连梁箍筋间距相同；

（7）剪力墙竖向分布筋应贯通边框梁，楼层上下层竖向分布筋可骑贯边框梁搭接连接（概念上不属在边框梁内锚固）；当剪力墙在边框梁以上改变墙厚时，剪力墙竖向分布筋应按墙身竖向变截面相应构造；

（8）当楼层边框梁纵筋采用搭接连接、或边框梁纵筋与连梁纵筋搭接时，宜采用同轴心非接触搭接构造。

2. 剪力墙顶边框梁钢筋构造

剪力墙顶边框梁钢筋构造见图 4-6-15，墙顶边框梁钢筋构造竖向截面示意见图 4-6-16，要点为：

（1）墙顶边框梁与高板位墙顶连梁相连时，边框梁上部与连梁上部位置重叠的纵筋相互搭接长度为 l_{lE}、l_l（l_{lE}、l_l分别为抗震、非抗震钢筋搭接长度，下同），位置不重叠的纵

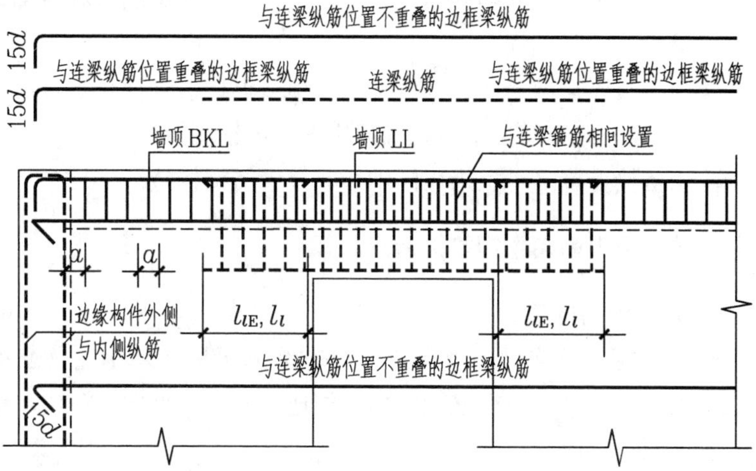

图 4-6-15　剪力墙顶边框梁与高板位连梁相连构造（立面示意）

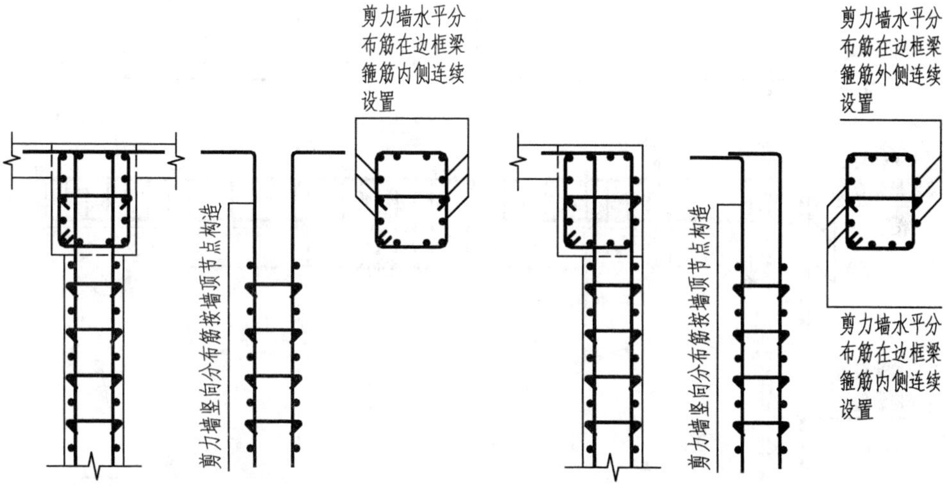

图 4-6-16　剪力墙顶边框梁钢筋构造竖向截面示意

筋应贯通连梁设置；

（2）墙顶边框梁上部纵筋伸至边缘构件外侧竖向纵筋内侧后向下弯折 15d,；下部纵筋在剪力墙边缘构件墙柱内的构造方式，与剪力墙身水平分布筋相同；

（3）墙顶边框梁纵筋应分批交错连接，同批纵筋联接的面积百分比不大于 50%；当采用搭接连接时，搭接长度$\geqslant l_{lE}$、$\geqslant l_l$，搭接范围交错$\geqslant$500mm；

（4）墙顶边框梁侧面水平构造钢筋的设置和构造要求与楼层边框梁相同；

（5）墙顶边框梁箍筋沿剪力墙和连梁连续设置；当边框梁端为剪力墙端柱时，边框梁箍筋距离端柱内侧纵筋一个箍筋间距起始设置；当边框梁端部为翼墙或转角墙时，箍筋距离剪力墙暗柱内侧纵筋一个箍筋间距起始设置；在边框梁与连梁的重叠范围，边框梁箍筋间距应调整为与连梁箍筋间距相同；

（6）剪力墙竖向分布筋在剪力墙顶部应按其墙顶节点构造（详见本章剪力墙身钢筋构造一节的相关内容），竖向分布筋通常不在墙顶边框梁内锚固；

（7）当纵筋采用搭接连接时，宜采用同轴心非接触搭接构造。

三、抗震与非抗震剪力墙暗梁钢筋构造

1. 剪力墙楼层暗梁钢筋构造

剪力墙楼层暗梁与高板位连梁（楼板顶面与连梁顶面相平）相连钢筋构造见图 4-6-17，楼层暗梁与中板位连梁（楼板在连梁腰部）相连钢筋构造见图 4-6-18，楼层暗梁钢筋构造竖向截面示意见图 4-6-19，要点为：

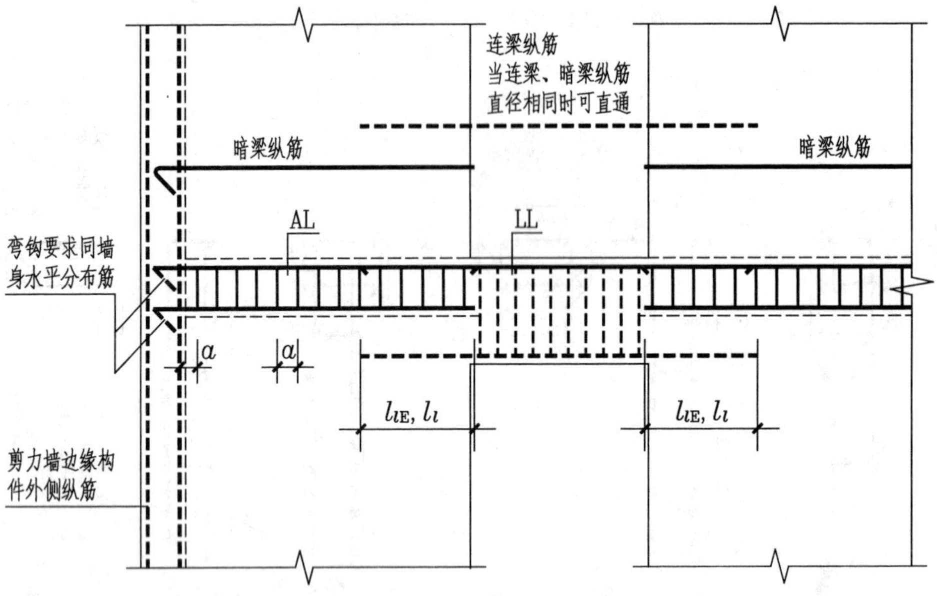

图 4-6-17 楼层暗梁与高板位连梁相连钢筋构造（立面示意）

（1）暗梁纵向钢筋设置在墙面钢筋由外向内第三层，箍筋设置在第二层（与剪力墙竖向分布筋同层并插空设置，最外层为剪力墙的水平分布筋）；

（2）当设计未注明时，暗梁侧面构造钢筋同剪力墙水平分布筋，与暗梁纵筋在同一水平高度的那道水平分布筋不需要重叠设置；

（3）暗梁纵筋与剪力墙连梁纵筋的整体搭接长度为 l_{lE}、l_l（l_{lE}、l_l 分别为抗震、非抗震钢筋搭接长度）；

（4）楼层暗梁纵筋的连接和在剪力墙边缘构件墙柱内的构造方式，与剪力墙身水平分布筋相同；

（5）楼层暗梁箍筋距离端柱内侧纵筋或剪力墙暗柱内侧纵筋一个箍筋间距起始设置；

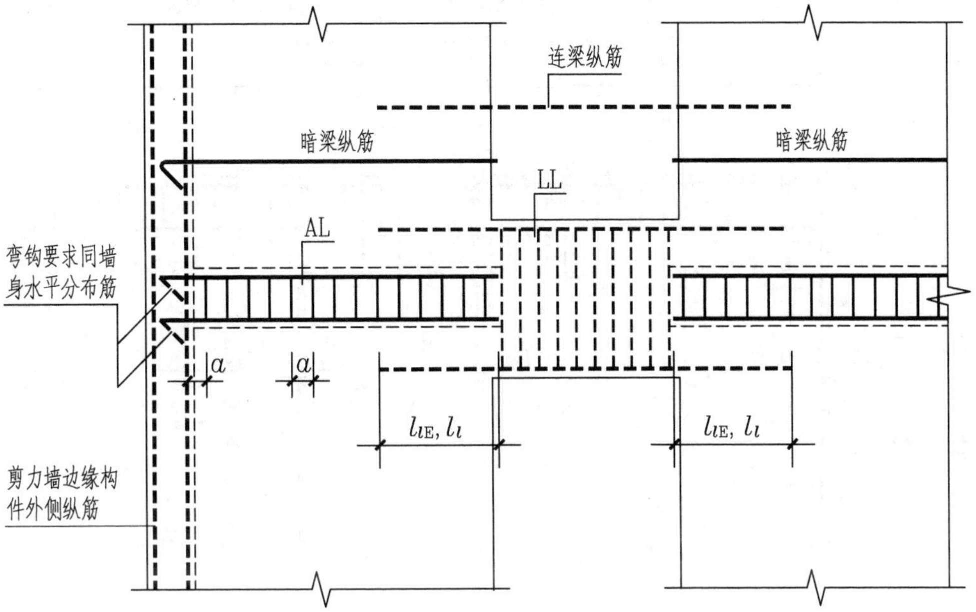

图 4-6-18　楼层暗梁与中板位连梁相连钢筋构造（立面示意）

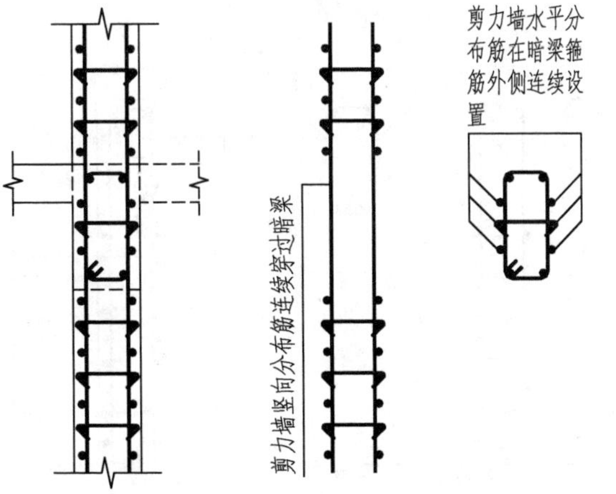

图 4-6-19　楼层暗梁钢筋构造竖向截面示意

暗梁与剪力墙连梁相连一端的箍筋设置到暗梁纵筋端部；

(6) 剪力墙竖向分布筋应在暗梁纵筋外侧连续贯通，楼层上下层的竖向分布筋不具有在暗梁内锚固的概念；当剪力墙在暗梁以上改变墙厚时，剪力墙竖向分布筋应按墙身竖向变截面节点的相应构造；

(7) 当楼层暗梁纵筋采用搭接连接时，宜采用同轴心非接触搭接构造。

2. 剪力墙顶暗梁钢筋构造

剪力墙顶暗梁钢筋构造见图 4-6-20，墙顶暗梁钢筋构造竖向截面示意见图 4-6-21，要点为：

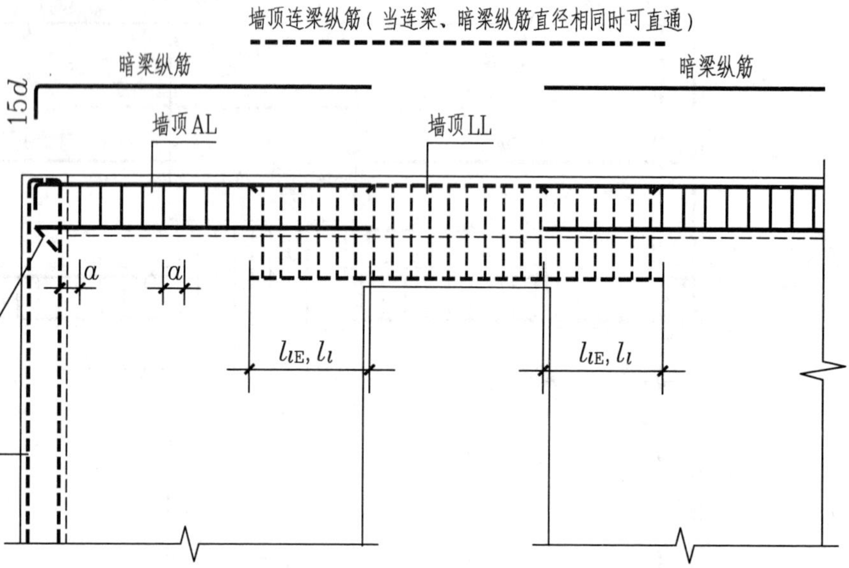

图 4-6-20 剪力墙顶暗梁钢筋构造（立面示意）

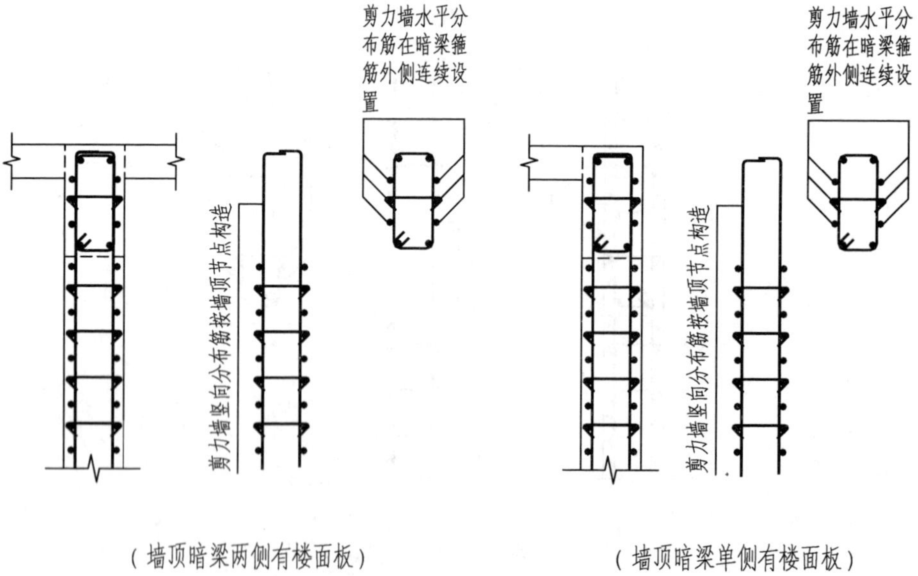

图 4-6-21 墙顶暗梁钢筋构造竖向截面示意

（1）墙顶暗梁纵向钢筋设置在墙面钢筋由外向内第三层，箍筋设置在第二层（与剪力墙竖向分布筋同层并插空设置，最外层为剪力墙的水平分布筋）；

（2）当设计未注明时，墙顶暗梁侧面构造钢筋同剪力墙水平分布筋，与暗梁纵筋在同一水平高度的那道水平分布筋不需要重叠设置；

（3）墙顶暗梁纵筋与剪力墙连梁纵筋的整体搭接长度为 l_{lE}、l_l（l_{lE}、l_l分别为抗震、非抗震钢筋搭接长度)；

（4）墙顶暗梁上部纵筋伸至边缘构件外侧竖向纵筋内侧后向下弯折 15d，；下部纵筋在剪力墙边缘构件墙柱内的构造方式，与剪力墙身水平分布筋相同；

（5）墙顶暗梁箍筋距离端柱内侧纵筋或剪力墙暗柱内侧纵筋一个箍筋间距起始设置；暗梁与剪力墙顶连梁相连一端的箍筋设置到墙顶连梁支座内箍筋位置，即按梁箍筋与墙顶连梁箍筋不需要重叠设置；

（6）剪力墙竖向分布筋应在墙顶暗梁纵筋外侧伸至墙顶弯钩，构造方式按竖向分布筋墙顶构造，其功能为对暗梁纵筋形成有效约束，但并不属于在暗梁内锚固概念；

（7）当墙顶暗梁纵筋采用搭接连接时，应分批交错连接，同批纵筋联接的面积百分比不大于 50%；当采用搭接连接时，搭接长度$\geqslant l_{lE}$、$\geqslant l_l$，搭接范围交错$\geqslant$500mm，宜采用同轴心非接触搭接构造。

3. 暗梁与边框梁相接构造

剪力墙暗梁与边框梁相接要点为：

（1）当边框梁与暗梁相接处为十字交叉墙体时，边框梁纵筋伸至正交墙体对面纵筋内侧向外作水平弯钩，弯钩长度 15d；暗梁纵筋直伸入十字交叉墙体 l_{aE}、l_a；边框梁箍筋与暗梁箍筋分别距离交叉墙体 1/2 按各自箍筋间距设置；

（2）当边框梁与暗梁相接处为非边缘墙柱时，边框梁纵筋伸至墙柱对面纵筋内侧向内作水平弯钩，弯钩长度 15d；暗梁纵筋直伸入十字交叉墙体 l_{aE}、l_a；边框梁箍筋与暗梁箍筋分别距离非边缘墙柱 1/2 按各自箍筋间距。

本部分所述暗梁与边框梁的构造的科学依据，一是为了实现暗梁与边框梁的功能，二是为了使暗梁和边框梁的配筋发挥出最优性能。

暗梁与边框梁在功能方面的相同之处，均为阻止剪力墙纵向裂缝的延伸。

在强力地震力作用下，剪力墙边缘部位反复承受巨大的拉力和压力，设置边缘构件的功能是防止剪力墙在拉力和压力作用下，边缘部位被拉裂或压碎。但是，确保剪力墙边缘部位满足安全度要求，并不能确保结构整体的安全，因巨大的地震作用力可能致使剪力墙中部出现纵向劈裂裂缝。为此，必须设置暗梁或边框梁阻止纵向劈裂裂缝的延伸扩展。

剪力墙一旦发生纵向劈裂，裂缝尖端的应力集中效应将使裂缝迅速向下或向上延伸扩展，若未加阻止，势必造成剪力墙整体劈裂破坏。设置暗梁或边框梁后，其纵筋强度和刚度数倍高于剪力墙水平分布筋，因而可有效阻止纵向劈裂裂缝的延伸。

由于剪力墙墙身的纵向裂缝与连梁无关（不可能出现在剪力墙连梁上），故暗梁和边框梁完全不需要在连梁跨度范围设置，否则为无功能目标的无效构造。因此，暗梁或边框梁纵筋仅需与锚入剪力墙的连梁纵筋满足搭接长度即可。

此外，边框梁宽度大于墙厚，为了保持形状上的连续，边框梁纵筋和箍筋可以贯通连梁设置，但同样并无功能需要。为了科学用钢，可将连梁跨度范围重叠设置的边框梁纵筋和箍筋直径减小，满足构造设置要求即可。

四、抗震与非抗震剪力墙框支梁钢筋构造

1. 剪力墙框支梁的功能

剪力墙框支梁以平法解构原理具有的“功能、性能、逻辑”三项要素进行分析。框支梁的主要功能是平衡由框支柱支起的剪力墙在两支点之间产生的暗拱效应，主要性能是抵抗偏心拉力，在逻辑上为与剪力墙下边缘不可分离的加强构造。总之，框支梁与受弯且受剪并独立工作的梁类构件无关。

因此，框支梁的配筋构造，应归入剪力墙类而不应归入梁类构件。

2. 剪力墙框支梁构造

抗震与非抗震框支梁纵筋构造见图 4-6-22，箍筋构造见图 4-6-23，竖向截面示意见图 4-6-24，要点为：

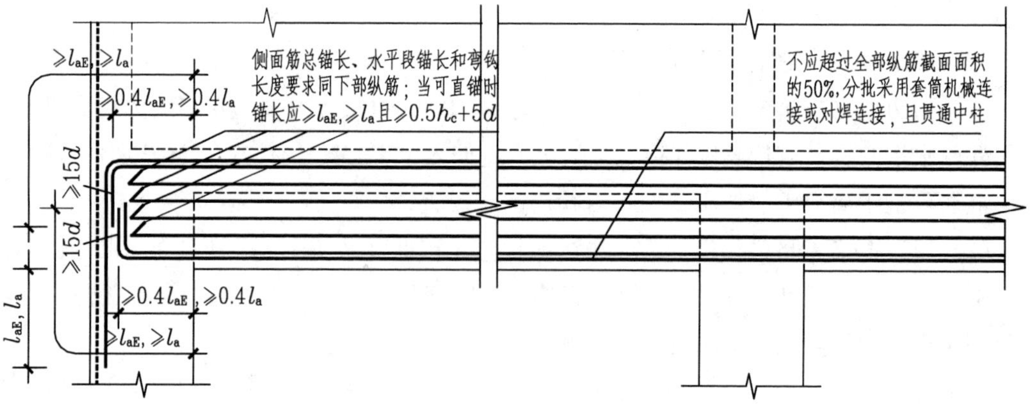

图 4-6-22　抗震与非抗震框支梁纵筋构造

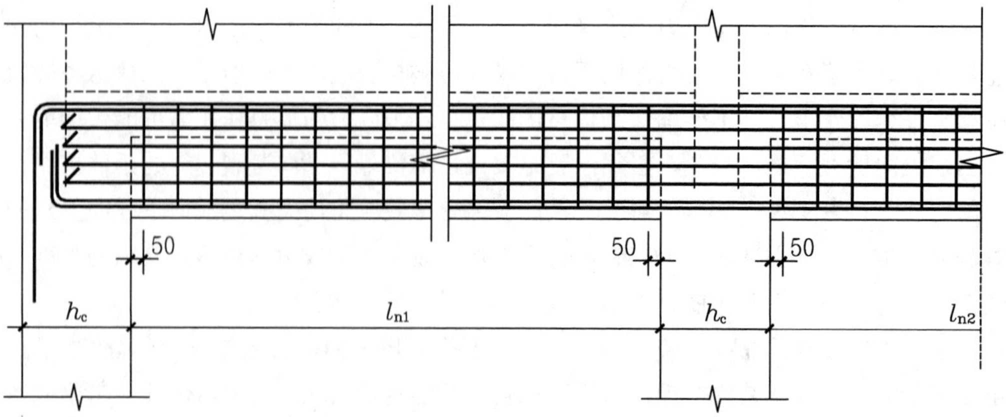

图 4-6-23　抗震与非抗震框支梁箍筋构造

（1）框支梁纵筋应连续设置，其功能为抵抗拉力；当需要连接时，无论上部、下部、侧面纵筋均应采用可足强度传力的套筒机械连接或对焊连接，不应采用搭接连接，也不应

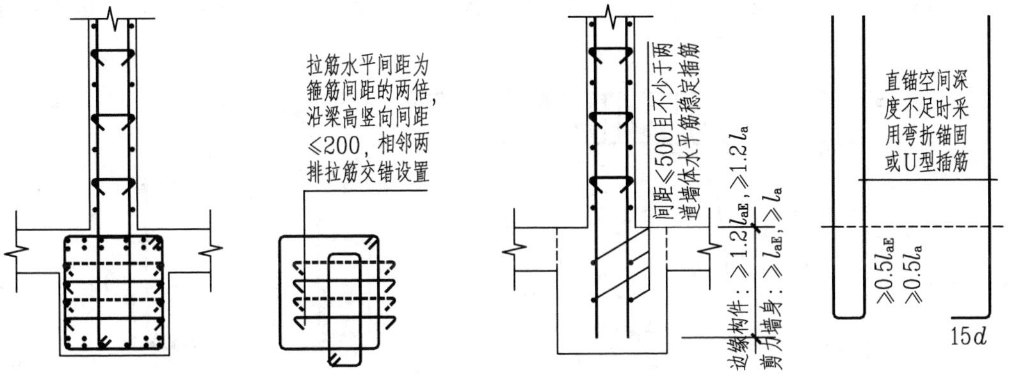

图 4-6-24　抗震与非抗震框支梁竖向截面示意

采用将变形钢筋去肋后直接在芯部套丝减小钢筋截面的直螺纹机械连接；上部纵筋不应套用框架梁纵筋的非通长构造（在框支梁内截断纵筋将失去抵抗偏心拉力的作用）；

（2）框支梁箍筋的主要功能，为与纵筋配合构成偏心拉杆，但其并不具备梁类构件箍筋主要具备的抗剪功能，亦不需要具备抗震框架梁端部箍筋加密的“强剪弱弯”功能；因此，框支梁箍筋不需要抗震框架梁端部箍筋加密构造。

第七节　剪力墙洞口与壁龛钢筋构造

一、抗震与非抗震剪力墙身洞口钢筋构造

1. 剪力墙矩形洞口补强钢筋构造

剪力墙矩形洞口宽高均不大于 800mm 时的洞口补强纵筋构造见图 4-7-1，洞口宽高均

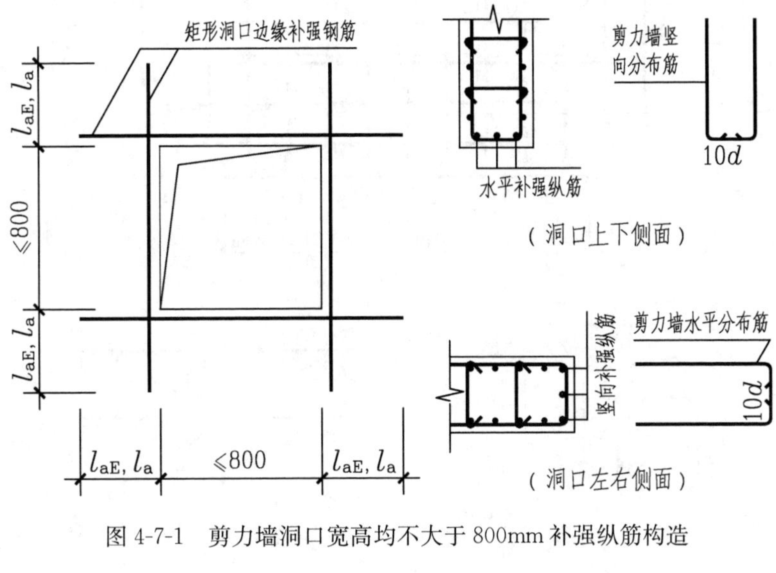

图 4-7-1　剪力墙洞口宽高均不大于 800mm 补强纵筋构造

大于 800mm 时洞口补强暗梁构造见图 4-7-2，矩形企口墙洞构造见图 4-7-3，要点为：

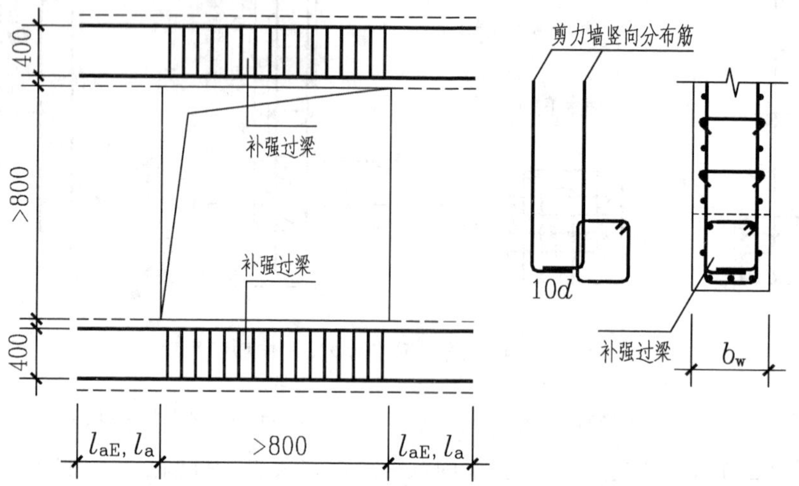

图 4-7-2　剪力墙洞口宽高均大于 800mm 补强暗梁构造

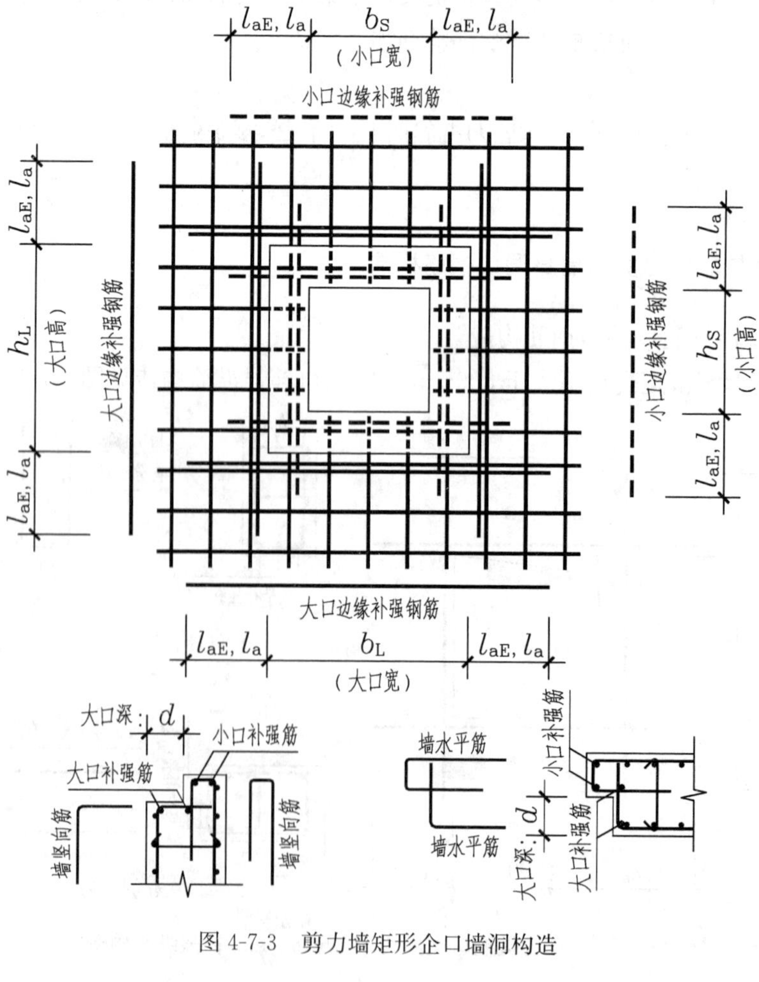

图 4-7-3　剪力墙矩形企口墙洞构造

（1）当墙身矩形洞宽与洞高均不大于800mm时，洞口四边配置补强纵筋；当墙身矩形洞宽与洞高均大于800mm时，洞口上下各配置设计标注的补强暗梁，洞口两侧设置边缘构件，其配筋按剪力墙平法施工图中的注写配置。

（2）对于洞宽与洞高均不大于800mm的洞口，当设计已注写洞口补强纵筋时，按设计注写值补强；当设计未注写时，按洞口每边配置两根不小于12mm且不小于被切断纵向钢筋总面积的50%补强，补强钢筋的强度等级与被切断钢筋相同，两端锚入墙内l_{aE}、l_a（抗震、非抗震锚固长度）；洞口被切断的纵筋设置弯钩，弯钩长度为过墙中线加5d（墙体两面的弯钩相互交错10d），补强纵筋固定在弯钩内侧。

（3）洞宽与洞高均大于800mm洞口上下设置的暗梁纵筋，其层位在剪力墙竖向分布筋内侧的第三层（最外层为剪力墙水平分布筋）；被截断的剪力墙竖向分布筋弯钩长15d，在暗梁纵筋内侧扎入暗梁。

2. 剪力墙圆形洞口补强钢筋构造

剪力墙圆形洞口直径不大于300mm时钢筋构造见图4-7-4，圆形洞口直径大于300mm时补强钢筋构造见图4-7-5，要点为：

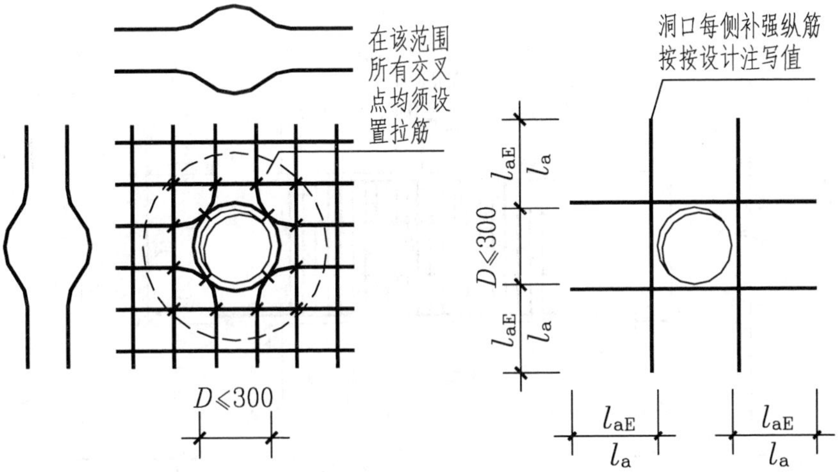

图4-7-4 剪力墙圆形洞口直径不大于300mm钢筋构造

（1）当墙身圆形洞口直径不大于300mm时，剪力墙水平分布筋与竖向分布筋遇洞口不截断，均绕洞口边缘通过；在覆盖洞口的方格区域，剪力墙水平分布筋和竖向分布筋的每个交叉点均设置拉筋。

（2）当墙身圆形洞口直径大于300mm时，围绕洞口设置焊接环形补强筋；环形补强筋按设计注写值设置；圆形洞口被切断的纵筋设置弯钩，弯钩长度为过墙中线加5d（墙体两面的弯钩相互交错10d），焊接环形补强筋固定在弯钩内侧；焊接环形补强筋周围的剪力墙水平分布筋与竖向分布筋交叉点均设置拉筋。

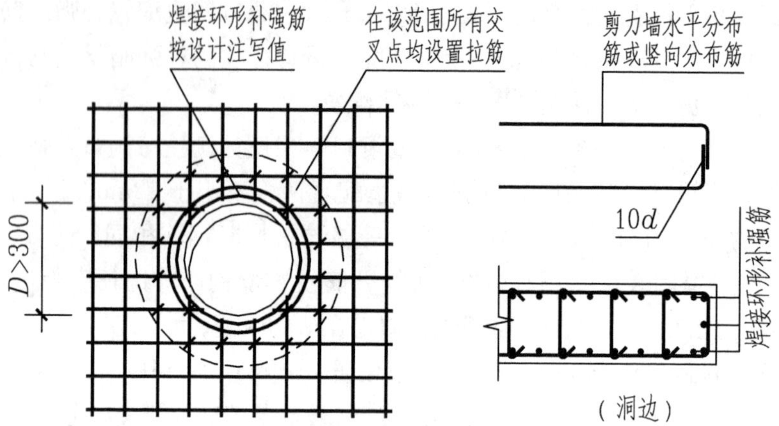

图 4-7-5　剪力墙圆形洞口直径大于 300mm 钢筋构造

二、抗震与非抗震剪力墙连梁洞口钢筋构造

剪力墙连梁中部圆形洞口补强钢筋构造见图 4-7-6，要点为：

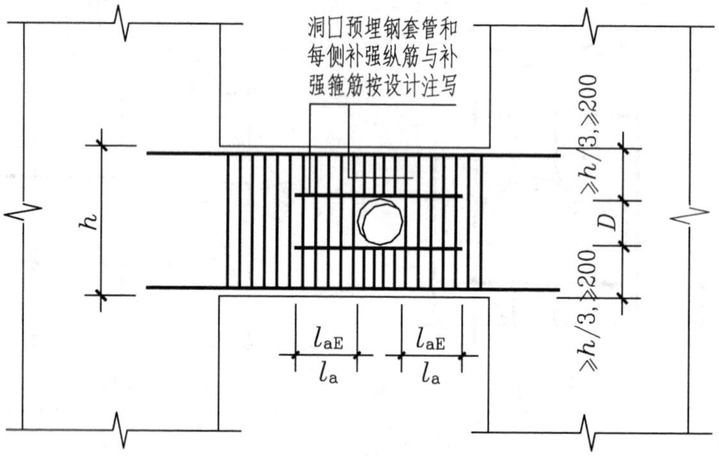

图 4-7-6　剪力墙连梁中部圆形洞口补强钢筋构造

（1）连梁洞口应开在梁高中部 1/3 范围，洞口上下的有效高度不小于梁截面高度的 1/3，且不小于 200mm。洞口每侧的补强纵筋与补强箍筋按设计标注设置。

（2）穿过连梁的洞口应预埋钢套管。

三、抗震与非抗震剪力墙身壁龛与墙身局部加厚钢筋构造

1. 剪力墙身壁龛钢筋构造

剪力墙壁龛钢筋构造见图 4-7-7，要点为：

（1）当剪力墙较厚，设备箱需要嵌入墙体中且嵌入深度小于墙体厚度时，将其设计为壁龛可减小设备开洞对剪力墙刚度的削弱，有效提高剪力墙承载能力。

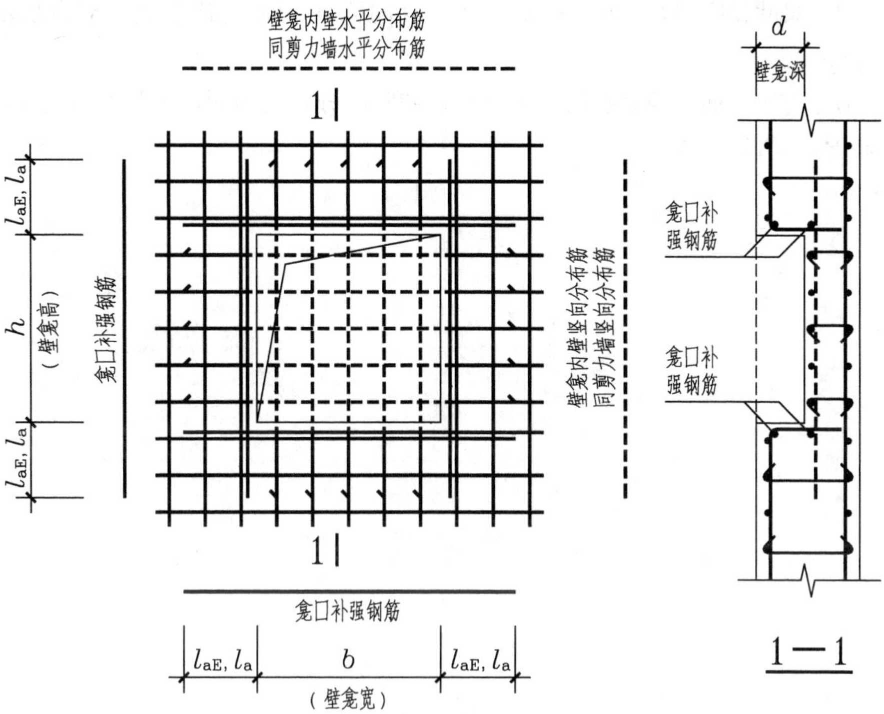

图 4-7-7　剪力墙壁龛钢筋构造

（2）壁龛口每边配置两根直径不小于 12mm 且不小于同向被切断纵筋面积的 50%补强，补强钢筋强度等级与被切断钢筋相同，两端锚入墙内 l_{aE}、l_a（抗震、非抗震锚固长度）；洞口被切断的纵筋设置弯钩，弯钩伸至对面墙纵筋内侧截断。

（3）壁龛内壁配筋与剪力墙水平分布筋和竖向分布筋相同，其两端锚入墙内 l_{aE}、l_a；拉筋与剪力墙拉筋相同（但长度较短）。

2. 剪力墙身局部加厚钢筋构造

剪力墙身局部加厚钢筋构造见图 4-7-8，要点为：

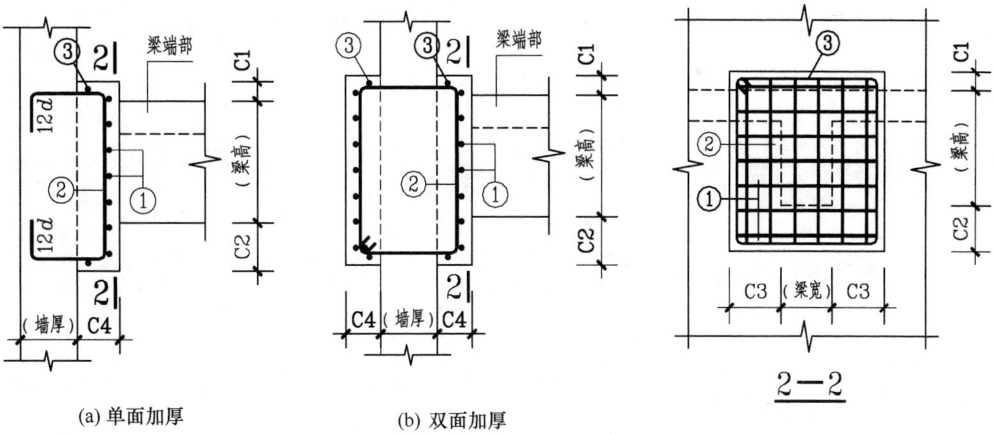

图 4-7-8　剪力墙身局部加厚钢筋构造

（1）构造尺寸：C1 为 50mm，C2、C3 尺寸同梁宽，C4 为满足梁纵筋弯折锚固水平段长度尺寸减去墙厚；

（2）①号与②号筋直径分别与剪力墙水平和竖向分布筋相同，但间距不大于 100mm；③号筋与②号筋直径相同。

第五章　梁平法施工图设计与施工规则

第一节　梁平法施工图设计规则

本节讲述的梁平法施工图设计规则，系为在梁平面布置图上采取平面注写方式或截面注写方式表达梁结构设计内容的方法，将分为五部分进行讲述：

1. 关于梁平面布置图；
2. 梁编号规定；
3. 平面注写方式；
4. 截面注写方式；
5. 平法设计与施工的其他规定。

一、关于梁平面布置图

设计梁平法施工图的第一步，是按梁的标准层绘制梁平面布置图，设计者可以采用平面注写方式或截面注写方式，直接在梁平面布置图上表达梁的设计信息，一个梁标准层的全部设计内容可在一张图纸上全部表达清楚。实际应用时，以平面注写方式为主，截面注写方式为辅。

在梁平法施工图中，要求放入结构层楼面标高及层高表，以便明确指明本图所表达梁标准层所在层数，以及提供梁顶面相对标高高差的基准标高。

除注明单位者外，梁平法施工图中标注的尺寸以 mm 为单位，标高以 m 为单位。

梁平面注写方式示意见图 5-1-1，梁截面注写方式示意见图 5-1-2。两图表达了完全相同的内容，显然平面注写方式更为简捷。

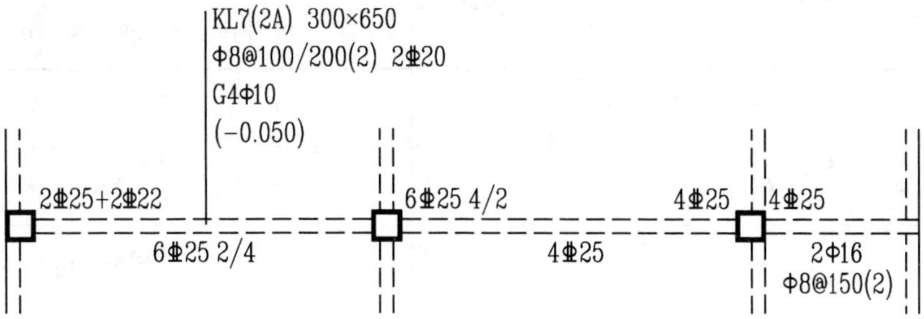

图 5-1-1　梁平面注写方式示意

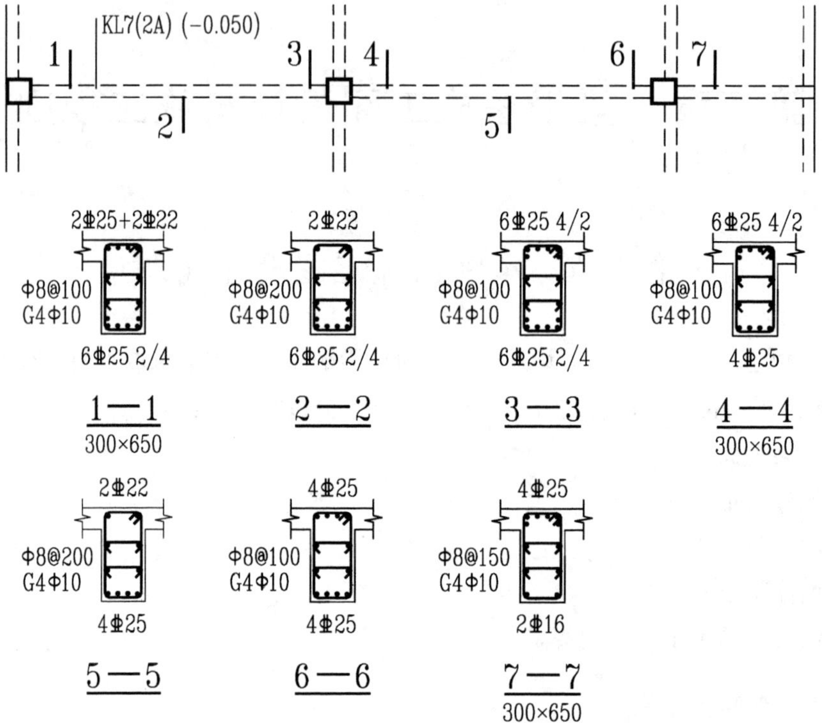

图 5-1-2　梁截面注写方式示意

二、梁编号规定

在梁平法施工图中，各种类型的梁均应按照表 5-1-1 的规定编号，同时，对相应的通用构造详图亦标注编号中的相同代号。梁编号中的代号不仅可以区别不同类型的梁，还将作为信息纽带，使梁平法施工图与相应通用构造详图建立明确的联系，使平法梁施工图中表达的设计内容与相应的通用构造详图合并构成完整的梁结构设计。

梁编号　　**表 5-1-1**

梁类型	代号（拼音）	代号（英文）	序号	跨数（××）、一端有悬挑（××A）、两端均有悬挑（××B）
楼层框架梁	KL	FB	××	(××)、(××A)、(××B)
屋面框架梁	WKL	RFB	××	(××)、(××A)、(××B)
墙 支 梁	QZL	WB	××	(××)、(××A)、(××B)
筒 支 梁	TZL	CTB	××	(××)、(××A)、(××B)

续表

梁类型	代号（拼音）	代号（英文）	序号	跨数（××）、一端有悬挑（××A）、两端均有悬挑（××B）
非框架梁	L	B	××	（××）、（××A）、（××B）
悬 挑 梁	XL	CB	××	

注：1. 楼层框架梁、屋面框架梁、墙支梁分为抗震设计与非抗震设计。

2. 非框架梁、井字梁和悬挑梁为非抗震设计（即不考虑抗震耗能）。

3. 楼层框架梁、屋面框架梁、墙支梁无论是否为抗震设计，其悬挑端均为非抗震设计。

4. 所有类型的梁平面形状可为弧形。

5. 墙支梁为支承在剪力墙平面外的梁，国内通常将该梁作框架梁处理❶，系因现行规范尚未将核心筒结构与剪力墙结构或框剪结构区分开来。

6. 筒支梁为支承在核心筒上的梁，在现行规范尚未将核心筒结构的构造尤其是其与剪力墙区别显著的构造另分一类之前，对筒支梁可近似采用足强度锚固的框架梁构造。

三、梁平面注写方式

1. 梁平面注写方式的一般要求

梁平面注写方式，为在分标准层绘制的梁平面布置图上，直接注写截面尺寸和配筋的具体数值，整体表达该标准层梁平法施工图的一种方式。

对标准层上的所有梁应按表 5-1-1 的规定进行编号，并在相同编号的梁中选择一根进行平面注写，其他相同编号的梁仅需标注编号。

平面注写内容包括集中标注和原位标注两部分，集中标注主要表达通用于梁各跨的设计数值，原位标注主要表达本跨梁的设计数值，以及修正在集中标注中不适用于本跨的内容。施工时，原位标注取值优先。

采用平面注写方式的梁平法施工图示例，见图 5-1-3。

2. 平面注写方式集中标注的具体内容

梁集中标注内容为六项，其中前五项为必注值，第六项为选注值，即：(1) 梁编号、(2) 截面尺寸、(3) 箍筋、(4) 上部跨中通长筋或架立筋、(5) 侧面构造纵筋或受扭纵筋，以及 (6) 梁顶面相对标高高差。分述如下：

(1) 注写梁编号（必注值），见表 5-1-1。梁编号带有注在“（ ）”内的梁跨数及有无悬挑端信息，应注意当有悬挑端时，无论悬挑多长均不记入跨数。

(2) 注写梁截面尺寸（必注值）。

等截面梁注写为 $b \times h$；其中 b 为梁宽，h 为梁高。注意：关于梁截面增高 d 的要求详见本节“设计与施工其他规定”。

---

❶ 墙支梁在地震作用下亦参与结构整体耗能，但在地震作用下的内力、变形（耗能功能）与框架梁明显不同，墙支梁的耗能功能并非为设计必须考虑的内容，因此，其端支座可采用半刚性锚固构造。

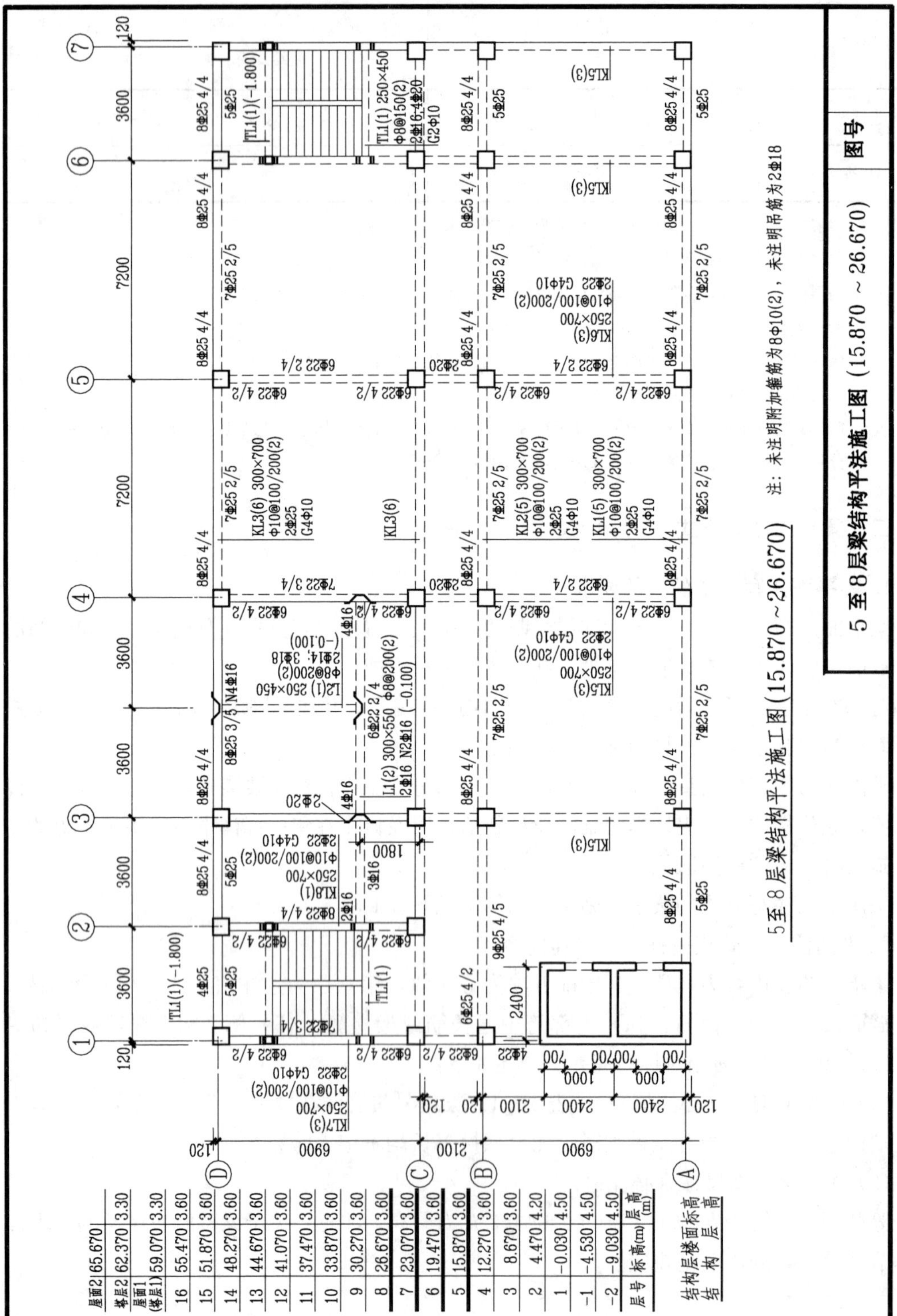

图 5-1-3　采用平面注写方式的梁平法施工图示例

加腋梁注写为 $b \times h\ Y\ c_1 \times c_2$，其中 Y 表示加腋，$c_1$ 为腋长，c_2 为腋高，见示意图 5-1-4。

变截面悬挑梁注写为 $b \times h_1/h_2$，其中，h_1 为梁根部较大高度值，h_2 为梁端部较小高度值，见示意图 5-1-5。

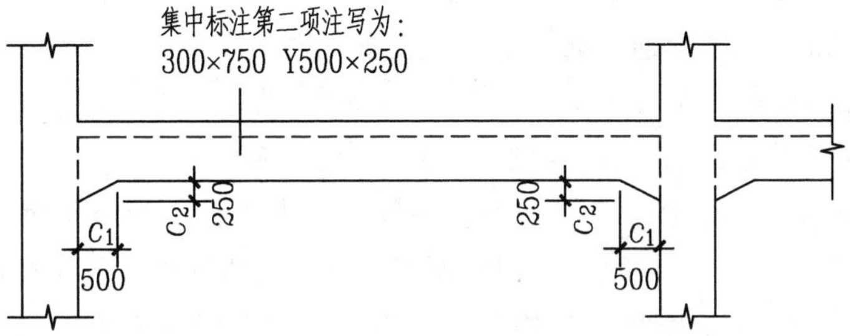

图 5-1-4 加腋梁截面尺寸注写示意

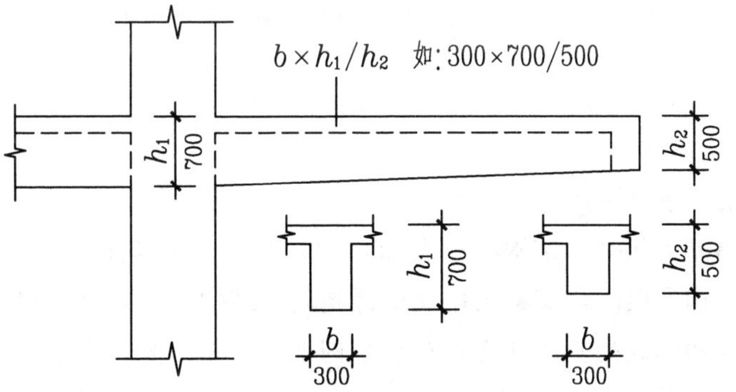

图 5-1-5 悬挑梁不等高截面尺寸注写示意

(3) 注写梁箍筋（必注值）。

当为抗震时，箍筋加密区与非加密区间距用“/”分开，箍筋的肢数注在“()”内。例如：Φ10@100/200 (2)，表示箍筋强度等级为 HPB300，直径 ϕ10，抗震加密区间距为 100mm，非加密区间距为 200mm，均为 2 肢箍；Φ8@100 (4) /150 (3)，表示箍筋强度等级为 HPB300，直径 ϕ8，抗震加密区间距为 100mm 采用 4 肢箍，非加密区间距为 200mm 采用 3 肢箍；

当为非抗震箍筋，且在同一跨度内采用不同间距或肢数时，梁端与跨中部位的箍筋配置用“/”分开，箍筋的肢数注在“( )”内，其中近梁端的箍筋应注明道数（与间距配合自然确定了配筋范围）。例如：9Φ10@150/200 (2)，表示箍筋强度等级为 HPB300，直径 10mm，梁端间距为 150mm 设置 9 道，跨中间距为 200mm，均为 2 肢箍。

(4) 注写梁上部跨中抗震通长筋或非抗震架立筋，以及梁下部通长筋（必注值）。

架立筋在抗震设计时通常用于框架梁上部跨中抗震通长筋根数少于箍筋肢数的情况。将架立筋注写在“()”内以示与抗震通长筋的区别。当抗震框架梁箍筋采用 4 肢或更多肢时，由于通长筋一般仅需设置 2 根，所以应补充设置架立筋，此时采用“+”将两类配筋相连。例如：2⏀22+（2Φ12）表示设置2根强度等级HRB400、直径22mm的通长筋和2根强度等级HPB300、直径12mm的架立筋。

当梁下部通长筋配置相同时，可在跨中上部通长筋或架立筋后接续注写梁下部通长筋，前后用“;”隔开。例如：2⏀22；6⏀25 2/4表示梁上部跨中设置2根强度等级HRB400、直径22mm的抗震通长筋；梁下部设置6根强度等级HPB400、直径25mm的通长筋，分两排设置，上一排2根，下一排4根。

(5) 注写梁侧面构造纵筋或受扭纵筋（必注值）。

梁侧面构造纵筋以G打头，梁侧面受扭纵筋以N打头注写两个侧面的总配筋值。

当梁腹板高度$h_w \geqslant 450$mm时，梁侧面须配置纵向构造钢筋，所注规格与总根数应符合相应规范规定。当梁侧面配置受扭纵筋时，宜同时满足梁侧面纵向构造钢筋的间距要求，且不再重复配置纵向构造钢筋。例如：N6⏀22表示共配置6根强度等级HRB400、直径22mm的受扭纵筋，梁每侧各配置2根。

注：a. 梁侧面构造纵筋的构造搭接长度可取“所在位置的箍筋间距+100mm”，构造锚固长度可取$15d$。

b. 梁侧面受扭纵筋的搭接长度为l_{lE}、l_l（抗震、非抗震搭接长度），锚固长度与方式同框架梁的下部纵筋。

(6) 注写梁顶面相对标高高差（选注值）。

梁顶面标高高差为相对于结构层楼面标高的高差值，将其注写在“（ ）”内。应注意，当局部设有结构夹层时，应将结构夹层标高列入结构层楼面标高和层高表中，设置在夹层的梁如有梁顶面标高高差，即为相对于结构夹层楼面的标高高差。

3. 平面注写方式原位标注的具体内容

梁原位标注内容为四项：(1) 梁支座上部纵筋，(2) 梁下部纵筋，(3) 附加箍筋或吊筋，(4) 修正集中标注中某项或某几项不适用于本跨的内容。分述如下：

(1) 注写梁支座上部纵筋。

当集中标注的梁上部跨中抗震通长筋直径与该部位角筋直径相同时，跨中通长筋实际为该跨两端支座的角筋延伸到跨中1/3净跨范围内搭接形成；当集中标注的梁上部跨中通长筋直径与该部位角筋直径不同时，跨中直径较小的通长筋分别与该跨两端支座的角筋搭接完成抗震通长受力功能。

当梁支座上部纵筋多于一排时，用“/”将各排纵筋自上而下分开。例如：6⏀22 4/2表示上一排纵筋为4⏀22，下一排纵筋为2⏀22。

当同排纵筋有两种直径时，用“+”将两种直径的纵筋相联，并将角部纵筋注写在前面。例如：2⏀25+2⏀22表示梁支座上部有四根纵筋，2⏀25放在角部，2⏀22放在中部。

当梁支座两边的上部纵筋不同时，须在支座两边分别标注；当梁支座两边的上部纵筋相同时，可仅在支座一边标注配筋值，另一边省去不注。

当两大跨中间为小跨，且当小跨与左边大跨净尺寸之和的平均值跟小跨与右边大跨净尺寸之和的平均值相加，两个平均值之和的 1/3 大于小跨净跨尺寸时，小跨上部纵筋应采取贯通方式。此时，应将贯通小跨的纵筋注写在小跨中部，见图 5-1-6。

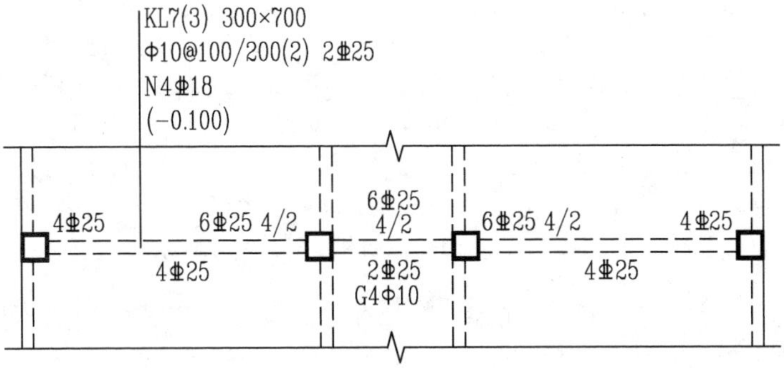

图 5-1-6　大小跨梁的平面注写示意

设计与施工应注意，贯通小跨的纵筋根数等于或可少于相邻大跨梁支座上部纵筋，当少于时，少配置的纵筋即为大跨不需要贯通小跨者，施工时应按支座两边纵筋根数不同时的梁柱节点构造。

当支座两边配筋值不同时，应采用直径相同并使支座两边根数不同的方式配置纵筋，可使配置较小一边的上部纵筋全部贯穿支座，配置较大的另一边仅有较少根纵筋在支座内锚固。

(2) 注写梁下部纵筋。

当梁下部纵筋多于一排时，用“/”将各排纵筋自上而下分开。例如：6 Φ 25 2/4 表示上一排纵筋为 2 Φ 25，下一排纵筋为 4 Φ 25，全部伸入支座。

当同排纵筋有两种直径时，用“＋”将两种直径的纵筋相联，注写时角筋写在前面。例如：2 Φ 22＋2 Φ 20 表示梁下部有四根纵筋，2 Φ 22 放在角部，2 Φ 20 放在中部。

当梁下部纵筋不全部伸入支座时，将减少的数量写在括号内。例如：6 Φ 25 2(－2)/4 表示上排纵筋为 2 Φ 25 均不伸入支座；下排纵筋为 4 Φ 25 全部伸入支座。又如：2 Φ 25＋3 Φ 22(－3)/5 Φ 25 表示上排纵筋为 2 Φ 25 加 3 Φ 22，其中 3 Φ 22 不伸入支座；下排纵筋为 5 Φ 25 全部伸入支座。

当在梁的集中标注中已在上部纵筋之后注写了下部通长纵筋值时，则不需在梁下部重复做原位标注。

(3) 注写附加箍筋或吊筋。

在主次梁相交处，直接将附加箍筋或吊筋画在平面图中的主梁上，用线引注总配筋值(附加箍筋的肢数注在括号内)，见图 5-1-7。图中：8 Φ 10 (2) 表示在主梁上配置直径 12mm 的 HPB300 级附加箍筋共 8 道，在次梁两侧各配置 4 道，为两肢箍；又如：2 Φ 20 表示在主梁上配置直径 20mm 的 HRB400 吊筋两根。当多数附加箍筋或吊筋相同时，可在梁平法施工图上统一注明，少数与统一注明值不同时，再原位引注。

应特别注意，对附加箍筋或吊筋在设计时采用其中一种即可，在同一部位同时采用两

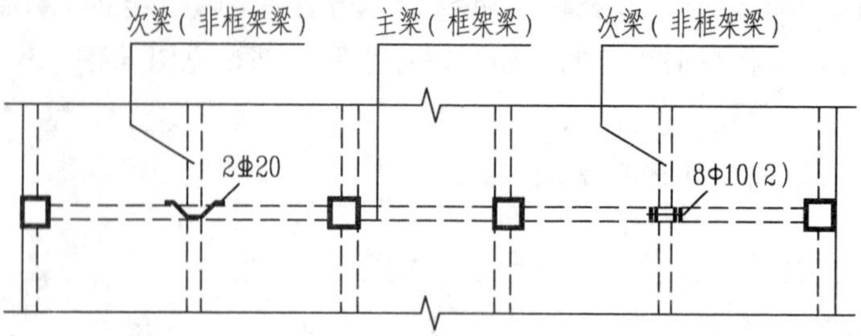

图 5-1-7 附加箍筋和吊筋的表达

种为无必要重复，可导致浪费钢筋和因构造超筋影响混凝土浇筑质量的不良后果。

(4) 注写修正集中标注中某项或某几项不适用于本跨的内容。

当在梁上集中标注的梁截面尺寸、箍筋、上部通长筋或架立筋、梁侧面纵向构造钢筋或受扭纵向钢筋、梁顶面标高高差中的某一项或几项数值不适用于某跨或某悬挑部分时，则将其不同数值原位标注在该跨或该悬挑部位，施工时，应按原位标注数值取用。

当在多跨梁的集中标注中已注明加腋，而该梁某跨的根部取消加腋时，则应在该跨原位标注等截面的 $b \times h$，以修正集中标注中的加腋信息，见图 5-1-8。

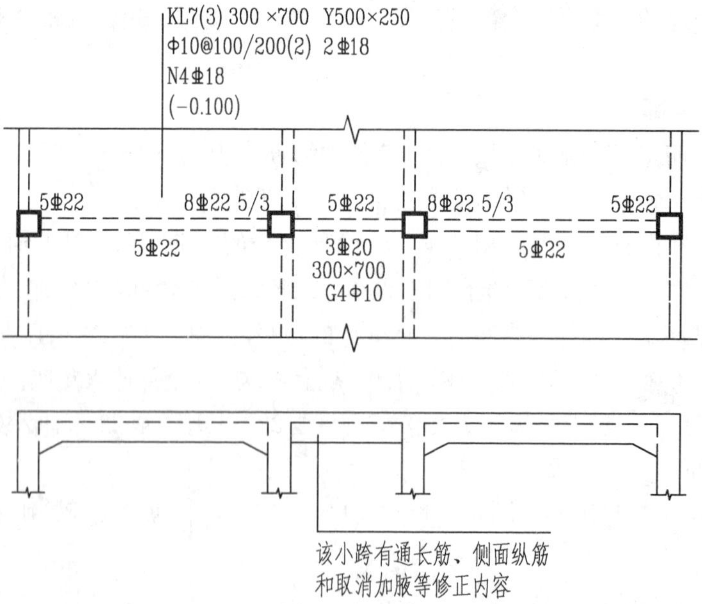

图 5-1-8 梁加腋的平面注写方式表达

4. 井字梁的平面注写方式

井字梁通常由两向非框架梁构成，以框架梁为支座或以专门设置的非框架大梁为支座。为明确区分井字梁与框架梁或作为井字梁支座的其他类型梁，在梁平法施工图中，井字梁用单粗虚线表示，作为井字梁支座的框架梁或其他大梁用仍采用双细虚线表示（当梁顶面高出板面时可用双实细线表示）。

井字梁分布范围称为“矩形平面网格区域”（简称“网格区域”）。在由四根框架梁或其他大梁围起的一片网格区域中的两向井字梁各为一跨；当有多片网格区域相连时，贯通 n 片网格区域的井字梁为 n 跨，且相邻两片网格区域的分界梁即为该井字梁的中间支座。井字梁编号注写的跨数为其支座总数减 1，在该梁的任意两个支座之间，无论有几根井字梁与其相交，均不作为支座。

井字梁平面注写方式示意见图 5-1-9。

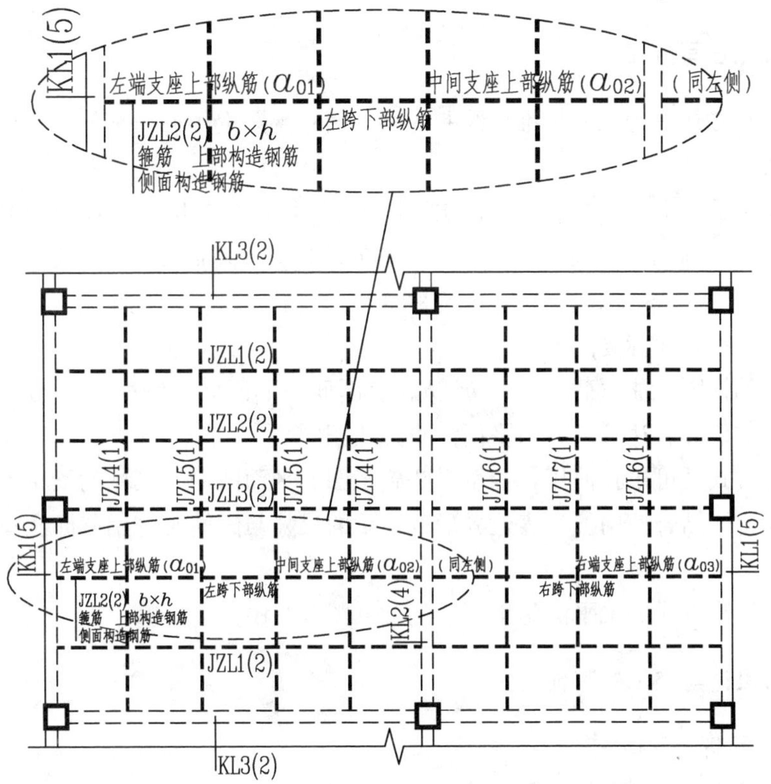

图 5-1-9 井字梁平面注写示意

井字梁的注写规则与其他类型的梁相同，但在原位标注的梁上部支座纵筋值后加注其向跨内的延伸长度（其他梁通常不需要加注）。加注延伸长度的原因是在同一网格区域的两向井字梁的跨度不同，井字梁支座内力分布规律通常为跨度较小的井字梁端部负弯矩较大，与其相交叉的跨度较大的井字梁端部负弯矩反而较小；当为多片网格区域，且对井字梁按多跨连续梁处理时，井字梁端部负弯矩的分布亦受多种因素影响；为此，不宜对井字梁上部支座纵筋向跨内的延伸长度做统一规定，故要求设计者加注。

井字梁为两向截面高度相同的梁相交叉，纵横两个方向的上部纵筋与下部纵筋必然一向在上一向在下，何向在上何向在下将随两向支座框架梁上部纵筋的上下层关系的确定而确定，详见本节第五部分的相关内容。

5. 平面注写方式的灵活应用

当梁平法施工图设计采用平面注写方式，局部区域如果梁布置过密可能出现注写空间不足的情况，此时可将过密区用虚线框出，适当放大比例后进行平面注写。

当某部位的梁为异形截面或局部区域梁布置过密时，将平面注写方式与截面注写方式联合使用的效果更好。

当两楼层之间设有层间梁（如结构夹层位置处的梁）时，除楼梯间内能够在平面图上显示的楼梯息板梁外，应将该层间梁区域另行绘制局部梁平面布置图，然后在其上采用平面注写方式进行设计表达。

四、梁截面注写方式

梁截面注写方式，为在分标准层绘制的梁平面布置图上用截面配筋图表达梁平法施工图的一种方式。

对标准层上的所有梁应按表 5-1-1 的规定进行编号，并在相同编号的梁中选择一根梁用“单边截面号”画在该梁上引出配筋图，并在其上注写截面尺寸和配筋，其他相同编号梁仅需标注编号。当某梁的顶面标高与结构层的楼面标高不同时，应继其编号后在“（ ）”中注写梁顶面标高高差。

在截面配筋详图上注写截面尺寸 $b\times h$、上部筋、下部筋、侧面构造筋或受扭筋、以及箍筋的具体数值的表达形式，与平面注写方式相同。

截面注写方式既可单独使用，当梁平法施工图的平面图局部区域的梁布置过密时，也可与平面注写方式结合使用。当表达异形截面梁的尺寸与配筋时，用截面注写方式相对比较方便。

采用截面注写方式的梁平法施工图示例，见图 5-1-10。

五、平法设计与施工的其他规定

1. 关于边梁略内移措施

当设计要求梁一个侧面与框架柱的一个侧面相平时，因该侧面上的梁纵筋与柱纵筋在同一层面，梁纵筋无法直通入柱。抗震设计要求“强锚固”，梁纵筋应在柱纵筋内侧入柱才能实现。现场施工经常采用将梁侧面纵筋向内弯别伸入柱内的处理措施。当同排配置的受力纵筋仅为最小净距时，将梁角筋向内弯别入柱必然造成两根受力纵筋并行接触，混凝土无法实现对受力钢筋的完全握裹，不仅会降低梁受力纵筋的锚固强度，而且会加剧节点内各向钢筋的位置冲突，或造成混凝土浇筑困难；又当梁受力纵筋直径较大时，现场弯曲钢筋也很困难。

当出现上述情况时，可将边梁整体向内平移$\geqslant d$（d 为柱外侧纵筋直径），见图 5-1-11。否则，需将边梁整体增宽$\geqslant d$ 即梁外侧保护层整体增厚$\geqslant d$，且因保护层厚度不小于 50mm，尚应增设防裂钢丝网。

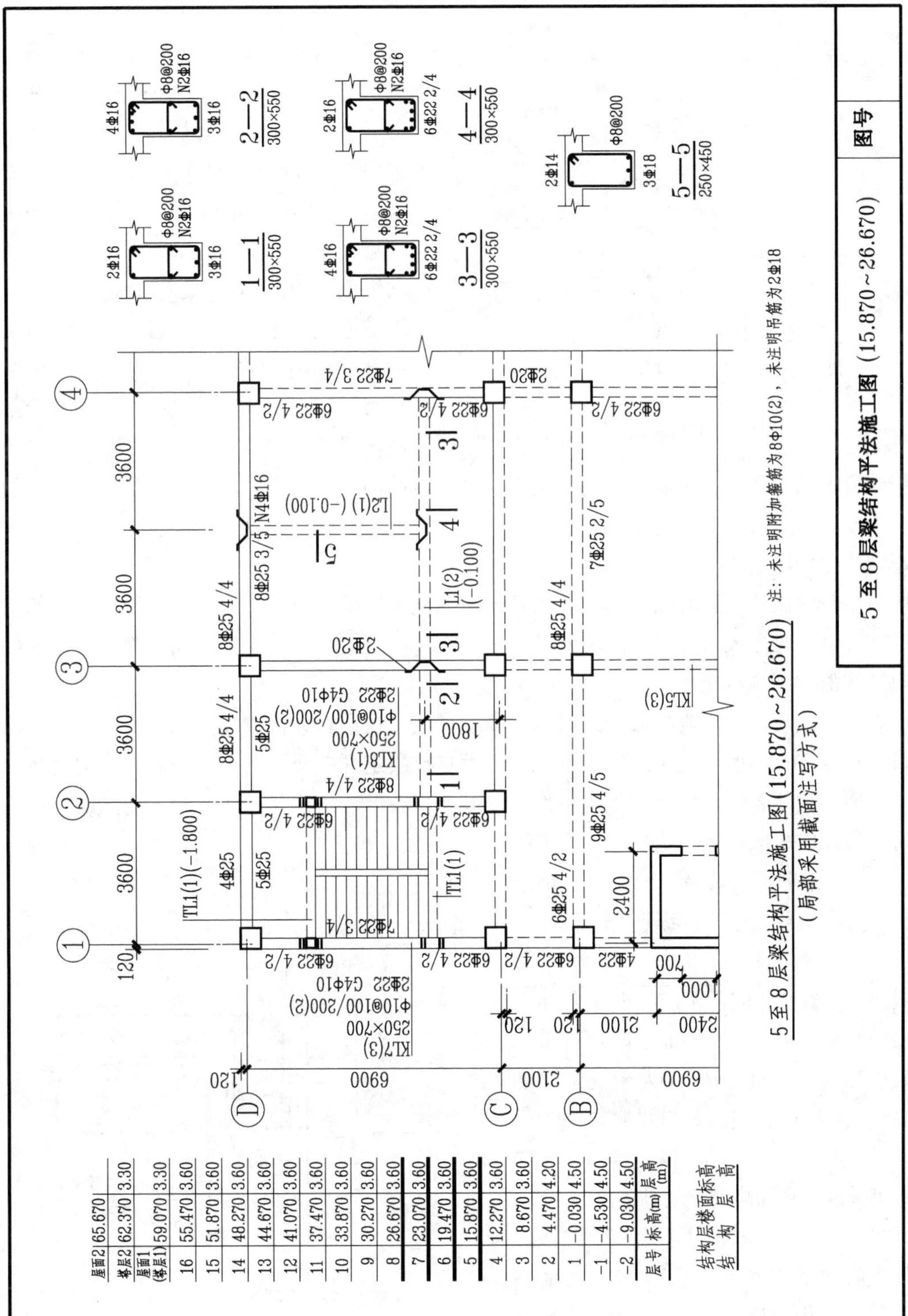

图 5-1-10 局部采用截面注写方式的梁平法施工图示例

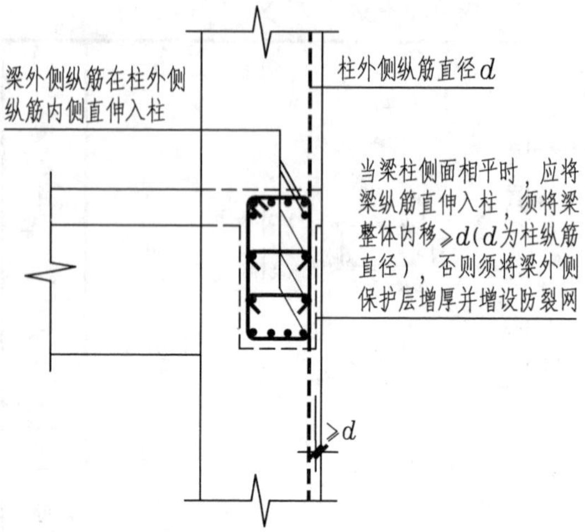

图 5-1-11　边梁侧面与柱侧面相平时梁略内移示意

2. 关于梁截面略增高措施

当两向框架梁顶面相平、或当主次梁顶面相平时，两向梁上部纵筋交叉时必然一向在上另一向在下（现浇楼面板在板块角部区域的两向上部受力纵筋也必然一向在上另一向在下交叉），现场施工通常采用将其中一向纵筋略向下弯或略降低纵筋高度与另一向纵筋相互交叉的处理措施。这样处理带来的问题，一是被降低纵筋的梁端部截面有效高度实际减小了一个纵筋直径；二是若该梁支座上部配置了两排纵筋，略向下弯的纵筋必然与第二排受力纵筋并行接触，混凝土无法实现对受力钢筋的完全握裹，不仅降低梁受力纵筋的锚固强度，而且造成节点内双向过筋的位置冲突；三是当梁受力纵筋直径较大时，现场略下弯钢筋比较困难。

采用略降低一向梁的纵筋高度处理两向梁的钢筋同层面交叉矛盾，不会影响钢筋的锚固强度，也不会出现节点内双向过筋的位置冲突，同时也可形成现浇楼面板角部区域上部双向纵筋的上下自然交叉。

设计应注意，采用略降低一向梁纵筋高度措施，在计算分析或配置钢筋时应考虑由此带来的有效计算高度的变化。当授权施工方面自行决定两向交叉梁纵筋何向在上何向在下而不影响承载能力时，设计按传统习惯可不做处理。但若按传统做法影响该向梁的承载能力时，设计应采取以下措施：

（1）按梁截面有效高度减小一个钢筋直径计算配置梁支座上部纵筋。

（2）当两向交叉梁的截面高度不同，或截面高度虽然相同但不严格要求两向交叉梁的梁底必须在同一平面上时，可采取梁截面略向下增高≥d（d 为相交叉梁的纵筋直径）措施。应注意当梁底标高为门窗上平，降低 d 会影响门窗高度时，该向梁不可采取梁截面略向下增高措施。

当采用梁截面略向下增高措施时，上部纵筋在下交叉的梁截面实际高度应为 $h+d$（h 为设计标注的梁截面高度，d 为相交叉梁上部纵筋直径），见图 5-1-12。

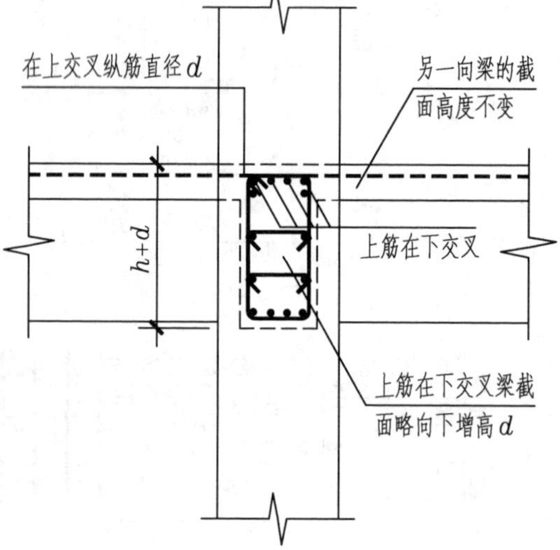

图 5-1-12　上筋在下梁截面向下略增高示意

当 x 向与 y 向框架梁顶面相平时，设计应根据具体工程情况，在梁平法结构施工图中注明何向梁为“上筋下交叉梁”，且其截面需增高 d；另一向梁的截面高度不变。

当上筋下交叉梁确定之后，与其交叉的上筋上交叉梁亦随之确定。例如：当确定 x 向框架梁为上筋下交叉框架梁时，y 向框架与非框架梁即为上筋上交叉梁。同时，亦自然形成双向现浇板板角部区域上部受力筋的上下交叉关系。

3. 梁支座上部纵筋的延伸长度规定

以 l_n取值规定，按 l_n一定比例度量的延伸长度 a_0 值：

根据梁端负弯矩的分布规律，每跨梁两端配置的抵抗负弯矩的上部纵筋通常不需要全跨通长。为方便设及与施工，在平法构造设计中，规定了几种梁支座上部纵筋的延伸长度，且均按净跨值 l_n的一定比例取值。l_n的取值规定为：对于端支座，l_n为本跨的净跨值；对于中间支座，l_n为支座两边较大一跨的净跨值。

（1）框架梁支座上部纵筋的延伸长度

框架梁端支座和中间支座上部纵筋，从柱边缘算起的延伸长度 a_0 值统一取为：

- 当配置两排纵筋时，第一排延伸至 $l_n/3$ 处；第二排延伸至 $l_n/4$ 处。
- 当配置三排纵筋时，第一排延伸至 $l_n/3$ 处；第二、三排延伸至 $l_n/4$ 处（第三排纵筋或延伸至 $l_n/5$ 处）。
- 当配置两排纵筋但第一排全跨通长时，第二排延伸至 $l_n/3$ 处。
- 当配置三排纵筋但第一排全跨通长时，第二排延伸至 $l_n/3$ 处，第三排延伸至$l_n/4$处。
- 当配置超过三排纵筋时，应由设计者分别注明各排纵筋的延伸长度 a_0 值。

以 l_x取值规定，按 l_x一定比例度量的延伸长度 a_0 值：

- 当相邻框架梁为大小跨时，由于小跨梁端部负弯矩通常明显小于大跨梁端部负弯矩，小跨梁支座上部纵筋延伸长度 a_0 值按 l_x一定比例度量比按 l_n度量更为合理。l_x的取值规定为大小净跨平均值（大小跨净跨值之和的 1/2），小跨支座上部纵筋延伸长度按 l_x的一定比例度量，其取值比例与按 l_n的取值比例相同。

（2）非框架梁支座上部纵筋的延伸长度

① 非框架梁端支座上部纵筋，从支座梁边缘算起的延伸长度 a_0 值统一取为：

- 当为普通非框架梁时，第一排纵筋延伸至 $l_n/5$ 处（由于普通非框架梁端部为取跨中正弯矩配筋 1/4 的构造配筋，通常不需要配置两排）。
- 当为配置一排纵筋的弧形非框架梁时，该排纵筋延伸至 $l_n/3$ 处。
- 当为配置两排纵筋的弧形非框架梁时，第一排延伸至 $l_n/3$ 处；第二排纵筋延伸至 $l_n/5$ 处。

②（普通或弧形）非框架梁中间支座上部纵筋，从支座梁边缘算起的延伸长度 a_0 值，与框架梁中间支座从柱边缘算起的以 l_n的一定比例度量的延伸长度 a_0 值取值相同。但应注意，无论非框架梁中间支座两边为等跨还是大小跨，均应按 l_n的一定比例度量延伸长度，不可采用相邻大小跨框架梁的以 l_x一定比例度量的延伸长度。

设计与施工应注意，非框架梁的端支座为主梁，通常房屋结构的主梁抗侧向扭转刚度不大，非框架梁端部的转角将使主梁产生侧向转动，端支座转角导致非框架梁为铰支即半刚性支承，非框架梁上部纵筋仅需抵抗数值小于当跨最大负弯矩值 1/4 的构造负弯矩，故而在梁端上部仅需配置构造钢筋，向跨内的延伸长度为 $l_n/5$ 即可满足功能要求。

由于房屋结构不会采用诸如巨型水工结构、地铁隧道等结构中常用的抗侧向扭转刚度很高的巨型截面钢筋混凝土主梁，因此，房屋结构的混凝土非框架梁的端支座上部纵筋完全没有必要向跨内延伸 $l_n/3$，即所谓的“充分利用钢筋的抗拉强度”构造方式，因其为凭空想象而实际并不存在的状况。

(3) 悬挑梁上部纵筋的延伸长度

悬挑梁（包括其他类型梁的悬挑端）的上部纵筋，从柱（梁）边缘算起，第一排延伸至梁端头并下弯，第二排延伸至 $3l/4$ 位置即可截断，其中 l 为自柱（梁）边缘算起的悬挑净长。

悬挑梁的上部纵筋延伸至悬挑远端附近，即便无抵抗内力需要也不可直接截断（可弯折至悬挑梁下部），否则可能会在截断部位产生弯剪裂缝。由于弯剪裂缝始自梁上表面呈扇状开展，只要悬挑梁上部第一排纵筋未截断，弯剪裂缝便不会出现。因此，梁上部第二排纵筋可延伸至 $3l/4$ 位置后截断。

(4) 井字梁支座上部纵筋的延伸长度

井字梁的端部支座和中间支座上部纵筋的延伸长度 a_0 值，应由设计者在原位加注具体数值。当采用平面注写方式时，应在原位标注的支座上部纵筋后的“()”内加注具体延伸长度值，标注示意见图 5-1-13；当采用截面注写方式时，则在梁端截面配筋图上注写的

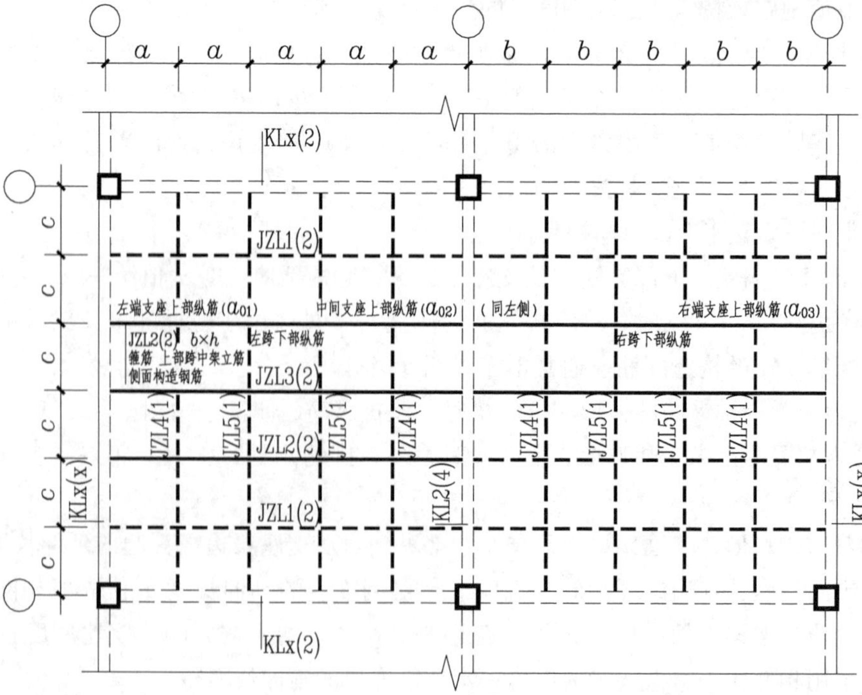

图 5-1-13　井字梁端上部支座纵筋延伸长度平面注写示意

上部纵筋后的“（）”内加注具体延伸长度值，标注示意见图 5-1-14。

设计时应注意：

① 当井字梁连续设置在两片或多片网格区域时，才具有上面提及的井字梁中间支座。

② 当某根井字梁端支座与其所在网格区域之外的非框架梁相连时，该位置上部钢筋的连续布置方式，应由设计者参考上述标注方式予以注明。

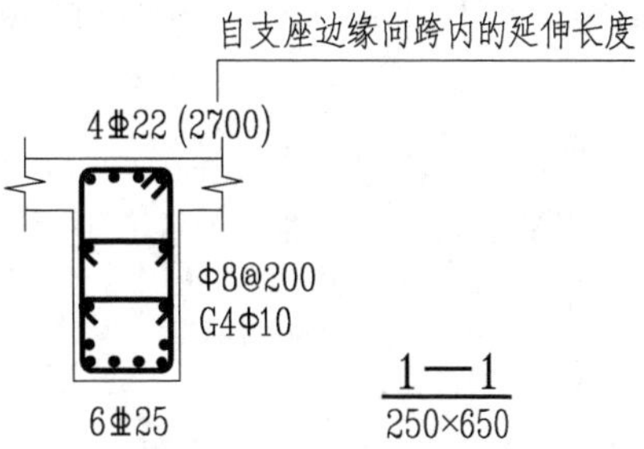

图 5-1-14　井字梁端上部支座纵筋延伸长度截面注写示意

不应在井字梁的设计上，凭空想象端支座上部实际不存在的“充分利用钢筋的抗拉强度”机制。井字梁端部主梁支座的抗侧向扭转刚度不大，不可能对井字梁端部提供刚性支座。若错误地认为井字梁端支座可“充分利用钢筋的抗拉强度”，会虚拟加大并不存在的负弯矩，而虚拟加大的负弯矩值的约 1/2 将从跨中正弯矩中被错误地扣除，依据虚拟减小的正弯矩配筋量将不足，导致产生设计错误。

当对各类梁的支座端上部纵筋取值统一采用平法构造时，特别是在大小跨相邻和端跨外为长悬臂的情况下，应注意按现行规范的相关规定进行校核，如果不能满足受力要求，应由设计者进行变更。

4. 不伸入支座的梁下部纵筋长度

各类梁的下部纵筋通常不需要全部伸入支座。伸入支座的钢筋根数可根据内力包络图确定，但应符合现行规范的最少根数要求。

为方便设计与施工，平法构造设计规定不伸入支座的梁下部纵筋截断点距支座边缘的距离统一取 $0.1l_{ni}$（l_{ni}为本跨梁的净跨值）。

当采用梁下部纵筋不全部伸入支座的构造做法时，应从不伸入支座的梁下部纵筋截断点往跨中推进需要的锚固长度后，根据内力包络图推算不伸入支座的钢筋占全部钢筋的比例，且应控制不大于全部纵筋的 50%，并确保伸入支座的钢筋根数满足现行规范规定。

当拟采用梁下部纵筋不全部伸入支座的构造做法，在对梁支座截面进行双筋抗弯计算（考虑充分利用纵向钢筋抗压强度）时，应注意从总受压钢筋面积中减去不伸入支座的那部分钢筋面积。

5. 框架梁在框架顶部端节点的两种构造方式

框架梁在框架顶部端节点有两种构造方式：一种为梁柱纵筋弯折搭接构造；另一种为梁柱纵筋竖向搭接构造。

梁柱纵筋弯折搭接的构造方式为：梁上部支座纵筋伸至柱外侧纵筋内侧后向下弯钩至梁底位置，柱外侧纵筋自该位置与梁纵筋弯折搭接$\geqslant 1.5l_{aE}$、$\geqslant 1.5l_a$（l_{aE}、l_a为抗震和非抗震锚固长度，下同），见图 5-1-15。

梁柱纵筋竖向搭接的构造方式为：柱外侧纵筋伸至顶部构造弯钩 $12d$（或可伸至柱顶直接截断），梁纵筋伸至柱外侧纵筋内侧后的弯钩与柱纵筋竖向搭接$\geqslant 1.7l_{aE}$、$\geqslant 1.7l_a$，见图 5-1-16。

图 5-1-15 和图 5-1-16 所示两种构造，均为柱梁顶面相平时柱纵筋弯钩在梁纵筋之下并保持钢筋净距方式，此外，还有柱纵筋弯钩在梁纵筋之上并保持钢筋净距的柱顶微凸构造方式。无论何种方式，均避免了柱梁纵筋弯折搭接或竖向搭接时在空间位置上的冲突，能够确保混凝土完全握裹钢筋，使混凝土对钢筋达到最大粘结强度，从而确保搭接钢筋的相互传力。

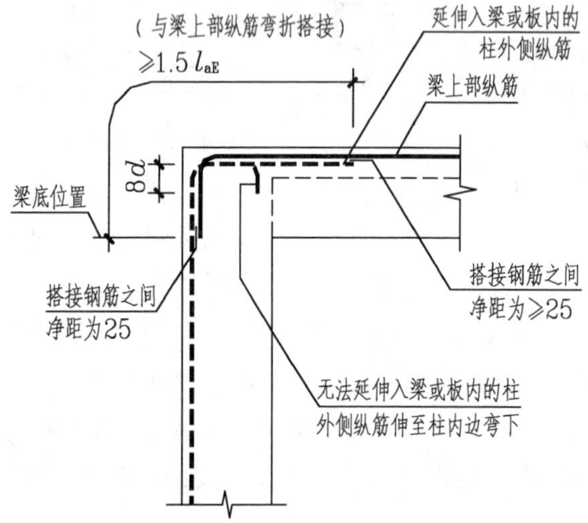

图 5-1-15　框架顶层端节点梁柱纵筋弯折搭接方式

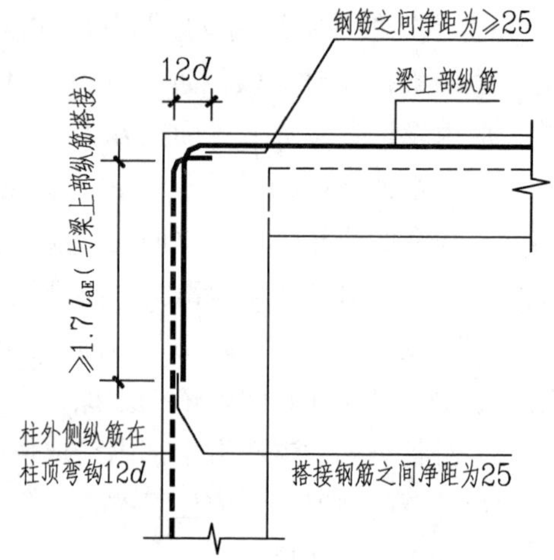

图 5-1-16　框架顶层端节点梁柱纵筋竖向搭接方式

框架梁在框架顶部端节点的两种构造方式，虽无特定的适用条件，但直观上看采用梁纵筋弯钩至梁底位置的构造，施工时可按传统习惯将施工缝留在梁底，而采用另一种构造施工缝则需下移。

应着重指出的是，将施工缝留在梁底是沿袭半个世纪以前尚无抗震概念时期的传统施工方法，对抗震极为不利。无数震害实例表明，柱的梁底及梁顶部位是地震破坏的多发部位，是结构的重灾区，在这个部位留施工缝，将给抗震结构留下极大的安全隐患。框架柱的梁底部位是承受地震作用最大部位之一，是抗震结构的重点保护部位，因此，应将施工缝留在抗震柱楼层中部位置，采用平法创建的“大 H”施工方式。

6. 抗震框架梁端箍筋加密区范围

抗震框架梁端箍筋加密区范围，一级抗震等级为≥2h_b且≥500mm（h_b为梁截面高度），二、三、四级抗震等级为≥1.5h_b且≥500mm。设计者注明框架梁的抗震等级后，加密区范围随之确定，并按相应的构造设计进行施工。

7. 弧形平面梁的规定

各类梁的平面形状有直形与弧形两种，施工人员应根据配筋图上梁的平面形状，按照构造详图中相应的要求进行施工。

弧形梁沿梁中心线展开计算支座上部纵筋的延伸长度和抗震框架梁端部箍筋加密区范围；箍筋间距则按弧形梁的凸面量度，其凹面的箍筋间距实际小于标注间距值。

8. 其他规定

（1）当为抗震框架梁时，跨中需要设置不少于两根通长筋。当所设置的抗震通长筋直径小于梁支座上部纵筋时，该通长筋与同轴心位置的梁支座上部纵筋搭接 l_{lE}满足抗震通长筋的受力要求；当所设置的抗震通长筋直径与梁支座上部纵筋相同时，可将本跨梁两端配置的上部纵筋中的几根（通常为两根角筋）延伸到跨中 $l_n/3$ 范围进行搭接满足抗震通长的受力要求。

（2）当为非抗震框架梁时，其下部纵向钢筋在边支座和中间支座的锚固长度，在平法造设计中均定为 l_a（l_a为非抗震锚固长度）。当计算中不需充分利用下部纵向钢筋的抗拉或抗压强度时，设计者可按照现行规范相应规定对该锚固长度进行变更。

（3）当为非框架梁时，其下部纵向钢筋在中间支座和端支座的锚固长度，在平法构造设计中规定：带肋钢筋为 $12d$；光面钢筋为 $15d$（d 为纵向钢筋直径）。当计算中需要充分利用下部纵向钢筋的抗压强度或抗拉强度，或具体工程有特殊要求时，设计者应按现行规范相应规定对该锚固长度进行加长变更。

（4）当抗震结构要求梁与填充墙进行拉结时，应由设计者补充拉接构造。

（5）当在集中标注中注明梁加腋，但该梁某跨的某端不需加腋时，可在该梁不需加腋部位引注“$-Y$”，表示去除加腋；当在集中标注中未注梁加腋，但该梁某跨的某端需加腋时，可在该梁端引注“Y $c_1 \times c_2$”，表示增设加腋。

（6）当结构整体内收，使某层标注的框架梁（KL）端跨或端跨的端部上面为屋面时，应在该梁端部引注“WKL”，表示该梁端应按屋面框架梁构造进行施工。

（7）当某框架梁端跨的端支座支承在梁上时，可在该梁端部引注“L”，表示该端支座的梁上部纵筋锚固与向跨中的延伸长度，应按非框架梁端支座的铰支构造进行施工，且当为抗震结构时该梁端亦不需要设置箍筋加密区。

第二节　设 计 注 意 事 项

本节讲述的主要内容为：

1. 应用平法设计时的注意事项；

2. 关于梁几何尺寸方面的注意事项；

3. 关于梁配筋方面的注意事项。

一、应用平法设计时的注意事项

1. 在设计前，工程师应了解现行平法制图规则和通用设计中具体包括了哪些内容，哪些内容尚未包括进去。

梁平法施工图主要表达梁结构的几何尺寸和配筋，不表达常用构造，常用构造将以通用设计的方式提供。

在我国梁结构的设计与施工中存在的最突出问题，是梁纵筋贯通和锚入支座时，梁纵筋与柱纵筋、梁纵筋与梁纵筋、次梁纵筋与主梁纵筋的空间位置相互冲突问题。例如：框架梁侧面与框架柱侧面相平时，梁外侧纵筋直接与柱纵筋空间位置冲突；当梁顶面相平、两向框架梁在柱中交叉、或主次梁相交叉时，两向梁上部纵筋的空间位置相互冲突；当同一根多跨等截面高度的框架梁或非框架梁支座两边的下部纵筋相对锚入中间支座时，双方纵筋的锚固空间位置相互冲突。

由于我国目前的混凝土结构设计原理基本上为构件设计原理，在大空间上仅考虑了两维而不是三维，在进行梁配筋设计时没有考虑与其相交叉梁的钢筋冲突问题，结果导致该问题长期存在。

钢筋冲突问题在设计阶段被忽略的后果，自然迁延到施工环节。我国半个世纪以来设计与施工的传统关系，是施工必须照图执行，施工发现该问题自行解决的方法，基本措施是将冲突钢筋中的其中一方就近错位，错位的钢筋又挤占了平行钢筋间的最小净距，使非常关键的节点部位钢筋密集排放，混凝土包裹不严，浇捣不密实，留下安全隐患。

以上问题可考虑在设计环节解决，也可考虑在施工环节解决。由于钢筋空间位置相互冲突问题造成的钢筋移位值，基本为一个相冲突纵筋的直径 d，对设计虽有影响但影响有限，于是，平法着手在梁施工构造上解决上述钢筋冲突问题。例如：采取边梁略向内平移或略增宽构造，即可避免梁柱侧面相平时的梁柱纵筋冲突；采取上筋在下交叉梁增高构造，避免了同层面交叉纵筋冲突，同时没有减小梁的有效截面高度；采取多跨梁中间支座下部纵筋贯穿支座在跨内搭接构造，避免了等截面多跨梁下部纵筋在中间支座的相向锚固冲突。在构造上解决问题仍需设计者做相关配合，例如：当两向相交梁的顶面相平时，需要设计者注明何向框架梁为“上筋在下交叉梁”（详见上一节相关内容）。当设计者未注明何向为上筋下交叉梁时，即为授权施工方面根据具体工程情况自行确定。

在进行平法梁结构施工图设计之前，设计者应了解平法通用设计中具体包括了哪些构造设计，哪些构造设计尚未包括进去。平法将针对结构设计与施工中的问题不断推出新的构造设计，如解决上述钢筋冲突问题，但平法构造设计只能逐步解决设计与施工中的钢筋冲突问题，更多问题有待解决；设计者应了解哪些问题已获解决，对尚未解决的问题，应在具体设计中自行处理。

2. 由工程师补充特殊构造设计可借鉴平法通用构造设计，但补充设计深度应满足施工要求。

在多数情况下，特殊构造可借鉴通用设计图集中的普通构造，在其上加注必要的注解即可。平法通用设计中提供的变更表，就是为了方便设计者变更之用。对具体工程中的特殊构造，设计者无论是全画还是以通用构造为基础加注变更，其设计深度均应满足施工要求。

3. 不可随意扩大平法通用设计的适用范围。

已出版的平法通用构造中包括“梁上起柱”、“墙顶起柱”和“板上起柱”构造，适用于局部范围的特殊转换，但其并不适用于结构转换层的整体转换。

平法通用构造设计中包括框支梁的设计方法与施工构造，但框支结构专用于剪力墙结构中部分剪力墙不落地时的底层低位转换，且根据抗震等级的不同对框支转换部位和范围有严格的控制条件。因此，不应将框支梁构造扩大适用范围用于高层建筑结构高位或中位的转换层大梁，两者的功能和性能有显著区别。

二、关于梁几何尺寸方面的注意事项

1. 框架梁的截面尺寸

（1）框架结构主梁截面高度可取计算跨度的 1/10 至 1/18。

（2）梁截面宽度不宜小于 200mm；

（3）梁截面高宽比不宜大于 4；

（4）梁净跨与截面高度之比不宜小于 4。

2. 宽扁框架梁的截面尺寸

当采用梁宽大于梁高的扁梁时，楼板应现浇，梁中线宜与柱中线重合，扁梁应双向布置，且不宜用于较高抗震等级的框架结构。

宽扁梁应满足现行有关规范对挠度和裂缝宽度的要求（计算挠度可扣除合理起拱值），其截面尺寸应符合：

（1）$b_b \leqslant 2b_c$（b_b为梁截面宽度；b_c为柱截面宽度，圆形柱截面取柱直径的 0.8 倍）；

（2）$b_b \leqslant b_c + h_b$（h_b为梁截面高度）；

（3）$b_b \geqslant 16d$（为柱纵筋直径）。

3. 梁截面改变时的平法设计标注

当多跨框架梁的某跨梁截面尺寸改变，或梁顶面标高高差改变，且采用平面注写方式表达时，仅需将该跨与集中注写的梁截面尺寸不同的 $b \times h$ 值或不同的梁顶面标高高差值在该跨原位注写，施工则按柱两边框架梁不等宽或不等高节点构造进行处理。

三、关于梁配筋方面的注意事项

1. 抗震梁的钢筋配置，必须符合下列各项要求：

（1）梁端纵向受拉钢筋的配筋率不应大于 2.5%，且计入受压钢筋的梁端混凝土受压区高度和有效高度之比，一级抗震等级不应大于 0.25，二、三级抗震等级不应大于 0.35。

（2）梁端截面的底面和顶面纵向钢筋配筋量的比值，除按计算确定外，一级抗震等级不应小于 0.5，二、三级抗震等级不应小于 0.3。

（3）梁端箍筋加密区的长度、箍筋最大间距和最小直径应按表 5-2-1 采用，当梁端纵向钢筋配筋率大于 2%时，表中箍筋最小直径数值应增大 2mm。

梁端箍筋的加密区长度、箍筋的最大间距和最小间距　　表 5-2-1

抗震等级	加密区长度（取较大值）(mm)	箍筋最大间距（取最小值）(mm)	箍筋最小直径 (mm)
一	$2h_b$，500	$6d$，$h_b/4$，100	10
二	$1.5h_b$，500	$8d$，$h_b/4$，100	8
三	$1.5h_b$，500	$8d$，$h_b/4$，150	8
四	$1.5h_b$，500	$8d$，$h_b/4$，150	6

注：d 为纵向钢筋直径，h_b为梁截面高度。

2. 抗震框架梁的纵筋配置、箍筋肢距、非加密区箍筋间距、纵筋搭接长度范围内的箍筋间距等，尚应符合下列各项要求：

(1) 沿梁全长顶面和底面的配筋（顶面指抗震通长筋），一、二级抗震等级不应少于 $2\phi14$，且分别不应少于梁两端顶面和底面纵向配筋中较大截面面积的 1/4，三、四级抗震等级不应少于 $2\phi12$。

(2) 一、二级抗震等级框架梁内贯通中柱的每根纵向钢筋直径，对矩形截面柱，不宜大于柱在该方向截面尺寸的 1/20；对圆形截面柱，不宜大于纵向钢筋所在位置柱截面弦长的 1/20。

(3) 梁端加密区的箍筋最大肢距，一级抗震等级不宜大于 200mm 和 20 倍箍筋直径的较大值，二、三级抗震等级不宜大于 250mm 和 20 倍箍筋直径的较大值，四级抗震等级不宜大于 300mm。

(4) 抗震框架梁非加密区箍筋最大间距不宜大于加密区间距的两倍。

(5) 在纵向钢筋搭接长度范围内的箍筋间距，当纵筋受拉时不应大于搭接钢筋较小直径的 5 倍，且不应大于 100mm；当纵筋受压时不应大于搭接钢筋较小直径的 10 倍，且不应大于 200mm。

3. 非抗震框架梁与非框架梁的配筋应符合下列要求：

非抗震框架梁与非框架梁，其箍筋配筋构造应符合下列规定：

(1) 应沿梁全长设置箍筋。

(2) 截面高度大于 800mm 的梁，箍筋直径不宜小于 8mm；截面高度不大于 800mm 的梁，其箍筋直径不应小于 6mm。在受力纵筋搭接长度范围内，箍筋直径不应小于搭接钢筋最大直径的 1/4。

(3) 箍筋间距不应大于表 5-2-2 的规定；在受拉纵筋的搭接长度范围内，箍筋间距不应大于搭接钢筋较小直径的 5 倍，且不应大于 100mm；在受压纵筋的搭接长度范围内，箍筋间距不应大于搭接钢筋较小直径的 10 倍，且不应大于 200mm。

非抗震设计梁箍筋最大间距（mm） **表 5-2-2**

梁高 h_b	$V>0.7f_tbh_0$	$V\leqslant0.7f_tbh_0$
$h_b\leqslant300$	150	200
$300<h_b\leqslant500$	200	300
$500<h_b\leqslant800$	250	350
$h_b>800$	300	400

(4) 当剪力设计值大于 $0.7f_tbh_0$ 时，其箍筋面积配筋率应符合下式要求：

$$\rho_{sv}\geqslant0.24f_t/f_{yv}$$

(5) 当梁中配有计算需要的受压钢筋时，其箍筋配置应符合下列要求：

① 箍筋直径不应小于纵向受压纵筋最大直径的 1/4；

② 箍筋应做成封闭式；

③ 箍筋间距不应大于 15d 且不应大于 400mm；当同层受压纵筋多于 5 根且直径大于 18mm 时，箍筋间距不应大于 10d（d 为纵向受压纵筋的最小直径）；

④ 当梁截面宽度大于 400mm 且同层受压纵筋多于 3 根时，或当梁截面宽度不大于 400mm 但同层受压纵筋多于 4 根时，应设置复合箍筋。

4. 适用于各类梁的其他规定：

(1) 当梁的跨度小于 4m 时，梁内架立筋直径不宜小于 8mm；当梁的跨度为 4～6m 时，不宜小于 10mm；当梁的跨度大于 6m 时，不宜小于 12mm。

(2) 当梁的腹板高度 $h_w \geqslant 450$mm 时，在梁的两个侧面应沿高度配置纵向构造钢筋，每侧纵向构造钢筋（不包括梁上、下部受力钢筋及架立筋）的截面面积不应小于腹板截面面积 $b \times h_w$ 的 0.1%，且其间距不宜大于 200mm。

(3) 位于梁下部或梁截面高度范围内的集中荷载（如主次梁交接位置），应全部由附加箍筋或附加吊筋承担，且宜采用附加箍筋。

(4) 在钢筋混凝土梁中，宜采用箍筋承受剪力。

(5) 梁的纵向钢筋，不应与箍筋、拉筋及预埋件等焊接。

第三节　梁钢筋构造分类

一、梁钢筋构造的主系统

梁钢筋构造的分解，系根据梁的功能、性能、部位、具体构造等要素，考虑构造的层次性、关联性和相对完整性，整合构成梁钢筋构造的主系统。示意如下：

- 梁钢筋构造（主系统）
  - 梁本体钢筋构造
    - 梁上部纵筋构造
    - 梁下部纵筋构造
    - 梁侧面纵筋构造
    - 梁箍筋构造
  - 梁柱（墙）节点构造
    - 楼层框架梁端柱节点构造
    - 楼层框架梁中柱节点构造
    - 屋面框架梁端柱节点构造
    - 屋面框架梁中柱节点构造
    - 双向框架梁纵筋柱内交叉构造
    - 框架梁与框架柱侧面相平纵筋交叉构造
    - 墙支梁端支座节点构造
    - 墙支梁中间支座节点构造
    - 筒支梁端支座节点构造
    - 筒支梁中间支座节点构造
  - 梁与梁交叉构造
    - 主次梁交叉构造
    - 井字梁交叉构造
    - 悬挑端支承边梁构造
    - 悬挑端与悬挑端构造

所有梁钢筋构造，主要为纵向钢筋和箍筋及拉筋两大部分构造内容；纵向钢筋构造，主要为纵筋连接、锚固、交叉等内容，箍筋构造，主要为箍筋布置、复合方式等内容。

在以上主系统中，梁本体钢筋构造和梁柱（墙）节点构造两个分系统包括抗震和非抗震两大类内容，梁与梁交叉构造则仅有非抗震内容（不考虑地震作用）。

我们可以把梁本体钢筋构造、梁柱（墙）节点构造、梁与梁交叉构造三个分系统，分别作为下一层次的主系统继续进行整合，从而形成梁钢筋构造的基本完整的体系。三个分系统的整合内容，将在以下款表中分别列出。

二、梁钢筋构造分类表

梁钢筋构造分为梁本体构造、梁柱（墙）节点构造、梁交叉构造三大类。梁本体钢筋构造分类见表 5-3-1，梁柱（墙）节点构造分类见表 5-3-2，梁与梁交叉节点构造分类见表 5-3-3。

梁本体钢筋构造分类 **表 5-3-1**

构件名称	构 造 内 容
框架梁本体	抗震框架梁上部与下部纵筋构造（包括弧形梁）
	抗震框架梁箍筋构造（包括弧形梁）
	非抗震框架梁上部与下部纵筋构造（包括弧形梁）
	非抗震框架梁箍筋构造（包括弧形梁）
	侧面纵筋及拉筋构造（受扭筋与构造筋）
非框架梁本体	非框架梁上部与下部纵筋构造（包括弧形梁）
	井字梁上部与下部纵筋构造
	悬挑梁（悬挑端）上部与下部纵筋构造
	非框架梁和悬挑梁（悬挑端）箍筋构造
	侧面纵筋及拉筋构造（受扭筋与构造筋）
墙支梁本体	* 当标注为框架梁时，则按框架梁本体构造
	* 当标注为非框架梁时，则按非框架梁本体构造
筒支梁本体	* 当标注为抗震框架梁时，则按抗震框架梁本体构造
	* 当标注为非抗震框架梁时，则按非抗震框架梁本体构造

梁柱（墙）节点构造分类 **表 5-3-2**

构造关联构件	构 造 内 容
楼层框架梁	抗震楼层框架梁端柱、中柱节点构造
	非抗震楼层框架梁端柱、中柱节点构造
屋面框架梁	抗震屋面框架梁端柱、中柱节点构造
	非抗震屋面框架梁端柱、中柱节点构造
双向框架梁、框支梁与框架柱、框支柱	双向框架梁、框支梁纵筋柱内交叉构造
	框架梁与框架柱侧面一平纵筋交叉构造

续表

构造关联构件	构　造　内　容
楼层或屋面墙支梁	墙支梁端支座节点构造
	墙支梁中间支座节点构造
楼层或屋面筒支梁	筒支梁端支座节点构造
	筒支梁中间支座节点构造

梁与梁交叉构造分类　　**表 5-3-3**

构造关联构件	构　造　内　容
主梁与次梁	次梁端部纵筋锚入主梁支座构造
	次梁中间支座纵筋贯通和锚入主梁构造
	主梁支承次梁部位附加箍筋构造
	主梁支承次梁部位附加吊筋构造
井字梁	井字梁相互交叉部位同层面纵筋构造
	井字梁相互交叉部位箍筋构造
悬挑梁、各类梁的悬挑端与被悬挑的边梁	悬挑端支承边梁构造
	两悬挑端部交接构造
各类非框架梁	非框架梁侧面构造纵筋与受扭纵筋锚固构造

第四节　梁本体钢筋构造

本节内容为：

1. 抗震框架梁上部与下部纵筋和箍筋构造；
2. 非抗震框架梁上部与下部纵筋和箍筋构造；
3. 框架梁下部纵筋不伸入柱支座构造；
4. 非框架梁上部与下部纵筋和箍筋构造；
5. 非框架梁下部纵筋不伸入梁支座构造；
6. 井字梁上部与下部纵筋和箍筋构造；
7. 悬挑梁（悬挑端）上部与下部纵筋和箍筋构造；
8. 各类梁侧面纵筋（构造筋或受扭筋）及拉筋构造。

本节平法构造所用代号：

l_n为框架梁本体的净跨值，当为弧形梁时为沿梁中线展开的直线净跨值。l_n的取值规定为：对于端支座，l_n为端跨的净跨值；对于中间支座，l_n为支座两边较大一跨的净跨值。l_{ni}为框架梁本跨净跨值。l_{an}为框架梁大小跨时两净跨的平均值，用于框架梁中间支座小跨梁一侧梁上部纵筋延伸长度按比例取值基数。

一、抗震框架梁上部与下部纵筋和箍筋构造

1. 抗震框架梁上部与下部纵筋构造

一至四级抗震等级的楼层和屋面框架梁上部与下部纵筋构造见图 5-4-1、图 5-4-2 和图 5-4-3，要点为：

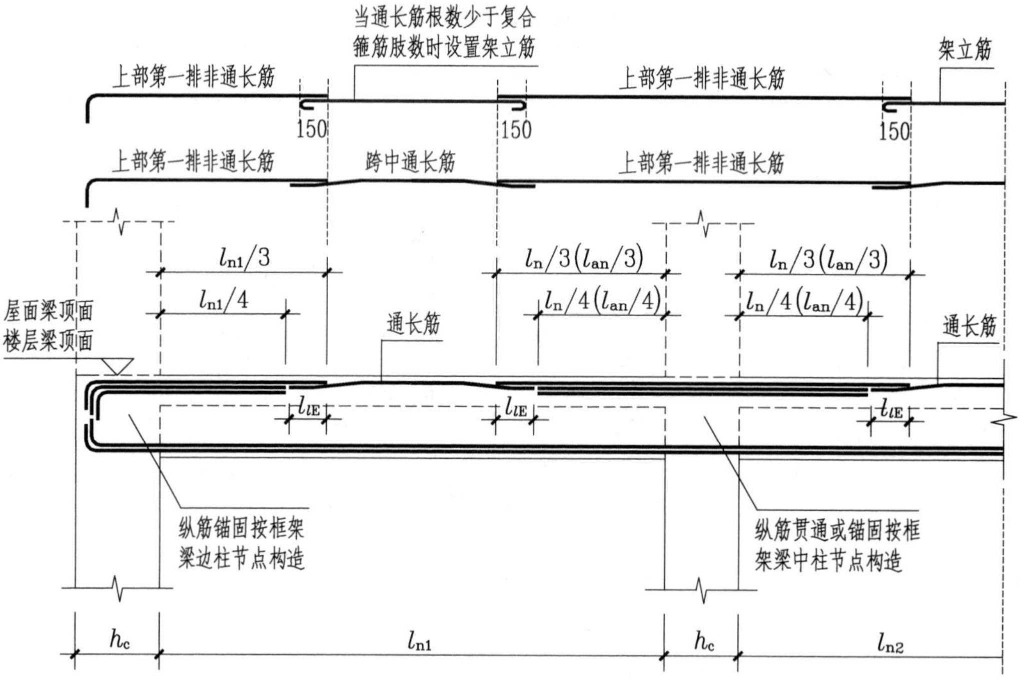

注：1. 跨度值 l_n 为左跨 l_{ni} 与右跨 l_{ni+1} 之较大值，其中 l =1,2,3...

2. 相邻大小跨的大跨一侧采用 l_n，小跨一侧采用括号内的 l_{an}，l_{an} 为大小两跨净跨平均值

图 5-4-1 抗震框架梁纵筋构造（上部通长筋直径小于支座纵筋）

（1）框架梁端支座和中间支座上部纵筋非通长纵筋从柱边缘算起的延伸长度 a_0 值，统一取为：

当配置不多于三排纵筋且第一排部分为通长筋，通长筋直径小于支座纵筋（图 5-4-1）或通长筋直径与支座纵筋相同时（图 5-4-2），第一排延伸至 $l_n/3$ 处，第二、三排均延伸至 $l_n/4$ 处；当中间支座两侧为大小跨时，小跨一侧以 l_{an}取代 l_n计算延伸长度。

当配置不多于三排纵筋但第一排全部为通长筋时（图 5-4-3），第二排延伸至 $l_n/3$ 处，第三排延伸至 $l_n/4$ 处；当中间支座两侧为大小跨时，小跨一侧以 l_{an}取代 l_n计算延伸长度。

当配置超过三排纵筋时，应由设计者注明的各排纵筋延伸长度 a_0 值；

弧形梁沿梁中心线展开，按上述规定计算支座上部纵筋的延伸长度值。

（2）抗震通长筋通常为两根。当跨中通长筋直径小于梁支座上部纵筋时，其分别与梁

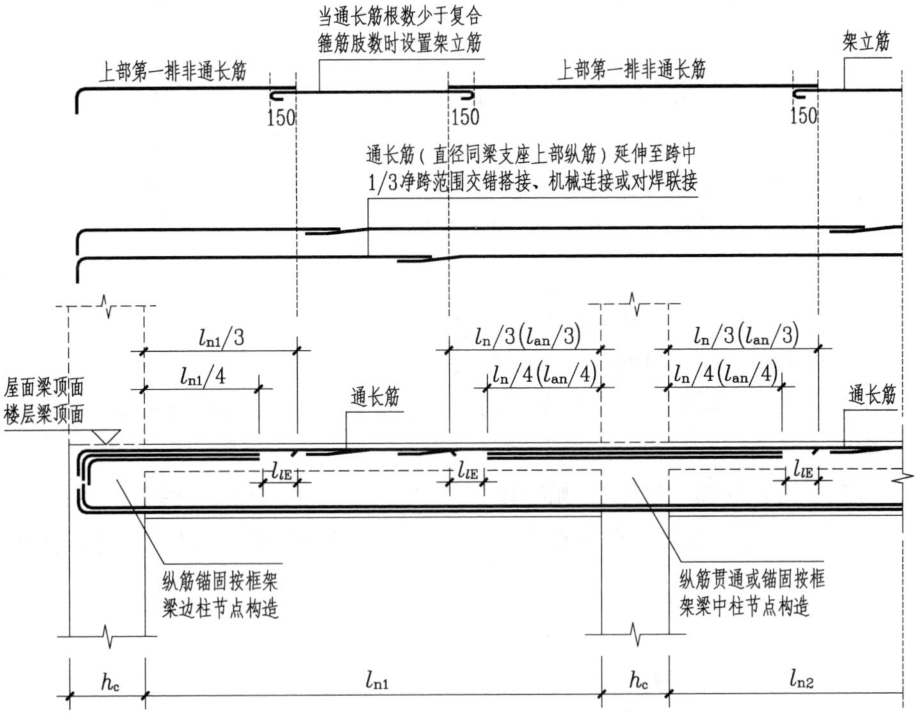

注：1. 跨度值 l_n 为左跨 l_{ni} 与右跨 l_{ni+1} 之较大值，其中 l =1,2,3...
2. 相邻大小跨的大跨一侧采用 l_n，小跨一侧采用括号内的 l_{an}，l_{an} 为大小两跨净跨平均值

图 5-4-2　抗震框架梁纵筋构造（上部通长筋直径同支座纵筋且同排有非通长筋）

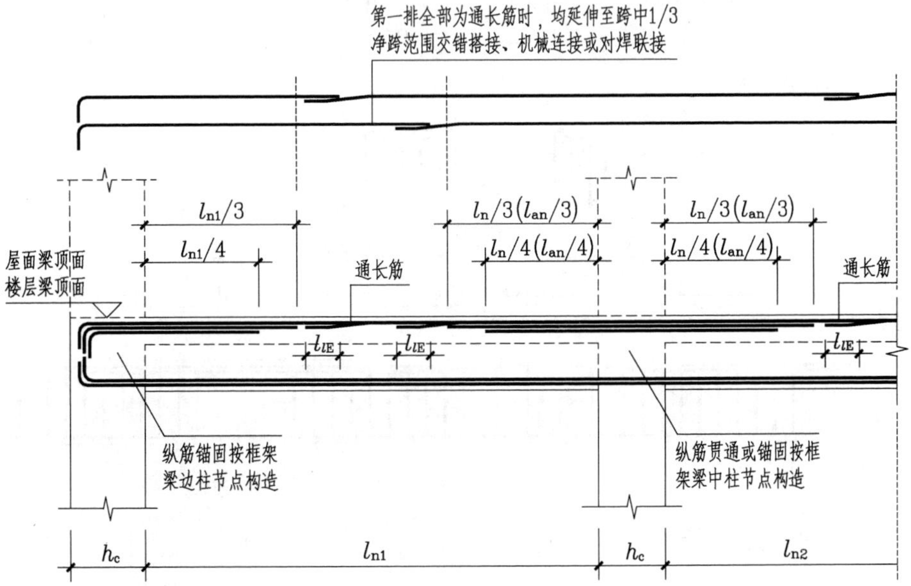

注：1. 跨度值 l_n 为左跨 l_{ni} 与右跨 l_{ni+1} 之较大值，其中 l =1,2,3...
2. 相邻大小跨的大跨一侧采用 l_n，小跨一侧采用括号内的 l_{an}，l_{an} 为大小两跨净跨平均值

图 5-4-3　抗震框架梁纵筋构造（上部第一排全部为通长筋）

两端支座上部纵筋（角筋）搭接 l_{lE} 且按 100%接头面积计算搭接长度（l_{lE} 为抗震搭接长度）（图 5-4-1）。

（3）当通长筋直径与梁支座上部纵筋相同时，将梁两端支座上部纵筋中按通长筋的根数延伸到跨中 1/3 净跨范围内交错搭接、机械连接或对焊联接；当采用搭接时，连接长度为 l_{lE}，且当在同一连接区段时按 100%接头面积计算搭接长度，当不在同一连接区段时按 50%接头面积计算搭接长度（图 5-4-2、图 5-4-3）。

（4）当抗震框架梁设置多于两肢的复合箍筋，且当跨中通长筋仅为两根时，补充设置的架立筋分别与梁两端支座上部纵筋构造搭接 150mm（图 5-4-1、图 5-4-2）。

（5）当框架梁为设计注明的“上筋下交叉梁”时，梁截面增高 d 且梁顶面混凝土保护层厚度相应加厚 d（d 为柱内在其上交叉的另向框架梁支座上部纵筋直径），详见梁柱节点的相应构造方式。

（6）当框架边梁侧面与框架柱侧面相平时（“相平”为“在同一平面上”的简称），边梁应略向内平移 $\geqslant d$（d 为柱外侧纵筋直径），或将梁截面略增宽 $\geqslant d$（该侧面混凝土保护层厚度相应加厚 $\geqslant d$）。

注：抗震框架梁上部与下部纵筋在端支座和中间支座的锚固或贯通构造，不在本体构造图中表达，详见梁柱节点的相应构造方式。

2. 抗震框架梁箍筋构造

一级抗震等级的框架梁加密箍筋构造见图 5-4-4，二至四级抗震等级的框架梁加密箍筋构造见图 5-4-5，要点为：

（1）抗震框架梁端箍筋加密区范围：一级抗震等级为 $\geqslant 2h_b$ 且 $\geqslant$500mm（h_b 为梁截面高度），二、三、四级抗震等级为 $\geqslant 1.5h_b$ 且 $\geqslant$500mm。弧形框架梁沿梁中心线展开计算梁端部箍筋加密区范围。

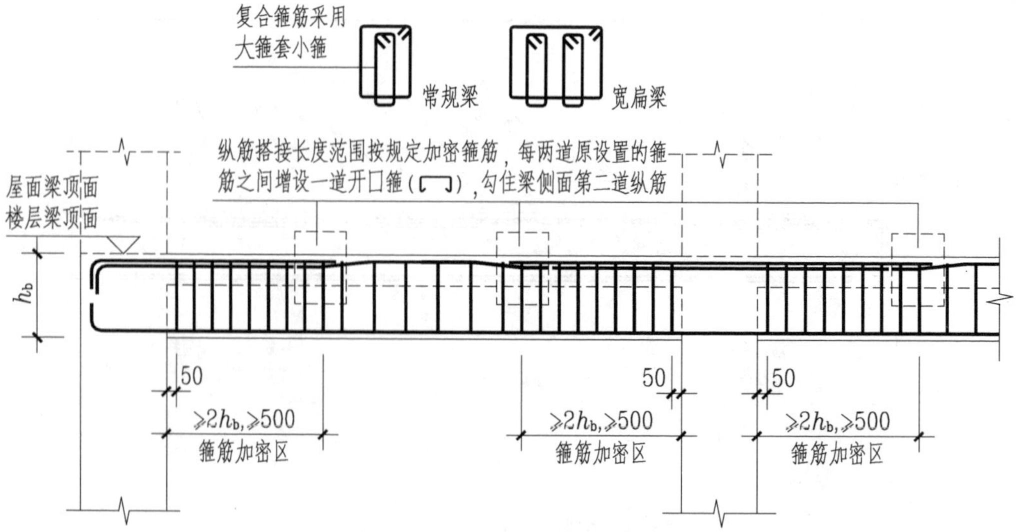

注：弧形框架梁沿梁中心线展开计算箍筋加密区，箍筋间距按其凸面量度

图 5-4-4　一级抗震等级框架梁加密箍筋构造

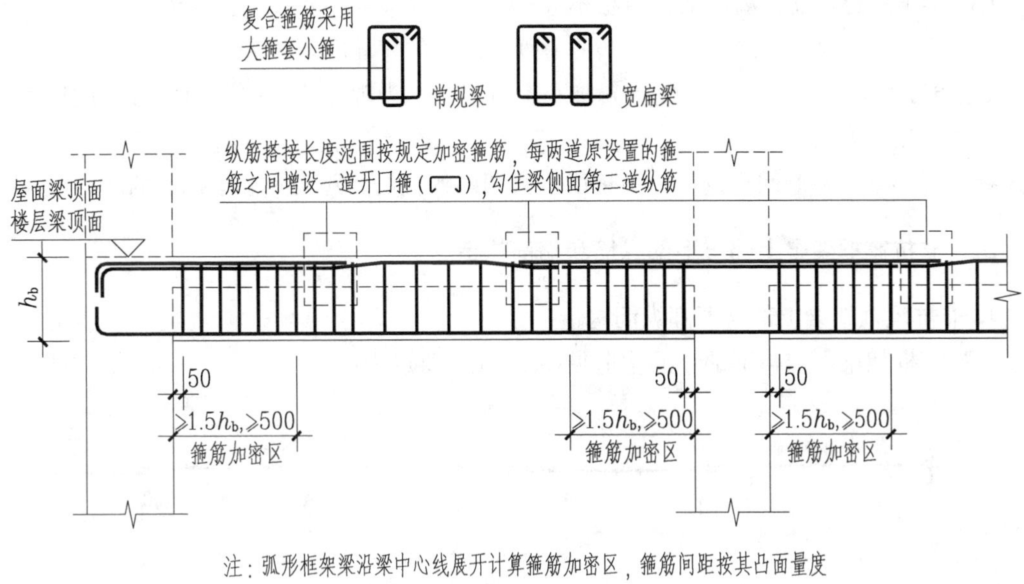

图 5-4-5　二至四级抗震等级框架梁加密箍筋构造

（2）抗震通长筋在梁端箍筋加密区以外的搭接长度范围内应加密箍筋，箍筋间距不应大于搭接钢筋较小直径的 5 倍，且不应大于 100mm；当搭接长度范围的箍筋间距大于两者的较小值时，应将间距调整为该较小值。

在梁纵筋搭接长度范围加密箍筋，其功能为提高混凝土对搭接钢筋的机械粘结强度，以益于钢筋更好地传力，但其加密方式有两个科学用钢思路。

思路一：纵筋搭接范围的箍筋加密需要满足两个条件：一是“箍筋间距不大于 5d（d 为搭接钢筋较小直径）”，二是“箍筋直径不小于 d /4（d 为搭接钢筋较大直径）”，纵筋搭接范围设置的箍筋间距如果超过第二个条件，那么当搭接钢筋直径不大于 25mm 时仅需在两道原设置的箍筋之间补设一道直径为 6.5mm 的箍筋即可满足该条件，且原设置的箍筋直径通常大于 6.5mm，通常自然满足第一个条件。

思路二：框架梁纵筋搭接与框架柱纵筋搭接的不同之处，系框架梁在同一搭接连接范围仅上部或下部有受力纵筋搭接（上部和下部受力筋同时连接的概率极低），而框架柱在同一搭接连接范围沿柱截面周边均有受力纵筋搭接（通常隔一搭一），因此，在框架柱搭接范围当搭接纵筋直径不大于 25mm 时需在每两道正常设置的箍筋之间增设一道直径 6.5mm 的封闭箍即可实现加密功能，而在框架梁纵筋搭接范围不需要增设封闭箍筋，仅需在每两道正常设置的箍筋之间增设一道短肢开口箍（钩住梁侧面第二道构造钢筋）即可实现加密功能。

采用科学用钢思路完成搭接钢筋范围增设加密箍筋的依据，为平法解构原理中关于所有构造方式均有其特定功能的理论。在纵筋搭接范围仅需设置横向筋即可实现提高混凝土传力要求提高混凝土机械摩擦力的功能，且此功能与框架柱和框架梁箍筋的功能显著不同。

（3）梁第一道箍筋距离框架柱边缘不大于 50mm。

（4）弧形框架梁的箍筋间距按其凸面量度（凹面的箍筋间距相应小于标注值）。

（5）多肢复合箍筋采用外封闭大箍加小箍方式；当为现浇楼面或屋面板时，按科学用钢方式可采用上开口箍。

（6）弧形梁的箍筋间距按其凸面量度，其凹面的箍筋间距实际小于标注的间距值。

二、非抗震框架梁上部与下部纵筋和箍筋构造

1. 非抗震框架梁上部与下部纵筋构造

非抗震框架梁上部与下部纵筋构造见图 5-4-6，要点为：

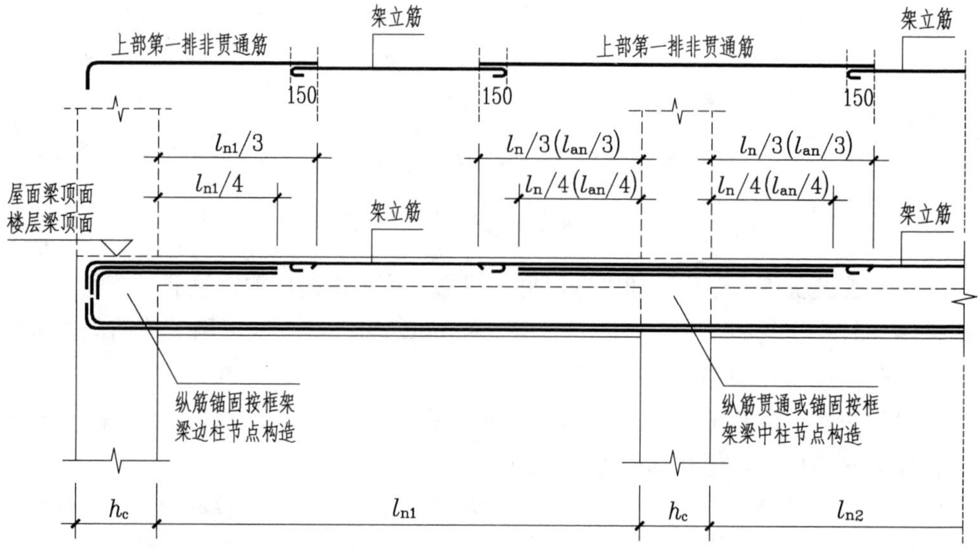

注：1. 跨度值 l_n 为左跨 l_{ni} 与右跨 l_{ni+1} 之较大值，其中 l =1,2,3...
2. 相邻大小跨的大跨一侧采用 l_n，小跨一侧采用括号内的 l_{an}，l_{an} 为大小两跨净跨平均值

图 5-4-6 非抗震框架梁上部与下部纵筋构造

（1）框架梁端支座和中间支座上部纵筋，从柱边缘算起的延伸长度 a_0 值统一取为：

当配置不多于三排纵筋时，第一排延伸至 $l_n/3$ 处，第二、三排均延伸至 $l_n/4$ 处；当中间支座两侧为大小跨时，小跨一侧以 l_{an} 取代 l_n 计算延伸长度。

当配置不多于三排纵筋但第一排全部为贯通筋时，第二排延伸至 $l_n/3$ 处，第三排延伸至 $l_n/4$ 处；当中间支座两侧为大小跨时，小跨一侧以 l_{an} 取代 l_n 计算延伸长度。

当配置超过三排纵筋时，应由设计者注明的各排纵筋延伸长度 a_0 值；

弧形梁沿梁中心线展开，按上述规定计算支座上部纵筋的延伸长度值。

（2）非抗震框架梁的架立筋分别与两端梁支座上部纵筋构造搭接 150mm，且在该长度范围应至少有一道箍筋同时与构造搭接的两根钢筋绑扎在一起。

（3）当框架梁为设计注明的“上筋下交叉梁”时，梁截面增高 d 且梁顶面混凝土保护层厚度相应加厚 d（d 为与其在柱内在上交叉的另向框架梁的支座上部纵筋直径），详见

梁柱节点的相应构造方式。

（4）当框架边梁侧面与框架柱侧面相平时（“相平”为“在同一平面上”的简称），边梁应略向内平移≥d（d为柱外侧纵筋直径），或将梁截面略增宽≥d（该侧面混凝土保护层厚度相应加厚≥d）。

（5）楼层和屋面框架梁上部与下部纵筋在端支座和中间支座的锚固或贯通构造要求不在本构造图中表达，详见第五节梁柱节点构造的相应规定。

（6）非抗震框架梁的下部纵筋可在梁靠近支座 $l_{ni}/3$ 范围内采用搭接、机械连接或对焊连接，连接根数不应多于总根数的50%。

2. 非抗震框架梁箍筋构造

非抗震框架梁全跨配制一种箍筋构造见图5-4-7，全跨配制两种箍筋构造见图5-4-8，要点为：

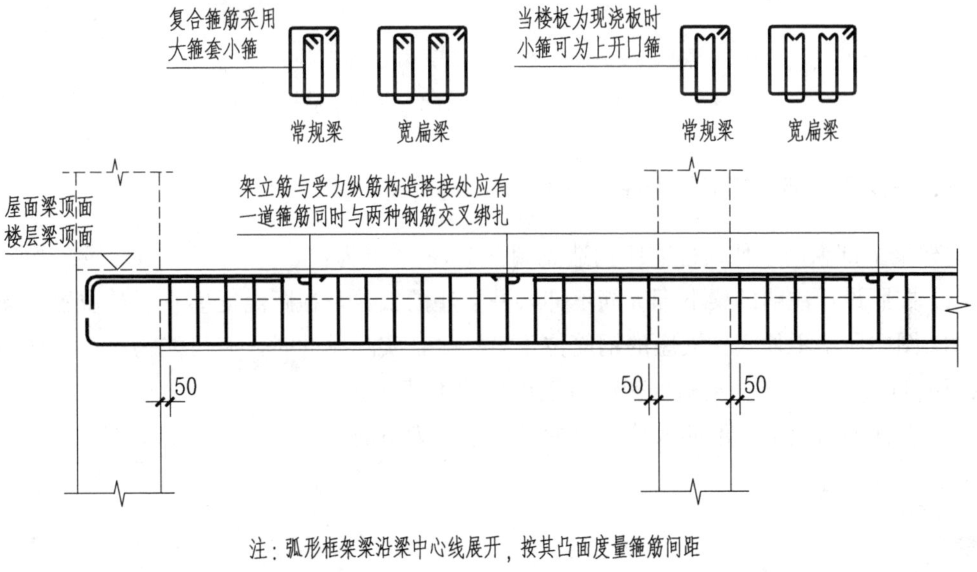

注：弧形框架梁沿梁中心线展开，按其凸面度量箍筋间距

图5-4-7　非抗震框架梁全跨配制一种箍筋构造

（1）梁第一道箍筋距离框架柱边缘不大于50mm。

（2）当设计为两种箍筋值时，在梁跨两端设置配置较大的箍筋，然后在跨中设置第二种配置较小的箍筋。

（3）多肢复合箍筋采用外封闭大箍加小箍方式。当为现浇楼面或屋面板时，按科学用钢方式可采用上开口箍。

（4）矩形梁与现浇板共同构成T型梁，梁箍筋上端在现浇板内可采用开口箍筋，此时开口箍竖向肢完成梁抗剪功能，而现浇板上部与下部纵筋构成T型梁翼缘的配筋。

（5）在架立筋与梁支座上部纵筋构造搭接处（150mm），应有一道箍筋同时与两种钢筋交叉绑扎。

（6）弧形梁的箍筋间距按其凸面量度，其凹面的箍筋间距实际小于标注的间距值。

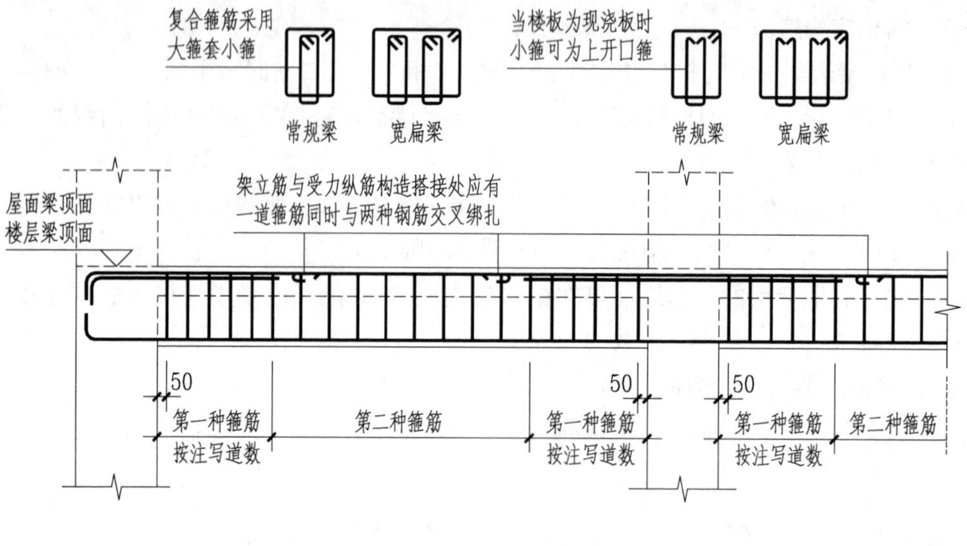

注：弧形框架梁沿梁中心线展开，按其凸面度量箍筋间距

图 5-4-8 非抗震框架梁全跨配置两种箍筋构造

三、框架梁下部纵筋不伸入柱支座构造

框架梁下部纵筋不伸入柱支座构造见图 5-4-9，要点为：

（1）按照设计注明的梁下部纵筋不伸入柱支座的根数，在距离支座 0.1 l_{ni} 位置截断。

（2）图中所示不伸入柱支座的钢筋位于第 2 排，实际设计时，有可能为第一排中的部分纵筋不伸入支座，例如宽扁框架梁可能出现此类情况。

（3）在任何情况下，不伸入柱支座的纵筋不应为角筋。

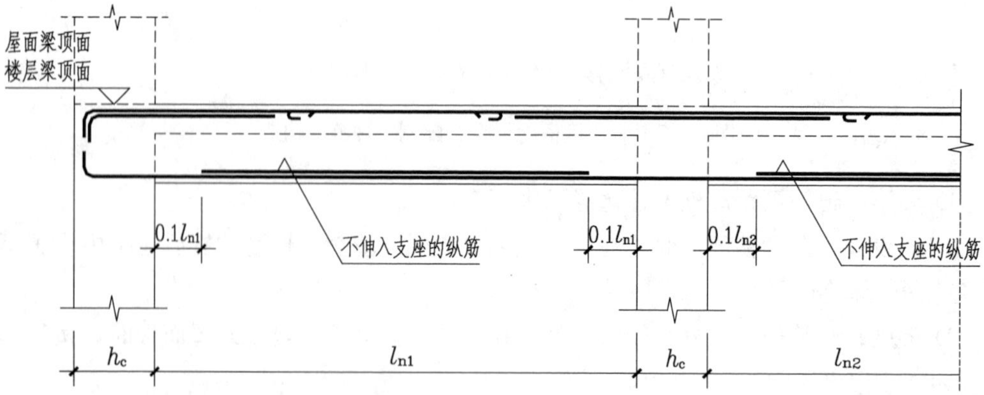

图 5-4-9 框架梁下部纵筋不伸入柱支座构造

四、非框架梁上部与下部纵筋和箍筋构造

非框架梁上部与下部纵筋及配置一种箍筋构造见图 5-4-10，非框架梁上部与下部纵筋及配置两种箍筋构造见图 5-4-11，要点为：

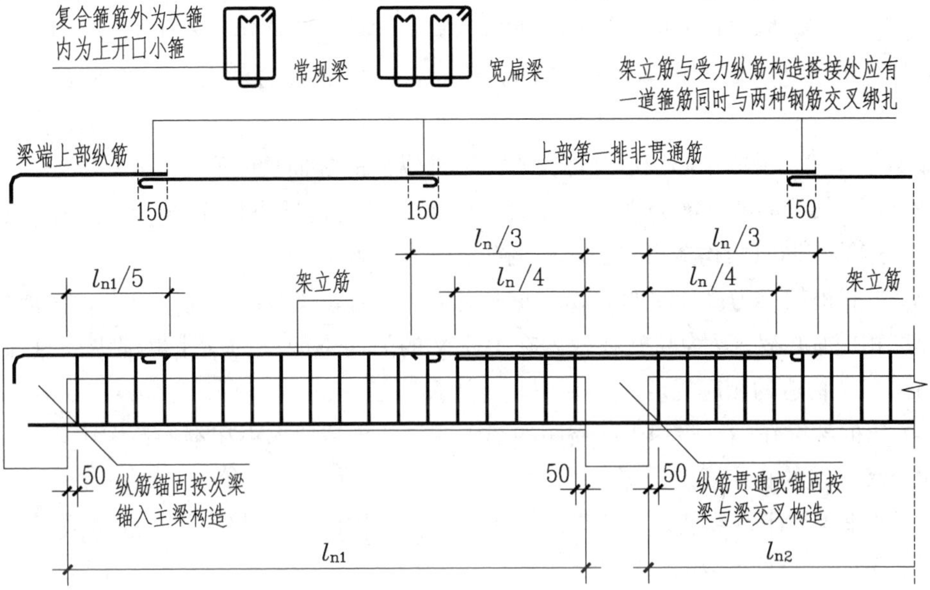

注：弧形框架梁沿梁中心线展开计算箍筋加密区，箍筋间距按其凸面量度

图 5-4-10　非框架梁上部与下部纵筋和配置一种箍筋构造

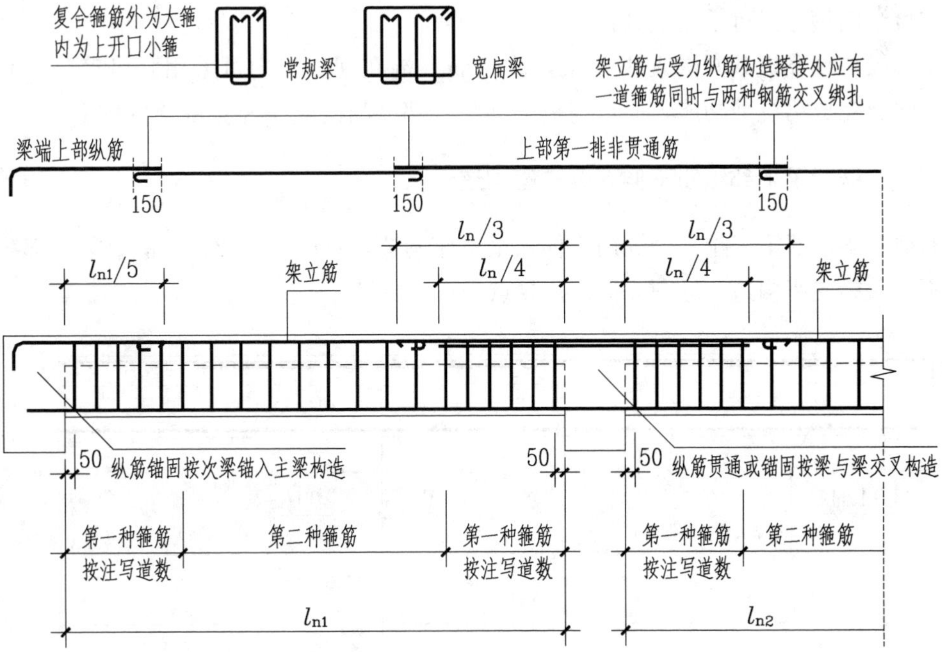

注：弧形框架梁沿梁中心线展开计算箍筋加密区，箍筋间距按其凸面量度

图 5-4-11　非框架梁上部与下部纵筋和配置两种箍筋构造

(1) 非框架梁端支座上部纵筋从主梁边缘算起的延伸长度 a_0 值，梁端部支座为 $l_{n1}/5$（梁端部支座是构造配筋，通常不需要配置两排）；梁中间支座第一排延伸长度为 $l_n/3$，第二排延伸长度为 $l_n/4$；当配置超过二排纵筋时，应由设计者注明各排纵筋的延伸长度 a_0 值。

弧形非框架梁沿梁中心线展开计算支座上部纵筋的延伸长度值。

(2) 非框架梁的架立筋分别与两端梁支座上部纵筋构造搭接 150mm，且在该长度范围应有一道箍筋同时与构造搭接的两根钢筋绑扎在一起。

(3) 当非框架梁为设计注明的“上筋下交叉梁”时，梁截面增高 d 且梁顶面混凝土保护层厚度相应加厚 d（d 为与其在柱内在上交叉的另向框架梁的支座上部纵筋直径），详见梁与梁交叉构造的相应规定。

(4) 非框架梁在端支座和中间支座的锚固或贯通构造要求不在本构造图中表达，详见梁与梁交叉构造的相应规定。

(5) 非框架梁下部纵筋可在梁靠近支座 $l_{ni}/3$ 范围内采用搭接、机械连接或对焊连接，连接根数不应多于总根数的 50%。

(6) 梁第一道箍筋距离主梁支座边缘不大于 50mm。

(7) 当设计为两种箍筋值时，在梁跨两端设置配置较大的箍筋，然后在跨中设置第二种配置较小的箍筋。

(8) 当为多肢复合箍筋时，采用外封闭大箍加内小箍方式，当为现浇楼面或屋面板时，按科学用钢方式可采用上开口箍。

矩形梁与现浇板共同构成 T 型梁，梁箍筋上端在现浇板内可采用开口箍筋，此时开口箍竖向肢完成梁抗剪功能，而现浇板上部与下部纵筋构成 T 型梁翼缘的配筋。

五、非框架梁下部纵筋不伸入梁支座构造

非框架梁下部第一排部分纵筋不伸入梁支座构造，见图 5-4-12；非框架梁下部第二排纵筋不伸入梁支座构造，见图 5-4-13；要点为：

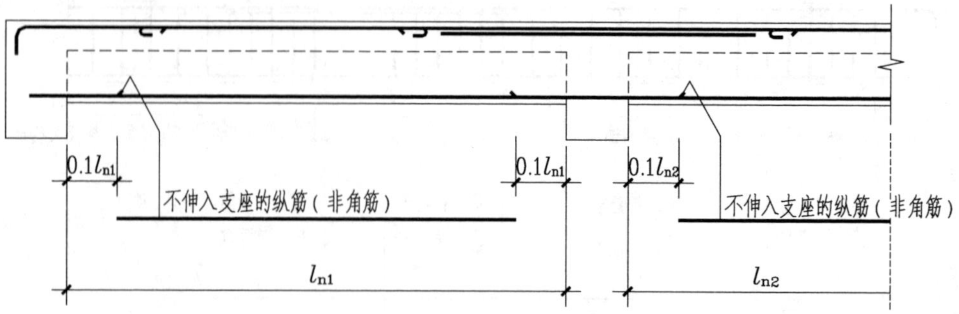

图 5-4-12 非框架梁下部第一排部分纵筋不伸入梁支座构造

(1) 按照设计注明的梁下部纵筋不伸入柱支座的根数，在距离支座 $0.1l_{ni}$ 位置截断。

(2) 当非框架连续梁下部配置一排纵筋，且设计注明部分纵筋不伸入支座时，应选择

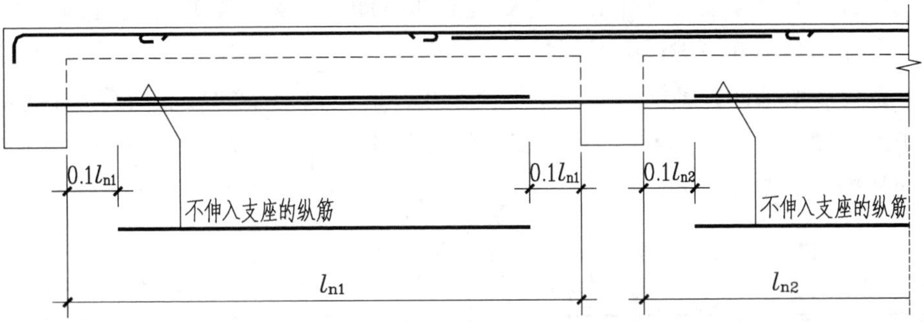

图 5-4-13 非框架梁下部第二排部纵筋不伸入梁支座构造

非角筋在支座外截断，且应注意伸入支座的纵筋不应少于纵筋总量的 1/2。

(3) 当等跨非框架连续梁下部配置两排纵筋，且设计未注明不伸入支座的钢筋根数时，第二排纵筋可不伸入梁支座。

六、井字梁上部与下部纵筋和箍筋构造

井字梁平面设计示意见图 5-4-14；x 向井字梁上部与下部纵筋和箍筋构造见图 5-4-15；y 向井字梁上部与下部纵筋和箍筋构造见图 5-4-16；要点为：

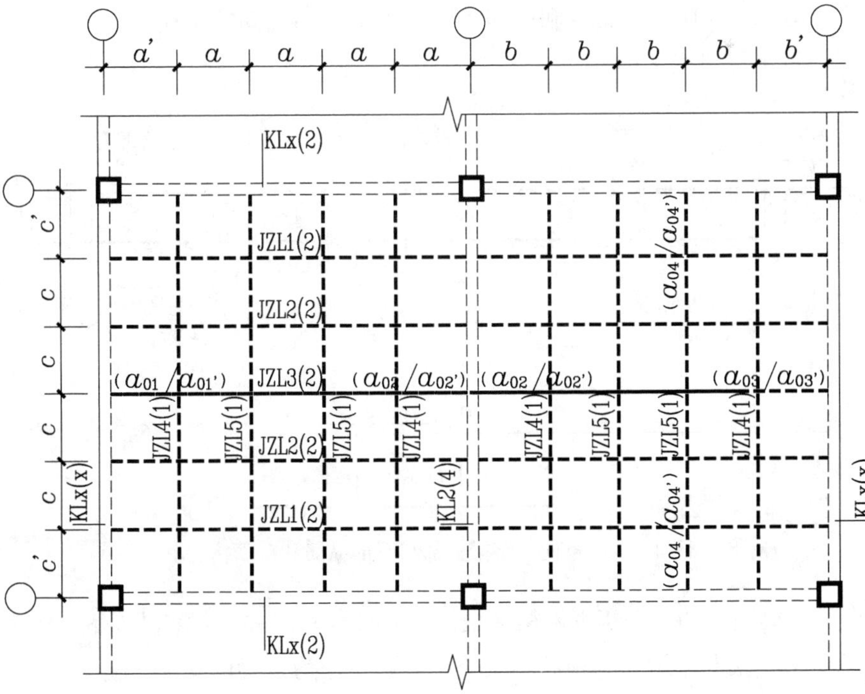

图 5-4-14 井字梁平面设计示意

(1) 图 5-4-14 表示相邻两片矩形网格区域井字梁的平面布置，示意了井字梁编号以及 x、y 两向各一根井字梁的支座上部钢筋延伸长度值代号，略去了设计集中注写与原位注

写的其他内容。井字梁端部支座和中间支座上部纵筋从主梁边缘算起的延伸长度 a_{0i} 值，应按设计方面的具体标注进行施工。

（2）设计注明某向井字梁为“上筋下交叉梁”时，该向梁的截面增高 d 且梁顶面混凝土保护层厚度相应加厚 d（d 为与其交叉的另向井字梁的上部纵筋直径），详见第六节梁与梁交叉构造的相应规定。

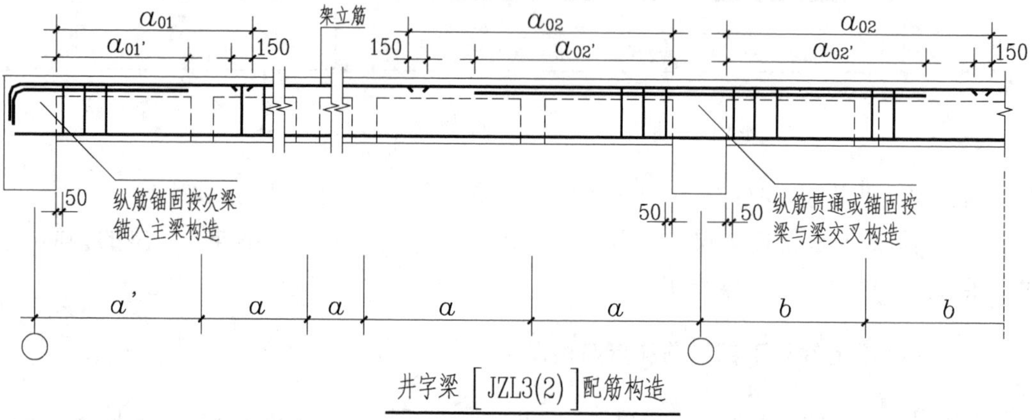

图 5-4-15　x 向井字梁上部与下部纵筋和箍筋构造

（3）井字梁在端支座（主梁）和中间支座（主梁）的锚固或贯通构造要求不在本构造图中表达，详见梁与梁交叉构造。

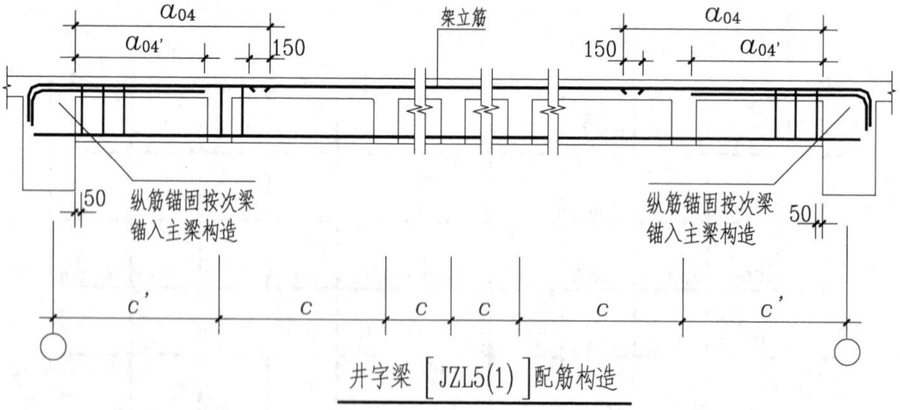

图 5-4-16　y 向井字梁上部与下部纵筋和箍筋构造

（4）在由主梁围成的一个矩形网格区域内，x 向与 y 向井字梁各为一跨。在一个网格区域内，无论多少根井字梁与某根井字梁交叉，均不作为该梁的支座。

（5）井字梁箍筋构造与非框架梁相同。

七、悬挑梁（悬挑端）上部与下部纵筋和箍筋构造

悬挑梁（悬挑端）上部与下部纵筋和箍筋构造见图 5-4-17，要点为：

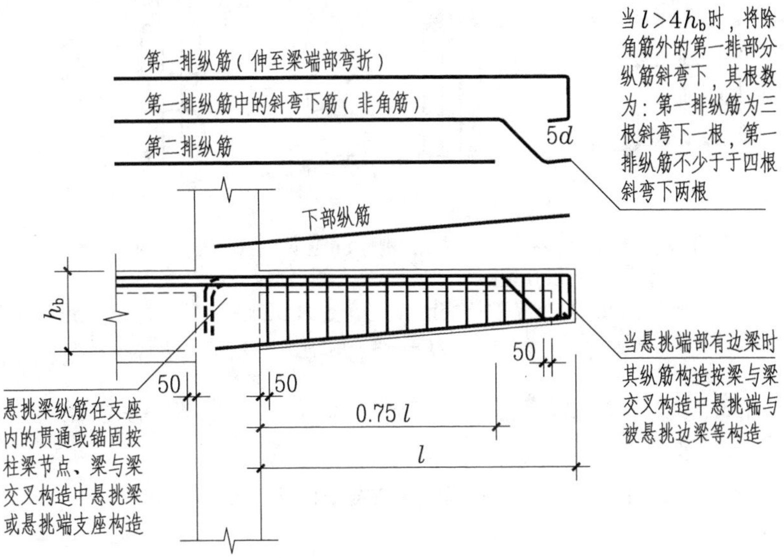

图 5-4-17 悬挑梁（悬挑端）上部与下部纵筋和箍筋构造

(1) 悬挑梁（悬挑端）上部第一排纵筋中不少于总数量的 1/2 伸至端部弯折，其余纵筋在近端部斜向下弯下；当悬挑长度 l 小于悬挑梁根部截面高度 h_b 的 4 倍时，第一排纵筋全部伸至端部弯折。

(2) 悬挑梁（悬挑端）上部第二排纵筋从根部支座边缘算起的延伸长度为 $0.75l$；当悬挑梁上部纵筋配置超过两排时，应由设计者注明的各排纵筋的延伸长度值。

(3) 悬挑梁（悬挑端）为设计注明的“上筋下交叉梁”时，梁截面增高 d 且梁顶面混凝土保护层厚度相应加厚 d（d 为与其在柱内在上交叉的另向框架梁的支座上部纵筋直径），详见第六节梁与梁交叉构造的相应规定。

(4) 悬挑梁（悬挑端）在根部支座的贯通或锚固，和在悬挑端部的纵筋构造不在本构造图中表达，详见柱梁节点和梁与梁交叉构造的相应规定。

(5) 悬挑梁（悬挑端）箍筋构造与非框架梁相同。

应注意，悬挑梁上部第一排纵筋不应在悬挑长度内截断，如果截断，可能会过早出现弯剪构造裂缝。由于弯剪构造裂缝自悬挑梁上表面呈扇状开裂，只要第一排纵筋不被截断开裂就不会发生，因此悬挑梁上部第二排纵筋可在 $0.75l$ 处截断。若将第二排甚至第三排纵筋均按第一排纵筋方式弯至梁下，不仅造成钢筋施工复杂化，而且两废钢材，在技术、经济两个方面均无正面意义。

八、各类梁侧面纵筋（构造筋或受扭筋）及拉筋构造

梁侧面构造纵筋或受扭纵筋与拉筋构造见图 5-4-18，侧面构造纵筋构造搭接及拉筋梅花布置构造见图 5-4-19，侧面受扭纵筋搭接及拉筋梅花布置构造见图 5-4-20，要点为：

(1) 当梁腹板高度 $h_w \geq 450$mm 时，在梁的两个侧面应沿腹板高度配置构造纵筋，其

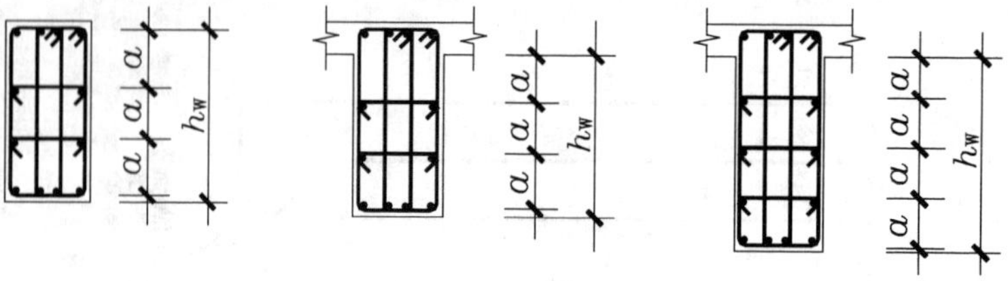

注：1. 当 $h_w \geqslant 450$ 时，在梁的两个侧面应沿高度配置纵向构造钢筋；纵向构造钢筋间距 a 不宜大于 200mm。
2. 当梁宽 $\leqslant 350$ 时，拉筋直径为 6mm；当梁宽 >350 时，拉筋直径为 8mm。拉筋间距为非加密区箍筋间距的两倍。当设有多排拉筋时，上下两排拉筋错开，梅花设置。
3. 当梁侧面配置受扭纵筋，且其间距亦不大于 200mm 时，则不需要重复设置构造纵筋

图 5-4-18　梁侧面构造纵筋或受扭纵筋与拉筋构造

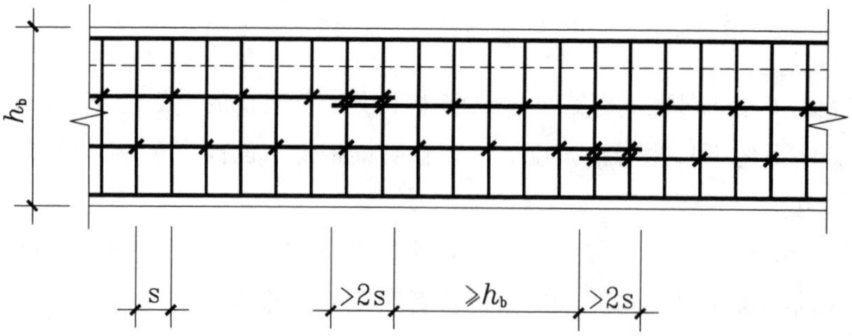

图 5-4-19　梁侧面构造纵筋构造搭接及拉筋梅花布置构造

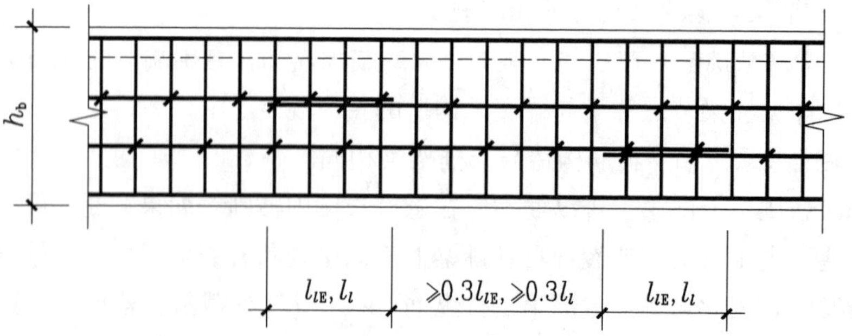

图 5-4-20　梁侧面受扭纵筋搭接及拉筋梅花布置构造

间距宜不大于 200mm。

（2）当梁侧面配置受扭纵筋，且其间距亦不大于 200mm 时，则不需要重复设置构造纵筋。

（3）当梁侧面构造纵筋需要搭接时，其构造搭接长度为所在部位的两个箍筋间距＋50 至 100mm；相邻两根构造纵筋应交错搭接，构造搭接长度内应有两道箍筋与两根相搭接

的侧面构造筋分别绑扎。

（4）当梁侧面受扭纵筋需要搭接时，其抗震、非抗震搭接长度为 l_{lE}、l_l；相邻两根受扭纵筋应交错搭接，间隔≥0.3l_{lE}、≥0.3 l_l。

（5）当梁截面宽度≤350mm 时，拉筋直径取 6mm；当梁截面宽度>350mm 时，拉筋直径取 8mm；当为抗震框架梁时，拉筋间距为非加密区箍筋间距的两倍；当为非抗震框架梁或非框架梁时，拉筋间距为箍筋间距的两倍；当拉筋设置多于一排时，上下两排拉筋应错开设置，即设置梅花拉筋。

（6）梁侧面构造纵筋和受扭纵筋在支座内的锚固或贯通构造和不在本构造图中表达，详见柱梁节点和梁与梁交叉构造的相应规定。

第五节　梁柱（梁墙）节点钢筋构造

本节内容为：

1. 双向框架梁纵筋柱内交叉构造；
2. 框架梁柱侧面相平纵筋交叉构造；
3. 楼层和屋面框架梁端节点构造；
4. 楼层和屋面框架梁中间节点构造；
5. 框架梁根部加腋构造；
6. 楼层框架梁悬挑端与框架柱节点构造；
7. 单纯悬挑梁与框架柱节点构造。

一、双向框架梁纵筋柱内交叉构造

双向框架梁上部纵筋在端柱（边柱或角柱）、中柱内贯通或锚固，因梁上表面在同一平面，两向梁采用同样的保护层厚度时上部纵筋亦在同一钢筋层面，两向梁纵筋在柱内交叉必然一向在上、另一向在下；又当双向框架梁截面高度相同，下部纵筋也在同一平面，在柱内交叉贯通或锚固时，也必然一向在上、另一向在下。

1. 双向框架梁同层面纵筋直通交叉构造

当双向框架梁纵向钢筋直径较大不适合采用微弯折交叉构造时，可采用同层面纵筋直通交叉构造。

双向框架梁的上部同层面纵筋在柱内直通交叉，在下交叉纵筋的混凝土保护层厚度相应加厚 d（d 为在其上交叉的钢筋直径）；双向等高框架梁的下部同层面纵筋在柱内直通交叉，在上交叉纵筋的混凝土保护层厚度相应加厚 d，见图 5-5-1。要点为：

（1）双向框架梁同层面纵筋直通交叉构造，适用于梁受力纵筋直径较大、配置层数较多的框架梁，采用该构造可避免框架柱节点内多层面双向钢筋的交叉冲突；

（2）当梁上部纵筋直通交叉时，上筋在下交叉梁的支座截面有效计算高度相对于另一向梁减小 d；且当两向框架梁截面高度相同的梁下部纵筋直通交叉锚固时，下筋在上交叉

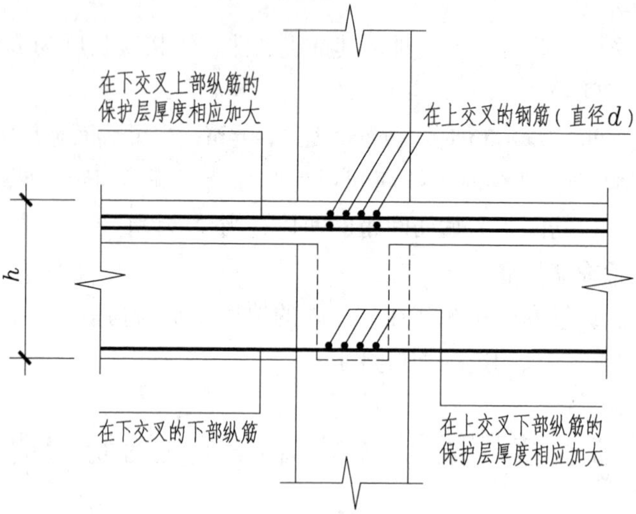

图 5-5-1　双向框架梁纵筋直通交叉构造

梁的跨中截面有效计算高度相对于另一向梁减小 d；设计者在计算梁受弯和受剪承载力时，梁截面有效高度的取值应考虑此因素；

（3）为方便施工，设计者宜注明双向梁的上部同层面纵筋、下部同层面纵筋是否采用同层面纵筋直通交叉构造。当设计未注明时，施工宜在进行结构施工图技术交底时提请补注。

2. 框架梁截面向下略增高构造

当实际工程不适合采用双向框架梁同层面纵筋微弯折交叉构造或直通交叉构造时，可按设计要求采用梁截面向下略增高构造。

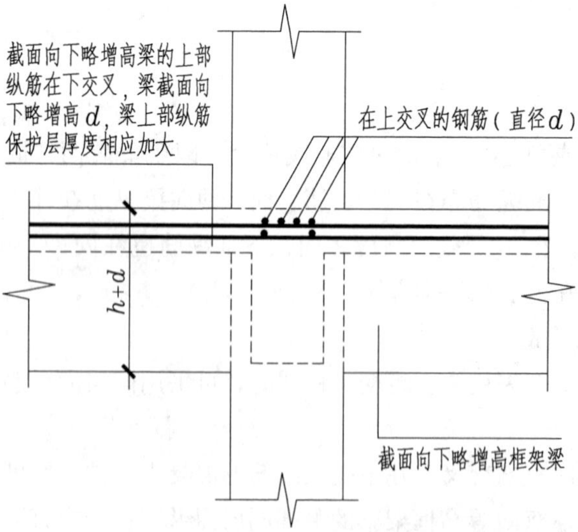

图 5-5-2　框架梁截面向下略增高构造

采用梁截面向下略增构造，当一向框架梁上部纵筋的混凝土保护层为最小厚度时，另一向相交叉梁的上部纵筋混凝土保护层厚度相应加厚 d（d 为在其上交叉的钢筋直径），梁实际截面高度相应向下略增高 d，见图 5-5-2。要点为：

（1）梁截面向下略增高构造适用于梁受力纵筋直径较大、配置层数较多的框架梁，采用该构造可避免框架柱节点内多层面双向钢筋的交叉冲突；

（2）对设计注明的某向“截面向下略增高”框架梁采用该构造；

（3）截面向下略增高梁的上部保护层厚度为梁受力钢筋最小保护层厚度＋d；施工和

预算应注意少量增加的混凝土用量；

(4) 当设计注明的截面向下略增高的梁下有门窗时，梁下落 d 不应影响门窗上平标高，否则，应在设计对施工进行技术交底时提请设计者变更；

(5) 当两向框架梁的截面设计高度相同，其中一向梁采用截面向下略增高构造时，不应影响梁下设备管道需要的空间高度。

二、框架梁柱侧面相平纵筋交叉构造

框架边梁外侧与框架柱外侧面相平时，该侧面梁纵筋与柱纵筋在同一竖向层面，梁纵筋贯通或锚入柱内必与柱纵筋内外交叉；由于柱为支承构件梁为被支承构件；构成柱梁节点的柱为节点主体，梁为节点客体；因此梁纵筋应从柱纵筋内侧贯通或锚入柱内，才能实现可靠锚固，完成节点客体与节点主体的刚性连接。

1. 框架梁柱侧面相平时梁整体略向内平移构造

当框架梁柱侧面相平时，梁侧面纵筋不能直通入柱，如果将框架梁向内略平移不影响建筑的围护外墙、幕墙或立面要求，或经简单处理即可消除影响时，可采用将框架梁整体向内略平移构造，见图 5-5-3。要点为：

(1) 设计宜注明可否采用梁整体略向内平移构造；当设计未注明时，施工宜在设计进行技术交底时提请补注。

(2) 梁整体向内平移尺寸为≥d（d 为柱纵筋直径），所有梁纵筋直通入柱。

2. 框架梁柱侧面相平时梁截面略加宽构造

当框架梁柱侧面相平，但不适合采用梁整体向内略平移构造时，可采用梁截面略加宽构造，见图 5-5-4。要点为：

(1) 设计宜注明可否采用梁截面略加宽构造；当设计未注明时，施工宜在设计进行技术交底时提请补注。

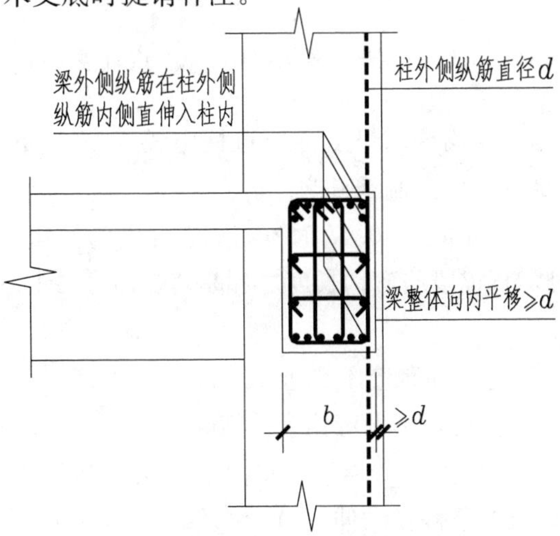

图 5-5-3 框架梁柱侧面相平时整体向内略平移构造

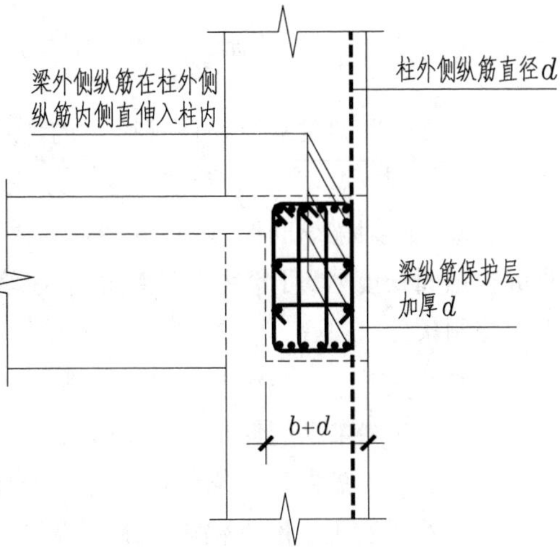

图 5-5-4 框架梁柱侧面相平时梁截面略加宽构造

（2）梁截面略加宽后梁宽为 $b+d$（b 为原标注梁宽度，d 为柱纵筋直径，且假定梁与柱的混凝土保护层最小厚度相同），梁纵筋的混凝土保护层厚度为 $c+d$（c 为柱纵筋保护层厚度），梁纵筋直通入柱。应注意，略加宽后梁外侧的混凝土保护层厚度≥50mm 时，应补设防裂钢丝网。

（3）本构造相当于将梁整体向内略平移构造的内平移部分用混凝土浇实。

当建筑采用玻璃幕墙或其他材料的外挂装饰材料时，框架边梁与边柱轴线对中布置方式更为科学合理。当需要楼板外边缘与框架柱外侧相齐时，仅需将现浇楼板扩展出边即可。

三、楼层和屋面框架梁纵筋端节点构造

1. 楼层框架梁纵筋端节点构造

楼层框架梁端纵筋柱（墙）弯锚构造见图 5-5-5，直锚构造见图 5-5-6。要点为：

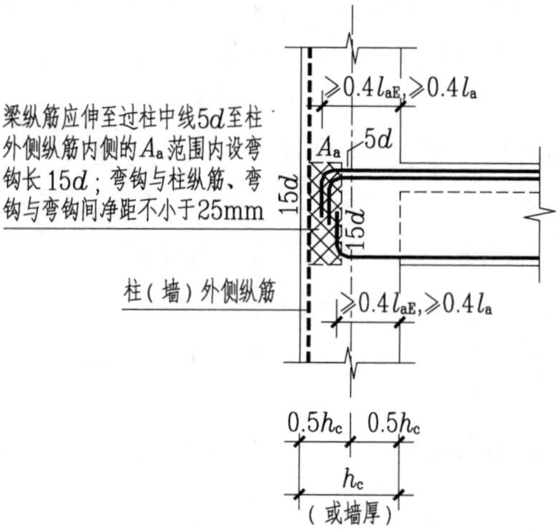

图 5-5-5 楼层框架梁端纵筋柱（墙）内弯锚构造

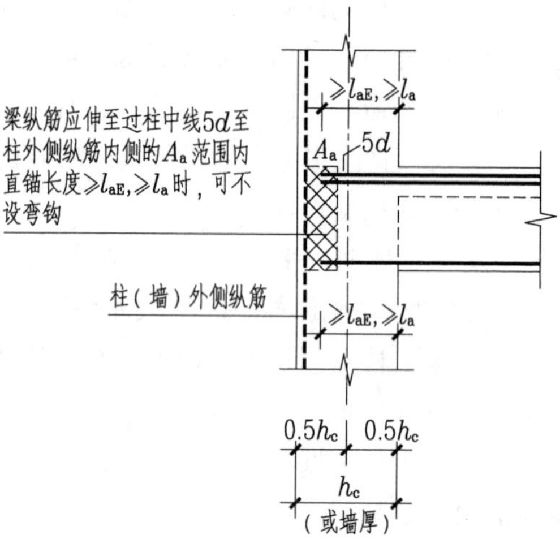

图 5-5-6 楼层框架梁纵筋柱（墙）内直锚构造

（1）楼层框架梁端纵筋柱（墙）内弯锚或直锚，均要求纵筋伸至过柱中线 5d（该范围以代号 A_a表示），纵筋伸至 A_a范围为必须满足的锚固控制条件之一。

（2）当框架梁纵筋伸入 A_a范围，其直锚段≥0.4l_{aE}、≥0.4l_a时（l_{aE}、l_a分别为抗震、非抗震锚固长度），可弯钩 15d 截断。当弯锚时，直锚段与弯钩长度之和是否≥l_{aE}、≥l_a，不为控制条件。

（3）当弯锚时，弯钩与柱纵筋净距、各排纵筋弯钩净距应不小于 25mm。

（4）当框架梁纵筋伸至 A_a范围，直锚≥l_{aE}、≥l_a时，不设弯钩直接截断。

（5）纵筋弯锚为三控条件：①伸至 A_a；②≥0.4l_{aE}（≥0.4l_a）；③弯钩 15d，满足弯锚三控条件即实现了刚性锚固功能。纵筋直锚为双控条件：①伸至 A_a；②≥l_{aE}（≥l_a）。

（6）当纵筋伸至端柱 A_a范围远端，其直锚段不满足≥0.4l_{aE}、≥0.4l_a时，可将纵筋按等强度、等面积代换为较小直径，使直锚段≥0.4l_{aE}、≥0.4l_a，再设弯钩 15d，满足弯

锚三控条件。

A_a范围为节点客体构件与节点主体构件刚性连接时钢筋锚固的终止区域，当在该区域直锚截断或弯钩锚固时，仅需满足直锚双控或弯锚三控条件即可，此时锚固钢筋的拉力通过混凝土转为柱箍筋的拉力不会超过箍筋的极限强度，故纵筋不需要延伸至 A_a范围的远端。

（7）框架梁端部在剪力墙平面内锚固时为跨界构造，其锚固方式与剪力墙连梁相同。

（8）当框架梁端部由剪力墙平面外支承，设计要求刚性锚固时，若剪力墙厚度较小，且已将梁纵筋按等强度、等面积代换为较小直径后，直锚段长度仍未满足$\geqslant 0.4l_{aE}$、$\geqslant 0.4l_a$时，可在梁端支座设置剪力墙壁柱或墙身局部加厚构造，使梁纵筋直锚段满足$\geqslant 0.4l_{aE}$、$\geqslant 0.4l_a$，然后弯钩 $15d$。

（9）框架梁侧面构造筋构造锚入柱内 $12d$；侧面受扭纵筋的锚固要求与下部纵筋相同。

2. 屋面框架梁端部纵筋柱顶构造

屋面框架梁端部纵筋柱顶构造，为框架顶层端节点构造，分为梁柱纵筋弯折搭接和竖直搭接两种构造方式。两种构造的功能，均为实现抗震设计时柱梁构件的“节点不散”，从而实现框架结构“大震不倒”。

关于屋面框架梁端部纵筋与柱外侧纵筋弯折搭接构造

屋面框架梁端部纵筋与柱外侧纵筋弯折搭接构造见图 5-5-7 和图 5-5-8。其中，图 5-5-7 为梁柱顶面相平时的弯折搭接构造方式，图 5-5-11 为柱顶微凸梁顶时的弯折搭接构造方式。要点为：

（1）无论梁柱顶面相平弯折搭接还是柱顶微凸梁顶弯折搭接，梁上部纵筋均伸至柱外侧纵筋内侧，弯钩至梁底位置，竖向弯钩与柱外侧纵筋的净距为 25mm。

（2）当采用梁柱顶面相平弯折搭接构造时，柱外侧纵筋向上伸至梁上部纵筋之下净距 25mm 位置弯折后向梁内平伸，自梁底起算的柱梁纵筋弯折搭接总长度为$\geqslant 1.5l_{aE}$、$\geqslant 1.5l_a$（搭接纵筋净距为 25mm）。

（3）当采用柱顶微凸梁顶弯折搭接构造时，柱外侧纵筋向上伸至梁上部纵筋之上净距 25mm 位置弯折后向梁上部平伸，自梁底起算的柱梁纵筋弯折搭接总长度为$\geqslant 1.5l_{aE}$、$\geqslant 1.5l_a$（搭接纵筋净距为 25mm）。在柱外侧弯折纵筋水平延伸出柱后在梁纵筋之上的长度范围，按框架梁端加密箍筋配置适量增加高度后，箍住柱外侧延伸纵筋。

（4）当梁截面较高或柱截面高度较大，自梁底起算的弯折搭接总长度达 $1.5l_{aE}$、$1.5l_a$时，柱纵筋弯钩可能伸不到梁内，此时柱纵筋水平段弯钩应$\geqslant 15d$。

（5）当柱外侧纵筋配筋率＞1.2％时，与梁上部纵筋的搭接分两批截断，第一批截断位置按上述（2）、（3）两款规定，第二批自第一批截断点再延伸 $20d$ 后截断。柱外侧纵筋配筋率 ＝（包括两角筋在内的柱外侧全部纵筋截面/柱截面面积）×100％；柱截面面积 ＝ $b\times h$。应注意纵筋分两批截断不需均分，第一批截断纵筋的配筋率应≤1.2％，余者第二批截断。

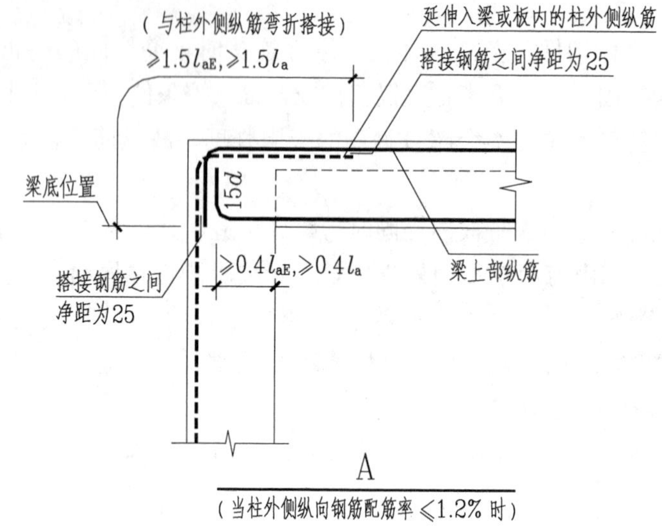

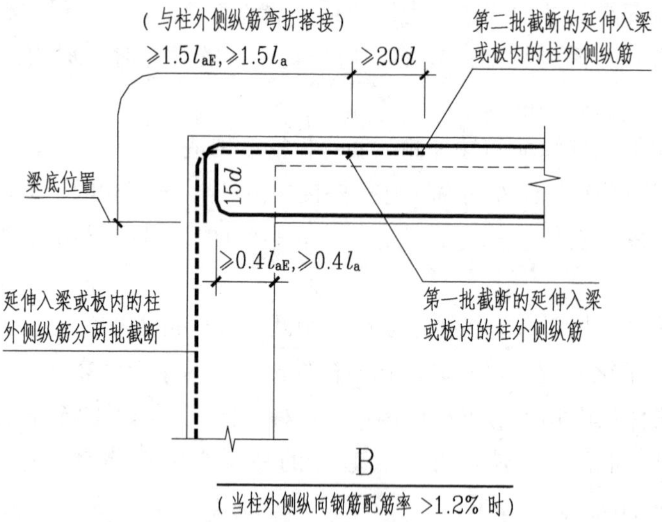

图 5-5-7　梁柱顶面相平时梁柱纵筋弯折搭接构造

（6）无论采用何种构造类型，屋面框架梁下部纵筋在端柱的锚固均要求 A_a范围（过端柱中线 5d 至柱外侧纵筋内侧），其直锚段≥0. 4l_{aE}、≥0. 4l_a，弯钩 15d；且直锚段与弯钩长度之和是否≥l_{aE}、≥l_a，不作为控制条件。

（7）当设计未注明时，施工可自主选用梁柱顶面相平构造或柱顶微凸梁顶构造。

（8）当为较高抗震等级时，宜采用柱顶微凸梁顶构造。

关于屋面框架梁端部纵筋与柱外侧纵筋竖向搭接构造

屋面框架梁端部纵筋与柱外侧纵筋竖向搭接构造见图 5-5-9 和图 5-5-10。其中，图 5-5-9为梁柱顶面相平纵筋竖向搭接构造，图 5-5-10 为柱顶微凸梁顶纵筋竖向搭接构造。要点为：

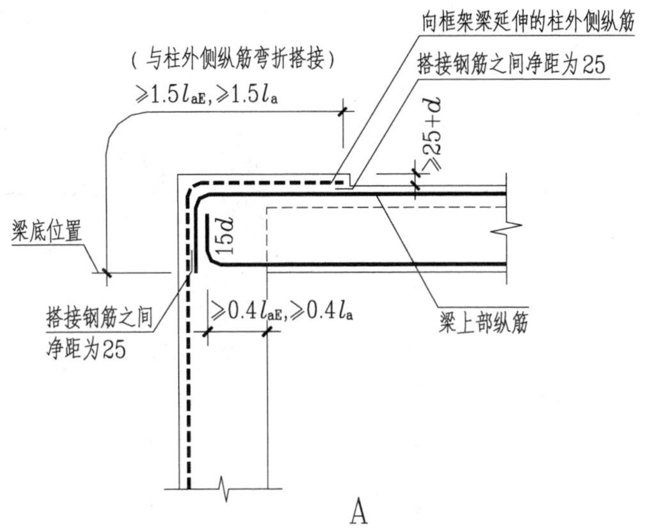

A
（当柱外侧纵向钢筋配筋率≤1.2%时）

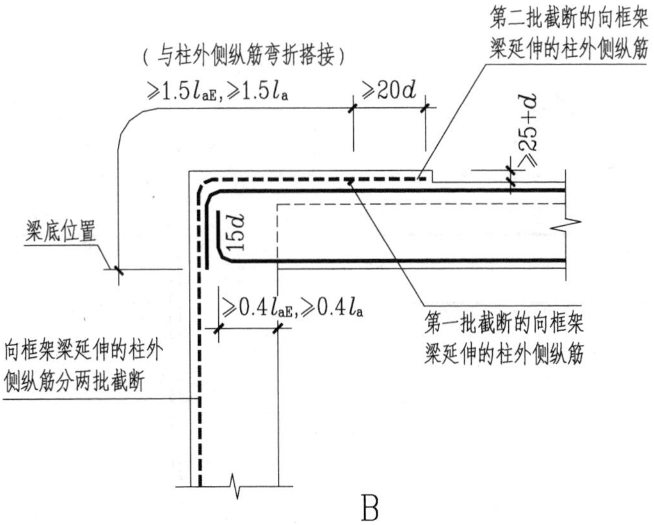

B
（当柱外侧纵向钢筋配筋率>1.2%时）

图 5-5-8　柱顶微凸梁顶时梁柱纵筋弯折搭接构造

（1）无论梁柱顶面相平还是柱顶微凸，梁上部纵筋均伸至柱外侧纵筋内侧向下弯折，竖向搭接长度为≥1.7l_{aE}、≥1.7l_a，搭接纵筋净距为25mm。

（2）当采用梁柱顶面相平竖向搭接构造类型时，柱外侧纵筋向上伸至梁上部纵筋之下净距25mm位置弯钩12d。柱外侧纵筋也可伸至柱顶直接截断。

（3）当采用柱顶微凸梁顶竖向搭接构造类型时，柱外侧纵筋向上伸至梁上部纵筋之上净距25mm位置弯钩12d。柱外侧纵筋也可伸至柱顶直接截断，此种纵筋无弯钩的构造方式对平面外屋面框架边梁上部纵筋将不具备约束功能。

（4）当梁截面较高，梁纵筋与柱纵筋的竖向搭接长度达1.7l_{aE}、1.7l_a时，梁纵筋可能

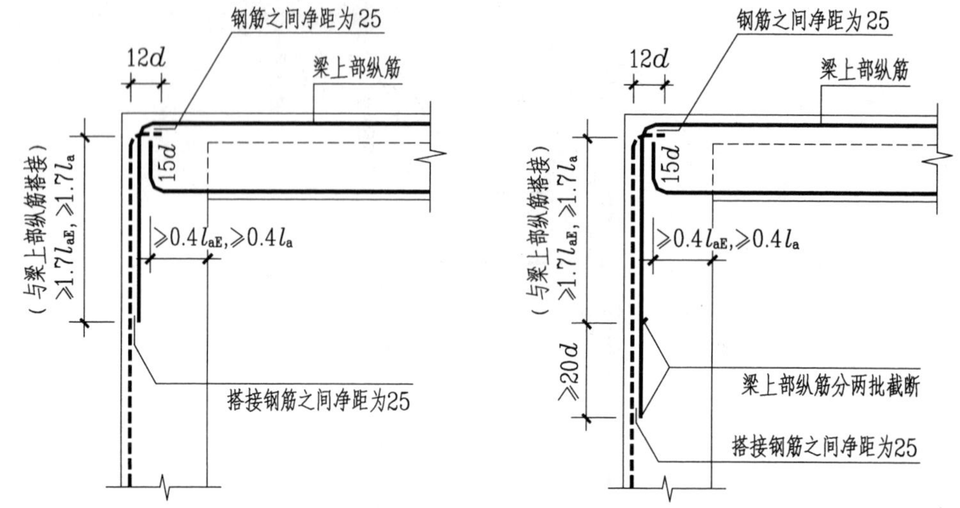

A
(当梁上部纵向钢筋配筋率≤1.2%时)

B
(当梁上部纵向钢筋配筋率>1.2%时)

图 5-5-9　梁柱顶面相平梁柱纵筋竖向搭接构造

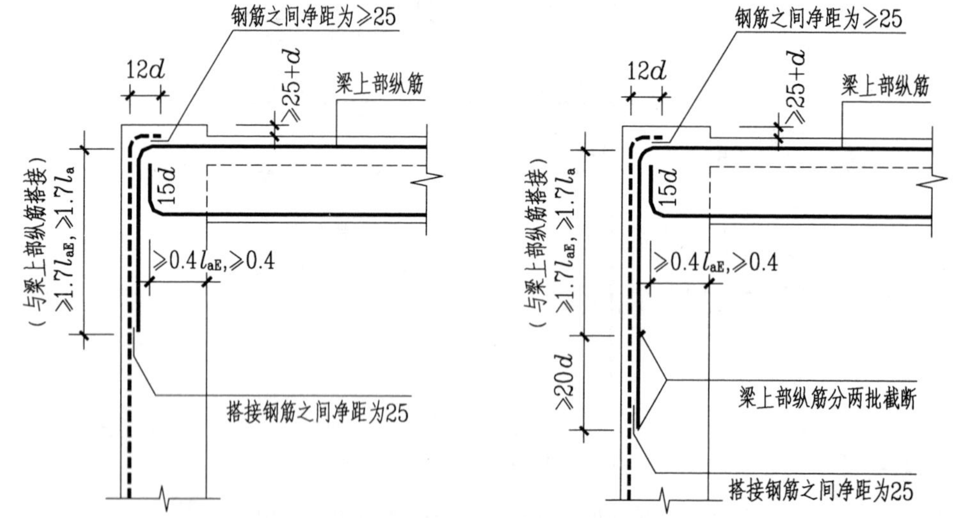

A
(当梁上部纵向钢筋配筋率≤1.2%时)

B
(当梁上部纵向钢筋配筋率>1.2%时)

图 5-5-10　柱顶微凸梁顶梁柱纵筋竖向搭接构造

未伸至梁底位置，此时梁上部纵筋与柱外侧纵筋已满足有充分裕量搭接连接要求，故梁纵筋不需要伸至梁底。

(5) 当梁上部纵筋配筋率>1.2%时，弯折后与柱外侧纵筋搭接分两批截断，第一批截断位置按上述 (2)、(3) 两款规定，第二批自第一批截断点再向下延伸 $20d$ 后截断。梁上部纵筋配筋率＝(梁上部全部纵筋截面积/梁有效截面面积) ×100%；梁有效截面

面积 $= b\times h_0$；当梁配置一排纵筋时 h_0 可取 $h-35$mm，当配置两排纵筋时 h_0 可取 $h-60$mm。其中，h 为梁截面高度，h_0 为梁截面有效高度。应注意纵筋分两批截断不需均分，第一批截断纵筋的配筋率应≤1.2%，余者第二批截断。

（6）无论采用何种构造类型，屋面框架梁下部纵筋在端柱的锚固，均要求至 A_a 范围（过柱中线 $5d$ 至柱外侧纵筋内侧），其直锚段 $\geqslant 0.4l_{aE}$、$\geqslant 0.4l_a$，弯钩 $15d$；且直锚段与弯钩长度之和是否 $\geqslant l_{aE}$、$\geqslant l_a$，不作为控制条件。

（7）当设计未注明时，施工可自主选用梁柱顶面相平构造或柱顶微凸梁顶构造。

（8）当为较高抗震等级时，宜采用柱顶微凸梁顶构造。

四、楼层和屋面框架梁纵筋中间节点构造

1. 抗震楼层和屋面框架梁纵筋中间节点构造

抗震楼层和屋面框架梁纵筋锚入或贯通中柱（墙）构造见图 5-5-11。要点为：

（1）梁上部纵筋贯通中柱支座，下部纵筋锚入支座 $\geqslant l_{aE}$ 且 $\geqslant 0.5h_c+5d$（l_{aE} 为抗震锚固长度，$\geqslant 0.5h_c+5d$ 为过柱中线加 5 倍梁纵筋直径）。

（2）当中柱两边梁底相平，相对伸入中柱支座锚固，通常会互相插入对面梁锚固钢筋的净距空间内，将造成两边来筋并行接触锚固，混凝土无法完全握裹锚固钢筋，锚固力大幅减小的不良结果。因此，同层面下部纵筋应采用非接触方式锚入支座（保持净距 25mm），可避免相向锚入支座的纵筋发生冲突，且使混凝土能完全握裹钢筋优化锚固强度。当梁下部纵筋配置较多、净距较小，若将支座两边相向锚入的下部纵筋平行接触，不仅降低纵筋的锚固强度，而且可能会堵塞混凝土通道，导致混凝土浇筑困难。

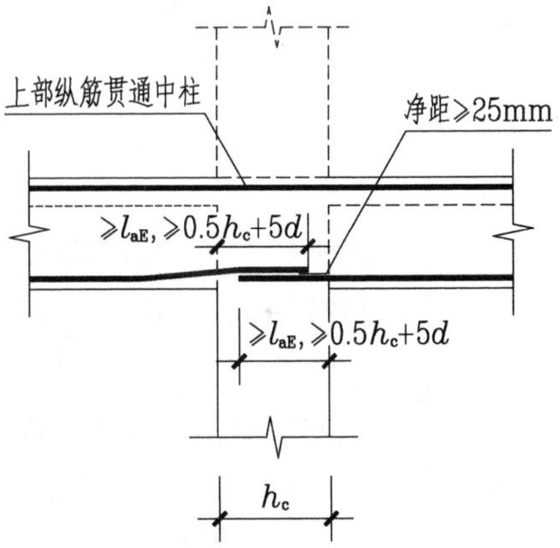

图 5-5-11 抗震楼层和屋面框架梁下部纵筋锚入上部纵筋贯通中柱构造

（3）抗震框架梁中柱支座内的纵筋应保持净距≥25mm。

（4）梁下部纵筋的直线锚固长度较大时，可伸过中间支座至对面梁中截断。

（5）当梁中间支座为墙时，属于梁被剪力墙在平面外支承的“墙支梁”中间支座，此时梁的锚固方式可与柱相同，由于梁与平面外剪力墙的内力平衡方式与梁柱节点不同，故两者的锚固概念有所不同。

（6）梁侧面构造纵筋构造锚入柱内长度 $12d$。框架梁侧面受扭纵筋的锚固要求与框架梁下部纵筋相同。

2. 非抗震楼层和屋面框架梁中间节点构造

非抗震楼层和屋面框架梁中柱构造见图 5-5-12、图 5-5-13，其中，图 5-5-12 为直线锚固，图 5-5-13 为弯折锚固。要点为：

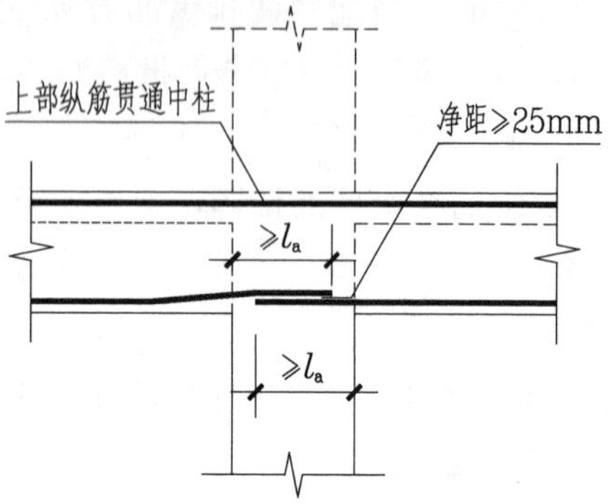

图 5-5-12 非抗震楼层和屋面框架梁中柱直锚构造

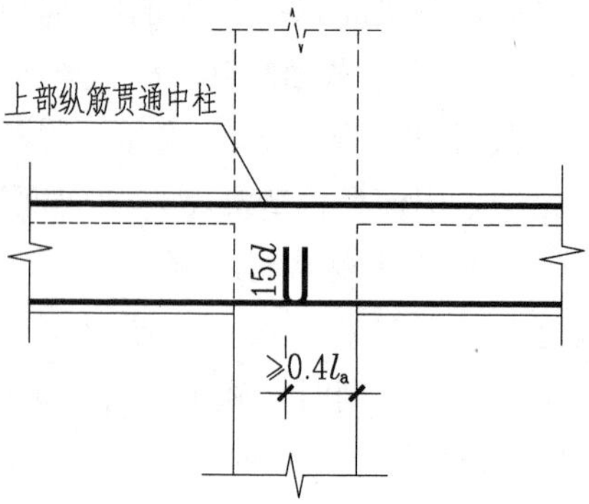

图 5-5-13 非抗震楼层和屋面框架梁中柱弯锚构造

(1) 梁上部纵筋贯通中柱支座；当梁下部纵筋直锚时，锚入支座≥l_a（l_a为非抗震锚固长度）；当弯锚时，直锚段为≥0.4l_a，弯钩段为 15d，且无直锚段与弯钩段长度之和不小于 l_a的要求。

(2) 当中柱两边梁同层面的下部纵筋直线锚固时，可采用并行接触锚固，但宜采用非接触方式锚入支座。

(3) 当梁中间支座为墙时，属梁被剪力墙平面外支承的“墙支梁”中间支座，此时梁的锚固方式可与柱相同，但因内力平衡方式与梁柱节点不同，故两者的锚固概念有所不同。

3. 关于楼层和屋面框架梁下部纵筋支座外连接

抗震楼层和屋面框架梁下部纵筋支座外连接范围见图 5-5-14；非抗震楼层和屋面框架梁下部纵筋支座外连接范围见图 5-5-15。要点为：

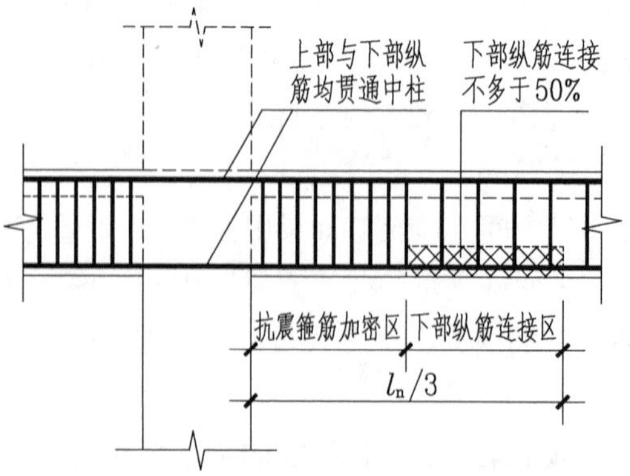

图 5-5-14 抗震楼层和屋面框架梁下部纵筋支座外连接范围

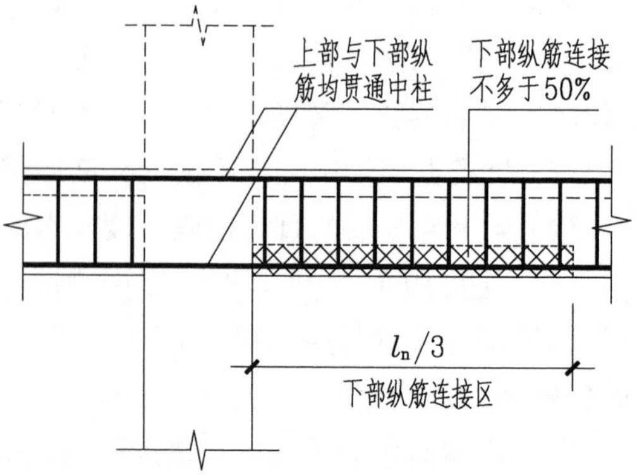

图 5-5-15 非抗震楼层和屋面框架梁下部纵筋支座外连接范围

(1) 抗震框架梁下部纵筋可贯通中柱支座，在内力较小处连接，连接范围为抗震箍筋加密区以外至距柱边缘 $l_n/3$ 位置（l_n为梁净跨长度），同一连接区间连接钢筋面积不应大于 50%。应注意，不宜简单地将连接范围定为$\geqslant 1.5h_0$，一是标注的距离无上限，未限制其在跨中最大弯矩处连接；二是 h_0 为设计方面掌握的梁截面有效计算高度，通常施工方面熟悉 h 但不熟悉 h_0；三是一级抗震等级时梁端箍筋加密区范围为 $2h_0$，下部纵筋连接范围在 $1.5h_0$之外并未避开箍筋加密区。

(2) 非抗震框架梁下部纵筋可贯通中柱支座在梁端 $l_n/3$ 范围连接，连接钢筋面积不宜大于 50%。

(3) 连接方式可为非接触搭接、机械连接或对焊连接，连接应符合相关规范的具体要求。

4. 框架梁中柱两边梁顶或梁底有高差钢筋构造

抗震框架梁中柱两边梁顶或梁底有高差钢筋构造，见图 5-5-16；非抗震框架梁中柱两边梁顶或梁底有高差钢筋构造，见图 5-5-17。

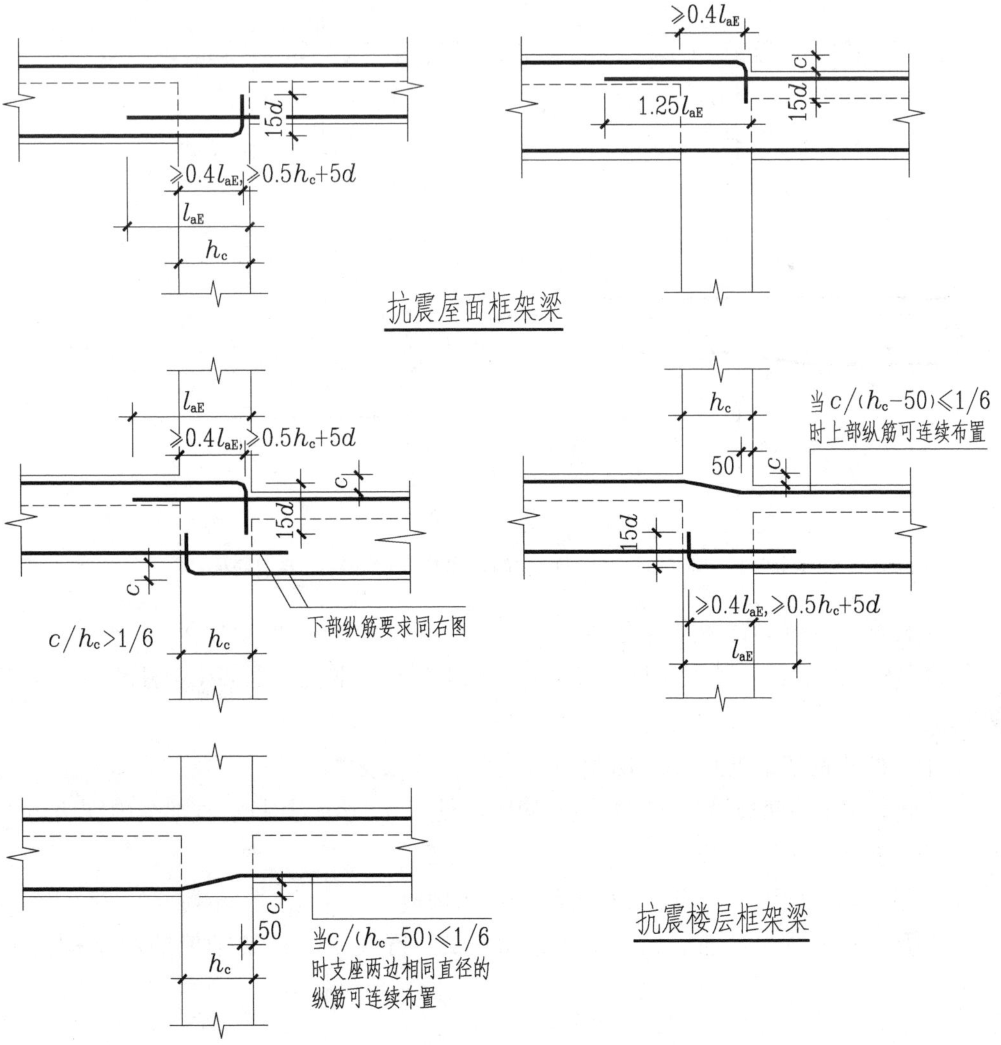

图 5-5-16 抗震框架梁中柱两边梁顶或梁底有高差钢筋构造

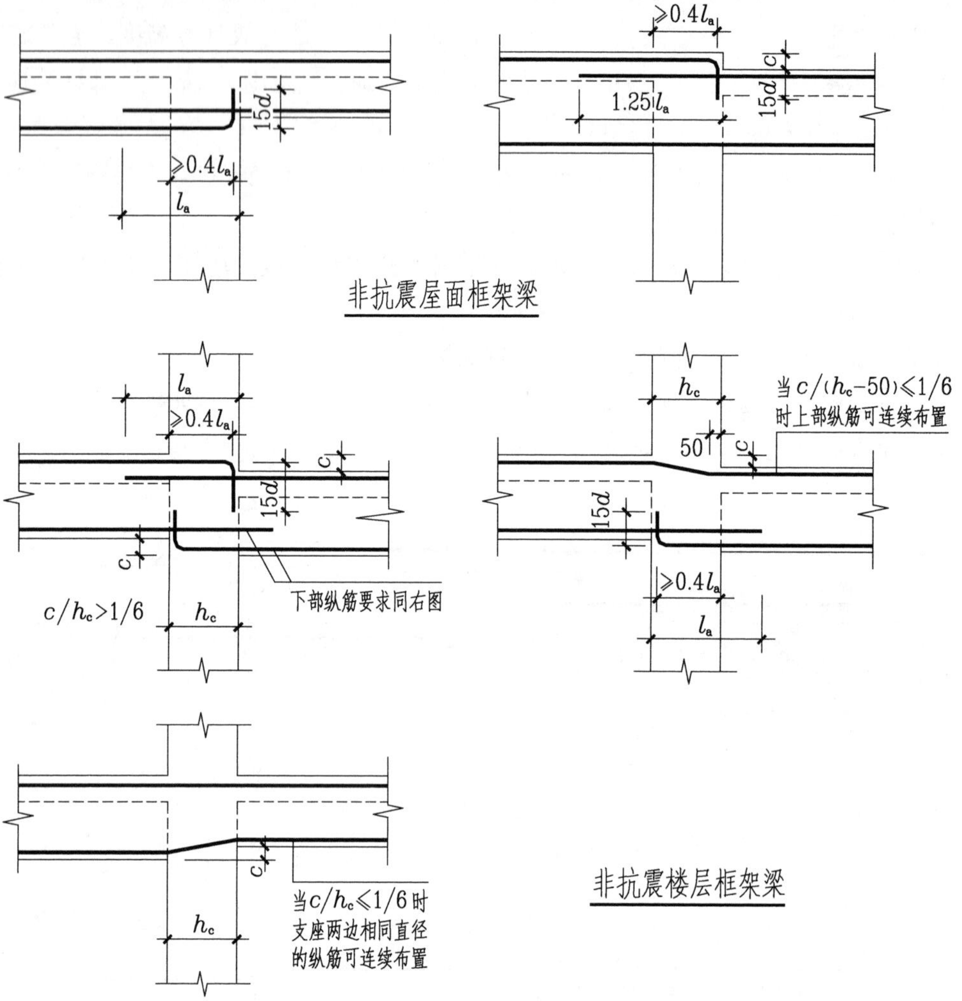

图 5-5-17　非抗震框架梁中柱两边梁顶或梁底有高差钢筋构造

5. 中柱两边框架梁宽不同钢筋构造

抗震框架梁中柱两边梁宽不同钢筋构造见图 5-5-18；非抗震框架梁中柱两边梁宽不同钢筋构造见图 5-5-19。

6. 中柱两边框架梁纵筋根数不同构造

抗震框架梁中柱两边梁纵筋根数不同构造，见图 5-5-20；非抗震框架梁中柱两边纵筋根数不同构造，见图 5-5-21。

7. 框架梁与方柱斜交或圆柱支座外箍筋起始构造

框架梁与方柱斜交箍筋起始构造见图 5-5-22；圆柱支座框架梁箍筋起始构造见图 5-5-23。

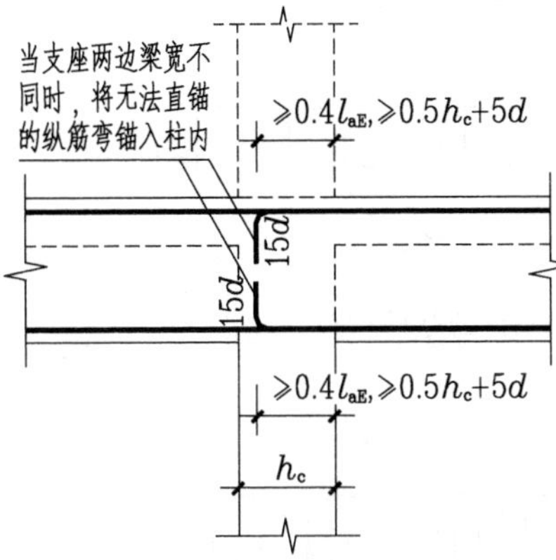

图 5-5-18　抗震框架梁中柱两边梁宽不同钢筋构造

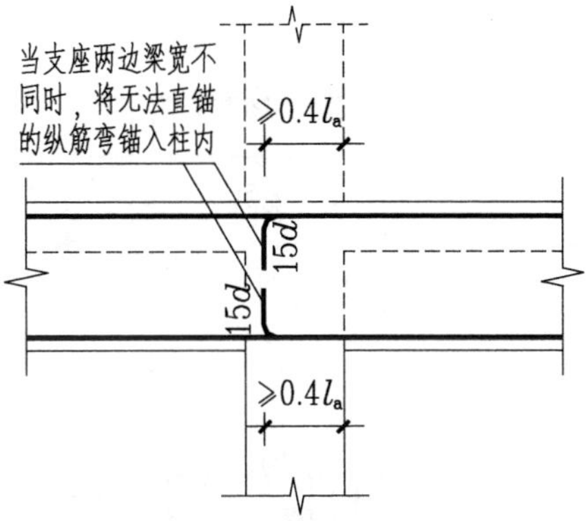

图 5-5-19　非抗震面框架梁中柱两边梁宽不同钢筋构造

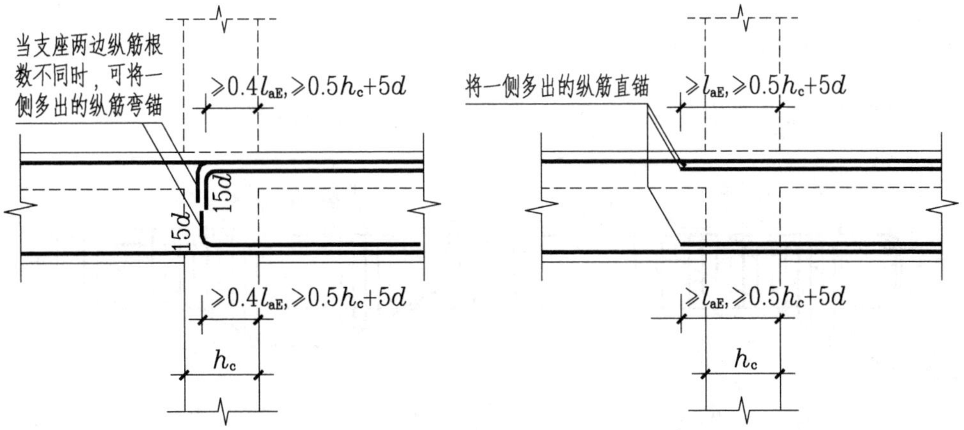

图 5-5-20　抗震框架梁中柱两边梁纵筋根数不同构造

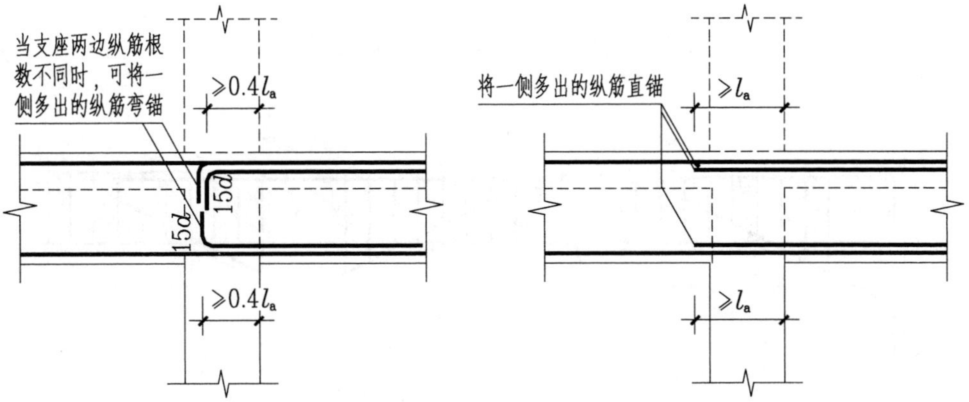

图 5-5-21　非抗震框架梁中柱两边梁纵筋根数不同构造

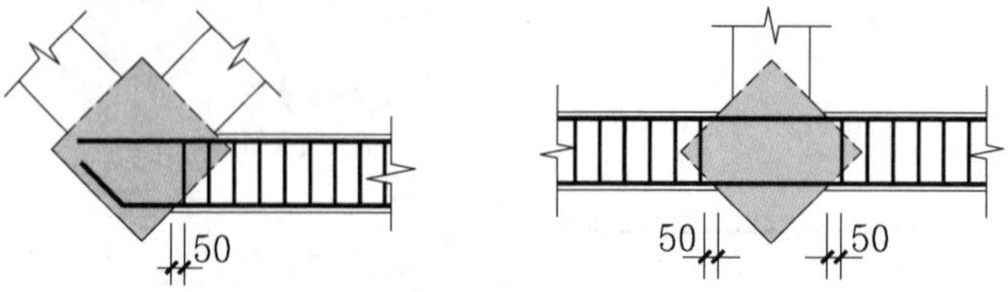

图 5-5-22 框架梁与方柱斜交箍筋起始构造

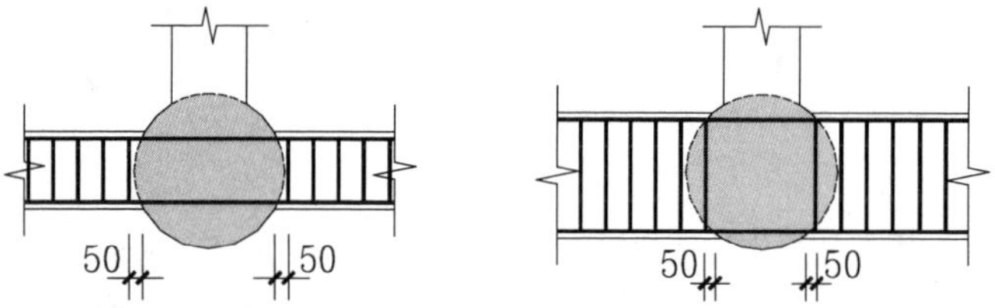

图 5-5-23 圆柱支座框架梁箍筋起始构造

五、框架梁根部加腋构造

抗震框架梁根部加腋构造见图 5-5-24；非抗震框架梁根部加腋构造见图 5-5-25。要点为：

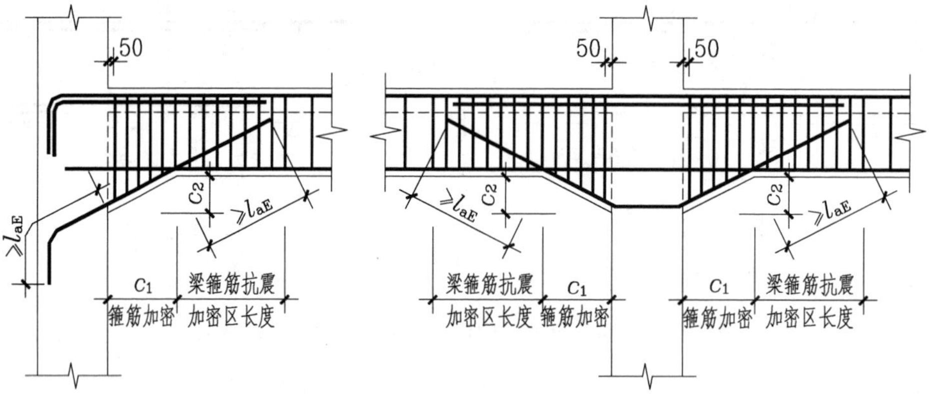

图 5-5-24 抗震框架梁根部加腋构造

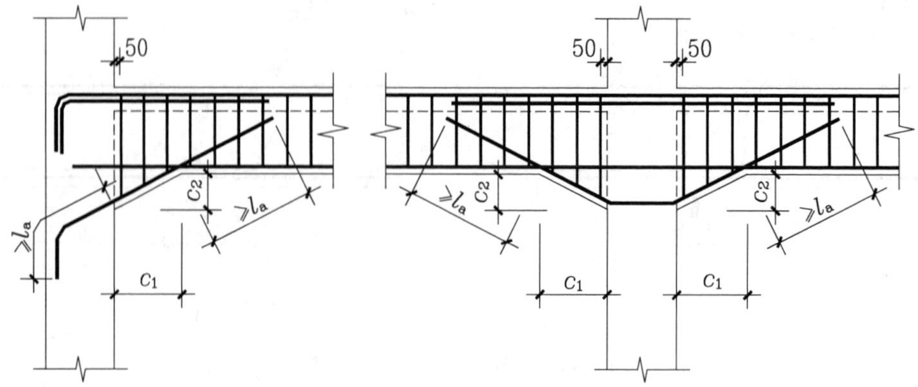

图 5-5-25 非抗震框架梁根部加腋构造

（1）加腋部位配筋按设计标注。当设计未标注时，腋底部斜筋可按构造配置，具体为按伸入支座的梁下部纵筋根数 n 的 $n-1$ 根插空设置，腋部范围的箍筋配置与梁端部箍筋相同。

（2）当为抗震框架梁时，加腋梁的抗震箍筋加密区实际长度，为按非加腋梁身截面高度计算的加密区长度加腋长尺寸。

（3）中柱两侧腋底部斜筋可采取贯通方式，也可采取与端柱支座相同的分离方式。

六、楼层框架梁悬挑端与框架柱节点构造

跨内外无高差时框架梁悬挑端梁柱节点构造见图 5-5-26；悬挑端顶面低于跨内框架梁顶面时梁柱节点构造见图 5-5-27 和图 5-5-28；悬挑端顶面高于跨内框架梁顶面时梁柱节点构造见图 5-5-29。要点为：

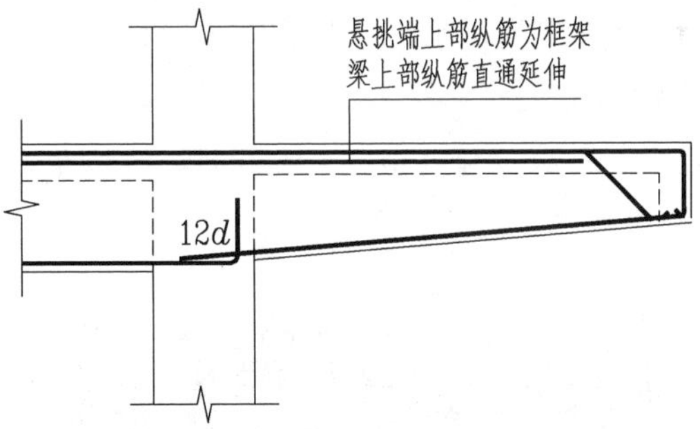

图 5-5-26　跨内外无高差框架梁悬挑端梁柱节点纵筋构造

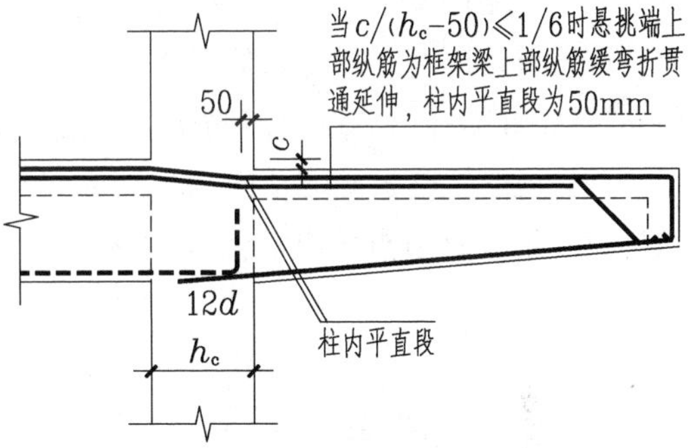

图 5-5-27　悬挑端顶面略低于框架梁顶面时梁柱节点纵筋构造

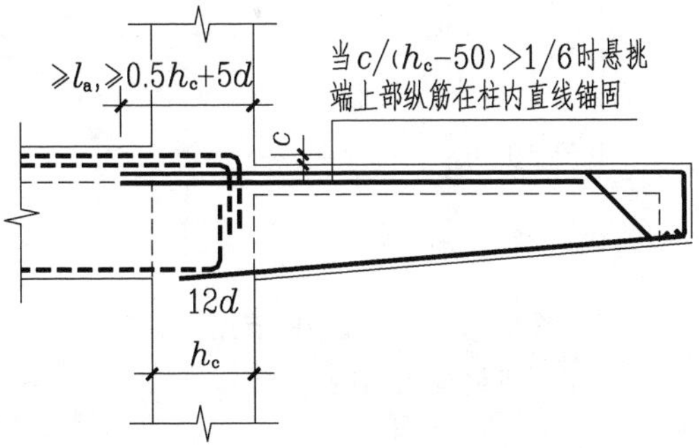

图 5-5-28　悬挑端顶面低于框架梁顶面时梁柱节点纵筋构造

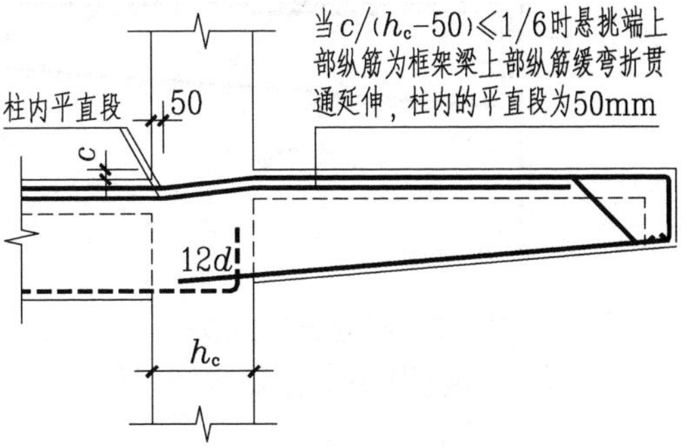

图 5-5-29　悬挑端顶面略高于框架梁时梁柱节点纵筋构造

（1）当悬挑端跟跨内框架梁顶面无高差时，悬挑端上部纵筋由框架梁上部纵筋直通延伸。

（2）当悬挑端顶面低于框架梁顶面，且满足 $c/(h_c-50\text{mm})\leqslant1/6$ 时（c 为跨内外高

差，h_c为柱截面高度），悬挑端上部纵筋可由框架梁上部纵筋以较缓坡度弯折贯通延伸；当悬挑端顶面低于框架梁，且 $c/(h_c-50\text{mm})>1/6$ 时，悬挑端上部纵筋采用直线锚固或弯折锚固构造（跨内框架梁端部纵筋按在柱支座锚固构造）。

（3）当悬挑端顶面高于框架梁顶面，且满足 $c/(h_c-50\text{mm})\leqslant 1/6$ 时，悬挑端上部纵筋可由框架梁上部纵筋以较缓坡度弯折延伸而成；当框架梁悬挑端顶面高出跨内梁顶面较多，$c/(h_c-50\text{mm})>1/6$ 时，则按单纯悬挑梁与框架柱节点构造（见图 5-5-30 和图 5-5-31）。

七、单纯悬挑梁与框架柱节点构造

单纯悬挑梁与框架柱节点纵筋锚固构造见图 5-5-30 和图 5-5-31。要点为：

（1）当悬挑梁上部纵筋伸至柱内侧纵筋净距为 25mm 位置时向下弯折，平直锚固段应 $\geqslant 0.4l_a$，弯钩 $15d$。

（2）当悬挑梁上部纵筋伸至 $\geqslant 0.5h_c+5d$ 至柱内侧范围，水平直锚段 $\geqslant l_a$ 时，可直接截断 完成直锚；当节点内钢筋密集时或可增设弯钩 $5d$。

（3）当框架梁悬挑端顶面高出跨内梁顶面较多，$c/(h_c-50\text{mm})>1/6$ 时，宜按单纯悬挑梁在框架柱节点的纵筋锚固构造。

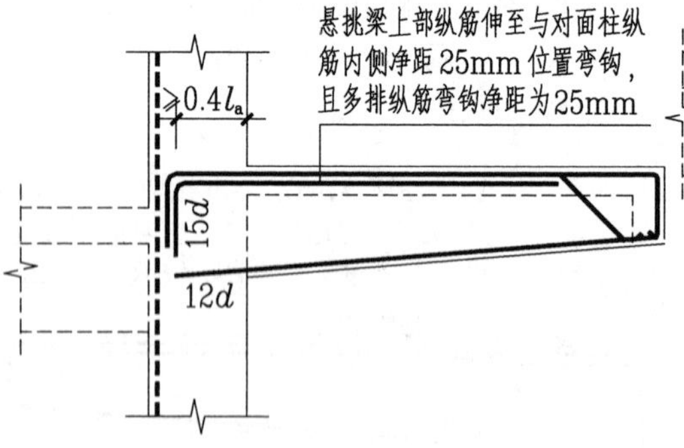

图 5-5-30　悬挑梁柱节点纵筋锚固构造（一）

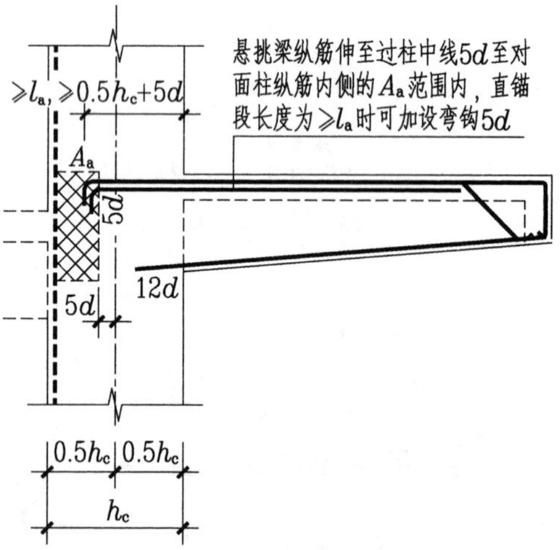

图 5-5-31　悬挑梁柱节点纵筋锚固构造（二）

第六节　梁与梁交叉节点钢筋构造

本节内容为：

1. 次梁端支座纵筋锚入主梁构造；
2. 次梁中间支座纵筋贯通和锚入主梁构造；

3. 附加箍筋与吊筋构造；

4. 井字梁本体交叉钢筋构造；

5. 悬挑梁（悬挑端）所支承边梁箍筋构造；

6. 框架梁侧腋构造；

7. 梁支座跨界构造修正。

本文中所指次梁，可为一级次梁和二级次梁（设置三级次梁的情况较少见），且各级次梁均为非框架梁；文中所指主梁，通常为框架梁或为支承二级次梁的一级次梁。无论结构整体是否抗震，梁与梁交叉节点构造通常不考虑抗震耗能，即均为非抗震构造。

一、次梁端支座纵筋锚入主梁构造

次梁端支座纵筋锚入主梁构造，见图 5-6-1。要点为：

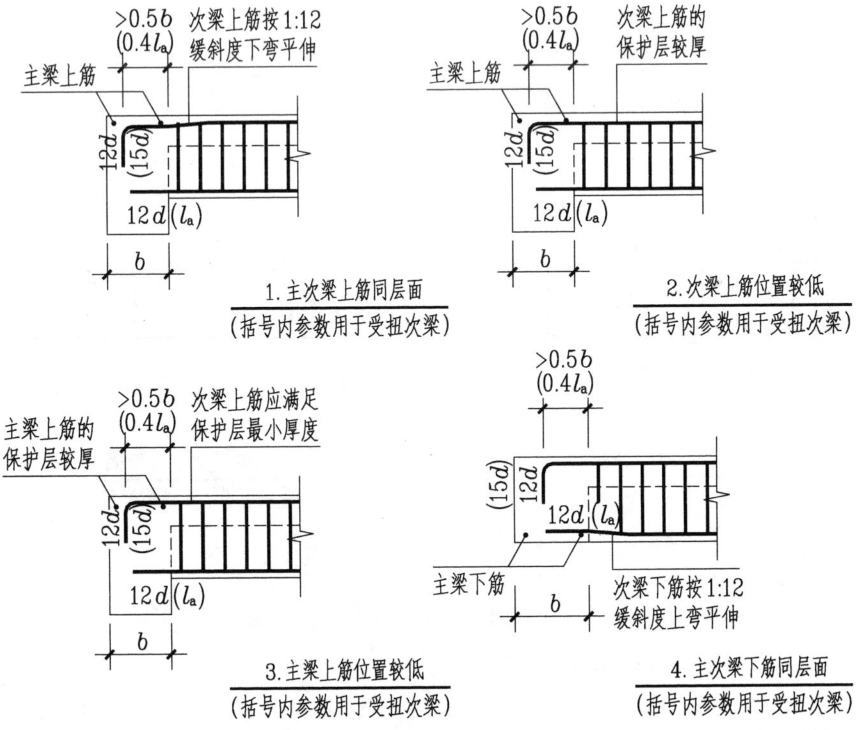

图 5-6-1 次梁端支座纵筋锚入主梁构造

（1）当次梁支座上筋与主梁上筋在同一层面时，次梁上筋按 1∶12 缓斜度向下弯折后平伸锚入主梁；当主梁上筋保护层较厚（主梁上筋略下移 d）或次梁上筋保护层较厚（次梁上筋略下移 d）时，次梁上筋直锚入主梁。上筋锚入主梁的平直段为 $>0.5b$（$0.4l_a$），弯钩段 $12d$（$15d$），括号内参数用于按受扭配筋的次梁。

（2）次梁支座下筋锚入主梁长度：普通次梁为 $12d$，受扭次梁为 l_a（如弧形次梁）。当主梁与次梁底面相平，主次梁下筋在同一层面时，次梁下筋按 1∶12 缓斜度向上弯折后平伸锚入主梁。

(3) 当为受扭次梁，其上筋伸至主梁角筋内侧位置平直段仍小于 $0.4l_a$时，可将其代换为较小直径（但根数增加）满足 $0.4l_a$的平直段长度。

应注意：由于房屋建筑结构通常不采用水工结构或地铁、隧道结构常采用的巨型截面梁，房屋结构主梁截面较小，其平面外扭转刚度较小，所支承次梁端部为铰支（半刚性支座），只有平面外扭转刚度足够大的巨型截面梁才可能使其所支承次梁端部承载如同框架梁端部承载的高值负弯矩。因此，次梁端上部纵筋满足半刚性铰支锚固即满足受力要求，那种相应于“充分利用钢筋的抗拉强度”的刚性锚固方式，属于实际并不存在虚拟构造。

此外，次梁端下部纵筋在主梁支座的锚固功能，为满足销拴力需求；无论光圆还是变形钢筋，令其发挥销拴功能均需满足直段长度 $12d$，而与表面形状无关。此外，当采用光圆钢筋时，不可在钢筋端头设置回头弯钩，因弯钩对发挥销拴功能不起作用。

二、次梁中间支座纵筋贯通和锚入主梁构造

1. 等截面高度次梁中间支座纵筋构造

等截面高度次梁中间支座纵筋构造，见图 5-6-2 和图 5-6-3，要点为：

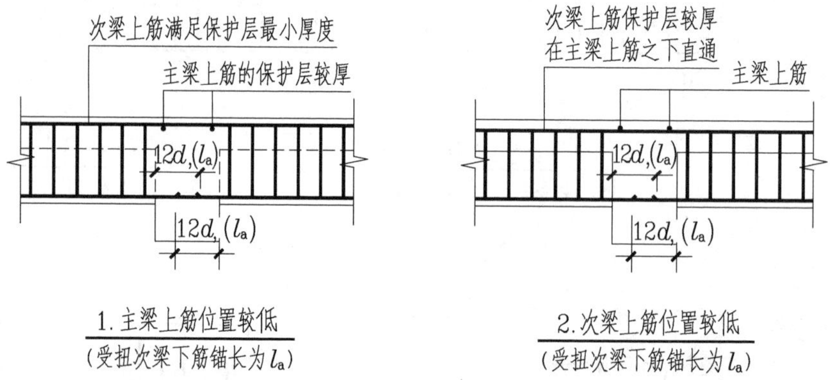

图 5-6-2 等截面高度次梁中间支座纵筋构造

(1) 当主梁上筋保护层较厚（主梁上筋略下移 d）或次梁上筋保护层较厚（次梁上筋略下移 d）时，次梁上筋直线贯通主梁。

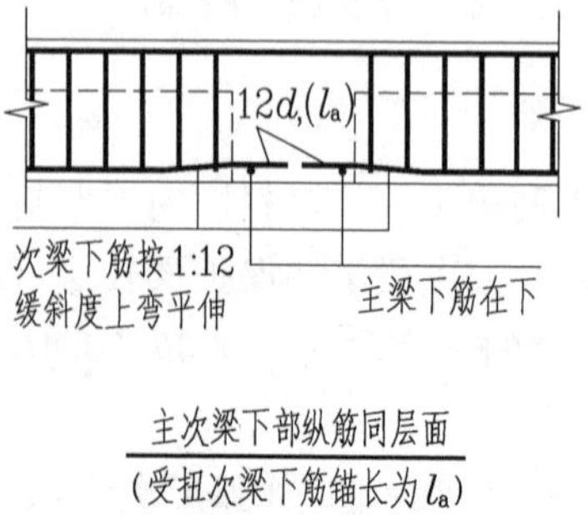

图 5-6-3 次梁与主梁底部相平中间支座下部纵筋构造

(2) 次梁下筋锚入主梁支座长度：普通次梁为 $12d$，受扭次梁为 l_a（如弧形次梁）。当主梁与次梁底面相平，主次梁下筋在同一层面时，次梁下筋按 1∶12 缓斜度向上弯折后平伸锚入主梁。

应注意，次梁下部纵筋锚入支座必须在主梁纵筋之上，否则无法实现销拴功能。

2. 次梁中间支座两边梁顶有高差纵筋构造

次梁中间支座两边梁顶有高差上部纵筋构造见图 5-6-4。要点为：

（1）当次梁顶面 $c/(b-50\text{mm})>1/6$ 时（c 为次梁顶面高差，b 为主梁宽度），梁顶较高一边次梁的上部纵筋锚入主梁，应伸至主梁角筋内侧且平直段$\geqslant 0.4l_a$，弯钩段为 $15d+c$；梁顶较低一边次梁的上部纵筋锚入主梁，其平直段为 $0.4l_a$，弯钩段为 $15d$。

（2）当次梁顶面 $c/(b-50\text{mm})<1/6$ 时，梁顶较高一边次梁上部纵筋按 1∶12 缓斜度向下微弯折再平伸，贯通支座后伸入梁顶较低一边次梁上部，注意梁顶较低一边纵筋支座内有 50mm 的平直段，系为进入箍筋后再令其承受纵筋因斜弯产生的垂直分力。

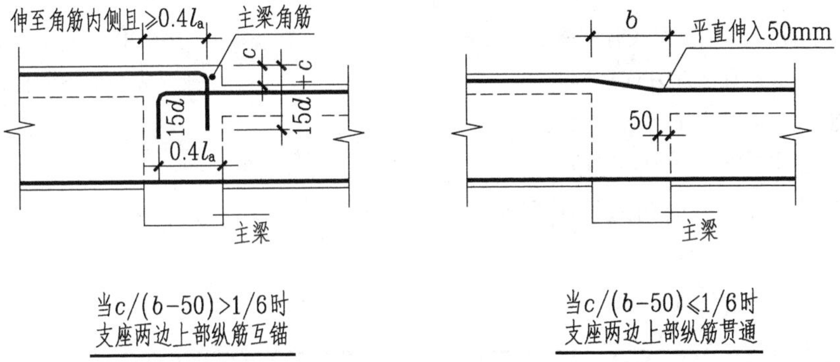

图 5-6-4　次梁中间支座两边梁顶有高差时的上部纵筋构造

3. 次梁下部纵筋贯通主梁在支座外连接构造

次梁下部纵筋支座外连接构造见图 5-6-5；次梁中间支座两边底部有高差下部纵筋支座外连接构造见图 5-6-6。要点为：

（1）当中间支座两边次梁底相平时，可将次梁下部纵筋直线贯通主梁；当中间支座两边梁底有高差时，可将次梁下部纵筋直伸入支座 5d 以弯折方式贯通主梁；两种方式贯通支座后，均可在 $l_n/3$ 范围连接（l_n为净跨值）。

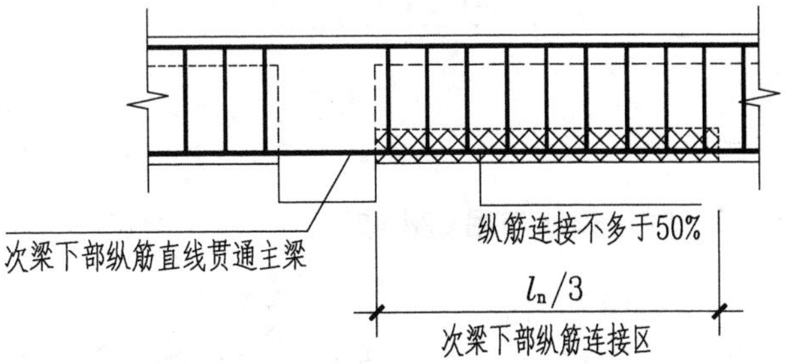

图 5-6-5　次梁下部纵筋支座外连接构造

（2）次梁下部纵筋在支座之外连接的钢筋面积不宜大于 50%。

（3）连接方式可为非接触搭接、机械连接或对焊连接，连接应符合相关规范的具体要求。

应注意，图 5-6-6 适用于梁下部纵筋按“单筋”计算的次梁，不适用于按“双筋”（即充分利用下部纵筋的抗压强度）的次梁。

4. 次梁中间支座两边梁宽不同或纵筋根数不同构造

次梁中间支座两边梁宽不同或纵筋根数不同时的构造见图 5-6-7。

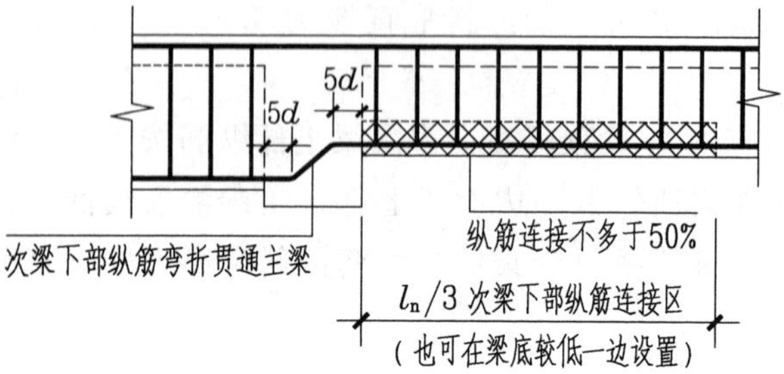

图 5-6-6　次梁底有高差下部纵筋支座外连接构造

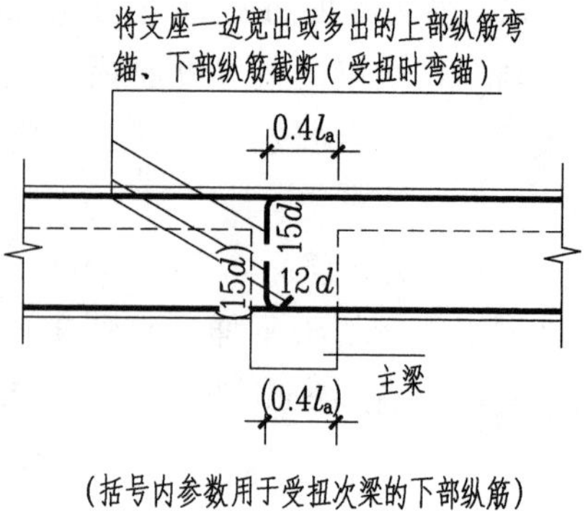

图 5-6-7　次梁中间支座两边梁宽不同或纵筋根数不同构造

5. 次梁与主梁斜交钢筋构造

次梁与主梁斜交钢筋构造见图 5-6-8。

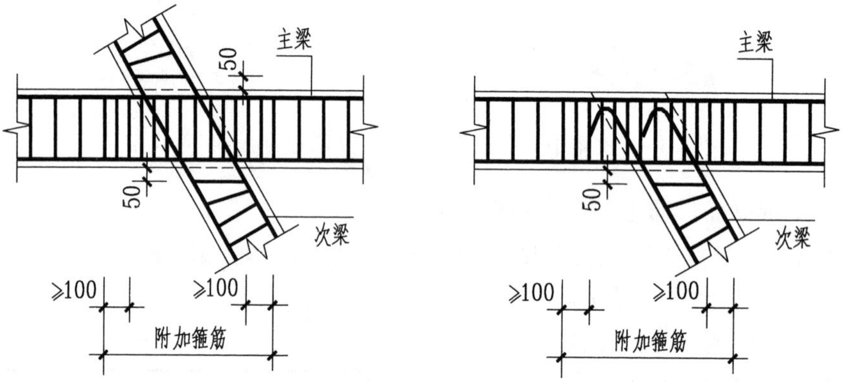

图 5-6-8　次梁与主梁斜交钢筋构造

三、附加箍筋与吊筋构造

1. 附加箍筋构造

在次梁与主梁交叉位置的主梁上设置附加箍筋构造，见图 5-6-9。

应注意，当同一部位配置两种钢筋时，不需要重叠设置，取大者，故在已设置附加箍筋范围不需要重叠设置原配置的箍筋，否则造成构造超筋。

2. 附加吊筋构造

在次梁与主梁交叉位置的主梁上设置附加吊筋构造，见图 5-6-10 和图 5-6-11。要点为：

（1）通常情况下，吊筋从主梁底部向上弯起；当主梁高度≤800mm 时弯起角度为 45°，>800mm 时弯起角度为 60°。

（2）当吊筋上水平段在梁端部 $l_n/3$ 范围时，其长度为≥20d（l_n为梁净跨尺寸，d 为

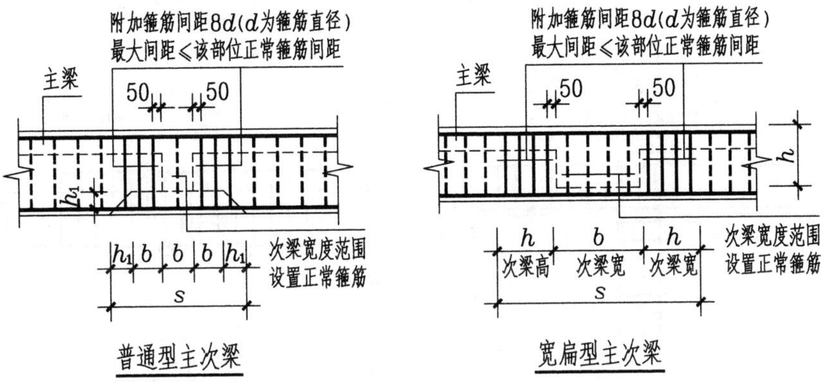

图 5-6-9　主梁上设置附加箍筋构造

吊筋直径)；当吊筋上水平段在跨中部 $l_n/3$ 范围时，其长度为≥10d。

(3) 当次梁高度 h 不大于主梁高度的 1/2 时，吊筋下水平段与次梁底面净距可为≥$h/3$ (h 为次梁高度)。

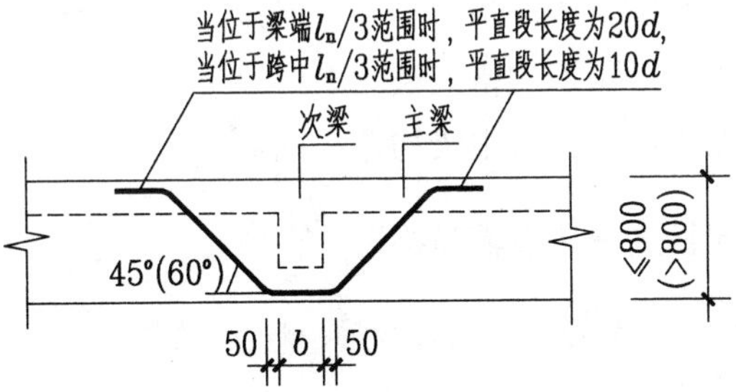

图 5-6-10　次梁高度大于主梁高度 1/2 时附加吊筋构造

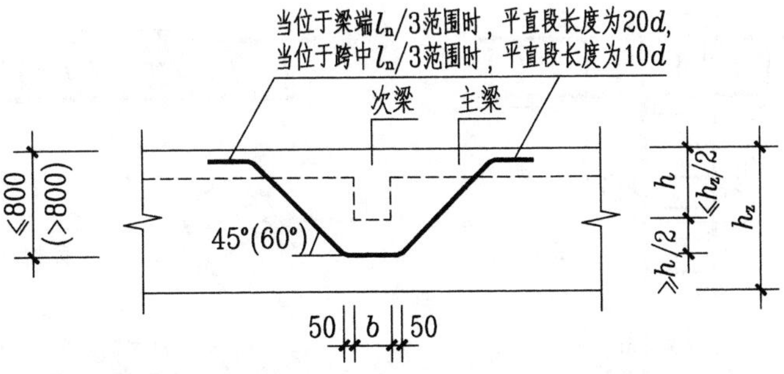

图 5-6-11　次梁高度不大于主梁高度 1/2 时附加吊筋构造

四、井字梁本体交叉钢筋构造

井字梁与井字梁本体交叉钢筋构造，见图 5-6-12。要点为：

(1) 两根井字梁的本体钢筋交叉，一向井字梁的上部和下部纵筋均在上时，另一向井字梁的上部和下部纵筋均在下。

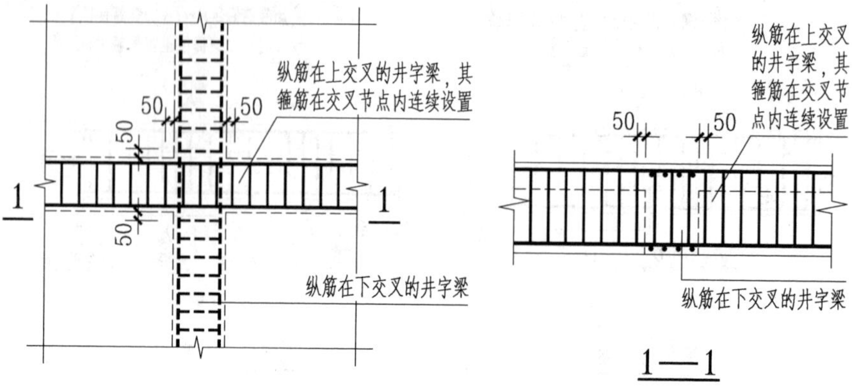

图 5-6-12 井字梁本体交叉钢筋构造

(2) 交叉节点外的第一道箍筋距离节点边缘 50mm，节点内在上筋在上交叉的井字梁上设置箍筋。

(3) 设计应注明两向井字梁的纵筋交叉何向在上何向在下。

注：井字梁端支座纵筋锚入主梁构造，与次梁端支座纵筋锚入主梁构造相同。当为多个矩形网格区域时，跨越两个矩形网格区域的多跨井字梁中间支座纵筋贯通和锚入主梁构造，与次梁中间支座纵筋贯通和锚入主梁构造相同。

五、悬挑梁（悬挑端）支承边梁箍筋构造

悬挑梁（悬挑端）正交支撑边梁箍筋构造，见图 5-6-13。

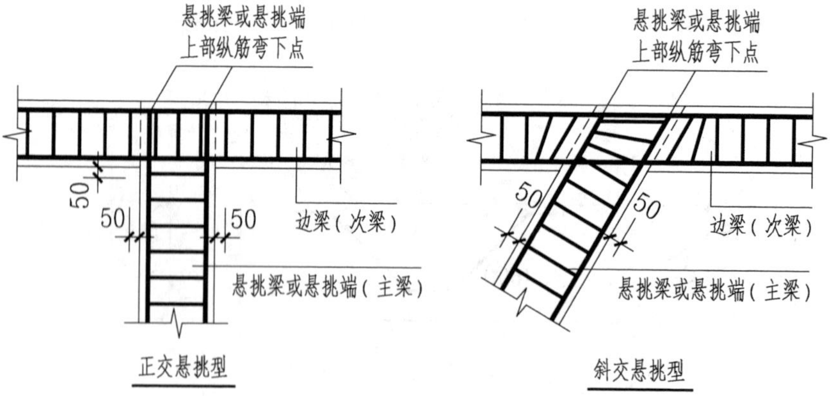

图 5-6-13 悬挑梁（悬挑端）支承边梁箍筋构造

六、框架梁侧腋构造

框架梁设置侧腋原位引注见图 5-6-14，侧腋配筋构造见图 5-6-15。

侧腋配筋按设计标注。当设计未注时，表明侧腋纵筋、箍筋按构造设置，构造设置及其规格与梁同排纵筋、箍筋规格相同。

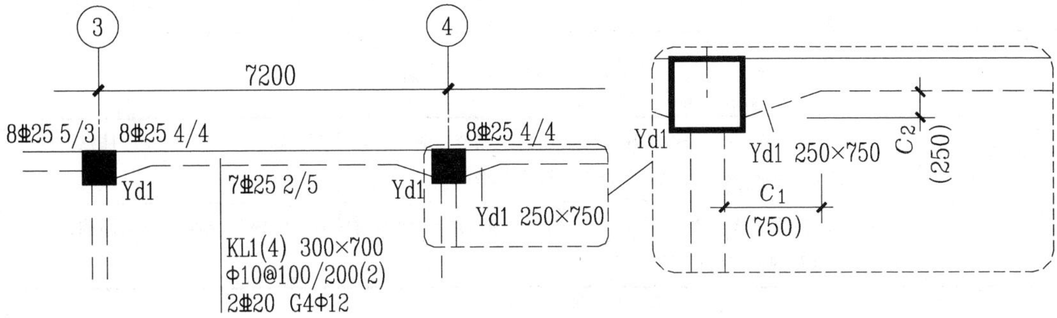

图 5-6-14 框架梁设置侧腋原位引注

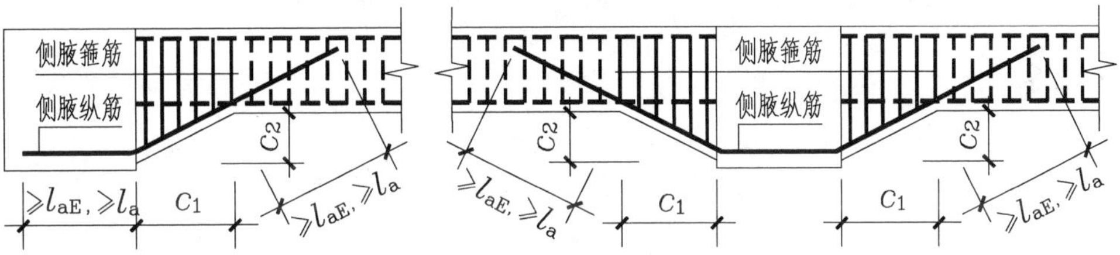

图 5-6-15 框架梁侧腋配筋构造

七、梁支座跨界构造修正

各类梁支座跨界构造修正见表 5-6-1。跨界构造修正系依据平法《解构原理》中的锚固方式原则，即被支承构件的锚固方式，应由支承构件的类型决定，即以支承构件常规支承组合中被支承构件的锚固方式为准。

支承构件的常规支承组合为：框架柱与框架梁常规组合，剪力墙平面内与连梁常规组合，主梁与次梁常规组合，等等。

凡是支承在框架柱上的梁，无论标注为何种梁，均应按框架梁的锚固构造；凡是支承在剪力墙平面内的梁，无论标注为何种梁，当位于楼层时均应按连梁的锚固构造，且当位于墙顶时均应按墙顶连梁的锚固构造；凡是支承在主梁上的梁，无论标注为何类梁，均应按非框架梁的锚固构造。

梁支座端跨界构造修正 **表 5-6-1**

跨界构造修正代号	修正内容
Lg	当框架梁 KL、屋面框架梁 WKL 的端支座或某中间支座为梁时，将该支座纵筋锚固及近支座梁上部纵筋向跨内延伸和箍筋构造，按非框架梁 L 修正
KLg	（1）多跨非框架梁 L、井字梁 JZL 端支座或某中间支座支承于框架柱时，将该支座纵筋锚固及近支座梁上部纵筋向跨内延伸和箍筋构造，按楼层框架梁 KL 修正。 （2）屋面框架梁 WKL 的某一端在楼层内时，将该端支座的纵筋锚固构造，按楼层框架梁 KL 修正

续表

跨界构造修正代号	修正内容
WKLg	当楼层框架梁 KL 的某一端在局部屋面的框架端节点时，将该梁端支座的纵筋锚固及与柱纵筋的弯折搭接构造，按屋面框架梁 WKL 的梁端部构造修正
LLg	楼层框架梁 KL 或屋面框架梁 WKL 的端部顺剪力墙平面内连接时，将该端支座钢筋锚固构造，按剪力墙连梁 LL 的锚固构造修正

参 考 文 献

［1］ 混凝土结构设计规范 GB 50010—2010. 北京：中国建筑工业出版社，2011 年 5 月

［2］ 建筑抗震设计规范 GB 50011—2010. 北京：中国建筑工业出版社，2010 年 8 月

［3］ 高层建筑混凝土结构技术规程 JGJ3—2010. 北京：中国建筑工业出版社，2011 年 6 月

［4］ 建筑地基基础设计规范 GB 50007—2011. 北京：中国建筑工业出版社，2012 年 3 月

［5］ 恩格斯. 自然辩证法. 北京：人民出版社，1971

［6］ 舒炜光. 自然辩证法原理. 吉林人民出版社，1984 年 7 月

［7］ 邹珊刚，黄麟雏，李继宗等. 系统科学. 上海人民出版社，1987 年 11 月

［8］ 钱学森主编. 关于思维科学. 上海人民出版社，1986 年 7 月

［9］ 章士嵘. 科学发现的逻辑. 北京：人民出版社，1986 年 12 月

［10］ 马中. 中国哲人的大思路. 西安：陕西人民出版社，1993 年 8 月

［11］ 周林东. 科学哲学. 上海：复旦大学出版社，2005 年 2 月

［12］ 许良. 技术哲学. 上海：复旦大学出版社，2005 年 2 月

［13］ 林同炎. S. D. 斯多台斯伯利. 结构概念和体系，北京：中国建筑工业出版社，1999 年 2 月

［14］ 陈青来. 结构设计的一次飞跃. 北京：中国建设报，1995 年 8 月

［15］ 陈青来. 混凝土主体结构平法通用设计 C101-1. 北京：中国建筑工业出版社，2012 年 12 月

［16］ 陈青来. 混凝土主体结构平法通用设计 C101-2. 北京：中国建筑工业出版社，2014 年 11 月

［17］ 陈青来. 混凝土结构施工图平面整体表示方法制图规则和构造详图(现浇混凝土框架、剪力墙、框架—剪力墙、框支剪力墙结构)03G101-1. 北京：中国计划出版社，2006 年 4 月

［18］ 陈青来. 混凝土结构施工图平面整体表示方法制图规则和构造详图(现浇混凝土板式楼梯)，03G101-2. 北京：中国计划出版社，2006 年 5 月

［19］ 陈青来. 混凝土结构施工图平面整体表示方法制图规则和构造详图(筏形基础)04G101-3. 北京：中国计划出版社，2006 年 5 月

［20］ 陈青来. 混凝土结构施工图平面整体表示方法制图规则和构造详图(现浇混凝土楼面与屋面板)04G101-4. 北京：中国计划出版社，2006 年 5 月

［21］ 陈青来. 混凝土结构施工图平面整体表示方法制图规则和构造详图(箱形基础和地下室结构)08G101-5. 北京：中国计划出版社，2009 年 1 月

［22］ 陈青来. 混凝土结构施工图平面整体表示方法制图规则和构造详图(独立基础、条形基础、桩基承台)06G101-6. 北京：中国计划出版社，2006 年 11 月

［23］ 陈青来. 平法国家建筑标准设计 11G101-1 原创解读. 江苏科学技术出版社，2014 年 2 月

［24］ 陈青来. 平法国家建筑标准设计 11G101-2 原创解读. 江苏科学技术出版社，2015 年 5 月

［25］ 陈青来. 平法国家建筑标准设计 11G101-1 原创解读. 江苏科学技术出版社，2015 年 10 月